# 沉积岩

林春明　主编

科 学 出 版 社

北 京

# 内 容 简 介

本书是为地球科学相关学科本科生专业基础课程教学而编。全书共分十四章，内容遵循沉积岩形成与演化的自然规律，系统阐述了沉积岩的物质组成、结构构造、主要岩石类型及其成因机制的基础理论知识，并吸收近年来国内外沉积岩石学研究取得的新进展及新发现，构成了一个系统完整的知识体系。本书侧重基本概念和基础理论阐述，强化基础理论在实际中的应用，注重经典应用案例解剖，让学生切实体会到沉积岩石学的应用价值。本书内容丰富，层次分明，结构合理，由浅到深，循序渐进，各章节衔接顺畅，便于学生自学，是一本可读性非常强的基础地质教科书。

本书可作为全日制大学本科生的教材，也可供相关地质科技工作者、高等院校师生、地球科学爱好者阅读和参考。

**图书在版编目（CIP）数据**

沉积岩石学 / 林春明主编 . —北京：科学出版社，2019.9
ISBN 978-7-03-062238-9

Ⅰ.①沉… Ⅱ.①林… Ⅲ.①沉积岩石学—高等学校—教材 Ⅳ.① P588.2

中国版本图书馆CIP数据核字(2019)第194506号

责任编辑：王　运 / 责任校对：严　娜
责任印制：吴兆东 / 封面设计：耕者设计工作室

科 学 出 版 社 出版

北京东黄城根北街16号
邮政编码：100717
http://www.sciencep.com

北京中科印刷有限公司印刷
科学出版社发行　各地新华书店经销

*

2019年9月第 一 版　开本：787×1092　1/16
2024年4月第三次印刷　印张：25 1/2
字数：600 000

**定价：158.00元**
（如有印装质量问题，我社负责调换）

# 前　　言

　　沉积岩石学是研究沉积岩（物）的物质组成、结构构造、分类、形成作用、沉积环境、与沉积矿产关系的地质学分支科学。随着社会快速发展，人类对资源、环境保护需求的增长，对生命与地球演化探索的深入，以及沉积岩石学理论、方法和技术等不断更新和发展，必然要求沉积岩石学教材要"与时俱进"，反映国内外最新研究成果，因此，沉积岩石学的内容要进行相应调整和更新。

　　本书在继承 1987 年方邺森和任磊夫主编的《沉积岩石学教程》基础上，对内容和结构做了大量调整、删改、补充和更新，尽可能反映沉积岩石学的最新进展。本书删除了"大地构造与沉积作用"一章，删减了沉积物搬运与沉积作用和硅质岩部分内容，增加了白云岩镁钙同位素、油页岩等内容，加强了沉积物的沉积后作用、碎屑岩、碳酸盐岩、沉积环境与沉积相等内容。作者秉持"诚朴、严谨、求实、创新"的精神，以"加强基础、强化应用、激励创新、体现特色"作为本书指导思想，侧重基本概念和基础理论的阐述，强化基础理论在实践中的应用。

　　新编教材《沉积岩石学》的问世，不仅仅是新旧教材的更替，更是知识的传承与创新。本书特色主要有以下四方面：一是本书内容遵循沉积岩形成与演化的自然规律，系统阐述了沉积岩的基本概念、物质组成和来源、搬运与沉积、沉积后作用、主要岩石类型及其成因机制，以及沉积环境和演化等内容，构成了一个系统完整的知识体系；二是本书不仅继承了已出版的相关《沉积岩石学》教材优点，更吸收和凝练了近年来国内外沉积岩石学研究的最新进展；三是本书共分十四章，各章节结构合理，层次分明，衔接顺畅，充分考虑到学生的学习规律，尽可能做到由浅到深，循序渐进，使学生知其然更知其所以然，便于自学；四是全书内容丰富，详略得当，图文并茂，可读性强。

　　本书由南京大学林春明任主编，负责本书结构制定，组织编写工作。编写人员均具有丰富的教学和相关科研经验，具体编写分工如下：第一至四章、第八章、第九章第一至五节和第七节，以及第十章第七和第八节由林春明执笔；第五章和第十四章由何幼斌执笔；第十章第一至六节和第十一至十三章由张霞执笔；第六章由胡修棉和赖文执笔；第七章由蔡元峰执笔；第九章第六节由王小林执笔；李伟强增补了碳酸盐岩镁钙同位素新进展。全书由林春明和张霞统一整理和定稿。

　　本书的编写，得到校院领导的关心和支持，获得出版资助。南京大学岩矿教研室前辈王德滋院士、周新民教授、周金城教授和朱嗣昭副教授等给予了大力支持和帮助，黄志诚教授多次讨论有关章节，对碳酸盐岩内容提出了十分宝贵的意见与建议；冯增昭、侯方浩和方少仙等教授多次传授教材编写经验，给予有益指导；赵彦彦教授、黄舒雅和张勇博士提供了最新研究成果，多单位也提供了宝贵资料；江凯禧、夏长发、李绪龙、陶欣、王天宇、刘璇、许艺炜、蒋璟鑫、李彤和魏韧等学生提供了帮助。

　　本书初稿完成后，邱检生、钟大康、于炳松、焦养泉、鲜本忠、董琳、蔡进功、范代读、王孝磊和马遵青等同仁逐章审阅，提出中肯意见，由作者进行了修改。出版前，南京大学邀请朱筱敏、于炳松、林承焰、郭英海、范代读和姚光庆六位教授在南京进行审议，与会专家给予了很大的支持，并提出十分有益的修改意见，作者又做了修改补充。

　　在此，对上述所有给予指导、支持、帮助和关心的单位和个人一并致以崇高的敬意！

　　因沉积岩石学这一学科发展快，涉及面广，书中总结归纳难免有错漏或过时之处，恳请读者批评指正。

林春明

2019 年 6 月于南京

# 目　　录

# 第一章 绪 论

## 第一节 沉积岩的基本概念

沉积岩是组成岩石圈的三大类岩石（火成岩、变质岩、沉积岩）之一。它是在地壳表层常温常压条件下，由母岩的风化产物、深部来源物质、有机物质及少量宇宙物质等原始物质，经搬运、沉积和成岩等一系列地质作用而形成的岩石。

地壳表层是指大气圈的下层、水圈和生物圈的全部，以及岩石圈的上层，即包围地球表面的一个层圈。地壳表层所有地方都在进行着沉积岩的生成作用，只是其强度与规模各处不一。地壳表层条件具有特定的地质含义，是指地表温度、压力和地质作用等，具体特征如下。

**1. 温度**

沉积岩是在地壳表层常温条件下形成的。地表温度变化范围不大，据现代气象资料，地球表面最高温度见于非洲中部赤道附近，达 $+85℃$；最低温度见于俄罗斯西伯利亚北部勒拿河右岸、北极圈内的维尔霍扬斯克，达 $-70℃$。因此，地表温差可达 $155℃$。此外，地表温度还有季节和昼夜的变化，从而促进岩石的风化作用。而火成岩和变质岩则是在高温条件下形成的。

**2. 压力**

沉积岩是在地壳表层常压条件下形成的。海平面的压力约为 $1×10^5Pa$，山区不足 $1×10^5Pa$，200m 水深的浅海陆棚底部压力约为 $2×10^6Pa$。绝大多数沉积岩形成于陆地和浅海地区，所以形成的压力条件是 $1×10^5 \sim 2×10^6Pa$。而火成岩和变质岩大部分是在高压条件下形成的。

**3. 生物作用和生物化学作用**

生物作用和生物化学作用也是沉积岩形成的重要因素。生物是在常温常压条件下生存的，所以，有生物作用和生物化学作用参与也是沉积岩与火成岩、变质岩在形成条件上的差别之一。地表上真正无生命的地区是正在发生火山喷发的地方或者某些高盐度的封闭水盆地，但上述地区也是局部的、暂时无生命的。生物作用和生物化学作用可以形成各种生物沉积岩，如生物礁灰岩、硅藻土、煤、石油等。生物作用和生物化学作用还可以改变大气圈的化学组分，一般认为现代大气圈中的游离氧全部或大部分与植物的光合作用有关。

**4. 水和大气的作用**

绝大部分沉积岩是在水和大气中的 $CO_2$ 和 $O_2$ 的作用下产生的。水和大气是母岩风化的主要地质营力，也是母岩风化产物、火山物质以及宇宙物质等搬运和沉积的主要介质。

因此，在沉积岩发展的早期曾认为沉积岩都是"水成岩"。而在火成岩和变质岩的形成过程中，这些因素是微不足道的。

母岩是指早于该沉积岩而存在的火成岩、变质岩和较老的沉积岩。从最根本的意义上说，从地球发展历史的角度来看，沉积岩的母岩应该是火成岩。

# 第二节　沉积岩的基本特征

## 一、沉积岩的化学成分

因为沉积岩的原始物质主要来自火成岩的风化产物，所以二者的总平均化学成分很相似（表 1-1）。但火成岩转变为沉积岩要经过风化、搬运、沉积、成岩等一系列转化过程，此过程中火成岩物质成分发生了分异，因此，沉积岩与火成岩在化学成分上是存在差异的，此过程也会导致各类沉积岩间的化学成分相差很大。由于沉积岩是在地表环境下形成的，故其 $Fe_2O_3$ 大于 $FeO$，富含 $H_2O$、$O_2$、$CO_2$ 及有机质，沉积岩碱金属含量比火成岩低，但 $K_2O$ 大于 $Na_2O$。

**表 1-1　沉积岩和火成岩氧化物平均化学成分质量分数对比表**　　　　（单位：%）

| 氧化物 | 火成岩<br>（Clarke 1924 年数据） | 沉积岩<br>（Clarke 1924 年数据） | 沉积岩<br>（Шуковский 1952 年数据） |
|---|---|---|---|
| $SiO_2$ | 59.14 | 57.95 | 59.17 |
| $TiO_2$ | 1.05 | 0.57 | 0.77 |
| $Al_2O_3$ | 15.34 | 13.39 | 14.47 |
| $Fe_2O_3$ | 3.08 | 3.47 | 6.32 |
| $FeO$ | 3.80 | 2.08 | 0.99 |
| $MnO$ | — | — | 0.80 |
| $MgO$ | 3.49 | 2.65 | 1.85 |
| $CaO$ | 5.08 | 5.89 | 9.90 |
| $Na_2O$ | 3.84 | 1.13 | 1.76 |
| $K_2O$ | 3.13 | 2.86 | 2.77 |
| $P_2O_5$ | 0.30 | 0.13 | 0.22 |
| $CO_2$ | 0.10 | 5.38 | — |
| $H_2O$ | 1.15 | 3.23 | — |
| 总计 | 99.50 | 98.73 | 99.02 |

### 1. $Fe_2O_3$ 与 $FeO$

火成岩和沉积岩中铁的总量大致相等，但沉积岩中 $Fe_2O_3$ 大于 $FeO$，而火成岩中 $Fe_2O_3$ 小于 $FeO$，这是因为火成岩是在地壳深处缺氧的条件下形成的，以低价铁居多，当它显露地表，低价铁的氧化物便转变为高价铁的氧化物，例如：

$$4Fe_3O_4 + O_2 \longrightarrow 6Fe_2O_3$$
$$4Fe_3O_4 + O_2 + 18H_2O \longrightarrow 6Fe_2O_3 \cdot 3H_2O$$

**2. $K_2O$ 与 $Na_2O$**

沉积岩中 $K_2O$、$Na_2O$ 总量低于火成岩，在沉积岩中 $K_2O$ 含量大于 $Na_2O$，而火成岩中 $K_2O$ 含量小于 $Na_2O$。众所周知，地表上广泛分布着黏土矿物以及带负电的胶体物质，它们具有吸附阳离子的能力。$K^+$、$Na^+$ 虽然都是一价的阳离子，但是 $K^+$ 离子半径是 1.33Å，$Na^+$ 离子半径是 0.98Å。在水介质中阳离子与水分子结合形成水合阳离子。$K^+$ 的水合半径约为 1.75Å，$Na^+$ 的水合半径是 2.17Å（离子的水合体积和离子半径大小成反比）。由于 $Na^+$ 外层有较多的水分子包围，因此不易被黏土矿物所吸附，于是母岩风化过程中形成 $Na^+$ 大部分转入海洋，构成海水的重要成分。此外，地表上含钾的矿物，如白云母、绢云母比较稳定，不易被分解，也是造成沉积岩中 $K_2O$ 含量大于 $Na_2O$ 的原因之一。

**3. CaO**

沉积岩中 CaO 含量略高于火成岩，其原因是地表上有许多生物，如藻类、珊瑚等均要吸收 CaO 作为自己的骨骼，形成富含 CaO 的生物沉积岩。

**4. $H_2O$ 和 $CO_2$**

沉积物在生成过程中有大量的 $H_2O$ 和 $CO_2$ 加入，因而沉积岩较火成岩富含 $H_2O$ 和 $CO_2$。在表 1-1 的统计数值中，尚未考虑到沉积岩中有机物的作用，有机物中含有 60 种以上的化学元素，这也是造成沉积岩与火成岩化学成分差别的原因之一。

**5. 火成岩和沉积岩的化学成分差异**

火成岩中各类岩石的化学成分彼此是逐渐过渡的，例如从超基性岩到酸性岩，$SiO_2$ 的含量不断增长。但沉积岩则不同，各类岩石之间化学成分差别很大，例如砂岩的化学成分以 $SiO_2$ 为主，页岩以 $SiO_2$、$Al_2O_3$ 为主，石灰岩则以 CaO、$CO_2$ 为主，这是由沉积物在风化、搬运、沉积过程中发生分异作用造成的。

## 二、沉积岩的矿物成分

地壳中的已知矿物有 3000 多种，赋存于沉积岩中的矿物有 160 余种，但比较重要的仅 20 余种，如石英、长石、云母、黏土矿物、碳酸盐矿物、卤化物及含水的氧化铁、锰、铝矿物等（表 1-2）。一种沉积岩中含有的主要矿物成分通常不超过 5 种。

表 1-2　沉积岩和火成岩平均矿物成分质量分数对比表　　　（单位：%）

| 矿物 | 沉积岩 | | 火成岩 |
| --- | --- | --- | --- |
| | （Leith 和 Mead 1915 年数据） | （Krynine 1948 年数据） | （Реапиков 1959 年数据） |
| 石英 | 34.80 | 31.50 | 20.40 |
| 玉髓 | — | 9.00 | — |
| 云母 + 绿泥石 | 20.40 | 19.00 | 7.72 |
| 长石 | 15.57 | 7.50 | 49.25 |
| 高岭石及其他黏土矿物 | 9.22 | 7.50 | — |
| 碳酸盐矿物 | 13.63 | 20.50 | — |
| 氧化铁矿物 | 4.10 | 3.00 | 4.60 |

续表

| 矿物 | 沉积岩 | | 火成岩 |
| --- | --- | --- | --- |
| | （Leith 和 Mead 1915 年数据） | （Krynine 1948 年数据） | （Реапиков 1959 年数据） |
| 石膏 | 0.97 | — | — |
| 碳质 | 0.73 | — | — |
| 橄榄石 | — | — | 2.65 |
| 普通角闪石 | — | — | 1.60 |
| 普通辉石 | — | — | 12.90 |
| 其他矿物 | 0.58 | 3.00 | 0.88 |

沉积岩的矿物成分与火成岩的相比有明显差别（表1-2）。构成沉积岩的主要矿物为陆源碎屑矿物和自生矿物。

**1. 陆源碎屑矿物**

陆源碎屑矿物为母岩机械破碎产生的矿物，多数来自火成岩，但火成岩中所有造岩矿物并非都可作为碎屑矿物在沉积岩中保存下来。一般来说，在岩浆结晶晚期形成的矿物如钾长石、酸性斜长石和石英在地表条件下稳定性较大，因而它们既是火成岩的造岩矿物，又是陆源碎屑岩的主要成分，尤其是石英，在沉积岩中的含量可以超过火成岩。至于在岩浆结晶早期高温高压条件下形成的矿物如橄榄石、辉石、角闪石等铁镁矿物，以及基性斜长石，它们在地表的常温常压条件下极不稳定，一般分解转变为次生矿物，个别情况下，以重矿物形式保存在陆源碎屑岩中。

**2. 自生矿物**

自生矿物指在沉积岩形成过程中新生成的矿物，或者是在成岩阶段生成的矿物。前者是由母岩分解出的化学物质沉积而成的，如盐类矿物、碳酸盐矿物以及一部分黏土矿物，这些矿物是在地表常温常压，富含 $O_2$、$CO_2$ 和 $H_2O$ 的条件下生成的，故在沉积岩中含量甚多，在火成岩中极少或没有。后者是沉积物沉积以后，直至发生变质作用之前，在比较高的温度、压力下形成的矿物，如自生的石英、长石、石榴子石、萤石等。这类自生矿物易被误认为岩浆或变质成因的内生矿物，但可借助其产状、形态等加以判别。如自生长石常产于砂岩、石灰岩、泥灰岩及某些泥岩中，晶体为自形或近于自形、完全透明、颗粒小、无双晶、一般无包裹体，只出现简单的单形等。据电子探针及 X 射线衍射确定，自生长石无论是钠长石或钾长石，其成分都是碱性长石及斜长石的固溶体系列的端元成分。自生石英在石灰岩中常呈细小的、柱面发育的自形晶产出。在碎屑岩中，$SiO_2$ 围绕碎屑石英颗粒加大，可以形成次生加大的自生石英。

## 三、沉积岩的结构构造

沉积岩的结构要比火成岩更为多样，其中碎屑结构、粒屑（颗粒）结构、生物结构都是沉积岩所特有的；晶粒结构虽与火成岩的结构相似，但它们形成的热力学条件迥然不同。

极大部分沉积物是在流体（空气、水）中进行搬运和沉积的，因此在沉积岩中常具有成层构造、层内构造以及层面构造，尤其是层理构造，在火成岩中除少数情况（层状火成岩）外很少见到，所以层理构造是沉积岩的基本构造特征。此外，各种层面构造、缝合线、叠锥、结核、叠层构造等也都是沉积岩所特有的。

由于沉积岩是在地表或接近地表的压力条件下形成的，因而沉积岩可具有各种各样的孔隙，而结晶岩一般均缺乏原生孔隙（曾允孚和夏文杰，1986）。

# 第三节　沉积岩的分布和研究意义

## 一、沉积岩的分布

沉积岩在地壳表层分布最广，约占陆地面积的 75%，而海底几乎全部为沉积物所覆盖，但随着深度的增加，沉积岩就越来越少了。以体积而言，在厚为 16～20km 的地壳内，沉积岩仅占地壳体积的 5%，而火成岩和变质岩则占 95%。沉积岩在地壳表层的厚度各处不一，有的地区可以厚达几十千米，例如苏联的高加索地区仅中、新生代沉积岩层的厚度就达 28～30km；有的地方则很薄，甚至没有沉积岩的分布，直接出露地表的为火成岩或变质岩。

沉积岩中分布最广的是泥岩、砂岩和碳酸盐岩，它们共占沉积岩总量的 98%～99%，其余的沉积岩及沉积矿产仅占 1%～2%。

地球上沉积物的总体积究竟为多少？有多种估计方法。假定所有海洋中的钠都来源于原始火成岩的淋滤作用，据克拉克 1924 年估计大概需要 0.5km 厚的壳层，就能产生海洋中全部的钠，考虑到有些钠保留在沉积物内及盆地深部的卤水中，如加以校正，火成岩风化壳的厚度应是 0.8km。这个壳层就是沉积物的原始物质来源。它通过氧化作用、水化作用以及二氧化碳的作用还要增加体积，粗略地估计约增加 10%。据戈尔德施密特 1933 年计算，火成岩风化后所形成的沉积物的体积，若按海水中的含钠量计算，估计为 $3 \times 10^8 km^3$，但不同学者的统计有出入（表 1-3）。

**表 1-3　估计的沉积岩的体积**

| 作者及发表年份 | 估计体积 /$10^8 km^3$ |
|---|---|
| 克拉克（Clarke）1924 年 | 3.7 |
| 戈德施密特（Goldschmidt）1933 年 | 3.0 |
| 库南（Kuenen）1941 年 | 13.0 |
| 威克曼（Wickman）1954 年 | 4.1±0.6 |
| 波尔特瓦特（Poldervaart）1955 年 | 6.3 |
| 霍恩（Horn）和亚当斯（Adms）1966 年 | 10.8 |
| 罗诺夫（Ronov）1968 年 | 9.0 |
| 布拉特（Blatt）1970 年 | 4.8 |

## 二、沉积岩的研究意义

沉积岩中蕴藏着大量矿产，不仅矿种多，而且储量大。世界资源总储量的75% ～ 85% 是沉积和沉积变质成因的。石油、天然气、煤、油页岩等可燃有机矿产及盐类矿产几乎全部是沉积成因的；铁、锰、铝、磷、放射性金属及铜、铅、锌、汞、锑等矿产，多属沉积成因或与沉积岩有成因关系。而且很多沉积岩本身就是矿产，如白云岩、石灰岩、黏土岩、盐岩、砂岩等就是重要的冶金熔剂、耐火材料、水泥原料、陶瓷原料、玻璃原料、钻井泥浆原料、化工原料、建筑原料等。

沉积物和沉积岩还与地下水资源的开发利用，以及工程建设的规划和设计有密切关系。

研究沉积岩还有重大的理论意义，因为沉积岩在地质历史中延续时间长，地壳中岩石最老年龄为 46 亿年，而沉积岩最老年龄就是 36 亿年，其中有生命记录的岩石年龄约为35 亿年。所以沉积岩是研究地球发展和演变，以及生命起源和进化的宝贵资料。

# 第四节　沉积岩石学的研究内容和方法

## 一、沉积岩石学的研究内容

沉积岩石学是在 19 世纪初期发展起来的。早期的沉积岩石学研究仅限于岩石的描述、鉴定，作为地层划分和对比的依据之一。近 20 年来，它的研究内容已深入到以下几方面。

（1）研究沉积岩（物）的物质组分、结构、构造、分类、命名、岩体产状和岩层之间的接触关系，为阐明其成因与分布规律提供依据。

（2）研究沉积岩石的形成机理，包括风化、搬运、沉积和成岩作用等。着重对成岩作用进行较为深入的研究，成岩作用可以影响沉积岩的成分、结构及其他许多性质，与石油、天然气、层控矿床的形成有很大的关系。

（3）沉积环境和沉积相的研究。根据沉积岩岩性、沉积构造、古生物和地球化学等多种沉积相标志及其时空分布特点的综合分析，恢复沉积岩形成时的古气候、古地理、古介质和古构造等条件。还可借助现代沉积环境模式，如选择典型的现代沉积区，进行系统的观察和测量，建立起现代沉积模式，恢复古代沉积环境和沉积相模式，为地层学、古地理学、层序地层学、地球化学、矿床学以及油气地质学等提供沉积地质基础，为矿产资源普查和勘探提供坚实的地质依据和科学信息。

（4）室内模拟试验的研究。利用室内水槽模拟自然界的沉积作用过程。进行水力学试验，研究沉积作用机理，进一步说明不同沉积动力学条件下沉积物表面的种种特征和分布状况，例如模拟床沙运动和底形以及各种类型水流层理的关系，模拟不同类型流水的发生、运动和对沉积物的响应等。

（5）研究沉积岩的形成演化与地质灾害之间的关系，科学地对相关自然灾害进行预测。

## 二、沉积岩石学的研究方法

沉积岩石学的研究方法包括野外和室内两个方面，野外和室内要紧密结合。野外研究很重要，是室内研究的基础，室内研究是野外研究的继续和深入，定量化的分析和综合研究是使沉积岩石学不断向前的有效方法。

要重视野外工作，通过野外研究可以初步鉴定沉积岩的岩性、沉积构造，测量岩层厚度、产状，观察岩层之间的接触关系以及其他成因标志。并将所观察到的内容作详细的记录，尽可能编制剖面图，然后根据这些资料，结合其他学科的知识，对沉积岩的成因、沉积环境等进行解释和判断。

在室内研究中，显微镜薄片法是最主要、最基本的方法，通过岩石薄片可以对岩石成分、结构构造、孔隙、成岩特征等进行分析、鉴定和岩石定名。铸体薄片和图像分析应用于储层储集空间研究，包括孔隙类型、孔隙含量、孔隙连通性、喉道的分布情况、孔喉关系等。通过荧光薄片可以分析岩石中烃类的产状和含量，主要应用于石油勘探中对生油岩成熟度的判别、油气在储层内的运移方向的确定、油水界面的判别。

还可将手标本磨成光面观察野外看不清的沉积构造等。此外，室内研究还有以下各种专门方法。

### 1. 粒度分析

对松散的碎屑沉积物以及易解离的碎屑岩，可采用直接测量、筛析、沉降分析等方法，对固结的岩石可采用薄片法测量碎屑颗粒的大小。测量和分析所得的数据可用图解法、矩法、图算法等进行处理，求出粒度参数，编制粒度参数离散图解、C-M 图解等，分析沉积岩的形成环境，划分对比地层。

### 2. 重矿物分析

沉积岩中相对密度大于 2.86 的重矿物可用重液（三溴甲烷或杜列液等）分离出来，进行矿物鉴定和数量统计，可以提供地层对比和古地理研究资料。

### 3. 热谱分析

热谱分析是利用矿物在加热过程中发生热效应鉴定矿物的一种方法，适用于黏土矿物、碳酸盐矿物及铁、锰、铝氧化物的鉴定。目前最常用的是差热分析与失重分析法。

### 4. X 射线衍射全岩及黏土矿物分析

对于黏土岩中的黏土矿物，碎屑岩填隙物中的矿物，碳酸盐岩中的不溶残余物，采用此法可以准确地鉴定其矿物成分及黏土总量。为研究泥岩中黏土成岩演变与有机质演化的关系、油气生成和运移的时间、深度等提供大量基础数据；提供储层中黏土矿物组合特征及成岩标志，为储层性质和成岩演变提供大量基础数据。

### 5. 红外光谱分析

主要对碳酸盐岩及黏土岩的矿物成分鉴定有一定的效果。如沉积物和沉积岩中碳酸盐含量，对于碎屑岩油层，碳酸盐参数可反映岩石胶结物的性质；对于碳酸盐岩，碳酸盐参数是对岩石进行分类定名的依据。

### 6. 扫描电子显微镜研究

电子显微镜的放大倍数可达几万至几十万倍，它可以观察小于 $1\mu m$ 的质点。所以对研究细粒的沉积岩，如燧石、黏土岩以及砂岩和碳酸盐岩的颗粒、填隙物等能取得良好的效果。在储层研究中，可以对储层样品微观形貌特征进行分析，包括晶体形态及晶体间相互关系；观察微观孔隙结构、孔隙胶结特征及次生矿物的发育特征，包括黏土矿物种类、次生矿物发育特征及生长期次、矿物成分等。

**7. 原子吸收光谱和 X 射线荧光光谱分析**

可以测定沉积岩中的主要化学成分和微量元素含量。

**8. 阴极发光显微镜**

其原理是用电子束轰击薄片中的矿物，导致发光，显示沉积岩中普通偏光显微镜无法观察的矿物及显微结构构造现象，如次生加大、矿物形态及不同时期、环境的胶结物特征等细节情况。

**9. 碳、氧、硫、氢、锶等稳定同位素分析**

用于研究沉积岩的形成条件，如推测古气候、古温度、古盐度和成岩条件等。近年来，碳酸盐岩碳、氧、锶同位素分析技术受到重视，可计算碳酸盐岩形成温度，判别成岩环境。

**10. 微区元素分析和微区同位素分析**

微区元素分析技术已形成从主量和次量组分到痕量和超痕量组分分析的一个完整技术体系，包括电子探针（EMPA）、核探针（SNM）、同步 X 射线探针（SRXRM）、二次离子探针质谱（SIMS）以及激光剥蚀等离子质谱仪（LA-ICP-MS）。微区同位素分析技术包括激光显微取样、碳氧同位素分析技术、多接收激光等离子质谱分析技术（LA-MC-ICP-MS）和热电离子同位素比质谱分析技术（TIMS）。这些实验技术的应用，为沉积成岩作用、蚀变过程及流体性质等研究提供了强有力的手段。

此外，还采用水槽模拟实验，模拟浊流以及层理等原生构造的形成机理。这些新技术、新方法的引进，是促进沉积学发展的重要原因之一。

# 第五节　沉积岩石学的发展简史及现状

## 一、沉积岩石学的发展简史

人们对沉积岩的认识和利用可以追溯到旧石器时代。勤劳智慧的中国劳动人民，远在3000多年前的商代，就已经采用陶土烧成各种彩陶，汉代以后更广泛地开始使用煤、石油、石盐和石膏，例如石油在东汉时就已有记载，当时叫做"古漆"，说它"燃之极明不可食"。俄罗斯石油地质学家在《石油的形成》一文中就谈到中国四川自贡一口自流井流出的石油呈乳白色。由于对沉积矿产的应用以及实地考察，沉积岩方面的科学知识在中国早已萌芽，有云："高山石中犹有螺蚌壳，或以为桑田所变。"这不但说明了沉积岩的成因，而且也认识了沉积岩中的化石，比欧洲在1517年第一次认识化石的人——达·芬奇（Da Vinci，1452～1519）要早七八百年。此外，宋朝著名科学家沈括的《梦溪笔谈》、朱熹的《朱子语录》、明末宋应星的《天工开物》、明末清初徐霞客的《徐霞客游记》等著作，对某些沉积岩及其成因都已有正确的描述。

沉积岩石学发展为一门独立的地质科学，则是19世纪以后的事，它最初附属于地层学。英国地质学家索比（Sorby，1826～1908）被称为"近代沉积岩石学的奠基者"，他不仅首先运用显微镜研究沉积岩，而且对"石灰岩的构造和成因""非钙质成层岩石的构造和成因""利用原生沉积构造重塑古地理环境"等都有精辟的见解。20 世纪以后，法国学者卡耶（L. Cayeux）著的《法国沉积岩》，英国学者米尔纳（H. B. Milner）的《沉积岩石学》，美国学者童豪富（W. H. Twenhofel）的《沉积作用论》与《沉积学原理》，克鲁宾（W. C. Krumbein）和裴蒂庄（F. J. Pettijohn）合著的《沉积岩研究法》都是沉积岩方面的专著。十月革命后的苏联，自 20 世纪 30 年代以来，沉积岩石学也有很大发展，其学说在我国也有很大影响。

　　20 世纪 50～70 年代，沉积岩石学在欧美发展迅速，出版了大量有关沉积岩和沉积学的总结性专著和专业刊物，充分反映了沉积岩石学的研究水平，如裴蒂庄的《沉积岩》，此书在 1975 年已经发行第三版，并译成中文。布拉特（H. Blatt）、米德尔顿（G. V. Middleton）和穆雷（R. C. Murray）合著的《沉积岩成因》（1972），对沉积物的成因，特别是物理和化学沉积作用的机制和过程作了精辟的叙述。德国学者赖内克（H. E. Reineck）与印度学者辛格（I. B. Singh）合著的《陆源碎屑沉积环境》（1973），该书从沉积构造出发探讨沉积环境，也已翻译成中文。英国学者里丁（H. G. Reading）主编的《沉积相与沉积环境》（1978）、美国学者弗里德曼（G. H. Friedman）与桑得斯（J. E. Sanders）合著的《沉积学原理》（1978）、威尔逊（J. I. Wilson）的《地质历史中的碳酸盐相》（1975）也是很重要的著作，反映了现代沉积学的水平。应该特别提出的是库宁（Ph. H. Kuenen）和米格利奥里尼（C. I. Migliorini）于 1950 年发表的《浊流与递变层理的原因》一书，开辟了浊流研究的新篇章。其后，荷兰的鲍马（A. H. Bouma）在库宁指导下研究浊流及复理石沉积物，提出了浊流沉积的特征，即"鲍马层序"，并与布劳威尔（A. Brouwer）合著《浊积岩》一书，对浊积岩的研究有一定的指导意义。60 年代中期希曾（B. C. Heezen）提出等深流（contour current）沉积。70 年代凯林（G. Kelling）提出的风暴岩（tempestite）沉积，被认为是继浊流沉积之后沉积学领域的重大发现。迪金森（W. R. Dickinson）的《板块构造与沉积作用》（1974）一书，则是从板块构造出发进行沉积作用与沉积盆地方面的研究，这是板块构造与沉积作用结合起来的一本代表作。20 世纪 80 年代至今，沉积岩石学发展到沉积学阶段。沉积学是系统研究沉积作用、沉积过程和沉积岩形成机理的一门学科。全球深海钻探、板块构造学说的兴起发展，大大促进了沉积学的发展。人们加强了对深水沉积，如等深流、风暴流、深水潮汐等沉积作用的研究，加强了沉积储层研究成果在沉积矿产资源勘探开发中的应用。最大的特点是与沉积学、沉积岩石学交叉的学科大量出现，如实用沉积学、层序地层学、地震沉积学、资源沉积学、环境沉积学、大地构造沉积学、事件沉积学、全球旋回地层学、大陆动力沉积学等。这一时期除了学科交叉，还表现在新概念的提出，新技术、新方法的应用和理论的逐步完善以及能源勘探开发成效等方面。

　　目前沉积岩与沉积学方面的专业刊物有：① *Journal of Sedimentary Petrology*，1931 年开始发行，在美国出版，1993 年期刊改名为 *Journal of Sedimentary Research*；②《沉积岩石学和沉积矿产》，1963，苏联；③ *Sedimentary Geology*（《沉积地质学》，1962，荷兰）；④ *Sedimentology*（《沉积学》，1962，英国）；⑤ *Clay Mineral*（《黏土矿物》，英国）；⑥ *Clay and Clay Mineral*（《黏土和黏土矿物》，美国）；⑦ *AAPG Bulletin*（1916，美国）；⑧ *Geology*（《地质学》，澳大利亚）；⑨ *Marine Geology*（《海洋地质学》，1962，荷兰）；⑩ *Journal of Palaeogeography*（中国，2012）；⑪荷兰的爱思唯尔（Elsevier）出版

公司出版发行的《沉积学的进展》专辑，以及一些经典著作如 *Sedimentology*（Michael Mclane，1995）、*Sedimentology*：*Process*，*Product*，*Basins*（Michael R. Leeder，1997）、*Sedimentary Basin*（Gerhard Einsele，2000）、*Principles of Sedimentology and Stratigraphy*（3rd edition）（S. Jr. Boggs，2001）、*Sedimentology and Stratigraphy*（2rd edition）（G.Nichols，2009）、*Introducing Sedimentology*（Stuart J. Jones，2015）、*Petrology and Sedimentology*：*Key Concepts and Applications*（Seymor White，2018）等，也是沉积学方面的重要书籍，极大地推动了沉积岩石学的发展。

我国近代沉积岩石学的研究起步较晚，作为一门独立学科的各种研究工作是在中华人民共和国成立后才发展起来的。1949 年以后，随着国民经济对能源、资源的需求增长，随着石油、煤、金属与非金属沉积矿产的大规模勘探、开发及研究工作的开展，沉积岩石学与地质学的其他分支科学一样，得到了极大的发展。例如，20 世纪 50 年代我国提出的"陆相拗陷生油"理论，对指导以后油气寻找和勘探工作起到重要作用。20 世纪 60 年代以来，我国对黄土的研究成绩显著，特别是黄土的类型及层序的划分，古气候层的发现等都引起了国际同行的注意。20 世纪 70 年代总结了中国外生矿床的形成演化规律，在矿床研究及普查找矿工作中起到了有益的作用。海洋沉积的研究亦取得了不少历史性的发展。总之，沉积岩石学的研究出现了欣欣向荣、百花争艳的局面。为了促进我国沉积岩石学的发展，1979 年中国矿物岩石地球化学学会和中国地质学会共同成立了沉积学会，并于当年 11 月在北京召开了第一届沉积学学术会议，对沉积相、沉积环境和沉积建造、沉积矿床的形成条件和形成规律、沉积岩分类、沉积矿物学、现代沉积、有机地球化学等进行了大规模的、广泛的学术交流，于 1983 年出版了《沉积学报》。2002 年 10 月在中国地质大学（武汉）召开了第二届沉积学学术会议，之后，每隔四年召开一次全国沉积学学术会议。中国矿物岩石地球化学学会岩相古地理学专业委员会成立于 1992 年，分别于 1999 年和 2012 年出版了《古地理学报》和 *Journal of Palaeogeography*，每两年定期召开一次全国古地理学及沉积学学术会议，至今已经举办了十五届会议；还于 2013、2015、2017、2019 年召开了四届国际古地理学学术会议，在此基础上，冯增昭教授发起并组织成立了国际古地理学会。这些学会还相继召开过碎屑岩、碳酸盐岩、黏土岩、白云岩、现代沉积等方面的专门学术会议，并结合能源、资源、环境、灾害等方面的研究，为我国沉积岩石学和沉积学的发展和国民经济建设作出了贡献。国内 20 世纪 80 年代以来，诸多学者编写的《沉积岩石学》教材出版，1992 年吴崇筠编著的《中国含油气盆地沉积学》、2013 年冯增昭编著的《中国沉积学》（第二版）等专著的出版，以及大量研究沉积岩的学术论文发表，充分反映了我国近期与国际沉积岩石学和沉积学同步发展的新水平。

## 二、沉积岩石学的现状

目前，沉积岩石学的现状大致可归纳为以下几方面。

（1）沉积岩石学的研究已摆脱了以描述为主要内容的阶段，进入定量统计、成因规律、形成机理及其数值模拟、沉积动力学机制等方面的研究。

（2）各类沉积岩的研究均大有进展。碳酸盐岩特别是白云岩的认识更全面深入，冷水碳酸盐岩研究受到关注和重视。微生物碳酸盐研究成为碳酸盐岩研究的热点。另外，对碎屑岩、泥岩、硅岩、盐岩和磷质岩等也有不少新认识。

（3）研究领域扩大了，不仅研究古代沉积岩，也研究现代沉积物，在现代沉积物研究中，不仅研究大陆和浅海沉积物，而且也研究深海沉积物。现代沉积研究是沉积岩石学向沉积学发展的突破口，现代湖泊沉积、现代生物礁沉积、现代三角洲沉积、现代河口湾沉积及现代潮坪沉积等方面都有较好的成果，还不断引入无人机、空中激光雷达、探地雷达、深海锚系沉积过程监测装置及声学测速设备等测试新技术和新方法。研究视角扩大，不仅研究区域沉积岩，也研究全球沉积岩，源－汇系统研究受到重视。例如，出现以整个地球为对象，即从全球空间分布和其历史演化来研究某一地质时代（如白垩纪）的沉积特征和历史变迁的研究热潮，名曰"全球沉积学"。

（4）沉积物的沉积后作用是当前沉积学研究领域中的热点之一。它和石油、天然气、地下水以及各种层控矿床有密切的关系。在这一领域的研究已有许多重要成果，但是到目前为止，系统的总结性研究还不够深入。

（5）对沉积环境及沉积相的研究更加细致深入。定量化的岩相古地理图件和专著的出现，标志着岩相古地理学开始进入了定量化阶段，这是一个重大的进展（冯增昭，1994）。用于判断沉积环境的相标志，不仅有传统的方法，如成分、沉积构造、粒度分布、重矿物组合等，而且出现了新方法，如地球化学法、同位素法、地球物理法、数理统计法，还可用遗迹化石、生物标志化合物等特征来确定沉积环境和沉积相。学科的交叉渗透更加凸显。对巨型盆地、巨型沉积学的研究，沉积盆地与板块构造、同生断裂相结合的研究，开阔了视野，取得了可喜进展。各种相模式的提出促进了对沉积环境和沉积相的研究，但是随着理论研究和技术手段的不断深入，发现一些早期的经典相模式并不符合所有地质情况，需要不断完善和系统化研究。

（6）新型沉积矿床的发现和成矿理论、成矿模式的提出，把沉积学引向更加实际，为社会、为国家建设服务的道路，并取得了较大的进展。如各种火山沉积矿床的发现，红海热卤水及有关矿床的研究，现代含铜沼泽，浊积岩中的石油及铜、锰、铁等矿床，黑色页岩中的多金属矿床的发现，生物成矿作用的研究，以及各种成岩成矿模式的提出等，均促进了对沉积成岩矿床的发现和研究。

（7）极端地质事件与人类生存环境关系紧密，因此，诸如海啸事件沉积、块体搬运沉积及地震与火山事件沉积，也越来越受到人们的关注。

# 第六节 沉积岩的分类

岩石的分类应遵循反映成因和便于应用两个主要原则。在此基础上尽量做到明确清晰而有逻辑性。

沉积岩分类的依据是岩石的成因、成分、结构、构造等。由于它的多样性，因此必须采用多级分类的方法，一般是以沉积物的来源作为基本类型的划分准则，而以沉积作用方式、成分、结构、成岩作用强度等作为进一步划分的依据。应特别强调，各类火成岩之间在成分、成因上关系密切，可以采用共同的分类原则，而各类沉积岩都有各自的成因特征，成分上差别也较大。所以，沉积岩的分类着重于各大类岩石的划分，如砂岩的分类、碳酸盐岩的分类等。

根据以上原则，本书把沉积岩分为基本类型和其他类型两大类，再划分出火山源沉积岩、陆源沉积岩、内源沉积岩和其他沉积岩（表1-4）。

表 1-4　沉积岩的分类

| 基本类型 | | | | | | | 其他类型 |
|---|---|---|---|---|---|---|---|
| 火山源沉积岩 | 陆源沉积岩 | | 内源沉积岩 | | | | 其他沉积岩 |
| | 碎屑岩 | 黏土岩 | 蒸发岩 | 非蒸发岩 | 可燃性有机岩 | | |
| 火山集块岩<br>火山角砾岩<br>凝灰岩<br>熔结火山碎屑岩 | 砾岩和角砾岩<br>砂岩<br>粉砂岩 | 高岭石黏土岩<br>蒙脱石黏土岩<br>伊利石黏土岩<br>泥岩<br>页岩 | 石膏、硬石膏岩<br>石盐岩<br>钾镁盐岩 | 碳酸盐岩<br>硅岩<br>铝土岩<br>铁岩<br>锰岩<br>磷酸盐岩 | 煤<br>油页岩<br>地蜡<br>地沥青<br>石油<br>天然气 | | 陨石岩<br>铜质岩<br>沸石岩<br>海绿石岩<br>硫岩<br>铀岩 |

**1. 火山源沉积岩**

主要由火山喷发提供的碎屑物质就地堆积或流动形成的岩石，包括火山集块岩、火山角砾岩、凝灰岩、熔结火山碎屑岩等。

**2. 陆源沉积岩**

岩石的物质成分主要来自陆源的风化产物，又可分为：①碎屑岩，主要由母岩机械破碎形成的碎屑物质组成，如砾岩和角砾岩、砂岩和粉砂岩；②黏土岩，主要由母岩化学分解形成的含水铝硅酸铁矿物（黏土矿物）组成，大部分属陆源成因，但亦有少部分是沉积过程中新生成的。

**3. 内源沉积岩**

物质成分直接来自沉积盆地中的化学物质和生物化学物质，但其前身可能是陆壳的化学风化产物，或火山活动产物，按成分又可分为：①碳酸盐岩，主要由碳酸盐矿物构成，有石灰岩、白云岩及其过渡类型，其沉积方式除少数属化学、生物化学沉积外，大部分是受机械作用或生物因素控制的；②硅岩，主要由硅质矿物（蛋白石、玉髓、自生石英）组成，可以是生物、火山沉积成因，或成岩过程中交代形成，前者如硅藻土、碧玉，后者如燧石；③铝土岩、铁岩、锰岩和磷酸盐岩，其沉积方式与碳酸盐岩相似，可以是机械沉积、生物沉积或化学沉积；④蒸发岩，主要由盆地中的盐类物质通过蒸发作用发生化学沉淀形成，如岩盐、石膏和硬石膏；⑤可燃性有机岩，主要由生物残体或遗体通过生物化学作用形成，如煤、油页岩、地蜡、地沥青、石油、天然气等。

**4. 其他沉积岩**

岩石的物质成分主要来自其他来源的产物，包括由宇宙来源的陨石组成的沉积岩，称为陨石岩等。

# 第二章　沉积岩物质的来源

## 第一节　概　　述

沉积岩的形成有如下过程，即出露于地表的岩石经过风化形成沉积造岩物质，这些物质在各种地质营力作用之下被搬运、沉积形成沉积物，沉积物经过成岩作用成为沉积岩。

上述沉积岩的形成过程，发生在地表或接近地表之处，所以易于被人们观察和分析研究，直观印象深刻。然而，在论述沉积造岩作用全过程时，阐明如下几点是必要的。

**1. 沉积造岩物质的多源性**

除地表母岩风化产物及生物提供的物质外，尚有来自地下和来自宇宙的各种物质，后两方面的意义近年来已愈加受到重视。

**2. 沉积物质搬运和沉积条件的多样性**

不同的搬运和沉积介质，动力条件的复杂性以及被搬运物质本身状态的不断改变，再加上自然界搬运与沉积的多轮回演变，使得沉积物质和沉积岩的种种指示性标志叠加共存。这种情况既显示了多源信息混杂的复杂性，又显示自然环境时空统一的综合性。

**3. 沉积后作用阶段热动力边界条件的随机性**

沉积后作用不同阶段的热动力边界条件是不一样的，它是随机变化的，这样使沉积后作用变得更为复杂。

一般沉积岩造岩物质的来源有以下四种类型：①母岩风化作用形成的沉积物，即陆源碎屑及黏土物质；②生物成因的沉积物，即生物残骸及有机质；③深部来源的沉积物，即火山碎屑物、深部来的卤水、温泉水、喷气物质等；④宇宙来源的沉积物，即陨石及宇宙尘埃。虽然沉积造岩物质有几种不同的来源途径，但母岩风化作用所提供的物质是最主要的，本章将其作为重点加以阐述。

## 第二节　母岩风化提供的物质

出露于地表的各类岩石（火成岩、沉积岩、变质岩），经风化作用产生的碎屑物质、黏土物质和溶解物质，它们通过不同方式迁移聚集，为形成各种各样的沉积岩准备了物质条件。

同时，在海底也发生着类似的作用，这种作用通常发生在含盐度高的海水介质中。悬浮于海水中或沉于海底的矿物颗粒与海洋底层水之间发生的各种化学作用，通常被称为海解作用。海底的物理化学环境与大陆颇不相同，主要表现在含盐度和 pH 高，并且温度低、压力高，这就使得在大陆环境下稳定的物质，到了海底就要转化。同时海底火山喷发的物质也要发生变化，最常见的变化有黑云母变为海绿石，火山灰变为蒙脱石和沸石，等等。有人认为深海红色软泥也是海解作用的结果。

地壳表层的岩石，在水、空气、太阳能和生物的作用和影响下，发生机械破碎和化学变化的作用，称为风化作用。风化作用的趋势是使原先生成于温度、压力较高环境下的岩石（母岩，即火成岩、变质岩及早先生成的沉积岩）发生物理的和化学的变化，以适应地表低温、低压，以及富含 $H_2O$、$O_2$、$CO_2$、有机质等的环境，因而可使母岩的体积增大，密度减小，最后松解和分解成物理的和化学的风化产物。风化作用按其因素和性质分为物理风化作用、化学风化作用和生物风化作用。

物理风化作用是使母岩发生机械破碎，而化学成分极少或根本不变化的风化作用，又称为机械风化作用。引起物理风化的主要因素有温度的变化、盐晶作用、冰劈作用、植物的根劈作用、动物的钻孔活动、重力作用、应力效应以及水、风和冰川的机械破坏作用等。物理风化作用主要发生于严寒的极地，气候干燥、温度变化强烈的沙漠区，永久积雪的高山地区等。其产物主要是碎屑物质。

化学风化作用是不仅使母岩破碎，而且使其矿物成分和化学成分也发生本质的改变，直至形成在地表条件下稳定的矿物组合的过程。引起化学风化的主要因素是 $O_2$、$H_2O$、$CO_2$、有机酸等。其进行方式有氧化作用、溶解作用、水化（水合）作用、水解作用、碳酸盐化作用，以及离子的带出作用和生物化学分解作用等。

生物风化作用是生物对岩石、矿物产生机械的和化学的破坏作用。生物对母岩的破坏方式既有机械作用（如根劈作用），也有生物化学作用（如植物细菌分泌的有机酸对岩石的腐蚀作用），既有直接的作用，也有间接的作用。生物风化作用可发生于任何地区，但以生物繁多、植被发育的温湿地区最强烈。生物特别是微生物的化学风化作用是很强烈的，它不仅可腐蚀和分解岩石，并能从母岩中吸取某些物质，转化为有机化合物，对某些金属矿床的形成也有一定意义。

以花岗岩的风化为例，可看出其变化过程及其产物（表2-1）。从表中可以看出，岩石的风化产物按其性质分为三类：①碎屑物质，这是母岩机械破碎的产物，如表2-1中的石英砂粒、云母碎片及锆石重矿物等。这类物质除未遭受分解的矿物碎屑外，还有母岩直接机械破碎而成的岩石碎屑。②黏土物质，这是母岩在分解过程中残余的或新生成的黏土物质，它们常是化学风化过程中呈胶体状态的、不活泼的物质，如 $Al_2O_3$、$SiO_2$ 等，在适合的条件下就形成黏土物质。所以可称作"化学残余物质"或"化学风化矿物"，也有部分黏土物质是机械磨蚀的碎屑物质。③溶解物质，主要是活泼性较大的金属元素，如 K、Na、Ca、Mg 等呈离子状态形成真溶液，而 Al、Fe、Si 等的氧化物呈胶体状态形成胶体溶液。它们在适当的条件下就形成化学沉淀物质。

当上述三类风化物质分别沉积时，就构成三大类沉积岩的基本物质：碎屑物质构成碎屑岩的主要成分，黏土物质组成黏土岩，溶解物质则组成化学岩和生物化学岩。

表 2-1 花岗岩的风化作用及其产物

| 矿物成分 | 化学组分 | 所发生的变化 | 风化产物 |
|---|---|---|---|
| 石英 | $SiO_2$ | 残留不变 | 砂粒 |
| 正长石 | $K_2O$<br>$Al_2O_3$<br>$6SiO_2$ | 成为碳酸盐，氯化物进入溶液<br>水化后成为含水铝硅酸盐<br>少部分 $SiO_2$ 游离出来，溶于水中 | 溶解物质<br>黏土<br>溶解物质 |
| 更长石 | $3Na_2O$<br>$CaO$<br>$4Al_2O_3$<br>$20SiO_2$ | 成为碳酸盐，氯化物进入溶液<br>成为碳酸盐，溶于含 $CO_2$ 的水中<br>}同正长石 | 溶解物质<br>溶解物质<br>黏土<br>溶解物质 |
| 白云母 | $2H_2O$<br>$K_2O$<br>$3Al_2O_3$<br>$6SiO_2$ | 残留不变 | 云母碎片 |
| 黑云母 | $2H_2O$<br>$K_2O$<br>$Al_2O_3$<br>$6（Mg，Fe）O$<br>$6SiO_2$ | 水溶液<br>成为碳酸盐，氯化物进入溶液<br>成为含水铝硅酸盐<br>成为碳酸盐，氯化物进入溶液，碳酸盐氧化为赤铁矿、褐铁矿等<br>部分 $SiO_2$ 游离出来溶于水中 | 水溶液<br>溶解物质<br>黏土<br>溶解物质及色素<br>溶解物质 |
| 锆石 | $ZrO_2$<br>$SiO_2$ | 残留不变 | 砂粒（重矿物） |
| 磷灰石 | $Ca_5(PO_4)_3$<br>$（F，Cl，OH）$ | 溶解<br>或残留不变 | 溶解物质或砂粒<br>（重矿物） |

## 一、陆源碎屑的形成

各类岩石经风化作用而破碎形成的大小不一的碎屑，称为陆源碎屑。提供这些碎屑物质的先成岩石称为母岩，供给这些碎屑物质的地区称母岩区、陆源区或蚀源区。大陆的陆源区是陆上和海洋中碎屑物质和化学物质最原始的来源，在这里，风化作用和侵蚀作用产生初始沉积物，然后再以底载荷、悬浮质或溶解盐类的方式搬运到沉积环境中沉积，形成沉积物，沉积物再经过埋藏、成岩或石化作用形成沉积岩。

大块的母岩由于温度的变化、晶体生长、重力作用、植物生长、流水、冰川及风等的破坏作用而崩解，形成大小不同的碎屑。

温度变化对岩石的影响主要因为岩石是一种不良导热体，受到日光曝晒时吸热不均匀，其表面膨胀强烈。当昼夜温差较大的时候，便导致岩石的表层与内部的分离而破碎。其次，由于组成岩石的各种矿物及同一矿物晶体不同方向上的热膨胀系数和吸热速度的不同，产生差异膨胀而使岩石和矿物发生崩解。

植物根系的楔插，裂隙中的水结冰而体积增大所产生的冰劈，因重力影响而导致的崩塌，冰川的侵蚀，暴风砂的冲击以及生物的机械破坏都可能使大块岩石解体。在严寒或干旱地区，岩石的上述机械破坏作用是很剧烈的。

**1. 主要造岩矿物在地表的稳定性**

母岩机械破碎的产物不是全都能成为陆源碎屑，只有在表生条件下比较稳定的矿物才能进入沉积造岩过程。以花岗岩为例，能够成为陆源碎屑存在的只有石英、白云母、锆石和部分磷灰石等（表 2-1），长石和黑云母由于在表生带不够稳定而易被分解，即使能够作为碎屑存在，也呈现强烈的风化外貌，只有在特殊的气候和埋藏条件下才有新鲜碎屑存在。可见，在表生条件下，主要造岩矿物的稳定性是不同的。

戈尔迪奇（Goldich）1938 年研究了莫尔顿花岗片麻岩的风化情况后，根据研究材料制定了一个表示主要造岩矿物稳定性的图表（图 2-1），称为矿物在风化中的稳定系列。此系列和鲍温（Bowen）的岩浆结晶反应系列完全相同，仅仅是两者所代表的意义不同。

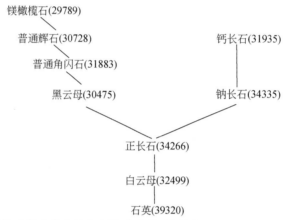

图 2-1　矿物在风化带中的稳定性系列（图中数字是键强度，单位为 J/mol）

图中的数字表示鲍温反应系列中各种矿物的氧和阳离子之间的键强度的总数，近似于矿物的生成能量，单位为 J/mol，从这些数字可以看出，鲍温反应系列下部的矿物，其键强度总数较大，在风化带中稳定性较高。但这些数字也有矛盾的地方，即云母的键强度总数与系列中的顺序不符，这可能是氢氧根存在的缘故，而这种氢氧根的能量效应是未知的。在风化过程中，总的趋向是在较高温度、压力条件下形成的造岩矿物，在地表或近地表的常温、常压条件下不稳定，因而变成新的矿物或矿物组合。

造岩矿物在风化时的稳定性取决于两方面的因素。首先是内因，即造岩矿物对化学风化的稳定程度取决于它的化学成分和内部构造，对物理风化的稳定程度取决于矿物的物理性质，如解理、硬度等；其次是外因，即造岩矿物所处的风化条件，主要是古地理、古气候条件。各种造岩矿物在风化时的稳定性不同，其风化习性和风化产物也不同，简介如下。

（1）石英矿物是在地表最稳定的造岩矿物，在风化过程中几乎只有机械破碎。母岩风化越彻底，风化产物中石英的相对含量越高，则所形成的沉积物的矿物成熟度越高。

（2）长石的风化稳定性次于石英。长石类中，钾长石比斜长石稳定，斜长石中的酸性斜长石又较基性斜长石稳定。因此，在沉积岩中比较常见的碎屑长石是钾长石和酸性斜长石。

钾长石发生化学分解，则依次可形成如下所示的水白云母、高岭石、铝土矿和蛋白石。

$$K[AlSi_3O_8] \longrightarrow K_{<1}Al_2[(Si,Al)_4O_{10}](OH)_2 \cdot nH_2O$$
$$\text{（钾长石）} \qquad\qquad \text{（水白云母）}$$

$$\longrightarrow Al_4[Si_4O_{10}][OH]_8 \longrightarrow \begin{cases} SiO_2 \cdot nH_2O \text{（蛋白石）} \\ Al_2O_3 \cdot nH_2O \text{（铝土矿）} \end{cases}$$
$$\text{（高岭石）}$$

斜长石的风化情况与钾长石类似，常形成一些在风化带中相对较稳定的新矿物，如各种沸石、绿帘石、黝帘石、蒙脱石、蛋白石、方解石等。

总的来说，长石类矿物抵抗风化的能力不强，故在沉积岩中的碎屑长石新鲜者少见，多少都受到风化。若为新鲜的碎屑长石，则需干燥的气候和迅速堆积埋藏的条件，否则就可能是新鲜而自形的自生长石或为火山坠落物质。

（3）云母类中，白云母稳定性较大，故在沉积岩中比较常见。黑云母不稳定，常经过水黑云母、绿泥石，最终变为细分散的氧化铁、氢氧化铁或高岭石等黏土矿物。在海底风化条件下，黑云母可变成海绿石。

（4）铁镁矿物，主要是Fe、Mg及Ca的硅酸盐矿物，如橄榄石、辉石、角闪石等，它们的稳定性比长石要低得多。其中以橄榄石最易风化、辉石次之、角闪石再次之。故这类矿物在沉积岩中含量很少，一般多呈重矿物形式存在。

（5）各种黏土矿物如高岭石、蒙脱石、水云母等，本来就是在风化条件下或者沉积环境中生成的，在风化带中相当稳定。但是，在一定的条件下，它们也要发生变化，转变为更加稳定的矿物，如铝土矿、蛋白石等。

（6）各种碳酸盐矿物如方解石、白云石等，风化稳定性甚小，很易溶于水并顺水转移，因此，在碎屑沉积岩中很难看到它们。只有在干旱的气候条件下，在距母岩很近的快速搬运和堆积中，才可能看到由它们组成的岩屑。

（7）各种硫酸盐矿物（如石膏、硬石膏）、硫化物矿物（如黄铁矿）、卤化物矿物（如石盐）等，它们的风化稳定性最低，最易溶于水，呈溶液状态流失走。

岩石是由造岩矿物组成的，因而各类岩石在风化时的稳定程度取决于它所含的矿物成分。如超基性岩和基性岩，主要成分是易风化的铁镁矿物和基性斜长石，因而易受风化，酸性岩浆岩则相反，因它主要由石英、钾长石和酸性斜长石等稳定性较高的矿物组成，故抵抗风化的能力也较强，不易受风化，中性岩浆岩的风化性质介于二者之间。在沉积岩中，砂岩的主要成分为碎屑石英，不易受化学分解，而以机械破碎为主，黏土岩一般也较稳定，但易碎解呈细小碎屑被搬运，石灰岩在干寒地区以机械破碎为主，在湿热地区则以溶解为主，硅质岩则很难受化学风化影响。

辛道夫斯基（Sindowski）1949年及其他学者研究了重矿物的稳定性问题。他们根据莱茵地区新老不同的阶地中重矿物种类及量比关系得出了重矿物的稳定顺序。应该指出的是，图2-1所列出的稳定顺序只能作为一般性的参考，新老地层中矿物组合的差异可能是多种因素综合影响所致，除与矿物稳定性有关外，并不排除层内溶解等因素的影响。辛道夫斯基在给出重矿物稳定性表的同时，也注意到了这个问题。

柯提斯（Curtis）1968 年认为，在不同的风化条件下和不同的地球化学环境中，矿物的相对稳定性是变化的。也就是说，在某些情况下一种矿物比另一种矿物稳定，而在另外的情况下，则相反。这要视矿物反应的作用物、生成物及介质条件的具体情况而定。因此，上述矿物的稳定性并不是绝对的。

保留下来的稳定矿物即构成陆源碎屑，在特定的条件下，各种稳定矿物共存，即构成陆源碎屑矿物组合。

**2. 陆源碎屑矿物组合**

地表母岩所提供的陆源碎屑可以是岩石碎屑，也可以是矿物碎屑。岩屑是母岩的碎屑，它保留了母岩本身的结构特征。一般粒径较大，是粗碎屑的主要组分。矿物碎屑主要是一些抗风化能力较强的单个矿物晶体，如石英、长石、云母及其他种类繁多的重矿物，是中、细粒碎屑的主要组分。近年来，人们还发现在黏土中也有大量微粒的陆源碎屑。陆源碎屑对于恢复古地理及判别大地构造环境都能提供大量可靠的信息。一般说来，陆源碎屑矿物继承了母岩的性质和特征，沉积物或沉积岩中的碎屑成分首先决定于供给区母岩的岩石类型及其矿物成分。火成岩、变质岩和沉积岩之间的矿物组合差别较大，火成岩具有一系列高温矿物，变质岩具有特征的变质矿物，而沉积岩则以石英、长石及一些稳定的重矿物为主。

早在 20 世纪 30 年代，苏联学者巴图林就曾利用矿物组合推断来源区的古地理环境，这是一项非常复杂的工作，因为在沉积岩或沉积物中，陆源碎屑矿物组合是多种因素造成的综合结果，除与供给区母岩有关外，在搬运、沉积以至成岩过程中，都有不同物质叠加进去，难以分辨，在具体工作中，需通过一系列详细而深入的工作才能识别出来。

## 二、溶解物质的形成

沉积作用是在地表进行的，表生带的物理化学条件特点是常温、常压，富含水、氧气和二氧化碳，而且生物活动强烈。物理化学条件不断发生变化，整个体系是开放的和动态的，即使在局部也很难达到平衡。在高温高压下形成的岩石因在表生条件下而变得不稳定。为了与新的物理化学环境达到平衡，其化学组分发生相应的变化。在大气和水等营力作用下，原来的矿物和岩石破坏和分解，化学组分产生迁移。

**1. 分解岩石的化学作用**

化学作用使组成岩石的矿物发生分解，直至形成在表生环境中稳定的新矿物组合。引起化学风化作用的主要物质是氧、二氧化碳、水和有机酸等。其结果是使一部分被溶解的组分转移到水溶液中，另一部分难溶的组分相互作用，形成新的矿物，母岩部分或全部受到破坏。与化学风化作用有关的几种主要反应有氧化作用、水化作用、水解作用、酸的作用、去硅作用等。

（1）氧化作用。其实质是使母岩中含有变价元素的原生矿物分解，形成在表生条件下稳定的较高价态的氧化物。在大气中（即平流层中），氧的含量占 23%。在水中氧比其他气体更易溶解，其溶解量随温度降低而有所增加，所以在相等压力和碱度的情况下，温水比冷水含氧要少。介质氧化能力的大小以 Eh（氧化还原电位）来表示，其值越高则氧化能力越强。在风化带中，Eh 一般为 $-0.2 \sim 0.7V$。介质的 Eh 与 pH 之间有一定的关系。

一般以氧化还原界面作为氧化作用所达到的深度下界，该界面的 Eh 一般定为零。其上是氧化作用，其下是还原作用。氧化还原界面的深度各处不同，它决定于潜水面的位置、岩石的渗透率、地形和气候条件等，变化范围从几厘米到一千米甚至大于一千米。在地下水位很低、地形切割强烈以及温暖炎热的地区，氧化还原界面很深，而在沼泽地区或常年结冰的地区，氧化界面几乎与地表一致。氧化还原界面的位置还受季节、剥蚀速度等因素的影响。

含 K、Na、Cs、Mg、Al 和 Si 等元素的氧化物受 Eh 变化的影响很小，而一些变价元素（如 Fe、Mo、Cr、V 等）对 Eh 的变化则很敏感。发生氧化作用的多半是含变价元素的原生矿物，如橄榄石、辉石、角闪石、黑云母、硫化物等。铁橄榄石的氧化反应为

$$2Fe_2SiO_4 + O_2 + 4H_2O \longrightarrow 2Fe_2O_3 + 2H_4SiO_4 \longrightarrow$$

（铁橄榄石）

氧化作用的结果表现为岩石颜色的改变和结构的变化。如淡绿、暗蓝色岩石变为黄色、褐色、红色或浅红褐色，黑色页岩风化面为灰白色。强烈氧化的岩石常呈多孔状、蜂窝状，岩石结构变得疏松。

（2）水化作用。水是一种良好的无机溶剂，也是一种活泼的作用剂。在自然界常常发生水参与到矿物晶格中，形成含结晶水的矿物，称为水化作用或水合作用。如硬石膏（$CaSO_4$）经水化后形成石膏（$CaSO_4 \cdot 2H_2O$），赤铁矿（$Fe_2O_3$）转变为针铁矿（$Fe_2O_3 \cdot nH_2O$），长石转变为水云母，等等。此外，溶解作用也被看作水化作用的一种特殊形式。如岩盐层风化时，其中的盐类矿物即转变为溶解物质而被带出风化带。与水化作用相反的一种作用叫脱水作用，该作用在成岩阶段很重要，在风化带中仅在特定的条件下出现，如石膏在浓的 NaCl 溶液中或温度高于 57℃ 时即可脱水变成硬石膏。

（3）水解作用。某些矿物遇水解离成带不同电荷的离子，并分别与水中的 $H^+$ 和 $OH^-$ 发生交换反应，释放出金属阳离子，这种作用称为水解作用。水解的结果引起矿物的分解，$OH^-$ 和矿物中的金属阳离子一道溶解于水而被带出，部分金属阳离子可被胶体吸附。虽然矿物的水解作用可以在纯水中发生，但自然界的水并非纯水，往往含有一定数量的 $O_2$、$CO_2$ 及其他酸、碱物质，它们的存在可以促进矿物在水的作用下发生分解。水解是一种放热反应，并且伴随着反应产物的体积增大。

水解作用也是引起溶液酸碱度（pH）发生变化的重要化学反应之一。溶液的 pH 不仅决定着化学元素迁移的能力，并且影响风化产物的生成。例如钾长石在酸性环境下可以水解形成高岭石，在中性环境下钾长石向水云母转化，在碱性环境下向蒙脱石转化。在各类化合物中，弱酸盐最易水解。因此，在硅酸盐岩和碳酸盐岩发生化学风化时，水解起着极重要的作用。水的离解度随温度升高而增加，50℃时水的离解度比 10℃时约增大 4 倍，所以水解作用也随温度的升高而增强，故热带气候条件下化学风化进行得又快又强烈。

（4）碳酸和其他酸的作用。在碳酸、腐殖酸及其他酸的作用下，母岩中的阳离子被带走，这种作用也叫淋滤作用。碳酸是 $CO_2$ 溶于水产生的，可以呈 $CO_3^{2-}$ 和 $HCO_3^-$ 两种

离子形式，它们对许多矿物特别是硅酸盐和铝硅酸盐矿物的分解起着极其重要的作用。除碳酸作用外，腐殖酸的作用也很重要。生物有机体分解时，可产生腐殖酸，而腐殖酸分解铝硅酸盐矿物，形成易迁移的腐殖化合物而被水带走。腐殖酸不仅能分解矿物，还能使氧化物还原，使难溶的三价铁还原成易溶的二价铁，有助于铁的迁移。硫酸的作用虽大，但分布不广，在有些岩石中，硫酸与周围矿物起反应，生成石膏、泻利盐等易溶的硫酸盐而被水带走。此外，在自然界的水中亦有 HCl，当岩石分解时，阴离子 $Cl^-$ 与各种金属阳离子结合成易溶的氯化物而被带走。

（5）去硅作用。从母岩中带出 $SiO_2$ 的作用称去硅作用。在上述各种作用下，阳离子被带出，残余的 $SiO_2$ 一部分沉淀下来形成各种 $SiO_2$ 矿物，大部分 $SiO_2$ 则被迁移。强碱性介质适于 $SiO_2$ 的迁移，重碳酸盐溶液也是 $SiO_2$ 的良好溶剂，每年由河流搬运入海的 $SiO_2$ 约有 $3.2 \times 10^8 t$。$SiO_2$ 刚从硅酸盐中分离出来时是真溶液，以后即变为胶体。残余的 $SiO_2$ 可与 $Al_2O_3$ 化合，形成黏土矿物。

**2. 母岩分解过程中元素的迁移顺序**

不同的矿物和岩石在不同的条件下，化学风化的难易、快慢亦不同，表现为某些元素的淋失和另一些元素的残积。元素在特定的风化条件下迁移能力的不同，引起了它们的彼此分异。

波雷诺夫 1934 年首先根据河水中元素的含量与河水流经地区岩石中相应元素的含量进行比较，得出了元素迁移的相对活动性，1955 年彼列尔曼在波雷诺夫的研究基础上，提出用“水迁移系数”来衡量元素在风化带中的活动能力（表 2-2）。水迁移系数是指地表水或潜水的干渣中各元素的含量与该区域岩石中相应元素的含量之比值。水迁移系数的计算公式如下：

$$K_x = m_x \cdot 100 / an_x$$

其中，$K_x$ 为元素 $x$ 的水迁移系数；$m_x$ 为元素 $x$ 在河水中的含量（mg/L）；$a$ 为河水中矿物质残渣总量（mg/L）；$n_x$ 为元素 $x$ 在河水流经区域岩石中的平均含量（%）。

$K_x$ 值越大，则元素从风化壳中迁出的能力也越强；相反，则越弱。根据水迁移系数可将风化带中的元素分为五类（表 2-2），式中 $n=1 \sim 9$。

**表 2-2　主要造岩元素或化合物在风化作用过程中的转移顺序及其活动能力**

（波雷诺夫 1934 年发表；转引自彼列尔曼 1955 年论文）

| 迁移顺序 | 元素或化合物 | 水迁移系数 |
|---|---|---|
| 最易迁移 | Cl、Br、I、S | $n \cdot 10 \sim n \cdot 10^2$ |
| 易被迁移 | Ca、Mg、Na、F、Sr、K、Zn | $n \sim n \cdot 10$ |
| 可迁移 | Cu、Ni、Co、Mo、V、Mn、$SiO_2$（硅酸盐中）、P | $n \cdot 10^{-1} \sim n$ |
| 微弱迁移 | Fe、Al、Ti、Sc、Y、稀土元素 | $< n \cdot 10^{-1}$ |
| 几乎不迁移 | $SiO_2$（石英） | $n \cdot 10^{-10}$ |

（1）最易迁移的元素（$K_x = n \cdot 10 \sim n \cdot 10^2$）：Cl、Br、I、S。

（2）易被迁移的元素（$K_x = n \sim n \cdot 10$）：Ca、Mg、Na、F、Sr、K、Zn。

（3）可迁移元素（$K_x = n \cdot 10^{-1} \sim n$）：Cu、Ni、Co、Mo、V、Mn、$SiO_2$（硅酸盐中）、P。

（4）微弱迁移元素（$K_x < n \cdot 10^{-1}$）：Fe、Al、Ti、Sc、Y、稀土元素。

（5）几乎不迁移的元素（$K_x=n \cdot 10^{-10}$）：$SiO_2$（石英）。

水迁移系数受多方面因素的影响，如元素的离子半径、原子价和极化能力等。应该指出波雷诺夫和彼列尔曼等苏联学者探索标定元素迁移能力的思路是可取的，但具体的应用还需更多的实际资料加以充实和修正。

**3. 矿物分解的实例**

地表岩石在上述各种化学作用下，其矿物成分会发生变化。在旧的矿物解体的同时，生成一系列在地表环境下稳定的新矿物。下面以长石矿物的分解为例说明之。

长石是地壳中分布最广的矿物，约占矿物总量的55%。受到各种酸，尤其是碳酸的作用极易发生分解。析出 K、Na、Ca 等阳离子，同时发生水化而逐渐转变为水云母，此时晶体结构由架状变为层状。水云母在酸性介质条件下，继续分解游离出部分 $SiO_2$，并进一步脱 K 而生成高岭石（在碱性介质中则形成蒙脱石）。在湿热的气候条件下，高岭石进一步分解，使其中 $Al_2O_3$、$SiO_2$ 与 $H_2O$ 之间的联系消失，最后形成 $Al_2O_3 \cdot nH_2O$ 和 $SiO_2 \cdot nH_2O$，前者是组成铝土矿的主要成分，后者先形成蛋白石，再转变成结晶状态的玉髓和石英。

# 三、风化壳（土壤层）

母岩暴露地表经上述作用分解和破坏后，部分物质被迁移，而残留的物质则覆盖在未变化岩石的表层，这种物质层在欧美称作土壤层。它往往构成动植物生命的栖息场所和生活环境。如果将这一概念外延扩大，使之包括含有机分子很少的沙漠和极区等处的所有表层物质，它在地球表面构成一个不连续的物质层，则可称其为风化壳。在欧美往往称之为广义的土壤层。

调查表明，风化壳具有垂直分层和水平分带性。在地质剖面上，大致可分为三个层：A 层，或称淋滤层，该层以物质的散失为特征，散失的方法有机械的和化学的。即易溶物质呈溶液状态被带走，细粒风化的矿物和有机质点被水流冲刷掉。B 层，或称淀积层，该层以堆积作用为主，堆积方式有机械的或者化学沉淀的。机械堆积作用主要表现为黏土级物质从 A 层通过一些微细孔隙而被淋滤下来，化学沉淀作用主要表现为一些物质从溶液中析出而沉淀。C 层，这一层包括未经风化的物质或者在深部风化作用条件下的部分风化物质。当然，在实际情况下，上述剖面不一定能发育完全，在沙漠或极区，往往缺失 A 层和 B 层。而且，淋滤作用的存在意味着从采自风化剖面不同层位的样品中，一般不能得出一个简单地从最弱风化物质到最强风化物质的过渡情况。尽管如此，在剖面的某一深度上，某些元素或质点的类型，相对于其他的部位，还是要丰富一些。

风化壳的水平分带，在宏观上，主要决定于气候条件。气候对风化壳发育的影响不仅反映在它的整体特征上，而且也表现在发育于风化壳中的主要黏土矿物成分上。高岭石是酸性的热带风化壳中的标志矿物，它的出现可以说明该处受到强烈的淋滤作用。蒙脱石则形成于碱性条件下。伊利石多半出现在只发生有限淋滤作用的温带风化壳中。绿泥石则出现在干燥区的风化壳中。必须指出，地形、地球化学环境、时间等因素也必然影响风化壳的分带性。

从风化角度来看，玄武岩与花岗岩之间在几个重要的方面都有所不同。玄武岩中的矿物结晶温度比花岗岩中的大约高 300℃，同时是在比较缺水的环境中结晶的。所以玄武岩中的矿物比较容易分解。此外，玄武岩中的晶体比花岗岩中的晶体小，玄武岩可有玻璃基质，这也增加了玄武岩的分解速度。同时，玄武岩含铁总量约 12%，而花岗岩仅含 4%，这样玄武岩在气候潮湿的热带就会很快地发育成一个厚的富铁壳。玄武岩通常直接风化成黏土矿物，氧化铝和富钛氧化铁。黏土矿物是蒙脱石，这一方面是因为钾不够充分，不能够结晶出伊利石，另一方面也因为母岩中铝硅比率较高。由于进一步的淋滤，蒙脱石遭到破坏，一般被高岭石或三水铝石所代替。当气候潮湿时，二价铁便从矿物颗粒中淋滤出来，到了干旱季节便被氧化，并沉淀成难溶解的含水氧化铁。在季节性湿热气候条件下，风化作用的最终产物为钛铁质红土层。如果风化壳中饱气量小、排水条件不好，则二价铁不易被氧化，可呈离子状态被带走，最终产物则为铝土矿。

当然，母岩的影响只表现在风化壳发育的早期阶段或母岩成分极不相同的情况下。如果风化作用十分强烈，像热带雨林的条件下，不同的岩石就会发育成相同的风化壳。

研究风化壳有重要的实际意义，因为风化壳的存在代表一个长期的地壳上升和沉积间断，是地层不整合的主要标志之一。同时，风化壳的发育状况，也可以帮助我们恢复当时的古地理、古气候环境。更重要的是它与某些矿产的成矿作用有密切的关系，如花岗岩风化壳上的高岭土矿，中酸性火山岩风化壳上的膨润土矿，玄武岩风化壳上的红土型铝土矿，基性、超基性岩风化壳上的镍矿等；此外，金红石、独居石、锡石砂矿也常在风化壳上赋存。

## 第三节 其他来源提供的物质

沉积造岩物质的来源是多方面的，除了上节所讨论的母岩风化作用产物外，还有一些其他物质来源。近年来对生物造岩的沉积作用越来越重视，而地下物质与沉积环境的综合作用也引起很大的注意，再有各类宇宙物质在地表的坠落也引起人们的关注。

### 一、生物源物质

生物通过其生命活动可营造起生物体，生物死亡后遗体可在原地堆积盆地中沉积下来，成为沉积岩的一部分。

生物遗体包括两部分：①无机成分为主的生物残骸，即动物的外壳和骨骼，藻类、植物的钙化遗体，属生物的硬体部分，常保存为化石或生物碎片，其成分多为碳酸盐、磷酸盐和硅质，它们是内源岩的主要成分之一。②有机生物残体，即植物和动物的软体部分，主要是 C、H、O、S、N、P 等元素组成的碳氢化合物。它们除部分转化为石油、天然气、油页岩、煤等外，大量呈分散状态赋存于沉积岩中。

在沉积造岩物质的来源中，生物源物质所占比重比较大，不仅生物遗体是沉积岩的主要造岩组分之一，而且其派生产物也可为沉积岩提供大量物质。

生物可以通过新陈代谢作用，在其生活过程中不断从周围介质中吸取成分，并分泌出碳酸钙、二氧化硅、磷酸钙等矿物质骨骼。当生物死亡后，这些骨骼可直接堆积成沉积岩。

例如在热带的浅海地区，珊瑚、海绵、苔藓虫等生物体能分泌碳酸钙质骨骼，使海洋中呈溶解状态的 $Ca^{2+}$ 和 $CO_3^{2-}$ 大规模地转变成固体碳酸钙骨骼沉淀，形成厚达千米以上的生物礁灰岩。放射虫、硅质海绵等能形成硅质壳体的生物死亡后，可堆积成各种生物硅质岩。海水中磷酸盐的存在会抑制碳酸钙的分泌沉淀作用，它往往被吸附在钙盐的表面，这样就中断了碳酸盐的结晶生长，发育成磷酸盐壳，例如现代的舌形贝属就是由磷酸盐组成的。大多数寒武纪腕足类中的无绞纲、软体动物的软舌螺纲，节肢动物的三叶虫纲等都具有磷酸盐构成的壳体，当它们死亡后可形成介壳磷质岩或磷块岩的堆积。

生物遗体也可以被波浪和水流破碎并搬运到一起，为沉积造岩提供物质，如介壳灰岩的形成。煤则是植物遗体在生物化学作用下，发生分解形成泥炭，然后被埋藏，在地质因素的影响下发生碳化作用而形成的。

生物的生命活动也可为沉积作用提供物质来源。近年来，通过对碳酸盐岩的深入研究，发现其中的一些球粒是生物的粪便所构成的。我国西沙群岛的鸟粪层，也构成了很有意义的磷质岩矿产。此外，隐藻类的活动也提供了部分物质来源，叠层石的形成，就属这种情况。

生物死亡后，其遗体分解还可形成大量的有机物，也是提供沉积物质的一个重要来源。研究已证明，沉积成因的黏土岩中，都或多或少地含有部分有机物质。而最有意义的是，这种形式所提供的物质可以形成世界上的重要能源矿产，如石油和天然气。

不仅如此，有机物质还为许多无机造岩物质提供了来源。硫同位素的研究表明，碳质页岩中的一些黄铁矿来源于生物硫。在研究辽河盆地的钻孔时发现，一些砂、泥岩中的钙质层是有机成因的，即当有机酸脱羧或有机物氧化时形成碳酸根，而碳酸根又与氧化钙结合，形成钙质层。

此外，第四纪以来人类的活动也为沉积作用提供了不可忽视的物质来源。例如人们在开采矿山时所挖出的废石、工业垃圾，以及过量采伐山林所造成的水土流失，都会带来一定的沉积物质。由此可见，生物遗体、生物活动乃至生命物质的派生物，都可提供沉积造岩物质。

## 二、来自地下的物质

由火山爆发作用带到地表或水下的火山碎屑物可直接堆积成火山碎屑岩，也可以混入正常沉积碎屑岩中。沿断裂流出地表或水下的热卤水、温泉、热气液等，数量也是可观的。它们对形成某些岩石和矿床，如某些硅质岩、铁质岩等，铅、锌、膏盐等矿床也有较大的意义。

地球作为一个整体，其内部的各部分是相互联系和制约的。地表发生的沉积作用，也不同程度地受到来自地下物质的影响。物质从地下进入地表，其方式是多种多样的，归纳起来主要有以下三种：火山作用、地下水和热卤水作用。

火山活动是一种十分雄伟壮观的自然现象，它为沉积作用所提供的最主要的物质是火山碎屑物。在 1883 年印度尼西亚克拉卡托（Krakatau）岛的一次火山爆发中，火山灰云升至 80km 高空，火山灰飘至几千千米之外。两千多千米外的船上记录了喷发三天后落于甲板上的火山灰尘，细小的火山灰尘布满大气圈上部，并长达一月。在我国许多地方志中，记载了这次爆发飘来的火山灰，在大气中悬浮引起的异常天象（异常的曙暮光和天变色等）。

在整个欧洲和美国也都可以看到天空发红的现象。不仅细粒的火山灰尘可以分布很远，而且粗粒的火山碎屑也可以在较广泛的区域内分布。例如，久野久曾提到，日本箱根火山中央火山口小丘喷出的部分喷出物，将早川的熔岩埋没，并且一直分布到汤本。

火山喷发既可以是猛烈爆炸型的，也可以是宁静溢流型的。这两者都可喷出气体和水，这些气体和水一旦进入地表，就加入到沉积地球化学循环中去了。它们不仅可以与地表物质进行反应，从而成为沉积造岩物质的一部分，而且能以流体的形式成为沉积造岩物质搬运的媒介。

不仅火山作用，地下水的活动也会源源不断地将地下物质带入地表。由于地下水有巨大的侵蚀作用，所以它挟带的物质量也是可观的。据统计，世界上河流每年挟带 $4.9 \times 10^9 t$ 溶解物质运入海洋中，而其中大部分溶解物质来源于地下水，可见地下水所携物质数量之大。此外，在地下水的出口处，还可沉淀出大量物质，如泉华等。

近年来，人们还发现能挟带大量矿物质的热卤水。1961 年在美国加利福尼亚南部的萨尔顿湖附近，在地下 1600m 深处发现温度高达 360℃ 的地下热水。该处地下热水富含 $Cl^-$、$Na^+$、$Ca^{2+}$、$K^+$，并含多种重金属，为一高温含矿卤水。对一个钻孔的研究表明，每月可沉积富含金属的水垢 2～3t，可见其沉积速度之快。1964～1966 年在红海裂谷底部发现若干海下热卤水池。热卤水池的深度为 150m，含盐度高达 25.5%。总之，来自地下的物质，亦可直接作为沉积造岩物质的来源。

## 三、来自宇宙的物质

地球是太阳系行星的一员，在地球上所发生的很多地质事件都与一定的宇宙背景有关。

在沉积岩形成过程中，特别是灾变时期，也经常接受来自宇宙的物质——陨石。从宇宙空间落到地球上的陨石及其尘埃，大小悬殊，从几十克到数千千克，以至数十吨或更大，小者至微粒、尘埃。每年降落较大陨石的数量有几千吨，小的尘埃无法统计。陨石也可加入到沉积物、沉积岩中。近年来有不少资料涉及宇宙因素和沉积造岩物质的关系。现从以下两方面简述之。

### 1. 陨落物质直接构成沉积造岩物质

人类有史以来已目击了大量的陨落现象。世界古老民族都有对这种自然现象的记载。我国早在 4000 多年前就有"雨金于夏邑"之说（见《竹书记年》），春秋《左传》，曾有"五石陨于宋"的记载，《史记·天官书》中也记载了"河、济之间，时有坠星"。记载的资料虽然丰富，但能为人们所见的还只占陨落事件中的极小部分。因为在地球表面有大量荒无人烟的地带，并且地表的四分之三是海洋，即使在人口稠密地区，因为人类活动时间的限制，如季节、昼夜等，所以人们看到并记载下来的陨落现象就很有限。大量的陨落物质湮没在陆地和海洋之中，与地球物质混杂在一起，难以辨识。据统计，每年大约有 500 块陨石撞到地表，但找到的陨石却只有 20 多块。1976 年我国吉林陨落了一场世界上最大的陨石雨，陨落总量约两吨，最大者达 1770kg。

通过对月球的研究，发现月球表面布满了大大小小的陨石坑。专家认为在地球发展史的早期，地球上的陨落事件也像月球一样，相当频繁。然而在漫长的地质过程中，这些陨落痕迹不断地被破坏而消失。所以目前在地表发现的陨石坑还不多，约有一百个，其中保存最好的是美国亚利桑那州陨石坑。

陨石仅是小天体进入地球轨道后经过大气层烧蚀后的残骸。大部分物质在烧蚀过程中呈细尘状弥散于大气之中。它们和一些其他宇宙质点最终都要进入地表。有人估计，每年约有五百万吨陨尘落到地表，而实际数量可能更大。近年来，在海洋沉积物中发现了为量不少的宇宙尘埃，很多地层中也有类似物被发现，说明这些细小的宇宙物质落入地表的现象是很普遍的。

**2. 宇宙因素的影响**

玻璃陨石是一种具有各种形态、颜色的物质。从物质成分上，玻璃陨石不同于火山玻璃（含水量极低、$SiO_2$ 偏高，并含有某些宇宙物质），其成因目前还有争论，大致可归为三种看法：①认为是地球外物质降落在地球上的，即陨石；②认为它是小天体撞击地球上的岩石而形成的玻璃物质；③认为它是火山作用造成的。目前持前两种观点的人数较多，即认为玻璃陨石的形成可能与宇宙因素有关。

玻璃陨石分布在赤道南北一定纬度的范围内，有四个散落区，即北美散落区、莫尔达维亚散落区、象牙海岸散落区和澳大利亚散落区。研究结果证明，每个散落区玻璃陨石的年龄都有不同，其中北美最老（表 2-3）。我国在海南岛亦有玻璃陨石，自古人们就称之为雷公墨，见沈括《梦溪笔谈》。近些年来，人们在地层中也相继发现了玻璃陨石的类似物。玻璃陨石显然是一个饶有兴味的问题。

**表 2-3 四个主要玻璃陨石群**

| 名称 | 地区 | K-Ar 年龄 /Ma | 大致样品数 |
|---|---|---|---|
| 澳大利亚玻璃陨石 | 澳大利亚、菲律宾勿里洞、中南半岛、泰国、苏门答腊及其他东南亚地区 | $0.7 \pm 0.1$ | $n \times 10^5$ |
| 象牙海岸玻璃陨石 | 象牙海岸 | $1.3 \pm 0.2$ | $n \times 10^2$ |
| 莫尔达维亚玻璃陨石 | 捷克（波西米亚，摩拉维亚） | $15.0 \pm 0.3$ | $n \times 10^4$ |
| 北美玻璃陨石 | 美国（得克萨斯、佐治亚、马撒葡萄园岛） | $34 \pm 1$ | $n \times 10^4$ |

此外，在地层中曾发现铱（Ir）异常，其含量远远高于地球上正常的丰度。这些异常主要发生在白垩系顶部的薄层黏土及下寒武统底部的黑色页岩中。有趣的是，古生物学家发现在相当于上述地层的时代，发生了生物大灭绝，恐龙、菊石、箭石都消失了。学者们把这些发生的事件联系起来，认为是宇宙物质撞击地球而造成的直接或间接的后果。

总体来说，与其他来源的沉积物相比，来自宇宙的物质虽然不可忽视，但毕竟有限。

# 第三章　沉积物的搬运和沉积作用

　　地表母岩风化后形成的碎屑物质、黏土物质与溶解物质，除少量残留原地外，绝大部分被搬运到新的场所沉积下来，三者的性质不同，故其搬运、沉积方式也不同。搬运风化产物的自然营力称为搬运营力，主要的搬运营力是流水、风、冰川、重力以及生物等，其中最重要的是流水的搬运作用。

　　一般来说，已形成的原始沉积物质，在外力作用下，离开原地，发生迁移，即物质处于运动状态，称为搬运。物质在搬运过程中，在某时某地处于停止状态，即不移动状态或永远不移动状态者，称为沉积。所以母岩的风化作用及风化产物的搬运作用和沉积作用，是三个连续的阶段，并且是交替进行的。这是因为风化产物在搬运过程中仍可受到磨损、溶解等物理和化学的"风化"作用，有时还很强烈。搬运作用与沉积作用的关系更为密切，因为物质在搬运过程中随时受到搬运和沉积两种因素的作用，故在一起叙述。

　　物质搬运的方式决定于风化产物的性质。碎屑物质、黏土物质通常是以推移和悬移的机械方式进行搬运，其搬运与沉积作用受流体力学定律支配，而溶解物质则以胶体溶液和真溶液方式进行搬运，其搬运与沉积作用受化学、物理化学的定律所支配。因此，研究沉积物的搬运与沉积作用，必须了解流体流动的力学性质及流体与碎屑颗粒之间的力学关系，故简要介绍一些有关流体力学的基本知识。

## 第一节　流体的一些基本性质

　　自然界的物质按其凝聚态可分为固体、液体和气体三类，其中液体和气体统称流体，如水和空气都是流体。流体没有一定的形状，具有极易形变和流动的性质，任何实际存在的流体都具有黏滞性。

### 一、液体的主要物理性质

（一）液体的密度与容重

　　水和自然界其他物质一样具有质量。单位体积内的质量谓之密度，以 $\rho$ 表示，$\rho=m$（质量）$/V$（体积）。

　　水受地球对它的引力而具有重量，以 $G$ 表示，$G=mg$。单位体积内水所具有的重量称为容重（又叫重率），以 $\gamma$ 表示，$\gamma = G/V$。

　　水的容重与密度间的关系为 $\gamma=\rho g$。

### （二）液体的黏滞性

液体内部抗拒各液层之间做相对运动的内摩擦性质，叫做黏滞性。

水在重力作用下沿河道流动时，水流横断面中沿垂线上各点的流速分布是不均匀的（图 3-1a），图中箭头代表各点流速的方向，线段长度代表各点流速的大小。在河底由于分子附着力的作用，流速等于零，离河底越远，流速越大，到水面附近流速最大。由于各水层的流速彼此不同，水层间就会发生相对运动。水层相对运动时，在相邻两水层的接触面上将产生一对等值反向的力，这一对力称为内摩擦力或切力（图 3-1b），图中 $u+du$ 代表流动快的水层（简称快层）的流速，$u$ 代表流动慢的水层（简称慢层）的流速，则两水层间内摩擦力的方向是：对慢层而言，快层作用于它的内摩擦力与水流方向一致，其作用是带动慢层的运动。对快层来说，慢层作用于它的内摩擦力与运动方向相反，其作用是阻滞快层的运动。因此，内摩擦力的作用是阻抗水层间的相对运动。

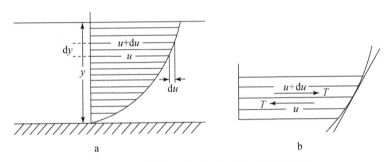

图 3-1　河流横断面垂线方向上的流速分布图

由牛顿提出并经实验证明，水流的内摩擦力 $T$ 与两流层间接触面面积 $A$ 和流速梯度 $du/dy$（沿 $y$ 轴方向单位距离的流速变化值）成正比，并与水的黏滞系数 $\mu$ 有关，而与接触面上的压力无关。这一结论称为牛顿液体内摩擦定律，可用下式表示：

$$T=\mu A \frac{du}{dy}$$

水体单位面积上的内摩擦力称为水的切应力，以 $\tau$ 表示，则：

$$\tau=\mu \frac{du}{dy}$$

以上两式中的 $\mu$ 为反映水的黏滞性大小的系数，称为动力黏滞系数。水力学中常用的是 $\mu$ 与 $\rho$ 的比值，以 $\upsilon$ 表示，即 $\upsilon = \mu/\rho$。亦反映水的黏滞性大小，称运动黏滞系数。

水的 $\mu$（或 $\upsilon$）值是不随流体运动的状态而变化的，但它与温度有很大关系，随温度的升高而减小（表 3-1）。对固体物质的沉积来说，这种温度的影响是重要的，因为黏滞性影响质点的沉降速度是水越冷越黏，则对形变的阻力也越大，因此，固体物质在水中下沉的速度也越慢。沉降速度的变化能使河流挟沙的能力发生明显的变化，并影响到沙-水界面的微起伏。

表 3-1　水的 $\mu$ 和 $v$ 值与温度的关系

| 温度 $t/℃$ | $\mu/(Pa \cdot S)$ | $v/(m^2/s)$ |
| --- | --- | --- |
| 0 | 0.01794 | 0.01794 |
| 10 | 0.01310 | 0.01310 |
| 20 | 0.01009 | 0.01011 |
| 30 | 0.00800 | 0.00803 |
| 40 | 0.00654 | 0.00659 |
| 50 | 0.00549 | 0.00556 |

$\mu$ 还受悬浮物中黏土浓度的影响，黏土与水的混合物的黏滞性称为视黏滞性。视黏滞性大于清水的黏滞性并对悬浮质点的下沉速度有明显的滞迟作用。故在流量和温度都一定的情况下，混浊河流搬运泥沙的能力要比清水河流更大一些。

（三）牛顿流体与非牛顿流体

流体可分为牛顿流体与非牛顿流体。符合牛顿内摩擦定律的流体称为牛顿流体，其切应力与切变速度的关系是直线关系。气体、清水、不含极细颗粒（$d$ 小于 0.02mm）的浑水以及含有极细颗粒但所含颗粒浓度很小的浑水均属牛顿流体。不符合牛顿内摩擦定律的流体称非牛顿流体，如宾汉塑性流体、膨胀流体、伪塑性流体。

所谓服从内摩擦定律，是指在温度不变的条件下，随着 du/dy 变化，$\mu$ 值始终保持一常数，牵引流就属于牛顿流体。若 $\mu$ 值随 du/dy 变化而变，即不服从内摩擦定律，沉积物重力流属于非牛顿流体。牛顿流体与非牛顿流体对沉积物的搬运与沉积机理是不相同的。

## 二、层流和紊流

（一）层流与紊流的特征

层流和紊流是流体的两种流动形态，英国学者雷诺（O. Reynolds）首先从实验中观察到这一物理现象。实验过程中，打开水龙头开关，水箱中的水即沿玻璃管流出，当管中流速较小时，由细管流出的红水呈一线状，并不与管中水流相混合，管中水流的全部水质点是以平行而不相混杂的方式分层流动的，这种流体质点彼此平行分层运动互不混杂、迹线有条不紊的流动称为层流（图 3-2a）。当管中流速增大到一定数值后，红水即向四周扩散，使全部水流着色，这种流体质点彼此之间相互混杂、碰接、迹线紊乱而不规则的流动称为紊流或涡流（图 3-2b）。层流是一种缓慢的流动，紊流或涡流是一种充满了旋涡的湍急的流动，自然界的水流多为紊流。层流和紊流的水力学性质及对沉积物的搬运和沉积特点是不一样的。

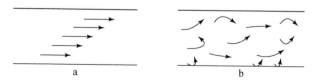

图 3-2　层流和紊流的流动特点（曾允孚和夏文杰，1986）

（二）层流与紊流的判别

雷诺曾用不同管径的管道和不同液体进行试验，发现从一种流态转变为另一种流态时的流速（称临界流速，以 $v_k$ 表示）与流体的运动黏滞系数 $v$ 成正比，而与管径 $d$ 成反比，但是不论 $d$ 与 $v$ 怎样变化，$v_kd/v$ 的值则比较固定，而且是个无量纲数，因此可以用它作为判别流态的标准，并称 $v_kd/v$ 为临界雷诺数，以 $Re_k$ 表示，即：

$$Re_k=v_kd/v$$

有了临界雷诺效的概念，可以提出相应于液体运动的任意流速的雷诺数可用下式表示：

$$Re=vd/v$$

因此，当 $v<v_k$ 时，$Re<Re_k$，水流为层流；当 $v>v_k$ 时，$Re>Re_k$，水流为紊流。

流体运动为什么会存在着两种流态，为什么又会产生层流和紊流的互相转化？因为在液体运动中，液体内部总是存在着维持液体运动的惯性力和阻抗液体运动的黏滞性内摩擦力。这两种力处在不断的变化中。当流速很小时，黏滞性内摩擦力对液体质点的运动起着主导作用，控制质点不作紊乱运动，这时就出现了层流。在流速较大的情况下，维持液体质点作紊乱运动的惯性力对液体质点的运动起着主导作用，使黏滞性内摩擦力失去对质点运动的控制，这时就出现了紊流。因此，所谓雷诺数，就是一种流体的惯性力对其黏滞性内摩擦力的比率，亦即代表着驱动力和阻消力之间的比率。而临界雷诺数，就是运动液体内部这两种力的对比达到使流态起质变的临界值。

对于在圆管中的水流来说，临界雷诺数为 $Re_k=v_kd/v=2320$（实验值）。

对于明渠水流（指河流与人工渠道的水流）上式不用管径 $d$ 而用水力半径 $R$，因 $R=d/4$，所以其临界雷诺数为 $Re_k=v_kd/v=2320/4=580$，自然界河流中的临界雷诺数也用 580。

天然河流中的水流多属于紊流。水流的紊动可使河水中的黏土和粉砂经常处于悬浮状态，大多数砂粒则是间断地处于悬浮状态，致使河流挟带泥沙。而河流中下游的泥沙淤积，往往就是水流速度减慢，紊动减弱的结果。在层流中颗粒的沉积就像在静水中一样容易，而在紊流中颗粒就会不断地遇到涡流的扬举作用，从而阻碍了它们的沉积，因而被搬运走。

## 三、缓流和急流

### （一）缓流和急流的水力现象

大雨过后，积水沿路边流淌。仔细观察可以发现水流有两种现象：①某些地方水面宽阔，流速低，水势平稳，遇到石块等障碍物时，上游水面壅高，随后障碍物上水面跃落，这种水流称为缓流（图3-3a）；②另一些地方，水面狭窄，流速大，水流湍急，遇到石块等障碍物时一涌而过，障碍物上水面升高，而上游水面不受影响，这种水流称为急流（图3-3b）。

图 3-3　缓流（a）和急流（b）示意图

## （二）缓流和急流的判别

缓流和急流的判别标志是弗劳德数（Froude number；$Fr$），它也是一个无量纲数，可普遍用于解释碎屑物质以床沙载荷方式搬运和沉积的过程。缓流、急流的物理意义是水的惯性力与重力之比：

$$Fr = \frac{惯性力}{重力} = \frac{v \times v}{Lg}, \quad 或者 Fr = v / \sqrt{gL} = v / \sqrt{gd}$$

式中，$v$ 为水流速度（cm/s）；$g$ 为重力加速度（cm/s$^2$）；$L$ 为流体流经的距离（cm）；$d$ 为在明渠的水深（cm）。

因此，当水的惯性力 = 重力时，$v / \sqrt{gd} = 1$，亦即 $Fr=1$，水流为临界流。当惯性力 < 重力时，即 $Fr<1$ 时，水流为缓流，代表流速小，水势平稳的水流状态，称为临界下的流动状态，又称下部水流动态，或低流态，这时波的传播速度高于水流速度，意味着波可以向上游传播。当惯性力 > 重力，即 $Fr>1$ 时，水流为急流，代表流速大、水流湍急的流动状态，称为超临界流动状态，又称上部水流动态，或高流态，这时水流向下游的流速大于向上游传播的波速，不可能有向上游移动的波。故欲判断某一实际水流属于何种流动，只需测得平均流速 $v$、水深 $d$ 即可求出 $Fr$ 值，然后据 $Fr>1$ 或 $Fr<1$ 判别水流为急流或缓流。

# 第二节　牵引流的机械搬运与沉积作用

现已发现，自然界存在牵引流和重力流两种流体，两者性质不同，产生的沉积物特征也显然不同。对原始沉积物的搬运以牵引流最常见，如含有少量沉积物的流水（包括雨水、暂时水、河流、湖流、洋流、波浪流、潮汐流、等深流）和大气流等属牵引流，为牛顿流体，它以推移和悬浮方式搬运沉积物。

随着流体中沉积颗粒数量增加，则逐渐过渡为重力流，如水中浓集有大量沉积物的浊流、泥石流、颗粒流等属重力流，为非牛顿流体，主要以悬浮方式搬运沉积物，水流十分混浊。

下面将分别阐述碎屑物质在不同介质中的机械搬运和沉积作用。

## 一、碎屑物质在流水中的搬运和沉积作用

### （一）碎屑颗粒的搬运方式

碎屑物质在流水中的搬运，按其运动状态可以分为推移搬运和悬移搬运两类，这里重点介绍碎屑物质在河流中的搬运。

#### 1. 推移搬运

底层水流对床面或床面附近（2～3 倍粒径）的颗粒以推动的方式搬运时，运动有明显的间歇性，运动一阵，停一停，运动时是推移质，静止时即为床沙，所以推移质的搬运称为推移搬运，或称床沙载荷、底载荷。

当水流绕过床面上的碎屑颗粒时，作用于颗粒的力如下：

（1）水流的正面推力。水流对床面上颗粒顺流向的作用力（称为拖曳力），以 $F_x$ 表示之。

（2）水流的上举力。由于碎屑颗粒间存在缝隙，因此在颗粒下方也有水流流过，但流速很小，而颗粒上方的水流流速较大，根据伯努利（D. Bernoulli）定理，顶部流速快，压力小，底部流速慢，压力大（方邺森和任磊夫，1987）。即在颗粒的上下方产生一个压力差，其方向是垂直向上的，故称上举力，以 $F_y$ 表示之。

（3）颗粒的有效重力。颗粒在水中同时受到重力和水体浮力的作用。由于颗粒的密度较水大，故重力作用大于浮力作用，二者的差值称为有效重力，以 $W$ 表示之。

（4）颗粒间的黏结力。在水中细颗粒表面包裹着一层结合水薄膜，当颗粒相互接触时，水膜会连接起来，在水分子的吸力作用下，颗粒间产生相互黏结的黏结力，以 $F_c$ 表示之。

如图 3-4 所示，$F_x$ 为正面推力，$F_y$ 为上举力，$W$ 为有效重力，以及 $K_1d$、$K_2d$、$K_3d$ 代表 $F_x$、$F_y$、$W$ 的相应臂长。上述几种作用力中，水流的正面推力和上举力是促使碎屑颗粒运动的力，而重力和黏结力是抗拒碎屑运动的力。如果碎屑采取滚动的形式起动，则力 $F_x$、$F_y$ 将构成颗粒的起动力矩，而有效重力 $W$ 则将构成颗粒抗拒起动的力矩，碎屑粒径较粗，可忽略黏结力的作用，或不存在黏结力。当促使碎屑颗粒运动的力或力矩小于抗拒颗粒运动的力或力矩，则碎屑颗粒稳定不动，相反，颗粒就运动了。

推移质颗粒运动的方式有以下几种：

（1）滑动。当颗粒受到的拖曳力比较大，即 $F_x > f(W - F_y)$ 时，式中 $f$ 为摩擦系数，颗粒开始向前移动。在滑动过程中，由于河床表面高低不平，往往会转化为滚动。但无论哪一种方式，颗粒在运动中经常与河床保持接触。

（2）滚动。当正面推力和上举力产生的倾覆力矩大于有效重力产生的抵抗力矩时，前缘的颗粒围绕着后一颗粒的接触点（图 3-4 中的 A 点）而滚动。

（3）跳跃。当颗粒滚动到适当位置时，如图 3-5b 由于颗粒表面的流线曲度加大，颗粒顶部的流速增大，压力相应减小，同时作用在颗粒底部表面上的压力作用面积因颗粒的部分上举而扩大，总的效应是使上举力加大，当上举力大于有效重力时，颗粒将从床面上跳起来，离开床面达到某个高度，并在正面推力作用下向前推进一个距离，以后由于上举力减小，又重新落至床面。此后或停止运动，或再次跳起，运动是间歇性的。

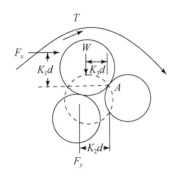

图 3-4　床面砂粒的受力情况
（方邺森和任磊夫，1987）

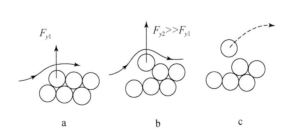

图 3-5　颗粒从起动到跃起的过程
（钱宁和万兆惠，1983）

碎屑颗粒运动时究竟采取哪种形式，与水流强度、颗粒形状、大小和排列方式等一系列因素有关。当水流强度不太大时，一般发生滑动和滚动，当水流强度较大时，大多发生跳跃，当下边有一排排列整齐的颗粒，上边的颗粒完全暴露在水流之中时，颗粒极易起动，并且大多是滑动。当颗粒陷在周围颗粒中间，但大部分仍暴露在水流之中时，颗粒较难起动，如果起动则大多是滚动。当颗粒为周围颗粒所包围，只有一小部分暴露在水流中时，颗粒更难起动，一旦起动则大多是跳跃式的运动，跳跃是推移质运动的主要形式。

实际观察表明，当床沙运动达到一定程度时，床面上的碎屑颗粒除了个别以滑动、滚动或跳跃的形式运动以外，还在河床表面作各种不同形式的集体运动（称沙波运动），从而形成各种床沙形体：有沙纹、沙丘和逆行沙丘或反沙丘等，它们统称为沙波。床沙形体的迁移，即形成各种类型的层理，本书第五章将讨论流水强度、床沙形体与所形成的层理类型的关系。

**2. 悬移搬运**

被水流挟带远离床面悬浮于水中随水流向前运动的碎屑颗粒称悬移质，一般粒径较小。河流搬运的碎屑物质中悬移质占主要部分，冲积平原中的较大河流悬移质数量一般为床沙数量的几十倍或更多，山区小河有的床沙稍多一些，但其总量仍小于悬移质。因此，大量的碎屑物质是通过悬移搬运的，悬移搬运又称悬移载荷。悬移质在水中浮游前进，其轨迹是很不规则的，时而接近水面，时而靠近河床，有时也落到床面上停留，或与床沙发生置换现象，但浮游的持续性一般是相当大的，且沿水流方向前进的速度与水流的速度基本上相同。

碎屑颗粒的密度比水大得多，当它在水中浮游前进的时候，时时刻刻都要受到重力的作用，使它要向河底下沉，为什么却能够较长时期地在水中悬浮并实现其远距离搬运呢？因为一般的江河水流都是紊流，在紊流内部存在着许多大大小小的紊动旋涡，它们不断地从河床产生并上升到水面，因此，处在水境中的碎屑颗粒除了受到重力的作用外，还受到紊流的作用，紊动旋涡不断地将碎屑颗粒从下层水体中抬起来并送到上层水体中去，以与重力下沉作用相抗衡，这种作用可称为紊动扩散作用，碎屑颗粒就是在重力作用与紊动扩散作用的矛盾统一中实现其长时期悬浮和远距离搬运的。

在挟沙水流中，含沙量的分布是不均匀的，越接近河底含沙量越大，越接近水面含沙量越少。因此，虽然就某一时段内的平均情况来说，由于紊流穿过任何一个水平面向上的水体数量等于向下的水体数量，但是因为在水深方向上存在着含沙量的梯度，所以向上的水体较向下的水体挟带更多的颗粒（图3-6），致使紊流中上浮的颗粒总量多于紊流下沉的颗粒的数量，因而导致更多的颗粒呈悬浮状态。

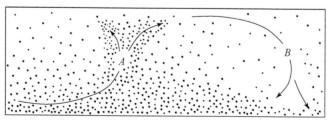

图3-6 使沉积物呈悬浮状态的涡流作用（Doobar 1957年发表）
上升的漩涡（A）挟带的沉积物在单位体积中比下降的旋涡（B）多

因此，当重力作用超过紊动扩散作用而居于主导地位的时候，悬移质向河底下沉的倾向超过向水面上浮的倾向，水流中的碎屑含量将逐渐减少，整个过程表现为淤积。反之，当紊动扩散作用胜过重力作用而居于主导地位的时候，悬移质向水面上浮的倾向超过向河底下沉的倾向，水流中的碎屑含量将逐渐增加，整个过程表现为冲刷。如果重力作用与紊动扩散作用处于暂时相持状态，悬移质上浮与下沉的倾向大致相当，水流中的碎屑颗粒含量将暂时保持不变而出现大体上不冲不淤的相对平衡状态。

### （二）在流水中碎屑颗粒的搬运、沉积与水流速度的关系

碎屑颗粒在流水中的搬运、沉积主要与水的流动状态（层流还是紊流，急流还是缓流）有关，而水的流动状态决定于流速，所以碎屑物质的搬运、沉积与水的流速有关。

颗粒的搬运不仅与水的流速有关，而且还与流水作用在床沙上的剪切力有关。颗粒的密度越大，流体的密度越小，摩擦角越大所需要的剪切力就越大，颗粒的起动搬运就越困难。

尤尔斯特隆（F. Hjulstrom）1936 年研究了碎屑颗粒的侵蚀、搬运、沉积与水流速度的关系（图 3-7），他发现碎屑颗粒的大小（图的横坐标为粒径 $D$ 的对数值）与水流速度（图的纵坐标为流速 $v$ 的对数值）的密切关系，图中表明：

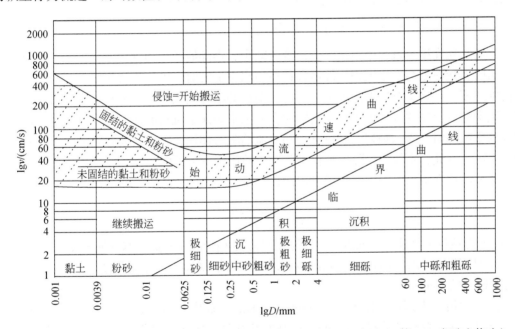

图 3-7　侵蚀、搬运、沉积和流速的关系（据 Hjulstrom 1936 年和 Sundborg 等 1956 年论文修改）
水深 1m 的平坦水槽中石英颗粒发生侵蚀搬运和沉积时与流速关系的图解

（1）颗粒开始搬运（侵蚀）所需要的流速要比继续搬运所需要的流速大，这是由于要使处于静止状态的颗粒搬运不仅要克服颗粒本身的重力，而且还要克服颗粒间相互的吸附力。

（2）0.0625～2mm 的颗粒所需要的起动流速最小，而且起动流速与沉积临界流速间

的差距也不大。因此，砂粒在流水搬运中最为活跃，它们既易于搬运又很容易沉积，所以砂粒常呈跳跃式地搬运前进。最易受侵蚀的为细砂（0.125 ～ 0.25mm），故在河流下游细砂最丰富。

（3）大于 2mm 的颗粒的起动流速与沉积临界流速相差也很小，但是这两个流速值本身却很大，并随着颗粒的增大而增大。所以砾石是很难作长距离搬运的，而多沿河底呈滚动式推移前进。

（4）小于 0.0625mm 的颗粒，它的起动流速与沉积临界流速之间的差值随着颗粒的变小而增大。所以粉砂，特别是黏土颗粒一经流水搬运后，流速即使有较大的改变也难于沉积下来，而是长期悬浮于水体中，大多数被搬运到海洋或湖泊缓慢地进行沉积。另外，细小的物质一旦沉积后又很不容易再呈分散状态进行搬运，即使流速发生较大的改变也是如此。若流速发生很急剧的变化，它们就常被冲刷成为粉砂质或泥质的碎块进行搬运。因此，在河流沉积以及海洋或湖泊的波浪带、潮汐带的沉积中常见冲刷成因的泥砾。

对黏土和粉砂而言，固结的要比未固结的抗侵蚀，侵蚀前者的流速要比侵蚀后者大几至几十倍。侵蚀固结黏土所需的流速甚至超过侵蚀松散的中砾。

（5）当水流速大于 1500cm/s，粒径小于 1000mm 的颗粒均可被侵蚀；当流水速度小于 18cm/s，几乎所有粒径的颗粒都不会被侵蚀。

### （三）在流水中碎屑颗粒的沉积作用

碎屑物质在搬运过程中由于水的速度的减小，当碎屑颗粒的沉降速度大于平均流速的一定值时，颗粒就会发生沉积。碎屑颗粒在静水中下沉时，由于重力作用，开始时具有一定的加速度，随着下沉速度的增加，水流对颗粒的阻力增大，当阻力与有效重力恰好相等时，则颗粒以等速的方式下沉，碎屑颗粒在静水中等速下沉时的速度称为沉速。当碎屑颗粒在水中沉降时，受到颗粒的有效重力和水流的阻力作用，前者促使颗粒下沉，后者阻止颗粒下沉。因此，颗粒的沉降就是在这两种力的作用下进行的。

碎屑物质在流水中的沉降情况可用斯托克斯沉降速度公式表示如下：

$$v = \frac{1}{18} \frac{(\rho_s - \rho_f)gd^2}{\mu}$$

式中，$v$ 为颗粒沉降速度（cm/s）；$\rho_s$ 为颗粒密度（g/cm$^3$）；$\rho_f$ 为水介质密度（g/cm$^3$）；$\mu$ 为水介质黏度（单位为 cp，1cp=0.1Pa·m，20℃时为 0.01cp）；$g$ 为重力加速度（cm/s$^2$）；$d$ 为颗粒半径（cm）。

此公式最早由斯托克斯（G. G. Stokes）1845 年提出。实验表明斯托克斯公式对直径 0.1 ～ 0.2 mm 的颗粒是最有效的。更大的颗粒往往具有比斯托克斯公式算出的更小的速度，这是由大颗粒的沉降速度增加造成的惯性效应。所以，斯托克斯公式不能用来预测砂的沉降，而砂占了沉积物的很重要一部分。沉降速度也随着温度的降低（导致黏度升高）、颗粒密度和球度的降低而降低。另外，流体中悬浮物质越多，沉降速率越低，因为这增加了流体的黏度和密度。

斯托克斯公式是在静水、20℃、水深 1m、介质黏度不变、碎屑为球体、粒度小于 0.1mm、密度相同、表面光滑、颗粒互不碰撞的实验室理想条件下获得的。而自然界的实际情况是与理想条件相差很大的，自然界静水的条件几乎是不存在的。自然界的温度是变化的，温度变化将引起水介质的黏度变化。碎屑颗粒大都具有各种各样的形状。因此，沉降作用要复杂得多。影响碎屑颗粒沉降速度的因素很多，主要有颗粒的形状、水质、含沙量等。从斯托克斯公式可看出：

（1）颗粒的沉降速度与其粒度和形状有关。同类大小和密度的颗粒下沉速度相近（这是按大小沉积分异的基础），球形颗粒下沉最快，片状颗粒下沉最慢，所以片状矿物可搬运很远，故在砂岩中常见到粒径较大的云母片和粒径较小的石英砂粒混在一起，云母片常沿砂岩层理分布。

（2）颗粒的沉降速度与其密度成正比，或与其体重（体积 × 密度）成正比，故在自然界中也就形成了密度大而体积小的矿物与密度小而体积大的矿物沉积在一起的现象。例如在粒径为 1 ～ 2mm 的石英砂中可以伴有 0.7 ～ 1.5mm 的辉石、0.6 ～ 1.1mm 的石榴子石和 0.4 ～ 0.8mm 的金属矿物。

（3）颗粒的沉降速度与介质的黏度成反比，故清水中沉积快，浑水中颗粒沉积慢（易悬浮），致使重力流沉积物常大小混杂，分选不好。

（4）颗粒的沉降速度与含沙量有关。当含沙量很小时，颗粒在沉降中彼此干扰不大，含沙量大到一定程度之后就会影响沉降速度。含沙量对沉降速度的影响，与粒径的粗细关系甚大。粗颗粒在下沉时处于分散状态，流体的黏滞性并不因含沙量的增大而发生改变。但颗粒下沉时诱发的向上水流和激起的紊动造成的影响，以及因浑水容重增大而引起的颗粒有效重力的减少，都使沉降速度比含沙量为零时的同粒径沉降速度小。细颗粒下沉时，含沙量对沉降速度的影响要复杂得多，首先表现在含沙量大则泥沙颗粒彼此靠近，粒间引力也大，容易产生絮凝，使沉降速度随含沙量的增大而增大。

尽管斯托克斯公式与自然界的实际情况有出入，但其公式仍然有着实际和理论意义，如沉积盆地中粒度分布规律，以及不同形状、密度和大小的颗粒混积现象，都能用沉降速度公式来解释，同时沉降速度公式也是机械分析中沉降速度分析法的理论根据。

## 二、碎屑物质在海湖水体中的搬运和沉积作用

陆地表面流水搬运的碎屑物质，大部分都注入海洋，其次是湖泊。海、湖是流水搬运碎屑物质的最终场所。海湖中的碎屑物质，除流水搬运来的以外，还有岸边及水底的破碎物质，有时还有由于风携、冰携，以及海湖水底火山喷发提供的非正常成因的碎屑物质等。当然，流水搬运来的碎屑物质是主要的。

引起海洋中碎屑物质搬运和沉积的营力主要是波浪和潮汐，其次是海流；引起湖泊中碎屑物质搬运和沉积的营力主要是湖浪和湖流。

### 1. 海水中碎屑颗粒的机械搬运与沉积

引起海洋中碎屑物质搬运和沉积的营力主要是波浪和潮汐，其次是海流。

波浪主要由风引起，因此，波浪的大小主要取决于风的大小。波浪作用的下限，即波浪所能影响的最大深度，称作"浪底"，也称作"浪基面"或"波基面"。一般波浪的浪底为几十米，因此，波浪的作用主要限于滨岸的浅水地区。波浪可以分垂直海岸的（横向）运动和平行海岸的（纵向）运动两种，大部分是过渡类型。

当波浪运动的方向垂直海岸，而海底又位于浪底之上，在理想的情况下，波浪只能使海底的碎屑颗粒做一定幅度的往返运动，一个周期以后，颗粒又回到原来的位置。但实际情况并不如此简单。海底常有一定的坡度，当海底碎屑颗粒受波浪作用做往返运动时，不可避免地受重力的影响而向海底较低的地方移动，直到它位于浪底之下为止。因此，海底的碎屑既做往返的运动，也有沿着倾斜的海底向下移动的趋势。一般来说，在平坦倾斜的海底上，在波浪的作用下，海底碎屑物质的运动可出现三种状态：①在远岸的较深水地区，既做往返运动，也做向海方向的运动；②在近岸的浅水地区，既做往返运动，也做向岸方向的运动；③在二者之间，只做往返运动，这就是所谓的"中立带"（图 3-8）。

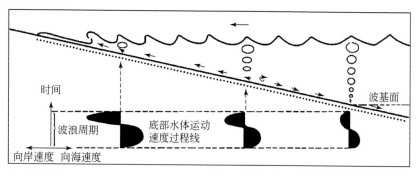

图 3-8　海岸带波浪底部水体运动、粗细物质分布及其与坡降的关系（任明达和王乃梁，1981）

当波浪不垂直海岸，而与海岸斜交，则海底碎屑运动的路线就不再是简单的直线式的往返或移动，而是呈更加复杂的"之"字形运动。其最大特点是波浪作用力方向与重力沿岸分作用的方向不一致，使物质沿着二者之间的合力方向移动（图 3-9）。当波浪前进方向与海岸交角小于 45° 时，使碎屑物质向岸坡下部移动（图 3-9a）；当波浪前进方向与海岸交角成 45° 左右时（图 3-9b），纵向运动速度最快，使碎屑物质平行海岸方向运动；当波浪前进方向与海岸交角大于 45° 时，碎屑物质则向岸坡上部移动（图 3-9c）。

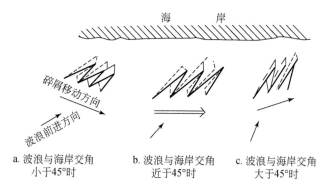

图 3-9　海岸带碎屑物质纵向移动的三种情况（冯增昭，1994）

在纵向运动过程中，若是海岸发生转折，使交角发生复杂变化；或是遇到河口、海湾海水加深处，流速骤减；或是外侧有岬角、岛屿掩蔽体，波速减小等情况，都会使纵向搬运的碎屑物质沉积下来，形成各种形状的海滩、沙嘴、连岛沙坝等沉积体（冯增昭，1994）。

除在正常天气情况下，碎屑物质在横向和纵向波浪作用下的搬运和沉积作用外，还有阵发性的风暴浪将浅海沉积物卷起而重新搬离或搬向海岸，形成风暴沉积物。风暴浪可构成比正常波浪（图3-10）更深的浪基面，即所谓风暴浪基面，其最深可达200m。由于浪基面降低，原正常浪基面附近的沉积物被冲刷，形成侵蚀面，并有粗碎屑充填。风暴回流将所挟带的大量碎屑物质（具有密度流或重力流的性质）从正常浪基面向下可流动几十千米甚至上百千米，继续向下流动就变成深海浊流了。正常浪基面和风暴浪基面之间以碎屑沉积为主，具有牵引流和重力流两种流体机制的沉积特征。风暴浪平息后，又转入了正常沉积作用，一般以细粒悬浮物质沉积作用为主，故风暴流属牵引流和重力流的过渡沉积类型。

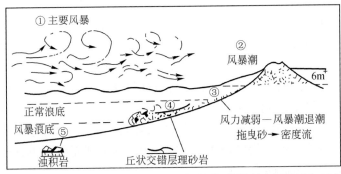

图3-10　风暴浪与风暴潮的形成及其沉积作用关系图解（转引自何幼斌和王文广，2017）

潮汐作用对滨岸地区的碎屑物质影响很大。在潮汐作用带，水体作大规模的涨潮和落潮运动，因此，也使水底的碎屑物质作相应的往返运动。其不同于波浪的是在涨潮转落潮和落潮转涨潮，海平面处于暂时平衡状态，即平潮和停潮时期，潮流流速接近或等于零，称为憩流期。这时大部分悬浮物质发生沉淀，在河口海湾或平坦开阔海岸地区形成大面积泥质沉积物。开始涨潮或落潮时流速很小，此后流速渐增，也冲刷部分海底沉积物向岸或向海搬运，形成潮坪、潮道、潮汐三角洲、滨外线状坝等潮汐沉积物。由于潮流流速的波动性、潮流流向的双向性和多向性，以及涨、落潮流的强度和历时不等，潮流对海岸带的作用很复杂。因此，以潮汐作用为主的海岸，其水动力条件、沉积作用、地貌形态与以波浪作用为主的海岸有较大差别。

近岸地带的海流，或通称近岸流，包括与岸线平行的沿岸流和近岸的循环流。沿岸流主要是纵向波浪引起的，当波峰线与岸线斜交时，破浪后会产生一种与岸线平行流动的沿岸流（图3-11），其持续时间的长短取决于波浪运动方向的稳定时间。这种沿岸流，如能保持相当长的时间，则对滨岸带碎屑物质的搬运和沉积作用，以及岸线变

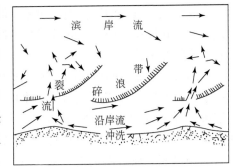

图3-11　滨岸带近岸水流系统示意图
（赖内克1973年发表）

动都有较大的影响。沿岸流沿平行岸线的凹槽流动一段距离，就转为一股穿越碎浪带的离岸流，在落潮时沿着一定坡度流向海，称为裂流。平缓海岸裂流发育，对碎屑物质有一定的搬运和沉积能力。

海洋中的碎屑物质在波浪、潮汐等的长期作用下，长时期地作往返运动和其他运动。在这一运动过程中，碎屑颗粒之间的相互碰撞和磨蚀、碎屑颗粒与海底或海岸之间的相互碰撞和磨蚀以及海水对碎屑颗粒的溶蚀作用等，将使这些碎屑物质发生进一步的变化，即不稳定成分逐渐减少、粒度逐渐变小、圆度逐渐变好；与此同时，各种分异现象，如粒度、密度、形状以及成分上的分异，也在进一步地进行。因此，在海洋环境中沉积的陆源碎屑岩的成熟度，比大陆环境中沉积的碎屑岩高得多。

**2. 湖水中碎屑颗粒的机械搬运与沉积**

与海洋相比，湖泊面积小，因此缺乏潮汐作用或潮汐作用不明显，但对大型湖泊来说就要作具体分析。因此，湖浪和湖流是湖泊中搬运和沉积碎屑物质的主要动力。我国青海湖、鄱阳湖的最大波高 1.5m，波长 15m。湖泊的浪基面一般不超过 10m，因此，湖浪对碎屑物质的搬运和沉积作用主要表现在滨岸浅水地带，细的悬浮物质可被搬运到深水区，由于湖浪的搬运和沉积作用，湖泊中碎屑物质的机械沉积分异作用更明显。地质时期，湖泊面积不断变化，因此，湖泊的湖浪和湖流也是变化的，随着湖泊面积减小而变弱。如 20 世纪 50 年代的鄱阳湖面积是 5160km²，青海湖面积 4450km²，但后来湖泊萎缩，2018 年的《中国水利统计年鉴》认为目前青海湖面积是 4200km²，鄱阳湖面积为 3960km²，浪和湖流作用也变弱，对碎屑物质搬运能力变弱。

此外，由于湖泊面积小，更易受台风和飓风影响，产生大的风暴浪，重新将滨岸沉积物冲刷扰动起来，以回流形式、重力流和牵引流双重水流机制，将碎屑物质搬向正常浪基面以下。风成湖流和低气压引起湖水表面的大规模波浪状振荡，称为湖震。它可引起湖水沿长轴方向产生大规模的波浪运动，形成复杂的水流体系。

在湖泊里，湖流系统是很复杂的，通常是由风的拖曳力、大气压不平衡、河水注入时产生的惯性，以及定向水流从一端流向另一端所引起的。

## 三、碎屑物质在风中的搬运和沉积作用

在潮湿地区风的地质作用不明显，但在干旱的沙漠地区，它是重要的地质营力，起着侵蚀、搬运和堆积作用。风的搬运与沉积广泛分布于气候干旱的沙漠区，在某些海岸区也可有风成的海岸沙丘。

风的搬运与流水搬运不同，风只能搬运碎屑物质而不能搬运溶解物质。由于空气的密度比水小，所以风的搬运能力较流水低，在同一速度下，它的搬运能力仅及水的 1/300，但这种差异随着颗粒的变小而减小。因此，风所搬运的多半是砂以及细小的质点，只有在狂风时才能搬运砾石，可见风搬运的碎屑物分选性特别好。表 3-2 为不同大小颗粒搬运时所需的风速。风的搬运能力大小除决定于风速外，还受物质的湿度影响。例如要搬运 0.5～1mm 大小的颗粒，如含有 3% 的水，则风速要比干燥时增加一倍，颗粒越细，这种影响就越明显。

**表 3-2　不同大小颗粒搬运时所需风速**

| 颗粒直径 /mm | 风速 / (m/s) |
| --- | --- |
| 0.25 | 4.5 ～ 6.7 |
| 0.50 | 6.7 ～ 8.4 |
| 1.00 | 9.8 ～ 11.4 |
| 1.50 | 11.4 ～ 13.0 |

风的搬运方式有悬移、跃移和推移三种，因颗粒大小而异。粒径小于 0.05mm 的粉砂 - 黏土颗粒，一旦被风扬起，能够长距离地悬浮。大于 0.05mm 的砂粒以跃移和推移为主，跃移的砂粒主要是由于飞跃的颗粒降落时碰撞地面而产生的弹性跳跃，这是风砂搬运所特有的。推移是由于一些跳跃的砂粒在降落时对地面产生冲击，使组成表层的较粗粒砂缓缓向前挪动。推移速率很低，每秒仅向前移动 1 ～ 2cm，而跃移方式每秒钟可移动 10m 左右，细砾只能在砂粒的撞击下沿地面蠕动。粒级混杂的沉积物经风力长期作用后，可以产生良好的分选，砾石残留原地，砂以沙丘的形式向前跃移和推移，粉砂和黏土则被吹向远方。风在搬运过程中，如果遇到障碍物（如山体、沙丘、植被等）风力减弱，或气流中含砂量相对增多，超过了风力所能搬运的最大容量，都可使挟带的砂发生堆积。

风所搬运的碎屑物质是在空气介质中沉积，由于空气的密度比水小，在相同条件下，沉降速度要快得多，例如同样大小和密度的砂粒在空气中要比在水中平均沉速快 30 ～ 50 倍，且易碰撞、弹跳、受磨圆，故圆度好、有霜面和棱面（风成棱石），但这种差异随粒度变小而减小。

同样，由于空气密度小的关系，密度对沉积速度的影响也要减弱，其结果是轻矿物和重矿物从空气中沉积时，其颗粒大小的差别，比在水中沉积时要小一些。

## 四、碎屑物质在冰川中的搬运和沉积作用

在高山地区和两极地带搬运碎屑物质的主要地质营力是冰川。现代冰川覆盖面积约占陆地的 10%，在地质历史的某些时期也有广泛的冰川沉积物分布。冰川搬运碎屑物质的特点是沿途刨蚀下来的碎石、泥沙冻结在冰中，随着冰川的流动而运动，待冰川融化后，它们就沉积下来成为冰川沉积物。

冰川是固体物质，它的移动有塑性流动和滑动。其运动机理较复杂，一般固体搬运属重力流，在雪线以下冰消融成牵引流搬运。冰川的搬运力是极强的，主要搬运碎屑物质，大至砾石可达千吨重，小至砂、粉砂，多呈固态块体搬运。故冰川沉积物分选极差。

冰川沉积物可分为冰碛物和冰水沉积两大类，冰碛物是冰川直接沉积的产物，未经水的冲刷搬运。因此，冰碛物是由未经分选，磨圆度很差，不发育任何层理的泥砾混杂物组成。由于冰的密度很大，所以冰川的搬运能力是很大的，它能将粒径和密度很大的物质带走，例如英国英格兰的许多冰川漂砾重达一百多吨。冰川在搬运过程中要发生磨蚀，并能在基岩和砾石的磨光面上产生特殊的冰擦痕（丁字痕）。

按分布位置的不同，冰碛物可分为数种类型：由冰川刨蚀谷槽两壁，或由两侧山坡滚下形成的叫侧碛，侧碛分布在流动速度较慢的冰川两侧，故迁移性较差，很少参加到冰川

末端的终碛中去。当两条冰川会合时，侧碛相会成中碛，中碛分布在流速较快的冰川中部，故迁移比较强，陷入冰川裂隙或冰斗中的碎屑叫内碛。由内碛降落或冰川刨蚀作用产生的底部碎屑叫底碛，冰川退缩时堆积在冰川末端的冰碛物叫终碛。

冰川融化后，冰融水将冰碛物搬运后再沉积下来的称为冰水沉积。由于经过水的搬运，冰水沉积具有一定的分选性和磨圆度，砾石的排列有方向性并且略具层理。

还必须指出，海洋中浮冰的搬运作用，当冰川入海分裂为冰山时，随着冰山的漂移、融化，它能将冰川中的碎屑物质从海岸带到广海地区，形成冰川海洋沉积，如现代南极四周，广泛分布有这种沉积。另外，浮冰和冰水的搬运力也是巨大的，浮冰及其碎屑物可带到海洋中融化后再沉积下来，形成冰坠石等沉积物。冰川纹泥沉积物，是因季节变化的冰湖产物。

# 第三节　重力流的机械搬运与沉积作用

## 一、水流的概念和水力学特点

根据泥沙含量及水力学性质可以将水流分为挟沙水流和高含沙水流。

### （一）挟沙水流

水流可以挟带泥沙，而泥沙的存在又反过来改变水流的物理性质，当水中含少量泥沙时，对水流的物理性质影响甚微，可借助清水水流搬运和沉积泥沙的机理来探讨碎屑物质的搬运与沉积作用。清水与含沙量少的浑水都属牛顿流体，其碎屑颗粒在水流中以推移形式及悬移形式运动。

### （二）高含沙水流

当水流中含沙量大到一定程度以后，水流的性质有了很大的变化，其搬运和沉积碎屑物质的机理，都和一般挟沙水流有本质的不同。我国黄河流域的绝大部分河流汛期的含沙量都非常高，大多具高含沙水流的特性。

高含沙水流的容重（固体颗粒体积百分比最大不超过 60%，相应的容重接近 2.0t/m³）和黏性比一般水流要大得多，在含有一定数量的黏土和细粉砂以后，流变性质也会发生质的变化，由于碎屑物质的存在改变了水的物理性质，颗粒的沉降也将表现出不同于清水中颗粒的沉降特点。高含沙水流有以下两种极端的类型：

（1）以细粉砂及黏土等细颗粒为主的高含沙水流，具有非牛顿流体的性质。随着含沙量的增大，碎屑颗粒之间黏性急剧增加，颗粒在搬运和沉降过程中不按粒径的大小发生分选，而是颗粒与水已成为一种均质浆液作为一个整体运动，沉积时也以整体的形式缓慢下沉，其沉速比单颗粒碎屑的沉速可能小好几百倍至上千倍。

（2）以细砂及大于细砂的粗颗粒为主的高含沙水流，在没有细粒物质的情况下，当含沙量不是非常高时，仍然保持牛顿流体的性质，含沙量很高时尽管也出现宾汉极限剪力，但其绝对值一般比较小。颗粒的沉速虽因含沙量的增大而减小，但减小的程度要比前一种情况为小，粗颗粒碎屑在沉降过程中存在分选，整个水流属于二相的挟沙水流范畴，碎屑以推移和悬移的形式运动。随着含沙量的增大，紊动强度不断减弱，最后紊流转化为层流，含沙量继续加大以后，颗粒之间的空隙已经小到使它们不能继续保持流动，碎屑物质全部沉积下来。自然界高含沙水流的沉积是客观存在的，甚至形成非牛顿流体性质的砂质高密度流。

## 二、沉积物重力流及其主要类型

沉积学中常用的重力流指沉积物重力流，是陆上、水底或水体中由重力作用推动的含有大量弥散物的一种密度流。

沉积物重力流在流动时均保持明显边界，并且整体流动，所以也称块体流，沉积物重力流的沉积作用主要是块体沉积。

沉积物重力流在流动过程中可以有底部拖曳作用或称牵引作用，但不是主要的。而水和风及其挟带物质组成的低密度流体，没有整体沉积作用，但具底部牵引作用，形成底负载物，对风或水流及其挟带物质（包括底负载物），统称为牵引流。

在自然界发现沉积物重力流有多种沉积类型，1973 年米德尔顿和汉普顿根据重力流中悬浮颗粒的支撑机理，将水下沉积物重力流分为四种类型（图 3-12）。

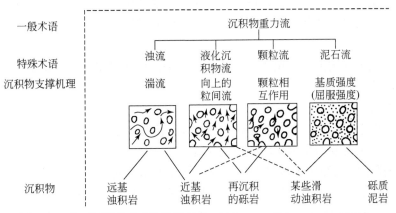

图 3-12　水下沉积物重力流的类型（Middleton and Hampton，1973）

碎屑流或称泥石流，是指砂、砾、黏土物质和水的混合物在重力作用下沿斜坡向下流动的高密度流体（属宾汉体）。黏土和水的混合物密度大，因而对碎屑颗粒有较大的浮力，从而支撑着砂和砾级的碎屑悬浮于流体内。亦即砂和砾石是由基质（黏土和水的混合物）强度支撑的。碎屑流的搬运能力是基质强度的函数，强度越大，浮力越大，被搬运的颗粒越粗，所以碎屑流能够搬运大的碎块。

颗粒流又称沙流。是固态颗粒（主要是砂粒，少量砾石）和少量水的混合物流体。巴格诺尔德（R. A. Bagnold）1954 年认为在流动的沉积物内，颗粒之间的碰撞作用所产生的支撑应力是使颗粒分散的力量，并且能在颗粒之间传递剪切应力。因而颗粒流的支撑机理为"颗粒相互作用"。

液化沉积物流是由于一种突发的震动，导致未固结的沉积物强度丧失而增大孔隙压力（孔隙压力是孔隙内流体的静压力），这种增大的孔隙压力称超孔隙压力，沉积物的粒间孔隙内加进流体后，沉积物成为像"流沙"样的被"液化的"。这种孔隙内的流体所具有的超孔隙压力能够支撑沉积颗粒的漂浮。即当颗粒因重力作用下沉时，沉积物由隙间逸出的向上流动的粒间流支撑。

浊流是指沉积物和水的混合物在流动中由流体紊动向上的分力支撑颗粒，使沉积物呈悬浮状态，所以浊流的支撑机理是湍流（紊流）。

## 三、浊流的搬运与沉积作用

沉积物重力流中最主要的是浊流，浊流在泥沙运动力学中称为异重流。

浊流是两种密度不同、可以相混的流体，因密度的差异而发生相对运动。当挟沙水流与清水相遇时，由于前者的密度较后者大，在条件合适时，挟沙水流就会潜入清水底部继续向前流动，形成浊流。故清、浑水的容重差异是产生浊流的根本原因。和一般明渠水流不同，这里不是水流挟带碎屑，而是碎屑物质的存在造成有效重力，从而驱使水流运动。浊流属非牛顿流体，它是泥沙运动的一种特殊形式。

浊流在河、湖、海中均可形成，相应地称为河渠浊流、湖泊浊流、海洋浊流。

**1. 河渠浊流**

两条河流相汇，来自一条河流的高含沙水流常从相汇处潜入另一条河流的河谷，形成浊流，在条件合适时可把浑水带到河谷的上游，形成淤积。

**2. 湖泊浊流**

浑浊河水在进入湖泊时，由于密度较大，在条件合适时忽然潜没水下，沿湖底向前推进形成湖泊浊流。

**3. 海洋浊流**

（1）在河流入海处，当含碎屑不多的河水，其容重小于含盐度高的海水时，浑浊的河水呈扇状遍漫于碧蓝的海水水面，形成浊流。

（2）海洋中的风暴作用或高潮期，都可能在近岸海底的地方搅起一部分碎屑物质，悬浮于水中，碎屑颗粒的浓度只要超过一定限度就会迅速外移，形成浊流。

（3）高浓度深海浊流（深海中的浊流）是由海底滑坡作用引起的。产生滑坡的原因有地震等突发事件。另外，沉积物的大量堆积形成不稳定的陡坡，也会引起沉积物的滑动。海底沉积物的各层中含有大量的水分，一旦发生运动，原有各部分间的凝聚力不复存在，这时巨块的沉积物质，就像液体一样，很快地形成了浊流。这样的浊流产生在大陆坡上或者由他处流至大陆坡以后，因为大陆坡的平均倾斜度在 7.5% 左右，比一般的巨川大河要陡百倍以上，因此可能达到相当大的速度，具有极大的动量。

深海浊流在沿大陆坡向下运动时，一方面由于坡度的减小，另一方面由于一部分浑水在交界面和清水相混，致使浊流的含沙浓度减小，两种作用都使浊流的流速渐次降低，挟带碎屑的能力也相随减小，结果粗粒碎屑最先沉积下来，距离再远，中粒碎屑也不复移动，一直到全部碎屑颗粒沉积下来。这样就形成水平方向的粒度分异。另外，浊流通过交界面的掺混，从单一的浊流可能分解形成若干层不同的浊流。最下面一层浊流含沙最浓，所能挟带的碎屑最粗，流速最快，走在最前面。越往上面浓度越稀，颗粒越细，流速越小，也越落在后面。因此，发生浊流的时间如果不是特别长的话，最先在某一点沉积下来的颗粒，一定是在任何时间内所能达到这一点的最粗的颗粒。等到浓度最高的浊流过去以后,到达这一点的浊流浓度越来越稀,沉积下来的颗粒也一定越来越细,结果就形成典型的垂向分层。

鲍马(Bouma)于 1962 年提出海洋中浊流的形成和发育可以分为如下四个阶段:①三角洲阶段,河流挟带碎屑物质入海,在入海处形成饱含水分(淡水)的三角洲堆积。②滑动阶段,由于地震等因素的激发,大块沉积物发生整体滑动。在向下滑动的过程中,随着海水的加入,沉积物黏度的减小,滑动的速度逐渐加快。③流动阶段,滑动的物质尚未完全与水混合,部分物质仍保持黏结状态,碎屑颗粒间出现相对运动,如遇平坦地形,有可能停止运动而堆积成流动浊积岩,但只要海底有一定坡度,就仍继续向前流动。④浊流阶段,流动物质最终与海水完全混合,在环境适合的情况下,形成高密度的浊流,顺着斜坡向深海平原活动,造成规模巨大的浊流沉积。

鲍马的四个阶段可能是海洋中浊流形成的一种可能方式,实际上海洋中浊流的形成和发育是很复杂的。更详细的描述见后面的第十四章内容。

# 第四节 碎屑物质在搬运过程中的变化

沉积岩的原始物质经过搬运、沉积而分化成比较简单的沉积物(岩石和矿产)类型的作用,称为沉积分异作用。在自然界中沉积分异的现象是普遍存在的,以机械沉积分异作用和化学沉积分异作用最为常见。前者主要受物理因素支配,后者主要受矿物溶解度、介质的 pH 和 Eh、气候条件、构造条件、有机质的作用等化学因素支配。本节主要阐述碎屑物质的机械沉积分异作用,而化学沉积分异作用在下节叙述。

碎屑物质在长距离的搬运过程中,由于颗粒间的碰撞、摩擦、搬运营力对颗粒的分选作用以及继续发生的机械破碎和化学分解,碎屑物质的粒度、密度、形状和矿物成分等都发生分异变化,然后依次沉积下来。

**1. 粒度的变化**

随着搬运距离的增加,碎屑颗粒粒度的变化趋势是由粗变细。这一点可以在现代河流沉积物中得到证实,越靠近上游沉积物颗粒越粗,越到下游就越细(图 3-13)。造成这种粒度上变细的原因如下:

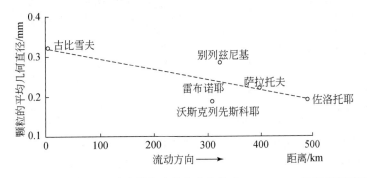

图 3-13 沿伏尔加河所采砂样中砂粒大小变化(Л. Б. Рухин 1953 年发表)

（1）由于搬运过程中的分选作用。河流上游流速大，大小颗粒一起被搬运，到下游流速逐渐缓慢，因此颗粒也从大到小依次沉积下来，这样越到下游沉积的颗粒就越细。

（2）由于搬运过程中的摩擦作用和破碎作用。在搬运过程中，颗粒间、颗粒与河床间相互撞击和磨蚀，亦会导致颗粒发生机械破碎，从而使碎屑物进一步变细。然而，不同性质的碎屑被破碎的难易程度不尽相同。例如粗粒、解理发育、硬度小、脆性大的要比细粒、解理不发育、硬度大和脆性小的碎屑更容易破碎。

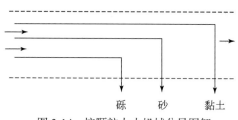

图 3-14　按颗粒大小机械分异图解
（横向箭头为沉积物搬运方向）

粒度的变化会导致粒度分异，其结果是沿着搬运方向，碎屑物质有可能按砾石→砂→粉砂→黏土的顺序作有规律的带状分布（图3-14）。

但是，在自然界里，影响碎屑物质沉积的因素很多，分异作用常不完全，所以上述的带状分布并非有清楚的界线，往往砾岩中混有一定量的细粒物质。反之，黏土中也常常含有砂砾，单纯一种粒级的岩石是很少见的。但总的说来，从母岩区往外，碎屑物质颗粒直径逐渐减小的现象是存在的。

**2. 密度的变化**

矿物的密度与沉速成正比，密度大者首先沉积，搬运距离较近，密度小者后沉积，搬运距离较远，其结果是沿着搬运方向出现碎屑物质按密度分异的现象（图3-15），由此还可造成同种矿物的聚集，形成各种漂砂矿床，如锡石、刚玉、金、铂、金刚石、独居石等。

**3. 颗粒形状（圆度与球度）的变化**

在搬运过程中由于磨蚀作用，碎屑颗粒的圆度也越来越高。在搬运初期圆化速度快，随着搬运距离增加，圆化速度亦慢（图3-16）。在相同的搬运条件下，矿物的物理性质和颗粒大小对于颗粒的圆化有很大的影响。硬度大、有解理的不易圆化，粗粒的比细粒的易磨圆。

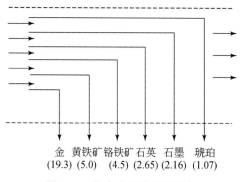

金　黄铁矿 铬铁矿 石英　石墨　琥珀
(19.3)　(5.0)　(4.5)　(2.65)(2.16)(1.07)

图 3-15　按密度机械分异图解
（Пустовалов 1959 年发表）
横向箭头为沉积物搬运方向

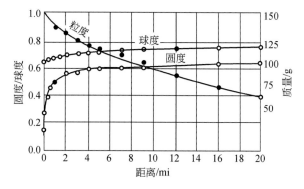

图 3-16　灰岩碎屑粒度、圆度、球度变化与搬运距离
的关系（Krumbein，1940）
mi 为英里，1mi ≈ 1.609km

碎屑颗粒球度的变化，除了与搬运距离有关外，还决定于矿物的结晶习性。例如，片状的云母类矿物即使搬运得很远，也得不到很好的球度。在搬运过程中的一般规律是搬运越远，碎屑颗粒的球度、圆度越高，但也有特殊情况，如片状矿物，易于呈悬浮搬运，因此同样大小的云母比石英搬运得远，故常常在泥质沉积物中聚集着较多的云母片。

**4. 矿物成分的变化**

碎屑物质在搬运过程中，由于颗粒之间的摩擦以及水介质中各种酸的溶蚀，不稳定的矿物逐渐遭到破坏，其结果是近母岩的区域，碎屑物质的矿物成分复杂，重矿物含量高，远离母岩区，长石、铁镁矿物等将逐渐减少，而稳定矿物，如石英的含量相对增加。

上述碎屑物质在搬运和沉积过程中的变化反映了机械分异作用的一般规律。同时，自然界还存在另一种相反的作用——掺合作用。例如流经不同成分母岩区的各个支流，汇入主流后，就会发生各种成分沉积物的掺合。

我们认为物质的分异作用可贯穿于沉积岩和沉积矿产形成过程的始终。可以把风化作用阶段所发生的物质分异，称为风化分异作用或沉积期前分异作用；把搬运和沉积阶段的分异，叫沉积分异作用，而把成岩、后生及表生成岩作用阶段所发生的物质分异，称为沉积期后分异作用。后者对某些有用矿产的形成和对岩石某些性质的改造，越来越显示出其重要性。

# 第五节　溶解物质的搬运与沉积作用

沉积物质中的溶解物质，常呈胶体溶液或真溶液被搬运和沉积，这主要与物质的溶解有关。$Al_2O_3$、$Fe_2O_3$、$MnO_2$、$SiO_2$ 等难溶于水，多呈胶体溶液方式搬运；Ca、Mg、Na 等元素组成的氯化物与硫酸盐，由于其溶解度大，则呈真溶液搬运（图 3-17）。在自然界中，胶体溶液与真溶液的分布情况，见图 3-13 所示。

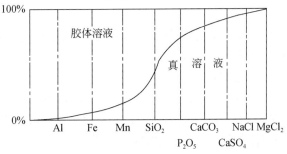

图 3-17　在自然界中胶体溶液与真溶液的分布

## 一、胶体溶液的搬运与沉积作用

### 1. 胶体溶液的概念

一种物质的微细质点（1 ~ 100nm）分散在另一种物质中所组成的不均匀的分散体系称为胶体，这种细分散质点称为分散相（或叫分散质），分散相周围的物质称为分散介质（或叫分散剂）。

胶体分散体系（胶体溶液）与粗分散体系（悬浮液）以及分子、离子分散体系（真溶液）的区别，主要在于分散相质点的大小（表 3-3）。

表 3-3 按分散相质点大小分类的分散体系

| 名称 | 质点大小 /nm | 性质 |
|---|---|---|
| 粗分散体系 | >100 | 不能透过滤纸，不扩散，一般显微镜下可见 |
| 胶体分散体系 | 1~100 | 能透过滤纸，扩散慢，超倍显微镜下可见 |
| 分子与离子分散体系（真溶液） | <1 | 能透过滤纸，扩散快，超倍显微镜不可见 |

胶体分散体系中的分散相和分散介质都可以是固体、液体或气体，不同状态的物质可以配成各种类型胶体溶液，如固溶胶、液溶胶、气溶胶。本节所讨论的胶体溶液就是以水作为分散介质的水（液）溶胶，在这个体系中分散介质远多于分散相。自然界存在着大量的胶体溶液，特别是沉积物生成带，这些胶体溶液往往在母岩的风化期和真溶液的结晶初期形成。前一种是由母岩的破碎、磨损、变小分散在水介质中形成；后一种是由真溶液中的离子或分子的凝聚引起。例如，天然水中的 $Fe^{3+}$、$Al^{3+}$ 及 $SiO_3^{2-}$ 离子在适当的条件下水解形成 $Fe(OH)_3$、$Al(OH)_3$ 及 $H_2SiO_3$ 等胶体溶液：

$$Fe^{3+} + 3H_2O === Fe(OH)_3 + 3H^+$$
$$Al^{3+} + 3H_2O === Al(OH)_3 + 3H^+$$
$$SiO_3^{2-} + 2H_2O === H_2SiO_3 + 2OH^-$$

**2. 胶体的性质**

胶体物质的性质既不同于悬浮体中的物质，如砂、粉砂及部分黏土质点，也不同于真溶液中的物质，它的主要性质是：

（1）布朗运动。胶体粒子极细小，超倍显微镜下观察，可以发现它在胶体溶液中作永不停止的不规则运动。因此胶体粒子在搬运与沉积的过程中，重力的作用很微弱，难以下沉。

（2）胶体粒子比分子、离子大，故胶体溶液的扩散能力比真溶液弱，往往不能透过致密的岩石。

（3）吸附作用很普遍。如带负电荷的黏土质胶体对 K、Pb、Cs，Pt、Au、Ag、Hg、V 等有很大的吸附能力，$SiO_2$ 水溶胶能吸附放射性元素，$MnO_2$ 胶体能强烈吸附 Ni、Co、Ca、Zn、Hg，Ba、K、Li、Ti、W、Ag 等，腐殖质胶体的吸附现象更广泛。这种性质对某些矿床及其伴生元素的形成意义重大。

（4）胶体带电性。由于胶体分子的电离作用和吸附作用，某些胶体粒子能带电，形成所谓"双电层"的胶粒结构。胶体粒子的中心是一个由许多分子聚集而成的固体颗粒，称胶核。

在沉积物生成带中，有两类胶体（表 3-4）。一类是带正电荷的胶体称正胶体，如 $Al(OH)_3$（在 pH 小的环境中带正电荷）、$Fe(OH)_3$、$Cr(OH)_3$、$Ti(OH)_4$、$Ce(OH)_4$、$Cd(OH)_2$、$CuCO_3$、$MgCO_3$ 和 $CaF_2$ 等。另一类是带负电荷的胶体称负胶体，如 $Al(OH)_3$（在 pH 大的碱性环境中带负电荷，故为两性胶体）、$SiO_2$、$MnO_2$、$SnO_2$、$V_2O_5$、黏土质胶体、腐殖质胶体、Pb、Ca、Cd、As、Sb 等的硫化物等均为负胶体，自然界中负胶体比正胶体多。

表 3-4　自然界中常见的胶体类型

| 正胶体 | 负胶体 |
|---|---|
| $Al(OH)_3$　　$Fe(OH)_3$ | $PbS$、$CuS$、$CdS$、$As_2S_3$、$Sb_2S$ 等硫化物 |
| $Cr(OH)_3$　　$Ti(OH)_4$ | $S$、$Au$、$Ag$、$Pt$ |
| $Ce(OH)_2$　　$Cd(OH)_2$ | 黏土质胶体、腐殖质胶体 |
| $CuCO_3$　　$MgCO_3$ | $SiO_2$　$SnO_2$ |
| $CaF_2$ | $MnO_2$　$V_2O_5$ |

**3. 影响胶体溶液凝聚与沉淀的因素**

当胶体溶液失去稳定时，胶体质点会发生凝聚作用，又叫胶凝或絮凝作用，使胶体质点在溶液中形成絮凝状、团块状的胶块，在重力作用下，胶块就会沉淀下来。促使胶体凝聚和沉淀的因素主要有以下几个。

（1）带不同电荷的胶体相互混合，因电荷中和而凝聚称相互聚沉。如 $Fe(OH)_3$ 正胶体与 $SiO_2$ 负胶体中和，形成含 $SiO_2$ 的褐铁矿；$Al(OH)_3$ 正胶体与 $SiO_2$ 负胶体中和凝聚成高岭石。由于自然界中负胶体比正胶体多，因此，正胶体比较容易在搬运的早期被中和沉淀。剩下的负胶体常常可以搬运得更远一些。但是，一些正胶体在腐殖酸的保护下也可以搬运得很远，如 $Fe(OH)_3$、$Al(OH)_3$ 正胶体等。其原因是腐殖酸胶粒的水化性能很强，它们在水溶液中形成很厚的水化外壳，因而本身十分稳定，当它们包围在其他胶粒周围时，将增加其他胶粒水化层的厚度，于是增加了其他胶体的稳定性，起着保护胶体的作用。

（2）电解质的作用。如果在胶体溶液中加入适量的带相反电荷的电解质，结果胶粒表面的电荷中和，相互凝聚沉淀。电解质对胶体的凝聚作用与离子的电荷符号及离子的价数有关，电解质中聚沉离子所带电荷越多，其凝聚能力越强。如 $Fe(OH)_3$ 胶粒是带正电的，电解质中的阴离子可以使它发生凝聚，不同的电解质使它发生凝聚的聚结值（使胶体溶液凝聚时，所需的电解质的最小浓度）是不一样的（表 3-5）。表中的数值表明，使带正电荷的 $Fe(OH)_3$ 胶体凝聚，一价和二价阴离子的聚结值之比为 $10.69 : 0.20 \approx 50 : 1$，即二价阴离子的聚结能力比一价阴离子大 50 倍左右。

表 3-5　不同的电解质对 $Fe(OH)_3$ 溶胶的聚结值

| 电解质 | 聚结值 | 平均值 |
|---|---|---|
| $NaCl$ | 9.25 | |
| $KCl$ | 9.00 | |
| $KNO_3$ | 12.00 | 10.69 |
| $KBr$ | 12.50 | |
| $K_2SO_4$ | 0.205 | 0.20 |
| $K_2Cr_2O_7$ | 0.195 | |

在地表的各种江河湖海中，都可能存在各种电解质，特别是海水中溶有大量的盐类。海水中含有大量电解质，当河流挟带的胶体入海，与海水相遇时，就形成凝胶沉淀，故在三角洲和海洋沉积中常可见大量黏土和氧化铁等胶体沉积物，有时可聚集成为 Fe、Al、

Mn 等巨大沉积矿床。

（3）蒸发作用使胶体溶液浓度增大，也可引起胶体凝聚。例如，现代沙漠中的水盆地，当水分蒸发，沉积黏土质胶体干厚分裂形成多面体块状的皮壳覆盖在沉积物表面。

（4）其他如 pH 的改变、放射线照射、毛细管作用、强烈振荡、大气放电等均可引起胶体凝聚和沉淀。

由胶体凝聚沉淀而形成的沉积物及沉积岩有以下特点：①呈胶状，具贝壳状断口；②胶体沉积物形成的岩石，颗粒细小，吸收性强，故有黏舌现象，可吸收有机染料和脂肪，常呈微晶、放射状结构；③胶体陈化脱水而产生收缩裂隙，孔隙性也较好，易敲击成尖棱角碎块状；④具有较强的离子交换和吸附能力，常可吸收不定量的水分、有机质及各种金属元素，故其化学成分不固定。

## 二、真溶液物质的搬运与沉积作用

化学溶解物质中的 Cl、S、Ca、Na、Mg 等成分都呈离子状态，存在于水溶液中，呈真溶液搬运（有时 Fe、Mn、Al、Si 也可呈真溶液搬运），并通过化学作用沉淀。它们沉淀的先后，主要由物质的溶解度（或溶度积）决定，即溶解度越大越易搬运，不易沉淀。而物质的溶解度又受介质条件，如 pH、Eh、温度、压力、$CO_2$ 含量等一系列因素的控制。

### 1. 介质的 pH

介质的酸碱度（pH）对大部分溶解物的沉淀有显著影响，但对易溶盐类影响不大。酸碱度的变化对物质的溶解与沉淀的影响因物而异。

（1）有些物质的溶解度随 pH 增加而增加（图 3-18），如 $SiO_2$，当 pH=5 时，$SiO_2$ 溶解度为 109mg/L；pH=6 时，$SiO_2$ 溶解度为 218mg/L；pH=11 时，$SiO_2$ 溶解度为 378mg/L。

（2）但有些物质则相反，如 $CaCO_3$ 在 pH 大于 8 时，溶解度最小，易沉淀，在 pH 小于 7 时溶解度大，易溶解（图 3-18）。

由此可知 $CaCO_3$ 与 $SiO_2$ 的情况正相反。$SiO_2$ 在酸性介质中沉淀，碱性介质中溶解；而 $CaCO_3$ 在酸性介质中溶解，碱性介质中沉淀。故当介质 pH 降低时可见石英（$SiO_2$）交代方解石（$CaCO_3$）的情况；而介质 pH 增加时，可见方解石交代石英现象。但当 pH=7.4 ～ 9，温度大于 25℃，$SiO_2$ 浓度大于 120ppm（1ppm=$10^{-6}$）时，石英与方解石可同时沉淀（图 3-19）。

（3）pH 大小对不同类型的黏土矿物的沉淀有显著的影响。如在强酸性（pH ＜ 5）介质中沉淀出高岭石；弱酸性介质中沉淀为多水高岭石；中性介质中沉淀复水高岭石和拜来石；弱碱性（pH=7.2 ～ 8.0）介质中沉淀拜来石和钙蒙脱石；碱性（pH=8 ～ 9）介质中沉淀为钙‐镁蒙脱石；强碱性（pH ＞ 9）介质中沉淀镁蒙脱石。

### 2. 介质的 Eh

介质的氧化还原电位（Eh）对某些变价元素，如 Fe、Mn 的化合物影响较大，而对另一些元素，如 Al、Si 的化合物影响很小（表 3-6）。铁和锰在氧化条件（Eh 为正值）形成高价氧化物或氢氧化物沉淀，如赤铁矿、软锰矿等；在还原条件（Eh 为负值）形成低价化合物沉淀，如黄铁矿、菱铁矿、菱锰矿（图 3-20）。低价铁、锰氧化物的溶解度比高价的高数百倍至数千倍。因此，在还原介质中，Fe、Mn 易于溶解和搬运，而不易沉淀。

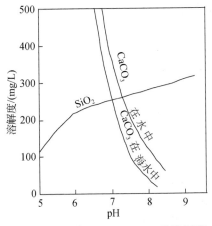

图 3-18　pH 与 SiO₂、CaCO₃ 的溶解度的关系图（科林斯 1950 年发表）

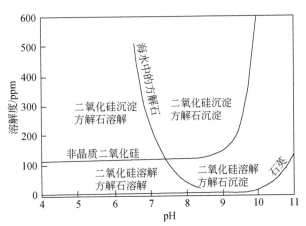

图 3-19　pH 与方解石、非晶质氧化硅、石英的溶解度的关系图（Blatt 等 1972 年发表）

表 3-6　不同氧化－还原环境下所形成的铁、锰矿物

| 矿物类型 | 氧化还原电位（Eh） | | | | |
| --- | --- | --- | --- | --- | --- |
| | 氧化 Eh ≫ 0 | 弱氧化 Eh > 0 | 氧化 Eh ≈ 0 | 弱还原 Eh < 0 | 还原 Eh ≪ 0 |
| 含铁矿物 | 褐铁矿 赤铁矿 | 海绿石 | 鲕绿泥石 鳞绿泥石 | 菱铁矿 | 黄铁矿 |
| 含锰矿物 | 偏锰酸矿 硬锰矿 褐锰矿 软锰矿 | 钾锰矿 | 水锰矿 黑锰矿 | 菱锰矿 | 硫锰矿 |

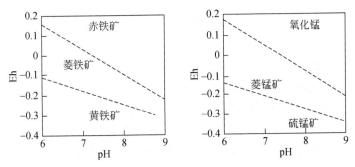

图 3-20　各种铁、锰矿物生成时所需的 pH 及 Eh
（克鲁宾和卡瑞尔 1952 年发表；转引自冯增昭，1994）

　　Eh 对铁、锰矿的沉淀形式也有重要影响。如铁矿物，在强氧化条件下形成赤铁矿、针铁矿等，弱氧化至弱还原时则形成海绿石；弱还原时可形成鲕绿泥石、鳞绿泥石，还原时则形成菱铁矿，强还原时形成黄铁矿沉积。

### 3. CO₂ 的含量

　　溶液中的 CO₂ 含量对碳酸盐矿物的溶解与沉淀有很大的影响。若溶液中 CO₂ 含量高，则 pH 低，呈酸性，使碳酸盐以重碳酸盐形式存在，其溶解度增大，不易沉淀；反之，若 $CO_2$ 从水中逸出，pH 增大，呈碱性，利于碳酸盐沉淀。

水中溶解的 $CO_2$ 含量与温度、压力有关。若温度降低，压力增大，使 $CO_2$ 含量增大，不利于碳酸钙沉淀，故温度低、压力大的深海区少见碳酸钙沉淀。

**4. 温度和压力**

温度和压力能影响物质的溶解度，一般物质的溶解度随温度的升高而增大。温度及蒸发作用对碳酸盐和盐类矿物的沉淀有特殊的影响，如 Ca、Mg 的硫酸盐及 K、Na 的碳酸盐和氯化物等，都是在气候炎热干燥，蒸发强的盆地才能沉淀下来。温度可改变化学反应的方向，如降低温度有利于化学平衡向放热方向移动，否则相反。

水中的 $CO_2$ 含量与温度、压力有密切的关系，一般说来温度升高，$CO_2$ 含量减少；压力增大，$CO_2$ 含量增加。$CO_2$ 的含量则影响碳酸盐矿物的沉积，如碳酸钙的沉淀可用下列反应式表示之：

$$Ca(HCO_3)_2 \underset{\text{压力增大}}{\overset{\text{温度升高}}{\rightleftharpoons}} CaCO_3\downarrow + CO_2\uparrow + H_2O$$

因而温暖浅海可以沉淀大量 $CaCO_3$，而深海则很少有 $CaCO_3$ 沉淀。此外，我们常常在温泉的出口附近见到大量美丽的石灰华沉淀，就是因为地下水溢出地表，压力的降低，引起 $CO_2$ 的逸出，导致 $CaCO_3$ 的沉淀。灰岩溶洞中的石笋和石钟乳的形成也是这个道理。

**5. 离子的吸附作用**

某些元素可以通过离子吸附作用而沉淀下来，这可使溶液中浓度不高或某些不易富集的稀散元素也能沉淀，甚至富集成矿。如磷酸盐及有机质可吸附铀形成铀矿床。由于以上因素的影响，各类溶解物的先后、远近不同，而使物质在沉积阶段发生分异的作用，称为化学沉积分异作用。

## 三、溶解物质在搬运过程中的变化

母岩风化产物中的溶解物质，在搬运沉积过程中，由于各种元素及其化合物的化学特性不同，常有一定的沉积顺序，这种作用叫化学沉积分异作用。早在 20 世纪 30 年代，著名地球化学家戈尔德施密特（Goldschmidt）于 1931 年和费尔斯曼（А. Е. Ферсман）于 1934 年就已经注意到化学沉积分异现象，但作为一种重要的沉积作用机理是由普斯托瓦洛夫（Пустовлов）于 1954 年提出的，他认为影响化学沉积分异作用的主要因素是物质的溶解度，并提出从沉积盆地边缘到盆地中心溶解物质的沉积顺序：首先是溶解度小的铝、铁、锰、硅的氧化物，继而是溶解度大一些的硅酸盐和碳酸盐，最后是溶解度大的硫酸盐和卤化物（图 3-21）。

普斯托瓦洛夫的化学沉积分异作用理论提出后，曾引起激烈的争论，其原因是他的图解过于理想化，仅仅从物理化学原理考虑沉积作用，没有考虑外界条件的控制和影响，因此与实际情况有出入。实践证明，在不同的地质历史时期、不同的大地构造单元、不同的气候带、沉积作用的进程是不一样的。此外，生物的作用对溶解物质的沉积也有很大的影响，因此，自然界实际的沉积顺序要复杂得多，所以在应用化学沉积分异作用理论时，要

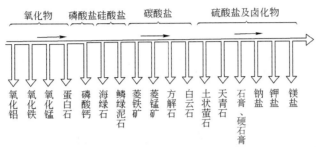

图 3-21　溶解物质的化学沉积分异图解（Пустовлов 1954 年发表）

结合具体情况分析。虽然如此，化学沉积分异作用也和机械沉积分异作用一样，都是自然界客观存在的地质规律。

一般说来，化学沉积分异作用较机械沉积分异作用进行晚，机械沉积分异作用的砂和粉砂阶段，大致与铁的氧化物阶段即化学沉积分异作用的开始阶段相当；机械沉积分异作用的最后阶段即黏土沉积阶段，大致与化学沉积分异作用的碳酸盐阶段相当；待化学沉积分异作用进行到硫酸盐及卤化物阶段时，机械沉积分异作用已基本结束了，故蒸发岩中很少有碎屑混入物。两种沉积分异作用的结果，就形成了各种类型的机械沉积岩及化学沉积岩以及相应的各种沉积矿产。分异作用进行得越彻底，各种类型的沉积岩在成分上及结构上的成熟度就越高，从而就越易形成各种沉积矿产。相反，如果沉积分异作用由于各种因素的干扰进行得不够好，则各种类型的混合沉积岩或过渡类型的沉积岩就会大量出现，这对沉积矿产的生成是不利的。

# 第六节　生物的搬运与沉积作用

随着地质历史的发展，生物在沉积岩的形成过程中的意义越来越大，生物通过生命活动，引起周围介质物理化学条件的改变，从而直接或间接地对化学元素、有机或无机的各种成岩及成矿物质进行分解与化合，分散与聚集，以及迁移等作用，在适当的水体中沉淀成有关的岩石和矿床。

生物作为一种搬运力量意义较小，但生物的沉积作用是巨大的，可归纳为以下几方面：①生物残骸（硬体）直接堆积成岩，如礁灰岩、硅藻土、某些磷块岩等；②生物有机体（软体），可转变成石油、天然气、煤、油页岩等；③生物化学作用，生物能产生 $CO_2$、$NH_3$、$CH_4$、$H_2S$ 等，影响沉积介质的氧化和还原条件，促使某些物质的溶解再分配。如藻类进行光合作用，吸收 $CO_2$，使 $Ca^{2+}$ 和 $CO_3^{2-}$ 的溶解能力降低，导致 $CaCO_3$ 沉淀，这种作用称为钙化作用；铁细菌能将 $Fe^{2+}$ 氧化成 $Fe^{3+}$，利于铁的沉淀；硫酸盐还原细菌的作用能使石膏、硬石膏还原形成自然硫，这种现象在现代盐湖（干盐湖）中就存在着。如黑海海底现代沉积物中，细菌的作用使硫酸盐还原成硫化物，这些硫化物呈黑色细浸染状单硫化铁产出，使沉积物呈黑色，在水和沉积物接触界面之下，单硫化物可变成黄铁矿。

有些金属矿物如 Cu、Pb、Zn、U 等的富集作用往往和有机质有关，红海软泥中的方铅矿微粒（大小可达 $1\mu m$），就可能是有机络合物吸附造成的。

# 第四章 沉积物的沉积后作用

## 第一节 概 述

沉积岩的原始物质，经过搬运作用和沉积作用之后，变成了沉积物，这个过程属于沉积物的形成阶段。

沉积物沉积之后，被后继沉积物覆盖，与原来的介质逐渐隔绝，进入新的环境，并开始向沉积岩转化，在此过程中，它要经受一系列的变化，而且在沉积物变成沉积岩之后，也要遭受长期的改造作用，这种改造一直要继续到变质作用和风化作用之前。其所经历的整个地质时期称为沉积后作用期，期内沉积物（岩）在物质成分、结构、构造以及物理和化学性质等方面发生变化的种种作用，统称为沉积后作用或广义的成岩作用。而我们通常所说的成岩作用指的是狭义的成岩作用，即沉积物沉积之后至固结成岩阶段（低级变质之前），在其表面或内部所发生的一切作用。

沉积后作用可以分为若干阶段，通常根据标志矿物的转化来判别，其中最有用的是借助黏土矿物、沸石和硅质矿物的转化进行划分。此外，镜质组反射率、牙形刺颜色的变化等，都可作为划分标志。但是，由于沉积后作用的变化是连续的，各阶段之间不存在明确、严格的界线，而且地质条件不同，岩石类型不同，沉积后作用的变化也各异。因此，目前国内外对沉积后作用阶段的划分和术语的使用都很不一致，这是一个有待深入研究的课题。本章将在第六节中讨论。

沉积物的沉积后作用类型主要有压实和压溶作用、胶结作用、交代作用、重结晶作用和矿物的多形转变等。这些作用都是相互联系和相互影响的，其综合效应影响和控制着沉积物（岩）的发育演化历史。

目前，沉积物的沉积后作用的研究，已发展为地质学的一门新兴分支学科，加强这方面的研究，不仅具有理论意义，而且可以指导石油、天然气、煤等可燃有机矿床和铜、铅、锌、汞、铀、菱铁矿等层控矿床的勘探和开发。

## 第二节 压实和压溶作用

### 一、压实作用

沉积物沉积后，在其上覆水体和沉积物不断加厚的重荷压力下，或在构造应力的作用下，发生水分排出、体积缩小、孔隙度降低和渗透率变差的作用称为压实作用。在沉积物内部可以发生颗粒的滑动、转动、位移、变形和破裂，进而导致颗粒的重新排列和某些结构构造的改变（图4-1）。

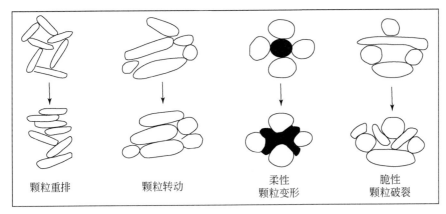

颗粒重排　　　　颗粒转动　　　　柔性　　　　脆性
　　　　　　　　　　　　　　　　颗粒变形　　颗粒破裂

图4-1 机械压实作用类型示意图（冯增昭，1994）

压实作用贯穿沉积后作用的各阶段中，在沉积物埋藏的早期阶段表现得比较明显。如瑞士楚格湖中现代黏土沉积，在埋深零米时，含水量83.6%，孔隙度92%；当上覆有3.6m厚的新沉积物后，黏土含水量减为70.6%，孔隙度减至85%（翟淳，1987）。钱塘江河口湾现代黏土沉积埋深1.5～100m时，孔隙度一般大于30%，小于73%，主体在35%～55%，垂直渗透率变化范围为$0.19×10^{-3}～6.73×10^{-3}μm^2$，含水饱和度变化范围为59.90%～100%，体积密度为$1.49×10^3～2.15×10^3kg/m^3$；砂层孔隙度变化范围为29.87%～50.45%，渗透率变化范围为$577×10^{-3}～4590×10^{-3}μm^2$，含水饱和度变化范围为57.70%～100%，体积密度为$1.70×10^3～2.16×10^3kg/m^3$。埋深不足50m的现代沉积物孔隙度、含水饱和度随深度增加变化不明显，规律性不强；埋深50m以后，随着深度增加均有变小趋势（图4-2）。现代沉积物孔隙度不仅跟埋深有关，而且与岩性关系密切，由于黏土的比表面积大于砂，所以黏土孔隙度大于砂，但垂直渗透率黏土要比砂低2～3个数量级（林春明和张霞，2018）。

在压实过程中，沉积物中水不断被排出。碎屑沉积物在300m深处时，75%以上的水已被排出，所排出的水是孔隙流体的主要来源之一。碎屑沉积物的沉积后作用的绝大部分变化都是在流体中发生的。因此，压实作用有助于其他后继作用的发生。

机械压实意味着沉积物孔隙度和潜在孔隙不可逆消除，压实作用通常表现出如下一些特点（林春明等，2011；张霞等，2012）。

（1）碎屑颗粒呈明显的定向排列（图4-3a）。压实作用使碎屑颗粒从游离状态向紧密堆积状态转化，颗粒呈现出定向排列现象。

（2）石英、长石、部分岩屑等刚性颗粒发生脆性破裂与破碎（图4-3b）。

（3）云母、千枚岩等塑性颗粒挤压变形，或刚性颗粒嵌入塑性颗粒中（图4-3c）。

（4）碎屑颗粒之间呈线接触、凹凸接触，甚至呈缝合线接触（图4-3d）。

（5）黏土质岩屑、云母等塑性颗粒受挤压变形，位于其他碎屑之间，并像杂基一样充填于颗粒之间。

影响压实作用的因素主要是负荷力的大小（与埋深有关），其次为沉积物的成分、粒

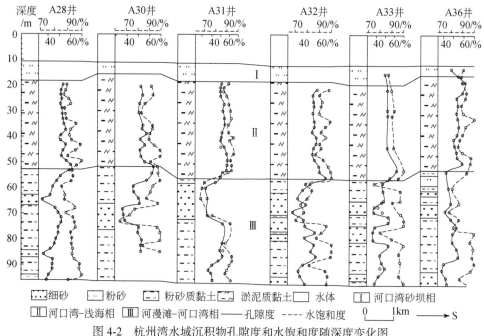

图 4-2 杭州湾水域沉积物孔隙度和水饱和度随深度变化图

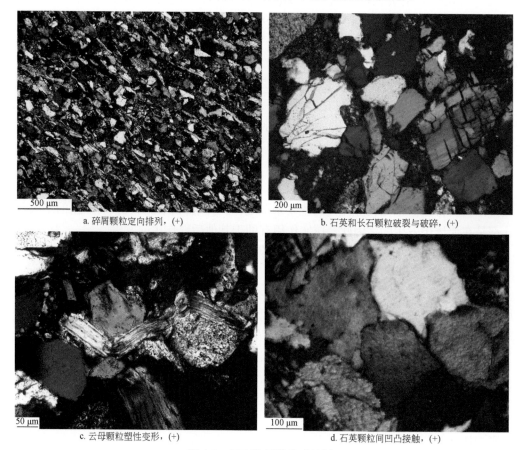

a. 碎屑颗粒定向排列，(+)

b. 石英和长石颗粒破裂与破碎，(+)

c. 云母颗粒塑性变形，(+)

d. 石英颗粒间凹凸接触，(+)

图 4-3 压实作用的典型特征

度、形状、圆度、粗糙度和分选性等。此外，沉积物介质的性质、温度和压实的时间等也有影响。例如，沉积物随着埋藏深度的增加，其所承受的负荷力增大，压实程度逐渐增强，碎屑颗粒之间接触关系由点接触向线接触、凹凸接触及缝合线接触演化（图4-4）。如果沉积物中的石英颗粒含量较高而岩屑含量较低，由于石英颗粒硬度大，沉积物在埋藏过程中就不易压实。

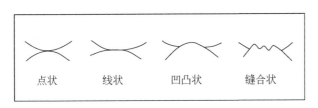

| 点状 | 线状 | 凹凸状 | 缝合状 |

图4-4　颗粒的接触类型

## 二、压溶作用

沉积物随埋藏深度的增加，当上覆地层压力或构造应力超过孔隙水所承受的静水压力时，会引起沉积物颗粒接触点上晶格变形或溶解，这种局部溶解称为压溶作用。总的来说，压溶作用与压实作用是同一物理－化学作用的两个不同阶段，它们是连续进行的，只不过压实作用主要由物理因素（机械压实）引起；压溶作用的主导因素是机械作用（上覆岩层压力、构造应力等），在压溶作用的过程中，流体参与了溶解物质的搬运，化学反应起到了一定的作用。压溶作用过程中，一直都有压实作用的伴随。

压溶作用是提高储层孔隙度和渗透性的重要成岩作用。在上覆沉积物的静水压力或构造应力作用下，孔隙溶液经常会发生迁移。随着压力的增加，溶解作用加强，在颗粒（或两种岩性）接触处发生溶解作用，由于各部分溶解速度不一样，所以颗粒接触线常呈锯齿状（图4-5a），称缝合线接触。在砾岩中，常见砾石呈凹凸状接触，形成压入坑构造（图4-5b、c），缝合线接触和压入坑构造都是压溶作用形成的。

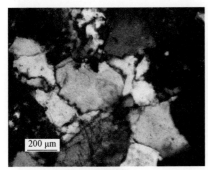

a. 石英砂岩中溶蚀缝，(+)　　　　b. 压入坑正面照，砾岩　　　　c. 压入坑侧面照，砾岩

图4-5　压溶作用下碎屑颗粒的接触关系

在正常地温梯度条件下，石英大约在500～1000m深处发生压溶和次生加大生长现象。据此推测，压溶作用应是地下深埋藏成岩作用的特征，其强度随埋深的增加而增加。一般认为，压溶作用的最大深度为6000m，此深度以下可能属于变质作用范围了（冯增昭，

1994）。实际上，压溶作用的最大深度受沉积盆地性质以及地温梯度等多方面因素的影响。

# 第三节　溶蚀作用

沉积物（岩）中的任何碎屑颗粒、杂基、胶结物等，在一定成岩环境中都可以不同程度地发生溶解、物质成分的迁移，称作溶蚀作用。它与压溶作用不同，溶蚀作用的主导因素是化学作用，机械作用的影响可以忽略不计，即没有体现出压溶作用中"压力"等机械作用的影响。

溶蚀作用发生过程中，被溶解的碎屑颗粒主要是石英、长石、云母和岩石碎屑等，胶结物中主要溶解对象是碳酸盐矿物，其次是黏土矿物。石英和长石溶蚀在整个埋藏过程中均可发生，只是溶解程度不同。一般溶蚀现象主要分布在中、深层碎屑岩中，有的石英、长石颗粒普遍被溶蚀且很强烈，被溶的石英、长石边缘往往呈不规则的港湾状或锯齿状、颗粒内部呈麻点状或蜂窝状（图4-6a、b），溶蚀严重的呈残核状或铸模孔。若沉积盆地中的成岩流体介质发生改变，如由弱酸性转为碱性，那么在弱酸性介质条件下形成的自生石英，就容易被溶蚀，溶蚀的孔隙又会被自生绿泥石充填（图4-6c、d）。从自生石英与自生绿泥石接触关系可以看到，自生石英形成早，自生绿泥石形成晚。

a. 石英边缘及表面溶解，泥质粉细砂岩，(+)　　　b. 长石表面呈麻点状或蜂窝状，细砂岩，(+)

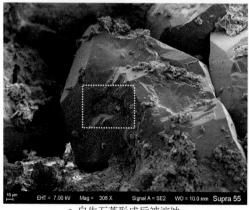
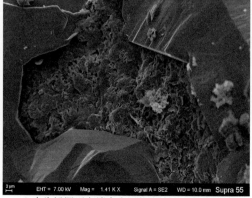

c. 自生石英形成后被溶蚀　　　　　　　　　d. 自生绿泥石充填自生石英溶蚀处，为c图放大

图4-6　中国东部沉积盆地碎屑岩典型的溶蚀作用现象

由于长石稳定性比石英差，对于碎屑岩沉积盆地而言，长石溶解、溶蚀现象更为普遍，是形成次生孔隙的重要矿物，而且与黏土矿物的形成有着密不可分的关系。长石溶蚀可能与地层中有机质在较高温压条件下分解产生的有机酸进入砂岩储集层有关。由于有机流体的进入，孔隙介质 pH 降低，由碱性变为酸性，在酸性介质条件下，长石碎屑发生强烈溶解，有机酸与长石反应，形成高岭石：

$$2KAlSi_3O_8（钾长石）+2H^++H_2O \longrightarrow Al_2Si_2O_5（OH）_4（高岭石）+4SiO_2（石英）+2K^+$$
$$CaAl_2Si_2O_8（钙长石）+2H^++H_2O \longrightarrow Al_2Si_2O_5（OH）_4（高岭石）+Ca^{2+}$$

反应式右边的高岭石，在 $Al^{3+}$ 的浓度达到 100ppm 时，可呈络合物被孔隙水带走；$SiO_2$ 可留在原处或被孔隙水带到别处沉淀形成自生石英胶结物。

研究表明，长石沿解理面比垂直解理面的溶解速度快 2～3 倍，溶解后在合适条件下析出高岭石。例如，辽河拗陷大民屯凹陷古近系沙河街组长石的溶解现象十分普遍，钾长石、钠长石的溶解均可见。根据溶解方式和程度主要可分为三种：①长石沿 {001} 或 {010} 一组解理方向上溶蚀较为严重，表面大量伊蒙混层黏土矿物分布，可能是长石溶解产物的转换（图 4-7a）；②长石沿 {001}、{010} 两组解理方向均发生明显的溶蚀，但仍可清晰地辨别颗粒形态，保存得相对完好；③长石沿 {001}、{010} 两组解理方向溶蚀严重（图 4-7b），颗粒表面黏土矿物膜仍存在，但颗粒内部被大量溶蚀，形成铸模孔。

 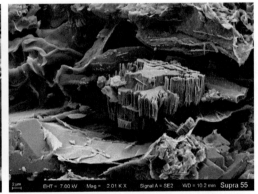

a. 长石沿解理缝溶解，表面分布伊蒙混层黏土矿物　　　　b. 溶蚀孔隙发育，有形成铸模孔的趋势

图 4-7　扫描电镜下辽河拗陷大民屯凹陷沙河街组长石溶蚀现象

# 第四节　胶结作用

所谓胶结作用是指松散的沉积颗粒，被化学沉淀物质或其他物质充填连接的作用，其结果使沉积物变为坚固的岩石。胶结作用是沉积物转变成沉积岩的重要作用，也是使沉积层中孔隙度和渗透率降低的主要原因之一。胶结作用可以发生在成岩作用的各个时期。

胶结物是指从孔隙溶液中沉淀出来的矿物质，种类多样，主要有碳酸盐、硅酸盐、硫酸盐等，其他较常见的胶结物有氧化铁、黄铁矿、白铁矿、萤石、沸石等。此外，黏土矿物作为胶结物在陆源碎屑岩中也有广泛的分布，也是碎屑岩中常见的胶结物类型。

　　胶结物的形成具有世代性，后来的胶结物可以在先前的胶结物基础上生长，也可取代早期胶结物而生长。胶结物在生长时，既可以在同成分的底质上形成，也可以在不同的底质上沉淀。胶结物结晶的大小与晶体生长速度以及底质的性质有关。一般来说，小晶体生长速度快，大晶体生长速度慢。孔隙胶结物的结构特征是紧靠底质处的晶体小而数量多，具有长轴垂直底质表面的优选方位；远离底质向孔隙中心，晶体大，数量少。如果有两种以上的胶结物，靠近底质的形成早，在孔隙中心的形成晚，依次可形成若干个世代的胶结物。

　　根据孔隙溶液中沉淀出的胶结物类型可以把胶结作用分为钙质胶结、硅质胶结、泥质（黏土矿物）胶结、铁质（如赤铁矿、黄铁矿和白铁矿）胶结以及硫酸盐（如石膏和硬石膏、重晶石）胶结等多种类型，以前三者为主。

## 一、碳酸盐胶结作用

### 1. 碳酸盐胶结物的类型及分布

　　碳酸盐胶结物包括方解石、铁方解石、白云石、铁白云石、菱铁矿、菱镁矿、文石、高镁方解石等。其中分布最广和最常见的是方解石、白云石，以及（含）铁方解石、（含）铁白云石等，而文石及高镁方解石只在现代砂岩中发现。

　　方解石胶结物可以呈粒状、镶嵌状、衬里状或栉壳状（图 4-8a）出现；也可呈次生加大环边出现。扫描电镜下方解石胶结物常见三种形态：①单独的菱形方解石胶结物充填颗粒间（图 4-8b）；②多个菱形方解石胶结物呈嵌晶状胶结（图 4-8c）；③自生方解石胶结物呈连晶式充填储层粒间孔，使颗粒孔隙度降低，连晶方解石胶结物表面见新生伊蒙混层、高岭石等黏土矿物（图 4-8d）。

　　白云石常呈菱形自形晶体充填于粒间孔隙中（图 4-8e），或呈薄膜状胶结分布于碎屑颗粒周围，方解石的茜素红和铁氰化钾染色呈红色，白云石不变色。（含）铁方解石胶结物一般呈他形粒状，茜素红和铁氰化钾染色呈紫色；（含）铁白云石胶结物既有自形晶和半自形晶，又有他形晶，往往是埋深越大，其晶体自形程度越低；有时也呈次生加大边形式出现（图 4-8f）。菱铁矿常环绕碎屑、充填孔隙，或呈结核方式产出；此外，在砂岩和粉砂岩中还可以见到由分散凝胶聚集而成的球状菱铁矿。

　　在许多砂岩中，碳酸盐胶结物是早期沉淀的，其证据是碳酸盐矿物直接围绕着碎屑颗粒的边缘分布，而其他胶结物在其外缘生长，早期沉淀的碳酸盐胶结物一般结晶程度差，呈现隐晶－微晶。在另外一些砂岩中，碳酸盐胶结物可位于其他胶结物如石英次生加大边的外缘或之间，这说明碳酸盐是后期形成的，一般晶粒较大，为粉晶－粗晶。因此，根据不同胶结矿物的充填顺序以及胶结物结晶程度等特征，可以研究沉积物的成岩演化历史。

### 2. 碳酸盐矿物的形成

　　碳酸盐矿物的沉淀与环境溶液中一定的碳酸盐组分浓度分不开，同时也与溶液的酸碱度（pH）密切相关。碳酸盐矿物的溶解度对溶液的 pH 极为敏感，在低 pH 的环境中，如 pH 小于 7 时，碳酸盐矿物的溶解度大，易溶解，不易沉淀，而随 pH 的升高，其稳定性逐渐升高，从而有利于发生碳酸盐矿物的沉淀（图 3-8、图 3-9）；此外，pH 的升高还有助于溶液中 $CO_2$ 分压的降低，也有利于碳酸盐矿物的沉淀。而不同的碳酸盐矿物，由于化

a. 方解石胶结物呈粒状、镶嵌状，(+)

b. 单独的菱形含铁方解石胶结物

c. 菱形方解石胶结物呈嵌晶状胶结

d. 连晶方解石胶结物

e. 菱形白云石晶体充填粒间孔，染色薄片，(+)

f. (含)白云石胶结物次生加大，背散射照片

图 4-8　碳酸盐胶结物特征（电子探针成分分析：1 为白云石，2 为含铁白云石，3 为方解石）

学结构等方面的影响，其形成环境也存在差别。

### 3. 碳酸盐胶结物的来源

一般来说，碳酸盐胶结物的物质来源主要有以下几种（Chowdhury and Noble，1996；漆滨汶等，2006）：①沉积水体原生或孔隙水中富含 $Ca^{2+}$，如海水和流动的孔隙水溶解碎屑沉积物中的介壳和碳酸盐颗粒，溶解的物质又作为成岩期的胶结物沉淀下来，为碳酸盐胶结物的主要来源；②层内溶解作用，黏土岩中富含钙质，钙质可发生溶解随流体一起排入临近砂岩中，如在砂岩（透镜体）与黏土岩接触带常常发育钙质结壳（漆滨汶等，2006）；③黏土岩中蒙脱石向伊利石转化可排出 $Ca^{2+}$，这种转化主要发生在较深地层中；④碳酸盐矿物对压溶作用十分敏感，在埋藏作用过程中，砂岩中碳酸盐颗粒的压溶以及砂岩层上下碳酸盐地层的压溶也能提供大量的碳酸盐胶结物，这是较深处碳酸盐胶结物的来源之一。

**4. 碳酸盐胶结物对储层物性的影响**

碳酸盐胶结物的存在对储层的发育起着双重影响，一方面，碳酸盐的胶结会堵塞孔隙，大幅度降低砂岩的孔隙度和渗透率；另一方面，胶结物在储层中的沉淀可以起到支撑作用，有效降低砂岩的压实程度，为后期的酸性水溶蚀和次生孔隙的形成创造了有利条件。

例如，渤海湾盆地东营凹陷沙三段大套黏土岩中发育砂岩透镜体，有些砂岩透镜体饱含油，有些局部含油，有些不含油，即砂岩透镜体油气充满度大小不一致。这种差异性与砂岩透镜体－黏土岩接触带的特征有着密切联系。当砂岩透镜体顶底边缘与钙质黏土岩接触时，由于钙质迁移胶结，易堵塞砂岩透镜体的孔隙喉道，使得砂岩透镜体与黏土岩接触处的非均质增强，导致砂岩透镜体的储集物性变差，即砂岩透镜体的孔隙度及渗透率降低，在砂岩透镜体－黏土岩接触带形成一个致密的钙质结壳，阻止油气进入砂岩透镜体。尽管许多砂岩透镜体内部孔渗性好，但由于砂岩透镜体边缘物性差，最终造成砂岩透镜体不含油或油气充满度很低。钙质结壳的形成实际上是含油气盆地黏土岩（烃源岩）－流体（油、气、水）－砂岩（储集岩）相互作用过程中的产物。烃源岩－地层水相互作用生成的有机酸促使了烃源岩中碳酸盐矿物的溶解，随着有机酸含量增加，碳酸盐溶解量亦增加，水中 Ca、Sr 含量增大；有机酸与碳酸盐形成以下反应（Fredd and Fogler, 1998；Fairchild et al., 1999）：

$$Ca(Sr)CO_3 + HAC \rightleftharpoons Ca(Sr)^{2+} + HCO_3^- + AC^-$$

$$Ca^{2+} + H_2C_2O_4 \rightleftharpoons CaC_2O_4 + 2H^+$$

经烃源岩－水溶液作用后的流体重新进入到新的储集岩中时，这类流体在新的物理化学环境中要与储集岩再次发生作用。烃源岩中碳酸盐矿物含量高时，黏土岩排出水的 pH 较高，Ca 的含量也高；由于砂岩透镜体中 $CO_2$ 压力（$P_{CO_2}$）比黏土岩中低，同时砂岩透镜体的温度和压力也相对较低，烃源岩中生成的富 $Ca^{2+}$ 烃类流体和地层水，在驱动力的作用下，向邻近的砂岩透镜体内运移，同时挟带含碳酸盐的有机酸一起运移。这类流体不利于砂岩透镜体中的长石和方解石溶解，而易在砂岩透镜体－黏土岩界面处的原生孔隙中发生沉淀作用，新的沉淀物会胶结岩石的原生孔隙，形成钙质结壳（图4-9）。

流体与储集岩作用的直接结果是方解石和白云石沉淀到储集岩中，它们将占有原岩的部分孔隙空间，形成胶结物，进而形成钙质结壳。从富碳酸盐烃源岩与地层水作用形成含 Ca 较高的反应水，到这种高 Ca 水进入到储集岩中发生方解石及白云石的沉淀过程，实际上是 $CaCO_3$ 及 Mg 的转移过程，即在烃源岩中溶解，再到储集岩中沉淀（Marcos et al., 1995）。因此，当砂岩透镜体与富碳酸盐烃源岩相邻，这样的砂岩透镜体就极有可能因其

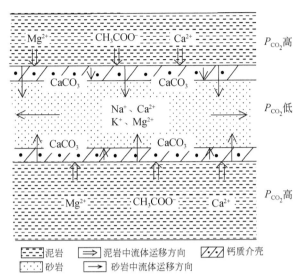

图 4-9　砂岩透镜体 / 黏土岩界面碳酸盐的迁移和化学反应过程示意图

中的水岩相互作用而在砂岩透镜体 / 黏土岩界面形成一层钙质结壳，使其孔隙度和渗透率降低。

　　从碳酸盐胶结物形成的期次来看，这样的碳酸盐胶结物为明显的晚期胶结物，主要为含铁方解石和铁白云石，菱铁矿次之。含铁方解石和铁白云石含量变化较大，一般为 0.5% ～ 25%，而且随着埋深加大总体上有明显增多趋势。含铁方解石胶结物一般呈他形粒状中细晶，也有粗－巨晶，或充填粒间孔隙，或呈交代碎屑颗粒，有时还以碳酸盐岩碎屑的加大边状态存在。当含铁方解石胶结或交代强烈时，可形成假基底式胶结，使储层完全失去渗透能力。晚期铁白云石胶结物既有自形晶和半自形晶，又有他形晶，往往是埋深越大，其晶体自形程度越低。铁白云石多充填孔隙，部分交代碎屑和基质，有的也以碳酸盐岩碎屑的加大边状态存在。晚期铁白云石胶结物的发育与埋深有密切的联系，随深度增加含量明显增多，且晶粒逐渐变大。晚期碳酸盐胶结物在剖面上的分布具有以下规律：①深层砂岩较相对浅层砂岩中的碳酸盐胶结物含量高；②薄层砂岩较厚层砂岩中的碳酸盐胶结物含量高；③厚层砂岩顶底部的碳酸盐胶结物较中部高；④富含铁白云石的湖相黏土岩中夹的砂岩多见铁白云石胶结物，富含含铁方解石的湖相黏土岩中夹的砂岩多见含铁方解石胶结物。

## 二、硅质胶结作用

### 1. 硅质胶结物的类型及分布

　　硅质胶结物主要成分为二氧化硅，是砂岩中主要的胶结物类型，它可以呈非晶质和晶质两种矿物形态出现于碎屑岩中。非晶质二氧化硅胶结物为蛋白石，晶质二氧化硅胶结物有玉髓和自生石英等。

　　蛋白石胶结物的出现与砂岩中的火山碎屑颗粒有关，火山碎屑的溶解或蚀变使 $SiO_2$ 进入地层水中，逐渐达到过饱和而导致胶结物的沉淀。蛋白石在新生代砂岩中分布广泛，可以交代方解石介壳或直接沉淀出来。

玉髓的原子排列和自生石英完全一样，是一种隐晶、微晶状的石英变种，常呈细小粒状、纤维状及放射状球粒等形式出现。

自生石英是碎屑岩中最常见的硅质胶结物，主要以增生型和沉淀型两种方式胶结。增生型胶结是以碎屑石英周围发育次生加大边为特征（图4-10a），又称石英次生加大边型胶结，胶结物是在同成分的碎屑石英底质上生长出来的（图4-10b），与碎屑石英底质有"亲缘关系"。沉淀型胶结（图4-10c）与增生型胶结不同，胶结物来自溶解的二氧化硅溶液重新沉淀，不是在碎屑石英底质上生长出来的，与碎屑石英底质亲缘关系较差；胶结物呈微、细粒状沉淀在孔隙中（图4-10c），或沉淀在颗粒表面（图4-10d），常与绿泥石、高岭石等黏土矿物共生，或与碎屑石英底质呈共轴生长（图4-10e）。

石英加大作为碎屑岩中最主要的二氧化硅胶结类型，它的形成是在碎屑石英颗粒上以雏晶的形式开始的（图4-10d），然后逐渐发育成具有较大晶面的小晶体，最后使碎屑石英边缘恢复其规则的几何多面体形态（图4-10b）。碎屑石英在沉积时边部往往有氧化铁、黏土等分布，发生加大后这些物质仍可以以杂质形式保留下来，从而在碎屑石英和其加大边之间形成一条"尘线"，据此可把两者区分开来。石英的次生加大过程是随埋深和成岩作用程度的增加而增加的，根据加大过程中自生石英的发育特征、加大程度和"尘线"的出现，可以看到石英次生加大边的形成具有世代性或阶段性，可以作为成岩阶段划分以及储层储集性能判断的依据。如鄂尔多斯盆地上三叠统延长组砂岩在碎屑石英和其加大边之间就有三条"尘线"出现，从而判断出硅质胶结物具有三个世代胶结（图4-10f）。

**2. 硅质胶结物的形成**

二氧化硅胶结物的形成受溶解度的制约，而其溶解度又受酸碱度（pH）及温度的控制。实验表明，在酸性至弱碱性条件（pH < 9）下，$SiO_2$ 的溶解度基本不受 pH 的影响，但 pH > 9 时，其溶解度随 pH 的增大而开始急剧上升（图3-18、图3-19），由上可知，二氧化硅与方解石的情况正相反：二氧化硅在酸性介质中沉淀，碱性介质中溶解；而方解石在酸性介质中溶解，碱性介质中沉淀。

非晶质二氧化硅和石英的溶解度受温度的控制也很明显。实验温度为 22 ~ 70℃ 的平衡条件下，溶液中 $SiO_2$ 的含量连续 70 天保持在 100 ~ 150mg/L；随温度的升高，非晶质 $SiO_2$ 的溶解度增加很快，在 150℃ 时超过 600mg/L。相对而言，石英的溶解度却低得多，其溶解度在室温条件下仅为非晶质二氧化硅的 5%，约 6mg/L（一般地下水中均超过此值）；而随温度的上升，石英溶解度上升的数值远小于非晶质二氧化硅，所以温度升高时，蛋白石溶解度要远远大于石英溶解度。由此可以说明，在温度较高的埋藏成岩条件下，砂岩中的二氧化硅胶结物常为石英而不是蛋白石；同样也可以说明，在时代较新的砂岩中，有时能见到蛋白石‐玉髓‐微晶石英渐变过渡的现象，或砂岩中的方解石质介壳被蛋白石交代，局部蛋白石转变为纤维状玉髓，靠近玉髓的外侧又有微晶石英等现象。这是因为许多原来为蛋白石的胶结物，随着地质时代的进展而转变为玉髓，甚至转变为微晶石英（冯增昭，1994）。从蛋白石转变为玉髓‐石英是单向的，在稳定的物理条件下是不可逆的（姜在兴，2010）。

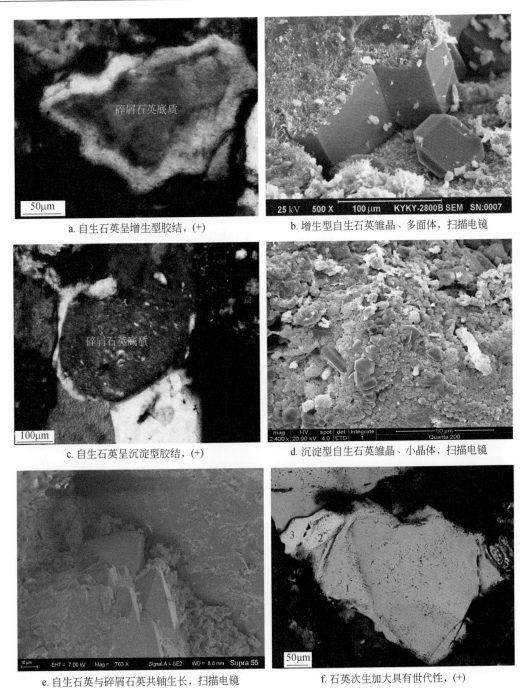

a. 自生石英呈增生型胶结，(+)

b. 增生型自生石英雏晶、多面体，扫描电镜

c. 自生石英呈沉淀型胶结，(+)

d. 沉淀型自生石英雏晶、小晶体，扫描电镜

e. 自生石英与碎屑石英共轴生长，扫描电镜

f. 石英次生加大具有世代性，(+)

图 4-10　二氧化硅胶结物特征（1. 第一世代；2. 第二世代；3. 第三世代）

### 3. 硅质胶结物的来源

二氧化硅胶结物可有以下几种来源（冯增昭，1994）：①来源于地表水和地下水。地表水的 $SiO_2$ 平均含量为 13mg/L，地下水则可达几十 mg/L，并可循环到几百米甚至上千

米深处。不论在哪种水中，二氧化硅的溶解度均高于石英的溶解度 6mg/L，又低于非晶质 $SiO_2$ 的溶解度 120mg/L。这可能是较浅处石英次生加大胶结物的主要来源。不过只有保持孔隙水的长期循环，而且在二氧化硅不断补给的条件下才能形成大量的石英胶结物。②来源于硅质生物组分的溶解。碎屑沉积物中的硅藻、放射虫、硅质海绵骨针以及其他分泌二氧化硅的生物组分，在沉积后将很快溶解，溶解作用一直进行到水中非晶质二氧化硅饱和为止。③来源于碎屑石英压溶作用。溶出的二氧化硅，往往在受压溶解颗粒附近的孔隙中沉淀成自生石英。④来源于黏土矿物的成岩转化。蒙脱石或伊蒙混层黏土向伊利石转化，可析出可观的 $SiO_2$。在页岩与砂岩互层的地层中，常见邻近页岩的砂岩体边部有硅质胶结物存在，或者向砂岩体的边缘有硅质胶结物增加的现象。由此看来，页岩中的黏土矿物在成岩转化过程中有 $SiO_2$ 析出，并进入邻近砂体的边部成胶结物沉淀下来。⑤来源于硅酸盐矿物的不一致溶解，尤以长石为重要。⑥来源于火山玻璃脱玻化和蚀变成黏土矿物或沸石类矿物过程中析出的 $SiO_2$。脱玻化作用常发生在近地表浅处，所以常产生非晶质蛋白石胶结物。⑦海底火山喷发可直接提供大量二氧化硅。⑧深埋的沉积物随构造的抬升、温度和压力减小，孔隙水中 $SiO_2$ 变得过饱和，可析出 $SiO_2$。

## 三、黏土矿物胶结作用

黏土矿物是砂岩中一种较重要的填隙物，常见的黏土矿物有高岭石、伊利石、绿泥石、蒙脱石等，它们有自生的和他生的两种。他生的黏土矿物系来源于源区的母岩风化产物，是搬运介质中或者沉积环境中由胶体溶液的凝聚作用与碎屑物同时沉积下来的。自生的黏土矿物来源于孔隙中沉淀生成或再生的黏土矿物，后者才是真正的胶结物，但数量上比前者要少。

黏土矿物在储集层中主要表现为可塑性，容易压实变形并充填到孔隙当中损害储集层物性。

### 1. 伊利石

伊利石常呈不规则的细小晶片产出，主要分布在粒间和粒表，产状为丝缕状、毛发状和桥接状等形式（图 4-11a、图 4-11b），伊利石的这种产状将储层中大孔道分割成小孔道，造成储层的高含水饱和度，形成水锁；同时，毛发状或丝缕状的伊利石微晶集合体可能会进一步分散，呈微粒运移，堵塞孔道。因此，伊利石对储层的潜在损害是强水锁、速敏、碱敏，其次是盐敏、水敏、酸敏等（表 4-1）。

表 4-1 储层黏土矿物的基本存在形式及潜在损害

| 矿物 | 结构类型 | 产状 | 赋存形式 | 潜在损害形式 |
|---|---|---|---|---|
| 伊利石 | 2∶1 | 丝缕状、毛发状、搭桥状 | 粒间及粒表 | 水锁、碱敏、速敏、水敏 |
| 高岭石 | 1∶1 | 蠕虫状、书页状、片状、杂乱分布 | 粒间 | 速敏、碱敏、酸敏、水锁 |
| 绿泥石 | 2∶1+1 | 片状 | 粒间及粒表 | 速敏、碱敏、酸敏、水锁 |

伊利石结晶程度随埋藏深度的增加而变好，最后转化成绢云母。伊利石可以是在成岩过程中由蒙脱石或混层等其他黏土矿物或钾长石和钠长石的溶解转变而来。

## 2. 高岭石

高岭石在薄片下较易辨认，一般呈假六边形晶片，集合体呈书页状或蠕虫状，以孔隙充填集合体形式（图 4-11c），分散状较少。高岭石成因主要有蚀变和孔隙析出两种类型，蚀变型主要为长石碎屑蚀变高岭石、火山岩岩屑蚀变高岭石和填隙物中的杂基蚀变高岭石，长石蚀变高岭石保留有长石溶蚀轮廓，火山岩岩屑蚀变高岭石有岩屑残留痕迹（图 4-11d），杂基碎屑蚀变高岭石则堆积紧密（图 4-11e）。孔隙析出型则表现为自生高岭石在有足够的 $SiO_2$ 和 $Al^{3+}$ 的循环孔隙水中析出，高岭石堆积较分散（图 4-11f）。此外，高岭石也可由绿泥石、伊利石或蒙脱石等其他黏土矿物转变而来。

高岭石晶片间发育大量的晶间孔（图 4-11c、图 4-11f），为储集油气提供丰富的储集空间，但晶间孔孔径太小，较大的毛管力为外来流体进入储层提供了足够大的动力，加之岩石的比表面积大，外来水易于在高岭石集合体中形成水相圈闭。所以，高岭石对储层潜在损害为水锁损害、碱敏、酸敏和速敏（表 4-1）。

图 4-11　鄂尔多斯盆地上三叠统延长组伊利石和高岭石黏土矿物胶结物特征

a. 颗粒边缘为桥接状伊利石黏土边，（+）；b. 垂直于颗粒边缘的毛发状伊利石，扫描电镜；c. 书页状高岭石，扫描电镜；d. 火山岩岩屑蚀变高岭石紧密充填，（-）；e. 杂基蚀变型高岭石紧密充填，（-）；f. 自生高岭石的孔隙充填及晶间孔，蓝色铸体薄片，（-）

一般来说，高岭石胶结物的出现往往会导致砂岩粒间孔隙被充填，对储集物性起破坏作用。然而，高岭石是岩石与孔隙水在弱酸性沉积环境中发生化学反应的产物，砂岩中高岭石的析出常与长石的溶蚀作用伴生，溶蚀作用常能够形成部分次生孔隙，一定程度上缓解了高岭石的生成对储层孔隙的影响。此外，在分析自生高岭石胶结物对储集物性的影响时，仅仅从高岭石是否发育来判断储层次生孔隙的发育情况远远不够，还应结合其形成时周围流体作用条件进行综合分析。当储层中含油气流体渗透速度较高时，高岭石易于迁移至别处，储集物性得到改善，反之，高岭石则倾向于原地沉淀，储集物性变差。

### 3. 绿泥石

1）绿泥石矿物的赋存状态

绿泥石按成因可划分为陆源碎屑绿泥石、自生绿泥石和蚀变绿泥石三种，以自生绿泥石为主，三者在结构、产状、分布特征等方面有很大区别（张霞等，2011）。

自生绿泥石为成岩阶段产物，晶形一般较完整，棱角分明，边缘清晰可辨。自生绿泥石常以胶结物的形式产出，根据其晶体排列方式及与碎屑颗粒的接触关系，可进一步划分为颗粒包膜、孔隙衬里和孔隙充填三种类型。

颗粒包膜绿泥石呈薄膜状包裹整个颗粒，厚度一般不足 1μm。单个绿泥石晶体很小，晶形不完整，呈不规则片状，晶体延长方向在碎屑颗粒与孔隙接触处垂直或斜交于碎屑颗粒表面（图 4-12a），而在相邻碎屑颗粒接触处平行于碎屑颗粒表面分布（图 4-13），表明其形成时间较早，早于碎屑颗粒相互接触的初始压实阶段，主要形成于同生成岩阶段。

孔隙衬里绿泥石是自生绿泥石的主要产出形式，其只生长于孔隙接触的碎屑颗粒表面，而在相邻碎屑颗粒接触处不发育（图 4-12b），单个绿泥石晶体呈叶片状垂直于碎屑颗粒表面向孔隙中心方向生长，且由碎屑颗粒边缘向孔隙中心方向自形程度逐渐变好，叶片增大变疏（图 4-12c），厚度一般为 5 ～ 15μm。阴极发光下孔隙衬里绿泥石一般不发光或发棕褐色光，少部分发亮绿色光。薄片下常可观察到以下特征：①亮晶方解石和自生高岭石胶结物充填于孔隙衬里绿泥石胶结后的残余原生粒间孔中，且对孔隙衬里绿泥石进行交代，表明孔隙衬里绿泥石的形成要早于亮晶方解石和自生高岭石胶结物的沉淀（图 4-12d，e）；②孔隙衬里绿泥石只分布于铸模孔边缘，而在长石或岩屑的粒内溶孔中未见，表明其形成要早于溶解作用的发生（图 4-12f）；③自生石英雏晶主要分布于孔隙衬里绿泥石胶结后的残余原生粒间孔中，但有时也可见孔隙衬里绿泥石对自生石英雏晶的交代现象（图 4-12g），说明孔隙衬里绿泥石形成时间早于自生石英雏晶，可持续到自生石英雏晶沉淀之后，后期孔隙衬里绿泥石继续生长并对自生石英雏晶进行交代；④孔隙衬里绿泥石可分为明显不同的 3 个期次，早期的孔隙衬里绿泥石在单偏光下呈淡绿色，中期的孔隙衬里绿泥石因受油气浸染，单偏光下呈黄褐色，晚期的孔隙衬里绿泥石在单偏光下又表现为淡绿色。以上特征表明，当机械压实作用进行到导致碎屑颗粒目前相互接触关系的早成岩阶段时，孔隙衬里绿泥石即开始形成，并持续不断生长，至少可持续到早成岩阶段 A 期晚期自生石英雏晶沉淀之后，目前，它是不同成岩阶段产物的混合。虽然孔隙衬里绿泥石的形成温度跨度较大，但研究表明，其在 20 ～ 40℃和 70 ～ 80℃温度区间内生长最为集中，与之对应的埋深分别为小于 1000m 和 2000 ～ 2500m（Billault et al.，2003）。

孔隙充填绿泥石晶体大，自形程度高，晶体延长方向和碎屑颗粒表面无明显的垂直或平行关系，多个绿泥石晶体聚合在一起时，有的边与边接触，有的边与面接触呈玫瑰花状（图 4-12h）、绒球状或分散片状。其主要充填于孔隙衬里绿泥石胶结后的残余原生粒间孔中（图 4-12h），其次为次生溶孔中，形成晚于中成岩阶段 A 期晚期自生高岭石胶结物和自生石英雏晶的沉淀。

蚀变绿泥石主要由富铁镁铝硅酸盐矿物绿泥石化形成，以黑云母碎屑的绿泥石化为主（图 4-12i），其形成可贯穿于整个成岩阶段。单偏光下黑云母蚀变的绿泥石呈深绿 - 淡

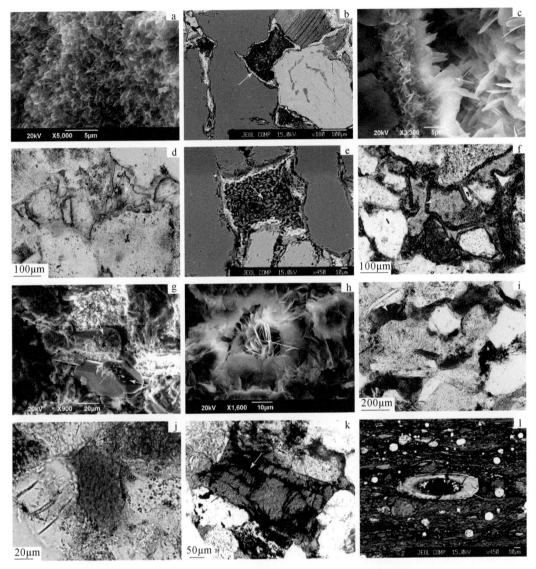

图 4-12　鄂尔多斯盆地三叠系延长组胶结物的分布特征

a. 颗粒包膜绿泥石，扫描电镜；b. 绿泥石（黄色箭头）与碎屑颗粒、孔隙的关系，背散射；c. 绿泥石从颗粒边缘（红色箭头）到孔隙中心（黄色箭头）自形变好，电镜；d. 亮晶方解石（黄色箭头）充填于残余原生粒间孔中，(-)，染色薄片；e. 绿泥石早于高岭石（黄色箭头）沉淀，背散射；f. 绿泥石（黄色箭头）围绕铸膜孔分布，(-)，蓝色铸体片；g. 早、晚期绿泥石（红、粉红色箭头）与自生石英雏晶（黄色箭头）的关系，电镜；h. 孔隙充填绿泥石（黄色箭头）呈玫瑰花状，电镜；i. 黑云母蚀变绿泥石（黄色箭头），(-)；j. 海绿石，(-)；k. 黑云母（红色箭头）溶解释放出铁质（黄色箭头），(-)；l. 钙质生物（箭头），背散射

黄色多色性，未绿泥石化的黑云母具褐色-黄色多色性（图 4-12i）。黑云母沉积后受温度、压力及流体等多种因素影响，尤其是地层水的作用，很容易发生不同程度的变化（冯增昭，1994）。绿泥石可沿黑云母的边缘、解理和中心进行交代，并保持黑云母的假象。不同黑云母颗粒或同一颗粒的不同部位，因绿泥石化程度不同，偏光显微镜下显示出明显差异，

一般随绿泥石化程度增强，黑云母的颜色由黑褐色向黄褐色再向淡绿色渐变（图 4-12i）、干涉色由二级黄向一级灰白渐变或表现为绿泥石的异常蓝干涉色、一组极完全解理由清晰可见到逐渐消失、消光性质由十分规则的平行消光过渡为典型的波状消光。扫描电镜下，原先的黑云母片状结构体被一个个紧密排列的针叶状绿泥石所取代，这些细小的绿泥石晶体大致按原黑云母解理面的延伸方向展布，致使黑云母片体间的间距加大变宽，体积膨胀（图 4-13）。

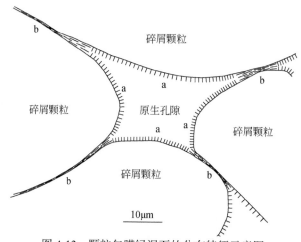

图 4-13　颗粒包膜绿泥石的分布特征示意图

a. 碎屑颗粒与原生粒间孔隙接触处；b. 相邻碎屑颗粒接触处

绿泥石胶结物对储集物性的影响具有双重性。一方面，绿泥石胶结物对储层物性起保护作用：①孔隙衬里绿泥石可有效降低压实、压溶作用对储层孔隙缩小或减少的影响，使孔隙得以保存；②孔隙衬里绿泥石阻碍了石英次生加大边的形成，使原生粒间孔得以保存；③孔隙衬里绿泥石的发育为中成岩阶段 A 期酸性流体的进入及溶解物质的带出提供了有效通道，使次生孔隙大量发育，储集物性明显变好；④孔隙衬里绿泥石的大量发育指示当时处于一个碱性的、高孔渗的开放环境，有利于早期碳酸盐胶结物的形成，早期碳酸盐胶结物的发育大大抑制了压实作用的进行，并为后期次生孔隙的发育提供了物质基础。另一方面，还应注意绿泥石胶结物对储层的负面影响：①绿泥石胶结物的存在必然会减小孔隙半径，堵塞喉道；②绿泥石胶结物的晶间孔发育，常使孔隙喉道变得迂回曲折；③绿泥石富含铁镁物质，FeO 和 MgO 的平均含量分别为 26.45% 和 7.49%，对盐酸和富氧系统十分敏感，酸化过程中易形成氢氧化铁胶体堵塞喉道。总的来说，孔隙衬里绿泥石对储集物性的建设性大于破坏性；孔隙充填绿泥石对储集物性起破坏作用；而颗粒包膜绿泥石因厚度小，含量少，对储层物性的影响较小。

2）自生绿泥石矿物的成因机制

一般认为自生绿泥石主要形成于富铁镁的碱性环境，因此要形成绿泥石，首先要解决铁镁来源，概括起来有三种：一是河流溶解铁镁的不断注入、咸水盆地的絮凝沉淀及成岩过程中的溶解（Baker et al.，2000；Billault et al.，2003）；二是同沉积富铁镁岩屑的水解，水解作用可造成铁镁等金属阳离子的析出（Remy，1994；Bloch et al.，2002）；三是相邻黏土岩压释水的灌入，如砂岩和黏土岩互层沉积，成岩过程中黏土岩层向相邻砂岩层排放出具丰富铁镁离子的压释水。

鄂尔多斯盆地上三叠统延长组砂岩中含有大量的海绿石颗粒（图4-12j），说明该时期鄂尔多斯盆地为具一定盐度的微咸-半咸水湖盆，含一定量的电解质。此外，砂岩的母岩中含有富铁镁的岩石，如中基性火山岩，这些母岩在风化和搬运过程中水解形成大量的铁镁离子，并随河水流入鄂尔多斯微咸-半咸水湖盆，在河口附近与湖水电解质相互作用发生絮凝，形成包绕碎屑颗粒分布的含铁镁沉积物，这些富含铁镁沉积物不稳定，在成岩初期即发生溶解-重结晶作用，形成磁绿泥石。同生成岩阶段，随温度升高磁绿泥石不稳定，遵循奥斯特瓦尔德定律发生溶解-重结晶作用形成颗粒包膜绿泥石，同时该阶段大量的黑云母、中基性火山岩岩屑的水解作用也为颗粒包膜绿泥石的形成提供了大量的铁、镁离子，颗粒包膜绿泥石中含大量的钾离子可很好地说明这一点，由于同生成岩阶段持续时间较短，且温度低，因此包膜厚度小。早成岩阶段，随温度升高，磁绿泥石、颗粒包膜绿泥石仍遵循奥斯特瓦尔德定律继续溶解-重结晶作用形成孔隙衬里绿泥石，并垂直于碎屑颗粒表面向孔隙中心方向生长，具明显的世代性，先期形成的贴近碎屑颗粒边缘的绿泥石晶形差，而后期形成的靠近孔隙中心的绿泥石晶形好，前人将这一过程称为奥斯特瓦尔德成熟化（Jahren，1991）。孔隙衬里绿泥石的Al/（Al+Mg+Fe）值为0.37～0.53，平均0.42，可作为孔隙衬里绿泥石由磁绿泥石转化而来的一个佐证。此外，孔隙衬里绿泥石的Fe、Mg含量从碎屑颗粒边缘到孔隙中心方向有逐渐增大趋势，表明在其形成过程中有其他来源的铁镁离子供应，可能与黑云母碎屑的不断分解有关（图4-12k），孔隙衬里绿泥石中K含量较高可很好地说明这一点，且K含量从碎屑颗粒边缘到孔隙中心方向逐渐减小的特征表明黑云母碎屑的分解主要发生在成岩阶段早期。早成岩阶段由于持续时间较长，温度较高，铁镁物质供给较充分，因此孔隙衬里绿泥石厚度相对较大。孔隙衬里绿泥石发育的砂岩储集物性和孔喉结构较好，可为有机酸的进入及溶解物质的带出提供大量通道。中成岩阶段A期早期，黏土岩中有机质在较高温压条件下分解产生的有机酸进入砂岩储层后，孔隙介质由碱性变为酸性，在酸性介质条件下，孔隙衬里绿泥石不稳定，易发生溶解，部分碎屑颗粒边缘可见孔隙衬里绿泥石的溶解残留，而大规模油气充注于砂岩储层后，孔隙衬里绿泥石停止生长（张霞等，2011）。中成岩阶段A期晚期有机酸溶解作用发生之后，孔隙介质流体由酸性逐渐转为碱性，颗粒包膜和孔隙衬里绿泥石、磁绿泥石的溶解-重结晶作用可能为孔隙充填绿泥石的形成提供铁镁物质。孔隙充填绿泥石所需铁镁离子主要由黏土岩压释水提供。薄片和扫描电镜观察黏土岩中含有大量的绿泥石矿物和钙质生物（图4-12l），化学分析显示黏土岩中的碳酸盐含量为8.06%～46.32%，平均16.33%，这些物质在中成岩阶段A期有机酸溶解作用下产生大量的铁、镁和钙离子随黏土岩压释水一起进入砂岩储层。该阶段持续时间长，温度高，孔隙充填绿泥石晶体大，自形程度高。

**4. 蒙脱石**

在一些含火山物质较丰富的砂岩中，在其成岩作用的早期，自生蒙脱石含量较多，随着成岩作用的加强，将转变为其他种类的黏土矿物，如伊利石-蒙脱石混层矿物（简称伊蒙混层矿物）或绿泥石-蒙脱石混层矿物（简称绿蒙混层矿物）。蒙脱石多呈孔隙充填产状产出。

### 5. 混层黏土矿物

混层黏土矿物可分为伊利石－蒙脱石混层矿物或绿泥石－蒙脱石混层矿物。伊蒙混层矿物在形态上介于伊利石和蒙脱石之间，如混层晶格中富含伊利石层，其形态近似于伊利石，呈不规则晶片状结构（图4-14a）；如混层晶格中富含蒙脱石层，则呈类似于蒙脱石的皱纹状或蜂窝状结构（图4-14b）。绿蒙混层矿物也具有类似的特征。混层黏土是自生黏土矿物中最常见的一类黏土，多呈孔隙充填产状产出。伊蒙混层黏土矿物是蒙脱石向伊利石转化的过渡产物，其遇水膨胀后易堵塞孔喉，对储集物性起破坏作用。

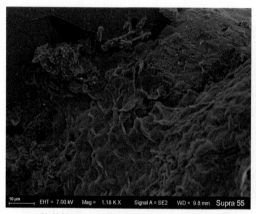

a.片状结构，辽河拗陷大民屯凹陷沙河街组　　　b.蜂窝状结构，鄂尔多斯盆地延长组

图 4-14　扫描电镜下伊蒙混层黏土矿物胶结物的特征

总之，自生黏土矿物在砂岩中都起着缩小砂岩孔隙空间的作用，但在长石的高岭石化过程中，由于钾离子和二氧化硅被移去，体积缩小，因而能产生一定量的孔隙空间。自生黏土矿物对砂岩渗透率的破坏远大于对孔隙度的破坏，而且视不同的黏土矿物而异。伊利石、绿泥石、蒙脱石和伊蒙混层黏土大多变成颗粒包膜和孔隙衬里的形式产出，易于堵塞砂岩的孔隙喉道，对砂岩的渗透率有显著的破坏作用。自生高岭石粒度较粗，结晶较好，都以充填孔隙形式产出，对孔隙度影响较大，但高岭石粒间仍可保留一些微孔隙。

## 四、沸石胶结作用

碎屑岩中常见的沸石类胶结物有方沸石、片沸石、浊沸石及斜沸石等，呈晶粒状、板状、纤维状、针状及束状产出，可形成于成岩作用的各个阶段。

从沉积物的早期成岩到变质作用早期都可以有沸石的形成与转化。在成岩作用过程中，具有高碱度的孔隙水溶解着大量的 Si、Al，才可能形成沸石。而这种条件，一是出现在高浓度盐碱湖沉积物的软泥水中；二是出现在含有大量火山玻璃碎屑的沉积物中，由于火山玻璃不稳定而转化成沸石。

从自然界的产状来看，菱沸石、毛沸石、钠沸石、钙十字沸石等主要是在咸水沉积物的软泥水中形成，通常把上述矿物称为海解作用产物，实际上，这种产物更主要的是形成在盐碱湖中。

在早期成岩阶段，大多形成方沸石、斜钙沸石及斜发沸石和片沸石，这些沸石主要产在孔隙内。成岩沸石形成的另一个条件可能是碳酸根离子浓度低，否则就要形成碳酸盐矿物，而不形成沸石。

沸石成分与长石相似。沸石常见于富含火山碎屑和长石的砂岩中，常常是火山碎屑和长石与地下水相互作用的产物。有利于形成沸石的介质条件是高的 pH 和富含 $SiO_2$ 及 Ca、Na、K 离子，即高矿化度的孔隙水和适当的二氧化碳分压。如：

$$CaAl_2Si_2O_8+2SiO_2+4H_2O \Longrightarrow CaAl_2Si_4O_{12} \cdot 4H_2O$$
（钙长石）　　　　　　　　　　（浊沸石）

沸石在酸性水的作用下不稳定，容易发生溶解而形成次生孔隙。

在松辽盆地下白垩统、新疆克拉玛依上二叠统乌尔禾组、陕甘宁盆地三叠系延长组和渤海湾盆地古近系沙河街组等地层中，沸石是常见的自生矿物。下面以渤海湾盆地古近系沙河街组地层为例，详细阐述方沸石特征、形成条件等。

渤海湾盆地古近系沙河街组白云岩中方沸石主要有两种存在样式：纹层型和充填型。纹层型中方沸石多与白云石互层，呈纹层状（图 4-15a），偶见似结核状、絮状分布在白云石中（图 4-15b），晶体粒径小于 0.04mm，为泥晶结构；充填型中方沸石以填隙物形式存在于裂缝、孔隙之中，呈充填状（图 4-15c、d），多与黄铁矿（图 4-15e）、有机质共生，还常见油气显示（图 4-15f），晶体粒径大于 0.04mm，为粉晶结构。方沸石母质主要由火山玻璃、其他沸石或黏土矿物转化而来，此外，沸石通常被认为是长石的水化物。方沸石形成于碱-咸的环境之中，在过饱和的碱性溶液中最先析出的黏土矿物是蒙脱石，在各类黏土矿物中，蒙脱石与方沸石关联最为紧密。裂缝中方沸石的晶体普遍较大，伴生矿物除了大量出现的铁白云石、钠长石和石英外，还见有黄铁矿（图 4-15e）、重晶石（图 4-15h、i）这两种热液矿物，在含方沸石的白云岩中这样的矿物组合通常被认为与热液作用有关，推测其母质来源应与热液作用有关（林培贤等，2017）。

## 五、长石胶结作用

自生长石是碎屑岩中常见的一种自生矿物，它可以呈碎屑长石的自生加大边，也可以在基质中呈小的自形晶体产出。它既可以出现在石英砂岩中，也可以出现在杂砂岩中。它在各类砂岩中的丰度一般都很低。长石的次生加大主要是钾长石的加大（图 4-16a），也见钠长石，至今尚未发现过自生钙长石。长石的次生加大要求孔隙中有足够的溶解 $SiO_2$ 和 $Al_2O_3$ 的浓度，以及比较高的温度等。在形成时间上，长石的加大一般形成于晚成岩期。

## 六、硫酸盐胶结作用

碎屑岩中最常见的硫酸盐胶结物是石膏和硬石膏，此外还有重晶石和天青石。

石膏和硬石膏常呈连晶状充填孔隙中，也可交代其他矿物产出，可形成于沉积期与成岩作用的各个阶段。形成于沉积期和早成岩期的硫酸盐胶结物往往与强烈蒸发作用有关，形成于晚成岩期的往往与早期石膏的溶解和再沉淀作用有关。地层水与沉积物相互反应或

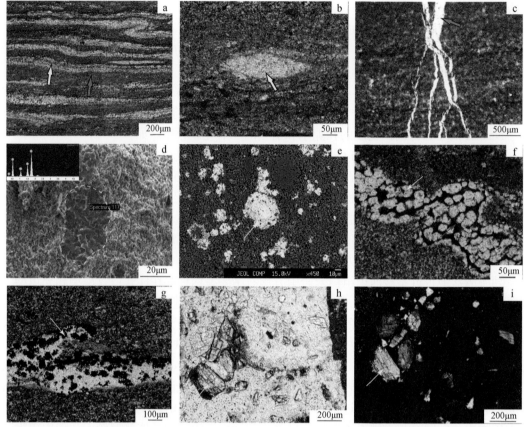

图 4-15 渤海湾盆地古近系沙河街组白云岩中方沸石典型现象

a. 方沸石层（黄色箭头所指）与白云石层（红色箭头）呈薄互层，（－）；b. 方沸石呈似结核状（黄色箭头）、絮状，（－）；
c. 泥质泥晶白云岩，方沸石充填裂缝（红色箭头），（－）；d. 溶孔充填方沸石，水平纹理泥质白云岩，扫描电镜；
e. 方沸石（红色箭头）和黄铁矿（黄色箭头）共生，背散射；f. 方沸石（黄色箭头）粒间孔隙被原油充填（红色箭头），
（＋）；g. 黄铁矿（黄色箭头）与方沸石分布在白云岩裂缝之中，（－）；h. 充填裂缝的方沸石伴生有两组解理的重晶
石（黄色箭头），（－）；i. 方沸石和重晶石，（＋）

不同地层水的混合也可析出石膏与硬石膏（图 4-16b）。膏盐岩层的分布影响硬石膏胶结的分布，垂向上，硬石膏胶结主要分布在膏盐岩及含膏黏土岩临近的砂岩等储集层中，距离越远，硬石膏含量越低；平面上，硬石膏胶结主要分布在膏盐岩层沉积边缘、与砂体呈指状交互的区域。

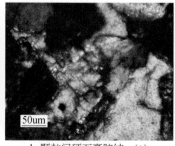

a. 长石的次生加大，（＋）　　　　b. 颗粒间硬石膏胶结，（＋）　　　c. 重晶石呈连晶斑块胶结，（＋）

图 4-16　长石和硫酸盐胶结作用

砂岩中亦常可见到少量重晶石，个别情况下为重晶石－天青石。它们常呈晶粒状、板条状或连晶斑块充填在孔隙中（图 4-16c，黄色箭头所指）或交代其他碎屑颗粒。形成重晶石所需的钡离子可以由钾长石高岭石化和溶蚀过程提供。

## 七、铁质胶结作用

赤铁矿、黄铁矿、磁铁矿和白铁矿等铁质胶结物（图 4-9k）是砂岩中的主要胶结物之一，可以同黏土矿物混合起到胶结作用。

### 1. 赤铁矿胶结物

赤铁矿的化学成分为 $Fe_2O_3$，晶体属三方晶系的氧化物矿物，见于砂岩、粉砂岩和黏土岩中，使这些岩石染有不同程度的红色，是红色沉积岩中的主要胶结物之一，也可以与黏土矿物混合充填。赤铁矿形成方式有以下两种：①来自河水中的铁的水化物主要呈还原形式被搬运，当与沉积物一起沉积到 pH 高的盐湖（张霞等，2011）或海洋环境中时，将会被氧化成非晶质氧化铁及 $Fe(OH)_3$ 的水化物。黄褐色非晶质氢氧化铁和氧化铁埋藏后陈化脱水，可转变成晶质的针铁矿，针铁矿进一步脱水又可能变成赤铁矿。②和碎屑沉积物一起沉积的含铁矿物，在成岩过程中，将遭受含氧孔隙水的分解，从而转变成赤铁矿胶结物。含铁矿物主要来自岩浆岩和变质岩，如角闪石、黑云母、绿泥石和其他富铁矿物。它们受含氧孔隙水分解，水解作用可造成铁等金属阳离子的析出（Remy，1994；Bloch et al.，2002），逐渐形成赤铁矿胶结物。

### 2. 黄铁矿胶结物

黄铁矿的化学成分为 $FeS_2$，是地壳中分布最广的一种硫化物矿物，成分相同而属于正交（斜方）晶系的称为白铁矿。黄铁矿晶体形态多样，有四面体、八面体、立方体等，晶面数目多，形状复杂。黄铁矿在火山岩、热液矿床和沉积岩中都有发育，有多种形成机制。模拟实验表明，单硫化铁和元素硫在中性和碱性的条件下形成草莓状黄铁矿。所以，草莓状黄铁矿有多种形成机制，不同成因的草莓状黄铁矿地质意义也有差异。

沉积物中的草莓状黄铁矿往往被认为与有机质（微生物）有关，既可形成于海洋水体下部的氧化还原界面处，又可以形成于细碎屑岩孔隙流体中。$Fe^{2+}$ 和 $SO_4^{2-}$ 的浓度、含氧量、有机碳含量、生长时间和硫酸盐还原菌（SRB）等均是黄铁矿莓状体形成的制约因素，其中含氧量至关重要，在完全缺氧的环境中草莓状黄铁矿的生长会受到抑制甚至停止。因此，李洪星等（2009）认为沉积岩中的黄铁矿是强还原介质条件下的产物并不准确，只能指示黄铁矿形成于少氧或贫氧环境中。如江苏南通海门 ZK02 孔（林春明和张霞，2018），于 96.9m 深的河床粉砂沉积中就有黄铁矿胶结物以集合体形式分布在松散沉积物质中，单偏光镜下呈黑色颗粒状或团块状（图 4-17a），同深度的扫描电镜下可以看到黄铁矿胶结物以草莓状出现，并与菱铁矿（$FeCO_3$）共生（图 4-17b）。

沉积岩中自生黄铁矿胶结物可以形成于成岩作用的各个阶段，在氧化环境下黄铁矿也会被氧化为磁铁矿（$Fe_3O_4$），氧化作用比较强的条件下，黄铁矿可被氧化成赤铁矿；也有实验研究认为，在贫氧环境下，黄铁矿与含铁的有机配位体混合后，经一段时间反应，黄铁矿部分被交代成磁铁矿（Brothers et al.，1996）；在成岩作用后期，黄铁矿被磁铁矿交代（Reynolds，1990；Suk et al.，1990），如四川盆地长宁地区下志留统龙马溪组黑色

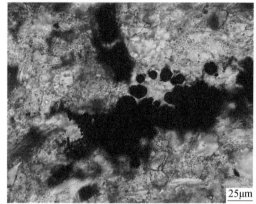

a. 黄铁矿集合体分布在河床粉砂层中，(−)　　　　　　b. 黄铁矿集合体(下)与菱铁矿(上)共生

图 4-17　现代松散沉积物中自生黄铁矿的胶结作用

页岩中存在黄铁矿在有机质热成熟的条件下被氧化成磁铁矿（Zhang et al., 2016）。所以黄铁矿胶结物常常与磁铁矿胶结物共生。

扫描电镜下可以看到，黄铁矿胶结物可以呈星点状与黏土矿物混合，共同起到胶结作用（图 4-18a），或以集合体充填在粒间孔隙中或附于颗粒表面（图 4-18b）。集合体常以草莓状出现最为常见（图 4-18c），草莓体直径一般在 1 ～ 20μm，由数百至数万个等大小、同形态晶体组成，单个晶体直径一般在 0.1 ～ 1μm。晶体排列形式多样，有的排列紧凑呈球状团簇（图 4-18d），有的则相对松散呈分散状、由更为细小晶体组成（图 4-18e），但不同于星点状黄铁矿。能谱分析结果显示晶体的主要成分为 S 和 Fe，其质量分数和的平均值超过90%。草莓状黄铁矿形成后其形状、大小和结构都较稳定，甚至不随矿物相变化而变化，如江苏南通市海门 ZK02 孔 26.5m 深全新世近岸浅海淤泥质黏土中草莓状黄铁矿扫描电镜下的形状、大小、结构（图 4-18f）与古代沉积岩石中草莓状黄铁矿并无太大差异。

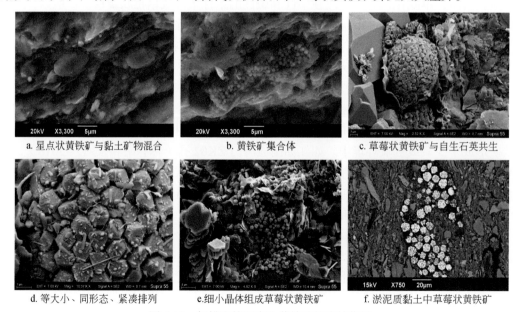

a. 星点状黄铁矿与黏土矿物混合　　　b. 黄铁矿集合体　　　c. 草莓状黄铁矿与自生石英共生

d. 等大小、同形态、紧凑排列　　　e. 细小晶体组成草莓状黄铁矿　　　f. 淤泥质黏土中草莓状黄铁矿

图 4-18　扫描电镜下自生黄铁矿的胶结作用

### 3. 磁铁矿胶结物

磁铁矿的化学成分为 $Fe_3O_4$，晶体属等轴晶系。晶体呈八面体、十二面体。晶面有条纹，多为粒块状集合体。磁铁矿颜色一般为铁黑色，或具暗蓝靛色。磁铁矿是矿物中磁性最强的，能被永久磁铁吸引。薄片中常呈四方形、自形或粒状。不透明，在反射光下为钢灰色，金属光泽。氧化后变为赤铁矿或褐铁矿。沉积岩中的磁铁矿既可在氧化环境中形成，也可在还原环境下形成。黄铁矿胶结物与磁铁矿胶结物共生主要存在两种形式，一种是磁铁矿沿着裂缝呈线状分布，通过硫元素面扫描发现，也有个别黄铁矿的存在（图 4-19a）；另一种是黄铁矿氧化形成磁铁矿，呈现出黄铁矿的边缘被磁铁矿交代（图 4-19b）或内部薄弱部位呈放射状被磁铁矿交代（图 4-19c）现象，交代彻底者可完全转化为磁铁矿。

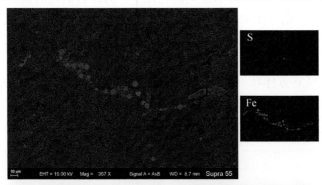

a. 新疆阿克苏地区下寒武统玉尔吐斯组白云岩中磁铁矿分布

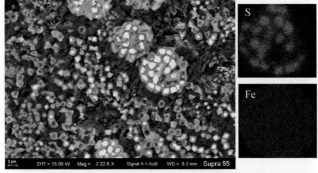

b. 四川大巴山地区志留系泥页岩

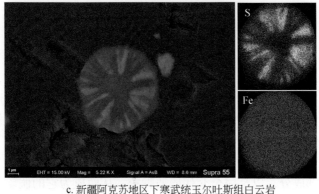

c. 新疆阿克苏地区下寒武统玉尔吐斯组白云岩

图 4-19　扫描电镜下沉积岩中自生黄铁矿和磁铁矿特征

浅灰偏白色者为黄铁矿，暗灰色为磁铁矿；S 代表硫元素面扫描，Fe 代表铁元素面扫描

### 八、其他胶结作用

在成岩作用过程中，还可以形成海绿石、自生石盐晶体等其他类型的胶结物，它们在数量上并不重要，但它们的存在对于研究成岩历史以及推测各种自生矿物的共生和来源都有重要意义。

海绿石为硅酸盐矿物，晶体属单斜晶系，具层状结构，是砂岩中的主要胶结物（图4-9j）之一。海绿石颜色为暗绿至绿黑色，也有呈黄绿、灰绿色，常呈浑圆状、椭圆状，由无数细小晶粒构成集合体，因此，海绿石矿物表面消光不均匀；鲜绿色，正低突起，多色性弱。海绿石也常常呈不规则状充填于碎屑之间的孔隙中。海绿石氧化后蚀变为褐铁矿。海绿石主要在海洋环境形成，也可在湖泊中生长。关于海绿石的成因有不同看法，多数人认为海绿石在水深100～300m、水温15～30℃的浅海环境、缓慢沉积和有蒙脱石存在的条件下形成。

自生石盐晶体呈立方体状，以集合体充填在粒间孔隙中（图4-20a）或附于颗粒表面（图4-20b），常与绿泥石等黏土矿物混杂共同填充粒间孔隙。也与自生海绿石、方沸石、石膏、钙芒硝、无水芒硝等矿物共生，表明沉积时水体有一定的盐度，为半咸-咸水环境沉积。

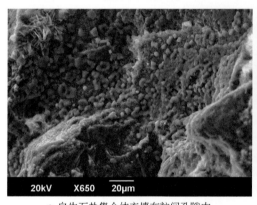 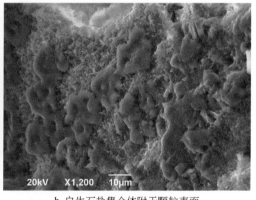

a. 自生石盐集合体充填在粒间孔隙中      b. 自生石盐集合体附于颗粒表面

图4-20 扫描电镜下自生石盐晶体的胶结作用

# 第五节 交代作用

交代作用发生在沉积物和沉积岩中，是对已存矿物的化学替换作用，作用过程中有矿物的带入及带出，即指矿物被溶解，同时被沉淀出来的矿物所置换，新形成的矿物与被溶解的矿物没有相同的化学组分，它可发生于沉积岩形成的各个阶段。交代顺序与元素活动性和浓度有关，交代作用是一种极常见的作用。

交代矿物可以交代颗粒的边缘，将颗粒溶蚀成锯齿状或港湾状等不规则边缘，也可以交代碎屑颗粒的内部成分，以至完全交代碎屑颗粒，从而成为它的假象。后来的胶结物可以交代早期的胶结物，交代彻底时甚至可以使被交代的矿物影迹消失，沉积物面目全非，岩石的结构亦发生变化。与此同时，岩石的孔隙度和渗透率也会发生相应的变化。交代过程中发生原地转化，新形成的矿物保持原有矿物的假象时，称为假象交代作用，此交代过程服从体积保持定律及质量作用定律，这种情况对孔隙度和渗透率的影响不大。一般来说，纯粹的矿物交代对储层物性影响不大，但对储层的潜在敏感性有重要影响。

交代作用的实质是体系的化学平衡及平衡转移问题。当体系内的温度、压力、浓度、流体成分、pH、Eh 等物理化学条件发生改变时，原来稳定的矿物或矿物组合将变得不稳定，发生溶解、迁移或原地转化，形成在新的物理化学条件下稳定存在的新矿物或矿物组合。

砂岩的交代作用较为常见，包括碎屑颗粒的蚀变和胶结物对碎屑颗粒的交代等。常见的交代作用主要有方解石与二氧化硅相互交代、方解石交代长石、二氧化硅交代长石、碳酸盐交代岩石碎屑、碳酸盐交代黏土矿物、黏土矿物交代长石和黏土矿物相互交代等多种交代作用类型，如黑云母的水化、绿泥石化、伊利石化、长石颗粒沿边缘及解理缝的黏土化、被伊利石或绿泥石交代，碳酸盐胶结物对石英、长石、云母、岩屑颗粒等的交代，碳酸盐对杂基的交代等。碳酸盐对碎屑物质交代的主要控制因素是 pH 和温度，温度升高，pH 增大，交代作用增强。因此，随埋深加大，碳酸盐的交代作用明显增强。

交代作用一般都有明显的识别标志，通常在偏光显微镜下根据矿物的交代关系可确定矿物的生成顺序。交代作用的主要标志有被交代矿物边缘呈港湾状或锯齿状、被交代矿物存有残留体、被交代矿物受到交代矿物的切割、交代矿物具有被交代矿物的假象、交代矿物保留被交代矿物的模糊轮廓等特征。岩石若发生了多期交代作用，主要根据矿物间的切割、侵蚀以及残留体现象来判断其生成顺序。

## 一、方解石与二氧化硅相互交代

砂岩中方解石交代二氧化硅或二氧化硅交代方解石的现象都是常见的。有时在同一块岩石薄片中既能见到方解石交代二氧化硅，也能见到二氧化硅交代方解石。这两种交代作用发生的时间有早有晚，也可以几乎同时发生。

二氧化硅与方解石相互交代作用既与物质本身的性质有关，更受体系内的物理化学条件的制约，其中主要与酸碱度（pH）和温度有关，其次是压力。

沉积物沉积时，沉积介质的 pH 对大部分溶解物的沉淀有显著影响，但对易溶盐类影响不大。pH 的变化对物质的溶解与沉淀的影响因物而异。二氧化硅的溶解度随 pH 增加而增加，但是，方解石的溶解度则随 pH 增加而减少（图 3-18）。但当 pH=7.4～9，温度大于 25℃，$SiO_2$ 浓度大于 120ppm 时，石英与方解石可同时沉淀（图 3-19），如前所述的在同一块岩石薄片中既能见到方解石交代二氧化硅，也能见到二氧化硅交代方解石现象（图 4-21a）。$SiO_2$ 和 $CaCO_3$ 的平衡条件是 pH 为 9.9，温度为 25℃。当 pH 大于 9.8 后，即发生二氧化硅的溶解和方解石的沉淀，出现方解石交代石英和石英颗粒被溶蚀的现象。但是，自然界中成岩孔隙水的 pH 大于 9 的情况是极为罕见的。因此，温度成为控制石英和方解石溶解与沉淀的重要因素，其次也受压力的影响。

尽管非晶质二氧化硅和石英的溶解度差别很大，但都随温度的增高而增加。温度的增高将使孔隙水中的碳酸离解为 $CO_2$ 和 $H_2O$（或 $HCO_3^-$ 和 $H^+$），并促使 $CO_2$ 气体的逸失，二氧化碳分压（$P_{CO_2}$）降低，引起碳酸钙的溶解度下降和方解石的沉淀。

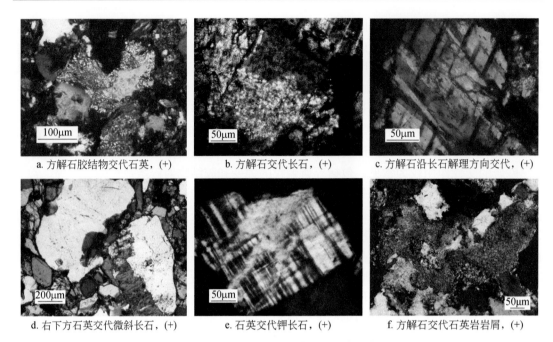

a. 方解石胶结物交代石英，(+)     b. 方解石交代长石，(+)     c. 方解石沿长石解理方向交代，(+)

d. 右下方石英交代微斜长石，(+)     e. 石英交代钾长石，(+)     f. 方解石交代石英岩岩屑，(+)

图 4-21　偏光显微镜下交代作用的典型特征

## 二、方解石交代长石

砂岩中常常见到方解石或其他碳酸盐矿物交代钾长石的现象，但却很少见到方解石交代斜长石的现象。方解石常呈不规则的形状交代长石边缘或晶体内部（图 4-21b），亦常见到方解石沿长石解理或双晶方向（图 4-21c）进行交代，因为这些方向是长石晶体构造上的薄弱带。关于方解石交代长石的机理目前尚不清楚。这两种矿物在 pH 高时均增加其稳定性，pH 低时则易于溶解，也许由于长石的溶解度随温度的增高而增加，而碳酸盐的溶解度则降低，也可能是富含 $CO_2$ 和 $CO_3^{2-}$ 的溶液有溶解长石晶格的能力。

方解石交代长石的现象常出现在有大量方解石胶结物的砂岩中，即与大量方解石的沉淀联系在一起。在自然界钾长石好像比斜长石更容易被交代。

## 三、二氧化硅交代长石

二氧化硅矿物交代钾长石也是常见的现象。从图 4-21d 中可以看到右下方石英沿长石矿物一侧交代微斜长石，石英矿物形态比较完整，被交代矿物的残余部分仍然可辨认出为微斜长石，同时在图的左上方石英颗粒边缘被溶蚀成港湾状，表明地层经历了一定深度的埋藏成岩环境，若交代作用进行较为彻底时，长石残缺不全。也常见二氧化硅矿物呈微、细粒状交代长石边缘，并沿长石晶体内部的薄弱带进行交代（图 4-21e），造成二氧化硅呈极不规则状出现，这种情况可能是岩石处于酸性介质环境，$SiO_2$ 易于沉淀，而长石易于溶解，特别是沿着长石解理或双晶方向不稳定，所以造成 $SiO_2$ 矿物沿着长石晶体内部的薄弱带进行交代。

## 四、碳酸盐交代岩石碎屑颗粒

砂岩中的方解石矿物不仅可以交代石英、长石颗粒，也可以同时交代岩石碎屑颗粒，可能是由于砂岩埋藏过程中随着温度、压力增加，石英的溶解度增加，孔隙水中的碳酸钙的溶解度下降和方解石沉淀，若存在有机酸流体，那么石英、长石和岩石碎屑颗粒都易于溶解，从而可以同时出现方解石交代石英、长石和岩石碎屑颗粒现象（图 4-21f）。相应地，白云石也会出现这种交代现象。

## 五、碳酸盐交代黏土矿物

在含黏土杂基的砂岩中，特别是在杂砂岩中，黏土矿物常被碳酸盐矿物交代。碳酸盐矿物常是方解石，也可以是白云石和菱铁矿。这种交代作用主要发生在成岩中晚期，有利于方解石交代黏土矿物的 pH 为接近或大于 8（图 3-18）。pH 大小对不同类型的黏土矿物的沉淀有显著的影响，如在强酸性（pH 小于 5）介质中可沉淀出高岭石，弱酸性介质中沉淀为多水高岭石，中性介质中沉淀出复水高岭石和拜来石，弱碱性（pH=7.2 ～ 8）介质中沉淀出拜来石和钙蒙脱石，碱性（pH=8 ～ 9）介质中沉淀出钙－镁蒙脱石，强碱性（pH大于 9）介质中沉淀出镁蒙脱石。

在显微镜下，常常可以看到碳酸盐矿物，特别是方解石晶体内有黏土残留物包体的现象，这表明交代作用不够彻底。当交代完全，方解石晶体内不包含黏土残留物时，易于被误认为原岩不含黏土基质，仅为碳酸盐矿物的简单胶结。在这种情况下，砂岩的结构成熟度及方解石的性质有助于判断原岩是否含有黏土杂基。

## 六、黏土矿物交代长石

由于长石类矿物的不稳定性，可出现长石被黏土矿物交代的现象，通常是钾长石的高岭石化、斜长石绢云母化（图 4-22a）。这一过程既可在成岩过程中发生，也可出现在长石颗粒的风化和搬运过程的水解作用和高岭石化作用中。

对于保留下来的斜长石，有可能在埋藏深度不太大、$CO_2$ 分压较高和 pH 较低（约等于 5）

a. 斜长石表面绢云母化，(+)　　　　b. 硬石膏交代斜长石，(+)

图 4-22　辽河拗陷大民屯凹陷古近系沙河街组偏光显微镜下长石被交代现象

的酸性环境中被黏土矿物交代，即发生高岭石化。若斜长石埋藏到较深处时，有可能与来自富含有机质的泥质层产出的酸性孔隙水接触，斜长石发生强烈溶解，并被黏土矿物交代，发生高岭石化，这个反应对碎屑岩次生孔隙的形成具有重要意义。

## 七、黏土矿物相互交代

自然界中的黏土矿物或者构成泥岩，或者作为碎屑岩的杂基出现，通常都是一种混合型黏土，单成分黏土是少见的。随着成岩作用的进行，黏土矿物之间会出现有规律的变化。随着埋深的增加，在埋深超过 300m 的偏碱性环境中，当温度为 $100 \sim 130℃$ 时，蒙脱石可以转化为伊利石；但是，当环境富 $Fe^{2+}$ 和 $Mg^{2+}$ 时，蒙脱石在同样温度下不是转变成伊利石，而是被绿泥石所交代。由蒙脱石向伊利石或绿泥石转变的过程中，还要经历一个中间混合层阶段。转化除上述条件外，还要有一定的压力。这也说明了上述转化过程多发生在 3000m 以下的原因。

高岭石的转化情况也很类似。在酸性孔隙水中高岭石是稳定的，但当埋深增加，温度达 $165 \sim 210℃$ 时，如果环境变得偏碱性并富 $Mg^{2+}$，则转化为绿泥石。在相同条件下，如果孔隙水富含 $K^+$，则生成伊利石。高岭石向绿泥石和伊利石的转化一般发生在 $3500 \sim 4000m$ 深处。

## 八、硫酸盐交代矿物碎屑

碎屑岩中也常见石膏和硬石膏等硫酸盐矿物交代石英、长石等碎屑颗粒的现象，使被交代矿物呈漂浮的不规则粒状（图 4-22b）。这主要是碎屑岩埋藏一定深度后，有机质热演化形成烃类提供了 $Ca^{2+}$ 和 $SO_4^{2-}$，此外，钙长石钠长石化及阳离子交替吸附作用也可提供 $Ca^{2+}$，使得地层水中 $CaSO_4$ 逐渐达到过饱和，发生石膏和硬石膏的析出，交代石英、长石等碎屑颗粒，由于长石稳定性比石英差，长石被石膏和硬石膏交代更为常见。

# 第六节　重结晶作用和矿物的多形转变

沉积物的矿物成分借溶解、局部溶解和固体扩散等作用，使物质质点发生重新排列组合的现象，称为重结晶作用。

重结晶作用的强弱取决于物质成分、质点大小、均一性及相对密度等。一般而言，颗粒越小表面积越大，溶解度也越大，越易被溶解而向大颗粒集中，即易于发生重结晶作用。重结晶作用也与物质成分有关，碳酸盐、盐类等易溶的矿物在成岩后生过程中很容易发生重结晶，形成粗大的晶体，温度及压力的增加，也能促进重结晶作用。重结晶的先后与矿物密度和结晶能力有关，一般是密度大、分子体积小、结晶能力强的矿物先发生重结晶。因此，在沉积岩中成为单独晶体或结核出现的往往是密度较大的矿物（如黄铁矿、菱铁矿），在白云质灰岩中白云石的自形程度常较方解石好。

重结晶作用不仅使细粒松散沉积物逐渐固结变硬、变粗，而且还可以破坏沉积物的原始结构构造，如沉积物的颗粒大小、形状及排列方向等均可因重结晶作用而受到破坏，微细薄层理也可因重结晶作用而消失。

矿物的多形转变是一种较复杂的广义的重结晶作用。在一般情况下，当一种矿物转变为另一种更稳定的矿物相时，只发生晶格、形状及大小的变化，而不发生矿物化学成分的变化。在碎屑沉积岩中最有意义的矿物多形转变是文石胶结物向方解石的转化，以及硅质岩中有时可见到的非晶质二氧化硅蛋白石向玉髓及石英的转化。

隐晶质的胶磷矿转变为显晶质的磷灰石，隐晶质的高岭石转变为鳞片状或蠕虫状的结晶高岭石，也是常见的矿物多形转变现象。

高镁方解石转变为低镁方解石也是矿物的多形转变现象。

# 第七节　沉积后作用阶段的划分

沉积后作用的演变，随沉积盆地的地质条件和历史变迁有着不同的差异，它受构造演化的阶段影响，因此，成岩阶段的划分有时是比较困难的，需结合区域地质背景并参考各种划分依据来确定其阶段。

## 一、沉积后作用阶段划分

在沉积后作用期，成岩环境、成岩事件及其所形成的成岩现象等都各有其特点，据此可以把沉积后作用划分为不同的阶段。出于对沉积后作用研究目的和采用的沉积后作用阶段划分依据不同，不同学者在具体的阶段划分和命名等方面也各不相同，到目前为止还没有统一的划分方案（表4-2）。有的按埋藏深浅及岩石物理性质的变化，有的按自生矿物组合及其转变情况，有的偏重于黏土矿物类型及其变化，而有的则偏重于有机质的热成熟度及其相应标志，还有的依据地球化学环境及地质物理环境，以及依据煤岩学煤阶及其变化来划分。值得注意的是，任何一个方案都是地区性的或限定在某一国度内，对另一个地区可能就不一定完全适用。

**表4-2　沉积后作用阶段划分对比表**

| 鲁欣1956年 | | 费尔布里奇1967年 | | 叶连俊1973年 | 冯增昭1982年 | | 中国石油天然气行业标准2003年 | |
|---|---|---|---|---|---|---|---|---|
| 石化作用 | 同生作用 | 同生成岩作用 | 初始阶段 | 海解作用（陆解作用） | 同生作用 | 同生作用 准同生作用 | 同生成岩阶段 | |
| | 成岩作用 | | 早埋阶段 | 中期成岩作用 | | 成岩作用 | 早成岩阶段 | A期 |
| | | | | | | | | B期 |
| | 进后生作用 | 同生成岩作用 | | 晚期成岩作用 | 后生作用 | 深层成岩后作用 | 中成岩阶段 | A期 |
| | | | | | | | | B期 |
| | | | | | | | 晚成岩阶段 | |
| | 退后生作用 | 表生成岩阶段 | | 表生再造作用 | | 表层成岩后作用 | 表生成岩阶段 | |

本书采用的是中国石油天然气行业标准《碎屑岩成岩阶段划分》（SY/T 5477—2003），其在我国具有一定的代表性。碎屑岩成岩过程可以划分为若干阶段，各阶段的划

分依据有：自生矿物分布、形成顺序；黏土矿物组合、伊蒙混层黏土矿物的转化程度以及伊利石结晶度；岩石的结构、构造特点及孔隙类型；有机质成熟度；古温度－流体包裹体均一温度或自生矿物形成温度；伊蒙混层黏土矿物的演化等物理化学指标。根据这些依据，将沉积后作用阶段划分为同生成岩阶段、早成岩阶段、中成岩阶段、晚成岩阶段和表生成岩阶段，其中早成岩阶段和中成岩阶段又可划分为 A、B 两期。

根据沉积水介质性质的不同，可分为淡水－半咸水介质、酸性水介质（含煤地层）和碱性水介质（盐湖），其碎屑岩在成岩特征和标志上既有共性，又有各自的特殊性。

在沉积后作用的研究中，不仅阶段划分不一致，术语的使用也很混乱。沉积岩石学工作者常使用下列术语：同生作用、成岩作用、后生作用和表生成岩作用等。为便于大家了解，下面介绍一下这些术语的概念。本书有关章节有时也使用这些术语，是作为描述性语言使用，并非作为一个阶段划分出来。

**1. 同生作用**

系指沉积物刚刚沉积于水底，如图 4-23a 的 $A$ 质点，到它再次被搬运或是被新的沉积物覆盖之前，与水体的底层水之间所发生的反应及变化的总过程，此过程处在同生阶段，此作用称为同生作用。

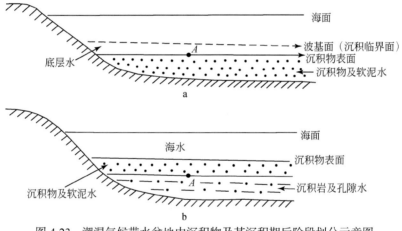

图 4-23　潮湿气候带水盆地中沉积物及其沉积期后阶段划分示意图

同生作用若为海洋沉积物的海底风化作用，称为海解作用或海底风化作用，如现代海洋沉积物中的铁锰结核、海绿石可能是此阶段的产物；大陆淡水沉积物的化学反应作用，称为陆解作用；潮上带碳酸盐沉积物的变化，则称为准同生作用；若沉积物在地表浅水未经埋藏作用便胶结成岩的过程，如海滩沉积物直接变成海滩岩，称为沉积物的地表、近地表的成岩作用。

**2. 成岩作用**

原沉积物上面被新的沉积物覆盖，与底层水脱离（图 4-23b），在没有高温高压的条件下，所遭受的一切物理的和化学的变化，并使松散的沉积物转变成固结的岩石的作用称为沉积物的成岩作用，简称（狭义的）成岩作用。

**3. 后生作用**

指沉积物固结成岩之后，至变质和风化作用之前所发生的一切作用，称为沉积岩的后生作用，或称晚期成岩作用。若岩层逐渐下降到地壳深处（在地台区达 6～8km 时），所发生的变化称进后生作用，相反则称为退后生作用。

**4. 表生成岩作用**

当埋藏较深的岩层，被抬升到潜水面以下，在常温常压条件下，在渗滤水和浅部地下水（包括上升水）的影响下所发生的成岩作用，称为表生成岩作用，或称沉积岩的退后生作用。

## 二、各阶段变化的控制因素

沉积物脱离沉积环境，进入沉积期后变化阶段之后，由于所处的环境已与其原环境不同，沉积物或岩石就要发生成分、结构和构造的变化，以适应新的环境，在新的环境下建立新的平衡，所以在各阶段发生变化是必然的。

引起沉积期后各阶段沉积物或沉积岩变化的因素可归纳为内因和外因两方面。内因指沉积物的物质成分及结构、物质本身的地球化学性质（如溶解度、溶度积、自由能、化学位等）、岩石物性（孔隙度、渗透率等）和岩相等。外因指沉积物或沉积岩所处的地球化学环境，如水的类型和性质、pH、Eh、活度（$a$）等；地球物理环境，如温度、压力，地质构造环境、沉积层围岩的性质、时间的长短等；有机地球化学环境，如有机质的作用及转化环境，细菌的作用等。这些因素均影响着作用的性质和产物的特征。

## 三、沉积后作用各阶段的特征及变化

**1. 同生成岩阶段**

潮湿气候带水盆地中沉积物存在的环境是中性 – 酸性（海洋为碱性），氧化 – 弱还原，常温常压（深海沉积物表层所处深度大、温度低、压力大），有生物和喜氧细菌的作用。此时物质（图 4-23a 中的 $A$ 质点）与底层水发生作用，为开放系统。同生作用带深度 10～15cm，最多 3～5m，时间短。

由于此阶段内海洋沉积物中的一些元素，如 Ca、Si、P 等也可转移到海水中去，故又称为海解作用或海底风化作用。

此阶段可产生一些新矿物，称为同生矿物，如海绿石、鲕绿泥石、沸石、铁锰结核、草莓状黄铁矿、某些盐类矿物等。同生矿物多沿层理分布，不破坏原生的结构构造。矿物多呈胶状或泥晶微晶状，如平行层理面分布的菱铁矿微晶及斑块状泥晶、分布于粒间和颗粒表面的泥晶碳酸盐，若有底流则可形成变形鲕粒、变形砂屑、泥砾等。也可形成破坏和穿切层理的构造，如生物钻孔、潜穴、生物扰动构造及同生变形构造等。

同生成岩阶段，对陆相沉积物来说，沉积物中的软泥水、孔隙水均为淡水，对部分沉积物（沉积岩屑、千枚岩屑等）在未固结成岩时具有不同程度的溶蚀作用。

**2. 成岩阶段**

因其已被新沉积物所覆盖，与底层水已隔绝，沉积物主要与封存水、孔隙水等软泥水发生作用，故为封闭系统，仅是本层内物质的重新分解组合，一般无外物加入。介质为弱碱性至碱性（pH 可达 9 以上），因生物分解出 $S^{2-}$、$H_2S$ 等使介质为还原环境，Eh 降至 -0.4～0.6，近常温、常压，有厌氧细菌和硫酸盐还原细菌的作用。

成岩阶段的产物有成岩白云石及方解石、硅质矿物、菱铁矿、硫化物及草莓状黄铁矿等，甚至可形成成岩矿床。成岩矿物晶体稍大，可呈分散状或结核状分布，破坏微层理。成岩阶段交代作用明显。

按中国石油天然气行业标准《碎屑岩成岩阶段划分》成岩阶段可以分为早成岩阶段、中成岩阶段、晚成岩阶段，其中早成岩阶段和中成岩阶段又可划分为A、B两期。

早成岩A期主要指从沉积物沉积开始至黏土第一次脱水之前，相当于镜质组反射率 $R_o$ 为 $0 \sim 0.35\%$ 的阶段，发生的成岩作用主要有颗粒黏土膜的形成，沉积物压实率极高，孔隙度衰减速率大，大量同生孔隙水通过薄膜渗透排出孔隙使得孔隙水进一步浓缩，原生孔隙急剧减少阶段，水介质性质由第一世代胶结物成分体现，如鄂尔多斯盆地延长组长8砂岩储层中广泛分布的第一世代环边绿泥石（张霞等，2011），说明地层水具有弱还原弱碱性的性质。

早成岩B期，相当于镜质组反射率 $R_o$ 为 $0.35\% \sim 0.5\%$ 的阶段，该阶段原生孔隙大量消失，主要原因为机械压实对孔隙的破坏作用和水介质中溶解组分的沉淀析出、充填孔隙的胶结作用。蒙脱石向伊蒙混层转化，并释放出大量过剩的 $SiO_2$ 和 $Al_2O_3$，开始发育石英次生加大、方解石沉淀胶结、交代岩屑和杂基。

中成岩A期，相当于镜质组反射率 $R_o$ 为 $0.5\% \sim 1.2\%$ 的阶段，为有机质的成熟高峰期，也是黏土矿物脱水和有机质脱羧酸的主要阶段，水介质为较强溶蚀能力的酸性水。在酸性水作用下，砂岩中的铝硅酸盐、碳酸盐等沉积、成岩组分溶蚀作用明显，如泥板岩、火山岩岩屑、云母、长石岩屑、黏土岩杂基均会受到不同程度的溶蚀和高岭土化，主要发生石英的次生加大以及自生石英晶体充填和高岭石胶结物的沉淀，同时开始出现铁方解石胶结作用以及长石、岩屑等的泥化作用。

中成岩阶段B期，相当于镜质组反射率 $R_o$ 为 $1.3\% \sim 2.0\%$ 的阶段，为有机质处于高成熟期，黏土岩中有伊利石及伊蒙混层黏土矿物，高岭石明显减少或缺失，有的可见含铁碳酸盐类矿物、浊沸石和钠长石。常见石英次生加大现象，在扫描电子显微镜下，颗粒间石英自形晶体相互连接。

晚成岩阶段，相当于镜质组反射率 $R_o$ 为 $2.0\% \sim 4.0\%$ 阶段，为有机质过成熟期，岩石已极致密，颗粒呈缝合接触及有缝合线出现，孔隙极少而有裂缝发育；砂岩中可见晚期碳酸盐类矿物以及钠长石等自生矿物，石英加大且边宽，颗粒间呈缝合状接触，自形晶面消失。砂岩和黏土岩中代表性黏土矿物为伊利石和绿泥石，并有绢云母、黑云母，混层已基本消失，称伊利石带或伊利石–绿泥石带。

**3. 后生阶段**

后生作用是在压力较高，温度较低，时间较长，有外来物（来自深部的气相、液相物质）加入的开放系统中进行的。介质一般为碱性、还原条件，另外，后生阶段的细菌作用不显著，逸度对后生阶段有影响，而活度的影响不明显。

此阶段形成的后生矿物晶体粗大、晶形好。当有外物加入时，新生矿物成分可与本层物质无关，其分布不受层理控制，可切穿层理。常见有交代、重结晶和次生加大现象，后生矿物常是分子体积小的矿物，如立方体黄铁矿、菱形白云石、天青石、重晶石、萤石及自生重矿物等，这些矿物多是在进后生阶段生成的。

后生作用下限深度可达 10000m，延续时间最短 $10^3 \sim 10^5 a$，最多长达 $10^7 \sim 10^8 a$。

**4. 退后生阶段**

沉积岩被抬升到地下水面以下时，可有地下水加入，介质呈弱酸性－酸性，氧化－弱还原，有细菌活动。发生的主要作用是交代、重结晶、某些物质的富集和成矿作用，也有溶解作用，但对岩石主要还是一些建设性的成岩作用（石化作用），故又叫沉积岩的表生成岩作用。这种作用与暴露于地表或位于潜水面以上的岩层所遭受的风化作用是不相同的。表生作用或风化作用是一种去石化作用或成壤作用。退后生作用的程度取决于岩石的岩性、渗透性、古气候及古地理环境等条件。如泥岩渗透性小，不易变化；孔隙度高的砂岩较易变化；碳酸盐岩成分最易变化，在退后生阶段易发生溶解、沉淀和次生交代等作用。这对产生油气和固体矿产的聚集空间是有利的。

## 四、沉积后作用阶段划分的意义

对沉积岩形成作用的各个阶段，即沉积、同生、成岩、后生、沉积岩的表生成岩作用的分析研究，有很重要的理论和实际意义。其中有如下四方面（翟淳，1987）。

**1. 岩相古地理研究**

沉积、同生作用所形成的矿物、结构和构造特征，是当时沉积环境的直接反映，所以利用这些原生沉积标志可以指示沉积条件、恢复古地理环境，沉积后作用阶段形成的标志也能部分反映沉积时的条件，但后生作用阶段所产生的次生矿物、结构和构造，不能指示沉积环境，只能说明岩石形成以后所遭受的次生变化。

**2. 矿产研究**

煤、石油、天然气等矿产可以说是不同阶段的沉积后作用（广义的成岩作用，或称石化作用）的产物，大量的资料和事实表明，成矿作用与同生、成岩、后生及表生成岩等作用之间，有密不可分的联系。沉积物被埋藏后，由于介质条件的改变，在同生、成岩、后生和表生成岩的各阶段发生了极其多样的变化，特别是各种元素的迁移与堆积，分离与掺合的过程，促使造岩物质分别富集，直接影响到沉积矿产的形成，这就是沉积期后分异作用。此作用不仅对矿产的改造、分散和再富集起到了很大作用，而且能改造岩石的某些性质，特别是对油、气、水储层物性的改造意义重大。

**3. 水文工程地质研究**

沉积物及沉积岩形成以后，不会静止不变，而是在不断发展和变化着。如岩石的孔隙、裂缝及含水性、透水性等，不仅与沉积环境和岩性有关，而且与沉积期后各阶段的条件有关。碳酸盐岩若在沉积物的表生成岩阶段受淡水淋滤，可产生或扩大粒间孔隙和粒内孔隙，增加岩石的含水性和透水性；在退后生及表生作用阶段，若有淡水溶蚀也可产生缝洞和大的溶洞，改变岩石的孔隙性质。一般在成岩后生阶段，以胶结、重结晶、交代、压固及充填作用为主，使岩石的孔隙度减少，透水性减弱，但可增大岩石的抗压强度等工程性能。

**4. 地层划分和对比**

沉积期后阶段所产生的一些标志，如结核、缝合线、叠锥、干裂、溶蚀构造等，在划分和对比地层上也有一定的定义。

# 第五章　沉积岩的构造和颜色

## 第一节　沉积岩构造的分类

沉积岩的构造（即沉积构造）和颜色是沉积岩重要的特征之一。

沉积构造是指沉积物沉积时或沉积之后，由于物理作用、化学作用和生物作用形成的各种构造。在沉积物沉积过程中及沉积物固结成岩之前形成的构造即原生构造，例如层理、波痕等；固结成岩之后形成的构造为次生构造，如缝合线、成岩结核等。

对原生沉积构造的研究，可以确定沉积物搬运与沉积方式、沉积介质性质以及流体的水动力状况，从而有助于分析沉积环境、恢复水流系统以及指出水流状态，有的还可确定地层的顶底层序。

沉积构造分类方案很多：①按照形态，沉积构造可分为层理构造、层面构造和结核三种类型；②按沉积岩形成阶段，沉积构造包括沉积的、成岩的和后生的；③按成因，沉积构造包括机械成因构造、化学成因构造和生物成因构造三种。本书采用构造与形态相结合的成因分类，大类按成因划分，次一级分类按形态划分（表5-1）。本章主要介绍物理成因构造、化学成因构造和生物成因构造。复合成因构造主要发育在碳酸盐岩中，详见第九章第三节。

**表 5-1　沉积岩构造的分类**

| 物理成因构造 | | | 化学成因构造 | 生物成因构造 | 复合成因构造 |
|---|---|---|---|---|---|
| 流动成因构造 | 同生变形构造 | 暴露成因构造 | | | |
| 层面构造<br>　波痕<br>　冲刷痕<br>　压刻痕<br>　其他表面痕迹<br>层理构造<br>　水平层理<br>　平行层理<br>　波状层理<br>　交错层理<br>　粒序层理<br>　韵律层理<br>　块状层理<br>叠瓦状构造<br>其他<br>　冲刷充填构造<br>　侵蚀面构造 | 重荷模构造<br>包卷构造<br>砂球和砂枕构造<br>碟状构造<br>柱状构造<br>滑塌构造<br>帐篷构造<br>鸡笼网状构造 | 干裂<br>雨痕<br>冰雹痕<br>泡沫痕<br>流痕 | 结核<br>缝合线<br>叠锥<br>晶体印痕<br>成岩层理 | 生物生长构造<br>生物遗迹构造<br>生物扰动构造 | 孔洞充填构造<br>示顶底构造<br>鸟眼构造<br>窗孔构造<br>层状孔隙构造<br>不连续面构造<br>硬底构造<br>喀斯特构造 |

# 第二节　流动成因构造

沉积物在搬运和沉积时，由于介质（如水、空气）的流动，在沉积物的内部以及表面形成的构造，属于流动成因构造，主要有各种层面构造、层理构造和叠瓦状构造。

## 一、层面构造

当岩层沿着层面分开时，在层面上可出现各种构造，有的保存在岩层顶面上，如波痕、剥离线理、雨痕等；有的保存在岩层底面上，特别是下伏层为黏土岩的砂岩底面上保存下来的铸模，如沟模、槽模等，总称为层面构造。层面构造可以有流动成因的和暴露成因的，此处只介绍流动成因的层面构造。

### 1. 波痕

波痕是风、水流或波浪等介质的运动在沉积物表面所形成的一种波状起伏的层面构造。它是保留在层面上的床沙形体痕迹，在层内的痕迹就是层理。

为了对波痕进行定量研究，一般采用波长、波高、波痕指数和不对称指数等波痕要素（图 5-1）来进行描述。波长是垂直两个相邻波峰之间的水平距离，波高是波峰与波谷之间的高差。波痕指数（RI）为波长与波高的比值，表示波痕相对高度和起伏情况；波痕不对称指数（RSI）为缓坡水平长度与陡坡水平长度的比值，表示波痕的不对称程度。

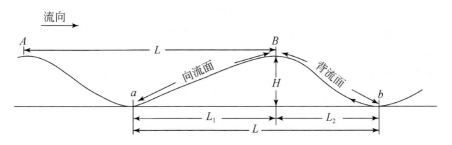

图 5-1　波痕要素示意图

$L$. 波长；$H$. 波高；$L_1$. 缓坡水平长度；$L_2$. 陡坡水平长度

波痕的产状、大小差别很大，种类繁多，按成因可大致分为三种类型：浪成波痕、流水波痕和风成波痕（图 5-2）。按照不对称指数可分为对称波痕（RSI ≈ 1）、不对称波痕（RSI 大于 1）。流水波痕和风成波痕属于不对称波痕，浪成波痕有对称的和不对称的。

1）流水波痕

流水波痕由定向流动的水流形成，见于河流和有底流的海、湖近岸地带。其特点是波峰、波谷均较圆滑，呈不对称状，不对称指数大于 2 或 2.5，波痕指数大于 5，大多为 8～15，陡坡倾向指示水流方向（图 5-2a、图 5-3）。

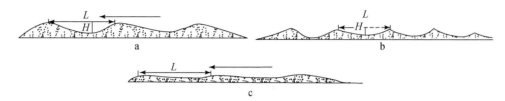

图 5-2 不同成因类型波痕示意图

a.流水波痕；b.浪成波痕；c.风成波痕；*L*.波长；*H*.波高

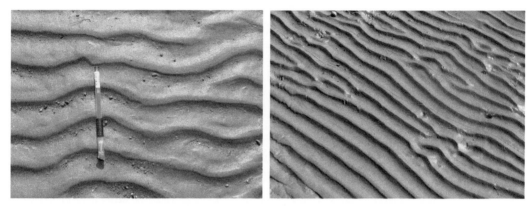

图 5-3 流水波痕，南京八卦洲，长江边滩（林春明提供）

流水波痕按大小及形态可分为三类：小型的，波长小于 0.6m；大型的，波长 0.6～30m；巨型的，波长大于 30m。由于大型、巨型流水波痕的表面很容易被流水侵蚀，而只留下内部构造，所以沉积物中常见的是小型流水波痕。小型流水波痕，波长为 4～60cm，波高 0.3～6cm，波痕指数大于 5，多数为 8～15。随着流动强度的增大，波脊由平直变成波曲形、链形、舌形、新月形（图 5-4）。平直波脊的波痕从深水区到浅水区都可出现；波状、舌状波脊的波痕，常出现在浅水区。菱形波痕为两组不同方向的波脊相交似菱形，是在高流速并有回流作用或极浅水区有流水相互干扰的条件下形成的，所以菱形波痕常出现于河流边滩、海滩、潮坪及滨浅湖等浅水环境中。

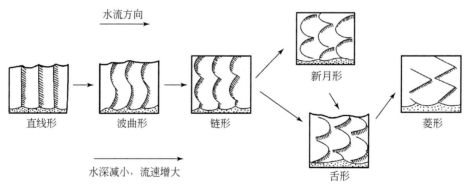

图 5-4 不同水深和流速下的流水波痕的波脊形态（《沉积构造与环境解释》编著组，1984）

2）浪成波痕

浪成波痕一般是由波浪作用于沉积物表面形成，也称为摆动波痕，常见于海、湖浅水地带。浪成波痕可分为对称的和不对称的两种。前者的特点是波脊两侧对称，波峰尖，波谷圆滑（图 5-2b），大多数波脊平直，部分出现分叉，波长 0.9 ～ 200cm，波高 0.3 ～ 23cm，波痕指数 4 ～ 13，大多数为 6 ～ 7。后者外形上与直线形流水波痕相似（图 5-5），波长 1.5 ～ 105cm，波高 0.3 ～ 20cm，波痕指数为 5 ～ 16，大多数为 6 ～ 8，不对称指数为 1.1 ～ 3.8。坦纳（Tanner）和赖内克（Reineck）等通过对现代沉积物中不同成因波痕的研究，认为波痕指数大于 15 或波痕不对称指数大于 3.8 均属流水波痕。

图 5-5  浪成不对称波痕，美国南佛罗里达墨西哥湾西海岸（林春明提供）

3）风成波痕

风成波痕由定向风形成，常见于沙漠、海、湖滨岸的沙丘沉积中。其特点是常具平直的、平行的波脊，形状不对称，不对称度比流水波痕更大，波长约 2.5 ～ 25cm，波高约 0.5 ～ 1cm，波痕指数为 10 ～ 70，一般为 15 ～ 20，甚至更大。波峰波谷都较圆滑开阔，但常常谷宽峰窄，陡坡倾向与风向一致。由于波脊上粗颗粒难以通过跳跃和碰撞作用发生运动，以致风成波痕的脊部颗粒较粗，而谷部颗粒较细，这与流水波痕恰好相反。

除上述简单的波痕外，还常见到两组或两组以上的复合形态。有的可见到两组波痕成一定角度相互交叉，呈蜂巢状或多角状；有的可在较大型波痕背景上叠覆有次级波痕；还有的波痕被切蚀使其波峰部分或全部受到破坏。这些干涉波痕、叠覆波痕和削顶波痕都取决于当时的水位、浪基面、介质运动方向和强度的变化。

研究波痕的意义在于：①根据波痕类型可以了解岩石形成条件；②不对称波痕可指示介质的流动方向；③浪成波痕可指示地层的顶底；④海、湖波痕在平面上的分布有平行滨线的趋势，这种趋势具有古地理意义；⑤虽然同一类波痕（如流水波痕及浪成波痕）可以在不同的沉积环境中出现，但是它们的形态及分布，特别是相对丰度是不相同的。所以，波痕的类型和特征，是识别沉积环境的重要依据之一。

**2. 冲刷痕**

水流在泥质沉积物表面流动时冲刷出来的痕迹称为冲刷痕。形成于泥质沉积物表面上的冲刷痕，通常以上覆砂质层底面上的铸型形式保存下来（图5-6）。主要有槽痕、横向冲刷痕、纵向脊与沟、下游变尖的三角形痕迹和障碍冲刷痕，其中最常见的是槽痕及其保存在上覆砂质层底面上的铸型－槽模。

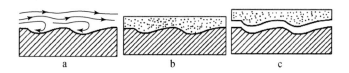

图 5-6　冲刷痕及其印模的形成（路凤香和桑隆康，2002）

a. 冲刷痕的形成；b. 冲刷痕被覆盖；c. 层面剥开后分别在下伏层顶面和上覆层底面显示的冲刷痕和印模

槽痕是水流在泥质沉积物表面冲刷而形成的不连续的长形小凹坑。凹坑最深可达几厘米，长从几厘米到几十厘米。其上游端陡而深，向下游变宽变浅，逐渐与沉积物表面齐平。泥质沉积物表面上的凹凸不平，导致水流的分离和涡流的产生。涡流将在松软的泥质沉积物表面上冲刷出凹槽。其后，凹槽被砂充填，成为砂岩层底面上的槽铸型－槽模。

槽模是一些规则而不连续的舌状突起（图5-7、图5-8）。突起稍高的一端呈浑圆状，向另一端变宽、变平逐渐并入底面中。槽模的大小和形状是变化的，可以成舌状、锥状、三角形等，形态上可对称或不对称。最突出的部分是原侵蚀最深的部分，高从几毫米到 2～3cm；槽模长数厘米至数十厘米。槽模可以孤立或成群出现，但多数是成群出现的，顺着水流方向排列，而浑圆突起端迎着水流方向。

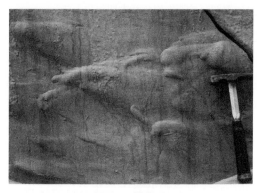

图 5-7　槽模

内蒙古桌子山中奥陶统拉什仲组

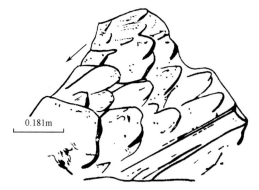

图 5-8　槽模与沟模素描图

（引自哈奇和雷斯泰尔1965年论文）

沟模位于右下角，箭头指示水流方向

**3. 压刻痕**

水流所挟带的物体（如砂粒、介壳等物体）在松软的沉积物表面上运动时所刻蚀或刻划出来的痕迹称为压刻痕或工具痕，包括沟痕、V形痕、戳痕、弹跳痕、刷痕、跳跃痕、滚动痕、大型滑动痕等。这些压刻痕被砂质沉积物充填，并在砂岩底面上保存的印模，称为刻蚀模。最常见的刻蚀模有沟模、跳模、刷模、锥模、锯齿模等。

1）沟模

沟模为纵长的、很直的微微凸起和下凹的脊和槽（图5-8），能延伸几厘米甚至几米。

沟模很少单独出现，一般成组出现，有时出现两组或两组以上的沟模，根据它们相互切割的关系可确定先后顺序。

2）跳模、刷模

跳模、刷模这些底模经常与沟模共生。跳模的形态呈短小似梭形脊状体，大致呈等间距分布。它是在流水流动的过程中，由某些跳跃的物体间断地撞击泥质物底床形成凹坑，而后为砂质物充填成印模。刷模的形态略呈新月形短小脊状体，其成因与跳模相同，不同之处是跳跃物体以较小的角度撞击泥质物底床，形成扁长的浅坑，并在前方堆积圆形的泥脊，然后被砂质物覆盖充填，在岩层的底面构成新月形印模，新月形端指示水流方向。

3）锥模（针刺模）

锥模（针刺模）呈扁长半圆锥形或三角形的短小脊状体。其成因是刻蚀物体以相当大的角度撞击泥质物底床，可能稍有停顿，随后拔出进入水流，留下凹坑被砂质物充填而成。锥模一端低而尖（迎水流向），另一端高而宽（顺水流向）。

4）弹跳模

弹跳模一般呈梭形。弹跳模成因是当水流挟带物体以相当低的角度接触沉积物表面并立即弹回到水流中时，在沉积物表面产生两端变尖变平、大致对称的浅凹坑，其长轴平行于水流方向，当其被上覆砂质沉积物充填并保存后就形成了弹跳痕。

底模构造在浊积岩中最多，在其他的浅水沉积环境中也可以形成，但由于沉积物易受到改造而被破坏，不易保存。

**4. 原生流水线理或剥离线理**

除上述层面构造外，还有其他一些层面构造，如细流痕、冲淤构造、冲蚀构造、冲流痕、剥离线理、水位痕、皱痕、黏附波痕和黏附瘤等，其中最常见的是剥离线理构造。

剥离线理常出现在具有平行层理的薄层砂岩中，沿层面剥开，出现大致平行的非常微弱的线状沟和脊（图5-9），常代表水流方向，所以斯托克斯（Stokes）1947年定为原生流水线理；因它在剥开面上比较清楚，所以又称剥离线理构造。它是由砂粒在平坦床沙上连续滚动留下的痕迹，所以经常与平行层理共生。

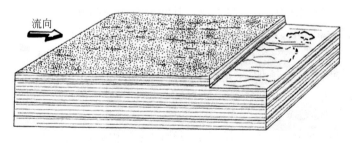

图 5-9　平行层理与剥离线理（Harms 1975 年发表）

剥离面上的线状脊平行水流方向延伸，有几个砂粒的直径那么高，长一般为 20～30cm，相距几毫米到 1cm。脊之间是与之平行的小浅沟。脊的间距在粗粒沉积物中要比细粒沉积物中的宽些。

## 二、层理构造

### 1. 概述

层理构造是沉积岩中最重要的一种构造。它是沉积物沉积时在层内形成的成层构造。层理由沉积物的成分、结构、颜色及层的厚度、形状等沿垂向的变化而显示出来。组成层理的要素有纹层、层系、层系组等（图 5-10）。

1）纹层

纹层也称细层，是组成层理的最基本的、最小的单位。其厚度极小，一般为数毫米至数厘米。它是在一定条件下同时沉积的结果。同一细层往往具有比较均一的成分和结构，但有时也有粒度的变化，是在相同水动力条件下同时形成的。细层可以与层面平行或斜交；细层可以是平直的、波状的或弯曲的；细层之间可以平行或不平行；细层可以是连续的，也可以是断续的。

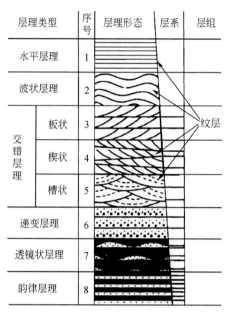

图 5-10 层理的基本类型及有关术语（冯增昭，1994）

2）层系

层系由许多在成分、结构、厚度和产状上近似的同类型纹层组合而成。它们是在同一环境的相同水动力条件下，由不同时间形成的细层组成的。水平纹层组成的层系，由于层系缺乏明显的划分标志，故一般难以划分层系。而由倾斜细层组成的层系则易于识别，层系间有明显的层系界面分隔。层系上、下界面之间的垂直距离即层系厚度，可从数毫米到数十米厚，一般为数厘米到数米。

3）层系组

层系组也称层组，是由两个或两个以上的岩性（成分、结构）基本一致的相似层系或性质不同但成因上有联系的层系叠覆组成，其间没有明显间断。它是在同一环境的相似水动力条件下形成的，例如由厚度不等的板状层系所组成的层系组。

4）层

层是组成沉积地层的基本单位，是最小的岩石地层单位。由成分基本一致的沉积物（岩）组成，它是在较大区域内，在基本稳定的自然条件下沉积而成的。一个层可以包括一个或若干个纹层、层系或层系组。

层与层之间有层面分隔，层面代表了短暂的无沉积或沉积作用突然变化的间断面，层的厚度变化很大，可由数毫米至数米。按层的厚度可分为块状层（厚度大于 1m）、厚层（1 ～ 0.5m）、中层（0.5 ～ 0.1m）、薄层（0.1 ～ 0.01m）、微细层或页状层（厚度小于 0.01m）。

**2. 主要层理类型及其特征**

尽管层理在沉积岩中十分重要，也研究得最多，但关于层理的分类至今还没有完全令人满意的或一致的分类方案。有的按照层内组分和结构性质把层理划分为四种类型：非均质层理、均质层理、递变层理、韵律层理，并在非均质层理中，再按照几何形态进一步分为水平层理、平行层理、波状层理、交错层理、压扁层理和透镜状层理。有的按层内粒度递变特征划分为块状层理、韵律层理、粒序层理，按细层的形态与层系界面的关系划分为水平层理、平行层理、波状层理、交错层理等。下面介绍一些主要层理类型及其特征。

1）水平层理与平行层理

两种层理的共同特点是纹层呈直线状互相平行，并平行于层面（图 5-11、图 5-12）。但两者的形成条件和岩性有很大差异。

水平层理主要产于细碎屑岩（黏土岩、粉砂岩）和泥晶灰岩中（图 5-11），细层平直并与层面平行，细层可连续或断续，细层约厚 0.1mm 至几毫米。水平层理是在比较弱的水动力条件下，由悬浮物沉积而成，因此，它多出现在低能的环境中，如海（湖）深水、沼泽或潟湖浅水环境。

平行层理主要产于砂岩或颗粒石灰岩中（图 5-12），是在较强的水动力条件下，高流态中由平坦的床沙迁移，床面上连续滚动的砂粒产生粗细分离而显出的水平细层。因此，细层的侧向延伸较差，沿层理面易剥开，在剥开面上可见到剥离线理构造（图 5-9）。平行层理一般出现在急流及能量高的环境中，如河道、湖岸、海滩等环境中（表 5-2）。常与大型交错层理共生。

图 5-11　水平层理，中原油田古近系沙河街组油页岩，卫 20 井 2692.0m（应凤祥等，1994）

图 5-12　平行层理与交错层理，河北省定兴县拒马河探槽，边滩砂（应凤祥等，1994）

2）波状层理

波状层理的特点是纹层呈对称或不对称的波状，但总的方向平行于层面。这种层理主要是沉积介质的波浪振荡造成的，其次是单向水流的前进运动造成的。前者主要形成对称形态的波状层理，后者形成不对称波状层理，同时叠覆层的相位错开。一般形成波状层理要有大量悬浮物质沉积，当沉积速率大于流水的侵蚀速率时，可保存连续的波状层理。在水介质稍浅的地区，如海、湖的浅水地带和河漫滩等地区较常见。

表 5-2 水平层理和平行层理的异同点

| | 水平层理 | 平行层理 |
|---|---|---|
| 共同特点 | 纹层呈直线状互相平行，并且平行于层面 | |
| 水动力条件 | 低能静水，弗劳德数（$Fr$）$\ll 1$ | 高能急流，弗劳德数（$Fr$）$> 1$ |
| 岩性 | 发育在细粒的粉砂岩、黏土岩、灰岩中 | 发育在粗粒的中砂岩、细砂岩中 |
| 沉积环境 | 深水环境，沼泽、潟湖等浅水环境 | 海（湖）岸、浅海（湖）环境 |
| 其他 | 层理通过粒度变化、重矿物富集或有机质含量不同等显现 | 纹层厚 1～5mm，常与大型交错层理共生 |

波状层理常与水平层理、平行层理共生，反映水动力条件的波动。

3）交错层理

交错层理是一种常见的层理类型。在层系的内部由一组倾斜的细层（前积层）与层面或层系界面相交，所以又称为斜层理。

这种层理是沉积介质（水流及风）的流动造成的。当介质具有一定流速时，底床上可以产生一系列的沙波，这种沙波顺层流动的结果，在陡坡一侧形成了由一系列纹层组成的斜层系，纹层倾向表示介质流动方向。斜层系互相平行或彼此切割构成不同形态的交错层理。

按其层系厚度可分为小型（小于 3cm）、中型（3～10cm）、大型（10～200cm）和特大型（大于 200cm）交错层理。

根据层系与上、下界面的形状和性质，通常可以将交错层理分为板状交错层理、楔状交错层理、槽状交错层理和波状交错层理等类型（图 5-13）。

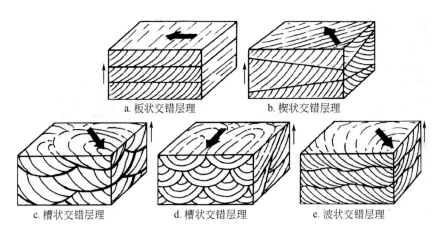

a. 板状交错层理　　　　　b. 楔状交错层理

c. 槽状交错层理　　　d. 槽状交错层理　　　e. 波状交错层理

图 5-13　交错层理的类型及其流向、上层面的判别（桑隆康和马昌前，2012）

小箭头指向上层面，大箭头表示流向

板状交错层理。层系之间的界面为平面而且彼此平行，单层呈板状，且厚度较稳定的交错层理，但层系的厚度范围大，可从几厘米到几十米，多数小于 1m。板状交错层中的前积纹层，在平行于流动方向的剖面上与界面斜交，在垂直于流动方向的剖面上则表现为与界面大致平行的平直纹层。细层倾向与流水方向一致，其倾角大小与介质性质有关，如浅海沉积物斜细层倾角常小于 20°，河流的为 20°～30°，风成的可达 40° 以上，故用斜细层倾角大小可确定介质性质和流向。板状交错层理一般是由直线形水流波痕的迁移所形成的（图 5-14）。大型板状交错层理在河流沉积中最为典型。

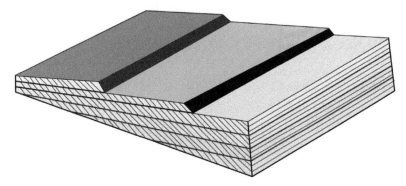

图 5-14　直线形水流波痕迁移形成板状交错层理示意图

楔状交错层理。层系之间的界面为平面，但不互相平行，层系厚度变化明显呈楔形。楔状交错层中的前积纹层，在平行于流动方向的剖面上与界面斜交，在垂直于流动方向的剖面上与界面大致平行或斜交。常见于海、湖浅水地带及三角洲地区。

槽状交错层理。层系底界为槽形冲刷面，纹层在顶部被切割。在垂直于流动方向的剖面上，前积纹层和下界面表现为槽形，两者大致相互平行或相交，而且总与上界面相交。凹槽的形态可以是对称或不对称的，槽的宽度从几厘米到 30m 以上，槽深（层系厚度）从数厘米到十多米，槽的宽深比趋向于固定值（Allen，1963），其长轴的倾向与流动方向一致。在平行于流动方向的剖面上，上、下界面均呈向下弯曲的平缓弧形，向一端或两端收敛相交；前积纹层的倾向相同，并与界面斜交。一般说来，波曲形、舌形和新月形水流波痕的迁移形成槽状交错层理（图 5-15）。

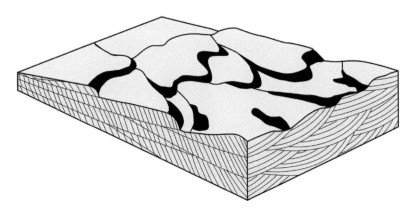

图 5-15　舌形水流波痕迁移形成槽状交错层理示意图

波状交错层理。层系界面为波状起伏的曲面，上、下界面可以相互平行，也可以不平行或相交，总的延伸方向与层面平行。波状交错层中的前积纹层，在平行于流动方向的剖面上与界面斜交，在垂直于流动方向的剖面上通常与波状界面大致平行或者斜交。

在确定交错层理类型时，最好有三维空间或至少有两个断面的露头。在不同的断面上，层系或细层可以有不同的形态（图 5-13）。交错层理的细层面有斜度（细层面与下层系界面的夹角）和方位（细层面的倾向）的不同，在板状交错层中细层面的倾向代表水流的流向，槽状交错层中槽的长轴倾斜方向平行于水流的流向。

除上述一般交错层理外，还有许多具有特殊形态和成因的交错层理，下面介绍几种主要的类型。

爬升波纹交错层理。又称上叠波纹交错层理，也是沙波迁移的产物。不同的是，在沙波向前迁移的同时，有大量沉积物特别是悬浮物供给，沙波依顺流方向沿其背向向上爬升增长，使后一层系爬叠在前一层系之上，形成具有爬升特点的交错层理（图 5-16）。这种层理的形成反映了悬浮载荷与底载荷的比例关系。

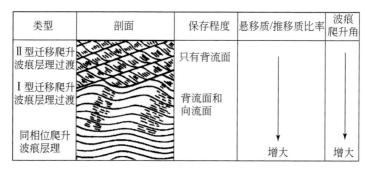

图 5-16　爬升波纹层理类型及其与悬移质 / 推移质比率和爬升角度的关系（陈景山 1994 年发表）

根据纹层的迁移情况可分为同相位爬升波纹层理和迁移爬升波纹层理两种基本类型。前者的特点是一个波纹纹层直接覆盖在另一个波纹纹层上，并且基本平行，波脊和波谷均处于同相位，没有明显的位移。后者是波纹在向上生长的同时，明显地顺流动方向迁移，波脊是不同相位的，甚至出现一些向上游倾斜的、近于平行的假界面。这种界面代表波纹向流侧的无沉积面或微侵蚀面，其倾角随流速增大而减小。根据向流面纹层的保存情况又可将该类型分为两种型式：Ⅰ型是向流面和背流面纹层均保存良好，Ⅱ型是向流面纹层被侵蚀，仅保存背流面纹层。

爬升波纹层理在河流天然堤和泛滥平原、三角洲以及浊流沉积中十分发育，主要产于粉砂岩和泥质粉砂岩中。

羽状交错层理是一种特殊类型的交错层理。其特点是纹层平直或微向上弯曲，相邻斜层系的纹层倾向相反，延伸至层系界面彼此呈锐角相交，呈羽毛状或人字形（图 5-17、图 5-18）。这种层理是在具有反向水流存在的情况下形成的。常见于河流入湖、海的三角洲地带。有时可见两个倾向相反的斜层系之间隔以薄的泥层，这种羽状交错层理在潮汐环境中具有代表性。

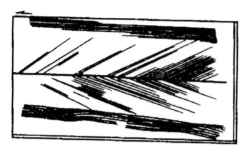

图 5-17　河北宣化震旦亚界石英砂岩中的羽状交错层理（金季缓等 1959 年发表）

图 5-18　羽状交错层理，湖北宜昌下寒武统天河板组

浪成波纹交错层理是由浪成沙波迁移形成的。由对称波浪产生的浪成沙纹交错层理，是由倾向相反、相互超覆的前积层组成，内部具有特征的人字形构造。由不对称的波浪产生的浪成沙纹交错层理的特点为：不规则的波状起伏的层系界面，前积纹层成组排列成束状层系，前积层可通过波谷到达相邻沙纹的翼上，前积层表现出人字形构造，即相邻层系前积层倾向相反（图 5-19）。由于波浪向岸和离岸运动的速度不同以及流水的叠加，浪成沙纹层理的前积层也可向一个方向倾斜，层系界面变为缓的波状起伏。浪成沙纹层理主要出现在海岸、陆棚、潟湖、湖泊等沉积环境中。

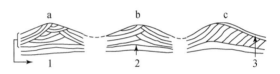

图 5-19　浪成波纹交错层理的内部构造特征（塔克 1982 年发表）

a. 束状上部层系；b. 人字形上部层系；c. 单向交错纹理
1. 内部纹层呈形态不整合；2. 底部层系界面呈不规波状；
3. 覆盖前积层的纹层

冲洗交错层理也称低角度交错层理。当波浪破碎后，继续向海岸传播，在海滩的滩面上，产生向岸和离岸往复的冲洗作用，形成冲洗交错层理，又称为海滩加积层理（图 5-20）。这种层理的特征是：层系界面呈低角度相交，一般为 2°～10°；相邻层系中的细层面倾向可相同或相反，倾角不同；组成细层的碎屑物粒度分选好，并有粒序变化，含重矿物多；细层侧向延伸较远，层系厚度变化小，在形态上多成楔状，以向海倾斜的层系为主。冲洗交错层理常出现在后滨－前滨带及沿岸沙坝等沉积环境中。

丘状交错层理是由一些大的宽缓波状层系组成，外形上像隆起的圆丘状，向四周缓倾斜，丘高为 20～50cm，宽为 1～5m；底部与下伏泥质层呈侵蚀接触，顶面有时可见到小型的浪成对称波痕；层系的底界面曾被侵蚀，细层平行于层系底界面，细层倾向呈辐射状，倾角一般小于 15°；在一个层系内，横向上有规则地变厚，因此，在垂直断面上它们像"扇形"，倾角有规则地减小；层系之间以低角度的截切浪成纹层分开。丘状交错层理主要出现于粉砂岩和细砂岩中，常有大量云母和碳屑（图 5-21a）。

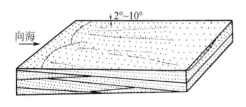

图 5-20　冲洗交错层理（Harms 1975 年发表）

洼状交错层理是彼此以低角度交切浅洼坑，浅洼坑的宽度一般为 1～5m，其内充填的细层与浅洼坑底界面平行，而向上变成很缓的波状并近于平行的层理（图 5-21b）。对洼状交错层理的研究不及丘状交错层理，概念还不十分明确，有人认为洼状交错层理是丘状交错层理的伴生部分，即向上凸起的丘之间的向下凹的部分，但在层序上，洼状交错层理常位于丘状交错层理之上。

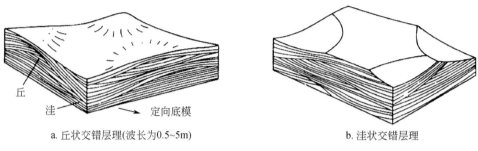

a. 丘状交错层理(波长为0.5~5m)　　　　　　　　　　　b. 洼状交错层理

图 5-21　丘状交错层理和洼状交错层理（姜在兴，2003）

关于丘状交错层理和洼状交错层理的形成过程，尚未从自然界直接观察到，室内水槽实验也未成功。目前哈姆斯、沃克等均根据其沉积特征、分布层位和与其他沉积相的共生关系来推测，认为风暴掀起的巨浪触及海底，巨浪的峰和谷在沉积物的表面经过时，铸造成缓波状起伏的表面，由于巨浪无固定方向，使沉积物的表面形成丘状凸起及洼坑，在此起伏的表面上，碎屑物加积而形成丘状交错层理及洼状交错层理。

风的吹扬作用可以形成风砂流，风砂流的流动造成床沙形体的迁移，从而形成风成交错层理。风成沙丘形成的交错层理特点是：规模大，层系的厚度一般由几十厘米到数米，甚至可达 30m，前积纹层具有高角度倾斜，一般为 25°～34°，有时可达 40° 以上。而水下形成的交错层理，其层系厚度一般小于 2m，前积纹层倾角常小于 25°。交错层理形态多呈板状或槽状，也有楔状，常见纹层与层系底界呈切线接触。主要出现在沙漠和海滩的风成沙丘带中。

4）脉状层理和透镜状层理

脉状层理和透镜状层理是在砂、泥沉积中的一种复合层理。它们是在水动力条件强弱交替的情况下，由泥砂交互沉积而成。在强水流活动时期，砂以波痕形式搬运和沉积，而泥保持悬浮状态。在水流减弱或静止时期，悬浮的泥沉积下来。它们或者沉积在波痕的波谷中，或者在泥较充足时覆盖整个波痕。依据砂、泥沉积层的相对比例，内部构造和空间上的连续性，可分为脉状、波状和透镜状层理（图 5-22）。

脉状层理是在水动力较强，砂的供应、沉积和保存比泥更为有利的条件下形成的。这种层理的特征是泥质沉积物主要分布在砂质波痕的波谷中，而在波脊上很薄或缺失，以致泥质沉积物呈脉状体分布在砂质沉积物中。砂质沉积层内往往有发育良好的波痕前积纹层。泥质脉状体的形状可以是多种多样的：孤立的、分叉状的、断续波状的、分叉波状的等等。

与脉状层理相反，透镜状层理是在水动力条件较弱，泥的供应、沉积和保存比砂更为有利的情况下形成的。这种层理的特点是砂质沉积物呈透镜体被包在泥质沉积物中。这些透镜体在空间上呈断续分布，内部一般具有发育良好的波痕前积纹层，实际上是孤立波痕的产物。

波状层理是介于脉状层理和透镜状层理之间的过渡类型。它是在砂和泥的供应、沉积和保存都较为有利，强、弱水动力条件交替的情况下形成的。在波状层理中，砂层和泥层呈交替的波状连续层。

这种复合层理主要发育在粉砂岩、泥质粉砂岩与黏土岩、粉砂质泥岩互层的地层中。

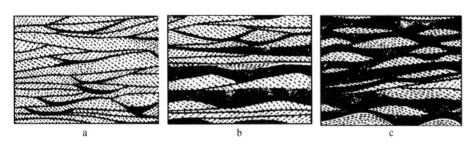

图 5-22 脉状层理（a）；波状层理（b）；透镜状层理（c）（Pettijohn，1975）

5）递变层理

递变层理是具有粒度递变的一种特殊层理，又称为粒序层理。层理中没有任何纹层显示，只有构成颗粒的粗细在垂向上的连续变化。按递变趋势，粒序层理可分为三种：从层的底部至顶部，粒度由粗逐渐变细者称为正粒序，若由细逐渐变粗则称为逆粒序，若正反粒序呈渐变性衔接称双向粒序。另外，按粗细颗粒的分布特征，粒序层理还可分为粗尾粒序和配分粒序两种。粗尾粒序是在整个递变层中，细颗粒只作为粗颗粒的基质存在，递变只由粗颗粒的大小显示；配分粒序是在粗颗粒之间没有细颗粒基质，粗细颗粒呈递变式分开（图 5-23）。

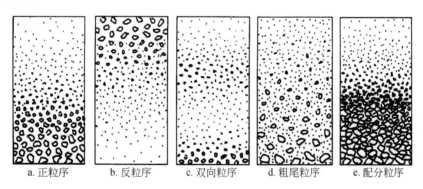

a. 正粒序　　b. 反粒序　　c. 双向粒序　　d. 粗尾粒序　　e. 配分粒序

图 5-23 粒序层理的基本类型（路凤香和桑隆康，2002）

6）韵律层理

韵律层理特征是组成层理的细层或层系，在成分、结构以及颜色上作有规律的重复变化。常见砂质层和泥质层的韵律互层，称为砂泥互层层理。韵律层理的成因很多，可以由潮汐环境中潮汐流的周期变化形成潮汐韵律层理；也可以由气候的季节性变化形成浅色层与深色层的成对互层，即季节性韵律层理；还可由浊流沉积形成复理石韵律层理等。

7）块状层理

层内物质均匀、组分和结构上无差异，不显细层构造的层理，称为块状层理，在黏土岩及厚层的粗碎屑岩中常见。一般认为块状层理是由悬浮物的快速堆积、沉积物来不及分异因而不显细层，如河流洪泛期快速堆积形成的黏土岩层。另外，块状层理也可由沉积物重力流快速堆积而成，或者由强烈的生物扰动、重结晶或交代作用破坏原生层理形成。

实际上，许多块状层理在显微镜下或腐蚀磨光面及用 X 射线照相，都是不均匀的。

**3. 流动体制与层理的形成**

流体（水和空气）在非黏性沉积物（砂、粉砂）表面流动时，铸造成的各种几何形态，称为床沙形体或沙波。各种特定的床沙形体或其组合，具有一定范围的水力学条件特征，即与一定的流动体制有关。当水力学条件变化时，它们彼此按一定顺序出现。流动体制主要与弗劳德数（$Fr$）有关。弗劳德数（$Fr$）是个无量纲数，为惯性力与重力之比，当 $Fr=1$ 时，说明惯性力 = 重力，为临界流动，或过渡流态；当 $Fr > 1$ 时，惯性力＞重力，水流为水浅（$d$ 小）流急（$v$ 大）的急流或超临界流动，称为上部流动状态，或上部流动体制，简称高流态；当 $Fr < 1$ 时，惯性力＜重力，水流为水深（$d$ 大）流缓（$v$ 小）的静流、缓流或临界以下流动，称下部流动体制，简称低流态。

西蒙斯和理查森等于 1961 年总结了水槽试验资料，建立了流动体制与床沙形体关系，当床沙形体移动的状态被保存在岩层层面上时，就是各种形态的波痕，当其被保存在层内时，就形成不同类型的层理。

当流水速度极小，或为静水状态时，在床沙表面不形成沙纹，悬浮的或溶解物质在静水中通过缓慢沉降，而成无运动的平坦床沙，保存在层内即为水平层理，或当流速极缓，床沙并不移动，仍保持平坦床沙表面，也形成水平层理（图 5-24）。

（1）水流速度极小（$v=20$cm/s），$Fr \ll 1$ 时，床沙开始移动，由于有流动阻力存在，在床沙表面形成向上游倾斜缓，向下游倾斜较陡的不对称的沙坡，其坡高 3 ～ 0.5cm，波长 30 ～ 60cm，称为沙纹，沙纹的移动就形成沙纹层理（图 5-24a）。

（2）水流速度变大（$v \leq 50$cm/s），$Fr \ll 1$ 时，形成沙垄或沙浪，波高 3 ～ 10cm，波长＞60cm，其上重叠有沙纹。可形成水平层理、斜波状层理、中槽形和板状交错层理（图 5-24b）。

（3）当水流速度再大（$v > 50$cm/s），$Fr < 1$ 时，沙波的波高（10 ～ 20cm）波长（几米）均增加，形成大型沙垄、沙浪，其移动产生大型槽状、大型板状交错层理（图 5-24c）。

图 5-24a ～ c，为 $Fr < 1$ 的低流态，沙波与水面起伏相反，称异相位，产生前积纹层。

（4）水流速度加大，$Fr \approx 1$ 时，产生冲刷的沙垄，其波长特长（几十米），波高较短（几厘米），为低角度（10° 左右）沙波，属过渡流动体制或过渡形态（图 5-24d），形成楔状层理（或称楔形层理）。

（5）水流速度更大，$Fr > 1$ 时，低角度的沙波消失，形成几乎平坦的床沙，砂在平坦面上连续的迁移，产生平行层理（图 5-24e）。

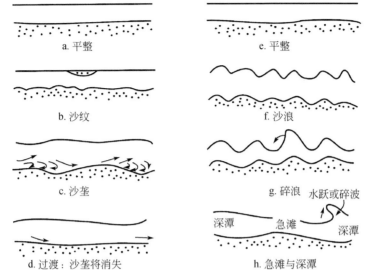

图 5-24　单向水流下形成的床沙形体类型（钱宁和万兆惠，1983）

（6）水流速度＞2m/s，$Fr \gg 1$，因流速很大，当水面波破碎时，床沙形态的下游一侧受侵蚀，把砂向下一个床沙形体的上游一侧堆积，因之对于砂粒而言还是向下游方向搬运的，但对床沙形体则是向上游移，故称逆行沙波，因而可产生逆行沙波层理（图 5-24f）。

（7）水流速度更大，$Fr \gg 1$，形成断续的逆行沙波层理（图 5-24g）。

（8）水流速度更强时，$Fr \gg 1$，则在床沙表面出现冲槽和冲坑（图 5-24h）。

图 5-24e ～ h，为 $Fr > 1$ 的高流态，沙波与水面波起伏相同，称同相位，产生后积纹层。

沙波（床沙形体）的形态是多种多样的，其形成条件也是复杂的，除与水流条件、流速、弗劳德数大小有关外，还与砂粒的大小和沉积物供给情况有关。这些因素又间接影响着交错层理的类型，因而层理类型也是多样的。

西蒙斯和理查森的实验证明，随着水流强度的增加，各种底床形态都有一定的稳态范围。他们使用河流功率（平均流速 $v$ 与底床上的剪应变的乘积）的增大来表示水流强度的增加。图 5-25 表明了各种底床形态及其与粒度和河流功率的关系。

综合上述，流动体制决定了床沙形体的性质，每一种床沙形体都与特定的水力学条件和沉积作用的现象（如层理）相共生，由于沙床形态的移

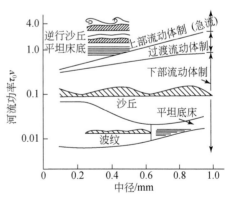

图 5-25　底床形态与河流功率及粒度的关系（赖内克等 1973 年发表）

动导致层理的形成，因此，在环境分析中，我们把层理看作是被保存下来的床沙形体，并利用床沙形体和流动体制的关系来恢复层理所反映的流动条件，故层理是良好的成因标志。

## 三、叠瓦状构造

叠瓦状构造主要是指扁平砾石在流水的作用下均向同一方向排列的现象（图 5-26）。砾石的叠瓦形式与流水方向密切相关，最常见的是迎流叠瓦，即砾石的最大扁平面的倾斜方向与水流方向相反。之所以形成这种排列形式，是因为水流施加在叠瓦状颗粒上的力是一种牵引力，这种力的作用方向与水力学上的举力相反，它将颗粒压向水底。因此，迎流叠瓦对于水流和紧密排列的颗粒来说乃是一个最稳定的位置。

不同沉积环境中砾石叠瓦状构造发育情况不完全相同（图 5-27）。

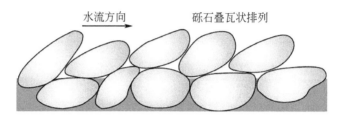

图 5-26　砾石叠瓦状排列（Nichols，2009）

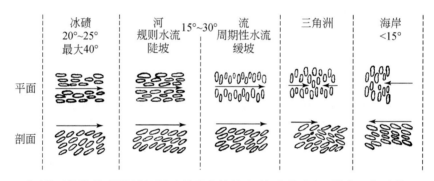

图 5-27　砾石叠瓦状排列不同沉积环境中的发育情况（《沉积构造与环境解释》编著组，1984）

## 四、其他流动成因构造

包括冲刷充填构造、侵蚀面构造等类型。

### 1. 冲刷面及侵蚀下切现象

在河流、三角洲和浅海地区，冲刷与侵蚀下切现象是常见的。这种冲刷作用可以是因地壳上升之故，更多的是由于流水的作用，当流水速度加大时就可以形成冲刷面。在冲刷面上常含有砾石，有时就是下伏沉积物冲刷破碎再磨圆的产物——泥砾（图 5-28）。

由陆上河流下切作用造成的冲刷，常代表一种沉积间断；而在海（湖）水面以下由底流作用进行的底冲刷，不能代表沉积间断，只是水动力条件变化所致。冲刷不仅见于砂岩、黏土岩区，在浅水沉积的碳酸盐岩中也常见这种底冲刷，并形成砾屑灰岩夹层或透镜体或由其充填的冲蚀坑。

图 5-28　冲刷面，鄂尔多斯盆地麻黄山地区宁东 2 井侏罗系延安组，2158.12m

## 2. 再作用面构造

再作用面又称复活面，实际上是一种侵蚀成因的局部性倾斜面。它主要出现在流水成因的交错层理内，表现为分隔交错层系的倾斜面。由它分开的上、下相邻的交错层系中的前积纹层显现出相同的倾向，但倾角较小（图 5-29）。根据上述特征可将这种面与交错层理中正常的层系界面区分开。

再作用面的形成与河流水位的变化或（潮流，风吹）方向的变化有关，以潮坪区的再作用面常见。如图 5-29 所示，在河道内，由流水形成的沙波、沙丘或沙坝，在水位降低时，受到水流或风驱波浪的侵蚀改造，使滑落面的坡度降低。在随后的水位上升期，新的底形在这个侵蚀面上重新形成和迁移，从而使该面保存在交错层组内。显然，这种再作用面与

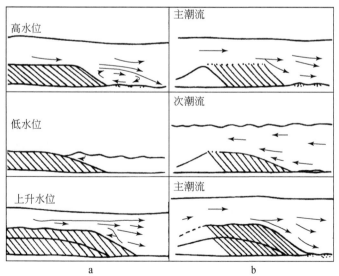

图 5-29　再作用面的形成示意图（陈景山 1994 年发表）

a. 由水位变化造成的再作用面；b. 与潮流的时间－速度不对称性有关的再作用面

水位变化有关。在潮汐环境，由主潮流形成的沙波，在次潮期受到反向潮流的侵蚀改造，降低了背流面的坡度。在下一个主潮期，同向的主潮流造成的新沙波在这个侵蚀面上迁移。因此，潮汐环境中的再作用面是由潮流的时间－速度的不对称性所造成的。

### 3. 双黏土层

双黏土层是潮汐环境的主要沉积特征之一，在深水潮汐环境也可见到（图 5-30）。它们的形成与潮流活动的不对称性以及潮流活动期与平潮期的交替出现有关，形成过程如图 5-31 所示。a 阶段为主潮流活动期，水动力较强的主潮流在底床上造成沙波或沙丘及其迁移生成的层理。由于水流分离作用，在沙波或沙丘前方产生同向分流并形成同向沙纹。b 阶段是主潮流活动期后的平潮期，砂的搬运和沉积暂时停止，悬移质以垂向加积方式沉积在已有的底形上，形成一层薄的黏土盖层。c 阶段为流向相反的次潮流活动期，由于它的水流功率较低，仅对先成的沙波或沙丘及黏土盖层起部分侵蚀和改造作用，并在底床上形成前积纹层倾向与相邻波痕相反的沙纹。d 阶段表示次潮流活动期后的平潮期，此时悬移质沉积在次潮流改造后的底形上和它所建造的沙纹上，形成另一层薄的黏土盖层。这样，在一个潮汐周期的两次平潮期便形成了一对厚度为几毫米到 1～2cm 的双黏土层。其中，下部的黏土层不如上部的连续，其间夹有次潮流

图 5-30 双黏土层（Shanmugan 2008 年发表）

形成的砂质薄层或透镜体，内部的前积纹层的倾向与相邻沙波或沙丘的相反。

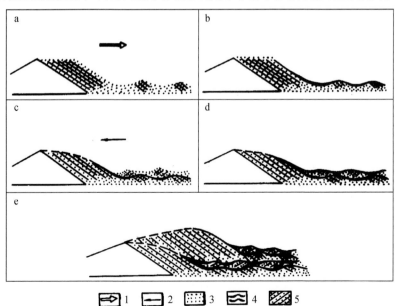

图 5-31 双黏土层和潮成束状体形成过程示意图（陈昌明等 1988 年发表）

1. 主潮流；2. 次潮流；3. 砂；4. 黏土；5. 前积纹层

重复上述 a→d 的作用过程，便可形成两对双黏土层。它们所围限的、具有前积纹层的大型砂体形似束状体，称为潮成束状体（图 5-31e）。随着时间的推移和潮汐作用的周期性发生，a→d 的作用过程连续重复发生，便形成一系列的潮成束状体，它们在横向上排列起来就构成了横向束状体序列。这种序列中束状体的厚度和密度一般显出有规律的变化，这是由潮汐活动的日不等量和月不等量所造成的。

双黏土层和潮成束状体主要发育于潮汐环境的潮下带，尤其是潮道和潮沟中。潮间带由于退潮后露出水面，没有沉积作用发生，因此只能形成单黏土层。

# 第三节 同生变形构造

同生变形构造是指在沉积的同时或紧接沉积之后，沉积物处于塑性状态下发生的软沉积物变形。也有人称为准同生变形构造。变形的程度可以从轻微的扭曲层到复杂的"褶曲"层、破碎层及变位层。一般来说，这样的变形构造是局部性的，基本上局限于未形变层内的一个层，常出现在粗粉砂、细砂沉积层中，主要受颗粒的黏性、渗透性和沉积速率控制，引起同生变形的原因主要与密度梯度、沉积物液化和沉积坡度有关。

密度梯度：变形构造常发生在砂泥互层的沉积物中。当砂质沉积物盖于粉砂质、粉砂泥质或泥质沉积物之上时，就造成了上重下轻的反密度梯度。这时下伏较细物质由于承受了重压，处在一种很不稳定的状态，很易滑动变形。

沉积物液化：一般砂质沉积物的原始孔隙度为 45%、泥质沉积物的孔隙度可达 70%～90%。当堆积迅速时，对下伏沉积物的有效压力迅速增加，可出现两种情况：①当沉积物的压缩速度小于孔隙水的排除速度时，即有足够的时间允许孔隙水排除，这时沉积物将产生最终压缩并固结成岩。②如果孔隙水不能及时排除，沉积物可因某些偶然的震动而发生液化、流动变形而形成各种变形构造。

原始坡度：在三角洲前缘斜坡、次深海大陆斜坡或海底峡谷斜坡等地区，均有一定的原始沉积坡度。在斜坡上的沉积物受到重力作用，或受到介质所施加的剪应力，或因某种震动（地震、暴风等），就会触发沉积物液化并移动而形成变形构造。

同生变形构造包括包卷构造、重荷模、滑塌构造、砂火山、砂球及砂枕构造、碟状构造、砂岩岩脉及岩床等。常见的同生变形构造有以下几种。

## 一、重荷模和火焰状构造

重荷模又称为负荷构造，是指覆盖在黏土岩上的砂岩底面上的圆丘状或不规则的瘤状突起（图 5-32）。突起的高度从几毫米到几厘米，甚至达几十厘米。它是由于下伏饱和水的塑性软泥承受上覆砂质层的不均匀负荷压力而使上覆的砂质物陷入下伏的泥质层中，同时泥质以舌形或火焰形向上穿插到上覆的砂层中，形成火焰状构造。重荷模与槽模的区别在于形状不规则，缺乏对称性和方向性，它不是铸造的，而是砂质向下移动和软泥补偿性的向上移动使两种沉积物在垂向上再调整所产生的。

图 5-32　内蒙古桌子山中奥陶统拉什仲组浊积岩底部重荷模

## 二、砂球和砂枕构造

砂球和砂枕构造主要出现在砂、泥互层并靠近砂岩底部的黏土岩中，是被泥质包围了的紧密堆积的砂质椭球体或枕状体（图 5-33），大小从十几厘米到几米，孤立或成群作雁行状排列。一般不具内部构造。如果原来的砂层内具有纹层，则在椭球体或枕状体内的纹层形变成为复杂小褶皱，很像"复向斜"，并凹向岩层顶面，所以，可利用砂球来确定地层的顶底。

库南（1968）曾通过对砂泥互层的沉积物施加震动，砂层断裂沉陷到泥质层中，形成极类似于自然界的砂球构造。大多数人认为这种构造的形成，垂向位移是主要的，其次才是水平方向的位移。

图 5-33　砂球、砂枕构造，东濮凹陷桥 17 井，沙三段（赵澄林和朱筱敏，2001）

## 三、包卷层理

包卷层理或旋卷层理、扭曲层理，是在一个层内的层理揉皱现象，表现为由连续的开阔"向斜"和紧密"背斜"所组成。它与滑塌构造不同，虽然细层扭曲很复杂，但层是连续的，没有错断和角砾化现象。而且，一般只限于一个层内的层理形变，而不涉及上下层；一般细层向岩层的底部逐渐变正常，向顶部扭曲细层被上覆层截切，表明层内扭曲是发生在上覆层沉积之前。

包卷构造有多种成因，主要成因是沉积层内的液化，在液化层内的横向流动产生了细层的扭曲；也可以由沉积物内孔隙水泄出作用形成。

## 四、滑塌构造

滑塌构造是已沉积的沉积层在重力作用下发生运动和位移所产生的各种同生变形构造的总称。沉积物可以顺斜坡呈非常缓慢的运动－蠕动，也可以产生较大的水平位移的运动－滑动，从而引起沉积物的形变、揉皱、断裂、角砾岩化以及岩性的混杂等。滑塌构造往往局限于一定的层位中，与上、下层位的岩层呈突变接触。其分布范围可以是局部的，也可延伸数百米，甚至几千米以上。滑塌构造是识别水下滑坡的良好标志，一般伴随着快速的沉积而产生。多半出现在三角洲的前缘、礁前、大陆斜坡、海底峡谷前缘及湖底扇沉积中。

## 五、碟状构造

这类构造属于泄水构造，它是迅速堆积的松散沉积物内由于孔隙水的泄出而形成的同生变形构造。在孔隙水向上泄出的过程中，破坏了原始沉积物的颗粒支撑关系，而引起颗粒移位和重新排列，形成新的变形构造，如碟状构造、柱状构造。

碟状构造，是指砂岩和粉砂岩中的模糊纹层向上弯曲如碟形，直径常为 1～50cm，互相重叠，中间被泄水通道的砂柱分开（图5-34）；有的碟状构造向上强烈卷曲变为包卷构造。泄水构造主要出现在迅速堆积的沉积物中，如浊流沉积、三角洲前缘沉积及河流的边滩沉积中。

0　　5　　10　　15cm

图 5-34　砂岩中的碟状构造（Potter 1977 年发表）

# 第四节　暴露成因构造

暴露成因构造是沉积物露出水面（或在水面附近），处于大气中，表面逐渐干涸收缩，或者受到撞击而形成的层面构造，如干裂、雨痕、泡沫痕等。这些沉积构造具有指示沉积环境及古气候的意义。

## 一、雨痕及冰雹痕

雨痕、冰雹痕是雨滴或冰雹降落在泥质沉积物的表面，撞击成的小坑。如雨滴垂直降落时，小坑呈圆形，否则呈椭圆形，坑的边缘略微高起。只有偶尔阵雨形成的雨痕，才能保存下来；如果连续的阵雨，就形成不规则相连的凹坑。冰雹痕似雨痕，但坑比雨痕大些、深些，且更不规则，边缘更粗糙些。

## 二、干裂

干裂又称为龟裂纹、泥裂，是指泥质沉积物或灰泥沉积物，暴露干涸、收缩而产生的裂隙（图 5-35、图 5-36），在层面上形成多角形或网状龟裂纹，裂隙呈"V"形断面（图 5-35），也可呈"U"字形。裂隙被上覆层的砂质、粉砂质充填。干裂规模大小不一，多角形的宽度从几厘米到 30cm 以上，裂隙的宽度从 1mm 到 3～5cm，深度 1～2cm，甚至几十厘米。

一般被水饱和的泥质沉积物，间歇性暴露于地表，即有利于形成干裂纹。但收缩裂隙也可以在水下生成，如胶状物质自行脱水产生的裂隙（Jungst，1934）；以及泥质层中迅速的絮凝作用及压实作用，也可以形成收缩裂隙（White，1961）；泥质层中含盐度增高，同样也可以产生收缩裂隙。它们与干涸失水收缩裂隙的不同之处是，裂隙发育不完全，在断面上不呈"V"字形。

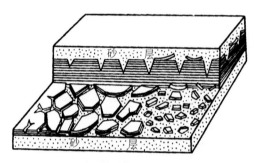

图 5-35　泥裂及其形成示意图（施罗克 1948 年发表，转引自冯增昭，1994）

图 5-36　泥裂

## 三、泡沫痕

泡沫痕是沉积物近于出露水面时，水泡沫在沉积物表面暂时停留所留下的半球形小坑，坑壁光滑，边缘无凸起，很像小的痘疤，常成群出现，大小悬殊。

## 四、流痕

流痕是在水位降低，沉积物即将露出水面时，薄水层汇集在沉积物表面上流动时形成的侵蚀痕。一般呈齿状、梳状、穗状、树枝状、蛇曲状等。潮坪上形成的流痕，主要与退潮流有关；海滩上形成的流痕，主要与回流作用有关。

## 五、冰成痕

冰成痕包括冰晶印痕（常呈线状、放射状、树枝状）和冰融痕（不规则圆状），是良好的气候标志。

# 第五节 化学成因构造

化学成因的沉积构造是指沉积时期和沉积期后由结晶、溶解、沉淀等化学作用在沉积物表面或沉积物中所形成的沉积构造。其中的大多数沉积构造是在沉积物的压实和成岩过程中生成的，属于次生沉积构造。因此，它们大多对于解释沉积环境意义不大，但对于了解沉积物沉积后所经历的化学变化却是很有益的。

化学沉积构造不仅产于碎屑岩中，而且在其他沉积岩如碳酸盐岩中也是十分丰富的。总的来说，它们的形成与化学作用有关，但所涉及的化学作用类型较多，而且有些沉积构造是由几种作用联合造成的，有时甚至有其他作用参与，如压力、收缩等作用。因此，化学沉积构造的分类是一个复杂的问题。下面介绍几种常见的化学沉积成因的构造。

## 一、晶体印痕与假晶

在合适的条件下，盐类物质如石盐、石膏等的晶体可以在松软的沉积物表面上结晶生长。如果这些晶体后来因溶解而消失，就留下了具有晶体形态的特征印痕，即晶体印痕。这种印痕经沉积物充填后，就形成晶体假象即假晶。

晶体由于往往长出沉积物表面，因而它们在表面溶解与被新沉积物掩埋后再溶解而留下的印痕及充填而成的假晶，其形态是不同的。如果晶体在表面长成后又溶解掉，所留下的印痕一般是该晶体的不完整形态；其假晶也是不完整的。如果晶体是在掩埋后才溶解消失的，则留下跨越层面的、具有完整晶形的印痕；其假晶呈该晶体的完整形态，而且往往突出在岩层的顶面上。根据这种差别和变化，可以帮助判别晶体生成后水体盐度的变化，或者沉积物埋藏后孔隙水成分的变化。

在地质记录中，最常见的是石盐假晶（图 5-37）。它们往往呈立方体散布于层面上或岩层内部。石盐假晶是在石盐晶体埋藏后经溶解、充填而形成的。它们的存在，显然说明石盐晶体生长时水体盐度的增高和埋藏后孔隙水盐度的降低。

石盐的晶体印痕和假晶大多产于盐湖、内陆盐沼以及温暖气候下的潮坪等沉积物中。有时，它们可与石膏的晶体印痕和假晶共生。

石膏假晶多呈板状、柱状或者针状，冰晶印痕多呈针状。

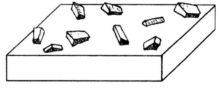

图 5-37 石盐假晶的形态

## 二、缝合线构造

缝合线主要产于比较纯净的碳酸盐岩中，有时也出现在石英砂岩、盐岩、硅质岩中，指的是横剖面中将相邻两个岩层或同一岩层的两个相邻部分连接起来的锯齿状接缝。它实际上是缝合面在横剖面上的反映。这种线两侧的岩石大多呈不规则犬牙交错状或相互穿插状连接起来。缝合线中常富集该种岩石的不溶残余物，如黏土、有机质、砂等。

缝合线的起伏幅度，即它两侧的指状尖端之间的距离变化较大，小的可在 2mm 以下，一般为几厘米到十几厘米，大的可达 1m。通常按其幅度的大小分为肉眼可见的显缝合线和显微镜下才能辨认的微缝合线。

缝合线的几何形状常见的有下列五种：简单波曲形、复杂弯曲形、尖齿形、方齿形、震波曲线形（图 5-38）。实际上，它们之间还存在着许多过渡形状。

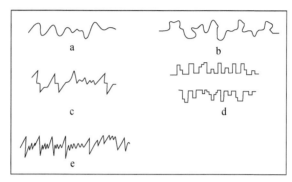

图 5-38　缝合线的几何形状类型
a. 简单波曲形；b. 复杂弯曲形；c. 尖齿形；d. 方齿形；e. 震波曲线形

有时，一条缝合线在侧向上可由这种形状变为另一种形状。

根据缝合线与层面的关系，它们一般可分为与层面平行的水平缝合线、与层面斜交的倾斜缝合线、与层面垂直的垂直缝合线、网状缝合线，以及由上述两种或三种缝合线联合组成的交织网状或具有相互切割关系的复杂缝合线。

关于缝合线的成因，假说很多，多数人接受压溶说，即在上覆岩层的静压力和构造应力的作用下，岩石发生不均匀的溶解而成。缝合柱上的滑动擦痕以及被缝合线切断的方解石脉位移，都说明缝合线生成时有压力作用；在缝合面上有一层泥质薄膜的不溶残余物，表明缝合线生成时伴有溶解作用。在定向应力条件下，在岩石组分具有不同应力溶解度的地方，一种组分会比另一种组分溶解得更快。当相邻的岩石组分发生应力溶解时，较易溶的部分被溶解掉，而较难溶的部分则留下来并相应地伸入到溶解所产生的空间中，从而形成了起伏不平的齿状溶解缝。溶解掉的物质呈溶液状态沿这种溶解缝搬走，或者作为附近岩层中的胶结物再沉淀下来。不溶残余物则残留在这种缝中。与层面平行的缝合线，压力主要与上覆层的负荷压力有关；与层面斜交或垂直的缝合线，则压力主要与构造应力有关。大多数缝合线形成于成岩作用阶段，它切过结核、化石或鲕粒，切断方解石脉；也可以绕过结核或鲕粒，或被方解石脉切断。

根据缝合线大多既切过颗粒又切过基质和胶结物的现象来看，它们必定是在沉积物发生胶结作用之后形成的。

从缝合线的这种形成过程来看，可以根据它的起伏幅度大致地估算出缝合线两侧岩层被溶解掉的最小厚度。

## 三、结核

结核是岩石中自生矿物的集合体。这种集合体在成分、结构、颜色等方面与围岩有显著不同，常呈球状、椭球状、饼状或不规则的团块状，从几毫米到几十厘米，分布较广。主要出现在黏土岩、粉砂岩、碳酸盐岩及煤系地层中。结核可以孤立或呈串珠状出现，甚至平行层面分布。

结核的成分常见的有碳酸盐、硫化铁、硫酸盐、硅质、磷酸盐、锰质等。结核成分常与一定的岩性和形成条件有关，如在碎屑岩中常见碳酸盐结核，碳酸盐岩中常出现硅质结核，煤系地层中常出现黄铁矿或菱铁矿结核。

结核的内部结构也很不相同，可以有均一的或同心状、放射状、网格状、花卷状等，有的结核内还保存了围岩残余结构和构造。形成结核的物质，可以由外向内集中，但也可以从内向边缘集中，此时在结核体内可形成一空腔，腔内还有小核。有的表面存在多边形的同心环及放射状的细脉，类似龟背的花纹，因而这类结核又称龟背石。

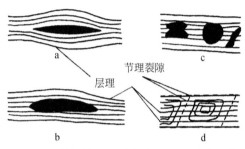

结核按形成阶段可分为同生结核、成岩核及后生结核（图 5-39）。

同生（或沉积）结核是在沉积阶段生成的。它的特点是结核与围岩的界线一般很明显，并且不切穿围岩的层理，而是层理绕结核弯曲（图 5-39a）。同生结核的生成方式主要有两种：①胶体物质围绕某些质点凝聚、沉淀，

图 5-39　结核的类型（鲁欣 1964 年发表，转引自冯增昭，1994）

a. 同生结核；b. 成岩结核；c. 后生结核；d. 假结核

形成具有同心圆状构造的结核；②由成分上不同于周围沉积物的胶体物质以凝块形式析出而成。现代海底上的磷酸盐结核和锰质结核即属于同生结核。

成岩结核是在沉积物的成岩过程中形成的，例如页岩中的钙质结核。在沉积物的成岩阶段，物质发生重新分配，来源于沉积物内部的胶体物质围绕某些中心（例如有机体）凝聚、沉淀，最终形成结核。在这一过程中，胶体物质有时在局部地方与围岩组分发生化学反应或交代。这种结核的特点是与围岩的界线不甚明显，往往呈过渡关系，部分切穿围岩的层理（图 5-39b、图 5-40a）。结核上方的围岩层理发生弯曲。这是由于结核的压缩体积比围岩小。

a. 成岩结核，图中尺长10cm

b. 假结核，南京

图 5-40　结核和假结核构造

后生结核形成于沉积物已固结成岩之后的后生阶段。它是由外来的溶液沿裂隙或层面进入岩石内部沉淀或交代而成的。因此，这种结核大多产于裂隙中或层面附近，并且明显地切穿围岩层理，但层理没有弯曲现象（图5-39c）。

还有一种形态上看起来像结核，而实际上不是结核，是假结核（图5-39d）。它是沉积岩在表生阶段由风化作用造成的，可能为球状风化或为氢氧化铁溶液沿岩层节理缝流动并交代原有物质，最后沉淀而成（图5-40b）。

在实际工作中，有时由于找不到充分的证据而难于断定所研究的结核到底属于哪一种成因类型。通常是用成分来描述结核，例如钙质结核、硅质结核等。

## 四、叠锥

图 5-41　叠锥构造，新疆三叠系泥灰岩（《沉积构造与环境解释》编著组，1984）

叠锥构造是由一连串漏斗状锥体套叠在一起所组成的构造（图5-41），常见于泥灰岩、钙质泥岩中，也可见于石灰岩及方解石脉中。锥体一般垂直于层面或脉壁，在层面上呈同心圆状，纵切面则呈"V"字形套叠。锥高一般为1～10cm，少数达20cm，锥顶角为30°～60°。锥顶朝上和朝下者均有。在显微镜下观察，叠锥为纤维状方解石组成，其 $c$ 轴和锥轴大致平行排列，具波状消光，在锥面上往往有不溶残余物。

关于叠锥成因，目前尚未完全了解，主要涉及纤维状方解石和锥状构造的成因。由于叠锥和缝合线经常伴生，以及锥层内有相当多的不溶残余物，多数人认为与压溶作用有关。关于压力来源的看法也不一致，有人认为叠锥构造是适应于岩层中的应力而生成的，纤维状方解石先生成，在方解石结晶过程中，要产生锥状剪应力，造成圆锥形滑动面剪应力由内向外，通常向上作用。滑动面的夹角接近于方解石解理面的夹角。溶解作用对叠锥的形成是次要的。

# 第六节　生物成因构造

生物成因构造是指生物由于活动或生长而在沉积物表面或内部遗留下来的各种痕迹，其中包括生物遗迹构造、生物扰动构造、生物生长构造、植物根迹等。

## 一、生物遗迹构造

生物遗迹构造是指由生物活动而产生于沉积物表面或内部并具有一定形态的各种痕

迹，包括生物生存期间的运动、居住、觅食和摄食等行为遗留下的痕迹，所以又称痕迹化石或遗迹化石。从某种意义上讲，遗迹化石是生物行为习性适应环境的物质表现。由于它们能够反映当时的生活环境，分布范围又比较狭窄，特别是在硬体化石极为稀少的地层中，它们分布普遍且保存良好，有助于古生态和岩相研究。

　　遗迹化石的分类主要有系统分类、保存分类、行为习性分类和形态分类。按照行为习性分类，遗迹化石主要分为七种常见类型（图 5-42）。

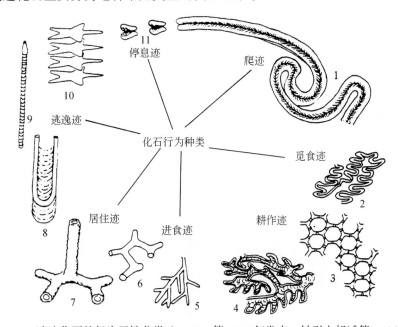

图 5-42　遗迹化石的行为习性分类（Ekdale 等 1984 年发表；转引自胡斌等，1997）

1. 二叶石迹（*Cruziana*）；2. 丽线迹（*Cosmorphaphe*）；3. 古网迹（*Paleodictyon*）；4. 藻管迹（*Phycosiphon*）；5. 丛藻迹（*Chondrites*）；6. 海生迹（*Thalassinoides*）；7. 蛇行迹（*Ophiomorpha*）；8. 双杯迹（*Diplocrateron*）；9. 胃形迹（*Gastrochaenolites*）；10. 似海星迹（*Asteriacites*）；11. 皱饰迹（*Rusophycus*）

　　一方面，由于遗迹化石大多数为原地形成而未经搬运，它们代表某种造迹生物的行为习性，反映它们同某种相关环境的相互紧密联系，所以遗迹化石是恢复环境条件的理想标志。另一方面，遗迹化石记录可以清楚地反映它们的埋藏条件。地质学上常常用到遗迹相的概念。遗迹相是指一定沉积环境条件下的遗迹化石组合，它们可以直接反映某些环境条件，如水的深度、盐度、含氧量、水的动能和基底性质等。图 5-43 是一个从浅水到深水的沉积系列中的遗迹相。

## 二、生物扰动构造

　　底栖生物的活动使沉积物遭受破坏，而形成不具有确定形态的生物扰动现象，这类构造称为生物扰动构造。遗迹化石就是其中的一种类型。

　　生物扰动是生物破坏原生物理构造，特别是成层构造的过程。生物扰动构造可以被看做是一种破坏机制，它不仅使不同的沉积物发生混合，而且也将地球化学和古地磁信息变得模糊。

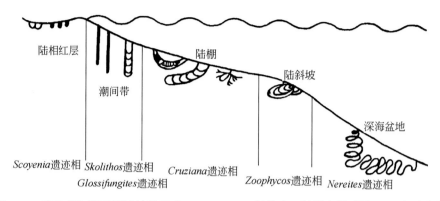

图5-43 遗迹相与沉积环境的关系（Seilacher 1967年发表，转引自杨式溥1994年论文）

斑点构造也是生物作用的结果。在泥质沉积物中，有砂质潜穴呈不规则斑点状分布的现象，一般是生物扰动的良好标志。这些标志在不同的岩类和沉积环境中的分布是不均衡的。当生物扰动强烈时，可使无机沉积的原始构造（如层理）全部破坏，形成生物扰动岩（图5-44）。

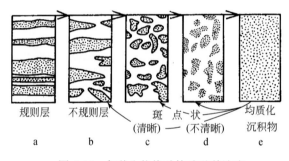

图5-44 各种生物扰动构造及其演变
（冯增昭，1994）

## 三、植物根痕迹

植物根呈碳化残余或枝杈状矿化痕迹出现在陆相地层中。它们在煤系中特别常见，是陆相的可靠标志。在煤系地层中，根常被铁和钙的碳酸盐所交代，形成各种形状的具植物根假象的结核。有时可以成为一定层位的典型标志。在红层中，通常植物根完全烂尽，但有时可以根据模糊的绿色（或灰蓝色）枝杈状痕迹加以区别，这是由氧化铁受到植物机体的局部还原作用造成的。

植物根印痕对识别淡水和微咸水环境是有价值的；如果还有其他相关的特征，它们就更加有用。根系层的存在可说明植物就地生长，而聚集的植物碎屑，如茎、叶和枝杈，因为它们是植物的地上部分，则可能是流水冲来的。

另外，植物根在不同环境中产状是不同的，因此植物根痕迹可用来判断沉积环境（图5-45）。

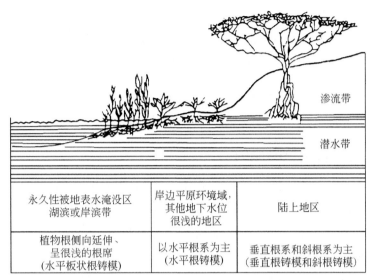

图 5-45　植物根迹的产出特征（Cohen 1982 年发表；转引自胡斌等，1997）

# 第七节　沉积岩的颜色

沉积岩的颜色是其最醒目的标志，是鉴别岩石、划分和对比地层、分析判断古地理的重要依据之一。

## 一、沉积岩颜色的成因类型

沉积岩的颜色，按成因可分为三类，即继承色、自生色和次生色。继承色和自生色都是原生色。

### 1. 继承色

继承色主要取决于碎屑颗粒的颜色，而碎屑颗粒是母岩机械风化的产物，故碎屑岩的颜色是继承了母岩的颜色。如长石砂岩多呈红色，这是因为花岗质母岩中的长石颗粒是红色的；同样，纯石英砂岩因为碎屑石英无色透明而呈白色。

### 2. 自生色

自生色取决于沉积物堆积过程及其早期成岩过程中自生矿物的颜色，大部分为黏土岩、化学岩和部分碎屑岩所具有。比如含 $Fe^{3+}$ 的页岩就呈红色或黄褐色，红色软泥是因为其中含脱水氧化铁矿物(赤铁矿)，含海绿石或鲕绿泥石的岩石常呈各种色调的绿色和黄绿色等。

### 3. 次生色

次生色是在成岩作用阶段或风化过程中，原生组分发生次生变化，由新生成的次生矿物所造成的颜色。这种颜色多半是由氧化作用、还原作用、水化作用或脱水作用，以及各种矿物（化合物）带入岩石中或从岩石中析出等引起的。比如在有些情况下，含黄铁矿岩层的露头呈现红褐色，这是由黄铁矿分解形成红色的褐铁矿所致；而在另一种情况下，同样露头，由于低价铁和高价铁硫酸盐的渗出而呈现浅绿－黄色。

岩石颜色的原生性（继承色和自生色）和次生性都可作为找矿标志。例如，由于油气的影响，原生的黄红色、紫红色可还原为灰色、灰绿色。这种次生色的发育情况，有助于寻找储油构造。尤其是在局部构造的顶部，裂隙往往比较发育，油气运移较多，这种找矿标志更为明显。

原生色与层理界线一致，在同一层内沿走向分布均匀稳定。次生色一般切穿层理面，分布不均匀，常呈斑点状，沿缝洞和破碎带颜色有明显变化。

## 二、引起沉积岩颜色的原因

沉积岩的不同颜色主要取决于岩石的成分，尤其是岩石中所含的染色物质——色素，并与形成的环境密切相关。色素在岩石中含量极为微少，通常只有百分之几，甚至少于1%，

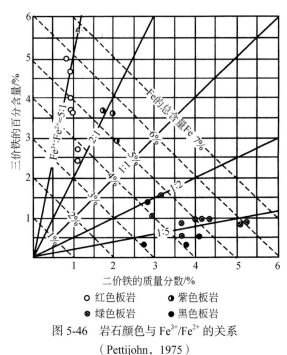

图 5-46　岩石颜色与 $Fe^{3+}/Fe^{2+}$ 的关系
（Pettijohn，1975）

○ 红色板岩　● 紫色板岩
⊗ 绿色板岩　● 黑色板岩

但它对岩石的颜色影响很大。常见的色素为有机质（主要是游离碳）与铁质化合物，随着有机质含量增加，岩石的颜色变深，$Fe^{3+}$ 和 $Fe^{2+}$ 的含量比例不同，可以出现不同的颜色（图 5-46）。此外，岩石的颜色还与风化程度、颗粒（或晶粒）大小、干湿程度、向阳背阳等因素有关。下面分别按不同色调加以说明。

### 1. 白色

包括白色、灰白色、浅灰色等，一般不含色素，如纯质的碳酸盐岩、岩盐、高岭土、白垩、纯石英砂岩等。

### 2. 灰色和黑色

大多数岩石由暗灰色变为黑色，是因为存在有机质（碳质、沥青质）或分散状硫化铁（黄铁矿、白铁矿）。这些物质含量越高，岩石颜色越深。在研究灰色或黑色岩石时，一定要分辨出它的色素究竟是哪种物质，因为它们代表不同的沉积环境，如碳质与沼泽环境有关，硫化铁则与停滞水的还原环境有关。

### 3. 红、棕、黄色

这些颜色通常是岩石中铁的氧化物或氢氧化物（赤铁矿、褐铁矿等）染色的结果。若系自生色，则表示沉积时为氧化或强氧化环境。大陆沉积物多为红黄色，然而，海洋沉积物有时也呈红色，这多半是由海底火山喷发物质的影响或海底沉积物氧化所致；也有的红色岩层是由大陆形成的红色沉积物被搬运入海，处于近岸氧化环境或是迅速埋藏造成的。故通常所谓的红层不一定都是陆相沉积。

在红色地层中，有时发现绿色的椭圆斑点，或者在露头上较大范围内呈现出红、黄、

绿、灰等色掺杂现象，这多半是氧化铁在局部地方发生还原的缘故。有时，沿着红层的节理发育有绿色边缘，这种现象可能与地下水的次生还原作用有关。

**4. 绿色**

岩石的绿色多数是由其中含有低价铁的矿物（如海绿石、鲕绿泥石等）所致；少数是由含铜的化合物所致，如含孔雀石而呈鲜艳的绿色。若系自生色，绿色一般反映弱氧化或弱还原环境。

除自生矿物外，碎屑岩的绿色有时由含有绿色的碎屑矿物（如角闪石、阳起石、绿泥石、绿帘石等）所致；而黏土岩的绿色还常因含伊利石而造成。

假如，在岩石中同时存在高价铁的氧化物和低价铁的氧化物，那么，它的颜色与含铁量则无明显关系，而是取决于这两种组分比值（$Fe^{3+}/Fe^{2+}$）的变化。汤姆林森（Tomlinson）1916 年在关于纽约及佛蒙特古生代板岩的研究中指出，在红色和紫色的板岩中，$Fe^{3+}/Fe^{2+}$比率大于 1，而在绿色和黑色板岩中这种比率小于 1（图 5-46）。这表明了岩石的颜色随着低价铁作用的加大而由红色到绿色甚至到黑色的变化情况。

纯石盐岩或呈蓝色、青色。

## 三、颜色的意义和描述方法

对岩石颜色的研究不仅具有理论意义，也有很大实际意义。一方面，岩石的颜色和色调具有划分和对比地层的意义。因为在野外露头上，可以很直观地看出各种岩石在颜色上的相似性及其差别。另一方面，岩石的颜色通常具有一定的成因意义。这在许多情况下能够较可靠地加以识别，并且有助于了解古地理条件以及可以作为找矿的标志。

颜色的描述方法应以表示主要颜色为主，必要时在主要颜色之前附以补充色，并以深浅表示色调，例如深紫红色或浅黄灰色。其中红、灰是主要颜色，放在后面；紫、黄是次要颜色，放在主色前面作为形容词。有的按照当地习惯用实物形容颜色，如砖红色、天青色，甚至使用巧克力色、猪肝色等；这在一定条件下也是可以采用的。不过，总的来说，还是前者较为妥当。

影响颜色的因素是多方面的，除了岩石成分和风化程度外，岩石颗粒大小、干湿程度、向阳和背阳等对颜色都有很大影响。粒度越细、越湿、越阴暗时，色调越深；反之色浅。因此，在观察颜色时，必须看到新鲜面，并需说明它们是在怎样的岩石状态下测定的。

在进行野外或地下岩心描述时，颜色的描述应逐层进行，在岩层范围内还要考虑到沿裂缝和向深处的变化、斑点颜色的分布，并需查明颜色的原生性或次生性及其成因性质。

# 第六章  陆源碎屑岩

## 第一节  概　　述

### 一、碎屑岩的定义

母岩机械破碎的产物经搬运、沉积和成岩作用而形成的岩石称为"碎屑岩"。由于这些物质主要来自陆地源区，因而它又被称为"陆源碎屑岩"。碎屑岩由碎屑颗粒和填隙物（包括杂基和胶结物）组成，其中碎屑颗粒占 50% 以上。

### 二、碎屑岩的类型

依据粒度不同，可将碎屑岩分为砾岩、砂岩、粉砂岩，不包括黏土岩（黏土岩见本书第七章）。由于碎屑岩中可能含有各粒级组分，以各粒级组分的相对含量为依据，可通过三级命名法对各类碎屑岩进行命名。

（1）含量大于或等于 50% 的粒级定岩石的主名，即基本名；含量在 25% ～ 50% 的粒级以形容词"XX 质"的形式写在主名之前；含量在 10% ～ 25% 的粒级作次要形容词，以"含 XX"的形式写在最前面；含量小于 10% 的粒级一般不反映在岩石的名称中。例如细砂岩、粉砂质细砂岩和含砾粗砂岩。

（2）假如粒度分选较差，没有一个粒级的含量达到 50%，而含量在 25% ～ 50% 的粒级又不止一个，则以含量为 25% ～ 50% 的粒级进行复合命名，以"XX-XX 岩"的形式表示，含量较多的写在后面。例如中 - 粗砂岩、粉 - 细 - 中砂岩（不等粒砂岩）。

（3）若碎屑岩的粒度分选更差，没有含量大于 50% 的粒级，且含量为 25% ～ 50% 粒级只有一个或没有。则将粒度组分仅分为砾、砂、粉砂三大级，然后按前两条原则命名。例如含砾砂岩和含泥砾质砂岩。

## 第二节  碎屑岩的物质组成

碎屑岩的物质组成包括碎屑颗粒和填隙物，后者又包括机械成因的杂基和化学成因的胶结物。碎屑颗粒是由母岩机械破碎形成的颗粒，主要有矿物碎屑、岩石碎屑以及少量盆内碎屑。碎屑岩中的轻重矿物已经发现有 160 余种，最常见的约 20 种，单矿物的组成以及单矿物化学特征是非常好的物源分析指标。岩石碎屑则是以微小矿物集合体的形式出现的，其成分可以用于反映源区的母岩类型。盆内碎屑则主要是化石碎屑和碳酸盐非骨骼颗粒，以及泥质内碎屑。

## 一、矿物碎屑

碎屑矿物按相对密度可分为轻矿物和重矿物两类，实验室通常使用密度 2.86g/cm³ 的重液对二者进行有效分离。

### 1. 轻矿物

密度小于 2.86g/cm³ 的矿物碎屑称为轻矿物，主要为石英、长石、云母等。

石英碎屑在手标本中多呈碎屑粒状，无色透明，玻璃光泽，断口油脂光泽，硬度为 7，无解理；显微镜下呈无色，洁净光亮，无风化产物，粒状，无解理，正低突起，一级灰白干涉色，一轴晶正光性。石英碎屑按形态可分为两种：单个颗粒内部只有一个石英晶粒的单晶石英和单个颗粒内部含有多个石英晶粒的多晶石英（图 6-1）。其中，多晶石英既可以源自变质岩，也可以来源于深成岩浆岩。通过石英矿物碎屑的镜下特征，可以获取源区的母岩有关信息。例如，不同来源的石英常具有不同的特征：①来自花岗岩的石英常含有锆石、磷灰石、金红石、电气石等矿物以及气、液包体；②来自火山岩的石英常具有港湾状熔蚀边，含玻璃质包体；③来自变质岩的石英常含有夕线石、蓝晶石、石榴子石等矿物包体，具波状消光；④来自沉积岩的石英有时可见石英次生加大边以及被磨蚀的现象（图 6-2）。

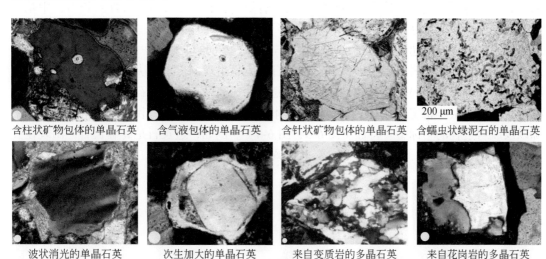

含柱状矿物包体的单晶石英　　含气液包体的单晶石英　　含针状矿物包体的单晶石英　　含蠕虫状绿泥石的单晶石英

200 μm

波状消光的单晶石英　　次生加大的单晶石英　　来自变质岩的多晶石英　　来自花岗岩的多晶石英

图 6-1　石英矿物碎屑颗粒镜下照片
（图中所有黄色圆圈比例尺的直径为 25μm）

在碎屑岩中的长石含量一般小于石英，这是因为长石容易水解，抗化学风化能力弱，而且长石解理发育，抗物理风化能力也不强。但是越来越多的研究结果表明，剥蚀源区为基性超基性岩或角闪岩，或者弧前盆地等情况下碎屑长石的含量超过了碎屑石英（An et al.，2014）。碎屑长石的主要来源包括火成岩、变质岩（片麻岩、角闪岩）等母岩。长石在手标本中多为板柱状、短柱状、粒状，无色－浅褐黄色，玻璃光泽，两组正交或近于正交的完全解理，硬度 6 左右；镜下呈粒状，无色或因风化产物而显灰－浅褐黄色，表面较脏，两组解理完全，常见聚片双晶或格子双晶，负低突起，一级灰干涉色（图 6-3）。

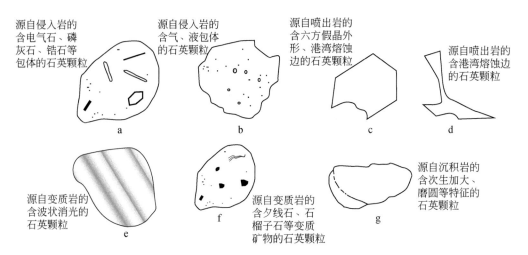

图 6-2 各种成因的石英矿物碎屑颗粒特征素描图（修改自余素玉和何镜宇, 1983）

各类长石可根据双晶、突起、风化产物不同相区别。例如，正长石在搬运过程中容易沿双晶面破裂，使得镜下光性特征很像石英，但正长石容易遭受蚀变，所以可以通过蚀变的尘状表面区分，即可以将因蚀变而表面污浊、低负突起的正长石碎屑与表面干净、低正突起的石英碎屑进行区别。在地表相对稳定的长石有微斜长石、正长石、酸性斜长石，中基性斜长石少见。一般认为，在碎屑岩中钾长石多于斜长石；钾长石中正长石略多于微斜长石；斜长石中钠长石远远超过钙长石。造成相对丰度这一差别的原因，一方面与母岩成分有关，地表普遍存在的酸性岩浆岩为钾长石、钠长石的大量出现创造了先决条件；另一方面又与不同长石在地表相对稳定性有关，各种长石稳定性的顺序是：钾长石最稳定，钠长石较不稳定，钙长石最不稳定。长石的双晶、包裹体、形态、自生加大边和蚀变等也是判断其来源以及成岩过程的"标型"特征（图 6-3、图 6-4）。例如，透长石是高温长石，出现在火山岩和一些侵入岩中；而碱性长石主要来自碱性和酸性岩浆岩中。

具细密聚片双晶的酸性斜长石　　具简单钠长双晶的钠长石　　　钠长石化的斜长石　　　含矿物捕虏晶的钠长石

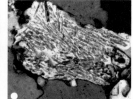

　　条纹长石　　　　具格子双晶的微斜长石　　　显微文象长石　　　　　蠕英石

图 6-3 各种长石矿物碎屑颗粒镜下照片
（图中所有白色圆圈比例尺的直径为 25μm）

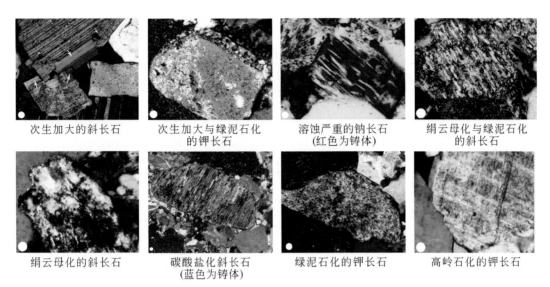

次生加大的斜长石　　次生加大与绿泥石化　　溶蚀严重的钠长石　　绢云母化与绿泥石化
　　　　　　　　　　　的钾长石　　　　　　（红色为铸体）　　　　　的斜长石

绢云母化的斜长石　　碳酸盐化斜长石　　　　绿泥石化的钾长石　　高岭石化的钾长石
　　　　　　　　　　（蓝色为铸体）

图 6-4　长石碎屑记录的各种作用

（图中所有白色圆圈比例尺的直径为 25μm）

碎屑岩中的云母碎屑主要是黑云母和白云母。由于云母呈片状，具有丝绢光泽，手标本极易识别。在镜下，黑云母呈褐色-绿色的多色现象，而白云母单偏光下无色，正交偏光下具有Ⅱ级干涉色，二者均具有一组完全解理。由于云母具有片状外形，所以在细砂岩到粉砂岩中富集。云母碎屑多数来自变质岩中，但在一些基性侵入岩、火山岩以及花岗岩中也产黑云母碎屑。砂岩的平均碎屑组成中，白云母含量通常高于黑云母，这是因为白云母化学稳定性更强，更抗风化。

**2. 重矿物**

密度大于 $2.86g/cm^3$ 的矿物碎屑称为重矿物（Garzanti and Andò，2007），其含量一般 < 1%。重矿物主要为火成岩中的副矿物（如锆石、磷灰石、尖晶石、磁铁矿）、部分铁镁矿物（如橄榄石、辉石、角闪石等），以及变质岩中的变质矿物（如金红石、石榴子石、红柱石等）。此外，重矿物还包括沉积和成岩过程中形成的相对密度较大的自生矿物（如黄铁矿、重晶石等）。

重矿物的种类很多，常见的二十几种重矿物及其基本信息见表 6-1。在成分纯、分选好的纯石英砂岩中，通常只含有那些风化稳定性高的重矿物组分（如锆石、电气石、金红石等）；在成分复杂、分选差的岩屑砂岩中，则重矿物含量高，稳定与不稳定的重矿物（如辉石、角闪石、绿帘石等）均可出现。

不同类型母岩的物质组分不同，经风化后产生的重矿物组合也不同（表 6-2）；因此研究碎屑重矿物组合、成分等可以了解母岩的类型、性质，进而反演地质演化历史等。需要注意的是重矿物组合会随着成岩作用发生变化，在成岩埋深过程中，不稳定重矿物可与孔隙水发生化学溶解而消失（图 6-5）。

虽然重矿物在碎屑岩中含量很少，但在适当条件下也可以达到富集成矿的程度，比如具有重要经济价值的部分铀矿、砂金矿等就产自碎屑岩中。

表 6-1 常见重矿物名称与标准化学式（王德滋和谢磊，2008）

| 分类 | | 名称 | 缩写 | 标准化学式 |
|---|---|---|---|---|
| 氧化物矿物 | | 金红石 | Rt | $TiO_2$ |
| | | 锡石 | Cst | $SnO_2$ |
| | | 尖晶石 | Spl | $AB_2X_4$，A 代表 Mg、Fe、Zn、Mn，B 代表 Al、Cr、Fe |
| | | 铬铁矿 | Chr | $FeCr_2O_4$ |
| | | 磁铁矿 | Mag | $Fe_3O_4$ |
| | | 钛铁矿 | Ilm | $FeTiO_3$ |
| | | 赤铁矿 | Hem | $Fe_2O_3$ |
| 硫化物矿物 | | 辰砂 | Cin | $HgS$ |
| | | 黄铁矿 | Py | $FeS_2$ |
| 硫酸盐矿物 | | 重晶石 | Brt | $Ba[SO_4]$ |
| 钨酸盐矿物 | | 白钨矿 | Sch | $Ca[WO_4]$ |
| 磷酸盐矿物 | | 磷灰石 | Ap | $Ca_5[PO_4]_3(F, Cl, OH)$ |
| | | 独居石 | Mnz | $(Ce, La)PO_4$ |
| 硅酸盐矿物 | 岛状结构 | 绿帘石 | Ep | $Ca_2(Fe, Al)Al_2[SiO_4][Si_2O_7]O(OH)$ |
| | | 石榴子石 | Grt | $A_3B_2[SiO_4]_3$，其中 A=Mg、$Fe^{2+}$、Mn、Ca，B=Al、$Fe^{3+}$、Cr、Ti、Mn |
| | | 锆石 | Zrn | $Zr[SiO_4]$ |
| | | 榍石 | Ttn | $CaTi[SiO_4]O$ |
| | 环状结构 | 电气石 | Tur | $NaR_3Al_6[Si_6O_{18}](BO_3)_3(OH)_4$，R 代表 Mg、$Fe^{2+}$、Li+Al |
| | 链状结构 | 角闪石 | Amp | $W_{0-1}X_2Y_5Z_8O_{22}(OH)_2$，其中 W=Na、K，X=Na、Li、Ca、Mg、$Fe^{2+}$、Mn、Li，Y=Mg、$Fe^{2+}$、Mn、Al、$Fe^{3+}$，Z=Si、Al |
| | | 辉石 | Aug | $W_{1-p}(X, Y)_{1+p}Z_2O_6$，其中 W=Ca、Na，X=Mn、Mg、$Fe^{2+}$、Li，Y=Al、$Fe^{3+}$，Z=Si、Al |
| | 层状结构 | 白云母 | Ms | $KAl_2[AlSi_3O_{10}](OH)_2$ |
| | | 黑云母 | Bt | $K(Mg, Fe)_3[AlSi_3O_{10}](OH, F)_2$ |

**表 6-2 不同母岩产出的重矿物组合表**（Pettijohn，1975；有修改）

| 母岩 | 重矿物组合 |
|---|---|
| 中性 - 酸性岩浆岩 | 磷灰石、独居石、金红石、锆石、榍石、电气石、锡石、普通角闪石、黑云母、磁铁矿、石榴子石 |
| 伟晶岩 | 锡石、萤石、黄玉、电气石、黑钨矿、石榴子石 |
| 基性 - 超基性岩浆岩 | 橄榄石、普通辉石、紫苏辉石、透辉石、尖晶石、铬铁矿、磁铁矿、钛铁矿 |
| 变质岩 | 红柱石、夕线石、蓝晶石、石榴子石、硬绿泥石、蓝闪石、十字石、绿帘石、黝帘石、黑云母、硅灰石、绿辉石、金红石 |
| 沉积岩 | 重晶石、赤铁矿、磨圆的锆石、磨圆的电气石、磨圆的金红石、磨圆的磷灰石 |

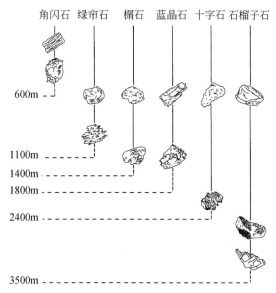

图 6-5 英国北海古新世砂岩中不同重矿物的完全溶解深度分布（Morton and Hallsworth，1999）

## 二、岩屑

岩屑是母岩机械破碎而成的岩石碎块，即具有明显颗粒磨圆边界的细小矿物集合体，细小矿物粒径要求小于 63μm，当它超过 63μm 时看作矿物碎屑（Dickinson and Suczek，1979）。岩屑成分复杂，有时一种砂岩内岩屑可达 20 余种，但一般只有几种主要的，以抗风化能力较强的细晶质或隐晶质的岩石碎屑常见（图 6-6），即：①隐晶质的喷出岩屑，如玄武岩、流纹岩等；②低级变质岩屑，如板岩、千枚岩、云母片岩等；③细粒碎屑岩或生物 - 化学沉积岩，如粉砂岩、泥页岩、灰岩、硅质岩等。

碎屑岩中岩屑类型与含量受多种因素控制，主要因素有母岩性质、母岩风化程度、沉积分异作用、成岩作用等。例如：细粒或隐晶结构的岩石，如燧石岩、中酸性喷出岩、泥岩等岩石剥蚀后的岩屑分布最广；而易受机械破碎、化学分解的岩石，如砂岩、灰岩等，除非一些特殊的情况，如在母岩区附近有快速堆积和埋藏的条件，否则很难形成岩屑。此

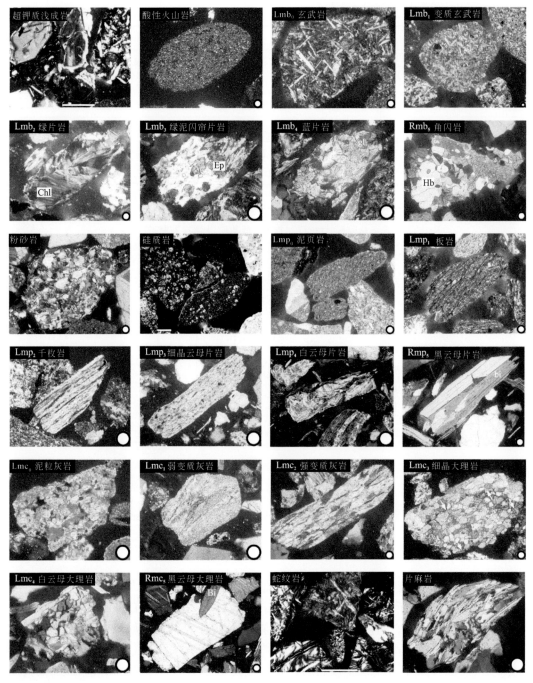

图 6-6　各种岩屑及其变质等级显微照片（Garzanti and Vezzoli，2003；Garzanti and Andò，2007）

Bi. 黑云母；Ep. 绿帘石；Hb. 角闪石；Chl. 绿泥石；Gl. 蓝闪石；Lmc$_0$. 未变质岩屑；Lmp$_0$. 沉积岩；Lmb$_0$. 火成岩；Lmc$_1$、Lmp$_1$、Lmb$_1$.1 级变质岩屑，具弱定向性，相当于葡萄石－绿纤石相；Lmc$_2$、Lmp$_2$、Lmb$_2$.2 级变质岩屑，具强定向性，相当于绿片岩相；Lmc$_3$、Lmp$_3$、Lmb$_3$.3 级变质岩屑，相当于绿片岩相；Lmc$_4$、Lmp$_4$、Lmb$_4$.4 级变质岩屑，相当于蓝片岩相；Rmc$_5$、Rmp$_5$、Rmb$_5$.5 级变质岩屑，相当于角闪岩相；图中所有白色圆圈比例尺的直径为 62.5μm，所有白色线段比例尺代表 250μm

外，前人研究表明，岩屑含量与粒级有一定的相关性，即就岩屑的平均含量而言，随碎屑粒级的增大而增加，通常砾岩中岩屑最常见（朱筱敏，2008）；岩屑的含量与成分成熟度呈负相关，成分成熟度高的砂或砂岩，其岩屑含量一般较低。

在沉积学研究中，岩屑是判别源区母岩类型与性质最直接有效的标志。我们可以直接通过岩屑类型来识别源区可能有什么类型的岩石，进而根据岩石组合类型判别沉积盆地的大地构造背景（Garzanti and Andò，2007）。此外，我们根据图6-6中Lmc、Lmb、Lmp等岩屑变质系列来获取源区的变质指数，进而可有效判断源区的中−低级变质程度（Garzanti and Vezzoli，2003）。

## 三、盆内碎屑

盆内碎屑也称为内源碎屑，主要是碳酸盐颗粒（如球粒和化石碎屑等）、泥质内碎屑、生物有机体等半固结状态的内源物质经过破碎再旋回沉积的碎屑颗粒（图6-7）。

需要指出的是，盆内碎屑与碳酸盐岩内碎屑是两个不同的概念。盆内碎屑与碳酸盐岩岩屑、泥岩岩屑等容易混淆，但是还是可以通过以下几点进行区别：①盆内碎屑是近源的，所以粒径特别大，比同期的陆源碎屑往往大出3～10倍，对其进行全粒径统计结果会出现明显的双峰式分选现象；②打碎的盆内碎屑属于未固结或弱固结状态，所以显微镜下可以观察到盆内碎屑裹入同期盆外的石英、岩屑、长石等碎屑颗粒（图6-7a），或盆内碎屑边界被硬的盆外碎屑强行挤入的现象（图6-7b），或盆内碎屑重新固结时边界混染了同期的杂基、胶结物等（图6-7c）；③盆外的碳酸盐岩岩屑在很短的距离就能被磨圆（胡修棉，2017），然而一般情况下盆内碳酸盐颗粒的磨圆属于中等偏差，其磨圆度甚至比同期的石英颗粒还差（图6-7d、e）；④生物有机体碎片也可作为盆内碎屑出现在碎屑岩中，

a. 风暴砾岩中的粉砂质泥粒，(+)

b. 中砂岩内的碳酸盐球粒，(−)，未固结边界

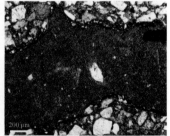

c. 细砂岩内的碳酸盐球粒，(−)，重新固结边界

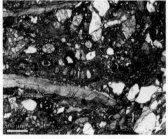

d. 混积岩中的定向生物碎片，(−)

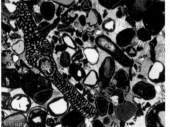

e. 混积岩中的生物碎片与鲕粒，(+)

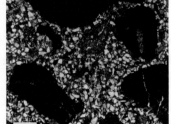

f. 中砂岩内的有机质碎片，(−)

图6-7 盆内碎屑颗粒显微照片（b、c、f来自百度图片）

如砂岩中分布较多褐黑色有机质碎片（图6-7f）；⑤碎屑岩中出现盆内碎屑，往往是一些事件沉积所致，比如风暴沉积、重力滑塌、地震、浊流等造成，因而这些事件沉积形成的特殊沉积构造也能辅助区别盆内碎屑与盆外碎屑。

## 四、填隙物

填隙物是骨架颗粒之间的填充物质，以粒度细小、数量少与碎屑颗粒相区别。碎屑岩的填隙物主要包括杂基和胶结物。

**1. 杂基**

以机械方式与碎屑颗粒同时沉积并充填于碎屑颗粒之间，粒径小于0.03mm的细小物质，称为杂基（图6-8）。杂基成分以黏土矿物为主，并有石英、长石及隐晶质岩石的细小碎屑。杂基是以机械方式沉积（悬浮载荷经卸载后形成的堆积产物），可以用来反映沉积时的水介质性质和状态。正常沉积的砂岩和砾岩中一般没有或者少见杂基，浊流、泥石流等重力流沉积中通常存在杂基。

**2. 胶结物**

在成岩阶段以化学沉淀方式在粒间孔隙中形成的、对岩石起胶结作用的自生矿物称为胶结物，主要包括硅质（石英、玉髓、蛋白石）、碳酸盐（方解石、白云石）、铁质（赤铁矿、褐铁矿、黄铁矿和磁铁矿）等三类，见第四章。碎屑岩的胶结物主要有以下特征：①形成时间晚于碎屑颗粒，形成于成岩作用过程中；②以化学方式形成，反映成岩阶段孔隙水的性质；③常有多样复杂的结构类型，有世代和期次；④对碎屑颗粒起胶结作用。

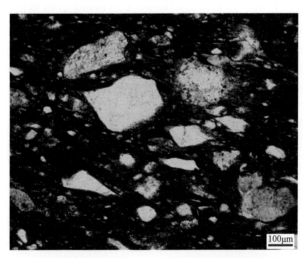

图6-8 杂基的显微照片，（−），细粒岩屑石英杂砂岩，上侏罗统−下白垩统拉贡塘组，西藏那曲

硅质胶结物的成分主要有非晶质的蛋白石、隐晶质的玉髓和结晶的石英三种（图6-9a）。由于蛋白石是不稳定的非晶质，随着埋藏时间的不断增加，蛋白石会逐渐转变为玉髓，进而重结晶为稳定的石英胶结物。硅质胶结物是在砂岩过饱和的孔隙水中沉淀出来的，孔隙水中的二氧化硅可以来自海相沉积物中的硅藻、放射虫、硅质海绵骨架及其他硅质骨骼的溶解，或者来自岩石本身的硅质碎屑再溶解，或者由含硅质成分的热液迁移过来。

碳酸盐胶结物主要有方解石、白云石、铁白云石、菱铁矿等。方解石是砂岩中最常见的胶结物（图6-9b）。虽然现代沉积物中可以见到同质多象的文石，但文石不稳定，成岩后期会转变为方解石，因此古代砂岩里见不到文石胶结物。碳酸盐胶结物的形成也是溶解了碳酸盐生物骨架的过饱和孔隙水或者流经碳酸盐岩的流体进入成岩期的砂岩时将水中的碳酸盐沉淀下来的。

氧化铁也是一种较为常见的碎屑岩胶结物（图6-9c）。砂岩中的氧化铁物质，一部分是与碎屑颗粒同时从溶液中沉淀出来的原始孔隙充填物。另一部分铁质是含铁矿物的分解产物，如来源于火成岩或变质岩的角闪石（平均含铁15%）、绿泥石、黑云母、钛铁矿（铁含量46%）、磁铁矿（铁含量100%）等均为含铁矿物，在成岩作用过程中，它们会不断被孔隙水分解，从而将氧化铁释放出来。铁质胶结物的原始沉积状态为非晶质的三氧化二铁，经脱水作用而转变为针铁矿、纤铁矿或赤铁矿。

此外，岩盐、石膏和硬石膏也可以在干旱蒸发盆地里作为碎屑岩的胶结物。自生的绿泥石（图6-9d）、沸石、海绿石、有机质等化学成因物质既可以作为孤立的自生矿物出现在碎屑岩中，也可以直接成为碎屑岩的胶结物。例如在中原油田就发现了硬石膏胶结的砂岩，长庆油田和大庆油田都发现了沸石胶结的砂岩，因沸石成岩期溶解形成的次生孔隙还成为油气重要的储集空间。

胶结物与杂基的区别表现在：胶结物往往晶体清洁透明，自形程度较好，常见成分有钙质、硅质、铁质；杂基一般透明度变差，较混浊，晶体自形程度差，其成分以黏土和细粉砂颗粒集合体为主。

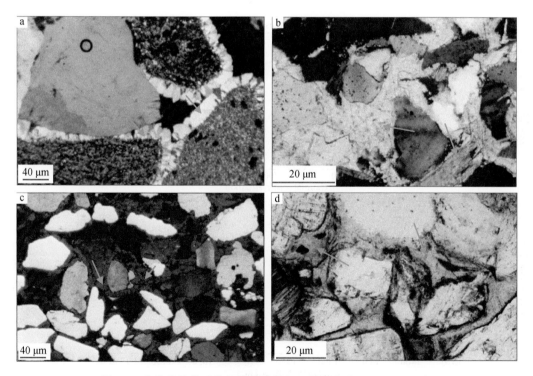

图6-9　各种胶结物（蓝色箭头所指）显微照片（Scholle，1979）

a.硅质胶结物，美国得克萨斯州，（+）；b.钙质胶结物，美国新墨西哥州，（+）；c.铁质胶结物，美国得克萨斯州，（+）；d.绿泥石胶结物，墨西哥，（-）

## 五、成分成熟度

成分成熟度是指碎屑物质在风化、搬运、沉积、成岩过程中，不稳定成分被分解，稳定成分被富集的程度。换言之，成分成熟度是碎屑岩在成分上接近最终产物的程度。目前，常用的成分成熟度判别标志有以下三种。

（1）Q/（F+R）值，值越大，成分成熟度越高。

（2）ZTR 指数（锆石、电气石、金红石三种稳定重矿物的含量之和在重矿物中的百分比），该指数越大，成分成熟度越高。

（3）单晶石英与多晶石英的比值、微斜长石与斜长石的比值、硅质岩屑与不稳定岩屑的比值。这些比值越大，成分成熟度越高。

成分成熟度反映了源区的风化程度、搬运过程以及成岩作用等，但它们对成分成熟度的影响程度不同。通常，源区的风化程度基本决定了最终沉积时的成分成熟度，而搬运过程对不稳定成分改造能力很弱（Garzanti，2016；胡修棉，2017），成岩作用可以使一些不稳定组分溶解。对现代河流砂的研究结果表明，不稳定矿物在搬运过程中含量基本不发生改变（图 6-10），也就是说成分成熟度主要还是取决于化学风化过程以及埋藏过程中的化学溶解（图 6-5）。

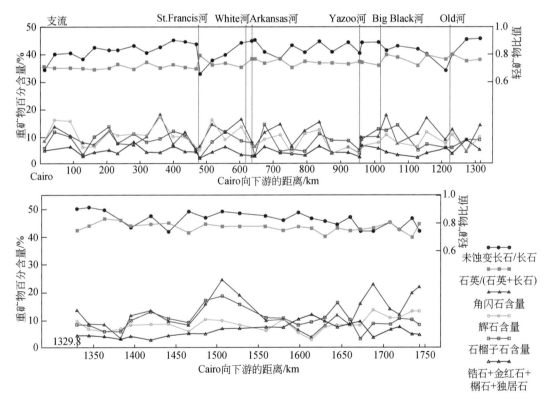

图 6-10 密西西比河下游河流砂矿物组成随搬运距离的变化（Russell，1937；转引自胡修棉，2017）

# 第三节　碎屑岩的结构

碎屑岩的结构是指碎屑岩组分的大小、形状等，以及组分之间的相互关系。碎屑岩的结构包括碎屑颗粒结构、杂基结构、胶结物结构和孔隙结构，以及它们之间的相互关系等。

碎屑岩的成因十分复杂，这些成因特点常常会在碎屑岩的结构上有所反映。因此，结构在碎屑岩的研究中除了作为鉴别、描述、分类命名的依据外，同时也是沉积成因分析的重要依据。

## 一、碎屑颗粒的结构

碎屑岩的颗粒结构主要包括碎屑颗粒的粒度、圆度、球度、表面结构、形状及其相互关系等。

### 1. 粒度

粒度指沉积岩或沉积物中颗粒的直径大小，常用粒级来表示。"砾、砂、粉砂、泥"中每个粒级都有一定的粒度变化范围，其划分标准，目前采用两种（表 6-3）：①自然粒级标准，mm 为单位；②$\Phi$ 值标准：$\Phi = -\log_2 D$，其中"$D$"是以毫米为单位的颗粒直径。

表 6-3　碎屑岩粒级表

| 国标划分方案（据 GB/T 17412.2—1998） | | 国际通用粒级划分方案 | | | |
|---|---|---|---|---|---|
| 颗粒直径 $D/$ mm | $\Phi$ 值 | 粒级划分 | | 颗粒直径 $D/$mm | $\Phi$ 值 |
| ≥ 128 | ≤ -7 | 巨砾 | 巨砾 | > 256 | < -8 |
| 128 ～ 32 | -7 ～ -5 | 粗砾 | 粗砾 | 256 ～ 64 | -8 ～ -6 |
| 32 ～ 8 | -5 ～ -3 | 中砾（砾） | 中砾 | 64 ～ 4 | -6 ～ -2 |
| 8 ～ 2 | -3 ～ -1 | 细砾 | 细砾 | 4 ～ 2 | -2 ～ -1 |
| 2 ～ 0.5 | -1 ～ 1 | 粗砂 | 极粗砂 | 2 ～ 1 | -1 ～ 0 |
| | | | 粗砂 | 1 ～ 0.5 | 0 ～ 1 |
| 0.5 ～ 0.25 | 1 ～ 2 | 中砂（砂） | 中砂 | 0.5 ～ 0.25 | 1 ～ 2 |
| 0.25 ～ 0.06 | 2 ～ 4 | 细砂 | 细砂 | 0.25 ～ 0.125 | 2 ～ 3 |
| | | | 极细砂 | 0.125 ～ 0.0625 | 3 ～ 4 |
| 0.06 ～ 0.03 | 4 ～ 5 | 粗粉砂 | 粗粉砂 | 0.0625 ～ 0.0312 | 4 ～ 5 |
| | | （粉砂） | 中粉砂 | 0.0312 ～ 0.0156 | 5 ～ 6 |
| 0.03 ～ 0.004 | 5 ～ 8 | 细粉砂 | 细粉砂 | 0.0156 ～ 0.0078 | 6 ～ 7 |
| | | | 极细粉砂 | 0.0078 ～ 0.0039 | 7 ～ 8 |
| < 0.004 | > 8 | 泥 | 黏土（泥） 黏土 | < 0.0039 | > 8 |

碎屑颗粒的外形是不规则的，显微镜下颗粒的粒径测量通常是测粒径外切矩形的两条边 $a$、$b$ 的长度（图 6-11），作为颗粒的长直径和短直径。野外工作中的测量，尤其是砾岩中砾石的粒径测量，通常采用线性值，即测量颗粒的外切椭球体的长、中、短轴长度作为砾石的三维直径粒径长度。同一个样品，研究目的不同，通常需要测量 10 ～ 300 组颗粒来排除偶然误差。

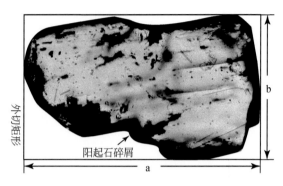

图 6-11　碎屑粒径的外切矩形测量法

关于碎屑的粒度分级，目前有着各种不同的划分方案。在国际上应用较广的是伍登 - 温特华斯（Udden-Wentworth）的方案，可以称之为 2 的几何级数制，即以 1mm 为基数，乘以 2 或除以 2 来进行分级（表 6-3）。国内主要采用的是国标 GB/T 17412.2—1998 的粒度分级方案（表 6-3）。需要注意的是，外国教材里说的 mud（中文翻译为泥）是指肉眼难以识别、粒径 < 0.063mm 的粉砂和黏土（clay），与国标中的"泥"是不同概念。

颗粒直径（$D$）与 $\Phi$ 值之间的关系：颗粒直径越大，$\Phi$ 值越小；颗粒直径小于 1mm 时，$\Phi$ 值为正值，颗粒直径大于 1mm 时，$\Phi$ 值为负值。用直径 $D$ 作为粒级标准好处是直接、易读；而用 $\Phi$ 值作为粒级划分标准的好处是，整数表示的粒级分界是等间距的，便于利用方格纸绘制粒度分析图表。

粒度参数如表 6-4 所示，而且其粒度大小的度量常常使用 $D$ 值。粒度中值（median grain size），简单地说就是累积曲线上颗粒含量 50% 处对应的值，不代表平均粒度，平均粒度可以用来反映粒度变化规律，且平均粒径只考虑累积曲线上第 16、第 50 和第 84 的粒度百分位数的粒径平均值。众数（mode）是指含量最高的粒级所对应的中点值。

表 6-4　常用的粒度参数计算公式（Folk and Ward，1957）

| 粒度参数 | Folk and Ward（1957） |
| --- | --- |
| 粒度中值 | $M_d = \Phi_{50}$ |
| 平均粒度 | $M = \dfrac{\Phi_{16} + \Phi_{50} + \Phi_{84}}{3}$ |
| 粒度分选 | $\sigma_\Phi = \dfrac{\Phi_{84} - \Phi_{16}}{4} + \dfrac{\Phi_{95} - \Phi_5}{6.6}$ |
| 粒度偏度 | $S_k = \dfrac{\Phi_{16} + \Phi_{84} - 2\Phi_{50}}{2(\Phi_{84} - \Phi_{16})} + \dfrac{\Phi_5 + \Phi_{95} - 2\Phi_{50}}{2(\Phi_{95} - \Phi_5)}$ |

根据粒度分析的结果，可绘制直方图、频率曲线和累积频率曲线（图 6-12、图 6-13）。粒径沿横坐标（$x$ 轴）从原点向外减小。直方图和频率曲线表示了每个颗粒粒级出现的频率，并且能直接反映粒度分布特征，尤其是能很直观地观察出粒度分布的单峰和双峰分布形式（图 6-12）。概率累积曲线能反映一个要比特定的颗粒粒度值大的百分比频率。最好在正

态概率纸上绘制概率累积曲线，如果其分布是正态分布，将会表现为直线，即高斯曲线，这是沉积岩通常出现的情况。从概率累积曲线中可以解读出粒度百分位数的分布，即与某一特殊的粒度百分位数相对应的粒度大小，所以，第 $n$ 个粒度百分样品的 $n\%$ 比该粒度粗。

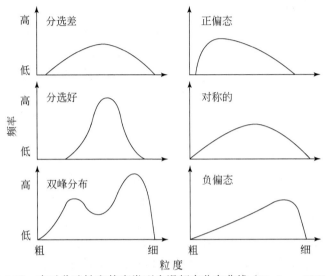

图 6-12　表示分选性和偏度类型光滑频率分布曲线（Tucker，2001）

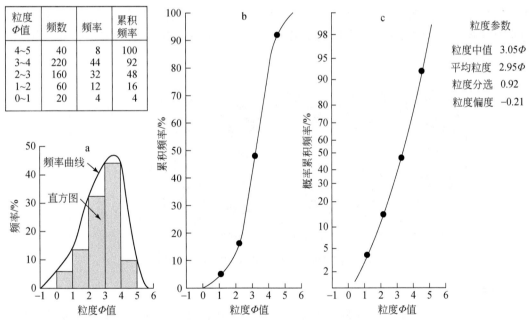

| 粒度 $\Phi$ 值 | 频数 | 频率 | 累积频率 |
|---|---|---|---|
| 4~5 | 40 | 8 | 100 |
| 3~4 | 220 | 44 | 92 |
| 2~3 | 160 | 32 | 48 |
| 1~2 | 60 | 12 | 16 |
| 0~1 | 20 | 4 | 4 |

粒度参数

粒度中值　3.05$\Phi$
平均粒度　2.95$\Phi$
粒度分选　0.92
粒度偏度　−0.21

图 6-13　粒度数据图表形式范例（砂岩中测量了 500 个颗粒粒度；Tucker，2001）
a. 直方图和频率曲线；b. 累积频率曲线；c. 概率值累积曲线

## 2. 圆度

颗粒的圆度是碎屑颗粒的原始棱角被磨圆的程度，是可以进行精确计算的指标，属于碎屑颗粒的重要结构特征之一。最大投影面上测量边界 $N$ 个内切圆半径（$r_i$），与最大内切圆半径（$R$）之比的平均值，定义为颗粒的圆度（$P$）（图 6-14）。

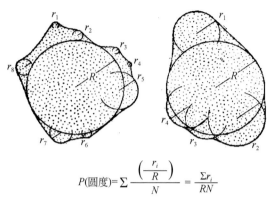

$$P(圆度) = \sum \frac{\left(\dfrac{r_i}{R}\right)}{N} = \frac{\Sigma r_i}{RN}$$

图 6-14　颗粒最大投影面上圆度的测量与计
算公式（Krumbein，1940）

在实际工作中，采用公式计算需要仔细测量与长时间的计算，所花时间太长不利于高效工作。因此，实践中，主要采用 Powers（1953）圆度标准图（图 6-15），通过比较样品和标准图的目测法来确定颗粒的大致圆度。

碎屑的圆度一方面取决于它在搬运过程中所受磨蚀作用的强度，另一方面也取决于碎屑本身的物理、化学性质以及它的原始形状、粒度等。具体来说，影响圆度的因素有：①搬运介质，风搬运比河流、冰川搬运使颗粒更磨圆；②搬运方式，呈滚动搬运的颗粒比悬浮搬运的颗粒易磨圆；③硬度小的颗粒比硬度大的颗粒易磨圆；④脆性的、解理发育的矿物难以磨圆；⑤粒度，大颗粒比小颗粒易磨圆，砾岩中圆度分级明显，砂岩次之，粉砂岩中几乎均呈棱角状。值得注意的是，Garzanti 等（2015）的最新研究显示，"河流搬运距离越大，砂的圆度越高"这种常识性认识是值得商榷的。根据 Garzenti 等（2015）对非洲 Orange 河现代河流砂的研究，颗粒的圆度在流水搬运过程中并没有什么变化，而在风力搬运时迅速磨圆。出现这种现象的原因可能是水介质搬运过程中颗粒间相互作用弱，而在风搬运过程中颗粒之间剧烈撞击，有利于磨圆。

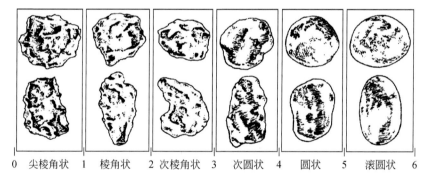

| 0 | 尖棱角状 | 1 | 棱角状 | 2 | 次棱角状 | 3 | 次圆状 | 4 | 圆状 | 5 | 滚圆状 | 6 |

图 6-15　圆度的形状与分级图（Powers，1953）

### 3. 球度

颗粒的球度是一个定量参数，用它来度量一个颗粒近于球体的程度，即球度 =（$C^2/AB$）$^{1/3}$（Sneed 和 Folk 1958 年提出），$A$、$B$ 和 $C$ 分别代表颗粒三个轴的长度。三个轴越接近相等，其球度越高；相反，片状和柱状颗粒的球度都很低（图 6-16）。

球度会影响碎屑颗粒的搬运过程。例如，在悬浮搬运组分中，球度小的片状颗粒最容易漂走，因此在细砂和粉砂甚至黏土岩层面上常聚集有较大片的云母碎屑或植物碎屑；而在滚动搬运中，则只有球度大的颗粒才最易于沿底床滚动而搬运得更远。

需要指出的是，球度与圆度是两个独立的定量化的粒度结构指标，二者不存在对应关系（图 6-16）。

### 4. 碎屑颗粒的表面结构

表面结构是碎屑颗粒表面的形态特征，一般主要观察表面的磨光程度与表面的刻蚀痕迹两个方面。在碎屑颗粒的表面常有各种磨光面、毛玻璃化和显微刻蚀痕迹等，称为表面结构。其成因主要与机械磨蚀作用、化学溶蚀作用、化学沉淀作用有关。常见的颗粒表面结构有毛玻璃表面（又称霜面）、沙漠漆、冰川擦痕，以及各种刻蚀痕和撞击痕等。

霜面似毛玻璃状，在反射光下看表面模糊并且不透明。一般认为霜面是沙丘石英砂粒的特征，因为它在风力搬运的沙漠沙丘的石英砂粒表面表现得最为明显。由此认为古代砂岩中

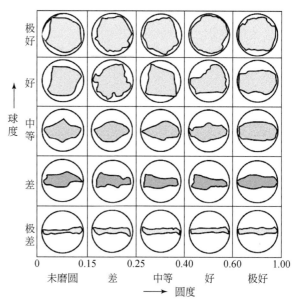

图 6-16　球度与圆度关系图（刘宝珺，1980）

颗粒表面的毛玻璃化是风成的成因标志。但也有人提出，引起毛玻璃化的主要因素是化学作用，在沙漠环境中溶解作用与沉淀作用交替进行从而形成了霜面，在这里风力仅起着次要作用。粗霜面（表面起伏大于 $25\mu m$）是磨蚀造成的；细霜面（表面起伏小于 $25\mu m$）则是化学作用造成的，和雨露、蒸发的干湿交替及其所造成的溶蚀、沉淀作用有关。除砂粒外，沙漠卵石也以具有霜面为重要特征。

磨光面是含大量细粒物质如细粉砂和泥的浑浊水流或风对石英等坚硬的碎屑进行磨蚀作用的结果，河流石英砂和海滩石英砂均具有这种表面特征。

沙漠漆是在颗粒表面通过化学沉淀形成的一层玻璃状或釉状的薄膜，其成分常为硅质、氧化铁或氧化锰。沙漠漆在干旱气候带最为常见。

刻蚀痕迹是由碰撞作用造成的，在冰川环境中可以形成擦痕砾石，这是在搬运过程中砾石被冰或坚硬的冰床基岩刻划造成的。性质较软的岩石，如灰岩砾石上常发育有清晰的擦痕。冰川擦痕的形态较复杂，典型的是窄而直或近乎平直的刻痕，而且痕迹清晰；其次是钉子形擦痕，形态是一端宽而深，向另一端则变得浅而窄；第三种是撞击痕，冰川作用的撞击痕显得很粗糙而且形态上是短而宽，还常呈雁行排列。这些痕迹组合起来可以是彼此呈平行的、近平行的、格子状的，或者是杂乱无章的，其中近平行的和杂乱无章的擦痕组合在冰川砾石中尤为常见。

流水成因的砾石的擦痕发育程度可能超过了冰川砾石，如新月状的擦痕就主要出现在高速流水或强浪的介质条件中。在较粗的冷沙漠沉积碎屑中，由于强风暴的磨蚀作用常会形成一种碟形坑状的撞击痕。水流搬运中的化学溶解作用常在颗粒表面留下痕迹，如在碳

酸盐岩砾石表面，由于溶解作用可以产生一些侵蚀洼坑，甚至能够形成微岩溶现象。

**5. 颗粒的接触关系**

在碎屑岩中，随着成岩作用的加强，颗粒支撑的碎屑颗粒的接触关系会逐渐发生变化：从悬浮状变化到点接触、线接触、凹凸状接触，直至缝合线状接触（图6-17）。这些接触关系与后面填隙物结构里的胶结类型以及支撑类型存在着很好的对应关系（刘宝珺，1980）。

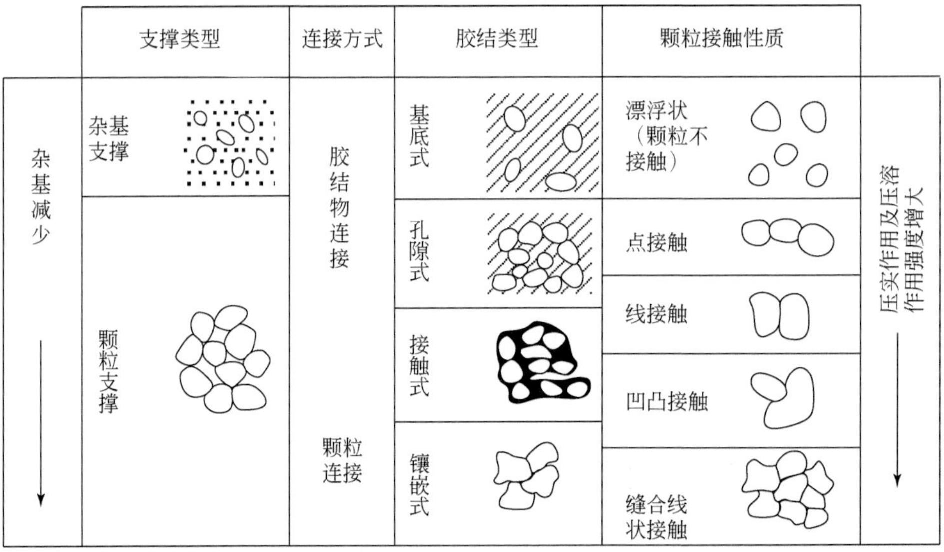

图6-17　颗粒支撑类型、胶结类型与接触类型的对应关系（刘宝珺，1980）

**6. 分选**

碎屑岩中碎屑颗粒大小均匀程度，称为分选。分选同样有重要的成因和环境指示意义。

根据 Folk 和 Ward 的计算公式（表6-4），分选可以描述为：① $\sigma_\phi < 0.35$ 分选很好；② $\sigma_\phi = 0.35 \sim 0.50$ 分选好；③ $\sigma_\phi = 0.50 \sim 0.71$ 分选中等偏好；④ $\sigma_\phi = 0.71 \sim 1.00$ 分选中等；⑤ $\sigma_\phi = 1.00 \sim 2.00$ 分选差；⑥ $\sigma_\phi > 2.00$ 分选极差。

分选研究中明显存在的问题是镜下薄片观察到的分选性要比岩石本身的分选性差。基于计算机模拟，Jerram（2001）开发了对于地质更具有现实意义的二维和三维视觉比较器（图6-18）。粒度分选的好坏，与碎屑类型、介质性质、搬运方式、搬运距离等因素有关。

## 二、填隙物的结构

碎屑岩的填隙物包括杂基和胶结物。它们的结构包括胶结物的结构、杂基的结构、胶结类型三种。

**1. 杂基的结构**

如果杂基含量很高，造成颗粒相互不接触并悬浮在杂基之中，则形成杂基支撑结构（图6-17、图6-19a）；反之，如若杂基含量不高，一般小于15%，造成颗粒相互接触，杂基充填在颗粒之间，则形成颗粒支撑结构（图6-17、图6-19b）。

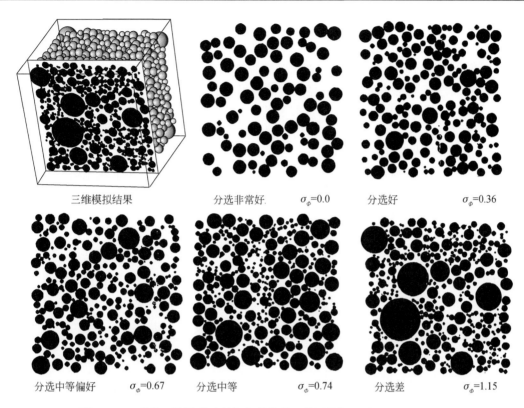

三维模拟结果 分选非常好 $\sigma_\phi=0.0$ 分选好 $\sigma_\phi=0.36$

分选中等偏好 $\sigma_\phi=0.67$ 分选中等 $\sigma_\phi=0.74$ 分选差 $\sigma_\phi=1.15$

图 6-18 显微镜下颗粒分选等级与数值的目估图像标准（Jerram，2001）

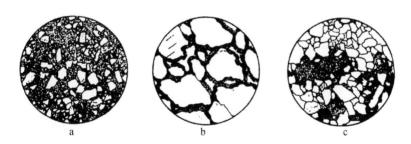

a b c

图 6-19 原杂基和似杂基结构特征素描图（朱筱敏，2008）

a.杂基支撑砂岩，杂基成分为黏土及灰泥，东濮濮深 3 井，沙四段，（-）；b.颗粒支撑砂岩，淀杂基，青海冷湖 3 井，
630m，（-）；c.压扁和压碎的假杂基，东濮卫城 20 井，2776.5m，（-）

依据成因的不同，杂基可分为原杂基和正杂基两种类型：

（1）原杂基是保留了原始沉积状态的杂基。主要是黏土质点及极细小的石英、长石和云母等混杂物质，在相应层位内分布均匀。代表了沉积物较差的分选性。

（2）正杂基是在成岩阶段有明显重结晶的原杂基，例如，泥晶白云石在成岩作用阶段重结晶成粉晶白云石。正杂基在含量和分布上继承了原杂基的特点，其差异在于重结晶作用明显，黏土物质多为显微鳞片结构或更粗，在高倍偏光显微镜下通常可识别出矿物类型。

原杂基和正杂基都可以作为沉积环境分析的重要依据。但在碎屑岩中还可见到一些与杂基极为相似，却并非原始机械成因的细粒组分，称为似杂基（图6-19b、c）。似杂基不能反映沉积介质的流动特点。常见的似杂基有假杂基、淀杂基和外杂基。

（1）假杂基。假杂基是软碎屑经压实碎裂形成的类似杂基的填隙物，泥质碎屑、灰质碎屑、盆内碎屑、火山岩屑等易形成假杂基。

（2）淀杂基。淀杂基是在成岩作用过程中从孔隙水中析出的黏土矿物胶结物，在碎屑颗粒周围呈栉壳状或薄膜状分布。

（3）外杂基。外杂基指碎屑沉积物堆积后，在成岩后生期或表生期充填于粒间孔隙中的外来细粉砂和黏土物质。外杂基在岩石中分布不均匀，不受层理控制，是多矿物质的，常表现出污浊、透明度差的特点。

**2. 胶结物的结构**

胶结物的结构是指胶结物的结晶程度、晶粒大小和生长方式等。按晶粒大小，胶结物可分为非晶质结构、隐晶质结构和显晶粒状结构（表6-5）。其中，显晶粒状结构含有粒状结构、嵌晶结构、带状结构、栉状结构和再生结构等以下五种结构（图6-20）。

表6-5　碎屑岩胶结物结构表

| 胶结物结构 | 晶粒大小 | 正交镜下的特征 | 胶结物成分 |
|---|---|---|---|
| 非晶质结构（玻璃质） | 未结晶 | 全消光（光性均质体） | 蛋白石、火山玻璃、铁质等 |
| 隐晶质结构 | < 0.001mm | 微弱光性，晶粒界线模糊 | 玉髓、隐晶质磷酸盐、碳酸盐、胶磷矿等 |
| 显晶粒状结构 | > 0.001mm | 光性明显，晶粒界线清楚 | 碳酸盐等 |

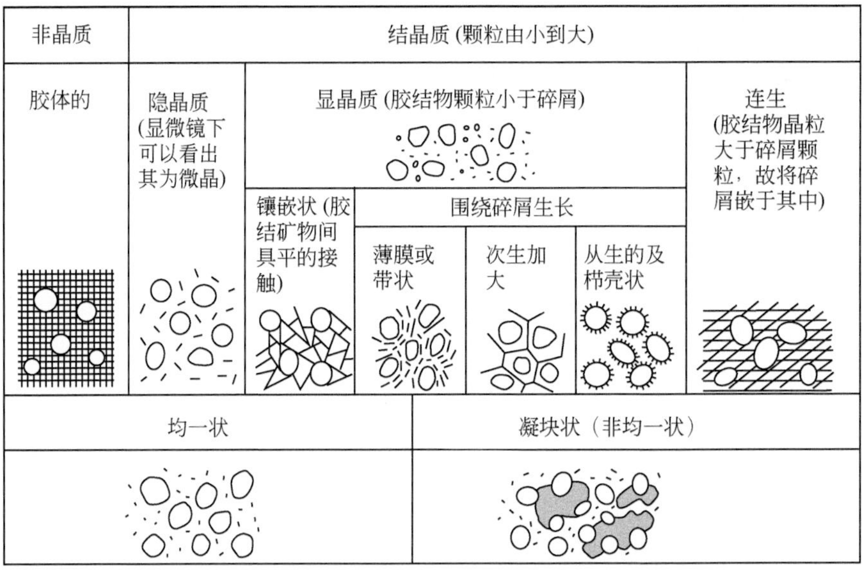

图6-20　胶结物及其胶结类型图（刘宝珺，1980）

（1）粒状（镶嵌）结构。胶结物粒状，小于碎屑，散布碎屑间。

（2）嵌晶（连生）结构。指胶结物晶体大于碎屑颗粒，往往将几个碎屑颗粒包含在一个晶体之内，如漂浮状。嵌晶结构多是成岩与后生阶段重结晶作用的产物。

（3）带状（薄膜状）结构。胶结物晶粒板片状，平行环绕碎屑颗粒呈带状分布，如黏土膜。

（4）栉状（丛生）结构。胶结物呈纤维状或细柱状垂直碎屑表面生长时，称丛生状胶结。

（5）再生（次生加大）结构。常见自生石英胶结物沿碎屑石英边缘呈加大边，两者光性方位是大体一致的。在单偏光下，借助于原碎屑颗粒边缘的黏土薄膜可以辨别出原始碎屑的轮廓。也常见长石和方解石的次生加大胶结结构。良好的次生加大胶结形成于成岩阶段或后生阶段。

**3. 胶结类型**

按颗粒和填隙物的相对含量，胶结类型可以分为基底式胶结、孔隙式胶结、接触式胶结和镶嵌式胶结（图 6-17）。

（1）基底式胶结。填隙物含量较多，碎屑颗粒在其中互不接触呈漂浮状，填隙物主要为原杂基或由之转变成的正杂基。因为该胶结类型一般代表着高密度流快速堆积、分选较差的沉积特征，加之杂基含量高，所以储层质量较差。基底胶结实际上可称为杂基支撑结构，它形成于沉积同生期，系粗细沉积物同时快速沉积而成。

（2）孔隙式胶结。孔隙式胶结是最常见的一种颗粒支撑结构，碎屑颗粒构成支架状，颗粒之间多呈点状接触。胶结物含量较少，充填在碎屑颗粒之间的孔隙中，它们是成岩期或后生期的化学沉淀产物。由于该胶结类型反映了稳定水流沉积作用和波浪淘洗作用，加之胶结物含量较少，所以油气储层质量较好。

（3）接触式胶结。接触式胶结是颗粒支撑结构的一种类型，颗粒之间呈点接触或线接触，胶结物含量很少，仅分布于碎屑颗粒相互接触的地方。这种胶结方式只在比较特殊的条件下才能产生。它可能是干旱气候带的砂层，因毛细管作用，溶液沿颗粒间细缝流动并发生沉淀作用形成的；或者是原来的孔隙式胶结物经地下水淋滤改造作用而形成的，具有良好的储层质量。

（4）镶嵌式胶结。在成岩期的压固作用下，特别是当压溶作用明显时，砂质沉积物中的碎屑颗粒会更紧密地接触。颗粒之间由点接触发展为线接触、凹凸接触，甚至形成缝合状接触。这种颗粒直接接触构成的镶嵌式胶结，有时不能将碎屑与其硅质胶结物区分开，看起来像是没有胶结物，因此，有人称之为无胶结物式胶结，储层质量较差。

## 三、孔隙的结构

碎屑岩的沉积阶段会形成大量的粒间孔隙，如现代河流砂中孔隙度可达 35%～40%。这些孔隙在后期可能被杂基或胶结物所充填。在成岩作用阶段由于压裂、压溶等作用，会形成次生孔隙。碎屑岩的孔隙是油气的主要储集空间。因此，碎屑岩的孔隙及其结构分析是油气储层研究中必不可少的部分。

根据形成阶段的不同，孔隙可以分为原生孔隙和次生孔隙两类（图 6-21）。

原生孔隙主要是粒间孔隙，即碎屑颗粒原始格架间的孔隙（图 6-21a）。原生的孔隙度和渗透率与碎屑颗粒的粒度、形状、分选性、球度、圆度和填集性质有关。沉积水动力较强的、分选好的砂岩比分选差的杂砂岩的孔隙度和渗透率都要高。此外，颗粒的方向也有很大的影响，如在河床砂岩中，由于砂粒定向、平行于砂体的长轴方向排列，使此方向的渗透性变好。

次生孔隙（图 6-21b）绝大多数都形成于成岩中期之后及后生期，一般都是岩石组分发生溶解作用的结果，也包括岩石因破碎或收缩作用而形成的裂缝。在埋藏成岩过程中，性质不稳定的组分，如碳酸盐、硫酸盐和氯化物矿物比较易于发生溶解作用而产生次生孔隙。一些难溶的硅酸盐矿物（如长石、火山灰物质等），则可能于成岩早期先被易溶矿物所交代（如沸石），然后再发生溶解并产生次生的孔隙；或者在温度、压力升高及适应的成岩介质作用下，可能直接发生溶蚀或溶解，形成砂岩中的次生孔隙。

近年来油田研究表明，相比于原生孔隙，次生孔隙是重要的油气储集空间。研究孔隙的结构，除了研究其成因外，还要关注其孔隙大小、形状、喉道以及分布特征。

图 6-21　铸体薄片中的孔隙分布（胡文瑄提供）

a. 粒间原生孔隙，塔里木盆地 TZ47 井 4991.88m 处的中粒石英砂岩，孔隙度 15.82%，面孔率 12.2%；b. 钠长石化过程的次生长石溶孔和粒间原生孔隙，准噶尔盆地北 16 井 2118.50m 处的粗－中粒岩屑长石砂岩，孔隙度 20.48%，面孔率 4%

## 四、结构成熟度

结构成熟度的概念最早由 Folk（1951）提出，指碎屑岩在结构上接近最终产物的程度。碎屑物质在风化、搬运、沉积、成岩等过程中不断被改造，碎屑岩结构演化的总趋势是：随着搬运、埋藏、成岩作用等过程进行，碎屑岩体系从外部体系获得的能量越来越高，这些能量作用于碎屑体系之中，导致泥质等杂基逐渐减少、颗粒分选性逐渐变好、颗粒的磨圆度也逐步提高（图 6-22）。即杂基含量越少、碎屑颗粒的分选性越好、碎屑颗粒的磨圆度越高，则碎屑岩的结构成熟度越高。可以采用杂基含量、碎屑颗粒的分选性、碎屑颗粒的磨圆度等参数对结构成熟度进行半定量化约束。

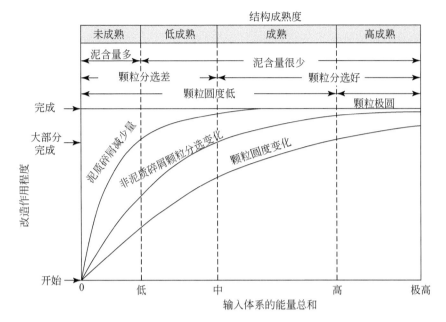

图 6-22 结构成熟度分类图，反映结构成熟度与输入沉积体系能量的关系（Folk，1951）

# 第四节 砾岩和角砾岩

## 一、概述

砾岩和角砾岩是指砾级（直径＞2mm）碎屑的含量大于 30% 的粗碎屑岩。也有学者认为沉积岩中砾石碎屑含量达到 50% 才能称作砾岩。为与碎屑岩三级命名法原则保持一致，本教材推荐使用 Willams 等 1982 年的定义。砾岩和角砾岩合称为粗碎屑岩。

砾岩和角砾岩主要由粗大的碎屑颗粒——砾石和角砾组成。作为填隙物质的杂基在砾岩中较为常见，通常为细砂、粉砂和黏土物质，属于粗粒碎屑同时或大致同时沉积的产物。胶结物常多为钙质、泥质、硅质和铁质，这部分常是成岩期生成的。

粗碎屑岩具有以下特征：①首先，碎屑成分主要是岩屑而不是矿物碎屑，岩屑类型及粒度与母岩区岩性和搬运距离有关，不稳定组分含量高，成分成熟度低；②其次，砾岩层中常见大型交错层理和递变层理等沉积构造；③再次，砾石的排列常有较强的规律性，即最大扁平面常向源倾斜，彼此叠覆，呈叠瓦状构造；④最后，砾岩与角砾岩具有多种成因，分布广泛，可以在从深海到陆表几乎所有的沉积环境里出现，多数是呈夹层、薄层或透镜体产出。

粗粒碎屑的性质主要取决于母岩的性质，而且一般搬运距离不远，故研究砾岩的成分有助于追溯物源。由于砾岩的碎屑粒径粗大，可以直接在野外或岩心上度量它的大小，也可详细地观察和描述其外形和表面特征并统计它们的物质组成，测定扁平的或伸长的砾石在空间的产状恢复古水流方向等。

砾岩和角砾岩的研究在地质理论和实际工作中都具有很大意义。例如：

（1）砾岩和角砾岩常形成于强烈构造运动后期，它的大面积出现常与侵蚀面相伴生，因此，在地层学上常作为沉积间断的标志和划分地层的依据。

（2）砾岩和角砾岩的形成常与地壳运动有密切关系，而角砾岩的形成往往具有特定的成因意义，故对它的研究有助于了解地质发展历史，如地壳运动情况、古气候条件及冰川的存在等。

（3）在古地理的研究中，砾岩和角砾岩起着极为重要的作用。例如，根据砾岩的分布，可以了解古海（湖）岸线的位置、古河床的分布、古造山带的边界分布；砾石的定向测量，可以重建古水流方向；根据砾岩和角砾岩的成分，可以直接推测陆源区的属性和母岩成分。

（4）砾岩还具有很大实际意义。砾岩和角砾岩本身就是矿产，如未胶结的疏松砾石可作路面石料及水泥拌料；紧密胶结的砾岩可作建筑材料。此外，在砾岩和角砾岩的杂基中，有时可含有金、铂、锡石和金刚石等有用矿产；未胶结或中等胶结的砾岩常常是含水层；在有些情况下，也可含有石油和天然气。随着砂岩油藏勘探程度趋向成熟，砾岩油藏的勘探越来越受到重视，在我国东部断陷湖盆陡坡带、新疆玛湖等地都发现了具有良好油气前景的砾岩和角砾岩油藏。

## 二、砾岩和角砾岩的分类

粗碎屑岩可以根据各种特征进行分类。目前至少有六种不同的分类方案，即可以根据砾石的圆度、大小、成分及砾岩在剖面中位置、砾岩的形成时间、砾岩的地质成因进行分类。

### 1. 根据砾石圆度的分类

根据砾石的圆度可以分为砾岩和角砾岩两个基本大类：①砾岩（图 6-23a），圆状和次圆状砾石含量占所有砾石含量的比值＞50%；②角砾岩（图 6-23b），棱角状和次棱角状砾石含量占所有砾石含量的比值＞50%。

图 6-23 砾岩与角砾岩野外照片

a. 次圆状的砾岩，第四系雨花台组，江苏南京；b. 棱角状的火山角砾岩，下白垩统则弄群，西藏申扎

值得注意的是，磨圆的砾岩一般都是经过了沉积作用形成的；角砾岩除了沉积成因的以外，还可以由构造作用（如断层角砾岩）、火山作用（如火山角砾岩）、化学作用（如膏溶角砾岩）、冲击作用（冲击角砾岩）和垮塌作用（如滑塌角砾岩）等形成。

**2. 根据砾石大小分类**

根据砾石的大小，可把砾岩分为四类：

（1）细砾岩：砾石直径为 2 ～ 10mm。

（2）中砾岩：砾石直径为 1 ～ 10cm。

（3）粗砾岩：砾石直径为 10 ～ 100cm。

（4）巨砾岩：砾石直径＞ 100cm。

遇到岩石中碎屑颗粒大小不一致时，可采用三级命名法对其命名。如某砾岩中，细砾石 78%，中砾石 18%，粗砾 4%。按三级命名原则命名为：含中砾细砾岩。

**3. 根据砾石成分的分类**

根据砾石的成分，划分为以下两种。

（1）单成分砾岩。砾石成分较单一，同种成分的砾石占 75% 以上（图 6-24a）。砾石通常为磨圆度好及稳定性高的组分，代表改造作用比较彻底的产物。这一类砾岩一般分布于地形平缓的滨岸地带。

然而，在有些情况下，侵蚀区不坚固的岩石（如灰岩）遭受破碎，就地堆积或短距离搬运快速堆积，也可形成单成分砾岩。如由灰岩碎屑组成的近岸陡崖堆积、在坡脚下的堆积，以及生物礁旁的堆积，皆可形成成分单一的灰岩质角砾岩（姜在兴，2003）。

（2）复成分砾岩。砾石成分复杂，存在多种成分的砾石，而且任何一种类型的砾石都不超过 50%（图 6-24b）。分选不好，磨圆度不高，为母岩迅速破坏和迅速堆积的产物。这一类砾岩一般分布于河道、山麓、裂谷等陡峭地区或复杂源区周边。

图 6-24　砾岩野外照片

a. 硅质砾岩，第四系雨花台组，江苏南京；b. 复成分砾岩，下白垩统砾岩，西藏色林错东北

应当指出，砾石成分在一定程度上可以反映其生成条件，如洪积和河成砾岩的砾石成分大多比较复杂，（缓坡带）海湖滨岸砾岩的砾石成分大多比较简单。除此之外，它还取决于来源区的母岩性质。因此沉积学研究中常常统计砾石成分来获取其生成条件以及源区母岩特征。

**4. 根据砾岩在剖面中位置的分类**

根据砾岩在地质剖面中的位置，即砾岩与相邻岩层的接触关系，可以把砾岩分为以下三类：

（1）底砾岩（图6-25a）。需要满足两个条件：其一，位于假整合或不整合构造面之上，代表着新的构造运动的开始，为海进开始阶段的产物；其二，底砾石的成分简单，稳定性高的坚硬岩石较多，磨圆度和分选性好，无杂基。

（2）层间砾岩（图6-25b）。指整合地夹于其他岩层之间的砾岩层，与下伏地层同属于连续沉积。在其砾石成分中可有或多或少软的不稳定岩屑，如灰岩、黏土岩及弱胶结的粉砂岩等岩屑，磨圆度差，杂基成分复杂；通常是当地岩石边冲刷、边沉积的破坏产物。

（3）层内砾岩（图6-25c）。指该岩层在准同生期尚处在半固结状态时，经侵蚀破碎和再沉积而成的砾石沉积物，再经成岩作用而成的砾岩。确切地讲应属于内碎屑，故又称为同生砾岩。这种砾岩的砾石成分单一，未经搬运或搬运距离很短，只有轻微磨损，并一般限于单一的干燥气候条件下的冲积环境和海滩（湖滨）环境中，厚度通常很小，几厘米到1～2m。风暴砾岩、砂岩内的泥页岩砾石等均属于这一类。

图6-25　砾岩照片

a. 底砾岩，新疆塔里木TZ4井石炭系（来自百度图片）；b. 层间砾岩，第四系雨花台组，江苏南京；c. 层内砾岩，风暴砾岩（来自百度图片）

**5. 按形成时间的分类**

按形成时间的先后顺序可以分为：源区残留下来的残积角砾岩、搬运后沉积而成的沉积砾岩、成岩作用同期形成的同生砾岩/角砾岩或滑塌砾岩、成岩后生形成的岩（盐）溶角砾岩等（曾允孚和夏文杰，1986）（表6-6）。其中同沉积的砾岩又可以进一步分为正砾岩与副砾岩。

（1）正砾岩是由陆源砾石组成的，杂基含量小于15%的砾岩。一般形成于高速的水流或强烈的波浪条件下。根据其稳定组分含量可分两种：①石英岩质砾岩，为单成分砾岩，砾级碎屑主要成分是石英岩屑、燧石和脉石英。砾石磨圆和分选好，多呈透镜体状或呈夹层出现。常为底砾岩。见于海滩、湖滨。②岩块砾岩，指砾级碎屑的稳定组分含量小于90%的一类正砾岩。常见复成分砾岩，复成分砾岩中各种砾石成分的含量都不超过50%。也可以是单成分的（如灰岩砾岩、花岗岩砾岩）。多数都是山前冲积成因的，冲积扇、网状河和蛇曲河都有，也有深水成因的如碎屑流砾岩。

（2）副砾岩是重力流沉积的产物，由陆源砾石组成的、杂基含量大于15%的一类砾岩。

**表 6-6　按形成时间及杂基数量的砾岩分类表**（曾允孚和夏文杰，1986）

| 残积的 | 残积角砾岩、倒石堆 | | |
|---|---|---|---|
| 沉积的 | 正砾岩<br>（杂基＜15%） | 稳定组分＞90% | 石英岩质砾岩 |
| | | 稳定组分＜90% | 岩块砾岩（如灰岩砾岩，花岗岩砾岩） |
| | 副砾岩<br>（杂基＞15%） | 纹层的基质 | 纹层状的砾质泥岩 |
| | | 非纹层基质 | 冰碛砾岩，泥石流砾岩 |
| 同生的 | 同生砾岩和角砾岩 | | |
| | 滑塌砾岩 | | |
| 成岩后生 | 岩溶角砾岩，盐溶角砾岩，膏溶角砾岩 | | |

### 6. 根据成因进行分类

（1）滨岸砾岩。在海或湖的滨岸地带，经海浪（或湖浪）长期改造而成的砾岩称滨岸砾岩（图 6-26a）。其特点是：①砾石成分较单一，稳定组分为主；②分选性好，在直方图上显示为一个突出的主峰；③磨圆度极好；④偶含滨海的生物化石碎片；⑤砾岩体成层性好，横向分布稳定，呈席状延伸；⑥在海侵层位中，常是底砾岩的开始部分；⑦扁平对称的砾石常见，砾石最大扁平面倾向海洋或湖泊，倾角一般 7°～8°；砾石长轴（即 A 轴）与海（湖）岸线近于平行。

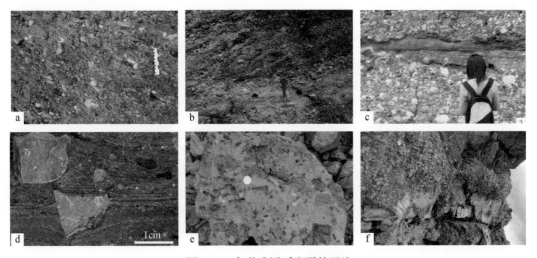

图 6-26　各种成因砾岩野外照片

a. 滨岸砾岩，下白垩统多尼组，西藏班戈；b. 河成砾岩，第四系雨花台组，江苏南京；c. 洪积砾岩，第四系雨花台组，江苏南京鬼脸城；d. 冰川角砾岩，台湾自然科学博物馆（洪誌橋拍摄）；e. 膏溶角砾岩，上三叠统东马鞍山组，安徽巢湖；f. 海底扇砾岩，上白垩统昂仁组，西藏日喀则

（2）河成砾岩。在河床（流）中特别是上、中游河床（流）中形成的砾岩统称河成砾岩（图 6-26b）。其特征表现为：①砾石成分复杂，不稳定组分较多，杂基中砂级碎屑比例较多；②砾径变化与搬运距离有关，分选差；③最大扁平砾石面向源倾斜，倾角

15º～30º，长轴大部分与水流方向垂直；④河成砾岩中化石少见，仅偶见硅化木；⑤河床沉积的底部呈透镜体产出，侵蚀切割下伏岩层形成不平坦的冲刷面。

（3）洪积砾岩。在山区河流进入山前平原的洪积扇环境中形成的砾岩称为洪积砾岩（图6-26c）。其特征是：①砾石成分复杂，不稳定组分多，杂基泥质多；②砾石较粗大，分选差，磨圆度低－好；③砾石定向性不明显；④砾岩沿山麓分布，厚度巨大，可达几千米，岩体在剖面中多呈透镜状和楔状体。

（4）冰川角砾岩。冰川角砾岩即砾石含量大于50%的冰碛岩（图6-26d）。这类砾岩的特点表现为：①成分复杂，常见新鲜的不稳定组分，有时砂泥含量多；②分选极差，直方图上呈现多峰，砾石多呈棱角状，有些碎屑常见几个磨平面，从而使角砾岩形状极为特征，砾石表面常有丁字形擦痕；③无层理，多块状，砾石排列紊乱，最大扁平面的倾角大，甚至直立；④多呈岗垅状，与滨海（湖）砾岩相比，具有较多细粒填隙物。

（5）滑塌角砾岩。滑塌角砾岩是分布在地形陡峻地区的边界地带，由于某种地质营力作用发生崩塌形成的一种砾岩。可以发育在陆上或水下。其特点是：①角砾和磨圆砾石同时存在；②分选差，大小极不一致；③厚度变化大，常呈透镜状产出；④分布局限。

（6）岩（盐）溶角砾岩。岩（盐）溶角砾岩（图6-26e）的形成与下伏岩层（碳酸盐岩、石膏、石盐等）被溶解导致上覆岩层发生坍塌有关。主要有以下特征：①角砾通常为板状碎片及各种大小不一的碳酸盐岩块，杂基仍是碳酸盐质的或是风化的红土物质；②角砾呈高度棱角状，无分选，成分单一；碎屑与杂基之间的区分不清楚；③多溶洞、溶沟及溶孔，多块状层理；④厚度变化大，分布有限，但层位固定。

（7）海底扇水道砾岩。海底扇水道砾岩是指河道砾石、滨岸砾石、扇三角洲砾石等通过浊流或碎屑流等重力流二次搬运至深海或深湖的坡底快速沉积而成的砾岩（图6-26f）。其特征表现为：①与浊积岩伴生；②磨圆好－差、分选差；③成分复杂；④含海相化石；⑤透镜体状展布；⑥侵蚀界面；⑦沉积于海底峡谷系统；⑧重力流（碎屑流）沉积。

## 三、砾岩常用研究方法

砾岩的研究方法有野外和室内之分，但应强调野外阶段的研究，因为砾岩通常根据外貌就能很好地识别。野外研究工作主要应注意以下几个方面。

（1）粒度和分选。确定岩石粒度的方法很多，最简便的办法是无选择地测定100个以上砾石的长轴或中轴，并统计各粒级的百分含量，求出长轴或中轴的平均值和分选系数。

（2）砾石成分。鉴定砾石成分并统计各种成分的百分数，最好按不同粒级分别统计，然后找出砾石成分在剖面上的变化规律。

（3）砾石的磨圆度、球度及表面特征。这些结构特征是重要的成因标志，它们可给砾岩的成因与沉积环境判断提供资料。

（4）杂基的成分结构特点、胶结物的成分和胶结类型以及它们与砾石的相对含量。为了较精确地鉴定填隙物质的成分，可以采集典型标本制备薄片。

（5）构造特点。如切割－充填构造、层理和砾石倾斜方向。尤其要注意砾石的排列性质和排列方向，并作定向测量，多次（100～150次）测定砾石最大扁平面的倾向和倾角；并测量地层产状，然后用吴氏网校正测量数据；最后，将测量数据表示在玫瑰图上。查明砾石定向的规律常可推断出有关砾岩生成环境（主要是古水流方向）的重要结论。

（6）砾石层的产状与其他岩层的关系，以及在平面上分布情况。这一特征有助于判断沉积环境，如洪积砾岩沿山麓呈扇形（或带状）分布，冲积砾岩在平面上常呈线状分布，海成砾岩呈不平坦的席状产出。

室内研究一方面是野外工作的补充完善，另一方面有自己独特的特点与应用。室内研究方法很多，如砾石的成分分析、薄片鉴定、砾石中碎屑重矿物分析等。依据研究工作的需要而选择相应的方法来展开其中一项或多项研究。

# 第五节　砂　　岩

## 一、概述

砂级（2～0.0625mm）碎屑颗粒含量大于50%的陆源碎屑岩称为砂岩。在碎屑岩中，砂岩的分布范围很广，分布面积仅次于泥岩类。砂岩也是最主要的油气储存场所之一，世界上已发现的油气田中，以砂岩作为储集层的油田占一半以上，我国已发现的油气田储集层大多数为砂岩类型。

砂岩的碎屑颗粒主要为石英、长石及各种岩屑，含少量重矿物及其他碎屑，其杂基为<0.03mm的黏土矿物以及石英、长石碎片等，胶结物多为钙质、硅质和铁质等。砂岩的粒度、分选性、圆度等变化较大，均与其形成环境有关，结构成熟度通常与成分成熟度一致。

## 二、砂岩的分类

砂岩的分类主要依据粒度、成分两种分类方案。

### 1. 砂岩粒度分类

根据50%以上碎屑颗粒的粒度大小，可以将砂岩分为巨粒砂岩、粗粒砂岩、中粒砂岩、细粒砂岩和微粒砂岩五种（表6-7）。

表 6-7　砂岩粒度分类表

| 分类 | 粒度 | |
|---|---|---|
| | 直径 $D$/mm | $\Phi$ 值 |
| 极粗粒砂岩 | 2～1 | -1～0 |
| 粗粒砂岩 | 1～0.5 | 0～1 |
| 中粒砂岩 | 0.5～0.25 | 1～2 |
| 细粒砂岩 | 0.25～0.125 | 2～3 |
| 微粒砂岩 | 0.125～0.0625 | 3～4 |

**2. 砂岩成分分类**

从岩相学的薄片技术发明以来的 100 多年里，沉积岩石学在 20 世纪上半叶得到了很好的发展，自 1904 年葛利普（Grabau）提出第一个砂岩成分分类方案以来，砂岩成分分类方案的文章在 1940 ~ 1960 年呈爆发式生长（Garzanti and Andò，2019）。至今存在的砂岩成分分类方案多达 50 余种（姜在兴，2003）。这些成分分类方案的差异在于：①黏土杂基（基质）的处理；②端元组分的选择、组合方式及成因解释；③三角图的形式及其划分（各组分的分界点和命名）；④辅助三角图的采用及关于硬砂岩、砂屑岩等概念的使用等。

三角形图解是国内外砂岩分类普遍采用的形式。就分类依据的组分而言，可大致分为三组分和四组分两种体系。国际上目前普遍采用四组分法进行砂岩的分类。三组分体系主要是根据砂岩的不种砂级碎屑组分——石英、长石及岩屑，对砂岩进行分类，如克里宁（Krynine，1941 年，1948 年）、福克（Folk，1954 年，1974 年）和 Garzanti（2016 年）等分类方案。影响力比较大的分类方案有：

1）福克的砂岩分类（三组分分类）

三组分分类体系是采用石英、长石、岩屑三种主要碎屑组分作为端元，对砂岩进行分类。Krynine（1948）最先提出这种分类方法，福克（Folk）随后于 1954 年和 1974 年进一步发展并简化，而且考虑到成岩作用对岩屑和长石的改造、溶蚀，将分类的界线放在 25%，最终形成现在中国沉积学教材普遍采用的 7 类砂岩的分类方案（图 6-27）。

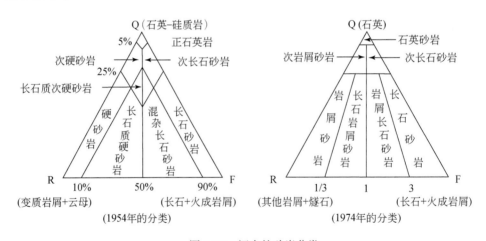

图 6-27 福克的砂岩分类

2）裴蒂庄的砂岩分类方案（四组分分类）

裴蒂庄（F. J. Pettijohn）于 1975 年提出并完善的四组分体系除了考虑碎屑成分外，还把黏土杂基作为一个组分，引入到砂岩分类中来，经过多年发展完善后，最终形成国际上比较通用的分类方案（图 6-28）。

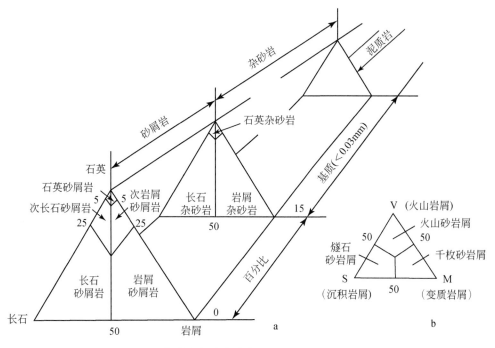

图 6-28　裴蒂庄的砂岩分类图（Pettijohn，1975）

a. 基本分类；b. 岩屑砂岩的次级分类

3）Garzanti 分类方案

Garzanti（2016）认为 Crook（1960）提出的三组分的分类方法在逻辑上更简单，也最为合理，容易让人接受。Garzanti 和 Andò（2019）主张这些端元组分需要通过 Gazzi-Dickinson 统计法来获得，并最终优化分为 15 个砂岩大类（Garzanti，2016）。考虑到学习的便利性，将其中 6 类合并到相邻分类中，并最终形成图 6-29 修改版的 Garzanti 砂岩分类方案。

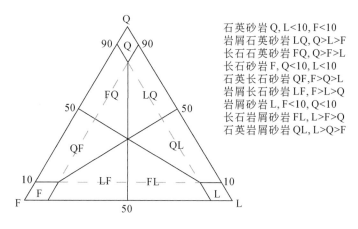

石英砂岩 Q，L<10，F<10
岩屑石英砂岩 LQ，Q>L>F
长石石英砂岩 FQ，Q>F>L
长石砂岩 F，Q<10，L<10
石英长石砂岩 QF，F>Q>L
岩屑长石砂岩 LF，F>L>Q
岩屑砂岩 L，F<10，Q<10
长石岩屑砂岩 FL，L>F>Q
石英岩屑砂岩 QL，L>Q>F

图 6-29　Garzanti 的简化分类三角图（Garzanti，2016；有修改）

Q. 石英（包括单晶石英和多晶石英）；F. 长石（包括钾长石和斜长石）；L. 岩屑

相比于福克的分类方案，Garzanti 砂岩分类方案的优势表现为，这一方案在手标本和薄片中不需要具体统计含量投图，只需要比较三端元之间的大小关系、含量是否过半等就可以直接快速而准确地进行定名。福克分类方案由于估算端元的含量不准、投图不方便等原因，导致砂岩野外的定名和薄片下的定名常常不一致，甚至偏离很大；而 Garzanti 砂岩分类方案下的野外与室内定名准确度极高且一致。因此，对于非沉积专业的地质学工作者以及初学者而言，这一分类方案具有简单易懂、便于操作等优势；此外，将来实现信息数字化以及实现砂岩的人工智能鉴定而言，Garzanti 方案同样具有运算简洁，易于编程实现等优势。

4）国内教材常见的砂岩分类方案

半个世纪以来，中国学者编写沉积岩石学教材时，在借鉴国外相关经验的同时也提出了富有建设性的三端元分类方案。中国学者多数是比较认可 Crook（1960）提出的 QFL三组分主张，即火成岩岩屑归并到 L（岩屑）端元，长石 F 端元只包括斜长石碎屑和钾长石碎屑；而且同意将杂基作为分类依据，杂基含量 15% 为界线分为净砂岩和杂砂岩两大类（Pettijohn，1975）。国内学者的砂岩分类方案里，影响比较大并传承下来的主要有两种，即北京石油学院矿物岩石教研室在 1965 年提出来，朱筱敏（2008）继承并完善的 10 种基本类型的砂岩分类方案（图 6-30a）和武汉地质学院的余素玉和何镜宇（1989）最早提出的 8 种基本类型的砂岩分类方案（图 6-30b）。中国石油大学（北京）砂岩分类方案在石油院校和石油工业影响与使用比较广泛；而中国地质大学砂岩分类方案在冯增昭（1992）《沉积岩石学》（第二版）引进这一分类方案时，将石英砂岩的石英含量下限从 95% 调整为 90%，其后这一分类图解被赵澄林和朱筱敏（2001）《沉积岩石学》（第三版）以及于炳松和梅冥相（2016）《沉积岩岩石学》等教材采用。

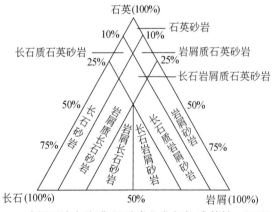
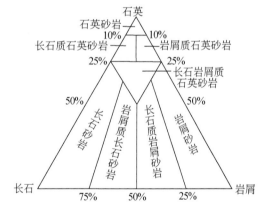

a. 中国石油大学(北京)砂岩分类方案(朱筱敏，2008)　　b. 中国地质大学砂岩分类方案(冯增昭，1992)

图 6-30　中国沉积岩石学教材常用的砂岩分类三角图

5）本书分类方案

Folk（1980）认为最完美的且无可争议的砂岩分类方案是不存在的，以前不存在，现在和将来也可能不存在。具体来说，前文介绍的这些国内外影响力比较大并仍在采用的砂岩分类方案里，现今流行的国内外沉积岩石学教材大多认可裴蒂庄净砂岩与杂砂岩的分类思想，但是还存在两处比较大的争议：①对于三角图解的 QFL 三端元具体指哪些碎屑组分？有些分类方案将部分的岩屑归类到长石或石英的端元是不恰当的，在逻辑上也很难让人接受。本教材的分类端元的定义选择国际主流的 QFL 三端元定义（Crook，1960；Dickinson et al.，1983），即将单晶石英和多晶石英的含量归入石英 Q 这一端元，斜长石和钾长石这这两类碎屑统计为长石 F 端元，沉积岩、变质岩、火成岩三大岩屑以及燧石归类为岩屑 L 端元。②分类时三端元的分类界线是否需要考虑沉积过程和成岩过程对岩屑和长石的溶解溶蚀作用，即按照自然状态的 50% 为界线还是顾及成岩改造影响而选用 25% 作为分类界线？Dickinson 等（1983）收集的北美 233 个各种时代与不同环境下的砂岩组分数据显示，相当一部分砂岩样品中长石或岩屑含量占 QFL 总量的比例超过 50%；有关数据表明，长石碎屑在埋深 4000m 以上时虽然发生部分溶蚀，但仍然可以被识别（图 6-21b），岩屑也类似；也就是说砂岩分类时不需要考虑沉积后作用对岩屑与长石含量减少的影响。其次，用 25% 来作为分类界线，不管是否有准确含量值，都必须通过三组分归一化计算后投图才能得到砂岩的名字，而把 50% 作为分类界线时，只需要比较 QFL 三端元含量的排序就能得到砂岩准确定名。所以，本书选择采用 Garzanti（2016）分类方案中的 50% 作为砂岩进一步分类的界线。因此，基于自然界中砂岩碎屑组分的实际情况，兼顾读者更容易掌握且在以后的学习与研究中易于使用等角度出发，本书选择国际认可最高的四组分分类法的基本思想（Pettijohn，1975）和主流的 QFL 三端元定义（Crook，1960；Dickinson et al.，1983），选择砂岩中的石英、长石、岩屑、杂基四种组分的含量作为分类端元，提出了下面具体的砂岩成分分类方法。

首先，根据杂基含量将砂岩分为杂砂岩和（净）砂岩，杂基含量介于 15% ～ 50% 称为杂砂岩，杂基含量小于 15% 的砂岩称为（净）砂岩。

其次，按照三角图解的三个端元组分石英、长石及岩屑的相对含量划分砂岩基本类型。此三角图解，编者推荐使用 Garzanti 的分类方案（Garzanti，2016）来进一步划分出具体的砂岩类型，但不排斥前人常用的福克（Folk）1968 年的砂岩分类方案或国内沉积岩石学教材中的两大流行砂岩分类图解。本章中未特别申明的砂岩名称均为基于 Garzanti 分类方案的定名。

最后，在成分三角投图确定为某一类砂岩后，按照沉积岩命名的惯例，含量超过 10% 的碎屑颗粒同时参与命名，具体的砂岩命名一般遵循以下原则：颜色＋粒度＋胶结物（或特征矿物）＋含量＞10% 的碎屑＋质＋基本名称（三角形分类图中的名称）。例如，紫红色中粒铁质岩屑质长石石英砂岩、灰白色细粒硅质海绿石石英砂岩等。

例如：某砂岩，呈灰黄色，碎屑颗粒大小为 0.25 ～ 0.5mm（1 ～ 2Φ），碎屑颗粒占 84%，其中石英碎屑 40%，长石碎屑 30%，岩屑 10%，白云母 3%，重矿物 1%，钙质胶结物 16%。依据 Garzanti 分类方案，该砂岩应定名为灰黄色中粒钙质岩屑质长石石英（净）砂岩。

需要特别指出的是，面对同一个样品，不同的分类方案得到不同的砂岩名字；而同一个砂岩名称，在不同分类体系里的边界条件也不一定相同。因此，与不同教学体系的同行进行交流时，首先要确定采用哪一种定义或哪一种分类体系，后续讨论交流才不会出现偏差。读者可以根据实际情况来决定采用哪种砂岩分类体系。

## 三、砂岩各论

砂岩中比较常见的是石英砂岩、长石砂岩、岩屑砂岩和杂砂岩四种类型（表 6-8）。依据 Garzanti 分类的标准对此四类砂岩做一些简要介绍。

表 6-8　砂岩类型表

| 类别 | | 岩石名称 | 代号 | 杂基含量 | 碎屑三端元（总量 100%） | | | 备注 |
|---|---|---|---|---|---|---|---|---|
| | | | | | 石英 | 长石 | 岩屑 | |
| 净砂岩 | 石英砂岩 | 石英砂岩 | Q | < 15% | > 80% | < 10% | < 10% | |
| | | 长石石英砂岩 | FQ | < 15% | 33.3%～90% | 10%～33.3% | < 33.3% | Q > F > L |
| | | 岩屑石英砂岩 | LQ | < 15% | 33.3%～90% | < 33.3% | 10%～33.3% | Q > L > F |
| | 长石砂岩 | 长石砂岩 | F | < 15% | < 10% | > 80% | < 10% | |
| | | 石英长石砂岩 | QF | < 15% | 10%～33.3% | 33.3%～90% | < 33.3% | F > Q > L |
| | | 岩屑长石砂岩 | LF | < 15% | < 33.3% | 33.3%～90% | 10%～33.3% | F > L > Q |
| | 岩屑砂岩 | 岩屑砂岩 | L | < 15% | < 10% | < 10% | > 80% | |
| | | 石英岩屑砂岩 | QL | < 15% | 10%～33.3% | < 33.3% | 33.3%～90% | L > Q > F |
| | | 长石岩屑砂岩 | FL | < 15% | < 33.3% | 10%～33.3% | 33.3%～90% | L > F > Q |
| 杂砂岩 | 杂砂岩 | ×× 杂砂岩 | | ≥ 15% | 可能是以上任意一种情况 | | | |

**1. 石英砂岩类**

石英含量占碎屑颗粒大于 33.3%，长石和岩屑的含量皆小于 33.3% 的砂岩称为石英砂岩类（图 6-31a），包括以下四种砂岩。

石英砂岩：几乎全由单晶石英屑（> 90%）组成，多晶石英少。

长石石英砂岩：长石的含量多于岩屑，一般为 10%～33.3%，常见钾长石和酸性斜长石，而岩屑含量少于 33.3%。

岩屑石英砂岩：岩屑的含量多于长石，一般为 10%～33.3%，而长石含量 < 33.3%。岩屑多为抗风化能力较强的石英岩、燧石、硅质岩、粉砂岩和火山岩等岩屑。

这类砂岩成分特征：①几乎全由单晶石英屑（> 33.3%）组成，多晶石英少，长石少，重矿物极少，且多为稳定的锆石、电气石和金红石；岩屑无或极少量燧石和石英岩屑。是成分成熟度极高的碎屑岩类型。②填隙物中胶结物为主，杂基无或极少；胶结物以石英最常见，少数情况下是蛋白石或玉髓。③结构方面，大部分石英碎屑常磨得很圆，分选良好，无杂基。结构成熟度很高；石英胶结物多为自生加大。

石英砂岩类的形成有多方面的原因，首先，来源是受母岩因素控制的，富石英的花岗岩、片麻岩、变质石英岩、沉积石英岩等源区剥蚀更容易形成石英砂岩类；其次，风化类型与强度、温湿或热湿气候、强化学风化作用等物理与化学条件也有利于砂岩中其他成分消解而使得石英颗粒的进一步富集；最后，根据砂的磨蚀实验和现代沉积案例观察，纯净的石英砂岩主要见于有障壁和无障壁的滨海和风成沙漠地带；其他石英砂岩广布于河流、湖泊、海洋等多种沉积环境中。

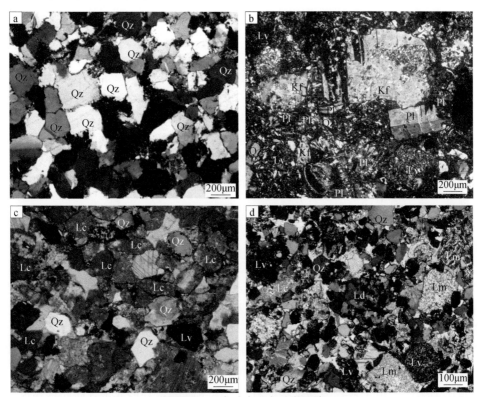

图 6-31　四类砂岩正交显微照片

a. 细粒硅质石英砂岩，下白垩统多巴组，西藏班戈；b. 中 - 细粒岩屑长石砂岩，上白垩统昂仁组，西藏日喀则；c. 细粒钙质石英岩屑砂岩，上白垩统竟柱山组，西藏申扎；d. 细粒钙质岩屑杂砂岩，上白垩统竟柱山组，西藏班戈地区；Qz. 石英；Kf. 钾长石；Pl. 斜长石；Lv. 火山岩屑；Lc. 碳酸盐岩屑；Lm. 变质岩屑

## 2. 长石砂岩类

长石含量大于 33.3%，岩屑与石英含量均小于 33.3% 的一大类砂岩称为长石砂岩类（图 6-31b）。根据三端元的含量的多少比较后，长石砂岩类可以进一步细分为长石砂岩、石英长石砂岩和岩屑长石砂岩三种基本类型（表 6-8）。我们会发现，在 Garzanti 分类方案里的长石砂岩比较罕见，QFL 三端元里长石碎屑占比超过 80% 的砂岩极少有文献报道，但是在辉长岩、正长岩、闪长岩等中 - 基性侵入岩体、高度演化的钠长花岗岩区或斜长角闪岩变质岩区为母岩剥蚀区时，产出的砂岩里几乎没有石英与岩屑，只有暗色重矿物与长石碎屑，即富重矿物的长石砂岩。这种分类下的长石砂岩代表了重要的物源区信息，结合重矿物分析后可以有效判别大地构造背景、古地貌等。

长石砂岩类的成分及结构成熟度通常偏低，其形成主要受两方面因素影响：①母岩条件，富含长石的母岩如花岗岩、花岗片麻岩等，是物质基础；②有利于物理风化及碎屑堆积的环境条件，构造运动比较强烈地区，形成高差较大的地形起伏，母岩遭受剧烈侵蚀，快速堆积，有利于形成长石砂岩；干燥和寒冷的气候条件，物理风化为主，长石碎屑易于保存，也容易形成长石砂岩类。通常来说，岩浆弧相关的弧前盆地、海沟盆地、海沟斜坡盆地、弧后盆地、弧背前陆盆地等沉积中长石砂岩类最为常见；花岗岩、片麻岩、斜长角闪岩、中－基性火成岩等母岩区的山间拗陷、边缘拗陷的河流、湖泊环境中也较常见长石砂岩类。

### 3. 岩屑砂岩类

岩屑含量大于 33.3%，长石与石英含量均小于 33.3% 的一类砂岩称为岩屑砂岩类（图6-31c）。典型代表是当长石与石英含量均＜10% 时为岩屑砂岩，当长石＞石英时则为长石岩屑砂岩，当石英＞长石时则为石英岩屑砂岩（表 6-8）。

岩屑砂岩类的成因复杂，影响因素主要有：源区岩石类型与出露面积，与地形、气候等有关的化学风化作用类型及强度，分异作用的彻底程度、沉积后作用等。一般源区细粒的岩石、强烈的物理风化、近源快速堆积等条件下容易形成岩屑砂岩。在冲积扇、河流、湖泊、海洋、重力流等环境中均有发育。

### 4. 杂砂岩类

杂基在 15% ~ 50% 之间的、分选不好的、泥砂混杂的砂岩称为杂砂岩（图 6-31d）。杂砂岩在分类上与纯净砂岩并列，进一步分类和命名原则也与纯净砂岩相同。

杂砂岩一般富含石英，有不同比例的长石和岩屑。石英一般有棱角，长石主要是斜长石，钾长石少见。岩屑多样，成分成熟度一般较低。填隙物中杂基为主，缺乏胶结物。具杂基支撑结构；磨圆度和分选性均不好。

杂砂岩中的沉积构造极其丰富多样，不同的产出环境下，可以看到递变层理、块状层理、韵律层理、槽模、沟模、同生变形构造和生物摄食迹等沉积构造和鲍马序列。

通常认为杂砂岩由于含较多的杂基，岩屑含量也较高，其形成条件需要快速侵蚀、搬运和沉积作用，使母岩物质不发生彻底的分异。典型的杂砂岩通常堆积在急速沉降的活动构造单元中，和浊流成因密切相关。杂砂岩可在不同气候条件下形成，既可以形成于湿热条件，也可以形成于干旱或寒冷的气候条件。

## 四、砂岩常用研究方法

野外露头、岩心、地球物理资料和实验室分析的综合研究是一套行之有效的研究方法，它可为地层划分和对比、沉积古地理、古构造、古气候和储层物性等方面的研究提供重要的地质依据。对于砂岩的研究，不仅要在野外仔细观察，详细描述，而且要做大量的室内分析。

在野外要观察砂岩的颜色、成分、结构和沉积构造，对岩石定出大类名称，对古水流方向进行系统测量，并要研究地层产状以及与其他岩石的关系。此外，如果做与油气相关的研究，还应当注意砂岩和粉砂岩的含油情况，按规定把它们划分出一定等级，如油砂（饱含油）、油浸（不均匀含油）和油斑（斑点状含油）等。

在覆盖区，要充分使用岩心和地球物理资料。在描述岩心时，要详细描述岩性、结构、沉积构造，以及岩心与沉积构造的组合关系，以确定砂岩的成因类型。还应利用多种测井资料分析砂岩岩性的垂向旋回变化；利用地震剖面反射特征，确定沉积砂体的几何形态和空间展布。

在室内工作中，薄片鉴定是最基本的手段之一，可用来详细研究砂岩成分、结构以及成岩、后生变化，以便正确地予以命名和进行成因分析。其他常用手段包括机械粒度分析、碎屑成分统计、重矿物统计、单矿物成分分析、碎屑锆石 U-Pb 定年与原位 Hf 同位素分析等。

为了确定砂岩的储集性能，可用专门方法测定砂岩的孔隙度和渗透率，利用扫描电镜、阴极发光及 X 射线衍射等现代化手段，再结合压汞分析和图像分析，可以进一步研究砂岩孔隙结构、胶结物的类型和数量，进而阐明成岩环境的特点及其对储油特性的影响。

此外，通过原生孔隙与次生孔隙的识别研究，胶结物的类型与交代作用过程等识别与恢复研究，我们可以进一步获取砂岩成岩作用类型，成岩过程的物理、化学条件（如温度、压力、浓度、流体成分、pH、Eh 等）。

我们对于砂岩的源区、沉积环境、搬运过程、成岩过程等了解得越多，对油气生产实践、成藏理论研究等的指导价值就越大。

# 第六节 粉 砂 岩

## 一、概述

主要由 0.0625～0.0039mm 粒级（含量＞50%）碎屑颗粒组成的细粒碎屑岩称为粉砂岩。粉砂岩中稳定组分较多，成分较单纯，常以石英为主，长石较少，重矿物含量比砂岩多，可达 2%～3%，多为稳定性高的组分。但其结构成熟度一般，粉砂岩中颗粒的磨圆度不高，常呈棱角状，分选性则较好。

## 二、粉砂岩的分类

粉砂岩可根据粒度、碎屑成分和胶结物成分进行进一步的分类。

### 1. 根据粒度分类

根据粒度的大小不同，粉砂岩可以分为粗粉砂岩（0.0625～0.0156mm）和细粉砂岩（0.0156～0.0039mm）。

由于粉砂岩属于砂岩与泥岩之间的过渡岩类，通常情况下，粗粉砂岩特征更接近砂岩，在沉积学研究中也更多地采用砂岩的方式进行描述与研究；细粉砂岩则更多地近似于黏土岩类，其研究分析手段与描述方法也近似于黏土岩。

### 2. 根据碎屑成分分类

粉砂岩分为单成分粉砂岩和复成分粉砂岩。前者通常以石英或岩屑为主，后者除石英外，含较多长石、云母或其他碎屑。

### 3. 根据胶结物的成分分类

根据胶结物的成分不同，粉砂岩可分为以下五类：①泥质粉砂岩；②钙质粉砂岩；③膏质粉砂岩；④白云质粉砂岩；⑤铁质粉砂岩。

其中，广泛研究的黄土，严格意义上来讲，是一种半固结泥质粉砂岩。其中粉砂的含量超过 50% ～ 60%，泥质含量常可达 30% ～ 40%，再次为砂粒，粒径一般小于 0.25mm，含量约 10%。碎屑成分以石英和长石为主，重矿物有电气石、锆石、铁云母和石榴子石等，含量可达 5%。经过刘东生院士等科学家的多方位论证，现在大家普遍认可黄土多数是风成的，即粉砂由沙漠地区被吹扬搬运至其他地区堆积而成。

### 三、粉砂岩成因

粉砂岩的分布极其广泛，几乎在所有的砂－黏土系中，都有粉砂岩层或夹层。粉砂岩有两种成因，即在稳定的水动力条件下缓慢沉降形成的，或经风力搬运沉积而成。

水动力成因的粉砂岩一般出现在砂岩向黏土岩过渡的水流缓慢地带，多产于海、湖底部较深处，另外在河漫滩、三角洲、潟湖、沼泽地区亦较常见。需要注意的是，一些重力流沉积中也包含粉砂岩，例如浊流沉积中常见粉砂岩。

风力成因的粉砂岩则分布于干旱多风的沙漠边缘的黄土沉积区，如中国的黄土高原。

## 第七节　碎屑岩物源分析

### 一、概述

源区是指盆地中碎屑物质的母源区（王成善和李祥辉，2003）。通过沉积作用的最终产物来反演物源区的母岩岩石学特征以及沉积作用发生时的环境与构造背景的过程称为物源分析（Pettijohn et al.，1987）。物源分析在地质学等各个领域的运用越来越广泛，物源分析广泛运用于判断古侵蚀区、重建古地形、恢复古河流体系、确定物源区母岩性质及盆地构造背景等（王成善和李祥辉，2003）。

依据碎屑颗粒自身的组分与结构特征，可以很好地获取母岩有关信息，进而重建源区的特征。20 世纪 70 年代末期出现了运用砂岩碎屑模式分析判别大地构造背景方法（Dickinson et al.，1983；Dickinson and Suczek，1979）。Garzanti（2016）研究尼罗河现代河流砂不同粒级统计以及已知构造背景的现代河流砂组分的结果表明，Dickinson 等（1983）提出的反映构造背景的砂岩碎屑模式是有局限性的。主要原因在于，碎屑统计遇到多物源混合情况时统计的结果是平均物源特征，并不能反映各个源区的特征。

20 世纪下半叶至 21 世纪初，碎屑岩的全岩地球化学成分广泛用于物源分析与沉积大地构造判别。例如，Bhatia 1983 年利用砂岩的全岩主量元素来判别源区所处的大地构造背景，随后，Bhatia 1985 年发展出杂砂岩与泥岩的稀土元素蛛网图来识别板块与岛弧边缘类型，Bhatia 和 Crook 1986 年进一步提出杂砂岩的微量元素特征也可以用于判别源区大地构造背景。这些模式图提出以后被广泛套用。但是，Armstrong-Altrin 和 Verma 2005 年通过研究 6 种背景的沉积岩全岩地球化学分析数据库，发现利用全岩主量元素来反映物源区信息的准确率为 0 ～ 66%。也就是说，陆源碎屑岩元素地球化学不能准确地判别物源区大地构造背景。其根本原因是陆源碎屑沉积岩的全岩地球化学反映的是沉积岩所有物质成分的平均效应，当多个物源输入某个沉积区时，这一分析方法获得的结果可能不是这些物源的任何一个，而是相当于它们的平均值。尽管长期以来全岩元素地球化学被广泛地作为一种物源分析的方法，但近年来越来越多的研究表明这种方法具有很大的局限性，建议慎用。

## 二、古流向分析

古水流数据是物源区解释的重要依据之一。在野外工作中，古水流测量主要通过具有古流向指示意义的不对称波痕、交错层理、槽模、叠瓦状砾石、定向近岸生物化石等沉积构造来完成。常用的古水流测量与校准方法主要有以下三种。

（1）方法一。测量砂岩层中的交错层理中 10 ～ 20 个交错层产状作为一组，来统计分析其主体的方向，交错层的产状需先校正投影到水平面上，然后通过赤平投影技术来恢复其原始流向，该结果即可视为主体的古水流方向。其中板状交错层理的前积纹层的倾向往往代表了古水流方向；相对复杂的槽状交错层理古水流方向测量与校准方法则参照 DeCelles 等（1983）的 Method I。

（2）方法二。在具有叠瓦状排列构造的砾岩层中，测量 > 10 个的叠瓦状的扁平砾石最大切面的产状，同时测量地层产状，将砾石产状通过赤平投影技术校准到原始水平面；校准后的倾向即为古水流的方向。

（3）方法三。利用槽模测定并校准古流向（Wang et al.，2016）。根据槽模陡坡向缓坡的方向，在砂岩层面上表示出古水流的方位（根据地层的产出状况，可以表示在砂岩层顶面或者底面），然后在砂岩层面上表示出岩层的走向，并测定走向的方向。之后，测量走向和古水流方向夹的锐角（可将方位平移到记录本上或木板上，用罗盘测量）。如果方位测自砂岩层的顶面，则地层走向加上（古水流方向在走向的顺时针方位）或减去（古水流方向在走向的逆时针方位）锐角角度，就能得到古水流的方向。如果方位测自砂岩层的底面，则情况相反，即顺时针为减，逆时针为加。

## 三、砾石与砂岩碎屑成分统计方法

在野外采用的砾石成分统计方法是：找一处相对平整且具有代表性的露头，画出一有代表性的矩形区域，依次对区域内所有超过 0.5cm 的砾石进行肉眼鉴定砾石类型并统计，每处统计 50 块以上的砾石，若遇到不确定的砾石，专门取样进行室内进一步薄片鉴定；或者在砾岩平面上画一等间距的方格网，统计位于网格交点处的砾石，同样统计 50 块以上的砾石。

砂岩碎屑颗粒统计方法是 Dickinson 和 Suczek（1979）等建立并完善的一种定量研究方法，即在显微镜下，如图 6-32 所示的 Gazzi-Dickinson 栅格结点计数法，根据砂质的粒径选择合适的栅格间距（一般栅格间距略大于大部分砂粒直径，以保证单个颗粒不被重复计数），然后对每个结点进行识别和统计。在图 6-33 中，红色圆点表示对应颗粒记为矿物（如石英、钾长石、斜长石等），蓝色圆点记为岩屑（如沉积岩屑、火成岩屑等），红色圆圈位于颗粒之间，统计时记为基质。需要识别并统计的相关矿物及代号如表 6-9 所示。一般情况下，统计数量需大于 300 颗，以保证结果的可靠性。这一方法可以减小砂岩结构成熟度对统计结果的影响，从而可以对不同粒径的砂岩之间直接进行成分对比。

统计完成后，通过换算得出各种碎屑的百分含量，来反映其随时间的成分变化特征、物源区母岩类型等信息。

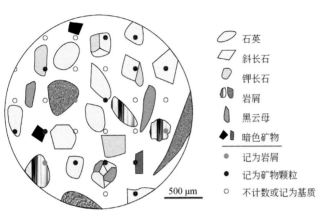

图 6-32 砂岩碎屑颗粒统计方法示意图（王建刚，2011）

图例：
- 石英
- 斜长石
- 钾长石
- 岩屑
- 黑云母
- 暗色矿物
- 记为岩屑
- 记为矿物颗粒
- 不计数或记为基质

500 μm

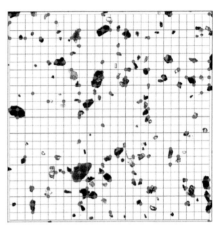

图 6-33 重矿物的栅格结点计数图（Garzanti and Andò，2019）

单个格子边长 125μm，落在多个点上的重矿物只记数 1 次，不重复计数

表 6-9 碎屑颗粒统计常用岩石学参数（改自 Dickinson et al.，1983）

| 参数 | 英文全称 | 定义 |
| --- | --- | --- |
| Qm | monocrystalline quartz | 单晶石英 |
| Qp | polycrystalline quartz | 脉石英等多晶石英 |
| Qt | total quartz | 石英（Qm+Qp+Chert） |
| Pl | plagioclase | 斜长石 |
| Kf | K-feldspar | 钾长石 |
| Ld | detrital lithic fragments | 碎屑岩岩屑 |
| Lc | carbonate lithic fragments | 碳酸盐岩岩屑 |
| Lv | volcanic rock fragments | 火山岩岩屑 |
| Lm | metamorphic lithic fragments | 变质岩岩屑 |
| L | lithic fragments | Ls+Lv+Lm+Chert |
| Lt | total lithic fragments | Ls+Lv+Lm+Qp |
| Chert | chert | 硅质岩岩屑 |
| Matrix | matrix | 基质 |
| Acc | accessory minerals | 副矿物 |

## 四、重矿物组成统计

如前文所述，除了常见轻矿物与岩屑可以反映物源的母岩信息外，作为副矿物的重矿物同样记录了很多源区以及搬运与成岩过程的重要信息（Garzanti and Andò，2007，2019）。碎屑岩中的重矿物统计在物源分析之中同样很重要。但是由于重矿物含量通常不足总碎屑颗粒的1%，因此这一研究方法和碎屑组分统计方法有所不同。

碎屑岩的重矿物分析首先需要选取新鲜的岩石样品 500 ～ 2000g，用碎石机和封闭式粉末制样机粉碎至 40 目（即 0.425mm）以下；然后，通过用水淘洗的方法去除黏土矿物与杂基等细碎物；再用配好的 2.86g/cm³ 的重液将轻、重矿物分离，重矿物烘干以后，混合均匀并在称量纸上均分 9 等份，取其中不相邻的 4 份均匀撒在涂好胶的载玻片上，制成重矿物靶；制好的重矿物靶不需磨抛，直接放至显微镜下进行鉴定并统计，这种重矿物并非 0.03mm 的标准厚度，光性矿物学特征不适用于这种情况，因此，重矿物的识别与鉴定需要专门参考 Mange 和 Maurer 2012 年出版的重矿物鉴定手册，统计时同样是采用 Gazzi-Dickinson 栅格结点计数法（Dickinson and Suczek，1979），如图 6-33 所示。

研究表明（图 6-34），统计的重矿物粒径范围越大，重矿物统计结果与真实组成之间的偏差就越小（Garzanti et al.，2009）。因此，Garzanti 和 Andò（2019）建议纳入重矿物统计的粒径范围最好是 4Φ（32 ～ 500μm）或 5Φ（15 ～ 500μm）。

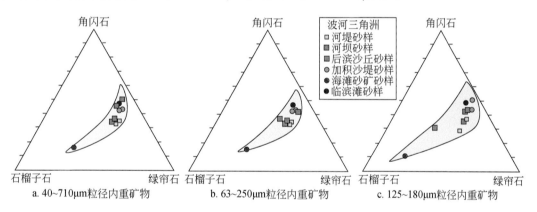

图 6-34　同一取样点不同粒径范围重矿物的统计偏差（Garzanti et al.，2009）

通过重矿物成分统计得到了各种重矿物的体积分数后，可以通过重矿物丰度指数 H%、重矿物富集指数 HMC、透明重矿物富集指数 tHMC、母岩密度指数 SRD、超稳定重矿物（锆石、电气石与金红石）丰度指数 ZTR 等定量化参数来重建源区以及搬运成岩过程的重要信息。鉴于这些指数的复杂程度超出本科生范畴，此处不展开介绍，感兴趣的读者请阅读 Garzanti 和 Andò（2007）的综述文章及其相关文献。

## 五、单矿物的地球化学与同位素分析

砂岩重矿物作为单矿物物源分析手段能够很好地避免上面提到的物源平均化问题。首先，单矿物物源分析的理论基础是"单颗粒矿物只可能来自单个源区，因此不同特性的同种矿物可以指示不同物源区"（王建刚和胡修棉，2008）；其次，随着电子探针、离子探针、激光剥蚀等离子质谱仪等微区分析技术的发展与成熟，通过单矿物原位分析获得可靠的数据过程变得简单快捷；此外，某些如石榴子石等重矿物在微区分析时沉积成岩过程的机械破坏因素对原位微区分析结果几乎没有干扰（Morton，1985），因此只需要选择未经蚀变的区域进行分析就可以了，这样一来可供选择的单矿物材料就更广阔。

基于以上单矿物物源分析的各种优越性与可靠性，单矿物物源分析代表了物源分析的前沿与新方向（王建刚和胡修棉，2008）。例如，单颗粒碎屑锆石的 U-Pb 与原位 Hf 同位素已经成熟广泛运用于反映源区中酸性岩浆活动以及碎屑锆石再旋回的信息（An et al.，2014）；运用碎屑石榴子石的端元矿物种类特征指示物源区的岩浆演化或变质程度等特征（Suggate and Hall，2014）；运用碎屑铬尖晶石可以很好地获取源区基性岩与超基性岩的特征与演化等信息（Hu et al.，2010；Lai et al.，2019），碎屑金红石的 U-Pb 年龄与地球化学特征可以很好地获取源区变质温度、年龄、原岩等信息（Zack et al.，2004）。此外，白云母的 Ar-Ar 年龄、磷灰石和锆石的裂变径迹年龄、电气石、独居石等同位素与元素组成等物源分析手段也在探索与应用之中，虽然有些尚处于萌芽阶段，相关的研究与报道还很少见，但是它们代表了物源分析的发展与前沿方向（王建刚和胡修棉，2008）。

以上介绍的单矿物物源分析方法的具体原理与测试方法随着时代与技术的发展在不断更新之中，在此不展开介绍。如果有读者对此感兴趣，请找相关领域的最新综述性文献自学。

# 第七章 黏 土 岩

## 第一节 概 述

黏土岩指主要由黏粒级硅质碎屑物质组成的沉积岩，且黏粒级物质占碎屑总量的50%以上。黏粒指颗粒粒度小于4μm（1/256mm 或 $\Phi \leq 8$）的碎屑物质，可以是黏土矿物，也可以是白云母、石英和长石等矿物碎屑，并不特指黏土矿物。黏土岩是陆源沉积岩的一种（表1-4），以机械方式沉积于外动力非常弱的环境中，如湖泊、大型三角洲、泛滥平原、大洋海底等等。其主要物质大多来自母岩风化的产物，有少量物质来源于汇水盆地中自生形成或火山碎屑物质蚀变形成。

在沉积学界，对黏土岩的含义的限定和使用趋向于从碎屑物质的粒度和沉积构造来划分。页岩和泥岩是最为普遍存在的、以黏粒物质为主的岩石。二者在物质组成上没有明显差异，但在沉积构造方面显著不同。页岩是指具有页理或能剥离成薄的片状碎片的黏土岩，而泥岩则指无页理或不能剥离成薄片状碎片的岩石。

黏粒物质覆盖了超过75%的陆表，也以远洋软泥的形式覆盖了绝大部分的深海海床。泥质岩石占沉积岩岩石圈的50%～80%，在地球上分布最广，但可观察露头却很少。

## 第二节 黏土岩的物质成分

黏土岩类是一种在弱动力条件下沉积的、经较远距离搬运的碎屑物质，此碎屑物质一般包括石英、斜长石（一般为钠长石）等非黏土矿物，以及蒙脱石、伊利石、高岭石和绿泥石等一种或多种黏土矿物。化学组分多属在表生条件下较为稳定的，以 $SiO_2$、$Al_2O_3$ 和 $H_2O$ 为主，主要以（氢）氧化物和/或（铝）硅酸盐类矿物存在，其中铝可以被镁和铁类质同象替代。除上述四种最为常见的黏土矿物外，还可能存在海绿石、蛭石、叶蜡石、滑石、蛇纹石、海泡石、坡缕石等。此外，也含极少量的锆石、金红石、磷灰石等重砂矿物。

### 一、黏土矿物的晶体结构

黏土矿物中最为常见的有蒙脱石、伊利石、绿泥石和高岭石，这些矿物均为镁、铝和铁的硅酸盐矿物，为化学风化的末期产物。

黏土矿物属于层状硅酸盐亚类，具有典型的层状结构单元。该层状结构单元由 $SiO_4$ 配位四面体（图7-1a）和 $MeO_6$（Me：金属阳离子）配位八面体构成（图7-1b）。其中硅氧四面体在二维空间构成一个连续的、六方网格状、高度约为0.36nm的结构层，该结构层被称作四面体结构片（简称四面体片，以 T 表示，图7-2a）。在其中金属阳离子利用硅氧四面体的顶氧和羟基构成另外一个结构层，该结构层被称作八面体结构片（简称八面体片，以 O 表示，图 7-2b）。四面体片是由硅氧四面体共用位于同一平面内的 3 个底氧（也称桥氧）连接而成的、呈六方网格状的二维结构层。四面体片中的硅氧四面体的顶氧（也称活性氧）与六元环中心位置的羟基与其他阳离子，如 $Mg^{2+}$、$Fe^{2+}$、$Al^{3+}$ 和 $Fe^{3+}$ 等配位构成配位八面体。八面体片即由上述配位八面体彼此共棱相互连接形成。

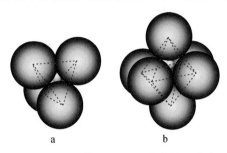

图 7-1　层状结构硅酸盐矿物中的两种常见配位多面体（将各阴离子中心连线构成几何多面体）

图 7-1 中配位四面体（四面体的中心阳离子一般为 $Si^{4+}$，$Al^{3+}$ 也较常见，四个角顶为阴离子，一般为 $O^{2-}$，任意三个阴离子均位于同一平面内，其中心连线均构成一个正三角形）。图 7-1 中配位八面体（八面体六个角顶为阴离子，一般为 $O^{2-}$ 或 $OH^-$，配位八面体的每个面均由三个阴离子构成，其阴离子中心连线构成一个正三角形）。

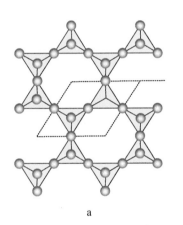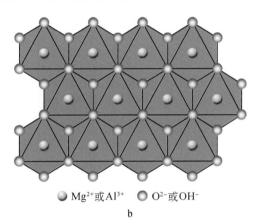

● $Mg^{2+}$ 或 $Al^{3+}$　　○ $O^{2-}$ 或 $OH^-$

图 7-2　黏土矿物中典型的结构单元层
a. 由硅氧四面体构成的四面体结构片（T）；b. 由金属离子配位八面体构成的八面体结构片（O）

层状结构硅酸盐矿物依据结构层中四面体片和八面体片的比例分为 1∶1 型（图 7-3a）、2∶1 型（图 7-3b）和 2∶1∶1 型（图 7-3c）。其中 1∶1 型黏土矿物主要有蛇纹石和高岭石等，2∶1 型黏土矿物主要有滑石、叶蜡石、蒙脱石、伊利石和海绿石等，2∶1∶1 型黏土矿物有绿泥石。此外，可按八面体片中阳离子的组成将黏土矿物分成三八面体矿物和二八面体矿物两类，如图 7-2a 所示的硅氧四面体层中单位硅氧四面体六元环的范围内（总电价为 -6），其正下方可出现三个八面体位置，如果由 $3Me^{2+}$ 离子占据，则为三八面体矿物，若 $2Me^{3+}$ 占据则为二八面体矿物。

黏土矿物的共同特征为晶体尺寸细小，借助放大镜和普通的显微镜均不能辨别黏土矿物的单晶体，但在扫描电子显微镜和透射电子显微镜下可观察到其完美的单晶体形态。针对黏土岩的研究也因上述限制而不如其他岩石类型研究得深入。

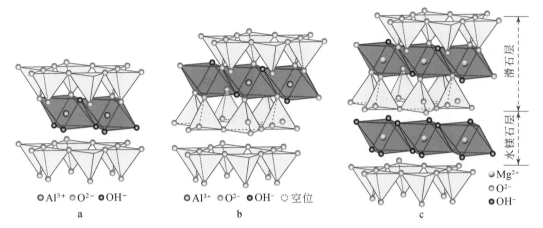

图 7-3　由四面体片和八面体按不同方式叠置构成的三种结构层

a. 1∶1型；b. 2∶1型；c. 2∶1∶1型

## 二、黏土岩的物质成分

### 1. 高岭石亚族（$Al_4[Si_4O_{10}](OH)_8$）

高岭石亚族矿物由高岭石、地开石和珍珠陶土同质三象组成。高岭石属二八面体型、1∶1型层状结构硅酸盐矿物，晶体极其细小，呈菱形片状或假六方片状（图 7-4a），片状晶体常堆垛呈书页状（图 7-4b）。高岭石集合体成土状或致密块状，纯者白色，因含有其他杂质而呈浅黄、浅灰、浅红、浅绿、浅褐色等颜色。具土状光泽，较暗淡。

高岭石是黏土矿物中最为常见的一种，也是黏土岩中最主要的组分之一。高岭石的成因有风化成因和热液成因两种。富铝矿物长石或似长石等经化学风化或蚀变可完全转变为高岭石。黏土中高岭石含量达 90% 以上的可称为高岭土矿。

图 7-4　高岭石的电子显微照片

a. 单晶体形态，鄂尔多斯盆地上三叠统延长组砂岩；b. 集合体形态，渤海湾盆地辽河拗陷沙三段砂岩

### 2. 蒙脱石 – 皂石族（$((Na, Ca)_{0.33}(Al, Mg)_2[(Al, Si)_4O_{10}](OH)_2 \cdot nH_2O$）

蒙脱石 – 皂石族矿物的结构为 2∶1 型，也可按八面体阳离子类型分出三八面体型的

皂石亚族和二八面体型的蒙脱石亚族。蒙脱石亚族包括蒙脱石、贝得石和绿脱石等，皂石亚族包括汉克特石和皂石等。蒙脱石的层间域由数量不定的 $Ca^{2+}$、$Na^+$ 等水合大阳离子充填，因此赋予蒙脱石以阳离子的可交换性和膨胀性。

蒙脱石单晶体在肉眼和放大镜下均不可见，仅在电子显微镜（如 SEM 或 TEM）下可见呈绒毛状或毛毡状，结晶良好者呈片状（图 7-5）。通常为白色或灰白色，可因杂质而染浅红、黄、蓝或绿等颜色。土状者光泽暗淡。吸水后膨胀并分散为糊状，具有很强的吸附能力。蒙脱石通常由火山岩，特别是基性火山凝灰岩和火山灰在碱性环境下蚀变或风化而成，是构成膨润土的最主要矿物成分。

图 7-5　蒙脱石矿及扫描电子显微镜照片

a.粉红色蒙脱石黏土；b.扫描电子显微镜照片（浙江安吉红庙蒙脱石矿）

**3. 云母族**

云母属于 2 : 1 型，结构式可用 $XY_{2-3}[Z_4O_{10}](OH,F)_2$ 表示，其中 X 主要为 $K^+$，次为 $Na^+$；Y 主要为 $Mg^{2+}$、$Fe^{2+}$、$Al^{3+}$ 和 $Fe^{3+}$ 等；Z 主要为 $Si^{4+}$ 和 $Al^{3+}$，还有少量的 Ti 和 $Fe^{3+}$。按 Y 离子是二价还是三价离子，可将云母分为三八面体型和二八面体型。其中金云母、黑云母等是三八面体型，白云母、钠云母、伊利石、海绿石等为二八面体型。其中伊利石和海绿石是层间阳离子有部分空位的云母类矿物。

1）伊利石（$K_{0.8}(Al,Mg)_2[AlSi_3O_{10}](OH)_2$）

伊利石呈显微鳞片状或超显微鳞片状，常呈不规则的集合体。纯者洁白，因杂质而染成黄、褐、绿等颜色。块状体可呈油脂光泽。硬度 1 ~ 2，{001} 解理完全；相对密度 2.6 ~ 2.9。

伊利石常见于黏土及粉砂质、黏土质岩石中。其成因主要有风化、蚀变和成岩转变等。主要由长石、云母等硅酸盐矿物风化而成，也可由其他黏土矿物在成岩过程中转变而来。在低温蚀变过程中也可形成。

2）海绿石（$(K,Na)(Mg,Fe^{2+})(Fe^{3+},Al)[AlSi_3O_{10}](OH)_2$）

海绿石呈显微鳞片状，常呈卵形、粪粒状等不规则的集合体。呈绿色、蓝绿色或黄绿色等不同色调的绿色，土状光泽，暗淡。硬度 2，{001} 解理完全；相对密度 2.5 左右。

常见于海绿石砂岩，常常被用来作为海侵事件的标型矿物。海绿石以海相自生为主，其形成是一个长期的过程，以"先形成海绿石质蒙脱石，然后演化为成熟的海绿石"的二阶段模式为主流观点。

3）绿鳞石（$K(Mg,Fe^{2+})Fe^{3+}[Si_4O_{10}](OH)_2$）

绿鳞石呈显微鳞片状，常以集合体形式出现。呈蓝绿色、苹果绿色或橄榄绿色等不同色调的绿色（图7-6a），土状或蜡状光泽，暗淡。硬度2，{001}解理完全；相对密度3左右。

常见于大洋玄武岩或安山岩中，以孔隙充填物、铁镁质斑晶矿物蚀变、脉状或薄膜状产出，为铁镁硅酸盐矿物风化或蚀变而成。常与蒙脱石、斜发沸石、丝光沸石、浊沸石、葡萄石、绿泥石、石英和方解石等共生。

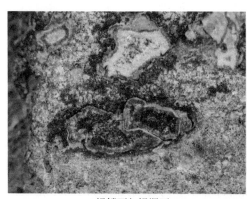

a.绿鳞石与绿泥石　　　　　　　　　　b.斜绿泥石

图7-6　绿鳞石和绿泥石矿物

### 4. 绿泥石（$(Mg, Fe)_3[(Si, Al)_4O_{10}](OH)_2 \cdot [(Mg, Fe)_3(OH)_6]$）

绿泥石族矿物的晶体化学通式可用$Y_3[Z_4O_{10}](OH)_2+Y_3(OH)_6$表示。其中Y主要为Mg、Fe、Al等阳离子，Z主要为Si和Al离子。晶体结构由滑石结构单元和水镁石结构单元相间排列而成。绿泥石族矿物也可分三八面体型和二八面体型。以斜绿泥石和鲕绿泥石较为常见。

单晶体呈假六方片状，有时为六方柱状（图7-6b）。绝大多数的绿泥石族矿物呈绿色，但带有黑、棕、橙黄、蓝等色调，一般来说，随Fe含量升高，颜色加深。玻璃或土状光泽，解理面上可见珍珠光泽。相对密度2.6～3.3。易溶于强酸。

绿泥石成因主要为变质成因、热液蚀变和化学风化成因等。在低绿片岩相和中低温热液矿床的蚀变带中大量出现，由其他铁镁硅酸盐矿物转变而成。在沉积岩的成岩作用中，可由其他黏土矿物转变而来。

### 5. 间（混）层黏土矿物

黏土矿物除以前几节所述的单独矿物存在外，还可由不同结构单元层沿$c$轴方向混合堆垛而成，从而形成间层矿物或混层矿物。间层黏土矿物则是指由两种黏土矿物沿$c$轴方向按1∶1比例相间堆垛形成，而混层黏土矿物是由两种无固定比例的黏土矿物堆垛而成。间层黏土矿物因具有固定的1∶1堆垛规律，因此它们的（001）衍射的面网间距是两种端元矿物（001）衍射面网间距的加和，同时也被赋予固定的矿物种名（表7-1）。混层黏土矿物因由两种黏土矿物无固定比例堆垛而成，因此其（001）面网间距介于两种黏土矿物的（001）面网间距之间，且没有一个固定的间距值。混层黏土矿物是一种黏土矿物向另外一种黏土矿物转变的中间矿物，并非两种黏土矿物的物理掺合。

表 7-1　规则间层黏土矿物

| 矿物 | （001）面网间距 | 端元矿物一 | 端元矿物二 |
| --- | --- | --- | --- |
| 滑石间皂石（aliettite） | 2.40 | 滑石 | 皂石 |
| 累托石（rectorite） | 2.64 | 伊利石 | 蒙脱石 |
| 水黑云母（hydrobiotite） | 2.33 | 黑云母 | 蛭石 |
| 柯绿泥石（corrensite） | 2.90/3.16 | 蒙脱石 | 绿泥石 |
| 绿泥间蛇纹石（dozyite） | 2.14 | 蛇纹石 | 绿泥石 |
| 绿泥间滑石（kulkeite） | 2.37 | 滑石 | 绿泥石 |
| 绿泥间蜡石（lunijianlaite） | 2.34 | 叶蜡石 | 绿泥石 |
| 绿泥间蒙石（tosudite） | 2.96 | 蒙脱石 | 绿泥石 |

在一定的物理化学条件下，黏土矿物之间可以相互转变，转变的结果是形成以不同黏土矿物为端元组分的间（混）层黏土矿物，以两种黏土矿物为端元组分的间（混）层黏土矿物最为常见。如湖泊或海洋等沉积物在成岩后作用的影响下，常形成伊蒙混层黏土矿物、绿蒙混层黏土矿物，也能形成诸如柯绿泥石、累托石、绿泥间蜡石等间层黏土矿物。

在众多混层黏土矿物中，伊蒙混层黏土矿物和绿蒙混层黏土矿物最为重要，不仅仅是因为从定量角度考量端元矿物的多寡，更重要的是它们蕴含的成因信息可被用来解译地质历史。

1）伊蒙混层黏土矿物

伊利石通常被认为是比蒙脱石在较高温度、较高压力和不同于表生环境条件下更稳定的 2∶1 结构的黏土矿物。蒙脱石的伊利石化转变也是研究最为详细和清楚的黏土矿物转变过程。Reichweite 因子被用来描述混层黏土矿物中的端元组分的比例，用 RN I/M 表示，N 为自然数，指示结构单元中蒙脱石层数。

在沉积后作用中，随温度、压力的升高、铝离子和钾离子的增加，蒙脱石逐渐向伊利石转变，其过程可用下式来表述：

$$K^+ + Al^{3+} + 蒙脱石 \longrightarrow 伊利石 + 石英$$

尽管对转变机制还未达成广泛的共识，但在大量钻孔资料的研究中这种伊利石增加的同时蒙脱石减少的消减规律是清楚的。其中钾离子和铝离子的来源均可以来自于碱性长石的分解，该来源可由前人在海湾海岸沉积物的研究所证实，他们发现全岩化学分析结果中 $K_2O$ 含量随埋深的增加没有变化，但在不同粒径的黏土矿物中有显著的配分差异，在 > 2μm 粒径的部分中 $K_2O$ 含量随埋深增加而减少，而在 < 2μm 粒径部分中 $K_2O$ 含量则随埋深增加而增加。

2）绿蒙混层黏土矿物

绿蒙混层黏土矿物是由绿泥石层和蒙脱石层无序堆垛而成，它们出现在包括页岩的接触变质带、老的碳酸盐岩地层、铁矿、水热蚀变、蛇绿岩的风化产物等地质环境中。其混层比不像伊蒙混层中那样在两个端元中构成一个连续的系列，一般都是在接近端元组分的情况下含有少量的另一端元组分。

**6. 其他矿物**

黏土岩中除黏土矿物外，一般还含有斜长石、石英等非黏土矿物。在某些特殊成因条件下，黏土岩可由一些不常见的黏土矿物，如坡缕石、海泡石、滑石等链层状硅酸盐矿物或层状矿物组成（详情请查阅矿物学相关教材），这些黏土岩具有工业价值，能形成独特的非金属矿产。如美国、俄罗斯及我国安徽和江苏两省交界的明光、盱眙和六合等地有大规模的坡缕石矿，西班牙和我国湖南湘潭有海泡石矿床等等。

# 第三节　黏土岩的结构、构造和颜色

## 一、黏土岩的结构

黏土岩因为其组成碎屑物质的粒度是微米级的，用常规的光学显微镜很难鉴别其物质组成和结构特征。在多数情况下，利用 X 射线衍射（X-ray diffractometry，XRD）可以对黏土岩的矿物组成进行准确鉴定。而粒度分析则因黏土岩的固结程度不同而有所不同，针对未固结的松散沉积物可应用激光粒度分析仪等对沉积物的粒度进行精细测定，而针对固结的黏土岩则通常借助电子显微镜，如扫描电子显微镜（Scanning Electron Microscopy，SEM）来进行矿物的形貌观察和粒度统计。黏土岩因含有一定量的黏土矿物，而在沉降的过程中黏土矿物因其具有片状的形貌特征，在沉降时常形成（001）晶面平行于层理的择优取向分布，因而尽管粒度细小但具有集合体统一消光而易于观察。用传统分类办法可按黏粒级、粉砂级、砂级碎屑物质的含量将黏土岩的结构分为以下三种类型。

**1. 泥质结构**

岩石中 90% 以上由黏粒级（黏土矿物和粒级细于 4μm 的碎屑物）质点组成，其余粒级的碎屑质点少于 10%。岩石断口为贝壳状，指尖触摸有滑腻感。

**2. 粉砂泥质结构**

除黏粒级质点外，岩石中尚有 25% ～ 50% 的粉砂级物质碎屑。若粉砂级物质碎屑介于 10% ～ 25% 之间，可称为含粉砂泥质结构。具有这种结构的岩石，其断口粗糙，指尖触摸糙感显著。

**3. 砂泥质结构**

除黏粒级质点外，岩石中尚有 25% ～ 50% 的砂级物质碎屑。若砂级物质碎屑介于 10% ～ 25% 之间，可称为含砂泥质结构。具有这种结构的岩石，其断口参差状，指尖触摸颗粒感显著。

此外，根据其他来源矿物、生物和碎屑物成因等特征将黏土岩结构分为生物泥状结构、蠕虫状结构、鲕状或豆状结构、砾状及角砾状结构、残余结构等。

#### 4. 生物泥状结构

含有微体动植物化石的泥状结构，分别称动物泥状结构和植物泥状结构。

#### 5. 鲕状及豆状结构

在沉积过程中，黏土质点围绕一个核心凝聚成鲕粒（< 2mm 者）或豆粒（> 2mm 者）。这种结构多见于胶体成因的黏土岩中，有时呈致密的胶状结构。

#### 6. 砾状及角砾状结构

由黏土质沉积物受侵蚀而产生的碎屑（称同生碎屑或内碎屑，或叫泥砾）再沉积，又被黏土质胶结而成。也可能是成岩期或成岩期后阶段（如沉积物脱水或体积收缩）的产物。

#### 7. 残余结构

与风化、蚀变成因有关的泥岩中有各种残余结构，如西南地区三叠系的绿豆岩（原为火山凝灰岩）呈残余火山碎屑结构，江西一些地方的高岭石黏土常直接由花岗岩或花岗伟晶岩风化而成，故呈残余花岗结构或残余斑状结构。

## 二、黏土岩的构造

黏土岩的构造可分为宏观构造和微观构造。宏观构造如层理、波痕、泥裂、雨痕、虫迹、结核、变形构造和晶体假象等等。此外，页理也是黏土岩中常见的一种沉积构造。页理的形成是由于黏土岩中的层状硅酸盐矿物（如黏土矿物、碎屑白云母、高岭石和绿泥石等）定向排列而导致岩石易沿层理方向剥裂成页片。

黏土岩的显微构造需在显微镜或电子显微镜下识别，主要的显微构造类型有以下几种。

#### 1. 鳞片构造

主要由层状硅酸盐矿物的细小鳞片状碎屑杂乱分布而成，多见于黏土岩中。

#### 2. 毡状构造

由纤维状黏土矿物，如海泡石、坡缕石、埃洛石、纤蛇纹石等，交织而成。

#### 3. 定向构造

黏土矿物依（001）面定向排列而成，在正交偏光下消光规律基本一致。这种构造通常形成于水动力条件很弱的缓慢沉积环境中。

## 三、黏土岩的颜色

黏土岩的颜色多样，常见的有红色、灰绿色、灰色、灰白色、黑色等等。黏土岩的颜色受矿物组分控制，主要致色矿物有绿泥石、针铁矿、赤铁矿、黄铁矿、软锰矿和硬锰矿等。此外，有机碳的含量也影响黏土岩的颜色，有机碳含量越高，颜色越深。不同色调的土黄色和红色是黏粒矿物的颗粒表面覆盖了一层铁（氢）氧化物的薄膜所致，其中针铁矿和赤铁矿的含量差异决定了色调差异，随针铁矿的含量升高颜色趋黄色，反之则为红色调加深，反映岩石形成于强氧化条件下。浅绿或灰绿色是岩石中存在诸如绿泥石、海绿石、绿鳞石等绿色的黏土矿物赋予的颜色，这种绿色是矿物中的 $Fe^{2+}$ 致色，反映黏土岩形成于弱氧化 - 弱还原条件下。而灰色、黑色等灰色调的黏土岩是由于岩石富含有机碳、氧化锰、黄铁矿等致色，反映黏土岩形成于强还原条件下。

# 第四节　黏土岩的分类和主要类型

黏土岩的分类比较复杂，很难取得一致性的、被普遍接受的分类方案。因为黏土岩中的碎屑物粒度极为细小，统计极为困难。若按矿物含量来分类，面临的最大问题是矿物含量的统计或计算。基于 Rietveld 技术的 X 射线衍射（XRD）图谱的全谱拟合是目前最为有效的矿物定量计算手段。但即便如此，针对黏土矿物的定量计算依然是一个难题。更为重要的是分类的目的是方便教学和研究，要便于野外工作时能迅速有效地区分岩石类型，那么基于 XRD 矿物计算来分类的方案的可行性就很低。但按矿物种类进行分类无疑对科研和应用均有意义，在科研和教学中使用有利于科学认识黏土岩，也应该被使用。

## 一、黏土岩的结构分类

目前依然趋向于使用按黏粒级、粉砂级、砂级碎屑物质的种类和相对含量的结构分类方案进行分类，这样分类的优点是便于野外工作时较简单且准确地识别黏土岩的类型。因而，按上述方案将黏土岩初步分成如下几类（图 7-7）。

按黏粒物质的含量自高向低依次分为两类四种（表 7-2）。

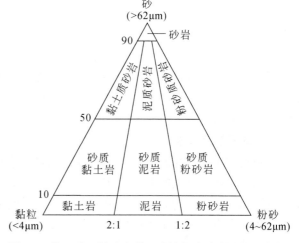

图 7-7　基于砂、粉砂和黏土含量的硅质碎屑岩的分类图（Tucker 2003 年发表）

**1. 黏土岩及含砂黏土岩**

黏粒物质含量大于 2/3，且砂屑物质含量少于 10% 的岩石，此类岩石具有典型的泥质结构。砂和粉砂总含量介于 10%～50% 之间的为含（粉）砂黏土岩。

**2. 泥岩及含砂泥岩**

泥质结构。黏粒物质含量为 1/3～2/3，且砂屑物质含量少于 10% 的岩石，此类岩石具有典型的含砂泥质结构。砂和粉砂总含量介于 10%～50% 之间的为含（粉）砂泥岩。

表 7-2　黏土岩的结构、构造分类

| 固结和重结晶程度 | | 粉砂和砂总量 | | |
|---|---|---|---|---|
| | | < 5% | 5%～25% | 25%～50% |
| 未 - 弱固结 | | 黏土 | 含（粉）砂黏土 | （粉）砂黏土 |
| 固结，未 - 中等重结晶 | 层状（无页理） | 泥岩 | 含（粉）砂泥岩 | （粉）砂泥岩 |
| | 纹层状（有页理） | 页岩 | 含（粉）砂页岩 | （粉）砂页岩 |
| 强固结，重结晶矿物 > 50% | | 泥板岩 | | |

## 二、黏土岩的矿物成分分类

按黏土岩中的黏土矿物组分种类的多少可将黏土岩分为单矿物黏土岩和复矿物黏土岩。单矿物黏土岩成分单一，主要黏土矿物含量＞50%，则以主要黏土矿物命名黏土岩，如高岭石黏土岩、蒙脱石黏土岩、海泡石黏土岩、坡缕石黏土岩等等。此外，在工业上将具有工业价值的黏土岩称为黏土矿，如高岭土矿、蒙脱石矿、海泡石矿和坡缕石矿等等。

### （一）单矿物黏土

**1. 高岭石黏土（岩）**

高岭石黏土简称高岭土，主要由高岭石族矿物组成，其含量在90%以上，也可含有伊利石（也称水云母）、蒙脱石和埃洛石（也叫多水高岭石）等。高岭石族矿物由高岭石、地开石和珍珠陶土同质多象组成，它们常转变为埃洛石。此外，常混入黄铁矿、菱铁矿、针铁矿、赤铁矿、石英、长石及重矿物等。高岭土一般为白色、浅灰色、浅黄色，当含有机质及细分散黄铁矿时呈深灰－黑色。致密块状集合体，贝壳状断口，有滑感，性脆，硬度不高（指甲可以刻划），干燥时黏舌，耐火度高，可达1790℃。

高岭石黏土大都形成于温暖潮湿气候条件、排水畅通的环境下，为铝硅酸盐矿物（主要是长石、似长石等）的分解产物，在弱酸性介质（pH=5～6）环境下沉积于大陆、河流、湖泊、沼泽或潟湖地区而成。

**2. 蒙脱石黏土（岩）**

蒙脱石黏土又称膨润土、漂白土等，主要由蒙脱石组成，常含有少量的伊利石、高岭石及非黏土矿物。常见的非黏土矿物有长石、石英和方石英、沸石、石膏、方解石和没有完全分解的火山凝灰物质。一般呈白色，因杂质而呈粉红色、淡黄色、淡灰绿色等。常成土状或块状产出，硬度小于指甲。吸附性和层间阳离子交换能力强，浸入水中剧烈膨胀分散，可塑性差，耐火度低。因层间主要阳离子差异，常分为钠基蒙脱石和钙基蒙脱石，二者可以相互转变。

蒙脱石黏土多是凝灰岩或火山灰风化蚀变的产物，在碱性介质（pH=7～8.5）环境下沉积而成。

**3. 伊利石黏土（岩）**

伊利石，也称水云母，源于云母类矿物或其他层状硅酸盐矿物（如蒙脱石）或长石等的风化蚀变，属于中间产物，因而其成分比较复杂。伊利石黏土中除伊利石外，经常有其他黏土矿物以及石英、长石、云母及重矿物等碎屑矿物，有时还有其他自生矿物和有机质。纯的伊利石黏土少见。伊利石黏土一般为白色，但常因杂质污染而呈黄、灰、绿、红色等。常具粉砂泥质结构，多具水平层理及微细韵波状层理。镜下见毡状和定向构造。伊利石黏土的化学成分特点是$K_2O$质量分数高，可达3%～7%。

伊利石黏土在各种环境中均可生成（如大陆或海洋，温暖或寒冷的气候，碱性或酸性的介质），铝硅酸盐矿物（长石或云母等）风化或蒙脱石等先成贫钾黏土在含钾流体中的蚀变亦可形成。

### （二）泥岩和页岩

泥岩和页岩一般是弱固结的复矿物黏土经过中等程度的成岩后作用（如挤压作用、脱水作用、重结晶作用及胶结作用等）形成的强固结岩石。泥岩呈块状但层理不明显，失去部分可塑性，遇水不立即膨胀。页岩具有明显的页状层理（简称页理），易沿层理劈裂，已大部分失去可塑性。这两种岩石的成分比较复杂，蒙脱石、绿泥石、高岭石和蛭石等多种黏土矿物共存，多数黏土矿物已转变成伊利石，但有其他黏土矿物的残余。此外，可含有较多的白云母碎屑，甚至含有长石、石英及岩屑等碎屑物，也可有化学成因物质及有机质。

**1. 泥岩**

一般以复矿物组分泥岩及伊利石泥岩为主，具有粉砂泥质结构。泥岩在野外常按机械及化学混入物来命名，如粉砂质泥岩、钙质泥岩、铁质泥岩、碳质泥岩等。在我国中生代地层中有广泛的泥岩分布。

**2. 页岩**

多为具页状层理的伊利石黏土岩，其机械的及化学的混入物较多。常按混入物的成分或岩石的颜色来进一步命名。

1）钙质页岩

岩石的主要成分是黏土矿物，但含有方解石，且 $CaCO_3$ 含量一般不超过 25%（超过了 25% 就过渡为泥灰岩类岩石）。钙质页岩分布很广，常见于陆相和海陆过渡相的红色岩系中，在浅海和潟湖环境的钙泥质岩系中也常见。如我国南方下扬子的三叠系青龙组中的页岩多为钙质页岩。

2）铁质页岩

岩石的主要成分是黏土矿物，但含有铁的（氢）氧化物或硅酸盐矿物。铁矿物作为染色剂存在，其含量一般不高于 5%。若含有赤铁矿和针铁矿等三价铁的氧化物、氢氧化物，岩石呈红色、紫红色或黄褐色，产于陆相、过渡相的红色岩系中，与其他岩层一起构成"红层"。若含二价铁的硅酸盐（如绿泥石、海绿石等）、铁的硫化物矿物（如黄铁矿），岩石呈灰绿色或绿色等绿色调，多产于海相岩系中。

3）硅质页岩

页岩中 $SiO_2$ 平均含量约为 58%，而硅质页岩特别富 $SiO_2$，含量可达 85% 以上。随游离 $SiO_2$ 的增加，可逐渐过渡为生物化学成因的硅质岩。硅质页岩中的硅质来源不是石英碎屑，而是来源于陆源的 $SiO_2$ 胶体，或海底火山喷发的硅质，或生物成因的硅质。我国下扬子的二叠系中广泛分布硅质页岩，其中富含放射虫、硅藻及海绵等微体化石。

4）黑色页岩

岩石中含较多的有机质及细分散铁硫化物（如黄铁矿、白铁矿等）、亚铁碳酸盐矿物（如铁质白云石、铁白云石和菱铁矿等）。岩石一般为黑色或灰黑色，不污手。其中含介形虫、孢粉等微体生物化石，具有极薄的层理。黑色页岩一般形成于缺氧富 $H_2S$ 的环境中，如湖泊深水区、沼泽、淡化湖等地区。黑色页岩是重要的生油岩系，也是黑色金属的重要来源之一。如我国北方的白垩系黑色页岩就是重要的生油层，南方的黑色页岩是镍钼铂等贵金属的含矿层。

5）碳质页岩

岩石中含有大量均匀分布的、细分散的碳化有机质，黑色能污手。但燃烧后灰分含量＞30%，一般很难作燃料使用。碳质页岩生成于湖泊－沼泽及潟湖－沼泽环境中，与煤系地层共生。如我国石炭系、二叠系及侏罗系含煤地层中均有产出，常作为煤层的顶、底板存在。

6）油页岩

指含一定数量干酪根（＞10%）的页岩。常呈浅黄、暗棕、棕黑色或黑色等。随有机质含量增高，颜色加深。层理发育，黏结性很强。含沥青质的称为沥青质油页岩，含腐泥质的称为碳质油页岩。油页岩常生成于闭塞海湾或深湖环境中，常与含油岩岩系或含煤岩系共生。如我国抚顺、广东茂名等地有油页岩产出。油页岩含油量4%～20%，最高达30%，可直接提炼非常规石油。

油页岩与碳质页岩的区别在于不污手，与黑色页岩之区别在于用小刀刮之可成为刨花状的薄片。

# 第五节　黏土沉积物的沉积后变化

沉积物在沉积后期一般都经历压实作用和黏土矿物的转变过程。压实过程只是排除了碎屑物颗粒间的自由水，其间矿物组成没有发生变化。而随埋深的加深，伴随着温度的升高和压力的加大，黏土矿物开始转变为更稳定的矿物。黏土矿物的转变主要受介质条件（如pH、Eh、$T$、$P$ 等）、孔隙水的化学组成等制约。温度升高的幅度与沉降区的地温梯度有关，而压力的增加只与沉积物的组成有关，受沉积物的密度制约。在一般条件下（不是俯冲带或碰撞造山带等极端条件下），压力对矿物转化的影响要远小于温度的影响。沉积物颗粒间的孔隙水的化学条件，如孔隙水的化学组成，也是制约黏土矿物转变的重要条件，它们和温度一起制约了黏土矿物的转变。

## 一、压实与脱水作用

黏土（岩）和泥岩在沉积初期是极为松散和富水的，其体积的70%～90%都是水，这些水主要是孔隙水，还有少量吸附在黏土矿物表面和结构层层间的水。随后续的沉积，其厚度逐渐增加。此时，自顶部向底部，因过载导致压实作用的发生，孔隙水迅速从黏土岩或泥岩中排出（图7-8），在大约1km埋藏深度处，泥岩的含水量降低至大约为体积的30%。而直至约2km处，岩石仅仅稍微失水。更深程度的脱水与压实关系不大，主要源于温度的升高，如温度升高到100℃左右时，黏土矿物表面吸附的水及结构层层间的水将开始排出，但这样的脱水并不损坏黏土矿物的结构，其排出的水在合适的条件下还可重新进入层间。

## 二、黏土矿物的转化

### 1. 高岭石的转化

沉积后的埋藏作用能够导致高岭石族矿物的转化或消失。

高岭石形成于表生或风化作用阶段，是铝硅酸盐矿物，如长石、似长石、蒙脱石、云母等，在酸性介质、排泄通畅的环境中形成，它能在酸性环境中稳定存在。但根据深部钻井资料的分析研究，高岭石稳定性与温度和压力并不严格相关，反而主要受所处环境的流体条件（pH、离子组成和浓度）制约。若只是考虑沉积期后地温梯度增加的影响，高岭石是可以转变为地开石和珍珠陶土的，但高岭石往往在这些转变发生前就消失了。如 Renault 和 Moore 1997 年在挪威大陆架上钻孔资料的研究发现在海底约 3km 深处（约120℃）砂岩中高岭石转变为地开石。流体的介质条件是约束高岭石转变的主要因素，从酸性介质到碱性介质，高岭石逐渐失稳转变为其他矿物。在含 $Ca^{2+}$，$Na^+$，$Mg^{2+}$ 等离子的介质中，高岭石转变为钠基蒙脱石或钙基蒙脱石；在含钾的流体条件下，高岭石转变为伊利石；在含 $Fe^{2+}$ 和 $Mg^{2+}$ 的条件下，高岭石转变为绿泥石或海绿石。

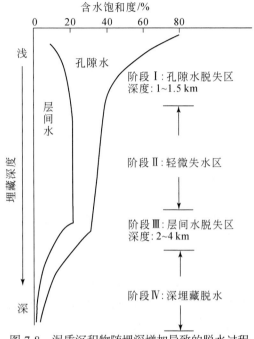

图 7-8　泥质沉积物随埋深增加导致的脱水过程
（Tucker 2003 年发表）

### 2. 蒙脱石及伊蒙混层黏土矿物的转化

蒙脱石和伊利石均为 2∶1 型富铝的层状硅酸盐矿物，但其层间阳离子的种类和数量有较大差异，前者层间阳离子主要为易交换的 $Na^+$ 或 $Ca^{2+}$，后者层间主要为 $K^+$。随着大量石油钻探研究的展开，对黏土矿物的研究也越来越深入。众多钻井资料的分析研究表明，随埋深的增加，蒙脱石和伊利石含量此消彼长。

众多实验已经证明，蒙脱石在富钾的溶液中很容易发生伊利石化，伊蒙混层矿物正是伊利石化的不同阶段的中间产物。转变可以用下式定性解释：

$$蒙脱石 +Al^{3+}+K^+ \longrightarrow 伊利石 +Si^{4+}+Me^{n+}（Na^+，Ca^{2+}）+H_2O$$

而在弱还原的富含 $Fe^{2+}$ 和 $K^+$ 离子的酸性介质环境中，蒙脱石可以转变为海绿石。转变可用下式定性解释：

$$蒙脱石 +Fe^{3+}+K^+ \longrightarrow 海绿石 +Si^{4+}+Me^{n+}（Na^+，Ca^{2+}）+H_2O$$

在含有 $Fe^{2+}$ 和 $Mg^{2+}$ 的环境中，蒙脱石可以转变为绿泥石，转变过程中可以形成蒙脱石–绿泥石混层矿物。

### 3. 伊利石和绿泥石的转化

伊利石和绿泥石均是沉积期后黏土矿物转变而成，它们均在一定的条件下稳定。若在酸性介质条件下则转变为蒙脱石，甚至转变为铝土矿、褐铁矿和非晶态二氧化硅（如碧玉）等强化学风化的终极产物。若在更高温度的条件下，则变质为细晶白云母或重结晶为粗大的绿泥石。

# 第八章　火山碎屑岩

## 第一节　概　　述

　　火山碎屑岩是由火山爆发作用所产生的各种碎屑物经堆积、成岩而成的岩石。典型的火山碎屑岩是指火山碎屑物含量达 90% 以上的岩石。由于此类岩石中常有数量不等的正常沉积物或熔岩物质的混入，因此，广义的火山碎屑岩是指界于熔岩和正常沉积岩之间的过渡类型岩石，包括了火山碎屑物含量＞ 10% 的各类岩石。

　　火山碎屑岩在成因上具有双重性：一方面，岩石的物质来源主要来自地下熔浆，与相应的熔岩有密切联系；另一方面，火山碎屑物喷出后，其搬运和成岩机理与沉积岩的形成方式相似，具有陆源碎屑岩的结构构造特点。

　　火山活动既可发育在陆壳上，亦可形成于水下洋壳，因此，火山碎屑岩有陆相沉积，也有海相沉积。在地质历史中，火山活动极为广泛而频繁，从前寒武纪到第四纪各时代地层中都有大量火山碎屑岩产出，所以，如何识别古老地层中的火山碎屑岩是非常重要的。但火山碎屑岩在后期地质作用过程中容易蚀变，从而使其难以鉴别，如果进一步受到变质，那么火山碎屑岩的原始特征将破坏无存，因而给鉴定带来困难。

　　火山碎屑岩常具有黑、浅红、紫红、暗绿、灰绿、灰白、黄褐色等特殊的颜色，颜色是野外鉴别火山碎屑岩的重要标志之一。颜色主要取决于物质成分，中基性火山碎屑岩色深，为暗紫红、墨绿等色；中酸性者色则浅，常为灰白色、浅绿色等。其次也取决于次生变化，如绿泥石化则显暗绿色，蒙脱石化则显白色或浅红色。

　　火山碎屑岩在自然界分布十分广泛，从前寒武纪至第四纪均有分布。我国火山碎屑岩分布相当广泛，尤其在我国东部，广泛发育的中生代火山岩系中有大量火山碎屑岩，而新生代火山岩系因主要为玄武岩系，岩浆的黏度较小，所以火山碎屑岩分布较少。

　　研究火山碎屑岩有重要的科学价值和实际意义。一是可以帮助我们了解该区域整个地质发展史中的火山活动情况，确定火山喷发的类型和规模，阐明该地区大地构造特征和沉积的环境；二是夹在沉积岩中较细的火山灰成层比较稳定，可作为地层划分对比的标志层，在限定地层年代上也具有非常重要的作用；三是许多矿产与火山碎屑岩有关，如铁、铜、铅、锌、铀等矿床；四是火山碎屑岩由于具有多孔性，是良好的油、气、水储集层。

## 第二节　火山碎屑物的特征

　　火山爆发作用产生的火山碎屑物有三种来源，一种是地下岩浆爆破撕裂的产物，另一种是已凝固熔岩爆破的产物，此外亦可有上覆或基岩围岩的碎屑，因而成分多样。火山碎屑物的大小、形态、内部结构构造变化很大，它们可作为划分火山碎屑物种类的依据。

按粒度、形态和内部结构构造可将火山碎屑物分为火山弹、火山块、火山砾、火山灰和火山尘等几种类型，不同类型火山碎屑物的粒度、形状和喷发状态不同（表 8-1）。按其组成和结晶程度分为岩屑（岩石碎屑）、晶屑（晶体碎屑）和玻屑（玻璃碎屑）。现分述如下。

表 8-1　火山碎屑物的粒度分类

| 粒度范围 /mm | Φ 值 | 形状 | 喷发状态 | 碎屑名称 |
|---|---|---|---|---|
| > 64 | < −6 | 圆 - 次棱角 | 塑性 | 火山弹 |
| | | 次棱角 - 棱角 | 固态 | 火山块（集块，包括岩屑、玻屑等） |
| 2 ～ 64 | −6 ～ −1 | 圆 - 棱角 | 塑性或固态 | 火山砾（角砾，包括岩屑、晶屑、玻屑） |
| 0.0625 ～ 2 | −1 ～ 4 | 常棱角，也可圆 | 塑性或固态 | 火山灰，包括岩屑、晶屑、玻屑 |
| < 0.0625 | > 4 | 圆 - 棱角 | 塑性或固态 | 火山尘 |

## 一、岩屑

岩屑是由构成火山基底或火山通道的岩石，在火山爆发时爆裂而成。其成分可以是早期形成的火山岩碎屑，如流纹岩、英安岩、珍珠岩、凝灰岩，也可以是沉积岩、变质岩、细粒侵入岩。因它具刚性，故常呈圆至棱角状外形。若为火山岩，其形态与原岩性质有关。韧性的岩石轮廓较圆滑，脆性的岩石呈贝壳状断口，某些流纹质珍珠岩被爆裂后，外表往往保留珍珠裂纹。

岩屑可大可小，大的出现在火山块、火山砾中，小的见于火山灰中。岩屑的成分主要取决于原岩的成分，可以是早先形成的细粒状火山岩，也可以是外源的细粒沉积岩、火成岩和变质岩。

## 二、火山弹

火山弹是一种具特定形态和内部构造的火山碎屑物，直径可达数十毫米。火山喷发时，在火山口附近，炽热的熔浆团被抛向空中，在空中飞行时往往发生不同程度的冷却或固结，并伴随着旋转、扭曲，然后落地而成。视在空中旋转程度以及落地时的固结情况而形成不同形态的火山弹。若完全以熔浆状态溅落地面，则呈不规则扁平状，称为溅落熔岩团；若熔浆团在落地前已基本固结，则落地时不会发生变形，常呈暗色不规则渣状块体，表面为锯齿状，称为火山渣，它是最常见的一类火山弹，多见于中基性火山碎屑岩中；若落地时表层固结或基本固结，常形成纺锤形（图 8-1）或面包壳状火山弹，有的还有扭曲现象，有的在落地时产生裂缝；若表层基本未固结，则以塑性状态着地，呈饼状、牛粪状、草帽状或其他不规则形状的火山弹；如果熔浆团成分为中酸性、酸性和碱性，且喷发高度不大，落地时呈可塑状态，那么其外形常呈透镜状、焰舌状，边缘呈撕裂状，称为火焰石，这是熔结凝灰岩的鉴定特征之一。切开火山弹，见呈同心层分布的气孔（图 8-1b），有时还具核心。

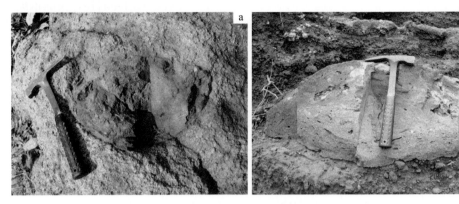

图 8-1　火山弹的形态（徐夕生和邱检生，2010）

两个纺锤状火山弹：a.来自南京六合方山；b.来自广西涠洲岛

## 三、晶屑

　　晶屑按其来源有两种：一种是地下熔浆中早期析出的斑晶，当火山喷发时被崩碎而成，为数最多；另一种是火山喷发时，火山基底或管道中的粗粒结晶质矿物被崩碎形成的捕虏晶。晶屑大小一般不超过 3mm，常呈棱角状，有时也保持原来的部分晶形，其成分多为石英、长石、黑云母、角闪石、辉石等。石英晶屑表面极为光洁，具有不规则裂纹及港湾状熔蚀外形（图 8-2a）。长石晶屑主要为透长石、酸性至基性斜长石，有较高自形程度，可见沿解理破裂及明显的裂纹（图 8-2b）。黑云母和角闪石晶屑常具弯曲、断裂及暗化现象（图 8-2c）。

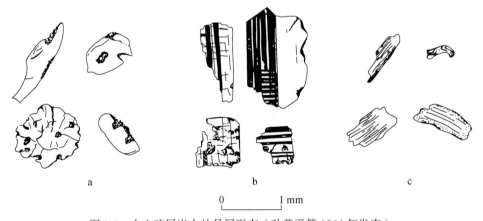

a　　　　　　　　　b　　　　　　　　　c

0 _____ 1 mm

图 8-2　火山碎屑岩中的晶屑形态（孙善平等 1964 年发表）

a.石英晶屑；b.长石晶屑；c.黑云母晶屑。a、b 取自张家口—宣化一带中生代凝灰岩，c 取自浙江，有弯曲和暗化现象

## 四、玻屑

　　玻屑粒径一般小于 0.5mm。当地下熔浆上升到地表附近时，因其内部挥发分，特别是

$H_2O$、$CO_2$ 骤然出溶膨胀，形成泡沫状岩浆，而后气孔壁被炸裂破碎冷凝而成玻屑。酸性熔浆挥发分含量较高，所以玻屑较发育。中性、基性熔浆形成玻屑的情况较少。玻屑被抛到空中，由于体积小、冷却快，故外形保存较好，有镰刀形、半月形、鸡骨状、海绵骨针状、浮岩状、撕裂状、管状、不规则尖角状等（图 8-3）。如果岩浆爆炸的强度不够，气孔壁就保存得较为完整，有时还有未炸开的小气孔保留，则玻屑呈浮岩结构，这种玻屑称浮岩状玻屑或称浮岩碎屑。

在凝灰岩中有时还可以划分出一种具撕裂形态的玻屑，称撕裂状玻屑，其外形多为拉长片状，两端参差不齐，内部具平行细纹。关于它的成因解说不一，它很可能是浮岩状玻屑被撕裂而成，内部的平行细纹是由气孔被拉长所致，参差不齐的两端，是由气孔壁被拉断形成。包含有多个气孔的玻屑颗粒较大，有的可达 1 ～ 2mm。

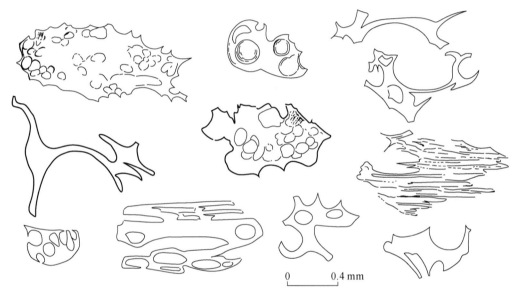

图 8-3　弧面棱角状玻屑的形态（孙善平等 1964 年发表）
取自张家口—宣化一带中生代凝灰岩，玻屑呈鸡骨状、浮岩状、撕裂状等形态

## 五、火山灰

火山灰粒径小于 0.01mm，是一种由很细小的晶屑、玻屑所组成的混合物，在显微镜下难以分辨，在电子显微镜下呈碎屑状，并相互重叠嵌紧。常作为较粗的火山碎屑物的填隙物出现于凝灰岩中，极易脱玻化，转变为绢云母、绿帘石、蒙脱石族矿物。

## 六、火山泥球

火山泥球是一个个球形的豆状体，剖面中具有同心圆构造，球的中心碎屑颗粒较粗，分布无序，向外粒度变细，并平行球面排列。粒径一般为 1.5 ～ 20mm，大的大于 5cm。主要由玻屑和火山尘组成，也可含少量晶屑和磨圆度较好的细粒陆源碎屑物，它的形成过程一般认为是：当大气中的水滴（包括雨水）穿过火山灰云时，黏着了一些细粒火山灰，在降落到地面上松散的火山灰层后，又随风力或斜坡滚动，类似于滚雪球一样，黏着的火山灰越滚越多，使球体不断增大，因而具有同心圆构造。主要见于中酸性陆相降落成因的凝灰岩和沉凝灰岩岩层中。

# 第三节　火山碎屑岩的类型及其特征

根据研究目的不同，前人提出了多种火山碎屑岩的分类及命名方案。广义的火山碎屑岩类在分类上需考虑以下四个方面因素（表 8-2）：①首先根据火山碎屑岩的物质来源和生成方式，划分为向熔岩过渡、狭义的火山碎屑岩和向沉积岩过渡等三种成因类型；②其次根据胶结类型和固结成岩方式，划分出火山碎屑熔岩、火山碎屑岩（包括熔结火山碎屑岩、正常火山碎屑岩和自碎火山碎屑岩）、沉积火山碎屑岩和火山碎屑沉积岩等四大类；③再根据火山碎屑的粒径和各粒级碎屑的相对含量，划分为集块岩、火山角砾岩和凝灰岩等三个基本种属；④最后再以火山碎屑物形态、成分、构造等依次作为形容词，对岩石进行命名，如晶屑凝灰岩、流纹质晶屑凝灰岩等；次生变化也常作为命名的形容词，如硅化凝灰岩、蒙皂石化凝灰岩、沸石化凝灰岩和变质流纹质晶屑凝灰岩等。

表 8-2　常见火山碎屑岩及相关岩石的分类

| 类型 | 向熔岩过渡类型 | 狭义的火山碎屑岩类型 | | | 向沉积岩过渡类型 | |
|---|---|---|---|---|---|---|
| 大类 | 火山碎屑熔岩 | 火山碎屑岩 | | | 沉积火山碎屑岩 | 火山碎屑沉积岩 |
| | | 熔结火山碎屑岩 | 正常火山碎屑岩 | 自碎火山碎屑岩 | | |
| 火山碎屑物含量 /% | 10～90 | >90 | | | 50～90 | 10～50 |
| 成岩方式 | 熔岩胶结 | 熔结状 | 压实和胶结为主 | 压实和胶结为主 | 化学沉积及黏土物质胶结 | |
| 结构构造 | 一般无定向结构 | 具明显的似流动构造 | 层状构造不明显 | 层状，或不明显 | 一般层状构造明显 | |
| >64mm | 集块熔岩 | 熔结集块岩 | 火山集块岩 | 自碎集块岩 | 沉集块岩 | 凝灰质砾岩（角砾岩） |
| 2～64mm | 角砾熔岩 | 熔结角砾岩 | 火山角砾岩 | 自碎角砾岩 | 沉火山角砾岩 | |
| <2mm | 凝灰熔岩 | 熔结凝灰岩 | 凝灰岩 | 自碎凝灰岩 | 沉凝灰岩 | 凝灰质砂岩、粉砂岩、泥岩 |

下面对主要的火山碎屑岩亚类岩石进行简要描述。

## 一、火山碎屑熔岩

火山碎屑熔岩是火山碎屑岩向熔岩过渡的一个类型，熔岩基质中可含 10%～90% 的火山碎屑物质，具有碎屑熔岩结构、块状构造。熔岩基质中可含数量不等的斑晶，呈斑状结构或气孔杏仁构造。火山碎屑主要是晶屑及一部分岩屑，少见玻屑。当成分相近时，往往不易区分岩屑与熔岩基质，而将岩屑误认为熔岩。按主要粒级碎屑划分为集块熔岩、角砾熔岩和凝灰熔岩三种。

## 二、熔结火山碎屑岩

熔结火山碎屑岩是以熔结方式形成的一类火山碎屑岩。火山碎屑物质含量达90%以上，其中以塑变碎屑为主，主要产于火山颈、破火山口、火山构造洼地和巨大的火山碎屑流与侵入状的熔结凝灰岩体中，其中较粗粒的熔结集块岩和熔结角砾岩分布不广，主要组成近火山口相。而细粒的熔结凝灰岩分布很广，可组成厚度大的火山碎屑岩层，它主要由小于2mm的塑性玻屑和岩屑组成，也有一定数量晶屑，具熔结凝灰结构、假流纹构造，碎屑以相互熔结压紧成岩。

## 三、正常火山碎屑岩

由于爆发式火山活动而产生的刚性和塑性的碎屑，在降落后经压实和水化学胶结而成的岩石，称为正常火山碎屑岩。正常火山碎屑岩中的火山碎屑占90%以上，按占优势的火山碎屑的粒径分为火山集块岩、火山角砾岩和凝灰岩。

### （一）火山集块岩

粒度大于64mm的火山碎屑物数量占岩石总体积1/3以上的火山碎屑岩，称为火山集块岩（图8-4a）。火山集块岩由火山弹及熔岩碎块堆积而成，也常混入一些火山通道的围岩碎屑，一般未经过搬运而呈棱角状，具集块结构，由细粒级角砾、岩屑、晶屑及火山灰充填压实胶结成岩。集块岩多分布于火山通道附近构成火山锥，或充填于火山通道之中。

### （二）火山角砾岩

粒度介于2～64mm之间的塑性或刚性火山碎屑物数量占岩石总体积1/3以上的火山碎屑岩，称为火山角砾岩（图8-4b）。火山角砾岩主要由大小不等的熔岩角砾组成，分选差，不具层理，通常被火山灰充填，并经压实胶结成岩。火山碎屑物在岩浆喷发时可以是

图8-4　南京六合方山火山块和火山角砾的形态（徐夕生和邱检生，2010）

a. 火山集块岩，灰黑色火山块为玄武质，同源成因；b. 火山角砾岩，砾包括同源角砾和少量来自火山基底砾石中的砾

液态，也可以是固态，若为前者，则是新生的火山碎屑；若是后者，则既有可能是同源的火山碎屑，也有可能是外来的碎屑。火山角砾岩多分布在火山口附近。

（三）凝灰岩

凝灰岩是指分布最广、最常见的一种细粒火山碎屑岩，主要由小于2mm的火山碎屑组成，呈凝灰结构。碎屑主要表现为岩屑、晶屑、玻屑和火山尘等四种形式。它们在火山爆发时被抛入空中，经过一定距离飘移后散落着地，再经压实胶结和水化学胶结固结成岩。因空中分选的缘故，近火山口的凝灰岩中岩屑和晶屑的比例较高，粒径粗于远离火山口者。凝灰岩一般层理较差，但某些凝灰岩（特别是中基性成分的凝灰岩）由于空中分选较好，或水下喷发等，也具有较明显的层理，称为层状凝灰岩。通常，根据凝灰岩中晶屑、玻屑和岩屑的相对含量，可将凝灰岩分为晶屑、玻屑和岩屑凝灰岩。

## 四、自碎火山碎屑岩

火山碎屑可在火山爆发和火山灰流中形成，如火山集块岩、角砾岩等便是如此；也可由火山岩的风化和破裂产生，类似于沉积碎屑的产生过程，经历搬运和沉积，产生主要由火山破碎物构成的沉积类型。另外一种需要注意的是自碎过程，即在有限的空间内，由于岩流中软硬部分相互摩擦或富水的气流隐爆而产生火山碎屑物，经压紧固结而形成的火山碎屑岩。这类岩石往往压结不紧，孔隙较大，一般分布在中心式或裂隙式火山口附近，或在火山穿窿，抑或是在破火山口内。

按照碎屑的形成过程，自碎火山碎屑岩可分为岩流自碎碎屑岩和侵入自碎碎屑岩两种类型。

2cm

图8-5　辽河盆地西部凹陷中生界凝灰质角砾岩

兴古7-8井2976.5m深岩心

## 五、沉积火山碎屑岩

火山碎屑岩与正常沉积岩之间的过渡岩石类型，称沉积火山碎屑岩类，又简称为沉火山碎屑岩。火山碎屑物含量在50%～90%，其他为正常沉积物质，经压实和化学胶结成岩。常显层理。正常沉积物除具有陆源砂泥外，还可含有化学和生物化学组分以及生物碎屑等。沉积火山碎屑岩颜色新鲜、颗粒棱角明显、无明显磨蚀边缘及风化边缘。

## 六、火山碎屑沉积岩

火山碎屑沉积岩以正常沉积物为主，火山碎屑物质含量占10%～50%，岩性特征基本与正常沉积岩相同。当其主要由陆源碎屑砾石组成时，称凝灰质砾岩或凝灰质角砾岩（图8-5）；主要由陆源碎屑砂组成时，称凝灰质砂岩；主要为泥时称凝灰质泥岩；主要为碳酸盐时称凝灰质石灰岩或凝灰质白云岩等。

# 第四节　火山碎屑沉积物的成因类型

火山碎屑岩的产状和分布与其形成过程有关。该过程可通过火山碎屑的喷发以及随后的搬运和堆积过程来考虑。火山爆发过程中由大量气体和火山碎屑混合而成的颗粒流通常以两种方式产出，从下到上依次为火山碎屑涌流和火山碎屑流。

火山碎屑涌流是一种低密度湍流，在空间上常形成于火山碎屑流的下部。在普林尼式火山爆发的初始阶段，热的岩浆蒸汽挟带细粒火山碎屑沿火山斜坡运移，同时又将地面的陆源碎屑卷入其中，随着能量消耗，碎屑物逐渐沉积，便构成火山碎屑涌流堆积。此类火山碎屑岩距离火山口一般不远，分布范围小、厚度薄，成分变化大，具有填平补齐起伏地貌的作用，岩性从下到上可从凝灰质碎屑岩、沉凝灰岩到晶屑玻屑凝灰岩。另外由于涌流在运移时有较高的前峰，因而堆积时可发育明显的层理构造，且常有低角度斜层理或交错层理构造。

火山碎屑流是一种高密度层流，其堆积产物称为火山碎屑流堆积，它包含各种熔结和未熔结的火山碎屑岩，并按照粒级可进行详细分类。对于中心式早期爆发式火山活动，粗粒径的集块岩和火山角砾岩一般分布在火山口附近或火山斜坡上；而细粒的凝灰岩则分布较广，其中岩屑凝灰岩和晶屑凝灰岩较靠近火山口，而玻屑凝灰岩可分布在距火山口很远的地方，甚至相距几千千米。如果组成火山碎屑流的碎屑物质的粒度2/3以上都属于凝灰级，则称为"火山灰流"，此过程形成的熔结凝灰岩可构成广阔的盾形山或熔结凝灰岩平原和高原，在我国东南部浙闽一带中生代火山岩中即有大面积分布的流纹质熔结凝灰岩。

从喷发环境来看，火山碎屑岩可以在陆相和水相环境中喷发，其搬运和沉积方式也不尽相同。按照火山碎屑物的主要搬运和沉积方式，可划分为三种成因类型。

## 一、重力流型火山碎屑沉积

重力流型火山碎屑沉积按其沉积环境又可分为陆上和水下两种类型。

陆上的火山碎屑流沉积是熔结火山碎屑岩类的主要形成方式。高黏度、富含挥发分的酸性和中酸性岩浆在上升到地表浅处时，由于压力骤降，气体急剧膨胀并强烈爆炸，火山口的熔岩被炸碎，岩浆喷出。其中一部分粉碎的火山碎屑物，呈火山灰、玻屑、晶屑等形式，被抛入高空后，呈空降火山碎屑物而逐渐堆积。大部分或全部喷出火山口的熔岩碎屑物，没有被抛入高空，而呈热的悬浮物混杂于火山气体之中，沿着山坡向四周运移，构成火山碎屑流。

水下火山碎屑流指的是主要由火山喷发碎屑物组成的高密度底流，当在水下流动时，由于流速降低后而形成沉积。这种沉积类型的特点是成层性较好，粒序构造明显；分选性较好，熔结性差，具明显"基质"支撑结构；浮石和火山渣气孔少；在剖面上粒序层之上为流动层，可表现明显的水携沉积特点，如可见交错层理、波痕、叠瓦构造及颗粒定向排列等。

## 二、降落型火山碎屑沉积

火山喷发物在大气中，经风力分异而形成的火山碎屑沉积属此种类型，由于碎屑颗粒较细，通常又称降落灰沉积。由于碎屑颗粒的粒度和密度不同，当随着风力搬运时，碎屑颗粒会依降落速度不同而分离，造成分异。风向、风速、扰动性以及碎屑物的喷射高度也是控制散落形态的重要因素。在理想情况下，在某个固定的方向上，火山碎屑的成分、粒度及沉积的厚度均会有系统的变化。通常来说，降落灰的厚度往下风方向逐渐减薄，粒度也相应减小。

大量火山灰可在空中作长距离搬运，然后降落在陆上或水中。降落在水中的火山灰物质，还可被水流继续搬运很远的距离，尤其是很细的火山尘，质轻多孔，可像浮石般漂流很远距离。这样，就可为海洋沉积物提供重要的物质来源。

## 三、水携型火山碎屑沉积

此类沉积具明显的水携沉积特点。火山喷发的碎屑物经过流水搬运可在海岸平原、海滩、浅海陆棚甚至深水盆地内沉积，分布也相当广泛。随着搬运距离加大，离火山口渐远，正常沉积物质也随之增多。因此，水携型火山碎屑沉积物的外貌类似岩屑砂岩或长石砂岩，也常具正常碎屑沉积岩的各种构造。它的成分主要受同期火山作用控制，碎屑的成熟度较低，分选性和磨圆度都较差，可见到玻屑、暗化的黑云母和角闪石等矿物，熔岩碎屑中残存着玻基斑状结构、交织结构或玻璃质结构等火山碎屑岩的特征结构，明显不同于由陆源火山岩剥蚀形成的碎屑沉积岩。

# 第五节　火山碎屑岩的次生变化

由于火山碎屑岩的胶结一般比较疏松，有一定孔隙度，便于流体和热液进出，因此容易发生次生变化。其中，最易发生变化的是火山尘、玻屑、浆屑，其次是晶屑和岩屑。晶屑和岩屑的变化与相应成分熔岩中的相同，例如暗色铁镁质矿物常变化为绿泥石、蛇纹石和绿帘石等；长石常变化为高岭石、方解石、绢云母和蒙脱石等。火山碎屑岩最常见的是脱玻化作用、水化蚀变作用，以及喷气、热液蚀变作用。

## 一、脱玻化作用

火山玻璃是一种极黏稠的过冷熔体，内部原子排列是无规律的。因此，在缓慢冷却过程中，逐渐趋向于结晶状态，这种现象称为脱玻化作用。时间、温度、压力等因素都会促进脱玻化的进行。所以，除了特殊的条件外，在古老岩石或受过变质的岩石中火山玻璃很少保存，通常均已转变为隐晶质或显微晶质的长石、石英集合体。如在水气热液作用下，酸性玻屑和火山尘发生脱玻化产生碱性长石和石英，它们呈霏细结构、球粒结构、梳状结构；与此同时，还会伴生一些次生矿物，常见的有方解石、蒙脱石、水铝英石、水铝石、叶蜡石、沸石和蛋白石等。

## 二、水化蚀变作用

地表或水下盆地底部堆积的玻屑及火山灰，在渗流水、降水及海水作用下发生分解称为水化蚀变作用，简称水化作用，其结果是使火山玻璃富含水。基性玄武玻璃可风化和水化为橙玄玻璃，呈土褐色、黄色或灰色多边形。此外，还可以脱玻化形成三种产物：非均质暗橙色至橙色的隐晶物质、绿泥石质物质以及沸石。三者可以共存，也可以出现其中的一两种，并在玻璃质中呈带状分布。

## 三、喷气、热液蚀变作用

在火山作用晚期和后期的喷气和热液作用下，火山碎屑岩中的原生矿物被一系列新生矿物所取代的作用称喷气、热液蚀变作用，也称交代蚀变作用，其结果使火山碎屑岩的化学成分、矿物成分和结构构造都发生了变化。交代蚀变作用主要有次生石英岩化、绿泥石化、沸石化和青磐岩化等。

# 第六节　与火山碎屑岩有关的成矿作用

火山碎屑岩的孔隙也是含矿溶液运移、交代和成矿的有利场所。特别是火山机构附近的火山碎屑岩中，又往往伴生后期侵入活动，常常产出许多有价值的非金属、金属和特种矿产，而且有时规模较大。常见的矿种有明矾石、叶蜡石、沸石、硫、铜、铅、锌、铁、汞和铀等，蚀变类型有青磐岩化、次生石英岩化、绢英岩化、碳酸盐化、云英岩化、长石化等。

火山碎屑岩还可作为油气储集层，是我国中、新生代陆相含油气盆地重要的油气储集层类型之一。火山爆发相的岩石可发育大量火山角砾和碎屑间缝，这类裂缝虽在成岩作用过程中极易被次生矿物填充和堵塞，但在后期流体溶蚀改造作用下却可形成好的储集空间，如松辽盆地徐家围子断陷徐深 1 井在 3450m 深度的高产天然气流就产于爆发相的火山角砾及碎屑间缝。火山溢流相的顶、底面气孔尤其发育，当气孔彼此孤立出现时，其储集性能差，而在裂隙及后期热液流体的改造下能形成连通性良好的裂隙－气孔储层。

此外，当岩流冷凝收缩时可形成冷凝收缩缝，尤其当岩流进入地表水体或水饱和而尚未固结的软泥沉积物时，则会迅速淬火冷却而形成自碎角砾岩相。自碎角砾岩以江苏油田苏北闵桥最为典型，该自碎角砾岩孔隙发育，含油较普遍，含油率可达 60%。二连盆地阿北油田阿 100 井也存在大量的自碎角砾岩型储层，其安山质角砾岩呈无定向性，部分角砾间缝隙未被充填，因而具有较高的孔隙度和较大的渗透率。

由火山灰组成的凝灰岩具有粒度微小、遇水膨胀、分散、可塑性强等特点，尤其是火山灰形成的膨润土矿层或含膨润土质泥岩，可与膏盐层相媲美，是极佳的盖层。对辽河油田未蚀变、蚀变玄武岩及泥岩微孔隙结构的研究表明，未蚀变玄武岩封盖能力极好，蚀变玄武岩略差，但仍强于相近深度的泥岩。因此，在浅层泥岩盖层质量较差的情况下，略早于下伏烃源岩生烃期的火山碎屑岩，可能成为重要的浅部盖层。辽河盆地东部凹陷各套火山碎屑岩之下均有较丰富的油气分布，进一步证明了火山碎屑岩封盖作用的重要性。

# 第九章　碳 酸 盐 岩

## 第一节　碳酸盐岩的基本特征

主要由方解石和白云石等碳酸盐矿物组成的沉积岩称作碳酸盐岩，岩石类型主要有石灰岩（方解石含量大于 50%）和白云岩（白云石含量大于 50%）。碳酸盐岩主要在海洋中形成，少数在陆地中形成。

据统计，碳酸盐岩在地壳中的分布仅次于黏土岩和砂岩，碳酸盐岩的出露面积约占全球陆地面积的 12%，占沉积岩出露面积的 20% 以上（方少仙等，2013）。在我国，碳酸盐岩的分布面积约占沉积岩总面积的 55%，主要分布于震旦纪、古生代、中生代和新生代的海相地层中。

碳酸盐岩中蕴藏丰富的油气资源，世界上与碳酸盐岩有关的油气储量约占总储量的 50% 以上，产量占总产量的 60%，其中，白云岩中油气储量占碳酸盐岩可开采油气储量的 80%（Feng and Jin，1994）。我国碳酸盐岩油气藏主要分布在四川、塔里木、柴达木、酒西、渤海湾、鄂尔多斯、珠江口、北部湾、白色、苏北等沉积盆地中。碳酸盐岩常与许多固体沉积矿藏共生，如铁、铝、石膏及硬石膏、岩盐等，并作为许多金属层控矿床的储矿层，如汞、锑、铅、锌、铜、铀、钒等。碳酸盐岩本身还是一种很有价值的矿产，石灰岩和白云岩广泛用于建筑、化工、农业、医药、冶金等方面。孔隙和裂隙发育的碳酸盐岩也是地下水的重要的含水层；广泛分布于大陆表面的碳酸盐岩对工程建设、旅游事业、国防施工等均有重要意义。因此，研究碳酸盐岩有着重要的科学意义和经济价值。

碳酸盐岩是多成因的，不仅有无机化学沉淀的，也有生物及生物化学作用形成的，而且在其形成的全过程中还常常有机械作用参与。绝大部分碳酸盐岩都是在浅海环境中形成的，深海环境虽也有碳酸钙的堆积，但其规模很小，远不能和浅水台地及陆棚相比。古生代和前寒武纪的深海沉积物中碳酸盐很少，只是到了白垩纪以后深海碳酸盐堆积才有大面积分布。而且前寒武纪的碳酸盐多由藻类生物化学作用或海水的直接化学沉淀形成，寒武纪以后则以生物成因的碳酸盐岩为主，受机械作用或重力作用形成的碳酸盐岩也相当发育。

科学技术的发展以及人们对能源需求的增加，碳酸盐岩的研究得到迅速发展。20 世纪 50 年代中后期，在全世界范围发现了碳酸盐岩油气藏，引起人们对现代碳酸盐沉积物的深入研究。60～70 年代，人们对现代和古代碳酸盐岩的沉积环境、成岩过程、沉积相、相模式、白云岩成因等进行了较为全面的研究。80 年代应用地球化学手段对碳酸盐岩的沉积后作用进行了深入研究。90 年代以来，层序地层学在碳酸盐岩储层描述和预测中发挥越来越重要的作用。总之，新技术、新方法的应用及现代碳酸盐沉积的研究，使碳酸盐岩的研究在岩石学、岩类学和岩相学方面有很大的突破，提出了许多重大的新观点和新理论。

# 第二节 碳酸盐岩的物质成分

碳酸盐岩的物质成分直接来自沉积盆地中的化学物质和生物化学物质，可从化学成分和矿物成分两个方面来阐述。

## 一、化学成分

碳酸盐岩的主要化学成分为 CaO、MgO 和 $CO_2$，次要化学成分有 $SiO_2$、$TiO_2$、$Al_2O_3$、FeO、$Fe_2O_3$、$K_2O$、$Na_2O$ 和 $H_2O$ 等氧化物（表 9-1）。纯石灰岩的理论化学成分为 CaO 占 56%，$CO_2$ 占 44%；纯白云岩的理论化学成分为 CaO 占 30.4%、MgO 占 21.7%、$CO_2$ 占 47.9%。实际上，自然界中的碳酸盐岩成分总比理论成分复杂，其中还含有一些微量或痕量元素，如 Sr、Ba、Mn、Ni、Co、Pb、Zn、Cu、Cr、V、Ga、Ti 等，可利用这些元素种类、元素含量、元素对的比值等来划分和对比地层、分析沉积环境及判断岩石成因。

**表 9-1 碳酸盐岩的化学成分**（方邺森和任磊夫，1987）

| 化学成分 | 方解石（理论成分） | 白云石（理论成分） | 石灰岩平均成分（345 个样品，Clarke） | 纯灰岩（什维佐夫，1948） | 白云岩（南京大学地质系，1961） |
|---|---|---|---|---|---|
| $SiO_2$ | — | — | 0.06 | 1.10 | 0.76 |
| $TiO_2$ | — | — | 0.08 | — | — |
| $Al_2O_3$ | — | — | 0.54 | 0.07 | 0.29 |
| $Fe_2O_3$ | — | — | — | 0.07 | 0.30 |
| MgO | — | 21.70 | 7.90 | 0.02 | 21.60 |
| CaO | 56.00 | 30.40 | 42.61 | 55.44 | 30.34 |
| $K_2O$ | — | — | 0.33 | — | 0.34 |
| $Na_2O$ | — | — | 0.05 | — | |
| $H_2O^+$ | — | — | 0.21 | — | 0.03 |
| $H_2O^-$ | — | — | 0.56 | — | — |
| 烧失量 | — | — | — | 44.11 | — |
| $CO_2$ | 44.00 | 47.90 | 41.58 | — | 46.81 |

碳酸盐沉积物和碳酸盐岩中的氧碳稳定同位素 $^{18}O$、$^{13}C$ 对判别碳酸盐岩沉积介质的性质有一定的意义。从溶液中沉淀出来的碳酸盐固体的 $^{18}O$、$^{13}C$ 同位素，是由水溶液中的 $CaCO_3$-$CO_2$-$H_2O$ 系统中的 $^{18}O$、$^{13}C$ 与固体的碳酸盐矿物反应，进入碳酸盐矿物中的。因此，碳酸盐矿物的氧碳稳定同位素 $^{18}O$、$^{13}C$ 受着碳酸盐矿物相和水体的温度、盐度的影响（方邺森和任磊夫，1987）。在非平衡的沉淀作用出现生物的新陈代谢分馏效应时，$^{13}C$ 的含量变得比较低，有机质的 $\delta^{13}C$ 值一般为 −30‰ ～ −25‰，甲烷的 $\delta^{13}C$ 值可低达 −80‰。不同矿物的 $\delta^{18}O$、$\delta^{13}C$ 也有较大的变化，文石在 25℃时的 $\delta^{18}O$=0.6‰，高于同时沉淀的方解石；镁方解石的 $\delta^{18}O$ 值按每 1%$MgCO_3$ 摩尔数增加 0.06‰ 的比率递增；方解石的 $\delta^{13}C$ 比沉积

介质 $HCO_3$ 多 0.9‰；文石比方解石多 1.8‰。不同类型的海相碳酸盐的 $\delta^{18}O$、$\delta^{13}C$ 值的分布不一样。氧碳同位素随地质历史由老到新总体上表现为由轻到重的变化（Veizer et al., 1986），其中最大的变化发生在石炭纪，变化幅度在 2‰ ～ 3‰。利用碳酸盐岩的氧碳同位素可为认识地质历史时期的古海平面变化、气候变化和冰川作用、海水原始氧碳同位素的组成、陆地和海洋生物盛衰的长期变化特征、海洋温盐环流特征等一些重大的基础科学问题提供重要的依据（林春明等，2002）。

## 二、矿物成分

### （一）碳酸盐矿物

碳酸盐矿物是由二价阴离子 $CO_3^{2-}$ 与二价阳离子 $Mg^{2+}$、$Zn^{2+}$、$Fe^{2+}$、$Mn^{2+}$、$Ca^{2+}$、$Sr^{2+}$、$Pb^{2+}$、$Ba^{2+}$ 结合形成的无水碳酸盐矿物。由于阳离子半径的大小和配位数不同，碳酸盐矿物有两种不同的晶体结构。一种为具有六次配位数的方解石型，矿物结晶形态属于三方晶系；另一种为具有九次配位数的文石型，矿物结晶形态属于斜方晶系（表 9-2）。白云石 $CaMg(CO_3)_2$ 由于其成分和构造特殊，也可单独划为三方晶系白云石型。

**表 9-2　阳离子半径和碳酸盐矿物的结晶型**

| 阳离子 | Mg | Fe | Zn | Mn | Cd | Ca | Sr | Pb | Ba |
|---|---|---|---|---|---|---|---|---|---|
| 半径/Å | 0.66 | 0.74 | 0.74 | 0.80 | 0.97 | 0.99 | 1.16 | 1.24 | 1.43 |
| 矿物名称 | 菱镁矿 | 菱铁矿 | 菱锌矿 | 菱锰矿 | 菱镉矿 | 方解石 | 碳酸锶矿 | 白铅矿 | 毒重石 |
| 结晶型 | 方解石型 | | | | | | 文石型 | | |

现代碳酸盐沉积物与古代碳酸盐岩中，碳酸盐矿物种类有很大差别。古代碳酸盐岩中几乎只由稳定的低镁方解石（方解石）和白云石组成。而现代碳酸盐沉积物则同时出现稳定与不稳定或亚稳定的矿物相，包括低镁方解石、高镁方解石、文石、白云石和原白云石。

#### 1. 低镁方解石

当方解石中 $MgCO_3$ 的摩尔分数低于 4% 时，称为低镁方解石，即通常所指的方解石，是碳酸盐岩中最稳定的矿物。现代海相碳酸盐沉积物中，低镁方解石较高镁方解石和文石少，只在深海碳酸盐沉积物中才占优势，多形成于低水温环境中。低镁方解石常组成介形虫、三叶虫、苔藓虫、某些腕足类及有孔虫、蓝藻、颗石藻等海生生物的骨骼，为深海碳酸盐沉积物的特征矿物。

低镁方解石非常稳定，极少在其颗粒内部发生化学变化。但是在成岩过程中，方解石也可能发生溶解－再沉淀作用，从而在其内部形成粒内孔隙。方解石中可能含有微量 $Mn^{2+}$ 和 $Fe^{2+}$。其中含有 $Fe^{2+}$（含量为几千 ppm）的方解石称为铁方解石，是在 pH 为 7 ～ 8 的还原环境下沉淀的，所以铁方解石胶结物一般属于成岩作用后期产物，而且只在深埋藏的还原环境下形成（Schneider et al., 2008）。

**2. 高镁方解石**

当方解石中 $MgCO_3$ 的摩尔分数高于 4% 时，称为高镁方解石。高镁方解石中含有大量 $MgCO_3$，其摩尔分数常为百分之几，甚至高达 14%（Malone et al., 2009）。大部分高镁方解石中 $MgCO_3$ 的摩尔分数在 12% ～ 17%，少数可达 30%。X 射线衍射分析证明，方解石中 $MgCO_3$ 并未形成白云石，$MgCO_3$ 的存在没有改变方解石的晶体结构，而是呈固溶体状态加入到方解石晶格中，只有部分 $Ca^{2+}$ 被 $Mg^{2+}$ 置换。在现代碳酸盐沉积物中，高镁方解石多呈偏三角体的细长刃状或齿状形体，它形成于水温较高的浅海及滨海地带的海水中。当海水中 $Mg^{2+}$ 浓度大于正常海水的 $Mg^{2+}$ 浓度，盐度偏高时，容易产生高镁方解石沉淀。

现代海洋环境下，高镁方解石主要出现在生物成因碳酸盐沉积中，包括无脊椎生物、藻类、胶结物和碳酸盐球粒中。某些钙质生物硬体中，高镁方解石的 $MgCO_3$ 摩尔分数高达 43%，如海胆类咀嚼器的牙齿。生物硬体中 $MgCO_3$ 的含量高低与生物生长时海水温度高低有关。高镁方解石是一种不稳定碳酸盐矿物，只存在于现代碳酸盐沉积物中，在沉积后作用中高镁方解石的 $Mg^{2+}$ 逸出，在海底或淡水条件下很容易蚀变为低镁方解石（Malone et al., 2009）。高镁方解石转变为低镁方解石后其晶格结构不发生改变，生物骨骼的原始结构一般也不发生变化。如果矿物发生多相转变后又发生重结晶作用，则一般由泥状或菱形的高镁方解石转变为粒状低镁方解石，孔隙水中碳酸盐过饱和，促使碳酸盐沉淀。

**3. 文石**

文石又叫霰石，是 $CaCO_3$ 在高压下的稳定同质多象体。文石中 $MgCO_3$ 摩尔分数很少超过 1.5%（Chave，1954），这是因为 $Mg^{2+}$ 离子半径小于 $Ca^{2+}$ 离子半径，易于进入三方晶系的方解石晶体结构中形成高镁方解石，而不易进入 $Ca^{2+}$ 离子半径构成的斜方晶系文石型晶体结构中。$Sr^{2+}$ 离子半径与文石中的 $Ca^{2+}$ 离子半径相近，较易进入文石晶格中，但文石中 $SrCO_3$ 摩尔分数也很少超过 3.87%（方邺森和任磊夫，1987）。文石多形成于现代浅海及滨岸盐度正常、$Mg^{2+}/Ca^{2+}$ 稍偏高的海水中。文石常呈长约 0.0039mm 的细针状晶体，称为文石针；晶粒小于 0.1μm 的称为文石泥。文石可以组成文石质的生物骨骼，如软体动物、部分珊瑚及藻类等骨骼，也可以构成非生物成因的文石质颗粒，如鲕粒、球粒和内碎屑等。

碳酸盐在沉积后作用中，如果孔隙流体和亚稳态矿物之间达到平衡，则矿物会不断由亚稳态转变为稳态，这种情形一直持续到孔隙流体与矿物相完全平衡。多数现代碳酸盐沉积物最初都是文石，但文石的溶解度较方解石大，易被溶解或被其他矿物所交代。低镁方解石是最稳定的矿物，而文石不稳定，高镁方解石最不稳定。现代或新生代碳酸盐岩中常含大量的文石（Flügel，2010），但在古代石灰岩却主要是低镁方解石和白云石（Rivers et al., 2008），如中生代碳酸盐岩中，文石比较少见（Morse，2003），而元古宙碳酸盐岩几乎不含文石，这种文石的含量随地质年龄增加而减少的现象可能主要是沉积后作用导致的，但同时这也反映了碳酸盐矿物种类随时间而变化的特性（赵彦彦和郑永飞，2011）。因此，在古代岩石中见到的多是低镁方解石矿物。Frisia 等于 2002 年证明文石能在 1000 年内转变为方解石，但是，转变的机制并不清楚。冷水（水体温度小于 20℃）中文石在埋藏作用发生之前，就已经在海水中溶解，所以冷水碳酸盐岩中缺少文石（James et al., 2005）。

**4. 白云石**

化学分子式为 $CaMg(CO_3)_2$，晶形多为菱面体。标准的白云石是 $Ca^{2+}$ 与 $Mg^{2+}$ 摩尔比为 1：1 的有序碳酸盐，其中阳离子层与阴离子层（$CO_3^{2-}$）相间排列，而阳离子层则由纯 $Ca^{2+}$ 和纯 $Mg^{2+}$ 交替组成，使白云岩具有高度有序的结构（图 9-1）。所以 Ca-Mg 碳酸盐是不是白云石，不仅取决于 $Mg^{2+}$ 的含量，尤其要具有这种"有序"的晶体结构。现代沉积物中的白云石大多不具有序结构，古代地层中的白云石一般都是高度有序的。白云石晶格中镁离子常常被二价铁离子替换，当 $Fe^{2+}$ 含量与 $Mg^{2+}$ 大致相等时，称为铁白云石，化学分子式为 $Ca(Mg, Fe)(CO_3)_2$。

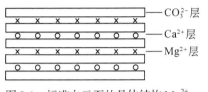

图 9-1　标准白云石的晶体结构 $Mg^{2+}$、$Ca^{2+}$ 与 $CO_3^{2-}$ 层呈有序排列

自 Dolomieu 于 1791 年发现白云石以来的 220 多年间，白云石的成因一直是有争论的。主要是因为实验室内常温常压下没有人工合成白云石，因此人们怀疑在自然界的水溶液中是否有结晶的白云石形成。虽然多处已发现现代白云石沉积物，但经 X 射线衍射分析是含 $Ca^{2+}$ 过量的非标准白云石，故一般认为白云石都不是原生沉淀的，而是由高镁方解石在准同生期或成岩期"变化"而来，或由含镁质的盐水（如海水、孔隙水或地下深处的盐水）交代文石或低镁方解石而成。

古代白云岩和现代碳酸盐沉积物的分布，都证明白云石多形成于盐度偏高，邻近海岸的浅水、潮坪或潟湖地带和露出水面的浅滩蒸发条件下；陆相盐湖近岸带也有分布。在一些近岸碳酸盐沉积物的高盐度孔隙水与天水或淡潜水混合带中也可形成白云石；一些深海的正常海水中也有少量白云石。

白云石生成机理比较复杂，是碳酸盐岩岩石中最复杂的、争论时间最久的、最难解决的问题之一。白云石晶格是 $Ca^{2+}$、$Mg^{2+}$、$CO_3^{2-}$ 离子层相互交替而成。虽然从理论上讲，在碳酸盐过饱和的海水中首先沉淀出来的应当是白云石，但是由于离子干扰形成的动力学抑制剂的限制（Land，1998），实际上从开阔海洋中沉淀出来的首先是文石和镁方解石，而白云石却很难从水体中直接沉淀。因此，尽管岩石中的白云石非常常见，但是在现代碳酸盐沉积中，白云石却很少出现（Budd，1997）。几乎所有的白云石都是从早期浅水灰岩交代而来的，而且随着白云岩化程度的增大，碳酸盐岩会形成一系列独特的结构（Machel，2004）。

**5. 原白云石**

原白云石又称钙质白云石，是一种似白云石的矿物。原白云石是 Graf 和 Goldsmith（1956）在实验室较低温度下人工合成的，成分上介于镁方解石和标准白云石之间的一种过渡性矿物。在 X 射线衍射分析上显示有序性较差，在化学计量上表现出 $Ca^{2+}$ 与 $Mg^{2+}$ 摩尔比不是为 1：1，而常常是 $Ca^{2+}$ 大于 $Mg^{2+}$，其变化在 $Ca_{50}Mg_{50}$ 至 $Ca_{56}Mg_{44}$ 之间。原白云石与天然的现代碳酸盐沉积物中的类似白云石矿物在晶体结构上极为相似，都具有三层状排列，只是原白云石在 $Mg^{2+}$ 层内 $Mg^{2+}$ 部分被 $Ca^{2+}$ 所替换（图 9-2），使其晶胞扩大，造成 X 射线衍射峰偏移。原白云石 X 射线衍射峰的位移，可通过用 NaCl 作内标的 X 射线衍射分析，计算出 $Ca^{2+}$ 替换 $Mg^{2+}$ 的数量（方邺森和任磊夫，1987）。

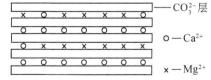

图 9-2　原白云石晶体结构镁离子层中 $Mg^{2+}$ 部分被 $Ca^{2+}$ 所替换

在常温常压下，容易形成原白云石，而不易形成白云石。只有经过高温的作用和较长期变化，原白云石才渐变为有序的标准白云石。古代纯白云岩，几乎都是由标准白云石组成，没有原白云石。原白云石与白云石形成环境相同。人工合成了原白云石及现代碳酸盐沉积物中原白云石的发现，为探讨白云岩的成因提供了很重要的证据。

在碳酸盐岩中其他可见的碳酸盐矿物还有菱镁矿、菱铁矿、菱锰矿等。它们也多不是原生沉积的，可能像白云石一样是交代成因的。

### （二）自生的非碳酸盐矿物

常见的有石膏、硬石膏、重晶石、天青石、萤石、岩盐和钾镁盐矿物等，还有少量的蛋白石、玉髓、黄铁矿、白铁矿、海绿石、磷酸盐矿物、自生石英和有机物等，这些矿物的出现与一定的沉积环境或沉积后作用有关。

### （三）陆源矿物

常见的有碎屑矿物（如碎屑石英及长石）、黏土矿物，以及少量的重矿物。当陆源矿物含量超过 50% 时，碳酸盐岩即过渡为泥岩和碎屑岩。

# 第三节 碳酸盐岩的结构构造

碳酸盐岩是多成因的岩石，它主要由机械作用、生物作用和化学作用形成。因此，碳酸盐岩的结构、构造，除一部分具有化学、生物化学作用沉积特点外，大部分都具有与碎屑岩相似的结构和构造。研究其结构组分、结构类型及其沉积构造，对弄清碳酸盐岩的成因和形成环境有特别重要的意义。

## 一、碳酸盐岩的结构

### （一）概述

碳酸盐岩的结构在一定程度上反映了岩石的成因，它不仅是岩石的重要鉴定标志，也是碳酸盐岩分类命名的重要依据。岩石的结构类型和含水性、储油气性能直接有关，也与岩石的沉积环境有关。所以研究碳酸盐岩的结构是研究碳酸盐岩的重要课题之一。

不同成因的碳酸盐岩，具有不同的结构类型：①由波浪和流水搬运形成的灰岩或白云岩，具有类似于碎屑岩的颗粒结构；②由原地生长的生物骨架组成的生物灰岩和礁灰岩，具有生物骨架结构；③由化学、生物化学作用沉淀的灰岩和白云岩，具有泥晶和微晶结构；④白云岩化灰岩或白云岩，具残余结构及晶粒结构；⑤重结晶的灰岩和白云岩，具晶粒结构及残余结构。

碳酸盐矿物原始沉积时颗粒细小，化学性质活跃，碳酸盐泥中含水多，造成碳酸盐岩物质成分的不稳定性，决定了它在沉积后作用中的多变性，它的原始结构往往遭到不同程度的破坏，这给恢复碳酸盐岩的原始面貌带来很大的困难。

### （二）颗粒结构

颗粒结构的碳酸盐岩主要由颗粒、基质和亮晶方解石胶结物等部分组成。

**1. 颗粒**

碳酸盐岩中的颗粒，福克称异化粒或异化颗粒，包括内碎屑、生物碎屑、鲕粒、核形石、球粒和团块等，它们是在沉积盆地内由化学作用、生物化学作用、生物作用，以及波浪、潮汐和岸流的机械作用而形成的，并在盆地内就地沉积或经短距离搬运而沉积的颗粒。其中只有内碎屑和生物碎屑才是由原有沉积物（软泥及生物）再被打碎、搬运而成的碎屑，其余的则均具有原生的形态，不是被再搬运、再沉积的碎屑，只能称颗粒。但它们可统称为颗粒，都是在盆地内生成的，也都称广义的内碎屑。

1）内碎屑

狭义的内碎屑是早已沉积于海底的，弱固结的碳酸盐沉积物，经岸流、波浪或潮汐等作用剥蚀出来并再沉积的碎屑。表示在同一沉积盆地"之内"或同一地层"之内"形成的碎屑。由沉积盆地外搬运进入盆地内的古老碳酸盐岩的碎屑则不属内碎屑，应叫外碎屑或陆源碎屑，即沉积岩的矿物碎屑或岩屑。

内碎屑的形状多种多样，多具有次圆状、次棱角状的外形，或者呈不规则塑性变形。少数呈棱角状或圆状。内部结构可以是均一的，也可较复杂，其内还可包有生物、鲕粒或陆源砂等，有时还可保存原沉积物的层理。内碎屑大小变化也较大，按大小可把内碎屑分为砾屑、砂屑、粉屑、微屑和泥屑五种类型（表 9-3）。

**表 9-3　碳酸盐岩内碎屑的分类**

| 内碎屑粒径 | mm | ＞ 2 | 2 ~ 0.0625 | 0.0625 ~ 0.0039 | 0.0039 ~ 0.00049 | ＜ 0.00049 |
|---|---|---|---|---|---|---|
| | $\Phi$ 值 | ＜ -1 | -1 ~ +4 | +4 ~ +8 | +8 ~ +11 | ＞ +11 |
| 内碎屑类型 | | 砾屑 | 砂屑 | 粉屑 | 微屑 | 泥屑 |

碳酸盐岩的结构和岩石命名就是根据颗粒类型、大小和数量，再加上颗粒成分和基质、亮晶方解石胶结物的量比关系来定的。如灰岩的颗粒组分为 50% 以上的砾屑或砂屑，这种岩石的结构就叫砾屑或砂屑结构，岩石就命名为砾屑或砂屑灰岩（图 9-3）。

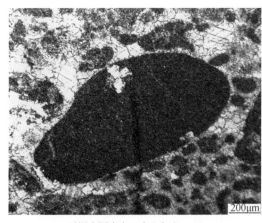
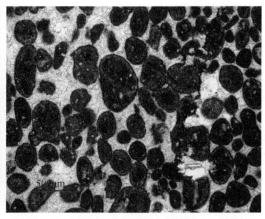

a. 砾屑磨圆度高，南京句容，(-)　　　b. 砂屑，亮晶方解石胶结物，南京汤山，(-)

图 9-3　亮晶砾屑砂屑灰岩

2）生物碎屑

碳酸盐岩中生物个体完整的叫生物或骨粒，多是䗴类、有孔虫、介形虫等微体生物化石（图9-4），也有腕足类、腹足类、瓣鳃类、珊瑚等部分完整的宏体化石；生物个体不完整者，多是经过搬运、磨蚀的叫生物碎屑，或叫骨屑或生物屑。

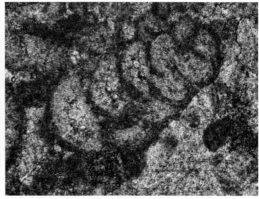

a.䗴类生物化石、海百合碎屑，（－）　　　　　b.有孔虫化石，（－）

图9-4　贵州宗地石炭系生物屑灰岩

绝大多数碳酸盐岩都与生物直接或间接有关，很多岩石由生物或生物碎屑组成。因此，研究碳酸盐岩，一定要研究生物，它相当于其他岩石中的"造岩成分"，用于碳酸盐岩的分类定名、地层的划分和对比、沉积环境的确定。而且，生物与沉积矿产的形成和分布也有密切的成因联系，所以研究碳酸盐岩中的生物组成是相当重要的。

3）鲕粒

鲕粒是具有核心和同心层包壳的球形或椭球形颗粒，很像鱼子。核心可以是内碎屑、生物、陆源石英或其他碎屑等。同心层常由泥晶方解石组成，现代鲕粒多由文石组成。鲕粒大小一般小于2mm，大于2mm者称豆粒。鲕粒常常同时具同心状和放射状结构（图9-5）。根据鲕粒的内部结构把鲕粒分为如下几种类型。

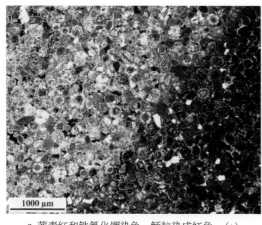

a.茜素红和铁氰化钾染色，鲕粒染成红色，（＋）　　　b.核心为内碎屑，鲕粒间有陆源石英碎屑，（＋）

图9-5　苏北盆地高邮凹陷阜宁组亮晶鲕粒灰岩

（1）真鲕。一般叫鲕粒或称正常鲕粒，具同心状或放射状结构，包壳的厚度大于核心的半径。真鲕直径多在 0.3～1mm 之间，同心层数从几层到几十层之间（图 9-6）。同心层数越多，其沉淀－搅动的次数越多，说明鲕粒形成的能量越高。

（2）薄皮鲕。又称表鲕，同心状包壳的半径小于核心的半径（图 9-6）。

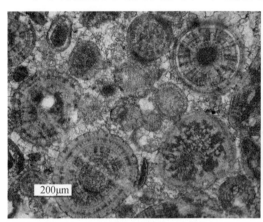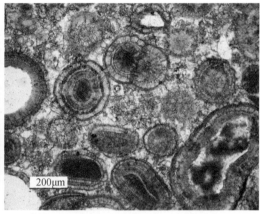

a. 真鲕，核心为内碎屑，放射状，江苏仪征，(-)　　b. 真鲕，部分表鲕，同心状居多，江苏仪征，(-)

图 9-6　亮晶鲕粒灰岩，鲕粒具同心状或放射状包壳结构

（3）复鲕。几个小鲕粒黏在一起，其外又被大的鲕皮包裹。

（4）变形鲕。鲕粒沉积物在胶结之前，受底冲刷及拖动使之变形而成。变形鲕是同生期产物。但有的鲕粒在成岩后生期受压溶作用也可发生变形，两者成因不同，注意其区别。

（5）变晶鲕。鲕粒经重结晶作用，破坏了原鲕粒的内部构造，形成结晶的方解石晶体者称变晶鲕。若鲕粒只有一个单晶方解石构成者称单晶鲕，多个晶体者称多晶鲕。

（6）负鲕。鲕心是空的，鲕皮可厚可薄。有人认为负鲕是气泡或水滴作核心，碳酸钙围绕它边沉淀边滚动而形成的鲕粒；但是，在早期成岩、后生或表生阶段，一部分鲕粒受淡水淋滤，被溶蚀形成负鲕（图 9-7）。这种负鲕不仅能指示沉积和成岩环境，而且有很大的实际意义，负鲕灰岩或负鲕白云岩的鲕内孔洞（负鲕孔）可以作为油气储层，也可

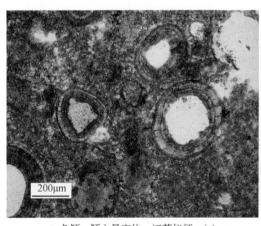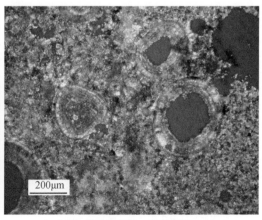

a. 负鲕，鲕心是空的，江苏仪征，(-)　　b. 负鲕，鲕心是空的，江苏仪征，(+)

图 9-7　偏光显微镜下亮晶鲕粒灰岩中的负鲕

储水而成为含水层。

（7）残余鲕。鲕粒经强白云石化或强重结晶作用，破坏了鲕粒原始构造，鲕粒只残留其阴影。

（8）偏心鲕。鲕粒核心不是分布于鲕粒的几何中心，而是偏于一侧，对侧的包壳层生长较厚。

（9）藻鲕。鲕粒包壳形成过程中有藻类（多数为蓝绿藻）的作用，并被包在壳层内，这些藻类大多只存在生长痕迹而无藻实体，包壳层具有不规则的径向的放射状条纹或同心层状纹层。

目前，人们对鲕粒形成过程的认识可分为无机成因说、有机成因说和生物成因说。多数人认为鲕粒是无机化学和机械沉淀的，这需要热带浅海和水体搅动环境，使上升的冷海水升温并逸出 $CO_2$，使 $CaCO_3$ 过饱和，并围绕核心沉淀形成鲕粒包壳。鲕粒形成水深 $1 \sim 15m$，并常小于 $5m$，潮间带及潮间带下的相邻区域是鲕粒富集区，此处鲕粒均有核心，且同心层包壳结构也最为发育，可形成鲕粒潮汐三角洲及潮汐沙坝。

4）核形石

核形石又称藻灰结核，也是具同心层状的圆球或椭球状颗粒，它主要反映蓝藻生命活动的痕迹，机械作用的影响是次要的。它与鲕粒特征相似，其区别在于核形石的同心层不规则、色暗（因富有机质）、可有多个核心、大小不一，常与其他蓝藻（如凝块石、层纹石、叠层石等）共生，其形成能量较鲕粒低。核形石的直径经常在 $2mm$ 以上，最大直径达 $7 \sim 8cm$，称为藻饼。核形石多形成在滩、礁后潟湖的中等至弱动荡浅水环境中，多数球形核形石可能形成于近岸的潮滩或潮汐通道中。

5）球粒

球粒为球形、椭圆形、卵形的泥晶或微晶碳酸盐矿物组成的颗粒，内部结构均匀，大小在 $0.03 \sim 0.25mm$ 之间，常成群出现（图 9-8a）。球粒是由微细骨屑、藻类、粪粒或泥晶碳酸盐矿物发生凝聚作用而成，有时可经流水搬运、滚动，有时就地堆积。总之，球粒形成所需的能量不高，具有均匀的形状和大小，有时分选较好，富含有机质，色暗。一般多为藻成因的藻球粒、生物粪便堆积成的粪球粒和超微粒碳酸盐颗粒及微晶凝聚黏结而成的圆球形颗粒。球粒如果受后期淡水淋滤，容易被溶解，发生亮晶化。一般球粒边缘先被溶解，由泥晶方解石变成亮晶方解石，溶解作用强烈则使整个球粒都变成了亮晶方解石，但保存原有球粒的残余结构（图 9-8b）。

6）团块

团块是具不规则外形的复合颗粒，其内可包裹小生物、小球粒等颗粒，常由蓝藻黏结这些颗粒。典型的现代团块见于巴哈马滩，故又叫巴哈马石或葡萄石，它是由球粒黏结而成，外形似葡萄的团块。团块大小约在 $0.25mm$ 以上，大者可达几厘米。它也可全由微晶方解石黏结、凝聚而成。其外缘多为无包壳圆滑状、由含有机质的微晶方解石组成，边缘不切割内部颗粒（图 9-9）。由藻类黏结，并含藻类碎片及藻丝体的团块称藻团块，不规则的凝絮体称为藻凝块，或称凝块石。团块形成于滨海水动力条件弱至中等的浅滩、礁后潟湖环境中。

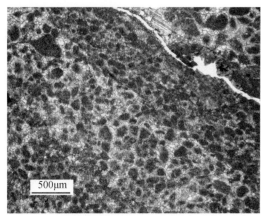

a. 球粒内部结构均匀，为泥晶，(−)　　　　b. 球粒发生亮晶化，(−)

图 9-8　南京汤山亮晶球粒灰岩

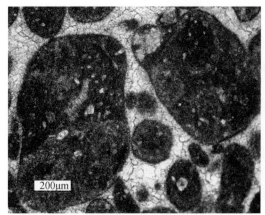

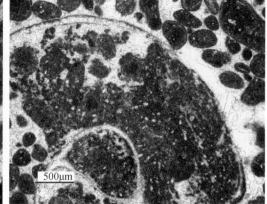

a. 具不规则外形的复合颗粒，南京汤山，(−)　　　b. 团块内包裹小球粒、砂屑等，南京汤山，(−)

图 9-9　亮晶团块砂屑灰岩

以上核形石、球粒、团块及凝块石、藻屑、藻鲕等，均是与藻有成因关系的颗粒，又称为藻粒。它们在浅水碳酸盐岩中经常出现，并对造岩、生储油气和成矿等有重要作用。

**2. 基质**

基质可以分为微晶方解石基质和泥晶方解石基质两种类型，现代碳酸盐沉积物中统称为灰泥。泥晶方解石和微晶方解石这两个概念都在使用，但比较混乱，因为没有一个统一和清晰的定义。其实它们之间还是有一定区别的。一般来说，微晶方解石直径在 $0.49 \sim 3.9\mu m$（表 9-3），偏光显微镜下透射光能够透过岩石薄片，但视域比较暗，标本上可见白、灰、灰黄、灰蓝色到黑色浑浊状很细的物质，肉眼难辨别出。而泥晶方解石直径更小，偏光显微镜下透射光不能透过岩石薄片，视域黑暗（林春明等，2015）。碳酸盐沉积物的基质与碎屑岩的杂基相当，但它不是陆源的，而是盆内形成的灰泥（细小碎屑），而且成分是单一的碳酸盐矿物，呈泥晶（泥屑）或微晶（微屑）结构。

灰泥的成因包括机械磨蚀的、生物磨蚀的和藻类分泌的，以及无机化学沉淀的文石针或文石泥。深海底部的碳酸盐软泥主要由颗石藻、抱球虫或翼足虫等组成。灰泥形成于低能的深水区、潮坪区和潟湖内海水平静的区域。

### 3. 亮晶方解石胶结物

亮晶方解石胶结物简称亮晶或亮晶胶结物，是充填于石灰岩原始粒间孔隙中的化学沉淀物质，对碳酸盐颗粒起胶结作用，相当于碎屑岩中的化学胶结物。亮晶是由干净的、较粗大的方解石或其他化学沉淀矿物的晶体组成，晶体常大于 0.01mm。它代表沉积时的水动力强，将原始粒间的灰泥冲洗干净，留下的孔隙被富含 $CaCO_3$ 的水溶液在成岩阶段沉淀而成的明亮晶体充填。所以"亮晶"一词是有成因意义的。薄片中亮晶为一种干净透明的晶粒，是化学沉淀的晶体，常充填于颗粒的孔隙中，作为一种胶结物，把颗粒胶结起来。亮晶常出现在浅滩、岸滩被磨蚀分选好的淘洗干净的颗粒间孔隙中，不单独组成岩石。亮晶方解石胶结物按其成因特征可以分为以下几类。

1）新月形亮晶胶结物

只在颗粒的接触点处有亮晶胶结物，多为粒状方解石晶粒。其特点是胶结物的矿物集合体外缘常形成向内弯曲的新月形（图 9-10 Ⅰ），是早期形成的胶结物受大气淡水改造后形成的，这是滨岸上渗流带胶结作用的标志。渗流带的水溶液沿颗粒表面垂直向下流，即向粒间孔隙流动，只有颗粒接触点处或邻近处才保存触点水，由于表面张力而形成弧形表面，含 $CaCO_3$ 有限的溶液不断供给，从而结晶出粒状方解石。

2）晶粒亮晶胶结物

在颗粒周围和孔隙中充填方解石晶粒，可为大小均匀的晶粒，也可为一个大晶体充填一个孔隙；甚至可由一个大晶体包含几个颗粒，呈"嵌晶包含"结构。

3）重力型亮晶胶结物

又称悬挂型亮晶胶结物，亮晶分布在颗粒下方一侧，上方很少或者没有胶结物（图9-10Ⅱ）。这是由于渗流带孔隙水受重力作用，集中悬挂在颗粒的下方，在该处结晶出亮晶胶结物。重力型亮晶胶结物的成分一般为粒状亮晶方解石，但当有干燥区的盐水渗透，也可产生化学沉淀的泥晶方解石、文石或白云石。

4）渗滤砂型亮晶胶结物

"渗滤砂"是顿哈姆 1969 年提出的，系指碳酸盐岩的原生或次生孔隙中，充填着一种粉砂级的碳酸盐沉积物，结果在孔隙壁上形成亮晶，中间为泥屑、粉屑或细小生物碎屑；或者在孔隙底部形成泥粉屑，上部形成亮晶（呈现示底构造），内部沉积物有时还有显微层理构造（图 9-10 Ⅲ）。该胶结物是在早期成岩阶段，当碳酸盐沉积物处于渗滤带时，上部渗流水挟带的粉屑物质充填于粒间孔隙，或是当碳酸盐沉积物暴露于大气水中时，渗滤带淡水沿孔隙渗滤、溶解，挟带的粉屑物质充填孔隙而形成的。

5）共轴生长亮晶胶结物

又称次生加大或再生边型亮晶胶结物，类似于砂岩中石英颗粒次生加大现象。在碳酸盐岩中常见亮晶方解石围绕海百合、海胆、有孔虫、介形虫、软体动物壳体等生长，并沿生物壳内矿物晶体的结晶轴方位继续向外生长。例如，亮晶方解石胶结物以单晶结构的海百合颗粒为中心，在其边缘生长出与此颗粒光性方位完全一致的方解石单晶体（图 9-10 Ⅳ）。

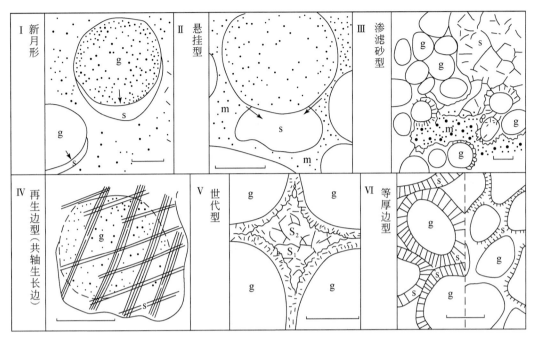

图 9-10　亮晶胶结物类型（孟祥化 1983 年发表）

g 为颗粒组分；s 为亮晶胶结物；m 为泥晶基质。再生边型中的 g 为海百合单晶，点线边缘为其单晶化石轮廓；渗流砂型中的 m 为泥、粉屑渗流充填物，上部 s 为亮晶，世代型中 $S_1$ 第一世代亮晶，$S_2$ 为第二世代亮晶。各图中的标尺长为 0.5mm

6）世代型亮晶胶结物

又称栉壳状亮晶胶结物。碳酸盐岩中存在两种或更多种亮晶方解石胶结物，如颗粒边缘为栉壳状亮晶胶结物，孔隙中心为晶粒亮晶胶结物（图 9-10 Ⅴ），说明是两个世代的胶结成岩作用。

第一世代方解石呈小针状或小马牙状，垂直颗粒表面生长（图 9-11a），它是无 $Fe^{2+}$（因成岩早期还是氧化环境）、高镁（因原始海水中富镁）、纤维状或刃状（因 $Mg^{2+}$ 限制了晶体的侧向生长，只能长成纤维状文石或刃状高镁方解石）、正延性、富含有机质的晶体，是早期成岩阶段海底胶结作用产物。第二世代方解石常是较大的粒状亮晶，长于第一世代亮晶的外侧，它是含 $Fe^{2+}$（因成岩晚期已变成还原环境）、低镁（因通过白云石化或黏土吸收或淡水冲洗使镁大减）、粒状（无 $Mg^{2+}$ 限制晶体侧向生长，故可长成粒状）、不含有机质的晶体。有时在粒间孔隙中，还可长出更大的第三世代晶体。亮晶多以颗粒表面作为基底向外生长，亮晶的外缘曾是自由表面，晶体越向孔隙空间中部生长，晶粒越大（图 9-11a）。世代型亮晶胶结物多在鲕粒灰岩中发育（图 9-11a），即使鲕粒灰岩经历白云石化或重结晶作用，也常保留原鲕粒灰岩的世代胶结结构，称为残余鲕粒结构（图 9-11b）。

7）等厚环边片状亮晶胶结物

这种胶结物系指亮晶方解石以等厚的环边分布在颗粒上，有等厚的纤片晶体交汇形成多角形的边界（图 9-10 Ⅵ）。这种胶结物类型是海水和淡水潜流带胶结物的一种特征，但是海水潜流带与淡水潜流带所形成的等厚边胶结物是有区别的。淡水潜流带的等厚边为

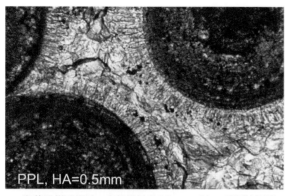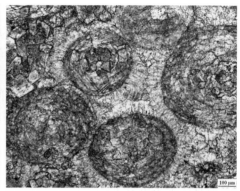

a. 密苏里州石炭系，实物横轴长0.5mm，（−），于炳松提供　　　　b. 白云石化世代胶结物，山东泰安，（−）

图9-11　世代型亮晶胶结物

低镁方解石，而海水潜流带的等厚边胶结物是高镁方解石或文石。

各种不同矿物成分的亮晶方解石胶结物和胶结类型的出现，主要决定于胶结作用的成岩环境。晶粒状亮晶方解石胶结物多形成于陆上淡水带、淡水潜流带、淡水渗流带、地下深埋的成岩环境；栉壳状文石、高镁方解石胶结物是浅水海底（包括潮间带）成岩胶结环境的产物；新月形和重力型亮晶方解石胶结物是陆上渗流带成岩环境特有的产物。亮晶方解石胶结物的类型不仅受成岩环境控制，也受到依附其上底质颗粒（特别是生物屑）的原始矿物成分和显微结构的影响。文石针胶结物易于在文石质的颗粒上结晶生长；柱状、纤维状方解石胶结物易于在具纤维状高镁方解石的有孔虫或珊瑚藻的碎屑上生长；单晶环边胶结物易于在单晶高镁方解石质棘皮动物上结晶。因此，有时可发现在同一碳酸盐岩中，因底质颗粒的成分和结构的影响，而出现不同类型的胶结物。

岩石中若颗粒数量一定，则当亮晶多时代表岩石形成时的水动力强，基质含量多时代表水动力弱。在碳酸盐岩中亮晶方解石并不都是胶结物，部分是微晶方解石在成岩的新生变形作用和重结晶作用下形成的假亮晶，这时就应注意它与亮晶方解石胶结物的区别。两者的主要区别点如下：①亮晶存在于分选好、磨圆好、数量多的颗粒支撑的岩石孔隙之中。亮晶的含量一般为30%～40%，比颗粒含量少，而重结晶的基质含量可以高于岩石中颗粒的含量。②亮晶方解石或亮晶白云石晶体明亮、清洁、不含或极少含杂质，而重结晶的方解石常显浑暗、见泥晶微晶残余物或残余结构。③亮晶与颗粒之间的接触界线明显，多是突变接触，不破坏颗粒边界，重结晶的基质与颗粒接触界线不清，可破坏颗粒边界。④亮晶常见一个或两个以上世代。假亮晶没有显示从颗粒表面向自由空间生长的晶体特征。⑤若亮晶不出现世代特征，亮晶晶粒多互相镶嵌，而呈晶粒结构，则亮晶晶体之间的接触界面多是平直的，多成贴面结合，而重结晶的晶体之间接触界面多不规则，常成三重结合。

**4. 胶结类型**

广义的胶结物（填隙物）应包括亮晶方解石胶结物和基质，它们都对碳酸盐颗粒起胶结作用。但两者的成因意义不同，如前所述。

和碎屑岩的概念一样，胶结结构应包括胶结物成分、填隙物结构和胶结类型三方面内容。

（1）胶结物成分。在碳酸盐岩中常为方解石或白云石，少数见有石膏或硅质胶结物。

（2）填隙物结构。首先分出亮晶方解石胶结物或基质，再按胶结物结构分出栉壳状、粒状、再生边、连生胶结物等。它们的特征和碎屑岩的胶结物结构一样。

（3）胶结类型。即填隙物与颗粒之间的关系，也与碎屑岩相似，主要包括基底式、孔隙式、接触式胶结类型，以及它们之间的过渡类型。这里不再重复了。

## （三）晶粒结构

各种结构和成因的灰岩经强烈重结晶作用或白云石化作用，常呈晶粒结构或残余结构。按晶粒直径大小可分为：

巨晶：＞2mm　　　　　　　　极粗晶：2～1mm

粗晶：1～0.5mm　　　　　　 中晶：0.5～0.25mm

细晶：0.25～0.125mm　　　　极细晶：0.125～0.0625mm

粉晶：0.0625～0.0039mm　　 微晶：0.0039～0.00049mm

泥晶或隐晶：＜0.00049mm

按晶粒的相对大小分为斑状结构、不等晶结构和嵌晶结构。按晶体自形程度分为他形晶、半自形晶及自形晶（白云石常呈菱形自形晶）。

## （四）生物骨架结构

由原地生长的造礁生物形成的礁灰岩，具生物骨架结构。由原地固着生长的群体生物造成骨架，又称生物格架，之间被附礁生物和其他颗粒、基质及亮晶胶结物充填和胶结，构成坚固的、能抗浪的生态礁（图9-12a），称为骨架岩。若为原地茎状或树枝状生物（如珊瑚、海绵、海百合等）对灰泥起障碍和遮挡作用，从而使灰泥堆积下来（灰泥可多于茎类生物），构成生物丘或灰泥丘，一般抗浪能力差，称为障积岩。若为原地匍匐生长的板状或片状生物（如板状层孔虫、苔藓虫、藻类等），黏结和包裹大量灰泥基质，构成生物层，称为黏结岩（图9-12b）。生物骨架是生物礁特有的结构组分。

a. 现代海底骨架礁　　　　　　　　　　　　b. 现代海底黏结礁

图9-12　现代海底骨架礁和黏结礁（于炳松提供，来自网络）

## （五）残余结构

白云石化灰岩及重结晶灰岩常具原灰岩的各种残余结构，如残余生物结构、残余鲕粒结构（图9-11b）、残余砂屑结构等。

# 二、碳酸盐岩的构造

碳酸盐岩的构造也很复杂，它与沉积环境和沉积期后改造作用有关。碳酸盐岩的沉积构造类型决定于碳酸盐岩形成时的沉积作用方式。主要受机械作用控制形成的碳酸盐岩，可形成与碎屑岩和黏土岩相似的沉积构造。主要受生物作用影响的碳酸盐岩具有生物成因构造。此外还有一些特殊构造。

## （一）与碎屑岩相似的沉积构造

碳酸盐岩中有与碎屑岩和黏土岩相似的各种沉积构造，包括各种层理、各种波痕、冲刷构造、各种变形构造等。认识这些构造，对判断碳酸盐岩的形成环境有重要意义。

## （二）生物成因构造

有藻类成因的沉积构造和生物扰动与生物钻孔构造等。

### 1. 藻类生长成因沉积构造

叠层构造是由席状生长的蓝绿藻丝及其黏液质黏附、捕获细粒沉积物组成近平行微波状起伏的或与重力方向相反的穹状隆起的暗、亮层相间的构造。叠层石构造也称为叠层构造或叠层藻构造，简称为叠层石，主要由蓝绿藻形成。

叠层构造的生长由于受季节变化而形成两种基本纹层。一种为富藻纹层，又称基本层暗带，是藻类繁殖季节形成的，故沉积物中藻体较多、有机质多、色暗，但较薄（0.1mm左右），主要由泥晶碳酸盐矿物组成。另一种为富屑纹层，又称基本层亮带，是藻类休眠季节形成的，故沉积物中藻体少、有机质少、色亮，但较厚（1mm左右），由藻类黏结或陷捕的碳酸盐细小颗粒和其间的亮晶组成。叠层构造就是由这两种纹层交替组成，并产生与重力相反的、向上凸起的纹层。

根据对现代碳酸盐沉积物中蓝绿藻席的观察研究（何幼斌和王文广，2017），得知这种藻席主要生活在潮间浅水地带，营光合作用而生长，分泌大量黏液，这种黏液可以捕集碳酸盐颗粒和泥。一般来说，在风暴期或高潮期，被风暴水流或潮汐水流带来的碳酸盐颗粒和泥，将大量地被这种富含黏液的藻席捕获，从而形成富碳酸盐的纹层。相反，在非风暴期，则主要形成富藻的纹层。也有另外的观察表明，在白天，藻类光合作用兴旺，主要形成富藻纹层；在夜间，则主要形成贫藻的纹层。

叠层构造可有各种形状（图9-13），主要取决于它们所处的局部环境。但基本形态只有两种，即层状的（包括波状的）和柱状的（包括锥状、分枝状的等）。其他形态都是这两种基本形态的过渡或组合。一般说来，层状形态叠层石生成环境的水动力条件较弱，多属潮间带上部的产物；柱状形态叠层石生成环境的水动力条件较强，多为潮间带下部及潮下带上部的产物。因此，叠层构造有相的意义。

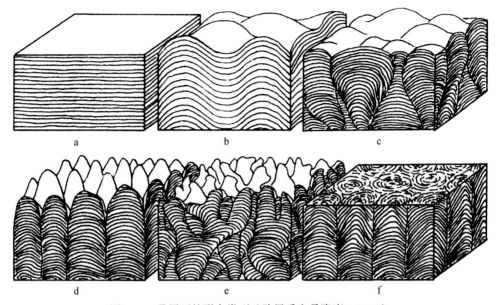

图 9-13　叠层石的形态类型（路凤香和桑隆康，2002）

a. 水平状；b. 波状；c. 倒锥状；d. 柱状；e. 分枝状；f. 顶部侵蚀后的菜花状

### 2. 生物扰动构造

生物扰动构造是生物在生活和觅食过程中，对沉积物产生扰动，破坏或改变了原生的沉积构造，而留下的扰动痕迹（图 9-14a）。如沉积物表面因生物觅食形成杂乱凹凸不平痕迹，生物钻孔引起周围沉积纹理的弯曲变形，由颗粒排列形成的旋涡构造及淡色的斑点等都是扰动构造。因强烈生物扰动，完全破坏原来沉积层理，变成无层理。碳酸盐沉积物中生物扰动构造比起其他沉积物来说要发育得多，这是因为许多碳酸盐沉积与生物有关。

a. 虫迹，江苏贾汪　　　　　　　　　　　b. 生物钻孔构造

图 9-14　生物扰动和生物钻孔构造

### 3. 生物钻孔构造

生物钻孔构造是生物在生活过程中钻蚀沉积物，形成各种形态的孔穴，可分为两大类。一类为真菌、藻类的显微钻孔构造，常见于生物硬体残骸和其他颗粒中，其深度往往小于

几毫米。这种钻孔构造只见被微晶化的不规则显微孔道充填物，很少能保存钻孔真菌或藻类的孔道原形。另一类为无脊椎动物的穿孔构造，可发生在生物硬体残骸中，也可在未固结碳酸盐沉积物，甚至已固结的碳酸盐岩石中（图 9-14b）。不同的钻孔构造反映出不同种类生物和它们特定的生活环境。

### （三）一些特殊构造

#### 1. 鸟眼构造与窗孔构造

在泥晶、微晶或细小球粒灰岩或白云岩中，见有 1 ~ 3mm 大小的、大致平行纹理排列的、似鸟眼状的孔隙，被亮晶方解石或硬石膏等充填或半充填的构造称为鸟眼构造，如苏皖地区石炭系黄龙组微晶灰岩及砾屑藻灰岩中，常见到孔隙被亮晶方解石充填形成鸟眼构造（图 9-15）。

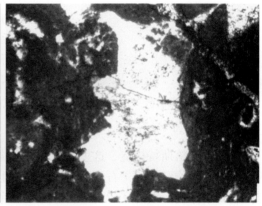

a. 安徽巢湖黄龙组微晶灰岩，(-)　　　　b. 南京孔山黄龙组砾屑藻灰岩，(-)

图 9-15　偏光显微镜下鸟眼构造

鸟眼多为扁平、椭圆或不规则透镜状，密集成群的称窗孔构造（图 9-16）。窗孔构造主要出现在颗粒灰岩中被藻类黏结形成大于颗粒的不规则的原生孔洞，这些孔洞部分或全部被亮晶方解石胶结物充填，或者未被充填。

图 9-16　窗孔构造，湖北利川下三叠统飞仙关组泥晶灰岩（何幼斌提供）

伊林（Illing，1959）等对鸟眼构造作了详细的研究，他提出了六种可能的成因：①灰泥中的水滴；②灰泥中的气泡；③收缩；④石膏溶解；⑤重结晶成岩作用；⑥藻类黏结球粒，腐烂后成较大的孔隙。

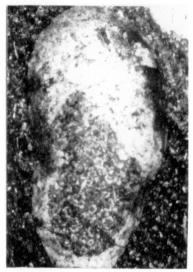

图 9-17　示底构造，（-）

鸟眼构造多产于潮上带，少数在潮间带，而潮下带罕见。若鸟眼、窗孔内未被充填或后受溶蚀而成窗格状孔隙，可成为油气水的储集空间。

**2. 示底构造**

在碳酸盐岩的粒间或粒内孔隙中，见有两种不同的充填物，下部为泥晶、微晶碳酸盐矿物，色较暗，上部为亮晶碳酸盐矿物，色较浅，多呈白色。二者界面平直，各界面并与层面平行，这种构造称为示底构造。这两种孔隙充填物代表不同时期的孔隙充填作用，下部的先充填，上部后充填，两者之间的平直界面代表它们沉淀时的沉积界面或沉积停顿面。故示底构造可指示岩层的顶底。如江苏南京孔山石炭系金陵组粉晶生物屑灰岩中，在完整的大腕足类化石内见示底构造（图 9-17）。

**（四）不连续面构造**

如硬底和喀斯特构造，这里重点讲硬底构造。硬底构造是指在新的沉积物沉积之前，底质上的沉积物已硬化（石化）了，这种同生或早期成岩阶段的石化作用主要是生物作用和同生胶结作用形成的底质构造，称为"硬底构造"，或称"同沉积化石层"。它代表了沉积缓慢、沉积间断和海退作用的产物。

不同环境、不同成因的硬底构造，特征是不同的（何幼斌和王文广，2017）：①大陆硬底，如不整合面、假整合面、古喀斯特面等，是地壳构造、沉积间断及暴露的标志；②极浅水硬底，如浅水沉积的礁滩和蒸发岩形成的硬底，是同生沉积物的表生成岩和暴露的标志；③广海－深水硬底，如深海的铁－锰结核、瘤状灰岩、海绿石层及磷结核层等，是沉积停顿或沉积极慢的标志，这是典型的不露出水面的无沉积间断的硬底。

**（五）孔隙和裂缝**

**1. 孔隙**

孔隙是碳酸盐岩的体积组成之一。因碳酸盐岩的结构组成及其沉积、固结过程中和固结为岩石以后变化的多样性，所以孔隙的类型较砂岩复杂得多，按孔隙的成因可分为两类。

（1）原生孔隙。指在沉积期前及沉积期形成的孔隙，有粒内孔隙、粒间孔隙、晶间孔隙、遮蔽孔隙、生物潜穴孔隙、鸟眼孔隙等。

（2）次生孔隙。在沉积后，固结过程中和固结为岩石以后经改造而成的孔隙，大多数为溶蚀孔隙，有粒内溶孔、铸模孔、粒间溶孔和晶洞孔等。此外，还有固结以后的溶蚀作用形成的溶孔、溶洞、溶沟等。碳酸盐岩孔隙性的好坏直接影响含水层中储水量的多少，也影响油气和其他有关矿产的富集程度，故对岩石孔隙的研究是重要的。

**2. 裂缝**

碳酸盐岩性脆，在固结为岩石后，由于受构造力的作用，细纯灰岩的裂缝比粗的和含黏土等杂质灰岩的裂缝要发育。裂缝是地下水和油气的运移通道，又是储集空间。碳酸盐岩裂缝的发育程度直接影响岩层的含水、含油气丰度和连通情况。在纵向上，裂缝常发育在一定层位，主要受岩性控制；在平面上，裂缝常发育在一定区域，主要受构造控制；此外，地下水对裂缝也可以起到改造作用。

# 第四节　碳酸盐岩的分类

碳酸盐岩按成分分为石灰岩和白云岩两大类。这两类岩石在成分上互相过渡，据此可进一步细分。但纯粹的成分分类已不能满足对碳酸盐岩日益深入研究的需要。许多学者的研究表明，碳酸盐岩的多种多样结构特征与其成因上有客观的联系。因此指出了非常有意义的结构成因分类，并取得突破性进展。

## 一、碳酸盐岩的成分分类

碳酸盐岩中最常见的是两种成分的混合，如方解石与白云石、方解石与黏土矿物、白云石与黏土矿物等。少数见有三种成分的混合，如方解石、白云石与黏土矿物，方解石与陆源的黏土矿物及粉砂，白云石与膏、盐的混合等。

### 1. 方解石与白云石的混合类型

碳酸盐岩主要由方解石与白云石两种矿物组成，岩石划分为石灰岩类和白云岩类，再根据方解石与白云石的含量细分为石灰岩、含白云质石灰岩、白云质灰岩、灰质白云岩、含灰质白云岩和白云岩（表9-4）。

表 9-4　石灰岩与白云岩的过渡类型岩石

| 岩类 | 方解石 /% | 白云石 /% | 岩石名称 | 简化名称 |
| --- | --- | --- | --- | --- |
| 石灰岩类 | 100～90 | 0～10 | 石灰岩 | 灰岩 |
| | 90～75 | 10～25 | 含白云质石灰岩 | 含云灰岩 |
| | 75～50 | 25～50 | 白云质灰岩 | 云灰岩 |
| 白云岩类 | 50～25 | 50～75 | 灰质白云岩 | 灰云岩 |
| | 25～10 | 75～90 | 含灰质白云岩 | 含灰云岩 |
| | 10～0 | 90～100 | 白云岩 | 白云岩 |

由于碳酸盐矿物颗粒相对细小，方解石与白云石不易区别，为了野外工作顺利开展，常常简易划分为石灰岩、白云质石灰岩、灰质白云岩和白云岩四种类型（表9-5）。

表 9-5　野外常用的四种类型

| 岩石名称 | 矿物成分 |
| --- | --- |
| 石灰岩 | 方解石＞75% |
| 白云质石灰岩 | 方解石50%～75%，白云石25%～50% |
| 灰质白云岩 | 白云石50%～75%，方解石25%～50% |
| 白云岩 | 白云石＞75% |

**2. 方解石或白云石与黏土矿物的混合类型**

碳酸盐岩主要由方解石或白云石与黏土矿物组成，岩石划分为石灰岩或白云岩类、黏土岩两种类型（表9-6）。

方解石或白云石与菱镁矿、砂质、粉砂质、石膏、硬石膏等的任意两种成分混合的过渡类型岩石，都按这个原则分类定名。

**表9-6 石灰岩、白云岩与黏土岩的过渡类型岩石**

| 岩类 | 方解石或白云石 /% | 黏土矿物 /% | 岩石名称 | |
|---|---|---|---|---|
| 石灰岩或白云岩类 | 100～90 | 0～10 | 灰岩 | 白云岩 |
| | 90～75 | 10～25 | 含泥灰岩 | 含泥云岩 |
| | 75～50 | 25～50 | 泥灰岩 | 泥云岩 |
| 黏土岩类 | 50～25 | 50～75 | 灰泥岩 | 云泥岩 |
| | 25～10 | 75～90 | 含灰黏土岩 | 含云黏土岩 |
| | 10～0 | 90～100 | 黏土岩 | 黏土岩 |

**3. 三种矿物成分的混合类型**

碳酸盐岩主要由方解石、白云石和黏土矿物三种矿物组成，岩石划分为石灰岩、白云岩类和黏土岩三种类型（表9-7），每一种类型都包括三个岩石名称。

**表9-7 方解石、白云石、黏土三种成分的混积岩**

| 岩类 | 方解石 /% | 白云石 /% | 黏土矿物 /% | 岩石名称 |
|---|---|---|---|---|
| 石灰岩类 | 50～75 | 10～25 | 10～25 | 含泥含云灰岩 |
| | 50～75 | 10～25 | 25～50 | 含云泥灰岩 |
| | 50～75 | 25～50 | 10～25 | 含泥云灰岩 |
| 白云岩类 | 10～25 | 50～75 | 10～25 | 含泥含灰云岩 |
| | 10～25 | 50～75 | 25～50 | 含灰泥云岩 |
| | 25～50 | 50～75 | 10～25 | 含泥灰云岩 |
| 黏土岩类 | 10～25 | 10～25 | 50～75 | 含灰含云黏土岩 |
| | 25～50 | 10～25 | 50～75 | 含云灰黏土岩 |
| | 10～25 | 25～50 | 50～75 | 含灰云黏土岩 |

## 二、碳酸盐岩的结构－成因分类

这种分类方案很多，本书只介绍几个。

20 世纪 50 年代末期以来，以结构－成因观点提出了许多碳酸盐岩分类，而最有突破性的方案要数福克（Folk）1959 年和 1962 年提出的具有成因意义的结构分类。他的分类引进了碎屑岩成因观点，认为碳酸盐岩各类岩石的形成，除生物、化学作用外，重要因素是水介质的机械动力作用。他的分类方案原则，已为我国学者广泛采用。除福克分类外，顿哈姆（Dunham）1962 年提出的从强调结构的角度来划分碳酸盐岩结构类型的观点也值

**表 9-8　福克的碳酸盐岩分类（Folk 1959 年发表）**

| 异化粒组分体积含量 | | | 石灰岩、部分白云岩化灰岩及原生白云岩 | | | | | 交代白云岩（V） | |
| --- | --- | --- | --- | --- | --- | --- | --- | --- | --- |
| | | | 异化粒>10%　异常化学岩（I和II） | | 异化粒<10%　微晶岩（III） | | 未受扰动的生物灰岩（IV） | 有异化粒阴影 | 无异化粒阴影 |
| | | | 异常化学岩（I）亮晶方解石胶结物>基质 | 微晶异常化学岩（II）基质>亮晶方解石胶结物 | 异化粒 1%～10% | 异化粒 <1% | | | |
| 内碎屑>25% | | | 内碎屑亮晶砾屑灰岩／内碎屑亮晶灰岩 | 内碎屑微晶砾屑灰岩／内碎屑微晶灰岩 | 内碎屑：含内碎屑微晶灰岩 | 微晶灰岩，微晶灰岩（被扰动），微晶白云岩（原生白云岩） | 生物岩 | 细晶内碎屑白云岩等 | 中晶白云岩 |
| 内碎屑<25% | 鲕粒>25% | | 鲕粒亮晶砾屑灰岩／鲕粒亮晶灰岩 | 鲕粒微晶砾屑灰岩／鲕粒微晶灰岩 | 鲕粒：含鲕粒的微晶灰岩 | | | 粗晶细粒白云岩等 | |
| | 鲕粒<25% 化石与球体积比 | >3:1（b） | 生物亮晶砾屑灰岩／生物亮晶灰岩 | 生物微晶砾屑灰岩／生物微晶灰岩 | 化石：含化石的微晶灰岩 | | | 隐晶生物白云岩等 | |
| | | 1:3～3:1（bp） | 生物球粒亮晶灰岩 | 生物球粒微晶灰岩 | 球粒：含球粒的微晶灰岩 | | | 极细晶球粒白云岩等 | 细晶白云岩等 |
| | | <1:3（p） | 球粒亮晶灰岩 | 球粒微晶灰岩 | | | | | |

（最主要的异化颗粒　明显异化颗粒）

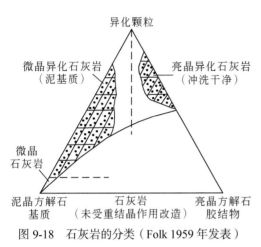

图 9-18 石灰岩的分类（Folk 1959 年发表）

图中标注：
异化颗粒
微晶异化石灰岩（泥基质）
亮晶异化石灰岩（冲洗干净）
微晶石灰岩
泥晶方解石基质
石灰岩（未受重结晶作用改造）
亮晶方解石胶结物

### 1. 福克的碳酸盐岩分类

福克分类在欧美流行，在我国应用也普遍。他特别强调岩石的结构特征，但也注意岩石的成因意义。该分类适用于未受重结晶等作用改造的颗粒灰岩及部分白云岩化灰岩。

福克首先认为石灰岩基本上由三个端元组分构成：异化颗粒、基质及亮晶方解石胶结物。按各组分相对比例，可把石灰岩分为三个主要类型（图 9-18），再根据原地生物骨架结构，划分出第Ⅳ类型的原地礁灰岩。因大多数白云岩是交代成因，又划分出第Ⅴ类型的交代白云岩。共有五个主要类型（表 9-8）。

Ⅰ类型：亮晶异化灰岩，亮晶方解石胶结物含量高，表示簸选良好的沉积类型。Ⅱ类型：微晶异化灰岩，基质多，表示簸选较差的沉积类型。Ⅲ类型：微晶灰岩，主要为基质，类似黏土岩结构类型。Ⅳ类型：原地礁灰岩。Ⅴ类型：交代白云岩。

### 2. 顿哈姆的碳酸盐岩分类

顿哈姆（Dunham）等人以颗粒与基质数量比为基础，即以颗粒支撑为主还是以灰泥支撑为主，从而划分出颗粒岩和灰泥岩两大类；将生物骨架被黏结的划分出黏结岩；另外还划分出结构不能辨认的结晶碳酸盐岩（表 9-9）。以灰泥支撑的结构表示低能的静水环境的沉积物，以颗粒支撑的结构则表示高能量的波浪、流水的簸洗和再搬运作用所形成的沉积结构。

表 9-9 顿哈姆等人的碳酸盐岩分类（A.F.Embry 和 J.E.Klovan1971 年发表）

| 异地石灰岩 原始组分在沉积作用过程中未被有机质黏结 | | | | | | 原地石灰岩 原始组分在沉积作用过程中被有机质黏结 | | |
|---|---|---|---|---|---|---|---|---|
| ＞2mm 的组分＜10% | | | | ＞2mm 的组分＞10% | | | | |
| 含灰泥（＜0.03mm） | | | 无灰泥 | | | 生物黏结并起障积作用 | 生物黏结形成包壳 | 生物黏结并建立坚固骨架 |
| 灰泥支撑 | | 颗粒支撑 | | 灰泥支撑 | ＞2mm 的组分支撑 | | | |
| 颗粒（0.03～2mm）＜10% | 颗粒＞10% | | | | | | | |
| 灰泥岩 | 粒泥灰岩 | 泥粒灰岩 | 颗粒灰岩 | 漂浮砾灰岩 | 砾灰岩 | 障积岩 | 黏结岩 | 骨架岩 |

### 3. 本书采用的碳酸盐岩分类

综合国内外学者的碳酸盐岩分类意见，特别是国内在应用结构成因分类上，多以福克分类为基础，提出各种修改的方案。本书建议采用修改了的福克碳酸盐岩分类（表 9-10）。

**表 9-10　碳酸盐岩结构成因分类**

| 岩石类型 结构组分种类 | 石灰岩，包括部分"原生"白云岩 | | | | 交代白云岩（Ⅴ） | | |
|---|---|---|---|---|---|---|---|
| | 颗粒灰岩（Ⅰ） | 颗粒微晶灰岩（Ⅱ） | 微晶灰岩（Ⅲ） | 生物礁灰岩（Ⅳ） | 残余灰质白云岩 | 残余白云岩 | 结晶白云岩 |
| 内碎屑 | 亮晶内碎屑灰岩 | 微晶内碎屑微晶灰岩（微晶内碎屑微晶白云岩）／含内碎屑微晶灰岩（含内碎屑微晶白云岩） | | | 内碎屑灰质白云岩／内碎屑微晶灰质白云岩 | 残余内碎屑白云岩 | |
| 鲕粒 | 亮晶鲕粒灰岩 | 微晶鲕粒微晶灰岩／含鲕粒微晶灰岩 | | 障积礁灰岩 | 鲕粒灰质白云岩／鲕粒微晶灰质白云岩 | 残余鲕粒白云岩 | 粗晶白云岩，中晶白云岩，细晶白云岩，极细晶白云岩 |
| 生物碎屑（生物） | 亮晶生物灰岩 | 微晶生物屑微晶灰岩（微晶生物微晶白云岩）／含生物微晶灰岩（含生物微晶灰岩） | | 粘结礁灰岩 格架礁灰岩 | 生物碎屑灰质白云岩／生物屑微晶灰质白云岩 | 残余生物碎屑白云岩 | |
| 球粒 | 亮晶球粒灰岩 | 微晶球粒微晶灰岩（球粒微晶灰岩）／含球粒微晶灰岩（含球粒微晶灰岩） | | | 球粒灰质白云岩／球粒微晶灰质白云岩 | 残余球粒白云岩 | |
| 团块 | 亮晶团块灰岩 | 微晶团块微晶灰岩（团块微晶白云岩）／含团块微晶灰岩（含团块微晶灰岩） | | | 团块灰质白云岩／团块微晶灰质白云岩 | 残余团块白云岩 | |
| | 亮晶颗粒灰岩 亮晶>微晶 颗粒>50% | 颗粒、微晶灰岩 微晶50%~75% 颗粒50%~25%；含颗粒微晶灰岩 微晶75%~90% 颗粒25%~10% | 微晶灰岩（微晶白云岩）微晶90%~100% 颗粒<10% | 生物礁灰岩（藻礁白云岩）原地生物骨架结构 | 残余颗粒 晶粒结构／残余微晶 晶粒结构／残余灰岩组分<50% 白云石50%~90% 生物礁灰质白云岩 | 残余颗粒白云岩／生物礁灰质白云岩 有残余颗粒痕迹白云石>90%／残余原地生物骨架结构 | 无残余颗粒 痕迹白云石≈100% |
| 结构类型 | 颗粒结构，颗粒微晶结构 | 微晶结构 | 原地生物骨架结构 | 残余颗粒 晶粒结构／残余微晶 晶粒结构 | 残余颗粒阴影 晶粒结构／晶粒结构 | 晶粒结构 |

注：①此表只列出主要岩石类型。许多过渡类型和据上化学成因类型未列入表中。②分类名称冠于名称之前。③包粒以鲕粒最为典型，故以鲕粒可与鲕粒并列；藻包粒-核形石可与鲕粒并列（白云石<50%），可在灰岩名称之前冠以"白云质"；若白云石化不强烈（白云石<50%），可在灰岩名称之前冠以"白云质"；若白云石化强烈（白云石>50%），"××质"，"××质"。④白云石化不强烈时（白云石<50%），可在灰岩名称之前冠以"白云质"；若含量以90%，50%，25%，10%为界，>50%的组分作为主要命名，<50%组分作为形容词冠于名称之前。⑤含其他杂质>10%时名称之前冠以"含××质"，"××质"，"××质"等。⑥岩石中亮晶或微晶重成因不明确的白云岩，应称"白云质××灰岩"。⑤含其他杂质>10%时名称之前冠以"含××质"，"××质"，"××质"等。⑥岩石中亮晶或微晶重结晶增大时，应称"假亮晶"或"微亮晶"。

这个分类包括石灰岩及白云岩，以成因和结构类别作为划分大类的依据，进一步划分依据是结构组分的种类、数量或结晶程度。命名的方法与名称，采用国内较习惯的方案。作为分类的含量标准，采用一般通用标准，即以占50%以上的某组分，作为岩石命名的基础，在次一级分类中，颗粒的种类增加如常见的团块，在分类上也相应增加团块灰岩一栏。

一个完整的岩石名称，应包括岩石的颜色、构造、孔隙类型和主要的成岩后生变化，按先后次序排列的命名法是：颜色—孔隙类型—成岩后生变化—构造—结构—成分。如灰色粒间孔去白云化具虫孔的亮晶砾屑云灰岩，这个名称看来很长、很复杂，但可以反映岩石的基本特征和成因。

上述分类，在野外使用时还太复杂，因此，有必要将上述分类简化成适合野外用放大镜观察能辨认的程度。为便于掌握，而设计了简化的碳酸盐岩分类图谱及简化的岩石名称（图9-19）。

在各时代地层中的碳酸盐岩，具颗粒结构的岩石并不太多，故光用结构成因定名是不够的，还要用层厚、特殊构造（如条带、条纹、纹层构造，叠层或层纹构造等）、结晶大小及残余结构命名。

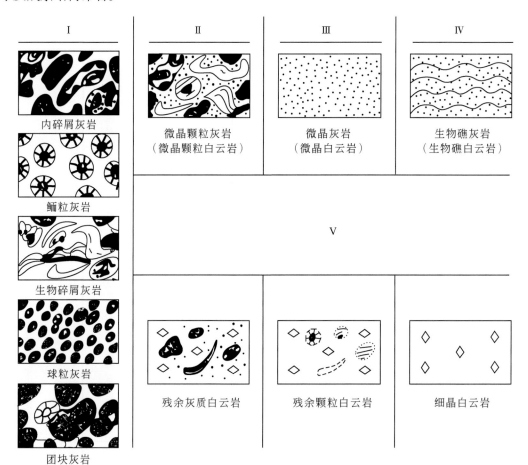

图9-19 简化的碳酸盐岩分类图谱

Ⅰ.颗粒灰岩；Ⅱ.颗粒微晶灰岩（白云岩）；Ⅲ.微晶灰岩（白云岩）；Ⅳ.生物礁灰岩；Ⅴ.交代白云岩

# 第五节　石灰岩的主要类型

按照表9-9，石灰岩主要划分为颗粒灰岩、颗粒微晶灰岩、微晶灰岩或泥晶灰岩、生物礁灰岩、石灰华及泉华等六大类型。

## 一、颗粒灰岩

颗粒含量大于50%，由颗粒支撑，亮晶方解石胶结物或基质充填孔隙。颗粒灰岩可分为亮晶颗粒灰岩和微晶颗粒灰岩两种类型。

### 1. 亮晶颗粒灰岩

主要由颗粒组成，亮晶方解石胶结，一般颗粒和亮晶方解石的比例很少超过6 : 4。这是因为岩石中颗粒间孔隙有一定限度。这种岩石代表充分簸选干净的颗粒支撑的类型，在结构上与陆源砂岩相当。根据岩石中颗粒的种类和含量划分亮晶内碎屑灰岩、亮晶鲕粒灰岩、亮晶球粒灰岩、亮晶生物屑灰岩和团块灰岩五种类型（表9-10）。

1）亮晶内碎屑灰岩

亮晶内碎屑灰岩的内碎屑颗粒体积占总量的50%以上，其他颗粒占50%以下。据内碎屑粒径大小分为砾屑灰岩、砂屑灰岩和粉砂屑岩等（图9-3）。我国华北寒武系的竹叶状灰岩是典型的砾屑灰岩，其砾屑呈扁圆状或长椭圆形，不规则状，切面成长条形似竹叶而得名（图9-20）。竹叶体圆度高，大小不一，自几毫米到几厘米；砾屑表皮普遍有一氧化铁质圈，呈黄或紫色，这种岩石原始沉积物显然为泥晶方解石，原岩被潮汐或波浪打碎，再经磨圆，在氧化条件下再沉积而成。该类灰岩中常发育粒序层理、交错层理、波痕等沉积构造。

图9-20　北京门头沟寒武系张夏组原地风暴竹叶状灰岩（黄志诚提供）

亮晶砾屑灰岩、砂屑灰岩多形于碳酸盐台地边缘浅滩和潮汐水道中、水动力条件较强的高能量区，由波浪、水流冲碎沉积物或固结的岩石形成岩屑，再经充分的簸选，孔隙中的细小灰泥淘洗掉，而形成干净的砾屑、砂屑等颗粒支撑的沉积物。成岩期孔隙被亮晶方解石胶结物充填，固结成岩石。粉砂屑灰岩常形成于台地边缘浅滩的前方，水稍深受波浪影响较小的地带，或波浪作用较强的滩内带。

在碳酸盐地层中常见角砾状砾屑灰岩（或白云岩），其砾屑常呈角砾状，填隙物多为基质，也可为亮晶胶结物。其成因是多种多样的：①同生沉积的角砾状灰岩；②生物礁被打碎，堆积于其旁的礁角砾石灰岩；③洞穴坍塌角砾石灰岩；④膏溶角砾岩；⑤白云石化或去白云石化假角砾岩；⑥构造角砾石灰岩。在实际工作中把各种角砾状砾屑灰岩（白云岩）的成因类型搞清楚是十分重要的。

2）亮晶鲕粒灰岩

亮晶鲕粒灰岩是鲕粒含量占颗粒总体积的50%以上，其他颗粒少于50%，并由亮晶方解石胶结的岩石。亮晶鲕粒灰岩多形成于温暖、强烈扰动、含 $CaCO_3$ 过饱和的浅水中，并多处于较强蒸发环境下。碳酸盐台地边缘浅滩是它产出的典型地带，形成所谓鲕砂滩；也产于近岸浅水的波浪带，无陆源物干扰的潮汐沙坝和潮汐三角洲中。但不同类型鲕粒所反映的形成条件也不同。正常或多层同心纹层的鲕粒灰岩，代表强烈扰动的高能量海水地带；而薄皮鲕粒或偏心鲕粒灰岩，代表水的搅动中等至较弱，甚至是静水环境的产物。鲕滩形成的鲕粒，在原地堆积往往都是经过充分淘洗，灰泥被冲洗搬运，颗粒支撑，孔隙发育，成岩时被亮晶充填胶结。

亮晶鲕粒灰岩若经早期暴露和受淡水淋滤，往往增大粒间孔隙和形成粒内溶孔，造成较好的孔隙度和渗透率，是良好的油、气、水的储集层，如川南三叠系气田。在干燥气候条件下，沉积后鲕砂脊暴露，还可能造成白云石化，交代成残余鲕粒白云岩。

3）亮晶生物碎屑灰岩

亮晶生物碎屑灰岩中各种生物碎屑含量超过颗粒总量 50% 以上，其他颗粒含量少于 50%。由亮晶胶结的生物碎屑灰岩很少有完整的生物硬体。因为在填隙灰泥被淘洗和漂走时，生物硬体残骸也被冲成碎屑。根据生物碎屑种类和完整程度，可把生物碎屑灰岩进一步细分，并可以生物种类命名，如主要由腕足类或瓣鳃类、腹足类组成的介屑灰岩，主要由海百合、海胆组成棘屑灰岩，以及藻屑灰岩、籤灰岩等。

以窄盐度生物的碎屑为主组成的亮晶生物碎屑灰岩，代表正常盐度的台地边缘或前缘斜坡的生物碎屑砂滩、砂岛、砂脊等。由广盐度生物碎屑与窄盐度生物碎屑共同组成的岩石，代表形成于受限制的盐度稍有变化的台地陆棚浅滩中。研究原地堆积的生物碎屑灰岩的生物群落组合、古生态以及生物碎屑磨蚀堆积状况，对用来确定沉积环境更为准确。

4）亮晶球粒灰岩

亮晶球粒灰岩是球粒含量占颗粒总量的 50% 以上，由亮晶方解石胶结的灰岩（图 9-8）。球粒灰岩中球粒在细砂级以下，分选性极好，椭圆形球粒大多定向排列和具粒序层理、交错层理等。亮晶球粒灰岩多形成于滩（礁）后的潟湖浅滩中，形成的水动力条件能量不高。常见的是藻球粒或粪粒灰岩，球粒粒径小（多为粉砂级），多呈球形，富含有机质，镜下显暗色。

**2. 微晶颗粒灰岩**

微晶颗粒灰岩的颗粒含量＞50%，微晶含量＜50%，颗粒支撑，微晶作为基质充填孔隙和起胶结作用。微晶颗粒灰岩形成于水动力高能量与低能量之间的过渡能量区。由异地搬运来的高能量形成的颗粒与低能量的平静环境沉积的微晶混合形成微晶颗粒灰岩，它是过渡能量带的产物。过渡能量带包括碳酸盐台地边缘的前斜坡、广海陆棚斜坡（斜坡脚）、大型陆棚潟湖、礁、滩后潟湖、海湾、海峡、近岸的潮坪带等。

在微晶颗粒灰岩中，微晶砾屑或砂屑灰岩和微晶鲕粒灰岩是典型的过渡能量区产物，由高能量环境形成成熟度高的颗粒，落入低能量环境中沉积，形成结构的"成熟度退化"现象。微晶砾屑灰岩最常见于台地边缘前斜坡。角砾状微晶砾屑灰岩形成于前斜坡的上方。微晶鲕粒灰岩最常见于鲕滩后侧或鲕滩前斜坡，这是由于大风浪把滩上的鲕粒抛到后侧再沉积，或波浪回流把鲕粒卷入前斜坡带上。

微晶球粒灰岩，微晶团块灰岩多形成于台地浅陆棚海和海湾中。

微晶生物碎屑（生物）灰岩常形成于台地浅陆棚海，较深水的陆棚边缘（斜坡脚）、广海陆棚区或受阻挡的潟湖、潮坪区的浅水带。其中生物碎屑磨圆度不好，多具原地堆积特征，少数磨圆的生物碎屑是异地搬运来的。

## 二、颗粒微晶灰岩

颗粒含量 10%～50%，微晶含量 50%～90%，岩石由灰泥支撑，颗粒似"漂浮"于灰泥之中。根据含颗粒的种类划分，如表 9-10 所列的类型。这类岩石主要由异地的颗粒经波浪、海流、重力作用等搬运到平静环境的原地沉积灰泥中而成。如砾屑微晶灰岩、鲕粒微晶灰岩等是代表接近平静的低能环境如斜坡脚、滩后潟湖较深水处的产物。球粒微晶灰岩与生物屑微晶灰岩多形成于较低能量的潮坪、潟湖深水和陆棚深水区。含完整的生物残骸的微晶灰岩，形成于几乎不受波浪、水流影响的深水平静环境中，或受阻挡的潟湖区。

## 三、微晶灰岩或泥晶灰岩

主要由 0.49～3.9μm 的微晶方解石或小于 0.49μm 的泥晶方解石组成的岩石，可含少量（小于 10%）的颗粒或完全不含颗粒，分别称为微晶灰岩和泥晶灰岩。有人把微晶或泥晶组成的沉积物称为灰泥，因此，有人称成岩之后的灰泥为灰泥石灰岩或灰泥岩。过去曾称之为石印灰岩（作石印印刷用），其结构与陆源黏土岩相当。灰泥有机械破碎、化学沉淀和生物作用等三种成因，但在通常情况下，不易把三者区分开。

微晶灰岩或泥晶灰岩是在没有持续水流的平静环境中，由灰泥沉积而成。它多形成于很浅的有遮挡的潟湖地区，坡度小，平坦开阔的低能潮坪带和在浪基面以下的广阔深水陆棚、盆地等地区。在近岸潮坪带形成的微晶灰岩，常常伴有鸟眼、干裂等沉积构造和出现氧化的颜色。当陆源黏土物质沉积时，容易形成瘤状微晶灰岩和干裂破碎的微晶砾屑灰岩。

远洋深海微晶灰岩的矿物成分以低镁方解石为主，占 90% 以上，如白垩主要是由 2～25μm 的颗石藻和少量微小的钙球组成。颗石藻骨骼成分是低镁方解石，在海洋环境中较稳定，沉积后不被溶解，成岩时胶结作用弱，故形成粉屑状多孔易碎的岩石，称为白垩（软白垩），是一种超微生物灰岩。在深海沉积的碳酸盐质软泥有浮游有孔虫生物（抱球虫）软泥（图 9-21a）、翼足虫软泥、珊瑚泥及砂等；硅质生物软泥有放射虫软泥、硅藻软泥、硅质海绵骨针软泥等，如美国得克萨斯州西部石炭系，一个较深水的陆架灰岩中含有丰富的硅质海绵骨针，这些单轴骨针原来是由蛋白石组成，后期一部分被方解石交代，一部分被燧石交代，但大多数颗粒仍显示原生硅质海绵骨针的中央管道特征（图 9-21b）。

## 四、生物礁灰岩

生物礁灰岩是一种生物岩，具有原地生物骨骼结构，由群体生物生长组成的格架，捕获、黏结、障积了碳酸盐的颗粒、灰泥等物质，充填骨架之间形成的岩石。不同生物骨架结构形成不同的生物礁灰岩。

（1）因原地生物松散格架的阻挡和捕获作用，大量灰泥陷落在生物格架之间形成障

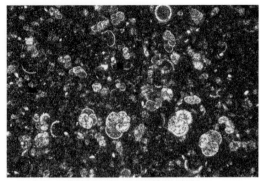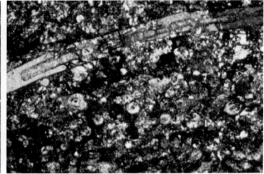

a. 抱球虫微晶灰岩，新西兰马尔堡，(−)　　b. 硅质海绵骨针灰岩，西得克萨斯，(+)

图 9-21　较深水的抱球虫软泥（实物横轴长 2mm）和硅质海绵骨针软泥（实物横轴长 1.6mm）

（Scholle and Ulmer-Scholle，2003）

积岩。它多形成于较深水的生物灰泥丘或层状生物礁中。

（2）由原地生物生长黏结捕获碳酸盐细小颗粒和灰泥形成层状的黏结岩。常见藻类或层孔虫黏结岩，在礁坪的外侧边缘藻脊和礁组合的顶部多具此种黏结岩。

（3）原地生长的生物坚固骨架之间充填颗粒和灰泥，形成典型生态礁的格架岩。在台地边缘最强的冲浪地带，具抗浪结构的坚固生物骨架最发育，是形成生物礁灰岩最具代表性的礁相带。在礁坪和礁后潟湖也可形成小规模的补丁礁灰岩。

## 五、石灰华和泉华

石灰华多呈钟乳石、石笋或晶簇状，形成于石灰岩溶洞中。泉华多呈被覆状、树枝状、丛状、疏松多孔（图 9-22a），是石灰质泉水和温泉出口附近 $CaCO_3$ 围绕水草、藻类结晶沉淀而成，如川西北松潘黄龙寺一带黄龙溪水中淀出的阶梯状泉华堤坝（图 9-22b）；泉华中含许多杂质和多种不同元素，并且有水生植物的影响，使得泉华呈现出多种色彩。石灰华和泉华内部晶体多排列成巨大的栉壳状，放射状的晶簇或呈大的晶粒，有时夹含有机质的细晶微晶纹层，这是一种特殊类型的碳酸盐岩，它们的数量比起海相或湖相石灰岩来说是微乎其微的，在古代岩石中更少。

a. 泉华，山东济南　　　　　b. 四川黄龙寺阶梯状泉华堤坝（黄志诚提供）

图 9-22　泉华结构和产状特征

## 六、瘤状灰岩

地质历史上，凡是具有瘤状形态、由方解石成分为主的瘤体与其间以泥质成分为主的基质两部分所构成的灰岩统称为瘤状灰岩（表 9-11），瘤体间无明显移位、搬运、磨圆和分选迹象。这种灰岩是一类较为常见而又特殊的碳酸盐岩，其层位比较稳定，具有一定的厚度，可作为区域地层划分对比的标志层。它是方解石与黏土矿物的混合类型。

**表 9-11　浙西黄泥塘剖面奥陶系砚瓦山组瘤状灰岩瘤体和基质特征对比**

| 特征 | 瘤体 | 基质 |
|---|---|---|
| 颜色 | 灰色、灰白色 | 褐色、褐黄色、黄灰色 |
| 矿物组成 | 以方解石为主，含少量陆源物质 | 以黏土矿物为主，方解石次之 |
| 生物类型 | 生物碎屑含量均很少，小于 3%，以三叶虫和棘皮类生物屑为主，介形虫少见 | |
| 结构 | 缝合线和黏土膜发育 | 发育方解石集合体、残留影 |
| 岩石风化面 | 瘤体遭受风化淋滤，呈孔洞状 | 受风化淋滤影响弱，易保存 |
| 地球化学特征 | $CaCO_3$ 含量在 69.52% ~ 99.64% 之间，平均 91.38%，不溶残渣含量在 0.36% ~ 30.48% 之间，平均 8.62% | $CaCO_3$ 含量在 20.31% ~ 57.77% 之间，平均 36.91%，不溶残渣含量在 42.23% ~ 79.69% 之间，平均 63.09% |
| 碳氧同位素 | $\delta^{13}C_{VPDB}$ 值在 0.5‰ ~ 1.4‰ 之间，平均为 0.9‰ $\delta^{18}O_{VPDB}$ 值在 -12.8‰ ~ -8.0‰ 之间，平 -10.6‰ | $\delta^{13}C_{VPDB}$ 值在 -0.4‰ ~ 1.1‰ 之间，平均 0.2‰，$\delta^{18}O_{VPDB}$ 值在 -11.7‰ ~ -9.0‰ 之间，平均 -10.3‰ |
| 形成温度 | 在 27.0 ~ 27.6℃ 之间，平均 27.3℃ | 在 25.2 ~ 27.0℃ 之间，平均为 26.2℃ |

瘤状灰岩在国外不同时代的地层中广泛发育，如现代巴哈马台地斜坡、瑞士哥特兰岛志留系、阿尔卑斯山中上奥陶统、英国威尔士南部侏罗系、西班牙北部下石炭统和东南部上侏罗统、土耳其北东部下侏罗统、意大利卡拉布里亚南部泥盆系、乌克兰西部侏罗系等地层中均有瘤状灰岩发育。在我国前寒武纪、古生代和中生代地层中也广泛发育，如广东和广西泥盆系、云南二叠系、贵州奥陶系、四川二叠系、新疆奥陶系、浙江奥陶系、江苏和安徽三叠系（林春明等，2017）。

瘤状灰岩的瘤体和基质在物质成分、结构构造、碳氧同位素组成等方面存在明显差异（表 9-11）。瘤体主要为微晶灰岩和含泥微晶灰岩，泥质微晶灰岩少见，组成矿物以微晶方解石为主，含量在 70% ~ 98% 之间，其次为陆源物质，含量在 1% ~ 28% 之间，包括石英和长石粉砂、黏土矿物和有机质。生物碎屑含量很少，均小于 3%。瘤体内部缝合线和黏土膜发育（图 9-23），大致呈放射状、束状、锯齿状分叉合并，尖灭再现，将瘤体分隔成大小不一的不规则块体。基质主要由黏土矿物、粉砂和有机质等不溶物质组成，瘤体的碳同位素值和形成温度均比基质高（表 9-11）。瘤状灰岩可能是沉积物沉积时期周期性底流溶解和成岩作用过程中差异性压实和压溶共同作用的产物，周期性底流溶解作用形成瘤状灰岩的原岩沉积，即碳酸盐岩和钙质泥岩的互层沉积（图 9-24a），是造成瘤体和基质特征差异的主要原因，后期差异性压实和压溶作用导致瘤状灰岩呈条带状、断续状和杂乱状三种存在形式。条带状瘤状灰岩受后期压实和压溶作用相对较弱，碳酸盐岩层被拉断或发生细颈化，形成瘤体，钙质泥岩作为基质，瘤体和基质的接触界面凹凸不平，呈港湾状（图 9-24b）；断续状瘤状灰岩与条带状瘤状灰岩相比，泥质含量明显增加，压溶作用相应增强，缝合线发育，呈放射状、束状、锯齿状分叉合并，将碳酸盐岩分隔成相互分离的小瘤体，并具有定向性，基本沿层分布（图 9-24c）；杂乱状瘤状灰岩受后期压实和压溶作用更强，碳酸盐岩层内部发生溶解及剪切错移，瘤体彼此分离错位，变得更小，杂乱排列（图 9-24d）。

图 9-23 浙江常山黄泥塘剖面奥陶系砚瓦山组断续状瘤状灰岩

红色箭头所指为瘤体，颜色为浅色；黄色箭头所指为基质，颜色为深色

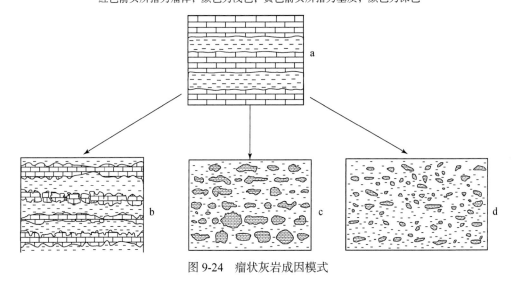

图 9-24 瘤状灰岩成因模式

## 第六节 白云岩的主要类型

本节重点介绍白云岩的成因类型，并简要地介绍关于白云岩成因的最新研究进展。与以往教材不同的是，本节还将澄清白云岩研究领域的一些模糊概念，并结合领域特色，介绍白云岩的结构分类。

### 一、白云岩结构分类

前文关于石灰岩的结构分类也基本适用于白云岩。这是因为白云岩也主要是由颗粒、基质、胶结物等结构组分组成。区别仅在于矿物组成上，即石灰岩的主要矿物成分为方解石，而白云岩的主要组成矿物是白云石。此外，白云岩的晶粒结构也更加发育。针对白云岩的镜下特征，密歇根大学的 Gregg 和 Sibley 于 1984 年和 1987 年提出了白云岩的结构分类方案，并被后来的学者广泛接受（Warren，2000；Machel，2004）。这种分类方案主要是基于白云石晶体大小分布和晶体外形。

晶体大小分布被划分为单峰式和多峰式。晶体外形被分为平面型和非平面型（图 9-25）。平面白云石的特征是具有许多晶面连接的平面边界。平面白云石又可进一步划分为平面－自形和平面－半自形。非平面白云石的特征是晶体之间的边界是弯曲的、叶状的、锯齿状的或其他不规则形状的，几乎没有完整的晶面接触，也被称为平面－他形。如条件允许，这套分类方案还可将颗粒、基质以及填充物的描述包括进来。例如，颗粒和先期胶结物可以是未被交代的、部分交代的、组构保留型交代的和组构破坏型交代的。颗粒也可以被溶蚀，仅剩印模孔。同样的，基质可以未被交代，也可被相同大小或不同大小的白云石全部交代或部分交代。

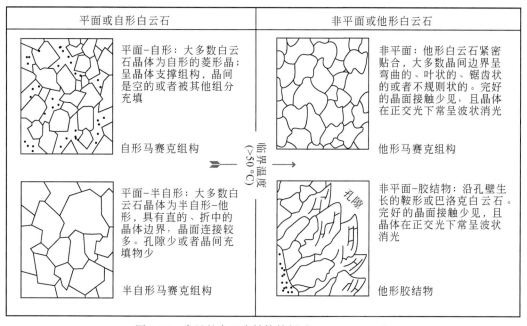

图 9-25　常见的白云岩结构特征（Warren，2000）

该方案进行白云岩结构分类大致可分为四步。第一步，确定白云石晶体大小。如果白云石晶体大小基本一致，则可定为单峰型，而假若白云石大小可区分出至少两个群体，则定为多峰型；第二步，确定白云石的晶体形态，是平面型还是非平面型；第三步，由于相当一部分白云岩是交代石灰岩而成，需确定石灰岩前驱物。区分颗粒、基质和胶结物，并描述交代程度；第四步，描述可能存在的充填白云石，如透明的、菱形的、晶簇或者鞍形白云石。

这种分类方案之所以被广泛接受，主要是因为操作简便并且大多是基于描述性的工作。此外，Sibely 和 Gregg 1987 年认为他们提出的白云岩结构类型划分方案还能够在一定程度上反映白云石的成因信息。例如，单峰型晶体分布一般指示均一基质上的单次成核作用。多峰型晶体分布可能指示均一或非均一基质上的多次成核作用，或者是在原始非均一基质上的不同期成核作用。

## 二、白云岩成因分类

白云岩的成因分类涉及白云岩的成因问题。如前所述，白云岩成因历经 220 余年研究仍未彻底解决，本节介绍学术界广泛接受的成因分类方案。

### （一）原生白云（石）岩

冯增昭（1994）将白云岩分为原生白云岩和次生白云岩两大类。原生白云石指的是从流体中直接沉淀出来并形成沉积物的白云石，不具有交代结构。由原生白云石组成的白云岩称为原生白云岩，在英文资料中，常称为"primary dolomite"（Machel，2004）。而次生白云岩则指的是成岩期形成的白云岩，主要是通过白云岩化作用形成的。需要注意的是，白云石胶结物也可以从流体中沉淀出来，但是不能称为原生白云石。在 20 世纪 90 年代以前，在室温和常压条件下难以合成白云石。20 世纪 90 年代中期以来，Vasconcelos 等人通过微生物培养实验在室温和常压条件下合成了白云石，并提出了微生物白云岩成因模式（Vasconcelos et al.，1995）。据此，国内部分学者认为只有在微生物介导作用下，白云石才能在地表环境下直接从流体中沉淀出来，并将原生白云岩改名为"微生物白云岩"，而将其他白云岩定名为"非生物白云岩"（何治亮等，2016）。然而，国际上已有地表条件下通过无机作用合成白云石的实验报道，并且微生物培养实验之所以能沉淀出白云石，可能根本原因在于体系中含有机组分（Roberts et al.，2013）。当然，关于微生物白云岩的成因机理是复杂的，也没有定论，故而笔者认为前人的分类方案（冯增昭，1994）并未过时，依然沿用原生白云岩这一概念。

一般来讲，原生白云岩一般由大小均匀的微晶白云石组成，不含任何石灰质交代残余，几乎不含生物化石，但可见由藻类（多为蓝绿藻）的黏液质黏结的细小球粒和团块，常与蒸发岩矿物，如石膏、硬石膏、石盐等共生或互层。在扫描电镜下可见绝大多数为菱形的白云石晶体，并且相互镶嵌、晶体干净、晶面平整。

原生白云岩常见的种类有微晶白云岩、微晶藻球粒（藻团块）白云岩和微晶内碎屑白云岩。后一种白云岩的内碎屑是再旋回的早期白云岩或半固结白云石沉积的碎屑，微晶白云石基质有原生白云石的组分，但有些可能是交代成因。一般通过扫描电镜观察来加以鉴别。以微晶白云石为主的白云岩还可能出现更细小的隐晶粒（< 1μm），成岩后仍保持其晶粒大小，历经漫长地质时期的改造仍然能很好地保持其"原始"结构，常见于埃迪卡拉纪晚期的灯影组和三叠纪的一些白云岩中，它们常含蒸发岩矿物或与蒸发岩共生。

在近代碳酸盐岩沉积中也发育原生白云石。一个经典的实例是澳大利亚南部的考龙潟湖，白云石形成于盐度高达 20%，pH 高达 8.4 ～ 10.3 和植物茂盛的浅水中。植物通过光合作用从水体中吸取 $CO_2$，从而使得水体 pH 升高。由于生物选择性吸收 $CaCO_3$，水体中的 Mg/Ca 值增高。加之强烈的蒸发，水体盐度也大大升高，这些作用促使白云石沉淀（冯增昭，1994）。近代沉积物中的原生白云石大多不是直接化学沉淀的结果，而是与微生物的新陈代谢作用密切相关（于炳松等，2007）。即便是曾被作为"过硬"的发育原生化学沉淀白云石的考龙潟湖，也被证明是微生物介导作用的结果。因此，微生物培养实验沉淀出来的白云石的特殊结构，也是原生白云石的有效鉴别标志，例如哑铃状、花椰菜状、球粒状等（Vasconcelos et al.，1995；Deng et al.，2010）。值得注意的是，微生物分解有机质过程中会产生 $CO_2$，从而影响水体中 $CO_3^{2-}$ 与 $HCO_3^-$ 的碳同位素组成。有机质通常富集 $^{12}C$，因此低的 $\delta^{13}C$ 值常被认为是与微生物作用有关的原生白云石的有力鉴别标志，如细菌硫还原作用（bacterial sulfate reduction，BSR）可导致白云石具有 −20‰（V-PDB），甚至更低的碳同位素值（Warren，2000）。

### （二）交代白云（石）岩

白云岩化作用是指富镁流体交代富碳酸钙沉积物或石灰岩形成白云岩的作用。由白云岩化作用形成的白云岩称为交代白云岩或者次生白云岩（Machel，2004）。

白云岩化作用被认为是产生额外孔隙的重要机制（Weyl，1960）。因为这些孔隙是储存油气的潜在空间，进而得到石油地质学家的高度重视。然而，在过去的相当长的一段时间内，这种机制被曲解了。Weyl（1960）认为，与 $Ca^{2+}$ 和 $Mg^{2+}$ 相比，地表下的水体往往是贫 $HCO_3^-$ 的。因而，在一个相对封闭的系统中，白云岩化作用可用如下化学方程式表达：

$$Mg^{2+}+2CaCO_3 \longrightarrow MgCa(CO_3)_2+Ca^{2+} \tag{9-1}$$

由于参与反应的 $Mg^{2+}$ 和产生的 $Ca^{2+}$ 的量是一致的，又被称为等摩尔交代。通过对白云岩化前后矿物体积变化量的统计，Weyl（1960）认为白云岩化可以产生高达13%的额外体积。长期以来，相当多的学者认为白云岩化作用产生剩余空间的机理是"白云石的摩尔体积较小"，显然，这种说法是错误的。白云石的摩尔体积（64.3cm³/mol）比方解石（36.9cm³/mol）要大（Weyl，1960；林传仙等，1985），只不过被交代的灰岩的摩尔数是新产生的白云石的摩尔数的两倍，才会导致所谓的"体积收缩"。

如果白云岩化作用发生在相对开放的体系中，即有充足的 $Mg^{2+}$ 和 $HCO_3^-/CO_3^{2-}$ 的供给，则白云岩化可用如下化学方程式描述：

$$CaCO_3+Mg^{2+}+CO_3^{2-} \longrightarrow CaMg(CO_3)_2 \tag{9-2}$$

显然，与等摩尔交代相比，这种白云岩化作用方式将导致矿物体积的增加和孔隙体积的减少，因此，这种白云岩化作用有时也被称作"过白云岩化"。也就是说，白云岩化作用并不一定增加岩石的孔隙度和渗透率。但是，由于白云石的硬度较大，如果形成了白云石晶体的支撑结构，则在埋藏成岩过程中，压实作用导致的孔隙减少较石灰岩弱，这也是一定埋藏深度下白云岩油气储层的孔隙性和渗透性一般优于相同埋深石灰岩的重要原因（Warren，2000）。

实际上，白云岩化作用可以用如下统一的化学方程式描述：

$$(2-x)CaCO_3+Mg^{2+}+x\,CO_3^{2-} \longrightarrow CaMg(CO_3)_2+(1-x)Ca^{2+} \tag{9-3}$$

当 $x=0$ 时，则为等摩尔交代（方程9-1），当 $x=1$ 时，则为过白云岩化（方程9-2）。当 $x$ 取一定值时，白云岩化前后矿物总体积保持不变，称为等体积交代。在这种情况下，白云岩化可以保留灰质前驱物的结构、构造特征。发生等体积交代所需的 $x$ 值与灰质前驱物的矿物组成有关（如方解石、文石），若有兴趣可以试着计算一下。

交代白云岩是白云石交代石灰质前驱物而成，故而可在交代白云岩中或多或少地观察到被交代的残余结构，这也是交代白云岩最有力的证据之一。如果白云岩化作用彻底，则原来的结构可能会被完全破坏，只呈现各种大小的白云石晶体，这时要辨认灰质前驱物的结构及其形成环境是很困难的。作为岩石的分类，可以不考虑白云岩化作用机制，只根据交代作用后是否存在残余结构作为依据，将交代白云岩划分为交代残余结构白云岩与结晶白云岩两种。生物礁白云岩是一种常见的交代白云岩，因为它常残留生物骨架结构而常被归入生物岩类中。

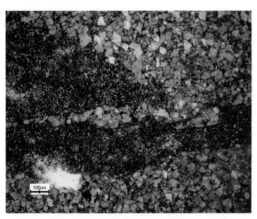

图 9-26 塔里木盆地寒武系灰质白云岩

### 2. 交代残余颗粒白云岩

### 1. 交代残余灰质白云岩

由 50% ~ 90% 白云石和 10% ~ 50% 的残余灰质组分组成的白云岩（图 9-26），白云石呈自形晶，由于白云岩化不彻底，残余大量泥粉晶石灰质组分。残余的石灰岩结构包括正残余灰岩组分实体和残余的阴影 ( 负残体 )。这种岩石包括白云岩化程度中等到强的类型。白云岩化程度 < 50% 的应属白云岩化灰岩。根据残余灰岩实体的种类，把这类白云岩分为颗粒灰质白云岩、颗粒微晶灰质白云岩、微晶灰质白云岩和生物礁灰质白云岩等。根据颗粒种类可以再细分，具体类型见表 9-10。

由 90% 以上的白云石组成，含少量( < 10% )的灰质颗粒残余实体( 主要由 CaCO$_3$ 组成 )和大量的残余阴影、轮廓等负残余结构。灰岩的微晶方解石组分在这种交代白云岩中消失殆尽或很难辨认。根据残余颗粒的种类可分为残余内碎屑白云岩、残余鲕粒白云岩、残余生物碎屑白云岩、残余球粒白云岩、残余团块白云岩（图 9-27）。

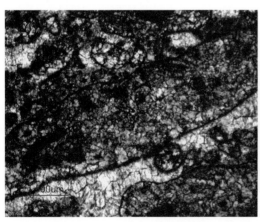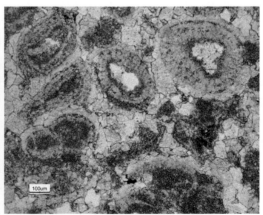

图 9-27 塔里木盆地寒武系残余内碎屑（左）和残余鲕粒（右）白云岩

白云岩化多以等体积交代作用实现，较少呈等摩尔交代形式。灰质前驱物的组成和结构在一定程度上控制和影响了交代白云石的晶体结构，因而白云岩化作用前后岩石组构往往类似。例如，由微晶方解石组成的球粒或砂屑，被白云石交代后仍常能保持微晶结构。

### 3. 结晶白云岩

完全由交代成因的白云石晶体组成的白云岩，残余石灰岩结构难以鉴别，是白云岩化作用彻底的产物。组成结晶白云岩的白云石晶体多呈自形、半自形镶嵌状，有时也呈他形镶嵌结构。白云石晶体可随着反复的交代和后期温度、压力的变化而增大，但有很多结晶白云岩的白云石晶体大小受灰质前驱物组构的影响。例如，原来石灰岩是微晶的，交代后的白云岩多是微晶或细粉晶的；原岩是亮晶胶结的异化颗粒灰岩，交代后的白云岩多是细晶-中晶的。结晶白云岩虽然几乎找不到残余结构，但白云石晶体内常含方解石质包体，在偏光显微镜下呈"雾心亮边"结构（图 9-29 左）。在电子探针背散射成像中可见这些"雾心"实际上是大量微小的方解石质残余，而"亮边"则为相对洁净的白云石质成分（图 9-28 右）。

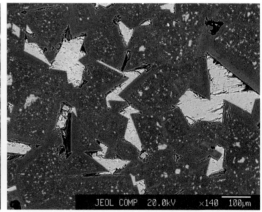

图 9-28　塔里木盆地寒武系结晶白云岩特征

左图为白云石呈他形非平面接触，雾心亮边结构明显。右图为背散射照片，亮色为方解石，暗色为白云石；白云石呈自形平面接触，成分不均一，晶体内部含大量微小的方解石包裹体，晶体边部成分较为均一

结晶白云岩根据晶体的大小可分为粗晶、中晶、细晶、极细晶白云岩，其晶体粒级的划分与前述的亮晶方解石结晶大小粒级划分相同。

在结晶白云岩中的燧石结核内，常常可以发现早期玉髓、石英交代石灰岩结构的残余痕迹，这也是分析交代白云岩的形成、恢复原岩形成环境的重要证据。

### （三）碎屑白云岩

白云石晶体碎屑颗粒或岩屑颗粒被胶结所形成的白云岩。白云石晶体碎屑具有菱形晶体和磨蚀的滚圆状（图 9-29），常与陆源组分一起沉积。这种白云岩是由早先形成的白云岩或白云石沉积物经搬运再沉积而成，称为再旋回的白云岩。

这种碎屑白云岩在准噶尔盆地吉木萨尔凹陷的二叠系芦草沟组地层中有发现。在佛罗里达湾的现代碳酸盐岩沉积物中，也发现有白云石晶体碎屑，[14]C 测定其年龄超过同期沉积的碳酸盐沉积物，可能来自佛罗里达西海岸的古老白云岩，经海流搬运到海湾中沉积。岩屑、碎屑白云岩在一些斜坡带也常见，是重力塌落的岩屑再被胶结的产物。

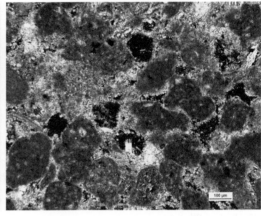

图 9-29　克拉玛依盆地二叠系碎屑白云岩背散射和镜下成像特征

## 三、白云（石）岩成因模式

### （一）热力学和动力学制约

原生白云石的沉淀可以用反应式（9-4）来描述：

$$Ca^{2+}+Mg^{2+}+2（CO_3^{2-}）===CaMg（CO_3）_2 \qquad （9\text{-}4）$$

该反应的平衡常数：

$$K=a[Ca^{2+}] \cdot a[Mg^{2+}] \cdot a[CO_3^{2-}]^2/a[CaMg(CO_3)_2] \qquad （9\text{-}5）$$

其中，$a[x]$ 代表组分 $x$ 的活度。由于在室温条件下难以通过无机作用方式合成白云石，$K$ 值实际上是难以确定的。Hardie（1987）基于对现代亚稳态白云石的研究，认为 $K$ 值应在 $10^{-16.5}$ 左右。已知固相白云石的活度为 1，将现代海水 $Ca^{2+}$、$Mg^{2+}$ 以及 $CO_3^{2-}$ 的活度代入公式（9-5），可以得到离子活度积为 $10^{-15.01}$，比原生白云石的溶度积高 1～2 个数量级。可见，现代海水对白云石是过饱和的，然而沉积物中的原生白云石却非常罕见。这表明白云石的形成受制于反应动力学，而非热力学。

对于交代白云石，以等摩尔交代为例（反应式 9-1），则反应平衡常数：

$$K=a[Mg^{2+}]/a[Ca^{2+}]=0.67 \qquad （9\text{-}6）$$

也就是说，只要白云岩化流体中 $Mg^{2+}$ 与 $Ca^{2+}$ 的离子活度比值大于 0.67，白云岩化就可以进行。已知现代海水中 Mg 的浓度约为 1290ppm（0.052mol/L），Ca 的浓度约为 411ppm（0.01mol/L），其 Mg/Ca 摩尔比约为 5.2，从热力学上讲，现代海水完全可以将石灰质沉积物白云岩化。同样地，现代海底白云岩化作用微弱也可能归咎于动力学问题。Land（1998）的室温白云岩合成实验持续了 32 年，尽管溶液离子活度积比白云石的溶度积高 3 个数量级，仍然未能成功合成白云石。因此，学界基本接受白云岩难题是一个动力学问题的认识。

关于白云石形成的动力学制约，尽管目前的认识不很完善，但也取得了一些进展。首先，抛开动力学制约因素不谈，大多数学者认识到所谓的动力学制约在低温条件下更加显著（< 50℃；Morrow，1982；Machel and Mountjoy，1986）。也就是说，白云石在高温条件下更容易形成；其次，白云石的形成过程中可能会产生一系列亚稳态的中间产物；最

后，$SO_4^{2-}$ 是否抑制白云石形成还存在较大争议。

关于 $SO_4^{2-}$ 抑制白云石形成的认识，主要源自 Baker 和 Kastner（1981）的热液实验。他们发现，溶解态硫酸盐在热液条件下（约 200℃）阻碍白云石形成，而低的硫酸盐浓度则促进白云石形成。微生物培养实验表明 BSR 作用与白云岩形成关系密切（Vasconcelos et al.，1995），似乎表明 BSR 作用降低水体中 $SO_4^{2-}$ 的浓度并促进白云石形成。然而，一些学者的实验和模型分析结果显示，溶解态硫酸盐在相对低温条件下（< 80℃）对白云岩化速率没有显著影响（Morrow and Rickets，1986）。另外，他们的研究结果显示，溶解态硫酸盐在高温（100～200℃）条件下的确会阻碍白云石形成。微生物培养实验与无机合成实验认识之间的矛盾，以及高温和低温无机合成实验结果之间的分歧，表明 $SO_4^{2-}$ 抑制白云石形成的作用可能被夸大了。

Wang 等（2016）通过实验分析了室温到 200℃条件下含硫酸盐溶液中 $Mg^{2+}$ 的性状与行为。结果显示，在高温条件下（> 100℃），$Mg^{2+}$ 与 $SO_4^{2-}$ 之间的络合作用明显增强，形成稳定的接触离子对。也就是说，$SO_4^{2-}$ 在高温条件下可以束缚 $Mg^{2+}$，阻碍其进入白云石晶格。而在近地表条件下，流体中 $Mg^{2+}$ 与 $SO_4^{2-}$ 之间的络合作用较弱，$SO_4^{2-}$ 难以阻碍 $Mg^{2+}$ 进入白云石晶格。该实验结果很好地弥合了微生物培养实验和无机合成实验之间的分歧，基本澄清了 $SO_4^{2-}$ 是否抑制白云石形成的质疑，即溶解态硫酸盐是否抑制白云石形成受控于流体的温度。

（二）物质平衡制约

白云石如果能直接从海水中沉淀［反应式（9-4）］，则镁的来源是不成问题的，因为海水中有足够多的镁。而若白云岩通过白云岩化的方式形成，则其灰质前驱物与海水的接触程度极大减弱（如埋藏条件），那么富镁流体的来源与数量就成为制约白云岩化程度的关键因素。

白云岩化作用可以用反应式（9-1）、（9-2）和（9-3）描述。假若白云岩化以等摩尔交代的方式进行［反应式（9-1）］，则白云岩化流体需挟带镁至反应位置，同时需将多余的钙带走。假设白云岩化流体为正常海水，石灰岩初始孔隙度为 40%，反应温度为 25℃，则要将 1 体积的灰岩完全白云岩化需要 650 体积的海水（Land，1985）。考虑到白云岩化效率不太可能达到 100%，并且相当数量的镁也会随流体运移从而远离反应位置，彻底白云岩化需要的水岩体积比将高于 650。如果白云岩化流体盐度较低，要完成白云岩化需要的流体量也会大大增加。相反地，如果白云岩化流体是咸水，以石盐饱和的咸水为例，在理想条件下，将 1 体积灰岩彻底白云岩化仅需 30 体积咸水。由于白云岩化反应平衡常数是温度的函数，高温条件下白云岩化所需的镁的量也将显著降低。例如，若反应温度为 50℃，则理论上将 1 体积石灰岩完全白云岩化所需海水的量为 450 体积，比 25℃时少 200 体积。

通过物质平衡计算，我们发现白云岩化的完成需要较高的水岩比，白云岩化流体中镁的浓度越低，所需的水岩比也就越高。要实现大规模的白云岩化，一个有效的流体对流模型是必需的，这也是现有的白云岩化模型主要是水文地质模型的原因。

（三）白云（石）岩成因模式

通过上述讨论，我们发现，一个有效的白云石成因模型应至少满足以下两条要求：从热力学上讲，要有持续、有效的物质供给（$Mg^{2+}$、$Ca^{2+}$、$CO_3^{2-}$）；从动力学上讲，要能够克服潜在的动力学障碍。受到现有认识的制约，相当部分的白云岩成岩模式未能妥善解决上述两个问题。本节主要介绍常见的白云岩成因模式。

**1. 萨布哈模式**

萨布哈是指海岸带蒸发潮坪上的盐泽地区，以阿拉伯海湾南部和西部边缘地带最为典型。萨布哈的气候特征可以用炎热、潮湿来形容，其表层温度最高可达 $60 \sim 80℃$，夏季空气湿度可以达到95%。现代萨布哈沉积物中的白云石主要为微晶白云石，晶体一般小于 $5\mu m$。如图 9-30 所示，风暴和大潮驱使海水从潟湖运移至萨布哈，而大陆地下水和风暴径流挟带陆源水向萨布哈的近陆端运移。地表水体渗入沉积物后将朝海方向渗流。在这一过程中，部分孔隙水通过毛细管蒸发作用散失，导致残留孔隙水浓度升高，进而达到文石和石膏的饱和度，这也是许靖华提出的"蒸发泵作用"（Hsü and Siegenthaler，1969）。文石和石膏的沉淀移除了孔隙水中大量的 $Ca^{2+}$，可将孔隙水的 Mg/Ca 值提高到 20 以上。这种高盐度、高 Mg/Ca 值的咸水交代文石，形成白云石。萨布哈模式是准同生环境下白云岩化的代表模式之一。

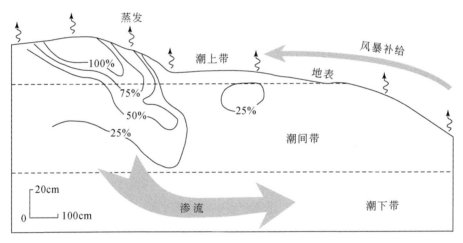

图 9-30　阿拉伯湾萨布哈白云石形成模式（Warren，2000）

**2. 卤水回流模式**

卤水回流模式由 Adams 和 Rhodes（1960）提出，用来解释美国得克萨斯州西部二叠纪盆地中与台地蒸发岩密切相关的盐湖和岛礁白云岩的形成。如图 9-31 所示，在蒸发岩盆地或者台地中，随着水体的蒸发浓缩，$CaCO_3$ 大量沉淀，接着 $CaSO_4$ 沉淀，导致卤水盐度和 Mg/Ca 值不断升高，卤水的密度可以达到 $1.2g/cm^3$。这种高密度卤水的形成打破了原有的流体平衡系统，从而引起与周围及深部低密度海水（密度约为 $1.03g/cm^3$）的对流。当这种高盐度的富镁流体渗入到碳酸盐台地的石灰岩地层时，便可发生白云岩化。值得注意的是，并非所有的蒸发岩台地石灰岩都会发生类似的卤水回流白云岩化，原岩本身的渗透性也是决定白云岩化程度的重要因素（Kaufman，1994）。

**3. 混合水模式**

前述的两种白云岩成因模式均与高盐度、高 Mg/Ca 值的咸水作用有关，可以解释与

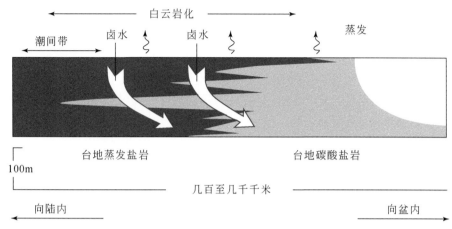

图 9-31 卤水回流白云岩化模式图（Warren，2000）

蒸发岩密切相关的白云岩成因。然而，还有一些白云石的形成看起来与蒸发岩或卤水不存在直接联系，例如广泛分布的与陆表海陆棚或构造高地共生的白云岩。对于这些白云岩，其成因难以用高盐度、高 Mg/Ca 值的卤水作用下的白云岩化模式解释。

针对这一问题，Badiozamani（1973）提出了一种新的白云岩化机理，即大气水（淡水）与海水混合作用下的白云岩化模式。从化学原理上讲，这种模式是讲得通的，即当两种对于某矿物饱和且浓度不同的溶液混合时，产生的混合溶液对于该矿物可能是不饱和的，但同时对于另一种矿物却可能是饱和的。Badiozamani（1973）认为海水的比例占 10% ~ 30% 时即可产生这种效果，这种流体将导致方解石溶解和白云石沉淀。

**4. 热液白云岩模式**

与矿床学研究中的定义不同，在白云岩研究领域，热液系指比围岩温度高 5℃以上的流体（White，1957）。也就是说，不论流体是什么来源，不论流体的实际温度是高是低，只要其比围岩温度高，则在该流体作用下形成的白云石均可称为热液白云石。在实际操作中，考虑到分析误差等因素，笔者建议将比围岩温度高 10 ~ 20℃以上的流体称为热液。然而，作为一种白云岩成因模式，我们通常所讲的热液白云岩系指富镁热液交代石灰岩并形成白云岩的过程，因此，也可称之为热液白云岩化作用。热液白云岩化模型之所以受到重视，主要有以下两方面的原因。首先，在高温条件下，白云石形成的动力学条件障碍容易被克服，已有不少热液实验成功合成白云石；其次，在世界范围内发现了一些热液白云岩化作用的实例，并形成了优质的油气储层。例如，热液白云岩是西加拿大盆地泥盆系（Duggan et al.，2001）、加拿大东部和美国东北部的密歇根盆地和阿巴拉契亚盆地的奥陶系碳酸盐岩储层的重要组成部分（Middleton et al.，1993）。

富镁热液、热液循环和灰岩前驱物是热液白云岩化发生的必备条件。热液白云岩的产出往往与异常的地热对流背景有关。地热异常是导致地层流体运移的驱动力，高孔渗介质或优势运移通道则是热液流体运移的前提。适合于热液流体运移的通道既可以是区域性的孔隙发育的岩石，也可以是由构造活动形成的断裂 / 裂缝系统，或者是上述二者的有机结合。因此，热液白云岩在空间分布上一般与张性断裂的发育有关。需要注意的是，如果热液流体进入白云岩层系，则会导致白云岩的重结晶和新的白云石沉淀，这种作用不能称为热液白云岩化，而称为白云石（岩）热液蚀变作用（Machel，2004）。

热液白云岩也有一些典型的岩石学和矿物学特征。例如，鞍形白云石被认为是反映白云石热液成因的重要标志（Sibley and Gregg，1987）。鞍形白云石一般呈乳白色、灰色或棕色，以亮晶白云石晶体产出，具有弯曲的晶面，镜下呈波状消光（图 9-32）。鞍形白云石常以孔、缝胶结物的形式存在，有时也以基质白云石的形式产出。尽管鞍形白云石曾被作为热液活动的重要标志，但有研究表明，鞍形白云石既不是热液作用的充分条件，也不是热液作用的必要条件。例如，压溶作用和硫酸盐热还原作用过程中也会形成鞍形白云石（Machel，1997）；有些热液作用也没有形成鞍形白云石（Braithwaite and Rizzi，1997）。

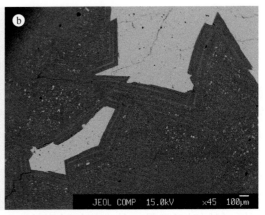

图 9-32　塔里木盆地寒武系鞍状白云石

a. 白云岩孔洞中的鞍状白云石胶结物，具有弯曲的晶面；b. 鞍状白云石的背散射照片，
具有富铁环带（亮带）

### 5. 微生物白云岩模式

尽管高温条件利于白云石形成（> 50℃），但地质观察表明，绝大多数的白云岩都是在近地表的低温条件下形成的（Warren，2000；Machel，2004）。因此，解决白云石成因的关键工作之一便是在室温条件下成功合成白云石。遗憾的是，绝大多数合成实验均以失败告终（Land，1998）。Folk 1993 年通过系统的扫描电镜观察，发现古生代和中生代的碳酸盐岩中发育大量的细菌和纳米细菌化石，并据此提出微生物很可能会促进碳酸盐矿物的沉淀。Vasconcelos 等（1995）考虑到了微生物的促进作用和 $SO_4^{2-}$ 的抑制作用，开展了硫还原细菌的培养实验，发现硫还原细菌的新陈代谢活动可以促进低温白云石形成。结合巴西东南部 Lagoa Vermelha 潟湖现代白云石沉积实例，提出了微生物白云石模式（Vasconcelos and Mckenzie，1997）。随后，人们陆续开展了更多的微生物培养实验（Deng et al.，2010），以揭示微生物白云石模式的作用机制。

考虑到 $SO_4^{2-}$ 与 $Mg^{2+}$ 形成紧密离子对进而阻碍 $Mg^{2+}$ 进入碳酸盐晶格，人们认为硫还原细菌的新陈代谢活动能够消耗水体中的 $SO_4^{2-}$，进而增加水体中有效 $Mg^{2+}$ 的浓度并促进白云石形成（Warren，2000）。然而，促进白云石形成的微生物不只是硫还原细菌，某些嗜氧微生物的新陈代谢活动同样可以促进白云石形成（Deng et al.，2010）。最近的热液实验研究表明，$SO_4^{2-}$ 束缚 $Mg^{2+}$ 的能力仅在高温条件下显著，而在室温条件下被严重高估。

综上，消耗水体中的 $SO_4^{2-}$ 并不是微生物白云石模式的核心作用机制。Bontognali 等 2008 年研究发现，硫还原细菌能够促进白云石沉淀，但是白云石结晶和生长的场所是这些微生物分泌的胞外聚合物，因而微生物体本身可能不会作为白云石成核的中心。胞外聚合物的主要成分是一些高分子聚合物，如多糖、蛋白质等，其所处局部微环境可能与宏观水体不同。微生物新陈代谢可能提高了微环境中的 pH 和 $CO_3^{2-}/HCO_3^-$ 浓度，进而促进白云石形成（Deng et al.，2010）。威斯康星大学麦迪逊分校的徐惠芳教授开展了大量的无机白云石合成实验，他们发现微生物并不是低温白云石形成的必要条件（Zhang et al.，2012）。多糖组分溶于水后通过氢键作用能够吸附到钙－镁碳酸盐表面，进而有助于弱化矿物表面 $Mg^{2+}$ 与水分子的化学键，降低 $Mg^{2+}$ 的水合壁垒，促进 $Mg^{2+}$ 进入碳酸盐晶格。除了多糖，硫还原细菌新陈代谢的产物 $HS^-$ 等组分的存在也有助于降低水的介电常数，从而弱化 $Mg^{2+}$ 的水合作用并促进白云石形成（Zhang et al.，2012）。考虑到有机质往往富羧基官能团，堪萨斯大学的 Roberts 等人将羧基聚乙烯球（直径为 0.82μm 和 20.3μm）放入模拟海水的溶液中，并成功在室温条件下合成了白云石（Roberts et al.，2013）。他们认为，有机质表面的羧基官能团能够与水体中的 $Mg^{2+}$ 络合，从而移除了水合 $Mg^{2+}$ 周围的水分子，使得"裸露"的 $Mg^{2+}$ 能够进入白云石晶格。曾经，微生物被认为是低温白云石形成的必要条件；现如今，无机合成白云石在室温条件下已成为可能。尽管仍然存在一些争议，但人们对白云石的成因机理的认识已经有了相当的进步。

从现有研究来看，白云石形貌学是鉴定其微生物调制成因的重要证据。于炳松等（2007）在青海湖底发现的微生物白云石是由大量纳米颗粒堆积成的微米级球形白云石（图 9-33a）。从微生物培养实验来看，微生物白云石的形貌较为特殊，呈球形、哑铃形、花椰菜形等，有时还能观察到纳米级球形颗粒（图 9-33b；Deng et al.，2010）。Perri 和 Tucker 2007 年报道了意大利三叠系叠层石白云岩中的片状白云石，认为是胞外聚合物矿化的结果。王小林等（2010）在塔里木盆地柯坪地区震旦系藻白云岩中发现了纳米球形白云石和不规则状白云石；随后，又在塔里木盆地寒武系膏盐层系中发现了片状白云石，其表面发育纳米球形白云石（王小林等，2016）。这些球形、片状白云石的形成可能均与微生物活动密切相关，是微生物白云石模式的地质证据。需要注意的是，一些无机合成的白云石有时也会呈球形等特殊结构，因而在鉴定微生物白云石时需综合多种研究手段。

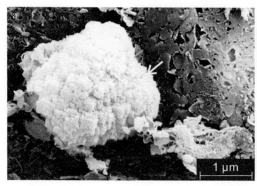

图 9-33　微生物白云石扫描电镜照片

a. 青海湖底沉积物中的现代微生物白云石（于炳松等，2007）；b. 硫还原细菌培养实验中沉淀出来的白云石（Deng et al.，2010）

通过上述讨论，我们可以发现，关于微生物白云石这一成因模式，至少有两方面的工作需要继续深入。首先，微生物促进白云石形成的机制需明确。有些微生物新陈代谢能够促进白云石形成，而有些却不能，其差异性在哪？说到底，就是微生物新陈代谢是如何克服白云石形成的动力学障碍的；其次，地质历史时期微生物白云石的鉴别，只有证明古老地层中有大量微生物白云石的记录，才能证明微生物白云石模式是地质历史时期白云岩的重要形成机制。

最后，笔者借用 Land 教授的话结束本节，"只有时间能告诉我们微生物白云石模式能否带领我们彻底解决白云岩成因难题，或者，这种模式可能像其之前的其他模式一样归于沉寂，历史的车轮滚滚向前，我们相信白云岩成因研究这条漫长而又令人沮丧的道路必将会有一个终点"（Land，1998）。

# 第七节　碳酸盐沉积物的沉积后作用

碳酸盐沉积物沉积后，与原来的介质逐渐隔绝，进入新的环境，并开始向碳酸盐岩转化，在此过程中所发生的一切物理、化学、生物化学等作用都称作碳酸盐沉积物的沉积后作用。碳酸盐沉积物的沉积后作用是一个复杂的物理、化学变化过程，而且有生物作用的影响，它不同于陆源碎屑沉积物的成岩过程，既可在地下缓慢进行，也可在大气或淡水环境下迅速发生。因此，由于深埋作用，温度、压力的增加，使陆源碎屑沉积物转变为岩石的地质思想，不尽适用于碳酸盐沉积物。

碳酸盐沉积物的矿物组分、原始地球化学特征在沉积后很容易发生改变（Knauth and Kennedy，2009），其中最重要的是其在成岩阶段所经历的沉积后作用。碳酸盐沉积物的成岩变化，从沉积物刚沉积到海底就立即开始了（Morse，2003），它可通过沉积物孔隙被胶结物充填、胶结或晶体增大填塞转变成坚硬的岩石，也可以因生物的捕集、黏结作用直接成为岩石。上述过程不一定需要增加温度、压力，在常温常压下也能进行。因此，碳酸盐沉积物的沉积后作用强度和阶段的划分，也有它的特殊性，可按碳酸盐沉积物的孔隙被充填、胶结和矿物转化的程度作为标志。当其孔隙几乎完全被充填，不稳定、亚稳定的碳酸盐矿物全部转化为稳定矿物，碳酸盐岩的沉积后作用强度最大。

目前，碳酸盐沉积物的沉积后作用研究仍有许多不足之处。白云岩化的作用机理及不同白云岩化所形成的白云石（岩）的岩石学特征和地球化学特征、孔隙发育特征、镁离子和流体来源等问题，仍是今后争议的热点之一。

## 一、碳酸盐沉积物的沉积后作用

### （一）碳酸盐的沉积后作用类型

碳酸盐的沉积后作用主要有压实作用、压溶作用、溶蚀作用、重结晶作用和胶结作用等（Flügel，2010）。

#### 1. 压实和压溶作用

碳酸盐沉积物在上覆层的重荷压力下，发生水分减少、孔隙度降低、体积缩小进而变致密的作用称为压实作用。碳酸盐沉积物的压实包括单个颗粒体积的缩小、变形和破裂，颗粒定向排列，填隙物体积缩小等。

碳酸盐的压实和压溶作用常受一些因素的影响，如碳酸盐颗粒的结构、填积、排列及形状等。连续持久的埋藏，将引起压实总效应的增加，而较低的地温梯度、颗粒表面亲水以及贫镁大气降水的渗入，均有利于压溶作用的发生（赵彦彦和郑永飞，2011），压溶作用能够形成缝合线。但是，早期的胶结和白云岩化作用，会增加碳酸盐沉积物的强度，阻碍压实和压溶作用的发育。而灰泥的压实作用较强，与泥质沉积物相似，颗粒碳酸盐沉积物的压实多与砂质沉积物相似。

**2. 溶蚀作用**

当碳酸盐沉积物或碳酸盐岩中孔隙水的性质发生变化，将引起碳酸盐矿物发生溶解（Walter，1985；Malone et al.，2009）。如果孔隙水能长期处于不饱和又有流动性，碳酸盐矿物就会不断地被溶解和带出，最后形成大量的溶蚀孔隙。

由于海洋沉积物内不同碳酸盐组分的稳定性不同，所以，在沉积后作用早期，碳酸盐矿物的溶解常具有选择性。例如由文石和高镁方解石组成的生物骨骼以及文石质的鲕粒和晶体比方解石更容易溶解，从而形成特征的溶模孔隙。每年有超过 50% 的台地相碳酸盐沉积物都在浅层孔隙水经历了溶蚀作用（Walter and Burton，1990），这比深海碳酸盐溶解量大一个数量级（Milliman，1993）。而在沉积后作用晚期，由于不稳定矿物组分大多已经转变为低镁方解石，所以，溶蚀作用不再具有选择性，水溶液会沿节理、裂缝和原生孔隙流动，并将它们逐渐扩大，形成溶孔、溶缝、溶沟和溶洞。而且，由于小颗粒的表面自由能比同一组分的大颗粒的大，所以在矿物集合体中，小微晶的溶解度远大于大微晶的溶解度，表现在异化碳酸盐颗粒的溶解速率一般比生物碳酸盐组分的大（Walter，1985）。因此，自然界中常见的碳酸盐矿物，在天然水中其溶解次序是高镁方解石、文石、低镁方解石和白云石。在地表环境下，高镁方解石和文石不是溶解就是向低镁方解石转化，以至古代石灰岩中几乎见不到这类矿物。碳酸盐颗粒或其他矿物晶体（如石膏）被选择性溶解后，留下的空洞称为铸模孔，如文石质鲕粒就会形成球形的铸模孔。溶蚀作用不仅产生大量的溶解孔隙，而且为胶结作用提供物质来源。

**3. 胶结作用**

胶结作用是指碳酸盐颗粒或矿物被黏结在一起，变成坚固岩石的作用。碳酸盐沉积物的胶结作用常是通过晶体在孔隙空间的生长、碳酸盐泥的压缩和质点间的压溶作用来完成的。研究发现碳酸盐沉积物在很多环境下均可胶结成岩，不仅在被埋藏后可成岩，而且在深水、浅水，甚至是抬升至与大气淡水接触带也可胶结成岩。碳酸盐胶结作用的特点是沉积后可立即进行，时间短、成岩快、压实小。

碳酸盐沉积物中最常见的胶结物是方解石和白云石，常呈泥状、纤维状和较粗的粒状。胶结物中的晶体形状（纤维状、薄片状和等轴状）是由孔隙流体性质（$Ca^{2+}$、$Mg^{2+}$、$Na^+$ 等离子的含量和 pH）和晶体生长速率决定的。

大气淡水成岩环境的碳酸盐胶结物来源与海底成岩环境不同，前者 $CaCO_3$ 胶结物可能来源主要有：①淡水将上覆沉积层的碳酸盐溶解后向下淋滤，为下伏层位的石灰岩形成提供胶结物；②暴露的沉积物，胶结物来自毛细管泵汲作用上升的 $CaCO_3$ 溶液；③成岩过程中文石和高镁方解石发生溶解，溶解的 $CaCO_3$ 可再沉淀为低镁方解石胶结物。后者 $CaCO_3$ 胶结物来自海水沉淀，第一世代胶结物多数来自沉积物本身的溶解或来自海水沉淀，第二世代胶结物大多是外源供给的。

**4. 新生变形作用**

沉积后作用中矿物大小的变化和同质多象体的转变，福克 1965 年称之为新生变形作用。它包括原来晶体的变小或变大、文石向方解石的转变。在碳酸盐沉积物沉积后作用中，只有在常温、常压的湿态条件下，才能发生这种变化。表现最明显的是生物颗粒的文石或文石胶结物，被较大的方解石晶体所取代，细小的微晶方解石重结晶变成微亮晶。新生变形作用使沉积物孔隙减少，加速沉积后作用进程。

**5. 重结晶作用**

重结晶作用是指在碳酸盐岩成岩过程中，矿物的晶体形状和大小发生变化，而矿物组成没有改变的作用。碳酸盐矿物重结晶一般与大气降水和埋藏成岩环境下的晶体生长和亚稳态高镁方解石和文石转变为方解石有关（Tucker and Wright，1992）。如安徽巢湖凤凰山石炭系老虎洞组灰黄色含泥质结晶灰岩，其顶部岩石表面呈起伏不平的疙瘩状，因重结晶作用，原岩石结构已全破坏。结晶方解石晶粒占 90%，全部重结晶成粒状粉晶，在部分孔洞和自由空间处发育栉壳状晶簇，其中的溶孔中贯入泥质物和细粉砂（图 9-34a），为地层暴露、淡水淋滤条件下，岩石发生重结晶作用的产物，它是一个典型的古岩溶面。古岩溶表面至岩石内部，亮晶方解石由大变小，表明重结晶作用由强变弱（图 9-34b）。地表和近地表的岩溶地貌和溶洞是巨大的旅游资源，而再度深埋地下的岩溶地貌（古潜山）、岩溶洞穴和裂缝系统常常是油气及其他有用矿产的储集空间（方少仙等，2013）。

a. 溶孔中贯入泥质物和细粉砂，(+)      b. 亮晶方解石由大变小，(+)

图 9-34 碳酸盐沉积物的重结晶作用特征

**6. 白云岩化作用**

白云石对方解石或文石的交代作用，称白云石化作用，交代充分者称白云岩化作用。20 世纪 60 年代以来，出现了一系列白云岩化学说（Hardie，1987；Warren，2000；Machel，2004）。由于不同成岩环境下，白云岩化流体的驱动机制、温度和化学组成是不同的，所以我们可以通过白云石的岩石学特征、空间分布、地球化学特征来识别不同环境形成的白云石（Hardie，1987）。控制白云岩结晶的主要因素是溶液的 Mg/Ca 值、反应物的矿物学、反应物的表面积、盐度和结晶速率、动力学抑制剂（如硫酸盐）。由于反应动力学常数和矿物饱和度状态都是温度的函数，所以白云岩化的速率也随温度的上升而明显增大（赵彦彦和郑永飞，2011）。温度上升，白云岩化可能受到大范围质量变化的限制，而不是反应速率的限制（Machel，2004）。在一些情况下，白云石的沉淀受到生物作用的影响（Wright and Wacey，2004）。尽管从体积上看，生物作用形成的白云石比较少，但是这些白云石可能在次生白云岩化过程中起到播种的作用。

**7. 去白云石化作用**

白云石被方解石交代的作用叫去白云石化作用。

白云石的晶粒间存在硬石膏、黄铁矿及其他矿物，它们溶解或氧化会造成去白云石化作用。在白云岩孔隙溶液中，来自上述矿物的硫酸盐离子能与白云岩中的镁结合形成 $MgSO_4$ 和 $CaCO_3$，反应式如下：

$$CaMg（CO_3）_2+CaSO_4 \cdot H_2O \longrightarrow 2CaCO_3+MgSO_4+2H_2O$$

$$\text{白云石} \qquad \text{石膏} \qquad \text{方解石}$$

$MgSO_4$ 多数被溶液带走，$CaCO_3$ 则组成了交代石灰岩。这种石灰岩中方解石晶形不规则或形成巨大的方解石晶粒。下扬子区的石炭系黄龙组石灰岩底部的一层所谓"粗结晶石灰岩"，可能是含硬石膏的白云岩溶解而发生去白云石化的产物。但在白云石与石膏互层的地层中，却不易发生去白云石化作用。

去白云石化的证据可以通过交代石灰岩中的白云石残余组构辨认出来：①在方解石大晶体内有未完全交代的白云石残余物；②方解石具白云石菱面体假象；③交代的方解石中有原先的白云石菱面体环带状构造，或原先白云石晶体边缘的痕迹残余；④去白云石化的方解石晶体一般大而明亮。

**8. 硅化作用**

古代石灰岩中常常见燧石结核或硅岩夹层、透镜体。在这些硅岩中常见碳酸盐生物骨骼假象有机纹理和其他碳酸盐颗粒的假象，这种在层状灰岩中的硅化作用，许多是在碳酸盐沉积物固结阶段完成的。硅化作用有时比白云石化还早。碳酸盐沉积物有机质的分解，往往造成局部 pH 降低，而使碳酸盐溶解和氧化硅沉淀聚集。当在出现较低的 pH、温度和饱和氧化硅孔隙水的局部环境中，形成氧化硅交代碳酸钙的有利条件，而在灰岩中形成燧石结核透镜体，其交代作用可用下式表示：

$$CaCO_3+H_2O+CO_2+H_4SiO_4 \rightleftharpoons SiO_2+Ca^{2+}+2HCO_3^-+2H_2O$$

氧化硅交代生物介壳后仍能保存介壳的假象，甚至保存有机纹理组构，碳酸钙被缓慢溶解，氧化硅缓慢沉淀而成。氧化硅交代碳酸盐的微小晶粒、亮晶胶结物，也有相同的效应。硅化作用在固结成岩石以后还可继续进行。

**9. 膏化和去膏化作用**

石膏和硬石膏交代碳酸盐矿物组分的现象简称膏化作用，该作用的发生与硫酸盐的孔隙水有关。在地下，石膏将被硬石膏取代。交代形成的石膏与硬石膏一般都具被交代矿物的假象，交代不完全时，则保留残留颗粒的包体，在反射光下呈混浊状到褐色。

石膏和硬石膏晶体被方解石交代，而仍保持石膏、硬石膏晶形的作用称去膏化作用。

去膏化主要发生在有还原硫酸盐细菌作用下，破坏石膏或硬石膏，细菌有机质产生的二氧化碳与被细菌从硫酸钙分解出来的氧化钙相结合，形成方解石，并析出硫使细菌获得氧。其简化的反应式如下：

图 9-35　安徽巢湖石炭系泥晶灰岩中见板条状晶形的石膏假晶，（-）

$$2CaSO_4+2H_2O \longrightarrow 2CaO+2S+2CO_2+2H_2O+O_2$$
$$2CaO+2CO_2 \longrightarrow 2CaCO_3$$

在碳酸盐岩中的石膏、硬石膏去膏化作用后会全部变成方解石，形成结晶的石灰岩。在这种交代石灰岩中，常见残余的石膏或硬石膏晶体的假象。如安徽巢湖石炭系和州组泥晶灰岩中见板条状晶形的石膏假晶，宽 0.02～0.05mm，长 0.05～0.15mm，横切面见假六边形。石膏溶解被次生的亮晶方解石充填，而次生的亮晶方解石有的又发生溶解形成溶孔（图 9-35）。

## （二）碳酸盐的成岩变化程度识别

一般情况下，由文石和高镁方解石组成的化石、颗粒和胶结物仍保存了周围沉积水体的特征（Garzione et al.，2004），如文石贝壳的生长纹记录了其沉积水体的温度和同位素组成。远洋的碳酸盐沉积物也被认为能够忠实地保存原始地球化学记录（Veizer et al.，1999）。但是，碳酸盐沉积物沉积后，经历各种成岩改造，其矿物组分、原始地球化学特征等都发生了改变。此外，盆地隆升、构造断裂和构造抬升等作用也会在许多沉积盆地中产生区域性广泛分布的流体活动（Feldman et al.，1993），这些流体可以与尚未或已经完全固结成岩的碳酸盐沉积物进行物质交换，使碳酸盐沉积物发生成岩蚀变，从而改变其中的原始地球化学组成（Jacobsen and Kaufman，1999）。

### 1. 碳酸盐沉积物元素含量的变化

在成岩过程中，初始的亚稳态碳酸盐矿物通过结构、组分、化学变化来达到稳定状态。这个化学变化可以总括为（Brand and Veizer，1980）：

$$CaCO_3+H_2O+CO_2 \rightleftharpoons Ca(HCO_3)_2$$

易溶于水的元素，如 $Na^+$、$Sr^{2+}$、$Mn^{2+}$、$Mg^{2+}$ 和 $Fe^{2+}$ 等可以通过交代、孔洞充填、吸附、晶体缺陷充填等方式替换方解石和文石等矿物中的 $Ca^{2+}$，从而使碳酸盐中元素含量受到改变（Ferket et al.，2003），两种不同离子之间的替代能够使得阴阳离子半径和电荷之间的差距变小。文石和方解石在结构上具有很大的不同，方解石中离子的位置比文石中的位置小很多，所以小的 $Mg^{2+}$ 能够进入方解石，而较大的 $Sr^{2+}$ 容易进入文石。

碳酸盐沉积后，经常受大气降水的影响。由于大气降水一般比海水含有更少的 $Sr^{2+}$、$Na^+$ 和 $Mg^{2+}$，而含更多的 $Mn^{2+}$、$Fe^{2+}$ 和 $Zn^{2+}$，所以海相碳酸盐沉积受到大气降水影响后，其中的 $Sr^{2+}$、$Na^+$ 含量会降低，$Mn^{2+}$、$Fe^{2+}$、$Zn^{2+}$ 含量会升高（Brand and Veizer，1980）。

碳酸盐岩的 Mn 含量、Fe 含量、Fe/Sr、Mn/Sr（或 Sr/Mn）值常被用于指示碳酸盐岩受到成岩改变的程度。Denison 等 1994 年认为 Mn 含量小于 $300 \times 10^{-6}$、Fe 含量小于

3000×10⁻⁶ 以及 Mn/Sr 大于 2.0，则碳酸盐岩保存了原始地球化学特征。很多人认为 Mn/Sr 小于 2 时，碳酸盐岩没有或仅受到弱成岩作用的影响，其中的元素和同位素组成可以代表沉积时的原始地球化学特征（Jacobsen and Kaufman，1999；Dehler et al.，2005）。需要注意的是从缺氧的水体中沉淀的碳酸盐岩的 Mn/Sr 值也很高，碳酸盐岩中高的 Mn/Sr 值以及 Mn 含量和 Fe 含量与低的 $\delta^{18}O$ 无相关性，说明 Mn/Sr 或 Mn 含量可能不是判断碳酸盐是否经历了成岩蚀变作用的标志（Dehler et al.，2005）。此外，泥质含量较高的碳酸盐岩，由于泥质沉积物中 Mn 含量本身就高，从而使 Mn/Sr 值高。因此，以 Mn/Sr 值为标准判断成岩作用强度可能不适合于泥质含量较高的灰岩、泥灰岩和瘤状灰岩（林春明等，2015）。

海水中方解石的 Mg/Ca 值受温度和纬度影响很大，高纬度冷水中沉淀的方解石以及深海水体形成的胶结物比低纬度温暖海水中沉淀的方解石具有较低的 Mn 含量，而且赤道地区 $MgCO_3$ 含量随温度的升高而增大（Videtich，1985）。由方解石组成的有孔虫中，Mn 含量与周围海水的温度有关，随着温度的升高，矿物的 Mg/Ca 值增加（图 9-36）。但是在沉积后的成岩过程中，碳酸盐矿物 $Mg^{2+}$ 含量的升高或降低主要取决于初始的碳酸盐相（高镁方解石、低镁方解石或文石）和孔隙水的盐度。

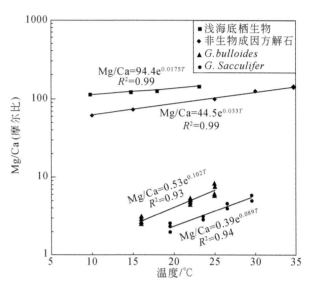

图 9-36 方解石的 Mg/Ca 值与温度之间的关系图（转引自赵彦彦和郑永飞，2011）

离子半径大、低温下不易溶于水的元素，如 Al、Sc、V、Cr、Co、Zr、Hf、Nb、Ta、Cs、Pb、Ni、REE 等在成岩流体中的含量一般很低，因此成岩流体对碳酸盐沉积物中这些元素含量的影响很小（Banner and Hanson，1990）。但是有研究表明，这些不易溶于水的元素的含量经常随 Fe 含量的增加而升高（Rivers et al.，2008），这可能是由于 Fe 氧化物能够通过表面吸附和结构吸附吸收重金属和过渡元素的离子。

稀土元素在海水中的含量极低，无法单独形成沉淀，而是以共同沉淀或吸附的方式进入到沉积载体中，其成矿过程是当前研究的热点。这类载体又以化学沉淀或生物残骸为主，如碳酸盐、微生物格架灰岩、磷酸盐等。海水中稀土元素的主要来源是河流（约 $39×10^6$mol/a；图 9-37），其中的稀土元素通过胶体、有机质或无机颗粒以及溶液的形式被带入海洋。在这个过程中，相对于重稀土（MREE）和中稀土（HREE）而言，轻稀土（LREE）一般优先被颗粒吸附，而且 LREE 在海水中的通量相对较高，滞留时间也较短（Wallace et al.，2017）。海水中稀土元素的另一个来源是大气或风尘（约 $30×10^6$mol/a），包括固体态和气溶胶（图 9-37）。海水中稀土元素的第三个来源是热液，如从洋中脊和海底火山，这一部分的量很难确定，不过一般认为远小于第一来源和第二来源（图 9-37）。另外，海底的地下水也能挟带大量的淡水、营养盐和金属到近海岸的海水中（赵彦彦等，2019）。

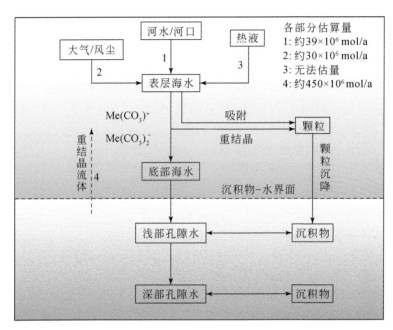

图 9-37　稀土元素在海水和沉积物孔隙水中的分布简图（赵彦彦等，2019）

### 2. 碳酸盐沉积物氧碳同位素的变化

碳酸盐沉淀后，原始碳酸盐相和成岩流体溶解 $HCO_3^-$ 之间的同位素交换可以表述为（Brand and Veizer，1980）：

$$^{13}C^{18}O_3^{2-}+H_2^{16}O+^{12}CO_2 \longleftrightarrow {}^{12}C^{16}O_3^{2-}+H_2^{18}O+^{13}CO_2$$

与主微量元素相比，氧同位素和少量碳同位素的重新分配不仅受到原始碳酸盐相的稳定程度、水岩比、化学成分差异性和分配系数的大小等因素控制，还受以下因素的制约：①沉积水体和成岩流体的温度和盐度；②纬度、经度和季节变化造成的成岩流体中氧碳同位素变化；③沉积水体（如海水）中同位素的长期变化；④生物碳酸盐沉积物中氧碳同位素的生物分馏作用。

碳酸盐沉积物刚刚沉淀后，如果短暂地暴露地表，则会发生早期成土作用，如干裂纹、植物根、角砾。早期成土作用会使碳酸盐沉积物的孔隙度和渗透率以及水岩比增加，导致大气降水与碳酸盐矿物之间物质交换的概率增大。大气降水挟带了大量陆源有机碳氧化形成的溶解 $CO_2$，其 $\delta^{13}C$（-34‰ ～ -24‰）远低于海相碳酸盐的 $\delta^{13}C$（0‰）。这些大气降水会使周围的碳酸盐矿物发生溶解重结晶，使碳酸盐的 $\delta^{13}C$ 降低。Joachimski（1994）发现碳酸盐地层的碳同位素变化与成岩早期的成土改造程度有关。而碳酸盐固结成岩后，虽然大气降水的进入会使碳酸盐发生溶解和重结晶，但对碳同位素影响不大（da Silva and Boulvain，2008）。对于氧同位素而言，由于大气降水中氧含量远高于碳酸盐中的含量，所以在碳酸盐沉积物的胶结、重结晶和交代过程中，来源于大气降水的地下水是普遍存在的氧源。因此，碳酸盐矿物不断地溶解 - 再沉淀过程不能够明显改变地下水的 $\delta^{18}O$，但能使碳酸盐矿物的 $\delta^{18}O$ 明显降低。

一般情况下，水 - 岩反应会使碳酸盐沉积物的 $\delta^{18}O$ 降低，所以 $\delta^{18}O$ 是判断碳酸盐沉积物在沉积后是否发生水岩相互作用的重要标志。许多人认为如果海相碳酸盐岩的 $\delta^{18}O$ 小于 -5‰，尤其是小于 -10‰，则碳酸盐沉积已经受到大气降水来源的成岩流体的影响，碳酸盐岩的原始地球化学特征都已经被改变，不能代表原始沉积水体的特征（Kaufman and Knoll，1995）。而如果碳酸盐岩的 $\delta^{18}O$ 大于 -5‰，则认为其地球化学特征没有或很少受到大气降水的影响，可以指示沉积时水体的特征。然而，由于碳酸盐岩的 $\delta^{18}O$ 与周围沉积水体的 $\delta^{18}O$ 和沉积温度有关，所以，这种方法只能对地质历史上海相碳酸盐岩是否受到大气降水的影响进行定性的判断（Zhao and Zheng，2010）。

有人利用 $\delta^{13}C$ 和 $\delta^{18}O$ 是否具有正相关关系来判断海相碳酸盐岩是否经历了有大气降水参与的成岩作用。如果相关程度不高，那么表明氧碳同位素组成没有或较少受到成岩作用的影响，基本保持了其原始形成时的信息（林春明等，2015）；如果相关程度高，则表明海相碳酸盐岩可能遭受大气降水参与的成岩作用，原因是海相碳酸盐岩受到大气降水的影响后，其 $\delta^{13}C$ 和 $\delta^{18}O$ 值都趋向降低，成明显的正相关关系（Kaufman and Knoll，1995）。其实，氧碳同位素具有相关性并不是同位素组成受到后期成岩作用改造的充分必要条件（张霞等，2009），Veizer 等 1997 年的研究也表明氧碳同位素值即使具有很好的相关性，也未必是由后期强烈的成岩作用造成，氧同位素值仍然可以代表原始的沉积环境。

碳酸盐岩的 $\delta^{13}C$ 值常与沉积相的变化有关，而不是仅反映海水长时间的特征变化，如浅海、近海岸、短暂局限环境的碳酸盐 $\delta^{13}C$ 正漂移可能是生物产率增加或 / 和蒸发量的增加导致的（Frimmel，2010），而陆架到盆地不同剖面上的同位素差异可能是因为海水表层 - 深海 $\delta^{13}C$ 存在梯度变化。

**3. 碳酸盐沉积物镁钙同位素的变化**

镁和钙均为碳酸盐矿物中的主要组成元素，在碳酸盐矿物的形成和转化过程中，镁和钙是流体与矿物间物质传递的重要媒介。钙同位素可利用双稀释剂法在热电离质谱仪（TIMS）上测量，对 $^{44}Ca/^{40}Ca$ 的测量精度为 ±0.1‰ ～ 0.2‰。2000 年以后，多接收等离子体质谱（MC-ICP-MS）分析技术的发展和普及使高精度的镁同位素分析逐渐成为一种常规测试手段（Young and Albert，2004；朱祥坤等，2013），当前对 $^{26}Mg/^{24}Mg$ 值的测试误差可以控制在 ±0.05‰ 以内（朱祥坤等，2013；Teng，2017），利用 MC-ICP-MS 对 $^{42}Ca/^{40}Ca$ 的测量精度为 ±0.1‰（换算为 $^{44}Ca/^{40}Ca$ 则为 ±0.2‰）以内。在地质储库中，与河水、海水以及火成岩相比，碳酸盐矿物 $\delta^{26}Mg$ 值较负，并且不同类型的碳酸盐沉积物的镁同位素组成存在显著差异，$\delta^{26}Mg$ 值的自然变化范围可达 5‰（图 9-38；Li et al.，2012；Saenger and Wang，2014；Teng，2017）。地球样品的钙同位素比值差异相对于镁同位素较小，大约存在 3‰ 的自然变化。在主要地质储库中，海水的 $\delta^{44/40}Ca$ 值最高，而碳酸盐和硫酸盐的 $\delta^{44/40}Ca$ 值变化范围很大，且可见低值（图 9-38）。

碳酸盐矿物镁同位素组成的控制因素主要包括环境水体的镁同位素组成，以及碳酸盐与水溶液之间的镁同位素分馏系数，后者与矿物种类、温度、矿物生长速率和结晶方式等多种因素有关。沉积岩中的主要碳酸盐矿物在常温下相对于水溶液都富集较轻的镁同位素，从而具有较低的 $\delta^{26}Mg$ 值。一般而言，碳酸盐矿物与水溶液之间的镁同位素分馏系数从低到高依次为：低镁方解石＜高镁方解石＜白云石＜文石（图 9-39）。矿物与水溶液之间，以及矿物与矿物之间的镁同位素分馏受到温度控制，温度升高，分馏程度变小；因此，镁

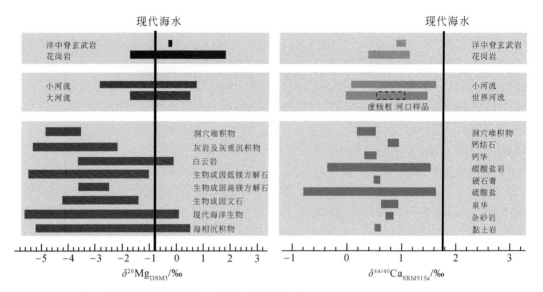

图 9-38 不同地质储库中镁钙同位素组成特征（数据来源于 Tipper et al.，2006；Hipple et al.，2009；Ling et al.，2011；Li et al.，2012；Teng，2017）

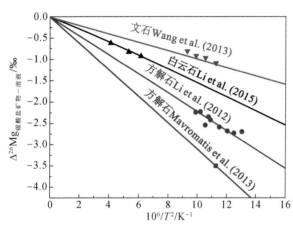

图 9-39 实验标定获得的各类碳酸盐矿物与溶液间镁同位素平衡分馏系数

同位素作为地质温度计有一定的应用前景，但是由于自然界 Mg 同位素分馏系数相对较小，镁同位素地质温度计的精度显著低于氧同位素（Hu et al.，2017）。同时，研究也发现不同种类的海洋生物钙质壳体的镁同位素组成往往也具有较大差异，这被称为镁同位素分馏的"生命效应"，可能反映了钙化生物在生长过程中，碳酸盐矿物的镁同位素组成受到新陈代谢过程影响（Saenger and Wang，2014）。

碳酸盐矿物钙同位素组成同样受控于环境水体的同位素组成以及矿物沉淀时伴随的钙同位素分馏系数。碳酸盐矿物沉淀过程中，一般相对富集轻的钙同位素，从而具有较低的 $\delta^{44/40}Ca$ 值。针对同一种矿物，不同研究获得的分馏系数可存在巨大差别。例如，在常温下，方解石与水溶液之间的钙同位素分馏系数，可从 0‰（Fantle and Depaolo，2007）变化至 -2‰（Reynard et al.，2011），而且实验研究发现方解石沉淀过程中的钙同位素分馏系数受到方解石生长速率的显著影响（Tang et al.，2008），这被认为反映了方解石沉淀过程伴随的 Ca 同位素分馏为动力学分馏而不是热力学平衡分馏。一般而言，碳酸盐矿物与水溶液之间的钙同位素分馏系数从低到高依次为：文石＜方解石＜白云石（Gussone et al.，2005）。不同钙化生物在生长过程中，也伴随不同的钙同位素生物分馏效应。

海水的镁钙同位素组成是海相碳酸盐镁－钙同位素组成的关键控制因素，而海水的镁钙同位素组成又受控于全球镁钙循环（Tipper et al.，2006）。海洋从河流输入获得大陆风化释放的镁，而海水中的镁又通过白云岩化作用和洋中脊高温水岩反应和低温蚀变作用从海洋中去除，钙则通过洋中脊高温水岩反应释放至海水（Wilkinson and Algeo，1989）。由于大陆风化，海相碳酸盐矿物的沉淀（例如白云岩化作用），以及洋中脊岩石蚀变作用具有不同的镁钙同位素分馏行为，因此全球镁钙循环的源－汇在地质时间尺度的变化能造成海水镁钙同位素比值的改变（Li et al.，2015）。因为河流输入与全球风化作用强度变化相关，而白云岩化与海洋/大气的物理化学条件相关，所以地质历史时期海水镁钙同位素波动可能与全球古气候－古环境演化关联，而且这些变化可被记录在碳酸盐岩中（图9-40）。需要强调的是，全球镁钙循环与全球碳氧循环相伴，并与一系列重要的地质过程和海洋演化密切相关（黄方，2011；李曙光，2015），因此，海相碳酸盐岩/矿物镁钙同位素组成特征可能包含了大量有关地质过程和演化方面的信息。

已有研究表明，白云岩的镁同位素组成相较于灰岩具有显著更强的稳健性，不容易受到埋深变质作用和热液蚀变作用影响。形成于不同时期的白云岩，镁同位素组成具有较大的差异（Li et al.，2015；Hu et al.，2017）。除了部分成岩改造造成的差异外，这些变化很大程度上还是反映了显生宙以来海水的镁同位素波动。当前有关地质历史时期碳酸盐岩镁同位素组成的数据相对较少，难以系统地性的恢复显生宙以来古海水镁同位素变化特征。同时，可以预见在未来的一段时间，碳酸盐岩的镁钙同位素地球化学会得到进一步发展，随着更多碳酸盐岩镁钙同位素研究工作的开展和数据的丰富，可以通过碳酸盐岩金属稳定同位素组成来恢复全球以及区域的海水镁钙同位素组成及变化，从而从金属稳定同位素地球化学角度研究古气候－古环境的沉积学响应，及其资源效应。

**4. 碳酸盐沉积物放射成因锶同位素的变化**

碳酸盐沉淀时，水体的锶同位素组成主要受不同来源锶同位素的影响，如河流、热液和海底沉积碳酸盐的溶解（Kaufman et al.，1993）。不同来源的锶同位素相互作用，从而使沉积水体的锶同位素组成发生相应变化。$^{87}Sr/^{86}Sr$ 值与轻同位素（C 和 O）不同，不受相分离、化学状态、蒸发作用或生物同化作用等过程的影响而发生分馏。但在碳酸盐沉积后的成岩过程中，$^{87}Sr/^{86}Sr$ 值可能受到孔隙流体的影响。碳酸盐孔隙水的 $^{87}Sr/^{86}Sr$ 值主要受以下几个过程的控制（赵彦彦和郑永飞，2011）：①碳酸盐沉积物的溶解再沉淀；②流体中锶元素的扩散作用，它能够使流体中锶含量和同位素组成逐渐均一化；③沉积物中硅酸盐物质的风化；④现代海水在沉积物中的深部循环过程。

尽管 Mn/Sr 和 Sr/Ca 以及 $\delta^{18}O$ 值是识别碳酸盐岩成岩程度最常用的地球化学标准，但是 Sr 含量被认为是估算碳酸盐是否保存了原始的 $^{87}Sr/^{86}Sr$ 值最好的单个参数。根据水/岩交换模型，成岩作用会使碳酸盐岩在 Sr 含量过了一个界线值后，$^{87}Sr/^{86}Sr$ 值突然增加（Jacobsen and Kaufman，1999）。由于碳酸盐岩的初始 Sr 含量是由初始的矿物组成（文石或方解石）和海水 Sr 含量决定的，而且不同成岩流体中 Sr 含量也不同，所以对于不同岩石的 Sr 含量，界线是不同的。

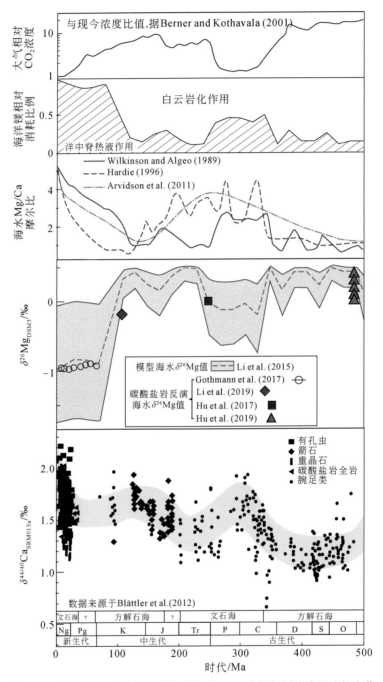

图 9-40　最近 500Ma 以来全球镁钙循环以及海水镁钙同位素组成的变化

## 二、碳酸盐沉积物的成岩环境

碳酸盐沉积下来，发生沉积后作用所处的地质环境简称为碳酸盐成岩环境。碳酸盐沉积物的沉积后作用主要发生在出露地表和地下埋藏两个过程中，主要受大气降水、海水和埋藏过程中流体的控制。每一流体都以特殊的方式同碳酸盐沉积物或碳酸盐岩发生反应，留下独特的成岩矿物组合、成岩组构和地球化学标志。根据碳酸盐沉积物的沉积后作用发生的位置、孔隙水特征以及孔隙中的流体量，碳酸盐成岩环境可划分为五个基本类型（图9-41）：①大气淡水（降水）渗流环境；②大气淡水（降水）潜流环境；③海水渗流环境；④海水潜流环境；⑤埋藏环境。海平面升降、构造运动和埋藏深度的变化常使垂向上和横向上的成岩环境由一种变化为另一种。在不同的成岩环境中，碳酸盐通过胶结、压实等各种沉积后作用将未固结、沉积、亚稳态碳酸盐转变为固结的灰岩。

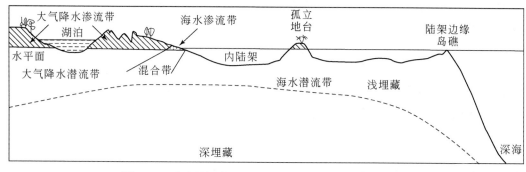

图 9-41　碳酸盐沉积后的成岩环境类型（Flügel，2010）

### 1. 大气淡水（降水）环境

淡水环境下的沉积后作用发生在大气降水渗流带和潜流带的区域内，也发生在浅地表，包括大陆的陆架边缘、海岛台地、珊瑚礁或沉积物超出海平面的孤立台地。在渗流带，淡水主要聚集在颗粒接触处的毛细管中；而在潜流带，淡水会充填所有的孔隙（表9-12）。渗流带和潜流带内的流体运动方式（流动或静止）、溶解和沉淀过程以及胶结物和孔隙类型都是不同的（表9-12）。

表 9-12　不同成岩环境中的成岩流体来源和碳酸盐发生的主要的成岩过程（Flügel，2010）

| 成岩环境 | 地点 | 孔隙流体类型 | 成岩过程 | 所需时间 /a |
| --- | --- | --- | --- | --- |
| 大气降水渗流区 | 水面之上，位于地表和大气降水潜流带之间 | 淡水或空气 | 溶解带内（土壤层）：碳酸盐大规模溶解，文石消失，形成晶簇<br>沉淀带内：有少量胶结物 | $10^3 \sim 10^5$ |
| 大气降水潜流区 | 水面之下到地表之下 100m | 淡水 | 溶解带内（如沉陷区、洞穴）：碳酸盐发生溶解，形成溶洞或孔隙<br>活动带内（大气降水潜流带的上部）：文石和镁方解石溶解，发生快速广泛的胶结作用，方解石沉淀，形成溶洞或孔隙<br>静止带内（干燥气候环境的深部地层）：胶结物较少，文石和镁方解石被稳定矿物交代 | $10^3 \sim 10^5$ 到 $10^6 \sim 10^7$ |
| 海水潜流区 | 浅海、深海海底或其下 | 海水 | 浅海环境：水体中碳酸盐过饱和，文石和镁方解石快速胶结的碳酸盐，胶结物类型丰富<br>深海和冷水环境：水体碳酸盐不饱和，文石和方解石在两个溶解面上（溶跃面和补偿面）大量溶解 | $10^1 \sim 10^4$ |

| 成岩环境 | 地点 | 孔隙流体类型 | 成岩过程 | 所需时间 /a |
|---|---|---|---|---|
| 深部环境 | 表面成岩作用之下的部分，直到浅变质之上，可能延伸至地下1000m | 盐度不同的卤水 | 浅埋藏（最初几米到几十米）和深埋藏（沉积物之上地层从几百米到几千米）：物理压实，化学压实（压力溶解），胶结作用，孔隙度降低 | $10^6 \sim 10^8$ |

在孔隙和溶洞极为发育的海岛上，由于淡水与海水之间的密度差异，地下淡水多会漂浮在咸的海水之上，形成漂浮的淡水透镜体和区域性大气降水的含水层（图9-42）。淡水渗流带和潜流带内含大量$CO_2$，从而会使周围的海相沉积碳酸盐发生明显的成岩作用。在渗流带内，高$CO_2$浓度的土壤气进入水中，会造成水体里的碳酸盐不饱和，亚稳态碳酸盐矿物发生溶解。而且，在潮汐作用下，土壤中的$CO_2$会沿水面去气，促使方解石胶结物形成。一般而言，碳酸盐沉积物的胶结作用和溶解作用限制在距离淡水水面1.5m范围内（Budd，1984）。Budd（1984）观察到巴哈马地区Schooner Cays碳酸盐沉积物中10%～40%的粒内孔隙胶结物发生在离水面1m的范围内。而且在这个区域内，亚稳态矿物溶解的体积与胶结物形成的体积基本相当（约87%符合），因此碳酸盐沉积物的总孔隙体积基本保持不变。大气降水参与的成岩作用是从高镁方解石丢失$Mg^{2+}$开始的，随后文石逐渐被方解石交代。亚稳态矿物会通过溶解、再沉淀作用，非常迅速地转化为稳态矿物。Halley和Harris（1979）认为Joulters Cay的文石会在一万至两万年内完全转变为方解石，这与Budd（1984）估算的时间基本一致。然而，渗流环境下亚稳态碳酸盐矿物转化为稳态矿物的速率比潜流带的慢（Budd，1984）。淡水条件下，碳酸盐沉积物的成岩作用非常迅速，在不到10年的时间内，就可能被淡水胶结物完全胶结（Malone et al.，2009）。而且，盆地隆升、构造断层、挤压及构造抬升等作用会在许多沉积盆地中产生区域性广泛分布的流体活动，这些流体可以与尚未或已经完全固结成岩的碳酸盐沉积物进行物质交换，使碳酸盐沉积物发生成岩蚀变，从而改变其中的原始地球化学组成（Jacobsen and Kaufman，1999）。

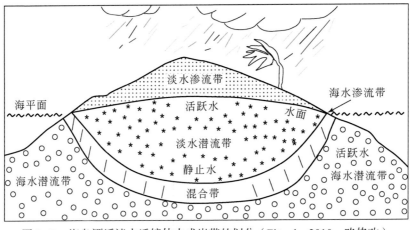

图9-42　海岛漂浮淡水透镜体中成岩带的划分（Flügel，2010，略修改）

有淡水透镜体的海岛上，不论是渗流带还是潜流带，胶结物中的微量元素含量都比较低。在渗流带水体流动的区域，如巴巴多斯岛地区，胶结物颗粒内微量元素的组成呈现规律性变化，而且这些变化与矿物的稳定程度有关，如部分区域的胶结物中 Sr 和 Mg 含量很高，这可能是由于文石和高镁方解石在上升流方向上连续溶解、再沉淀（图 9-42）。因为渗流带胶结物受到土壤中低 $\delta^{13}C$ 值的 $CO_2$ 气体的影响，所以渗流带胶结物的 $\delta^{13}C$ 值一般比潜流带胶结物的 $\delta^{13}C$ 值低（图 9-42）。渗流带胶结物的低 $\delta^{13}C$ 值可以帮助我们确定古水面位置和判断是否存在淡水透镜体。而在渗流带之下以及淡水–海水混合带之下的区域（图 9-42），胶结物的 $\delta^{13}C$ 值会升高（图 9-43）。淡水透镜体和海水混合带之间，胶结作用和颗粒溶蚀作用突然减少，好像没有明显的成岩作用（Budd，1984）。尽管淡水混合带内可能会有白云岩化作用发生，但是现代淡水透镜体的混合带内没有发现混合白云岩带（Flügel，2010）。

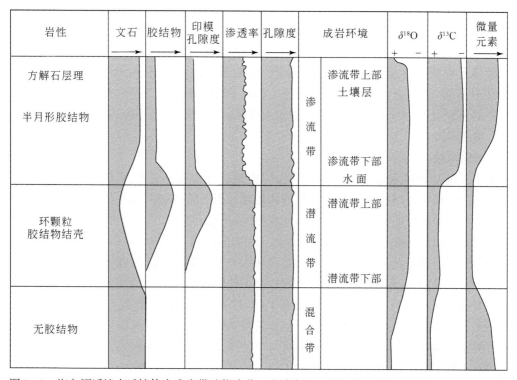

图 9-43　海岛漂浮淡水透镜体中成岩带矿物成分、孔隙度和地球化学组成的变化（Moore，1997）

**2. 淡水和海水混合带**

典型的淡水和海水混合带包括近海一侧的浅地表环境、陆地和海洋交界的海岸带（图 9-42）。这个区域的主要特点是环境变化迅速。因为混合带流体具有不同的来源和化学特征，所以经常引起碳酸盐沉积物原始地球化学特征发生改变。混合带的水体可引起文石沉淀和白云石胶结、白云岩化、硅化以及碳酸盐沉积物的溶解作用（Sanford and Konikow，1989）。

**3. 海洋环境**

海相潜流沉积后作用发生在浅海、深海的海底或海底以下的浅层区域，以及潮坪和海滩靠海的一侧（图 9-42）。深海高的静水压力、低的水温和高的 $CO_2$ 分压能够使碳酸盐颗粒溶解，从而使深海碳酸盐沉积得到选择性保存。深海碳酸盐不同组分和地球化学特征的保存可以用来区分两个重要的溶解面，即溶跃面和方解石补偿面（Flügel，2010）。

深海碳酸盐沉积物中主要是由低镁方解石（大于 99%）的远洋生物骨骼组成。正常情况下，深海碳酸盐沉积物的沉积后作用是从碳酸盐矿物沉积到海底后才开始的。然而，由于海洋上层的水体和海底之间存在非常大的距离，所以在生物死亡之后向海底沉降的过程中，远洋碳酸盐颗粒已经发生了巨大变化。在深海环境下的成岩作用中，溶蚀作用占很大比例，大约只有 20% ～ 30% 的碳酸盐沉积物能够保存下来，而海底重结晶作用和胶结物作用比较少见（Flügel，2010）。

浅海碳酸盐以软泥和其中夹杂的生物或非生物颗粒的形式沉淀下来，同时从周围的海水吸附了微量元素和同位素。浅海碳酸盐的矿物组成主要是文石，然后是高镁方解石（James et al.，2005），低镁的方解石仅占很少的部分。只有在特殊条件下，浅水碳酸盐中才出现白云石。浅水碳酸盐沉淀后在固结变成灰岩 / 白云岩过程中，与周围孔隙水的微量元素和同位素会发生交换或混合，软的碳酸盐泥和其中的颗粒逐渐被磨蚀、被钻孔甚至溶解，同时伴随着其他碳酸盐矿物的充填、胶结，碳酸盐的结构由隐晶质变为微亮晶再到亮晶，或者直接从隐晶质变为亮晶，结构成熟度不断提高（Rivers et al.，2008；Malone et al.，2009）。

**4. 埋藏环境**

由于碳酸盐在埋藏过程中的沉积后作用很难直接观察到，所以了解得相对较少，但是碳酸盐微相指示了埋藏过程中的沉积后作用能够形成特殊成分和结构的胶结物（Bera et al.，2010）。埋藏环境通常可以分为浅埋藏和深埋藏，但是二者之间的界限无法很好地确定。一般认为，浅埋藏包括最上部的几米到几十米的区域，孔隙水呈氧化性或弱的还原性，成岩作用受到混合区孔隙水化学性质、温度和压力的影响，可能形成块状方解石、平坦的白云石、马鞍状白云石等胶结物。深埋藏环境下孔隙水的组成与浅埋藏的明显不同，表现为盐度升高，呈还原性，这会导致 Mn 和 Fe 会被方解石和白云石胶结物吸附，氧化还原的敏感元素发生移动，而且会形成晶形独特的胶结物。尽管埋藏沉积后作用会严重改变碳酸盐岩的原始地球化学组成，但是在相对封闭的体系下，埋藏沉积后作用并不能使次生碳酸盐岩的 $\delta^{18}O$ 值均一化（Bera et al.，2010）。

# 第十章 其他内源沉积岩

地壳中分布最广的沉积岩是陆源碎屑岩、黏土岩和碳酸盐岩等主要类型沉积岩，但尚有一些重要的沉积组分，如二氧化硅矿物，铝、铁、锰的氧化物和氢氧化物，磷酸盐矿物，盐类矿物，它们既可作为次要成分产于上述岩石中，亦可富集成岩，形成硅岩、铝土岩、铁岩、锰岩、磷酸盐岩、蒸发岩等，属于内源沉积岩（表 1-4）。碳质、沥青质、液态烃类等有机物主要构成煤、油页岩、石油、天然气等可燃性有机岩，亦可作为次要组分出现在主要类型沉积岩中。某些铜矿物、沸石类矿物、海绿石、自然硫等大多数附生于主要类型沉积岩中，因此，常把含铜、含沸石、含海绿石等岩石称为其他沉积岩（表 1-4）。上述岩类大部分具有重要的经济价值，有的还能反映一定的沉积环境，帮助恢复古地理等。可燃性有机岩中的石油、天然气等已有专门教科书论述，本章只介绍硅岩、铝土岩、铁岩、锰岩、磷酸盐岩、蒸发岩、煤和油页岩等几种常见的岩类。

## 第一节 硅 岩

由生物作用、化学作用、生物化学作用以及某些火山作用形成的，含 $SiO_2$ 达 70%～90% 的沉积岩称为硅岩或硅质岩，它主要由隐晶质和微晶质的自生硅质矿物组成。无论在岩石成因上，还是在岩石的结构构造上，硅岩与石英质碎屑岩都有显著的不同。

硅岩按其地质产状可划分为层状硅岩和结核状硅岩两类。层状硅岩常与火山岩共生，而结核状硅岩则主要见于石灰岩中，也可少量地出现于黏土岩或蒸发岩中。

### 一、化学成分和矿物成分特征

硅岩的化学成分主要是 $SiO_2$ 和 $H_2O$，比较纯的硅岩 $SiO_2$ 含量最高可达 99% 以上，多数硅岩往往含少量的混入物，混入物的成分与围岩成分有密切关系。例如与黏土岩或火山岩共生的硅岩较富铝，而与碳酸盐岩伴生的硅岩富含钙和镁。因此，除 $SiO_2$ 和 $H_2O$ 外，硅岩还常含有数量不等的其他氧化物，如 $Fe_2O_3$、$Al_2O_3$、$CaO$、$MgO$ 等。在欧美的地质文献中，大多把固结的硅岩统称为燧石，然后在燧石名称前冠上能反映岩石产状、成分及结构和构造等特征的附加名称，如硅藻质燧石、鲕状燧石、结核状燧石和层状燧石等。

组成硅岩的主要矿物成分是自生石英、玉髓和蛋白石。此外，还常含有少量的黏土矿物、碳酸盐矿物和氧化铁矿物等。有的还含有机质、黄铁矿和海绿石等。

蛋白石（$SiO_2 \cdot nH_2O$）是一种含水的、接近于非晶质的二氧化硅矿物。与石英相比，它较不稳定，易溶于碱。在成岩过程中，蛋白石逐步向玉髓和石英转化。因此，在古老的硅岩中很难发现蛋白石，它仅仅出现于中生代和新生代的硅岩和硅质沉积物中。

图10-1 长石岩屑砂岩中的燧石，（+）

玉髓在正交偏光下呈纤维状，纤维长几十微米到一二百微米，常呈束状或放射状排列，构成扇状或球状纤维集合体（图10-1），或呈皮壳状。电子显微镜下观察，玉髓并不具有纤维结构，在晶体内含有许多微小的球形液泡，其直径约0.1μm。无数密集的液泡构成了特征的海绵状表面结构。

## 二、结构构造特征

硅岩中可出现多种结构类型，这与硅岩有多种成因有关，常见的有非晶质结构、隐晶和微晶结构、纤维状结构、生物结构、鲕状结构、碎屑结构、隐藻结构和交代结构等。福克和威弗1952年用透射电镜对硅岩的超微结构进行了观察和研究，将燧石的隐晶结构进一步划分为半自形粒状、不等粒状、海绵状和斑状等四种类型。这些超微结构类型反映了硅岩具有复杂的结晶演化历史，其演化过程为胶状－次胶状－块状－晶粒状。

硅岩在自然界呈层状、条带状、结核状和透镜状产出，以结核状和条带状最为常见。

## 三、主要岩石类型及其成因

关于硅岩的分类，国内外文献和教科书中有多种方案，常见的有以下几种：①按产状分为层状硅岩和结核状硅岩；②按矿物成分分为蛋白石质硅岩、玉髓质硅岩和石英质硅岩；③按岩石共生组合关系分为与碳酸盐岩共生的硅岩、与页岩或铁沉积岩共生的硅岩；④按成因分为生物成因、生物化学成因、无机化学成因、机械成因和交代成因等五种类型。

本书将硅岩分为两大类型，一类为生物或生物化学成因硅岩，如硅藻土、海绵岩、放射虫岩、板状硅藻土和蛋白土等；另一类为非生物成因硅岩，如碧玉岩、燧石岩和硅质板岩等。

### 1. 硅藻土

硅藻土主要由古代的硅藻遗体（硅藻壳）组成。硅藻壳的含量一般大于50%，有的可达70%～80%，小于50%的称硅藻质黏土。

硅藻是一种生活在海、湖盆地中的微体硅质生物，个体一般小于0.05mm，介于0.002～0.05mm之间。硅藻种类繁多，可达数千种。

世界上有经济价值的硅藻土矿床大多产于白垩纪以后，而且主要产于古近纪、新近纪和第四纪的沉积层中。我国山东临朐的山旺地区是著名的硅藻土矿床产地。该地硅藻土产于中新世地层中，堆积在玄武岩层之上，具有明显的灰白－灰黑色相间的水平层理，层薄如纸，故称纸状页岩，又有"万年书"之称。矿层厚7～10m，属大陆淡水湖泊沉积。世界上最著名的硅藻土矿床产于美国加利福尼亚州的古近纪和新近纪地层中，厚达20m以上，分布面积数平方千米，属海相沉积矿床。

### 2. 海绵岩

海绵岩主要由硅质海绵骨针组成，有时可有少量的放射虫和钙质贝壳，其他的混入物有黏土矿物、海绿石、石英砂和粉砂等。矿物成分主要为蛋白石，有时有玉髓，在古老的岩石变种中，主要由蛋白石转变成的玉髓组成。

海绵岩的外貌为细粒状，呈灰绿色或黑色，按其胶结程度可分为坚硬和疏松两种。疏松海绵岩胶结程度较差，似毛毡，其中央有黏土和砂，一般很少见到，仅见于古近纪和新近纪地层中。

在地质历史时期中，绝大部分海绵是生活在海洋环境里，仅少数种属生活在淡水中。现代的硅质海绵主要生活在深度大于200m的大陆斜坡和深海中，少数生活在浅海。古代硅质海绵一般认为主要栖居于浅海。因此，海绵岩以海相成因为主。我国河南焦作附近上石炭统太原组含煤建造中的燧石层中发现有薄层海绵岩，形成于浅海环境。

### 3. 放射虫岩

放射虫岩主要由硅质放射虫介壳组成，还可有硅藻、海绵骨针、灰质海绵和有孔虫等生物遗体混入，并常有黏土矿物以及方解石、海绿石、碎屑石英等混入物。

按固结程度不同，放射虫岩分为疏松和坚硬两种。疏松的放射虫岩在外貌上相似于硅藻土，具有质轻硬度小的特点，呈灰色或黄灰色，主要产于白垩纪、古近纪和新近纪沉积地层中。坚硬的放射虫岩中的放射虫介壳全部被二氧化硅胶结。根据胶结物成分的不同，可以分为以蛋白石作为主要胶结物的蛋白石质放射虫岩和由玉髓或石英胶结的玉髓 - 石英质放射虫岩。在现代热带海洋沉积中则广泛分布有放射虫软泥，放射虫最高含量可达60%～70%。

### 4. 板状硅藻土和蛋白土

板状硅藻土和蛋白土主要由棱角状或球粒状蛋白石质点组成。这些细小的蛋白石质点（粒径0.01～0.001mm）是蛋白石。这两种岩石不含或极少含硅质生物遗体，多数具有微孔构造，常呈透镜体产出，而层理不明显。两者之间的主要区别是板状硅藻土较疏松，呈粉状，颜色较浅，多呈浅灰至浅黄色，而蛋白土较坚硬，具贝壳状断口，颜色较深，常呈暗灰或灰黑色。关于它们的成因有两种看法，一种是原生化学沉积形成的，另一种是由生物成因的硅岩如硅藻土等转变而成。

### 5. 碧玉岩和硅质板岩

组成碧玉岩和硅质板岩的主要矿物成分是自生石英，其次是玉髓，常见氧化铁、黏土矿物、方解石、绿泥石、云母、菱锰矿、黄铁矿和有机质等混入物。此外，还可含有少量生物遗体，如放射虫、海绵骨针，偶见腕足类和头足类等碎片。碧玉岩因含氧化铁而呈现各种颜色，常为红色、绿色或灰黄色。此外，还常常有不规则的斑点和条带，使岩石具斑杂状色调。常见的结构是隐晶质和胶状结构。镜下观之，颗粒呈锯齿状接触，颗粒粒径约0.01mm。岩石致密坚硬，断口呈贝壳状。硅质板岩与碧玉岩的区别是含有较多的黏土矿物，并常常具有很薄的层理。

### 6. 燧石岩

燧石岩是最常见的一种硅岩，主要由微晶质石英和玉髓组成。常混有黏土矿物、碳酸盐矿物、有机质或少量的生物遗体。岩性致密坚硬，具贝壳状断口。颜色因含杂质不同而变，常见灰色和黑色，也有呈灰绿色、黄色、红色和白色等。显微镜下，纯净的燧石是一种无色的微晶质石英集合体，通常杂质含量小于 5%。

从宏观上观察，燧石可形成于三种不同类型的地层单元和大地构造环境：①形成于碳酸盐岩中的燧石结核；②形成于地槽区的层状燧石；③形成于超盐度湖泊环境的燧石。自然界大部分燧石都产于前两种环境。就总体来说，燧石岩不超过沉积岩总体积的 1%。

燧石结核通常呈不规则状、结构致密的微晶质石英块体，产于碳酸盐岩中，也有产于黏土岩和砂岩中。结核体的大小可以从几厘米长的卵球体到形态极不规则的，长达 30cm 以上的巨大瘤状体，外表面往往凹凸不平，或呈干裂状。

层状燧石有两种类型，一种是与远洋石灰岩、硅质碎屑岩和碳酸盐浊积岩共生，属于典型的古代被动大陆边缘沉积，常与台地碳酸盐岩相邻；另一种与基性火山岩共生，有时还可有超基性岩和岩墙存在，这种由基性和超基性火成岩和硅质沉积岩构成的岩石组合称为蛇绿岩套。一般认为，蛇绿岩是大洋岩石圈的残片。

在许多新生代和中生代非海相沉积地层中存在着薄层和结核状燧石。这类地层中缺乏海相化石，并存在着蒸发岩，因而这种燧石可能属于超高盐度湖泊沉积，具有因松软沉积物变形而形成的滑塌构造、层内角砾，以及由于脱水而产生的各种类型的表面构造花纹、泥裂及印模。有时在燧石表面还可见晶体印模，指示原先的矿物晶体仅产于超高盐度的碱性湖泊中。

# 第二节　铝土岩及铝土矿

富含铝矿物（铝的氢氧化物）的沉积岩，称为铝土岩。若铝土岩中 $Al_2O_3$ 的含量大于 40%，且 $Al_2O_3 : SiO_2 \geqslant 2.1$，称铝土矿。在耐火材料工业中则把 $Al_2O_3$ 含量大于 50% 的铝土岩称为高铝黏土。

铝土矿用于炼铝，高铝黏土则是制造高级耐火制品的主要原料。在我国北方石炭－二叠纪地层中的铝土岩、铝土矿与高铝黏土密切共生，有时同一矿层既可作高铝黏土用，又可作铝土矿用；但当铁、铝含量都高，硅含量低时，就只能作铝土矿用；若含有一定量的铝，而且含硅较高，含铁低时，只能作耐火黏土用。我国的高铝黏土和铝土矿资源得天独厚，远景储量达数十亿吨，引起地质界密切关注。

## 一、化学成分和矿物成分特征

铝土岩的化学成分复杂易变，主要成分是 $Al_2O_3$、$SiO_2$、$Fe_2O_3$、$FeO$、$TiO_2$、$H_2O$，其中 $Al_2O_3$ 大于 $SiO_2$，次要成分为 $CaO$、$MgO$、$Na_2O$、$K_2O$、$P_2O_5$、$S$ 等；同时还含有多种微量元素和稀有元素，如 $Ga$、$Ge$、$U$、$V$、$Cr$、$Ni$ 等。

铝土岩的主要矿物成分是铝的氢氧化物，其次是各种黏土矿物（高岭土、地开石等）、陆源碎屑矿物（石英等）。此外，还有一些自生矿物（如菱铁矿、方解石、沸石等）。

铝的氢氧化物包括三水铝石、一水软铝石和一水硬铝石等三种矿物。三水铝石又称三水铝矿，常以极细小的颗粒与鳞绿泥石、氧化铁、二氧化硅等构成混合物，呈结核状、豆状、鲕状集合体或凝胶状隐晶质块体产出，其理论化学成分是 $Al_2O_3$ 占 65.35%、$H_2O$

占 34.65%，溶于浓的硫酸及碱中。一水软铝石又称勃姆铝矿或勃姆石，在铝土岩中常呈隐晶质块体或胶状体与其他矿物组成混合体，它的理论化学成分是 $Al_2O_3$ 占 85%、$H_2O$ 占 15%，不溶于水。一水硬铝石又称一水硬铝矿或水铝石等，常呈鳞片状块体或结核状块体与其他矿物混合产出，其理论化学成分与一水软铝石相同，不溶于酸或 KOH 中，但溶解于热 NaOH 中。

铝土岩形成后，上述铝矿物在成岩作用过程中，一般按下列顺序变化：三水铝石→一水软铝石→一水硬铝石→刚玉。所以，三水铝石型铝土矿多见于中、新生代地层中；一水硬铝石、一水软铝石型铝土矿多见于中生代、古生代地层中；刚玉则见于变质的铝土矿中。

## 二、结构构造特征

铝土岩的常见结构为泥质结构、粉砂泥质结构、内碎屑结构、豆状结构、鲕状结构和交代结构等。泥质结构与粉砂泥质结构的铝土岩，在外貌上与黏土岩非常相似，区别方法是铝土岩无可塑性，硬度、密度较大，有时有磁性。内碎屑结构及鲕状、豆状结构的铝土岩与碳酸盐岩的结构和成因类似，可参照碳酸盐岩进行分类和描述。

铝土岩的构造与结构关系十分密切，泥质结构的铝土岩一般为块状构造，内碎屑结构的铝土岩常可见到粒序层理及交错层理。

## 三、主要岩石类型及其成因

铝土岩按结构可分为内碎屑铝土岩、鲕状和豆状铝土岩、泥状铝土岩。按成因可分为风化残余型铝土岩和沉积型铝土岩两大类。

### 1. 风化残余型铝土岩

风化残余型铝土岩亦称红土型铝土岩，包括红土和红土型铝土矿。红土亦称砖红土，这一名词是 1807 年布查南（Buchanan）首先提出的。他把在印度分布很广的红色致密黏土状岩石称为红土。此种岩石新鲜时是软的，可用刀切开，晒干后很快硬化，在水中不再崩解，故可供作建筑材料。按矿物成分，红土有铁质的、高岭石质的、铝土质的和混合质的。例如印度的红土是铁质的，塞舌尔群岛的红土是铝土质的（主要由三水铝石组成）。红土型铝土矿则是一种富含 $Al_2O_3$ 的红土。

红土和红土型铝土矿的形成和富含铝硅酸盐矿物的岩石（霞石正长岩、玄武岩等）的红土化作用有关。红土化作用一般发生在热带和亚热带炎热多雨、干湿交替的气候条件下。

红土型铝土矿的主要矿物成分为三水铝石，个别情况为一水软铝石，铁矿物主要为针铁矿、赤铁矿。

由于气候条件的控制，世界各地铝土矿大多数属红土型，集中分布于赤道两侧环绕地球的长条带状地区，主要产地是澳大利亚的韦帕，南美、加勒比地区的牙买加、苏里南、巴西和圭亚那，西非的几内亚、塞拉利昂和加纳，南亚的印度等。我国红土型铝土矿仅分布于华南地区，著名产地是福建漳浦、金门岛一带，产于第四纪玄武岩的风化壳中（图 10-2）。

### 2. 沉积型铝土岩

按形成环境，沉积型铝土岩可分为海相沉积与陆相沉积两种类型。

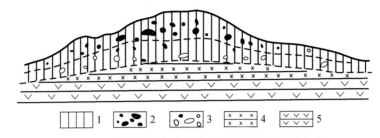

图 10-2 福建漳浦玄武岩风化壳中的红土型铝土矿

1. 红土型风化壳矿床；2. 富含三水铝石的红土型铝土矿；3. 含三水铝石较贫，并夹有玄武岩的红土；
4. 风化玄武岩；5. 玄武岩

海相沉积铝土岩主要与滨海及潟湖沉积物有关，形成于海盆地的边缘地带，呈层状产出，沿走向厚度和成分都十分稳定，延长可达数千米，厚达数十米。矿物成分比较单纯，以一水硬铝石为主，伴生矿物有针铁矿、鳞绿泥石等，常为鲕状或豆状结构。如我国贵州修文石炭－二叠系铝土矿属此类型。

陆相铝土岩主要与大陆湖泊沉积作用有关，也有形成于河谷中，矿体呈似层状或透镜状产出，矿石质量变化较大。

红土化作用产生的铝土物质是沉积型铝土矿和高铝黏土的主要物质来源。这些物质的活动性很小，难溶于一般的地表水，在地表条件下极为稳定。

# 第三节　铁沉积岩及沉积铁矿

通常将铁矿物含量大于 50% 的沉积岩称为铁沉积岩，简称铁岩。铁矿物含量为 25% ～ 50% 的沉积岩，可称为铁质岩，铁含量小于 25% 的沉积岩，可称作含铁岩。当沉积岩中铁矿物含量很高，达到工业品位时，即为沉积铁矿。沉积铁矿是极其重要的铁矿类型。沉积和沉积变质铁矿约占世界铁矿总储量的 90%。我国的"鞍山式""宣龙式""山西式""宁乡式"铁矿，均属这种类型。

## 一、化学成分和矿物成分特征

铁沉积岩的主要化学成分是 Fe。若作为铁矿开采，其有益伴生成分为 Mn、V、Ni、Co、Cr 等；有害混入物为 P、S、As 等；成渣氧化物是 $SiO_2$、$Al_2O_3$、CaO、MgO；挥发成分为 $CO_2$、$H_2O$。

对于铁沉积岩和沉积铁矿，铁均赋存在铁矿物（所有含铁的矿物）中，常见的铁矿物类型是铁的氧化物、碳酸盐、硅酸盐和硫化物，如表 10-1 所示。除铁矿物外，常有石英、长石、黏土矿物、碳酸盐等陆源碎屑矿物和自生矿物伴生。

表 10-1　铁沉积岩中常见的铁矿物

| | 赤铁矿 | $\alpha\text{-}Fe_2O_3$ |
|---|---|---|
| 氧化铁矿物 | 磁铁矿 | $Fe_3O_4$ |
| | 针铁矿 | $\alpha\text{-}FeO \cdot OH$ |
| | 褐铁矿 | $FeO \cdot OH \cdot \alpha H_2O$ |

续表

| 碳酸铁矿物 | 菱铁矿 | $FeCO_3$ |
|---|---|---|
| 硅酸铁矿物 | 磷绿泥石 | $Fe_3Al_2Si_2O_{10} \cdot 3H_2O$ |
| | 铁蛇纹石 | $FeSiO_3 \cdot nH_2O$ |
| | 海绿石 | $KMg(Fe, Al)(SiO_2)_6 \cdot 3H_2O$ |
| 硫化铁矿物 | 黄铁矿 | $FeS_2$ |
| | 白铁矿 | $FeS_2$ |

铁的氧化物包括赤铁矿、针铁矿、褐铁矿、磁铁矿等。赤铁矿是前寒武纪和显生宙铁沉积岩的重要组分，在前寒武纪铁沉积岩中，它常呈薄层或纹层状与燧石互层，也可呈块状、球状和鲕状出现，在显生宙铁沉积岩中，其主要呈鲕状和浸染状出现。针铁矿是显生宙铁沉积岩，特别是中生代铁沉积岩的主要组分，在近代风化产物中，由于其他铁矿物的风化和氧化作用，亦可形成针铁矿，其常呈鲕粒产出，有时鲕粒可由针铁矿和鲕绿泥石交替组成，在这种情况下，针铁矿是鲕绿泥石的海底氧化作用产物。褐铁矿是一种定义不清的、含水的针铁矿和其他矿物（如黏土矿物等）的混合物，产出形式和针铁矿类似。磁铁矿在前寒武纪铁沉积岩中大量存在，常与燧石呈纹层状互层，在显生宙铁沉积岩中，它是次要组分。

铁的碳酸盐主要以菱铁矿形式出现，它是前寒武纪和显生宙铁沉积岩的重要组分之一，常与鲕绿泥石共生，分布在鲕绿泥石铁沉积岩的基质中，并交代岩石中的鲕粒和生物碎片。在一些非海相的富含有机质的黏土岩中，尤其是煤系中，菱铁矿常呈结核体或放射状球粒结构的球菱铁矿产出，主要形成于化石土壤（壤土岩）的较低层位，铁来自土壤剖面上部层位的淋滤作用。

铁的硫化物包括黄铁矿和白铁矿。黄铁矿在沉积岩中呈自形晶（立方体）出现，也可呈浸染状、团粒状或球状（莓球粒）；白铁矿是黄铁矿的同质异象，它在铁质岩中很少见，但常呈结核状产于煤系中。

## 二、结构构造特征

铁沉积岩和沉积铁矿的结构与碳酸盐岩及铝土岩相似，常见结构为鲕状结构、豆状结构、球粒结构、泥质结构及交代结构，这些结构与铝土岩的结构极为相似。铁沉积岩的常见构造是纹层状构造、各种层理构造（交错层理、平行层理、递变层理）、波痕构造、泥裂构造和叠层构造等。纹层构造是在深水盆地或波基面以下的陆棚和潟湖中形成，其特征是燧石与赤铁矿或磁铁矿薄层交替出现，按纹层厚度又可分为中等规模的纹层（10～50mm）和显微型纹层。叠层构造，过去称为"肾状构造"，是藻类聚铁作用形成的聚环状叠层石，产于我国北方长城纪宣龙式铁矿中。

## 三、主要岩石类型及其成因

铁沉积岩按其矿物成分可分为氧化铁沉积岩（由赤铁矿、针铁矿等构成）、菱铁矿铁沉积岩、鲕绿泥石铁沉积岩、硫化铁沉积岩（由黄铁矿、白铁矿构成）。按结构构造可分为颗粒铁沉积岩（内碎屑铁沉积岩、鲕状铁沉积岩等）、叠层状铁沉积岩、结核状铁沉积岩等；按沉积铁矿形成时代和沉积环境可分为前寒武纪沉积变质铁矿、海相沉积铁矿、湖泊相沉积铁矿等。

**1. 前寒武纪沉积变质铁矿**

这类岩石产于前寒武纪沉积变质岩系中，在欧美文献中称为"铁质建造"，主要由碧玉铁沉积岩、磁铁矿石英岩、燧石铁沉积岩等组成，其特征是磁铁矿、赤铁矿层与碧玉岩、石英岩、燧石岩共生，构成条带状或纹层状构造。其成因复杂，有的与火山活动有关，属地槽早期的火山硅岩组合；有的无火山活动标志；有的为海相沉积；有的可能为河口或淡水环境沉积。我国的鞍山式铁矿即为此类岩石经变质作用形成的产物，这是最重要的铁矿类型，其储量远远超过其他铁矿类型的总和。

**2. 海相沉积铁矿**

与海相沉积有关的铁矿有鲕状赤铁矿岩、鲕绿泥石铁质岩和菱铁矿岩等。

鲕状赤铁矿岩常形成大型的、有工业价值的铁矿，如法国侏罗纪的洛林铁矿（$5.0 \times 10^9 t$）、美国志留纪的克林顿铁矿（$2.0 \times 10^9 \sim 2.5 \times 10^9 t$）以及我国北方长城纪的宣龙式铁矿、南方泥盆纪的宁乡式铁矿。矿石主要由赤铁矿鲕粒组成，形成于滨海环境。

鲕绿泥石铁质岩产于寒武纪以后的地层中，和其他同期沉积物相比，由于易压缩，厚度较小，一般厚 $1 \sim 10m$。具典型的鲕状结构、交错层理及其他指示搅动浅水环境的结构构造。含海相动物化石，通常形成于前三角洲的浅滩，海岸潟湖等无大量陆源物质带入的地区，与鲕绿泥石黏土岩和菱铁矿黏土岩互层。与海相沉积有关的菱铁矿岩，分布于我国贵州、陕西等省，可构成一定规模的矿床，如贵州赫章的泥盆纪菱铁矿矿床，可能与碳酸盐台地的生物礁环境有关，菱铁矿是典型的成岩矿物，因此菱铁矿矿床大多属成岩期形成的层控矿床。

**3. 湖泊相铁矿**

近代湖泊相铁矿产于某些中、高纬度的沼泽与湖泊中，矿石的结构有鲕状、结核状、球粒状、疏松土状等。矿石成分以针铁矿最常见，其次是菱铁矿、蓝铁矿（$Fe_3[PO_4]_2 \cdot 8H_2O$）。此类铁矿中，$MnO_2$ 的含量有时可达 40%，而一般铁质岩中锰的含量 < 1%。古代的湖泊相铁矿，常与含煤地层共生，如我国石炭纪、侏罗纪、古近纪和新近纪含煤地层中均有产出，但规模小，矿石成分以菱铁矿为主。

# 第四节　锰沉积岩及沉积锰矿

可把锰矿物含量大于 50% 的沉积岩称为锰沉积岩，简称锰岩。锰矿物含量为 25% ～ 50% 的沉积岩，可称为锰质沉积岩或锰质岩；锰矿物含量小于 25% 的沉积岩，可称为含锰沉积岩或含锰岩；当锰的含量达到工业品位时，即为锰矿床。沉积锰矿是最重要的锰矿类型，世界上的锰矿主要来自沉积锰矿。

## 一、化学成分和矿物成分特征

锰沉积岩及沉积锰矿的化学成分变化很大，除 MnO、$MnO_2$ 外，常含有 $Al_2O_3$、

$SiO_2$、CaO、$Fe_2O_3$ 等，微量元素有 Ti、Co、V、Ni、Cu、Pb、Zn、Mo、Sr 等。

锰沉积岩及沉积锰矿中，常见的锰矿物类型为锰的氧化物和氢氧化物、碳酸盐及硼酸盐等，如表 10-2 所示。此外，还有少量磷酸锰矿物，硅酸锰矿物和硫化锰矿物一般很少出现。除了锰矿物以外，还常含有陆源碎屑矿物（石英、长石等）、黏土矿物、碳酸盐矿物、蛋白石等。

**表 10-2　锰沉积岩及沉积锰矿中常见的锰矿物**

| | 软锰矿 | $MnO_2$ |
|---|---|---|
| 锰的氧化物和氢氧化物 | 硬锰矿 | $mMnO \cdot MnO_2 \cdot nH_2O$ |
| | 水锰矿 | $Mn_2O_3 \cdot H_2O$ |
| | 菱锰矿 | $MnCO_3$ |
| 锰的碳酸盐 | 锰方解石 | （Ca，Mn）$CO_3$ |
| | 锰菱铁矿 | （Mn，Fe）$CO_3$ |
| 锰的硼酸盐 | 锰方硼石 | $Mn_3B_2O_{13}Cl$ |

## 二、结构构造特征

锰沉积岩及沉积锰矿的常见结构类型有鲕状结构、豆状结构、泥状结构、胶状结构、交代结构（锰矿物交代钙质生物）等。锰质鲕的内核通常是碳酸盐碎屑及生物化石碎片，包壳是锰的氧化物或碳酸盐，鲕粒大小不等，从不足一毫米到数毫米。软锰矿常呈鲕状或土状集合体，硬锰矿呈葡萄状、鲕状或细晶集合体，水锰矿则呈鲕状或致密块状产出。菱锰矿主要呈结晶粒状或鲕状出现。锰方硼石是在我国河北蓟县首次发现的无水氯硼酸矿物，一般呈细粒（0.05 ～ 0.10mm）集合体，具假鲕构造。

锰沉积岩及沉积锰矿的构造也很多样，常见的是交错层理、水平层理、粒序层理以及结核构造等。锰矿层以透镜状为主，在页岩中常呈密集的"矿饼群"分布，单个矿饼一般在 0.5 ～ 50m，最长的可达 200m，也有仅几厘米长的。

## 三、主要类型及其成因

锰沉积岩及沉积锰矿按其矿物成分可分为氧化锰型（由软锰矿、硬锰矿等构成）、菱锰矿型等；按与其共生的岩石类型，可把它分为碎屑岩型、黏土岩型、碳酸盐岩型、硅质岩型，其中碎屑岩型和碳酸盐岩型是主要的；按其形成环境可分为海相锰沉积岩（锰矿床）、湖相锰沉积岩（锰矿床）以及现代海洋沉积中的铁锰结核。海洋锰沉积岩及沉积锰矿是主要的。

### 1. 海相锰沉积岩（锰矿床）

海相锰沉积岩常构成重要的锰矿床，分布于古陆边缘的浅海近岸地带，矿层位于沉积间断面上的海侵层序的底部，具有稳定的层位，伴生岩石主要是粉砂岩、黏土岩、硅质灰岩和白云岩。矿体呈层状或透镜状。海相沉积锰矿床规模很大，世界上一些大型锰矿，如苏联尼柯波尔古近纪和新近纪锰矿床，澳大利亚葛罗特白垩纪锰矿床均属此类。我国此类矿床的已知成矿时代有前震旦纪、震旦纪、奥陶纪、泥盆纪、二叠纪和三叠纪。湖南湘潭、辽宁瓦房子是著名产地，前者矿体呈层状、透镜状产于震旦系冰碛层之下砂岩与黑色页岩之间，后产于震旦系中部，矿体呈结核状、透镜状，组成"矿饼群"。

**2. 湖相锰沉积岩（锰矿床）**

此类锰沉积岩也可构成小型矿床，主要产于第四纪地层中，分布于加拿大、斯堪的纳维亚半岛和苏联北部的冰川苔原区，其成因与热泉有关。古近纪以前的湖相锰矿床，矿层常呈透镜状或结核状产于砂岩和页岩中，具鲕状或皮壳结构。矿石矿物以氧化物类为主，含锰低，而含铁高，铁锰总和一般在 30% 以上。这类矿床由于质量低、规模小，因而只有小规模开采价值。

**3. 现代海洋沉积铁锰结核**

现代海洋沉积物中的铁锰矿是在近 100 年来才发现的，主要呈结核存在，故常称为沉积铁锰结核。铁锰结核在太平洋、大西洋、印度洋洋底有广泛分布，分布深度多在 3600～4000m，个别达 10000m，这种铁锰结核的储量很大，估计可达 $1.7 \times 10^{12}$t，而且每年还以 $10^7$t 的速度继续沉积，因此，近年来已引起人们极大的兴趣。

来自洋底的铁锰结核，颜色为棕到黑色，土状。若含高价铁，常为红棕色，含高价锰呈蓝黑色。因孔隙度较大，相对密度仅 2～3。平均硬度 3 左右。结核大小不一，大者可达几十厘米至 1m，小者仅 1mm，通常在 0.5～25cm 之间。世界上已发现的最大结核重 850kg，它是在菲律宾以东约 500km 外，打捞被它缠住的海底电缆时发现的。

铁锰结核常呈球状、半球状、饼状或不规则状，由核心和含矿包壳组成。核心的成分经常是熔岩和火山碎屑岩，也可以是碳酸盐、磷酸盐、沸石和黏土，有时在核心中还找到鲨鱼齿、鲸类骨骼以及硅质、钙质海绵等。结核的包壳呈同心圆状构造，主要由铁锰氧化物组成，混有黏土矿物、碳酸盐等。除结核外，在海底基岩的露头上，也经常覆盖一层铁锰氧化物皮壳，厚达 10～15cm，有时从海底打捞上来的军舰壳碎片上，在几十年的时间内堆积了一层厚几毫米的氧化锰和氧化铁薄膜。

组成结核的矿物成分，经 X 射线分析，主要为偏锰酸矿、硬锰矿、钙锰矿及含水的铁氧化物－针铁矿。令人感兴趣的是，在铁锰结核中，还含有可供综合利用的 Cu、Co、Ni、V 等元素（表 10-3），因而使铁锰结核更富有经济意义。

**表 10-3　铁锰结核中 Fe、Mn、Cu、Co、Ni 的平均浓度**（Glasbg 1977 年发表）（单位：%）

| 元素 | 海山中的结核（深度 1900m） | 深海结核（深度 4500m） | 活动洋脊结核（深度 2900m） |
|---|---|---|---|
| Fe | 15.81 | 17.27 | 19.15 |
| Mn | 14.62 | 16.78 | 15.51 |
| Cu | 0.058 | 0.37 | 0.08 |
| Co | 1.15 | 0.256 | 0.40 |
| Ni | 0.351 | 0.54 | 0.31 |

# 第五节　沉积磷酸盐岩及沉积磷矿

把磷酸盐矿物（主要是磷灰石）含量大于 50%（相当于 $P_2O_5$ 含量大于 19.5%）的沉积岩，

称为沉积磷酸盐岩，也可称为磷酸盐岩、磷灰岩、磷沉积岩、磷岩、磷块岩等。把磷酸盐矿物含量为25%～50%（相当于$P_2O_5$含量10%～19.5%）的沉积岩，称为磷酸盐质沉积岩，或简称磷质沉积岩或磷质岩。把磷酸盐矿物含量为5%～25%（相当于$P_2O_5$含量2%～10%）的沉积岩，称为含磷酸盐沉积岩，或简称含磷沉积岩或含磷岩。有经济价值的含磷沉积岩、磷质沉积岩、磷沉积岩，称作沉积磷矿。沉积磷矿是最重要的磷矿类型，它是农业磷肥的主要原料。另外，其中还常含有U、V、Ni、Mo、Cr、Sr、Ba以及稀土元素，可综合利用。

## 一、化学成分和矿物成分特征

沉积磷酸盐岩的化学成分变化很大，$P_2O_5$最高可达30%～40%。$SiO_2$含量由百分之几到45%或更高一些，这与岩石中含玉髓、石英以及黏土矿物等有关。$Al_2O_3$可达4%左右，主要与含黏土矿物有关。氧化铁一般不超过5%～6%，平均在1%～2%左右，某些结核状沉积磷酸盐岩中铁含量要高一些。CaO的含量很高，可达40%以上，除决定于磷灰石含量外，还和方解石及白云石的存在有关，MgO主要与白云石有关。此外，还含有多种微量元素和稀有元素，如Cu、V、Cr、Mo、Ba、Br、I、Ge、As等，在许多沉积磷酸盐岩中放射性元素和稀土元素可达工业品位。

沉积磷酸盐岩的主要矿物成分是磷灰石。此外，常含有方解石、白云石以及黏土矿物和海绿石。磷灰石按其磷酸钙的附加阴离子的不同可分以下不同的变种。氟磷灰石（$Ca_5[PO_4]_3F$）是分布最广、极为常见的一种磷灰石，在沉积磷酸盐岩中呈一种微晶集合体，这种磷灰石中F含量可达3%～4%。碳酸磷灰石（$Ca_{10}[PO_4]_6CO_3$），简称碳磷灰石，在磷块岩中通常是碳-氟磷灰石（$Ca_5[PO_4,CO_3]_3F$）。纯粹的碳磷灰石十分少见，只有在沉积磷酸盐岩遭到硅化时才析出一种六角板状的碳磷灰石，这种磷灰石由于柱面不发育，所以在薄片中常常表现为正延性。羟磷灰石（$Ca_5[PO_4]_3OH$），在磷块岩中亦很少见，它主要出现在生物骨骼中，在自然界中常以氟-羟磷灰石出现。氯磷灰石（$Ca_5[PO_4]_3Cl$）在自然界极为少见，主要产于辉长质的岩脉中，这种磷灰石中Cl的含量可达4.13%，在沉积磷酸盐岩中迄今尚未发现氯磷灰石。

## 二、结构构造特征

沉积磷酸盐岩的结构与碳酸盐岩相似，主要有颗粒结构、泥晶结构和胶状结构，颗粒结构中常见的是内碎屑结构（砾屑、砂屑结构等）、球粒结构、鲕粒结构、生物碎屑结构等。此外，还有成岩交代结构。

磷块岩的构造与结构关系十分密切，具颗粒结构的，浅水标志明显，常具粒序层理、水平层理、交错层理，有时可见波痕、泥裂等层面构造。具泥晶结构和胶状结构的常呈层状构造、块状构造，亦可见叠层构造和结核构造。

## 三、主要岩石类型

磷块岩的分类很多，但多属矿床学的分类，而完整的岩石学分类不多。按产状可分为层状磷酸盐岩、结核状磷酸盐岩等。按生成环境划分，可分为海洋磷酸盐岩、大陆磷酸盐岩等。按生成机理划分，包括原生磷酸盐岩、次生磷酸盐岩等。

仿照碳酸盐岩的结构分类原则，也出现了一些结构岩石类型，如方邺森和任磊夫1987年主编的《沉积岩石学教程》介绍了四种类型。

**1. 结核状沉积磷酸盐岩**

结核状沉积磷酸盐岩一般呈深黑色，由大小不等的磷结核组成，结核的直径一般从几毫米到几厘米，表面上常有许多半硬结时的压凹面。在一些比较大的结核表面常有铁和锰的氧化物存在，有些大的结核还包裹着两个或两个以上的小结核。

**2. 叠层石磷酸盐岩**

叠层石磷酸盐岩最早发现于我国湖北荆襄磷矿的鹰头山（陡山沱组），磷矿标本经1958年乐森玛教授鉴定，含圆藻（*Collenia*）化石。这种叠层石磷酸盐岩的特点是藻核不大，最大的直径不超过5cm，一般为2～3cm。叠层与叠层间包裹着大量的磷酸盐球粒，这些小的球粒在藻层中分层分布，并没有因为这些球粒而破坏藻层。一个盆地能否使磷酸钙富集成矿，与藻类及其他微生物所提供的原始汲取质点核的量有关。

**3. 粒状磷酸盐岩**

粒状磷酸盐岩又可根据颗粒形态划分为球粒状、鲕粒状、棱角状三种，大量的磷酸盐岩是由球粒及棱角状颗粒组成。而鲕粒单独形成磷块岩者甚少，在局部位置也可集中形成鲕状磷酸盐岩。球粒状及棱角状颗粒的磷酸盐岩分布很广。

**4. 砾状磷酸盐岩**

这种磷酸盐岩从表面看来好像与一般砾岩没有什么差别，但其成因可能与砾岩差别很大。砾岩是母岩经机械破碎搬运沉积再胶结的产物，而砾状磷酸盐岩可能是经历了一个较为复杂的形成过程。

首先是这种砾石经常具塑性变形，如变曲、压扁、压坑、内凹面等。其次砾石表面都比较光滑还具有一薄壳，而砾石内都是一些尖角状的石英砂被磷酸钙胶结起来，这些磷酸钙绕着石英碎屑呈同心圆状结晶，并可出现十字消光。因而砾状磷酸盐岩的形成可能是：在沉积的石英砂的粒间水中富含磷酸钙，当这些磷酸钙沉淀后这部分石英砂便处于半固结状态，而没有被磷酸钙胶结的部分还处于松散状态，它很容易遭到底流或波浪的改造，于是半固结状态部分被冲刷再沉积，所以往往出现某些塑性变形，由于在塑性状态下滚动所以常常有一个光滑的表面或形成一个薄薄的皮壳。

到现在关于磷酸盐岩的成因模式要算库克1976年的方案较为完整，他根据古代与现代的资料提出以下六类：①一般由于上升洋流的作用，富含营养物的水流进入浅海区（小于500m），该区陆源物质较少，沉积速度较慢，常常是温暖干燥的气候；②发育丰富的生物群；③缺氧的富含有机质的底部沉积物的形成，死亡生物在埋葬以前或以后不久失去C、N、H等；④由于沉积物中Eh低、碱度高，磷酸岩从生物遗体中淋滤出来，在沉积物水界面以下形成富磷间隙水；⑤在富磷酸盐粒间水参加的情况下，沉积物局部发生磷酸盐化而形成一些斑块，或从孔隙水中析出成为胶结物，不论沉积物是黏土质、硅质或钙质的，成岩磷酸盐化作用是必定发生的，碳酸盐化粪球在某些磷矿中是普遍存在的；⑥沉积物的再造作用反映产生的水流形式或海平面的变化，磷酸盐化沉积物的较粗碎屑作为一种滞后沉积物留下，而较细的物质被水流带到较远的地方，结果导致磷的相对富集成矿。

无论是在中国还是在世界上，磷的成矿主要有三个时期：①前寒武纪晚期（震旦纪）—寒武纪早期，如我国贵州开阳、云南昆阳、湖北襄阳、山西、河南等地磷矿，苏联的卡拉套磷矿、印度的拉贾斯坦邦磷矿等，这是一个巨大的成磷时代，我国的主要磷矿都形成于这个时期；②二叠纪也是一个较大的成磷时期，如美国洛基山的磷矿，我国江苏、浙江两省早二叠世常见有磷酸软化的层位；③晚白垩世—新近纪，这个时期由中东和北非延伸到西非和南美的北部形成一个大的成磷带。这种成矿时代专属性是一个重大的地质学问题，它和全球性的演化有关（气候、海洋以及生物界）。因而孤立地研究磷酸盐岩本身是不能解决这个问题的。

# 第六节　蒸　发　岩

蒸发岩又称盐岩，是由含盐度较高的溶液或卤水，通过蒸发浓缩作用形成的化学沉积岩。蒸发岩在工业上有广泛的用途，其中岩盐是人们日常生活中不可缺少的食盐，它也是化学工业的重要原料，可用于提炼钠，制造苛性钠和其他钠盐，也用于制造氯气、盐酸和其他氯化学品。钾盐的主要用途是提炼钾，用来制造农肥及化工产品。石膏和硬石膏则可供作建筑材料，制造水泥的添加物和造纸填料等。

## 一、化学成分和矿物成分特征

蒸发岩的化学成分随岩石类型而定，除主要化学成分外还可含有化学混入物，首先应推溴和碘。此外，某些混入物还可使蒸发岩呈各种鲜艳的颜色，如石盐受放射性元素的影响呈蓝色，含赤铁矿混入物的钾盐则呈橙黄色或肉红色。

蒸发岩的主要矿物成分是钾、钠、钙、镁的氯化物、硫酸盐、碳酸盐，其中尤以石膏（$CaSO_4 \cdot 2H_2O$）、硬石膏（$CaSO_4$）和石盐（$NaCl$）最重要。常见的海相、非海相盐类矿物如表10-4所示。除盐类矿物外，蒸发岩中也可以有陆源碎屑矿物和其他自生矿物伴生。前者如石英、长石、云母，后者如白云石、菱镁矿、天青石、重晶石等。它们可以是蒸发岩中的杂质，也可在蒸发岩内以结核或条带出现。当易溶盐类矿物减少时，蒸发岩就向其他沉积岩（石灰岩、白云岩、页岩等）过渡。

**表 10-4　常见的海相、非海相盐类矿物**

| 海相 | | 非海相 | |
|---|---|---|---|
| 石盐 | $NaCl$ | 石盐、石膏、硬石膏 | |
| 钾盐 | $KCl$ | 泻利盐 | $MgSO_4 \cdot 7H_2O$ |
| 光卤石 | $KCl \cdot MgCl_2 \cdot 6H_2O$ | 天然碱 | $Na_2CO_3 \cdot NaHCO_3 \cdot 2H_2O$ |
| 钾盐镁矾 | $KCl \cdot MgSO_4 \cdot 3H_2O$ | 芒硝 | $Na_2SO_4 \cdot 10H_2O$ |
| 硬石膏 | $CaSO_4$ | 无水芒硝 | $Na_2SO_4$ |
| 石膏 | $CaSO_4 \cdot 2H_2O$ | 白钠镁矾 | $Na_2SO_4 \cdot MgSO_4 \cdot 4H_2O$ |
| 杂卤石 | $2CaSO_4 \cdot MgSO_4 \cdot K_2SO_4 \cdot 7H_2O$ | 斜钠钙石 | $Na_2CO_3 \cdot CaCO_3 \cdot 5H_2O$ |
| 硫镁矾 | $MgSO_4 \cdot H_2O$ | 钙芒硝 | $CaSO_4 \cdot Na_2SO_4$ |

## 二、结构构造特征

蒸发岩的结构主要有化学沉淀形成的结晶粒状结构、棒条状结构，机械沉积成因的粒屑结构以及在成岩阶段形成的斑点变晶结构、交代结构、塑性变形结构等。

蒸发岩的构造有沉积形成的致密块状构造、纹层或条带状构造、不均匀层状构造、结核状构造以及交错层理、波痕、粒序层理等。成岩阶段，由于溶解作用、重结晶作用或应力作用，可形成网状构造、瘤状构造、斑点构造、变形构造以及角砾状构造等。本书主要介绍纹层状构造和结核状构造。纹层状构造主要发育在石膏和硬石膏岩中，其特征是薄层状硫酸盐与碳酸盐、有机物呈交互纹层，纹层侧向分布稳定，推测是在水下（较深水）条件下沉淀形成。结核状构造表现为石膏和硬石膏以结核体产于黏土岩中，或以紧密堆积的结核体产出（结核间有薄层沉积物），形成鸡笼网状结构。这种结构构造在萨巴哈（潮上带）环境很常见。

## 三、主要岩石类型

蒸发岩通常以主要盐类矿物为分类命名的依据。在已知为蒸发成因的前提下，可在"蒸发岩"前冠以主要盐类矿物进行命名，如石膏蒸发岩、硬石膏蒸发岩、石盐蒸发岩等；如果成因尚未确定，则去掉"蒸发"二字，称石膏岩、石盐岩等。地质历史中产出的蒸发岩以硫酸盐蒸发岩为主，其次是氯化物蒸发岩，其他蒸发岩相对较少。

**1. 石膏－硬石膏岩**

石膏和硬石膏主要组成单矿物岩，有时组成石膏－硬石膏或硬石膏－石膏混合岩，常见的伴生自生矿物有白云石、石盐、天青石、黄铁矿、蛋白石、玉髓、石英等，在陆相石膏内往往有大量的砂质－粉砂质和黏土质混入物。

石膏晶体通常呈白色、黄色、灰色和褐色半透明，依（010）呈板状或沿（001）方向延伸成柱状。{110} 和 {010} 常具纵的条纹。集合体为块状、粒状、纤维状或晶簇状，在显微镜下则呈结晶粒状结构或纤维状结构。完好的硬石膏晶体呈无色透明，有时为白色、褐色、红色、紫色或天蓝色。由于黏土混入物的存在常为灰色或暗灰色、半透明。玻璃光泽到弱油脂光泽，（010）面因解理完全常现珍珠光泽，性脆，硬度较一般石膏大。在硬石膏中外形发育很好的板状和柱状晶体少见，由于矿物的假立方体解理发育，常呈立方体状和等粒状出现。集合体为块状、柱状和纤维状。在显微镜下硬石膏亦呈结晶粒状结构，它和石膏可以依据光学性质区别，石膏具低负突起和弱的双折射率，一组解理完全；硬石膏具较高的突起和中等双折射率，两组清晰的解理，相交呈直角。

石膏－硬石膏岩极易发生交代作用、重结晶作用和溶解作用。地质证据和现代沉积表明它们可以沉积在深水、浅水以及滨海和内陆萨巴哈环境中。在成岩阶段，石膏往往向硬石膏转变，在表生阶段则是硬石膏水化变为石膏。

关于石膏、硬石膏原生沉积的物理化学条件，有很多人做过研究，研究成果表明，天然水体的盐度是影响石膏、硬石膏溶解度的主要因素。在富含硫酸盐的水体里，$CaSO_4$ 主要以石膏的方式沉积。只有在高浓度、氯化物含量极高的水体里，才可能沉积硬石膏。不同组分的水－盐体系里，石膏、硬石膏的稳定相区是不同的。原始沉积的石膏主要与硫酸盐矿物共生，25℃时石膏与四水泻盐、五水泻盐、泻利盐、白钠镁矾、钙芒硝、无水芒硝、芒硝及硬石膏共生；而原始沉积的硬石膏则与氯化物共生，如石盐、水氯镁石等。

在蒸发岩中，石膏和硬石膏的转化关系可以用下式表示：

$$CaSO_4 \cdot 2H_2O \Longrightarrow CaSO_4 + 2H_2O$$

这一动态平衡受温度、压力和体系内其他盐类组分的影响。在地质作用过程中，上述因素起综合作用。在纯水溶液中，石膏⇌硬石膏的转变温度是42℃，42℃以下石膏是稳定相。但随着体系盐度的升高，将使石膏⇌硬石膏的转化温度降低。当盐度升高到正常海水盐度时，其转化温度为34℃。若用上覆地层的厚度来反映实际的压力状况，根据勃拉奇的资料，大体上埋藏深度每下降500m，石膏⇌硬石膏的转化温度下降5℃左右，由此可见，如果不考虑盐度的影响，石膏所能保存的深度可能不超过800m。

**2. 盐岩**

盐岩是一种由石盐组成的蒸发岩，常混入少量的氯化物、硫酸盐、黏土、有机质和铁质等。质纯者无色，因含杂质包裹体常呈白、灰、黄、蓝、红等色。在薄片中石盐是无色的光性均质体。在钠光下测定，$N=1.5443$（18℃），常具清晰的解理，{100} 完全，{110} 不完全。

盐岩一般呈块状、结晶粉状结构，亦可形成盐晶碎屑状结构。无液态包裹体的岩盐清晰透明，含包裹体的，液态包裹体成人字形排列，呈不透明状。有时透明的岩盐层与不透明的岩盐层相间出现，形成层状条带。

盐岩可以沉积在海岸和内陆盐沼地中，也可以形成于浅水到深水的湖泊和海相盆地中。陆相的岩盐一般产于红层中。含盐岩系由细粒陆源碎屑岩组成，矿体呈透镜状或薄层状，成盐矿物除石盐外，尚有石膏、硬石膏或芒硝、钙芒硝。

**3. 钾镁质岩**

主要由溶解度大的盐类矿物，如钾盐、光卤石、杂卤石、硫镁矾、无水钾镁矾和泻利盐组成。它们是在海水蒸发作用的最后阶段沉淀的，因此往往产在蒸发旋回的顶部，一般厚度不大。由于它们具易溶性，在成岩阶段当其与残余卤水或淡的地下水接触，会导致矿物成分的变化，有可能最后沉淀的矿物组合不同于原生的矿物组合。例如KCl可能是借助于光卤石的不协调溶解形成，而有些杂卤石可能是通过钾盐镁矾被富含钙离子的溶液交代形成。据钾镁质岩的现代沉积产状以及地质历史中的钾盐层常和潮间浅水沉积物共生，推测大多数钾镁质岩形成于盐沼地和萨布哈中。

## 四、蒸发岩的成因

蒸发岩成因的研究可以追溯到19世纪，化学家乌西格里奥（Usiglio）1848年对海水进行蒸发实验后指出：当海水蒸发，原体积减少一半时，碳酸盐开始沉淀；继续蒸发、减少到原体积的19%时，石膏开始沉淀；减少到原体积的9.5%时，石盐开始沉淀；海水继续蒸发，体积进一步减少，则形成镁的硫酸盐和氯化物的沉淀。

海水蒸发浓缩形成蒸发岩的沉积，还需要封闭半封闭的自然地理条件，特别是厚达千余米的蒸发岩。因此，1877年奥克谢尼乌斯（Ochsenius）研究了欧洲西北部二叠纪施塔斯富特统的蔡金斯坦盐层和里海的卡拉博加兹海湾后，提出"沙坝说"来解释巨厚的盐类沉积问题。他认为盐类矿物是在与广海隔离的潟湖中蒸发形成的。潟湖是由在海湾的出口处形成沙洲，把海湾与广海隔离造成，但仍有一条狭窄的通道与广海连通，海水可以周期性地通过通道进入，在强烈的蒸发条件下，造成盐类的沉积。若海水不断地补充，不断地蒸发，就能形成厚度与盆地初始深度相等的盐类沉积。沙坝说得到了许多学者的支持，但也有其不完善的地方，比如它不能解释单矿物蒸发岩和大陆洼地中许多盐类矿物的形成，也不能解释古盐矿中普遍不含化石的问题（注入潟湖的水带有大批生物，而盐类沉积物无海相化石）。

为了补充沙坝说，1947年金（King）研究了美国二叠系卡斯梯尔组巨厚石膏沉积后，提出了回流说。上二叠统卡斯梯尔组厚约400～600m，主要由条带状或纹层状硬石膏组成，仅有少量的石盐和其他沉积物。他认为这种巨厚的石膏和硬石膏沉积要求浓度较小的海水不断地经狭窄的通道注入潟湖，浓化的卤水则都不断地通过通道向广海回流，于是潟湖的盐度可以长期保持不变，蒸发浓缩的结果，便形成巨厚的石膏沉积，在回流过程中，流入量和流出量之比为10∶1，如果没有这种回流作用来调整盐度，那么石盐层的体积就会比石膏层的体积大三十倍左右。

20世纪60年代以来，又出现了一些新的成盐假说。一种是深水蒸发沉积说，这种假说认为成盐作用不一定需要潟湖环境。在海洋中，由于表面的强烈蒸发作用可以产生浓缩卤水，这种浓缩卤水由于密度大而下沉，在闭塞的海盆地深处聚集起来，最终可以形成盐类沉积。另一种是"萨布哈或盐沼地成盐说"，现代萨布哈有石盐和硫酸钙（一般为硬石膏）的沉积，并伴有碳酸盐（一般为白云石）和钾盐，其沉积速率的变化为数厘米到十几厘米；某些古代蒸发岩中，具有大量浅水成因标志，如交错层理、波痕、干裂等，都说明其沉积深度很小，与今日萨布哈极为相似。萨布哈的成盐物质靠地下水供给，例如在波斯湾特鲁西尔海岸的萨布哈环境里，干燥程度很高，植被不发育，在强烈的蒸发条件下，隙间卤水浓度迅速升高，并沿毛细管上升，于是在盐滩上形成瘤状硬石膏和"鸡笼网状"硬石膏。但在埃及一带的萨布哈环境里，由于处于半干旱环境，植被较发育，因而石膏成为唯一的蒸发岩矿物。许靖华还提出"干化深盆地说"，他用干涸和海水注入相交替的观点，解释地中海蒸发岩的形成。据许靖华的观点，在晚中新世时，地中海曾与大西洋分离，变成一个沙漠盆地。地中海蒸发岩即形成于低于海面数千米的盆地内的浅卤水池或盐滩上。当深盆地被海水充满时，形成深水沉积，干涸时形成浅水蒸发岩，这种蒸发岩的特征是浅水蒸发岩与深水页岩、浊积岩共生。在空间关系上呈牛眼式分布，这是由于封闭的深盆地在干化过程中发生分异作用，导致盐类的依次沉淀，碳酸盐和硫酸盐沉积在盆地的边缘，盆地中心则沉积石盐和钾盐。

除海相蒸发岩外，在湖相沉积中也可形成蒸发岩。湖相蒸发岩的矿物成分除石盐和石膏－硬石膏外，还可富集大量的其他盐类矿物，这些盐类矿物的沉淀与盐湖的水化学成分（表10-5）有关。例如死海以盐岩沉积为主，加利福尼亚的莫诺湖则以碳酸盐和硫酸盐矿物为主。

**表 10-5 五个盐湖的水化学成分** （单位：$10^{-6}$）

| 成分 | 死海 | 大盐湖<br>（犹他） | 莫诺湖<br>（加利福尼亚） | 鲍勒支斯湖<br>（加利福尼亚） | 卡拉博加兹海湾<br>（土库曼斯坦） |
|------|------|------|------|------|------|
| $Cl^-$ | 208.02 | 112.90 | 15.10 | 5.95 | 142.50 |
| $SO_4^{2-}$ | 540.00 | 13.59 | 7.53 | 22.00 | 46.90 |
| $HCO_3^-$ | 240.00 | 180.00 | 26.43 | 6.67 | — |
| $Na^+$ | 34.94 | 67.50 | 21.40 | 6.20 | 81.20 |
| $K^+$ | 7.56 | 3.38 | 1.12 | 322.00 | — |
| $Ca^{2+}$ | 15.80 | 330.00 | 11.00 | — | 4.90 |
| $Mg^{2+}$ | 41.96 | 5.62 | 3.20 | 307.00 | 19.90 |
| 总含盐度 | 315.04 | 203.49 | 71.90 | 719.40 | 295.4 |

注："—"代表无此数据

# 第七节 煤和含煤岩系

煤又称煤炭，是地史时期堆积的植物、少许浮游生物的遗体经过复杂的生物化学作用，埋藏后又受到地质作用而转变成的一种固体可燃矿产。一套连续沉积的含有煤层的沉积岩层或地层称为含煤岩系，简称煤系。因此，煤属于有机成因的可燃有机岩类。煤是当代最重要的能源之一，主要作为燃料提取热能和动能，也是重要的冶金和化工原料，可以提取冶金焦炭、人造石油及化工产品。另外，从煤中还可提取铬、镓、钒、铀等工业所需要的重要元素。中国煤炭资源非常丰富，也是世界上最早利用煤的国家之一。中国的含煤岩系主要形成于石炭、二叠、侏罗、白垩纪，以及新生代。重要的煤田有山西大同煤田、山东枣庄煤田、河南平顶山煤田、安徽淮南煤田和辽宁抚顺煤田等。

## 一、化学成分和物质组成特征

煤的有机成分主要包括 C、H、O、N、S 等（表 10-6），同时还富含 Ti、Ag、Mn、Ba、B、Cr、Pb、V、Ni、Rb、Zn、Zr、La、Ce、Pr、Nd、Sr、Eu、Cs 等金属和稀土微量元素。随着煤化程度的增高，煤中的氢、氧含量降低，碳含量则增高。煤中的硫、氯、砷、磷往往是工业利用中的有害元素，煤中的锗、镓、铀、钒等伴生元素往往可以富集成为工业矿床。

**表 10-6 煤与油页岩有机元素组成比较**（赵师庆 1991 年发表；转引自刘招君等，2009）

| 元素组成 | 煤 | 油页岩 |
|------|------|------|
| C | 73.09～83.58 | 70.06～79.09 |
| H | 4.58～5.60 | 6.19～9.32 |
| O | 9.16～21.01 | 6.30～19.25 |
| N | 0.91～1.17 | 0.85～2.00 |
| H/C 原子比 | 0.70～0.80 | 0.30～1.48 |
| O/C 原子比 | 1.64～4.58 | 0.06～0.20 |

煤像其他沉积岩一样呈层状沉积，具有横向和垂向的变化，反映了植被类型、水位、碎屑注入物的变化。煤主要是由有机化合物组成，而不是由矿物组成。成煤的原始物质主要是植物。植物分低等植物和高等植物。低等植物主要是各种藻类，构造简单，无根、茎、叶之分，主要由脂肪及蛋白质组成，呈丝状或带状，多繁殖于较深水的湖泊、沼泽及浅海环境。高等植物构造较复杂，它已有根、茎、叶之分，主要由木质素和纤维素组成，还有树脂、角质层、果壳、孢子、花粉等稳定组分，它们多生长在陆地上或浅水沼泽地带。

## 二、主要类型特征

根据煤的形成作用、形成环境，可将煤划分成腐殖煤类和腐泥煤类（表 10-7）；又可根据煤的变质程度加强，将煤依次划分成未变质的褐煤、变质的烟煤（包括长焰煤、气煤、肥煤、焦煤、瘦煤和贫煤）和强变质的无烟煤（朱筱敏，2008）。

表 10-7　煤的成因分类

| 成因类型 | | 原始物质 | 形成环境 | 形成作用 |
|---|---|---|---|---|
| 腐殖煤类 | 腐殖煤 | 高等植物的木质素和纤维素为主 | 滞留沼泽 | 泥炭化作用 |
| | 残殖煤 | 高等植物的稳定组分为主 | 活水沼泽 | 残殖化作用 |
| 腐泥煤类 | 腐泥煤 | 低等植物为主，原有结构保存 | 较深水沼泽、湖泊、浅海 | 腐泥化作用 |
| | 胶泥煤 | 低等植物为主，原有结构消失 | | |

大部分煤是腐殖煤类，由原地堆积的木本植物形成。腐泥煤类主要是由藻类、孢子和粉末状植物碎屑堆积而成。

## 三、煤的形成演化

煤的形成大致可以分为两个阶段（何幼斌和王文广，2017）。

### 1. 泥炭化、残殖化、腐泥化作用阶段

繁殖在沼泽地带的高等植物，在其死亡以后，就在有水覆盖的沼泽中堆积起来。如果沼泽的水流闭塞，细菌不能充分地分解这些植物遗体，植物中的主要组成部分，如木质素和纤维素就会保存下来，在生物化学作用下转变为泥炭。这一作用过程叫"泥炭化作用"。泥炭化作用是腐殖煤形成的第一阶段。

如果在水流畅通的活水沼泽，细菌就会迅速繁殖起来，菌解作用很强烈，高等植物的主要组成部分木质素和纤维素几乎全部消耗掉。只有那些最稳定的组分，如角质层、孢子、花粉等才可保存下来，进一步就形成了另一类型的煤——残殖煤。

繁殖在湖泊中的低等植物（藻类）及其他浮游生物死亡以后，遗体沉入水底，由于水的隔绝，水底氧气不充足，为还原环境，生物遗体得以保存。在细菌的参与下，这些生物体腐烂分解，形成"腐泥"。人们常把低等植物转变为腐泥的过程，称为"腐泥化作用"。这是腐泥煤类形成的第一阶段。

**2. 煤化作用阶段**

煤化作用阶段可延续数百万年至数千万年，甚至更长。

泥炭（腐殖煤和腐泥煤的统称）堆积下来以后，在上覆沉积物的压力下，所含的水分被挤出，体积逐渐缩小，性质趋于致密。在化学成分上，腐殖酸含量逐渐减少，碳含量逐渐增多。经过这些变化后，泥炭就变成了褐煤。它是在温度较低（小于 70℃）和压力较小的条件下进行的。泥炭转变为褐煤的作用称为泥炭的"成岩作用"。

随着埋藏深度增加，温度、压力持续增大，褐煤要转化为烟煤。烟煤外表呈黑色、灰黑色，光泽较强，致密坚硬，性脆而易碎，具明显的层状构造。由褐煤向烟煤的变化称为煤的"变质作用"。

烟煤进一步变化就成为无烟煤。无烟煤外表黑而具金属光泽，更加致密坚硬，相对密度高（大于 1.36），结构渐趋均一，外表无层状构造。

# 第八节 油 页 岩

油页岩又称油母页岩，是指主要由藻类及一部分低等生物的遗体经腐泥化作用和煤化作用而形成的一种有机质含量高、高灰分的固态可燃有机岩。油页岩含有一定量的沥青物质，能燃烧（其中不能燃烧的固体残渣称灰分），通过干馏（加热）可从中提取类似天然石油的页岩油。因此，油页岩与油砂、煤层气、生物气等资源称为非常规油气资源。它和煤的主要区别是灰分超过 40%，与碳质页岩的主要区别是含油率大于 3.5%。油页岩和煤一样，都属于有机成因的沉积岩，是固态的可燃有机岩类。除单独成藏外，油页岩还经常与煤形成伴生矿藏，一起被开采出来。因此，油页岩是一种石油资源，也是重要的油气源岩。中国的油页岩资源折合页岩油地质资源量达 $4.76 \times 10^{10}$t。中国的油页岩遍布在 20 个省或自治区的 47 个盆地中（刘招君等，2009），典型的油页岩矿床有吉林的桦甸、罗子沟和农安，辽宁的抚顺，山东的黄县，陕西的铜川和彬县，甘肃的窑街，新疆的妖魔山，西藏的毕洛错，山西的浑源，广东的茂名，湖南的邵阳，四川的屏山等地。从地质时代看，石炭纪以后的各个时期都有油页岩生成。目前，随着科学技术的不断进步，对油页岩的研究也日渐深入。

## 一、化学成分和矿物成分特征

油页岩的化学成分与煤相似，有机成分主要为 C、H、O、N、S 等，同时还富含金属和稀土微量元素。但是，油页岩与煤相比，在有机成分上是存在一定差异的。油页岩中 C、O 元素含量（质量分数）明显低于煤，而 H、N 元素含量高于煤（表 10-6），且油页岩的 O/C 原子比（0.06～0.20）明显低于煤（1.64～4.58）。

通过统计中国 10 个油页岩矿区的 14 个油页岩样品的有机元素分析结果，C 元素平均含量为 73.5%，H 元素平均含量为 8.03%，O 元素平均含量为 11.81%，N 元素平均含量为 1.48%（表 10-8）。一般同一矿区油页岩中的有机质，其元素组成变化不大，但不同矿区差异较大，这是由于油页岩形成时的原始物质和地质条件不同。中国油页岩的 H/C 原子比都大于 1.00，平均为 1.31，与国外平均为 1.26 相差不大（表 10-8），说明油页岩的 H/C 原子比明显高于煤的 H/C 原子比（0.70～0.80，表 10-6）。

**表 10-8 中国油页岩有机元素组成特征**（刘招君等，2009）

| 样号 | 地点 | 时代 | 元素质量分数 /% | | | | 原子比 | |
|---|---|---|---|---|---|---|---|---|
| | | | C | H | O | N | H/C | O/C |
| 1 | 大连河 | 古近纪 | 79.09 | 8.73 | 8.45 | 1.78 | 1.33 | 0.08 |
| 2 | 大连河 | 古近纪 | 74.26 | 7.08 | 12.76 | 1.19 | 1.14 | 0.13 |
| 3 | 抚顺 | 古近纪 | 74.39 | 8.25 | 9.23 | 1.52 | 1.33 | 0.09 |
| 4 | 抚顺 | 古近纪 | 75.40 | 9.32 | 6.30 | 2.00 | 1.48 | 0.06 |
| 5 | 桦甸 | 古近纪 | 74.37 | 9.11 | 9.55 | 0.85 | 1.47 | 0.10 |
| 6 | 茂名 | 古近纪 | 70.60 | 7.89 | 14.34 | 1.27 | 1.34 | 0.15 |
| 7 | 茂名 | 古近纪 | 71.26 | 7.69 | 11.84 | 1.26 | 1.30 | 0.13 |
| 8 | 茂名 | 古近纪 | 70.86 | 7.75 | 11.84 | 1.39 | 1.31 | 0.12 |
| 9 | 罗子沟 | 白垩纪 | 70.06 | 7.87 | 8.77 | 1.54 | 1.35 | 0.09 |
| 10 | 东胜 | 侏罗纪 | 74.35 | 8.05 | 12.30 | 1.65 | 1.30 | 0.12 |
| 11 | 东胜 | 侏罗纪 | 74.63 | 7.98 | 13.60 | 1.66 | 1.28 | 0.14 |
| 12 | 铜川 | 三叠纪 | 70.94 | 6.19 | 19.25 | 1.56 | 1.05 | 0.20 |
| 13 | 山工河 | 二叠纪 | 73.80 | 7.69 | 14.57 | 1.33 | 1.25 | 0.15 |
| 14 | 妖魔山 | 二叠纪 | 74.73 | 8.79 | 13.14 | 1.76 | 1.41 | 0.13 |
| 中国油页岩有机质元素平均值 | | | 73.48 | 8.03 | 11.81 | 1.48 | 1.31 | 0.12 |
| 国外油页岩有机质元素平均值（Walter Rühl 1982 年数据） | | | 79.50 | 9.30 | 8.30 | 1.30 | 1.26 | 0.04 |

注：原子比数据本书做了修正

油页岩的矿物组成是多种多样的，主要由石英、长石、云母等碎屑矿物和高岭石、伊利石等黏土矿物组成，如辽宁的抚顺、吉林桦甸油页岩；有些则是由方解石、白云石等碳酸盐矿物和黄铁矿、沸石、石膏等其他矿物组成，如波罗的海盆地油页岩为含碎屑和黏土较高的碳酸盐岩。

## 二、结构构造特征

由于油页岩的组成成分单一且均匀，因此大多具有泥质结构。油页岩的原生构造主要包括层理和块状构造。油页岩的页状层理发育，甚至可呈极薄的纸状层理，有时外表看起来也呈块状，但一经风化，其页理就呈现出来了。页状层理往往是静水或微弱水流中缓慢沉积形成的，反映油页岩形成时的水动力是比较弱的。

## 三、主要类型及其成因

油页岩的分类参照的参数很多，至今没有统一的方案。早期大多数是单纯注重油页岩中有机质的化学性质划分级别，根据 C、H 元素含量及含油率、发热量等参数，把油页岩分成五个品级，但这种分类容易引起成因概念上的混乱。而后，发展到从油页岩成因角度出发，根据有机质类型划分为腐泥型、腐殖－腐泥型和腐泥－腐殖型等三种类型油页岩，如赵隆业等（1990）在以上三种油页岩分类的基础上，结合具体的结构藻、层状藻、树皮体、孢子体、胶质体、树脂体等显微组分所占的比例，进一步将油页岩分为8亚类（表10-9）。现代的油页岩分类考虑了油页岩的沉积环境、有机质类型、岩石矿物组合特征，以及有机物母质的识别，与此同时，也要考虑油页岩物理化学性质和工艺性，即工业－成因分类，它是以成因分类为基础，发热量定级，含油率定亚级，含油率与发热量的比值定组，油页岩的煤岩显微组分定亚组，矿物质的成分定种，硫的含量定亚种（刘招君等，2009）。该方法参照国际煤炭分类方案，用数量化的表示方法，拓宽了分类的范围，避免了各分类参数的重复，但也过于复杂，难以推广。

表 10-9 油页岩有机质来源成因类型（赵隆业等，1990）

| 油页岩类型 | 亚类 |
| --- | --- |
| 腐泥型油页岩 | 结构藻类体油页岩 |
|  | 胶质藻类体油页岩 |
|  | 腐泥质油页岩 |
| 混合型油页岩 | 含藻类体混合型油页岩 |
|  | 含藻类体树皮体混合型油页岩 |
|  | 含藻类体角质体小孢子体混合型油页岩 |
|  | 含藻类体树脂体混合型油页岩 |
|  | 烛煤油页岩 |

油页岩的生成环境与腐泥煤的生成环境近似。内陆淡水湖泊、滨海、时有海水注入的半咸水湖泊、潟湖，甚至海湾，都是形成油页岩的有利环境。正常海洋环境生成的油页岩不常见，俄罗斯伏尔加地区含侏罗纪菊石的油页岩和我国塔里木盆地寒武－奥陶系黑色油页岩都是海洋环境生成的。刘招君等通过对中国29个陆相盆地油页岩赋存层位和沉积特征的分析，发现陆相湖盆的深湖、半深湖和湖沼多为贫氧－缺氧的还原环境，在湖泊高生产力背景下，具备形成油页岩的条件，为中国油页岩主要的沉积场所。鉴于中国油页岩以陆相盆地沉积为主，陆相含油页岩盆地的沉积环境、有机质来源等存在明显的多样性和差异性，同时也具有一定的成矿共性，因此，刘招君等依据前人对油页岩按有机质类型分类达成的共识，结合不同沉积环境对油页岩有机质类型和来源的影响的分析，提出中国陆相盆地油页岩划分为深湖腐泥型油页岩、半深湖腐殖腐泥型油页岩和湖沼腐泥腐殖型油页岩等三种类型（刘招君等，2016，2019）。深湖腐泥型油页岩主要赋存于大中型拗陷盆地，往往具有分布范围广、空间展布稳定、品质和厚度中等的特点；发育在小型断陷盆地中的深湖腐泥型油页岩矿床具有分布范围小、横向差异大、品质良好和厚度巨大的特点。半深湖腐殖腐泥型油页岩在断陷盆地和拗陷盆地都有分布，具有分布范围小、空间上品质和厚度差异明显的特点。湖沼腐泥腐殖型油页岩主要沉积于断陷盆地中，具有分布局限、品质好、厚度薄的特点。

# 第十一章  沉积环境及沉积相

## 第一节  概  述

### 一、沉积环境的概念

环境是地理学中的概念，即自然地理环境。地球表面可以划分为山脉、河流、湖泊、沙漠和海洋等不同的自然地理环境单元。沉积环境是指发生沉积作用的一种地貌单元，包括现代和古代沉积环境。它是在物理上、化学上和生物上均有别于相邻地区的一块地球表面。在地质历史中，沉积环境的特征往往在沉积物中留下痕迹。所以，可以通过沉积岩中记录下来的标记来再现古代沉积环境。同时又可通过对现代沉积环境的物理、化学和生物等条件的研究，来对比古代环境中的这些参数特征，从而帮助人们认识古代沉积环境。沉积环境包括物理、化学和生物参数，其中物理参数包括沉积介质性质（水、空气、冰川等），沉积区流体性质（流水、波浪、潮汐、风），流体的流速、流向、密度、水的深度，气温和降水量等；化学参数是指汇集区的岩石地球化学性质，以及沉积介质的化学组成、酸碱度（pH）、氧化还原电位（Eh）、含盐度、溶解度等；生物参数是沉积环境中的植物、动物和微生物的生命活动，以及它们引起的生物化学变化及其遗留的痕迹等。物理参数最重要和较稳定，它能为地貌解释提供最基本的资料，而且不易受成岩作用的影响改变原有特点；化学参数最易受成岩作用的影响，不易保持原有特征，因此用它来分析环境时要慎重；生物参数在成岩作用中也会变化，但仍有不少生物的遗体和遗迹能保持其原有特征，所以它也是分析环境的重要参数。

### 二、沉积相的概念

现代环境可以根据物理的、化学的和生物的参数加以判别和划分，古代的环境只能根据过去环境的物质表现加以推测。因此，在地质学中提出了"沉积相"这个术语，简称"相"。1838 年瑞士学者格列斯利（A.Gressly）研究法国东部侏罗纪地层时，首先把相的概念引入沉积学，并理解为"具有相同岩性特征和古生物标志的岩石单位"。进入 20 世纪以后，由于沉积岩石学和古地理学的发展，相的概念已广为流行，但对其理解出现两种不同的意见，一种是把相理解为沉积环境的同义语，例如苏联学者热姆丘日尼科夫（Жемчужников）1957 年提出"相乃是一定岩层生成时的沉积环境……"，他把相与环境等同起来。另一种是目前世界上为大多数学者所接受的沉积相的概念，即把沉积相理解为"在一定的沉积环境中所形成的沉积岩石与古生物的组合"。本书把沉积相定义为沉积环境及在该环境中形成的沉积物或沉积岩特征的综合，因此，沉积环境不是沉积相，沉积物或沉积岩（包括各种岩石类型）也不是沉积相；沉积物或沉积岩加上沉积环境，即沉积物或沉积岩及沉积环境的总和才是沉积相，可简称相。沉积物或沉积岩是在沉积环境中形成的，沉积环境是形成沉积物或沉积岩特征的决定因素，沉积物或沉积岩的特征能反映其沉积时期的沉积环境，是沉积环境的物质表现。换句话说，前者是形成后者的基本原因，后者乃是前者发展变化的必然结果。这就是沉积相概念中沉积环境和沉积岩特征的辩证关系。

## 三、相序递变规律

沉积相在时间上和空间上发展变化的有序性称为相序递变。沃尔索（Walther）1984年指出，"只有那些没有间断的，现在能看到的相互邻接的相和相区，才能重叠在一起"，换句话说，只有在横向上成因相近且紧密相邻而发育着的相，才能在垂向上依次叠覆出现而没有间断（图 11-1）。这就是通常所说的相序连续性原理或相序递变规律，有人也称为沃尔索相律。相序递变规律有很大的实际意义，人们可以根据垂向沉积序列的研究来推断和预测可能出现的沉积相的横向变化。反之，也可根据现代或古代沉积环境横向上的岩相资料来建立垂向沉积序列。

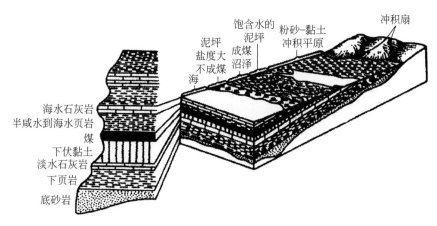

图 11-1 沃尔索相律示意图（Blatt 等 1980 年发表）

## 四、沉积模式

对现代沉积环境的广泛研究和模拟现代沉积作用的实验方法的发展，为了解沉积岩石的形成条件提供了大量实地和实验资料。通过对现代沉积环境和沉积特征的研究，与古代沉积环境中沉积物特征作对比，并加以高度的概括，找出其共同点，归纳出具有普遍性的模型，这种模型就称为沉积模式或沉积相模式。沉积模式是从许多实例中经过提炼和概括出来的，可以反映沉积物的时空变化规律，以及与沉积环境的成因联系，可以作为研究其他实例的对比标准。沃克（Walker）1979 年指出"沉积相模式是对一个特定沉积环境的全面概括"，是"一种假设的普遍性"。在研究沉积环境时，运用沉积模式的作用有以下几方面：①作为对比的标准，即以模式为标准对比各个不同地区的地方性特征，解释与模式有差别的形成条件；②帮助研究者收集与模式相似的资料，以便解释研究对象的形成特征和形成环境；③更重要的作用是利用已有的模式作为对照，采用类比法和比较解剖学的方法，在刚开始研究的地区，通过有限的局部资料来对地表下未被揭露的沉积环境及其沉积物进行预测或作出解释；④对于所代表的环境或系统的水动力学解释来说，它必须起到一个基础的作用。当然，大量地方性的研究资料也可大大丰富模式的内容，从而使标准模式更为完善。沉积模式是沉积环境与沉积相结合的成果，它包括在一定环境中形成标准沉积物的格式。因此，可以划分出与沉积环境相应的各种标准的沉积模式，如河流沉积模式、湖泊沉积模式、潮坪沉积模式、浅海碳酸盐台地沉积模式、浊流沉积模式等。一种沉积环境只有一种具有代表性的标准模式，而地方性的环境中常出现非标准条件形成的沉积物特征，只能作为该区某环境下的一种沉积类型，不具有普遍性的规律。沉积模式可用标准化的剖面图、立体图、理想化的相序列图解或公式来表示。

# 第二节　沉积相的识别标志

沉积岩特征包括岩性特征（如岩石的颜色、物质成分、结构、构造、岩石类型及其组合）、古生物特征（如生物的种属和形态）以及地球化学特征等，沉积岩特征的这些要素是相应各种环境条件的物质记录，通常构成最主要的相标志。因此，相标志包括岩石与矿物标志、生物标志、沉积构造标志、地球化学标志等。这些标志中某些标志可能具有准确的环境意义，但有些则不能以单一标志判别环境，而必须综合考虑多项标志才能判断古环境的特征。下面简述沉积相的识别标志。

## 一、岩石与矿物标志

### 1. 岩石标志

岩石标志包括岩石类型及结构。有些岩石是在特定的环境下形成，具有恢复环境的意义，但还有一些岩石可以在各种环境下形成，就无判别环境的意义，如陆源碎屑岩若没有化石和特殊的沉积构造证据，不能作为区分海、陆的标志，碳酸盐岩大多数是海洋成因，只有很少部分为大陆成因，根据碳酸盐岩的结构构造可判别在何种海洋环境中形成。呈层状或透镜状、结核状燧石大多为海成，个别可在湖泊环境或土壤中形成。大多数红层为大陆成因，少数含海相化石的红褐色软泥层为深海成因。蒸发岩大多是在干旱气候条件和受限制的海岸水体及潮坪中形成，也可在大陆干旱的内陆盐湖中形成。因此，蒸发岩没有其他沉积标志，不能用来判别海洋与大陆环境。但富含硼酸盐、天然碱等盐类沉积往往是非海洋内陆盐湖的标志。磷块岩一般沉积于海洋环境，在干旱的浅海、海湾、潟湖都可形成。陆上磷块岩是由动物骨骼形成，但数量极少。因此磷块岩不失为一种浅海沉积的标志。

岩石结构标志包括碎屑的粒度、形态和表面特征等。应用粒度分析判别沉积环境的方法很多，比较有效的有粒度参数特征、频率曲线形态、概率累积曲线图、粒度参数离散图、*C-M* 图等（表 11-1）。

### 2. 矿物标志

在海洋沉积物中有一些自生矿物能够作为海洋环境的标志。如鲕绿泥石和海绿石不仅可以指示海洋环境，而且可以判别水深和温度。鲕绿泥石产于热带地区水深 9～150m 的浅海中，称为"暖水矿物"。海绿石则在 30～750m 深的海洋中比较丰富，称为"冷水矿物"，它在温带海域中出现在水较浅的地带，此外，在湖泊中也可零星出现。

表 11-1　各种环境砂质沉积物粒度参数特征表

| 沉积环境 | 粒度参数特征 | | | | |
| --- | --- | --- | --- | --- | --- |
| | 频率曲线特征 | 偏度 | 峰态 | 分选性（标准偏差 $\sigma_1$） | 粒度 |
| 冰川 | 马鞍状峰或多峰 | $S_K=0$，低正偏至低负偏 | 宽峰 | $\sigma_1=1.4\sim>2.6$ | 变化大 |
| 河流 | 双峰，常见不对称曲线 | $S_K$ 变化大，正偏为主，也有负偏 | 不正常，一般低 | $\sigma_1=0.52\sim1.40$ | 下粗上细 |
| 海滩 | 单峰，对称，正态曲线为主 | $S_K=0\sim0.3$，正偏，偶有负偏 | 中等，微窄 | $\sigma_1=<0.35\sim0.5$ | 细、中粒为主 |
| 风成沙丘 | 单峰曲线，也有明显的双峰 | $S_K=0.13\sim0.3$ | 中等 | $\sigma_1=0.21\sim0.26$ | 细砂为主 |
| 浅海 | 单峰 | $S_K<1$ | 窄 | $\sigma_1>1.0$ | 细砂为主 |

## 二、生物标志

生物的分布受含盐度的严格控制，所以绝大多数生物化石是判别海洋环境与大陆环境的有力证据。用现代生物组合的耐盐性对比古代生物组合的耐盐性，可作为区分环境的标志，因为大多数生物种类其耐盐性几乎都有继承性。

海洋环境的生物化石包括钙质红藻和绿藻、放射虫、硅质鞭毛虫、颗石藻、大多数钙质有孔虫、钙质海绵、硅质海绵、珊瑚、苔藓虫、腕足动物、棘皮动物、藤壶、一些软体动物（如单壳类、有板类、掘足类和头足类等），这些动物大多生活在盐度变化不大的环境中，称为窄盐度生物。有一些广盐度生物，如某些蓝绿藻、硅藻、胶壳有孔虫、能造管的蠕虫、瓣鳃类、腹足类、介形类等，也能生存于非海洋环境中，故不能作为海洋与大陆环境的区别标志。还有一些灭绝的门类，在古代地层中都是与海洋沉积共生，如古杯类、层孔虫、软舌螺、三叶虫、锥石、竹节石、光壳节石、牙形刺和笔石等。赫克尔（Haeckel）1972 年总结了生物门类的分布和水深的关系（图 11-2）。海洋生物按其生活方式分为浮游生物、游泳生物、底栖生物三类。浮游生物包括浮游植物（如硅藻、球石藻、马尾藻）和浮游动物，它们生活在广海的 50～100m 深的表层水中，在远离海岸的远海或远洋区数量较多，死亡后在深海区堆积而成化石。游泳生物是指能在海洋中自由游动的各种动物，它们常生活于 50～100m 深的水体，死亡后遗体沉降于不同深度的海底，并保存为化石。底栖生物的生活范围可从高潮线至深海海底，但以 100m 以上的海底最集中，100～200m 浅海下部海底大为减少，半深海至深海底则就更少了。

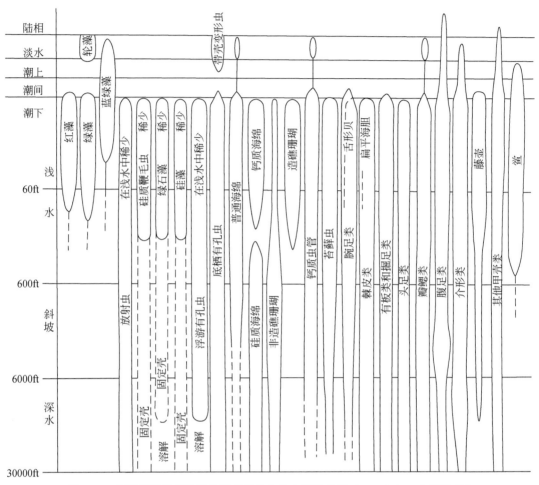

图 11-2　主要无脊椎动物门类的现代分布和水深的关系（Haeckel 1972 年发表）

lft=0.3048m

## 三、沉积构造标志

沉积构造有生物成因和无机成因两类。无机成因沉积构造中由物理因素所造成的沉积构造，是判别沉积环境的重要标志。在大陆及海陆过渡环境中多出现高角度的交错层理、槽-弧状交错层理、水流波痕、干裂、雨痕等；在海洋环境的边缘地带常见各种波痕、低角度交错层理、双向交错层理、盐晶印模、鸟眼构造等；在浅海及深海环境多出现低角度交错层理和丘状交错层理、水平层理、粒序层理、冲槽印模、滑动构造、块状层理等（图 11-3）。但只靠单一无机成因沉积构造，在许多情况下难以确定海洋或大陆环境，因为在盐水和淡水中都可能形成同样的沉积构造。然而，生物成因构造大多数可作为海、陆环境的识别标志，其中以生物遗迹构造（遗迹化石）最有意义。生物遗迹反映生物活动行为，现代和古代有一定继承性，因此可以现代生物的活动痕迹对比古代生物生活的环境。各种生物的生活有比较严格的环境条件，它们的遗迹也就能反映较狭窄的环境范围。故常用生物遗迹作为水深环境的标志。赛拉赫（Seilacher）1964 年归纳了几种生物遗迹相组合与环境的关系，并以图解表示它们的特征（图 11-4）。

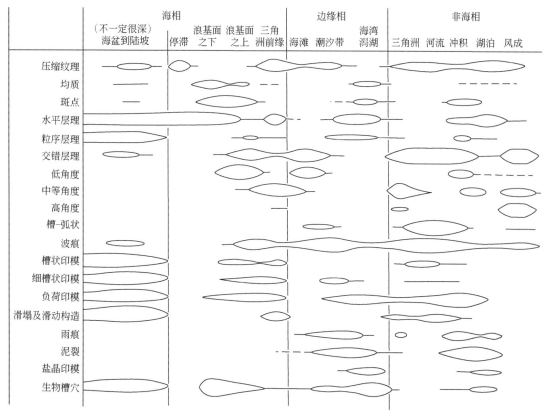

图 11-3 主要沉积环境中各种沉积构造的分布（Haeckel 1972 年发表）

## 四、地球化学标志

沉积物中的微量元素、同位素等地球化学特征也可以用来判别沉积环境。

**1. 微量元素标志**

（1）Rb/K 值，正常海相黏土岩中比值平均为 0.006，微咸水黏土岩中平均为 0.004。

（2）B/Ga 值，海相黏土岩中比值大多在 4.5 以上，而淡水黏土岩中比值为 2～3。

（3）Sr/Ba 值，随盐度增高而增大，比值＞1 者为海洋沉积物，＜1 者为陆地沉积物。

（4）海洋沉积物中 B、Cr、Cu、Ga、Ni、V 等含量均较淡水沉积物中高。

**2. 稳定同位素**

碳氧稳定同位素的数值变化也可作为环境标志。通过沉积物中的 $CaCO_3$ 测定其中的 $\delta^{18}O$ 和 $\delta^{13}C$ 判断沉积物的形成条件。浅海海水中沉淀的 $CaCO_3$，$\delta^{18}O$ 为 0‰ 左右，$\delta^{13}C$ 为 2‰～+4‰。淡水灰岩的 $\delta^{18}O$ 和 $\delta^{13}C$ 均偏向负值，$\delta^{18}O$ 大多为 -10‰～0，部分为 0～+4‰，$\delta^{13}C$ 变化在 -18‰～-2‰ 之间。Milliman 1974 年研究表明，蒸发成因白云岩的 $\delta^{18}O$ 值在 +1‰～+6‰ 之间，$\delta^{13}C$ 在 -2‰～+4‰ 之间。若有有机质参加，$\delta^{13}C$ 呈较低的负值，

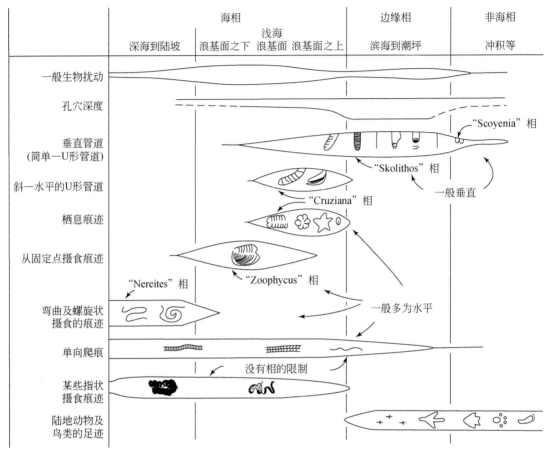

图 11-4　主要沉积环境中生物遗迹化石及"遗迹相"的分布（Haeckel 1972 年发表）

为 -30‰ ～ -25‰；土壤中的 $\delta^{13}C$ 也有相似的低负值。盐度、温度的变化及生物作用都有可能影响 $\delta^{18}O$、$\delta^{13}C$ 的数值，沉积物的成岩作用对 $\delta^{18}O$ 影响最大。所以应用 $\delta^{18}O$、$\delta^{13}C$ 作相标志时，必须考虑和排除其他因素的影响。

地球化学特征在沉积物成岩作用中会发生变化，因而使用它作为相标志时必须慎重，通常它只能作为次要的参考标志，而不能作为确切的判别标志。

# 第三节　沉积相的分类

沉积相的划分应该依据自然地理条件或地貌特征及沉积物综合特征，并且要遵循简单易行、便于记忆和理解的原则。目前，尽管不同学者对沉积相划分还存在着意见及分歧，但人们总是先将沉积相划分成三个组，即陆相组、海相组和海陆过渡相组（表 11-2、图 11-5）。然后依据陆相、海相和海陆交互相中的次级环境及沉积物特征，确定相类型，如河流相、三角洲相、滨海相。进而，还可根据各相类型中亚环境、微环境及沉积物特征，确定出相应的沉积亚相和微相，如三角洲前缘亚相、三角洲前缘河口沙坝微相等。

表 11-2　沉积相的分类

| 相组 | 陆相组 | 海相组 | 海陆过渡相组 |
|---|---|---|---|
| 相 | （1）残积相<br>（2）坡积－坠积相<br>（3）风成（沙漠）相<br>（4）冰川相<br>（5）冲积扇相<br>（6）河流相<br>（7）湖泊相<br>（8）沼泽相 | （1）滨岸相<br>（2）浅海陆棚相<br>（3）半深海相<br>（4）深海相 | （1）三角洲相<br>（2）河口湾相 |

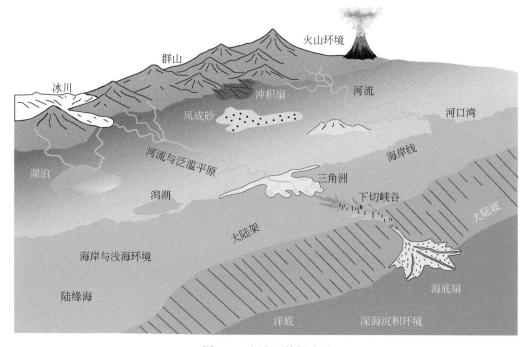

图 11-5　沉积环境概略图

　　有人将潟湖、障壁岛、潮坪相划归为海陆过渡相组，也有人将它们作为有障壁海岸相而归于海相组，还有人将无障壁海岸相和有障壁海岸相都划归于海陆过渡相组。本书考虑到其水动条件还是以海洋作用为主，同时也为叙述方便，将它们划归于海相组。因此，陆相组可以分为残积相、坡积－坠积相、冲积扇相、河流相、湖泊相、沼泽相、沙漠相、冰川相等；海陆过渡相组可以分为三角洲相和河口湾相等；海相组包括无障壁海岸相、有障壁海岸相、浅海陆棚相、半深海相和深海相等（表 11-2）。

　　任何一级的相都可以有它们的次级相和更次级相，即亚相和微相，因此，亚相和微相这个术语决不限于某个特定级别的相。中国沉积学家的微相是根据野外露头和钻井岩心的岩石特征确定的，与国外沉积学家的"微相"的定义完全不同。国外微相的定义是"在显微镜下的岩石薄片中所呈现的一些特征"（Brown 1943 年提出）。

# 第十二章　大陆环境及沉积相

陆相组包括残积相、坡积－坠积相、沙漠相、冰川相、冲积扇相、河流相、湖泊相和沼泽相，其中冲积扇相、河流相和湖泊相较为常见，且与油气的关系相对较密切，因此，本章仅介绍冲积扇相、河流相和湖泊相三种类型。

## 第一节　冲　积　扇　相

### 一、冲积扇的基本特征

山麓位于山脉与平原交接的山前地带。山脉的抬升加速剥蚀作用，致使大量碎屑物质被山间河流、洪暴挟带至山口外的山麓地带，因坡度急剧变缓，流速降低，水体分散，所挟带的大量碎屑物质便在山口外，顺坡向下堆积，形成扇形的冲积扇沉积。

冲积扇在空间上由山谷口向盆地方向呈放射状散开，其平面形态呈锥形或扇状，锥体顶端指向山口，锥底向着平原，锥体半径可从＜100m 至＞150km，一般平均不足10km。在纵剖面上，冲积扇呈下凹的透镜状或楔形，表面坡度在近山口的扇根处可达5°～10°，远离山口变缓为 2°～6°；横剖面呈上凸透镜状（图 12-1），其沉积物的厚度

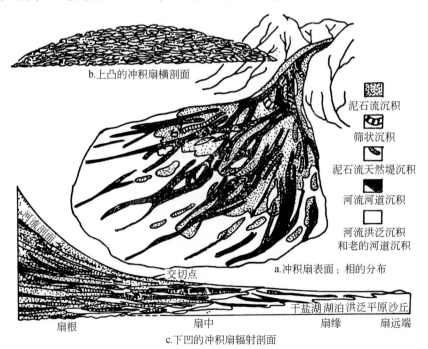

图 12-1　理想的冲积扇沉积类型及剖面形态（Spearing 1974 年发表）

可为几米至 8km 左右。河道从冲积扇顶端呈放射状向下坡方向延伸，且逐渐变浅，在交切点处河道底与冲积扇表面相交。冲积扇上的河流多属顺直河或辫状河，河道常改道或分叉，形成网状流水系（图 12-1）。

冲积扇可单个出现，但多数情况下成群出现，各个扇体边缘互相连接形成沿山麓分布的带状或裙边状的冲积扇群，其延伸可达数百千米，如我国的克拉玛依油田就发育在古代的这种沉积体系中，而典型的现代冲积扇群在大理盆地洱海西岸点苍山山前和美国加州死亡谷均有发育。冲积扇之间被冲积物阻塞可以形成山前湖。

冲积扇的形成和发展受汇水盆地大小、气候条件、母岩性质和地壳升降运动等因素的影响。一般来说，冲积扇的发育需要有明显变化的地形及大量沉积物的供应，在地势起伏较大而且沉积物补给丰富的地区，冲积扇一般较发育。研究成果表明，长期活动的大断层、裂谷和干旱、半干旱气候有利于冲积扇的发育。持续的断裂活动或裂谷作用造成较大的地形起伏，从而导致母岩区剥蚀作用的增强和河流能量的提高，碎屑物质的大量搬运造成了大型冲积扇的形成，尤其当地壳抬升速度超过山区主河床下切速度时，更有利于巨厚层冲积扇的形成。干旱、半干旱气候使植被不发育，物理风化强烈，形成大量粗碎屑。间歇性发洪过程将大量碎屑物搬出山口堆积形成冲积扇，如我国西北地区沿祁连山—阿尔金山—昆仑山北麓地带发育有一系列冲积扇，它们相互叠接延绵长达数千千米，极为壮观。在潮湿或半潮湿气候区，雨量充沛，植被发育，如有合适的地质构造和地形条件及充分的物质供应，也可形成规模巨大的冲积扇。例如地处喜马拉雅山南麓热带潮湿气候区的柯西河，水量充足，坡降大，水流急，侧向摆动迅速，仅在近两个多世纪以来，从东向西侧移 170km，从而形成著名的柯西河冲积扇。

## 二、冲积扇的类型

根据气候状况，可将冲积扇分为两种类型。一类是发育于干旱、半干旱气候区的冲积扇，称作旱地扇，简称旱扇；一类是发育在潮湿、亚潮湿气候区的冲积扇，可称作湿地扇，简称湿扇。对报道的全球冲积扇的初步统计结果表明，80% 以上为旱扇。旱扇与湿扇的共同特点是其平面形态均呈扇状，从山口向内陆盆地或冲积平原呈辐射散开。扇面的坡度、沉积层厚度及沉积粒度变化从山口向边缘逐渐变缓变薄及变细（图 12-2）。旱扇与湿扇的特征差异较大，主要表现在以下几方面。

### 1. 旱扇

地处降水量少的干热气候带，呈面积较小的锥形体，扇体面积小于 $100km^2$。其主要特征是通常发育有一个主体水道（辫状河），扇形的边界十分清楚（图 12-2）。粗碎屑沉积物向扇的末端很快变细，粒级变化可从砾石级至泥质，厚度也急速变薄。扇根多为混杂砾岩及叠瓦状砾岩层沉积，以水流冲积及泥石流（碎屑流）的沉积作用为特征。扇中发育砂质及砾石质河流的冲积作用，扇端则主要为粉砂质及泥质岩沉积物，以片流或漫流作用为主。常见由红色粗碎屑剖面组成反旋回沉积层序，厚度可达数百至数千米。

### 2. 湿扇

湿扇常发育在常年有流水的潮湿地区，年降水量为 1500 ~ 2500mm，沉积速率可高达

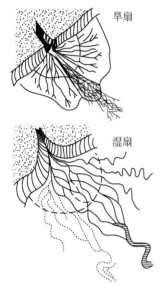

旱扇

湿扇

图 12-2　旱扇与湿扇的平面
特点（Walker 1984 年发表）

5.0 ～ 7.5m/a。沉积物扇形体不清晰（图 12-2），单个扇体大，表面积可为旱扇的数百倍，最大面积可达 16000km²。扇体中河流作用较明显，多由砾石质辫状河组成辫状平原，地形平缓，以相互叠加的砾石质辫状河为主，其特点是河道多、切割浅、不固定。沉积体向盆地平原延伸较长，以缺少泥石流（碎屑流）沉积区别于旱扇。在中部及端部组成向上由粗变细的层序组合，即由砾岩—砂岩—泥岩的沉积剖面，并夹有原地植被形成的碳质层或煤层。

　　由于汇水盆地的大小和地形强烈地影响着径流的分布，所以由大流域补给的冲积扇体系显示出湿扇的特点，即使在相对低降水量地区也是如此。同样，在降水充沛但流域较小的地区，冲积扇可能显示出旱扇所特有的特征。

## 三、冲积扇的沉积作用及沉积模式

### （一）冲积扇的沉积作用

冲积扇上可能出现的搬运和沉积作用有两种基本类型：一种是由暂时性或间歇性水流形成的牵引流搬运沉积作用，其特点是在山口的扇根部分发育主河道，向扇端方向形成以放射状散开且逐渐变浅的辫状分支河道，暂时性流水挟带沉积物沿河道或漫溢出河道而堆积；另一种类型起因于泥流、泥石流等陆上重力流作用。因此，冲积扇上的沉积物按成因可分为水携沉积物和泥石流沉积物两种类型。前者可进一步按沉积的位置和沉积物特征划分为河道沉积、漫流沉积和筛状沉积（图 12-3），其具体沉积特征如下。

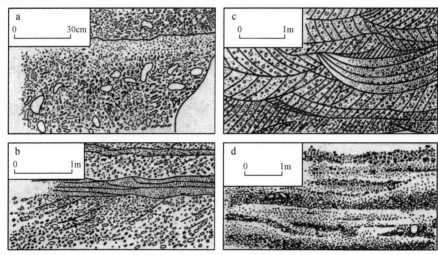

图 12-3　苏格兰老红砂岩冲积扇沉积物中的四种砾石相（Bluck，1967）
a. 泥石流沉积；b. 漫流沉积；c 和 d. 河道沉积

### 1. 泥石流沉积

泥石流是由碎屑沉积物和水混合在一起的一种高密度和高黏度的流体，大量碎屑物质在泥石流中呈块状整体搬运，在扇体上堆积后，形成泥石流沉积。泥石流沉积是冲积扇的主要沉积类型之一，常发育在扇体的上部，其最大的沉积特点是砾、砂、泥混杂，分选极差，大者达数吨的漂砾，小至粉砂、黏土，但总体是以后者占优势，层理一般不发育。黏度大的泥石流，其粗粒碎屑分布均匀，为块状层理，砾石以直立排列为主，黏度不大者可具粒序层理，扁平状砾石呈水平或叠瓦状排列。在形态上泥石流沉积呈舌状或叶瓣状，且具有陡、厚而清晰的边缘。泥流是泥石流的一个变种，其沉积物较细，主要由砂、粉砂、泥质组成，粗粒级含量较少，一般不含 2mm 以上的粗粒沉积物，但分选仍很差，表面可发育干裂。

泥石流沉积可局限于一定的河道内，也可在侧向上呈席状或朵状体延伸到河道间或扇端地区。泥石流的形成与源区母岩性质关系密切，在母岩为泥岩且植被不发育、地形坡度较陡的情况下，因暴雨而造成短期内水量骤增（洪水），以致侵蚀作用增强，大量泥砂被挟带而形成泥石流。

**2. 河道沉积**

河道沉积又称为河床充填沉积。冲积扇常被暂时性（间歇性）河流切割，当洪水再次到来时，所挟带的沉积物在这些暂时性河床中沉积下来，就形成了冲积扇上的河道沉积。它们是水挟沉积物中粗粒的和分选差的沉积部分，但向扇端方向沉积物变细。河道沉积主要由砾、砂沉积物组成，粒度粗，分选也差，成层性不好，多呈块状，具叠瓦状构造，但有时可见不明显的单向板状交错层理、平行层理。各单层的成层厚度一般为 5 ～ 60cm，有时可达 2m 以上。常具明显的切割 - 充填构造，并且常因这种构造的影响使粗粒物质位于扇体的中部或下部，以致破坏了沉积物粒度从扇顶至扇缘逐渐变细的分布状况。

**3. 漫流沉积**

挟带沉积物的流水从冲积扇上的河道末端或两侧漫出，因流速和水深的骤减，以及地形坡度减缓，使挟带的沉积物呈席状或片状沉积下来，形成席状砂、砾岩堆积体，称漫流沉积。有人也称之为漫洪沉积或片流沉积，是冲积扇中最常见的一种沉积类型。漫流沉积物主要由碎屑组成，可含有少量黏土和粉砂，分选中等，常呈块状，亦可出现交错层理或细的纹层，有时可见小型的冲刷 - 充填构造，产状呈透镜状，一系列漫流沉积的透镜体组合，形成席状或片状沉积体，通常构成冲积扇的主体。

**4. 筛状沉积**

当源区供给冲积扇主要为砾石而无或极少细粒物质（砂、粉砂和泥）时，在冲积扇的表层便堆积了舌状砾石层。由于砾石层渗透性极好，洪水在尚未流到扇缘之前就从其中渗滤到地下，不能形成地表水流，从而阻止了砂质等细粒物质的搬运。扇体表层的砾石层就称为筛状沉积，其虽较为少见，但却是冲积扇上最富特色的沉积。

筛状沉积主要由棱角状至次棱角状的粗大砾石组成，分选较好，其间充填物较少，而且主要是分选好的砂级碎屑，多形成具双众数分布特征的砂砾岩。其层与层之间的接触界线不清，常形成块状沉积层。显然，筛状沉积的分布不如其他水携沉积物普遍，只是局部的堆积现象。筛状沉积的形成要求独特的源区条件，即母岩区须是节理发育的石英岩之类的岩石。

冲积扇可以由某种单一的沉积类型组成，如为漫流或泥石流的单一沉积。但大多数冲积扇是由上述几种沉积类型共同组合而成。总体来说，冲积扇以漫流和泥石流沉积为主，河床充填沉积和筛状沉积在组合中占的比重较小。

### （二）冲积扇的沉积模式

**1. 亚相划分**

按照现代冲积扇地貌特征和沉积特征，可将冲积扇相进一步划分为扇根、扇中和扇缘三个亚相（图 12-1、图 12-4），三者之间并无明显的界线。

1）扇根

扇根也称扇顶，分布于邻近断崖处的冲积扇顶部地带，其特征是沉积坡度角最大，常发育有单一的或 2～3 个直而深的主河道，沉积厚度最大。其沉积类型主要为河道充填沉积及泥石流沉积，其沉积物由分选差、大小混杂的砾岩或具叠瓦构造的砾岩、砂砾岩所组成。一般呈块状构造，但有时也见不明显的平行层理、大型单组板状交错层理以及流速衰减而形成的递变层理。

2）扇中

扇中位于冲积扇中部，构成冲积扇的主体，以沉积坡度角较小和辫状河道发育为特征。以辫状分支河道和漫流沉积为主，与扇根相比，砂与砾比值较大，岩性主要由砂岩、砾状砂岩和砾岩组成，沉积物的分选性相对于扇根来说，有所好转。可见辫状河流形成的不明显的平行层理和交错层理，甚至局部可见逆行沙丘交错层理，河道冲刷－充填构造发育。

3）扇缘

扇缘也称扇端，出现于冲积扇的趾部，地形平缓，沉积坡度角低，沉积类型以漫流沉积为主，沉积物较细，通常由砂岩和含砾砂岩组成，其中夹粉砂岩和黏土岩，局部也可见有膏岩层，其砂岩粒级变细，分选变好，可见平行层理、交错层理、冲刷－充填构造等，粉砂岩、黏土岩中可显示块状层理、水平纹理和变形构造以及干裂、雨痕等暴露构造。

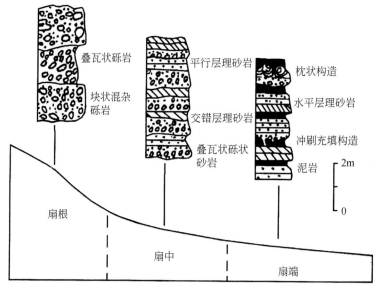

图 12-4　冲积扇相各亚相的沉积特征和沉积序列（孙永传和李惠生，1986）

**2. 沉积组合及垂向沉积序列**

在冲积扇形成和发育过程中，从扇根向扇端的粒度、厚度变化总是呈现从粗到细、从厚到薄的趋势（图12-1、图12-4）。在冲积扇的不同部位，其沉积层序则有所不同（图12-4）。扇根的沉积序列主要为块状混杂砾岩和具叠瓦状构造的砾石组成的正韵律沉积组合；扇中的沉积序列自下而上为具叠瓦状排列的砾石及不明显的平行层理、交错层理砾状砂岩、砂岩组成；扇端的剖面结构通常为冲刷－充填构造的含砾砂岩、具交错层理和平行层理砂岩以及具水平层理粉砂岩或块状泥岩，但有时发育有变形构造，如枕状构造。

由于沉积物堆积速度和盆地沉降速度不同，冲积扇可发生进积和退积或侧向转移，这一过程在冲积扇的各沉积层序中有明显的反映。当沉积物的堆积速率大于盆地的沉积速率时，冲积扇砂体不断向盆地方向推进，使扇根沉积置于前一期扇中沉积之上，而扇中沉积又置于前一期扇端沉积之上，从而形成下细上粗的反旋回沉积层序。当沉积物的堆积速率小于盆地的沉降速率时，冲积扇则向物源区退积，或者侧向转移，其结果是形成下粗上细的沉积层序（图12-5）。

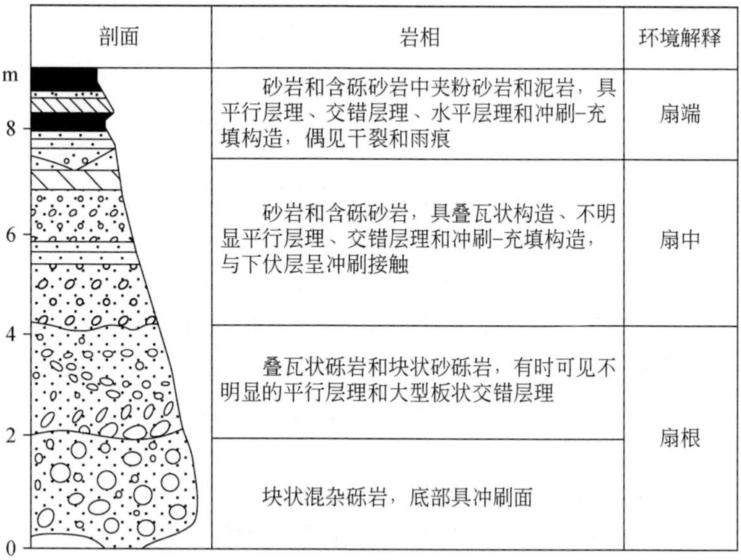

图 12-5　冲积扇向上变细的正旋回沉积序列（孙永传和李惠生，1986）

# 四、冲积扇的鉴别标志及其与油气的关系

## （一）冲积扇的鉴别标志

**1. 颜色与岩性**

冲积扇沉积物经常暴露地表，遭受着不同程度的氧化作用，故缺少还原性的暗色沉积物，泥质沉积物的颜色一般带有红色，这是干旱和半干旱地区冲积扇的重要特征。

冲积扇在岩性上差别较大，主要取决于源区母岩性质。大部分冲积扇以砾岩为主，砾石间充填有砂、粉砂和黏土级的物质，有些冲积扇也可由含砾的砂、粉砂岩组成。扇根部分以砾、砂岩为主，扇端部分砾岩减少，砂、粉砂、泥岩增多，层的厚度变薄，扇体与平原过渡地带，以黏土沉积为主。冲积扇沉积中常含有碳酸盐、硫酸盐等矿物，如方解石、石膏等。它们是和碎屑沉积物同时沉积，或是作为地表物质风化结果而堆积下来的。冲积扇的源区母岩性质不同，则所含的盐类矿物就可能出现明显的变化。除了分散的脊椎动物骨骼和植物碎屑外，冲积扇中几乎不含动植物化石，也很少含有机质。

### 2. 结构和构造

粒度粗、成熟度低、磨圆度不好、分选差是冲积扇沉积的重要特征。然而不同沉积

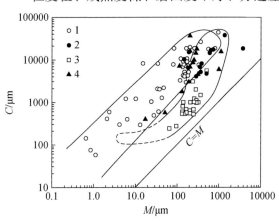

图 12-6　加利福尼亚弗斯诺郡西部冲积扇各沉积类型的 C-M 图（Bull，1964）

1. 泥石流；2. 河床沉积；3. 漫流沉积；4. 泥流和牵引流过渡沉积

类型，其分选亦有较大差别，泥石流沉积是其中分选最差的。在垂向上和平面上，粒度变化较快，从扇顶至扇缘粒度逐渐变细，分选、圆度逐渐变好。冲积扇砂质沉积物的粒度概率累积曲线一般为三段：滚动组分含量为 1%～3%，跳跃组分含量为 50%～60%，悬浮组分含量为 10%～30%。从扇根向扇缘方向，滚动组分和跳跃组分含量降低，悬浮组分含量增高。在 C-M 图上，冲积扇的各种沉积类型都有一定的特征（图 12-6）。漫流沉积与河道充填沉积在 C-M 图上为一弯曲图形，与帕塞加牵引流标准 C-M 图相比，缺少 RS 段，而只有 P-Q-R 段图形，说明均匀悬浮沉积对冲积扇来说是不特征的。图形 PQ 代表冲积扇河道充填沉积；QR 段大致与 C=M 线平行，C 与 M 成比例增加，C 与 M 值接近，说明分选好，这一段代表浅的面状水流沉积，即漫流沉积。泥流沉积是一个近于与 C=M 线平行的长条状图形，与帕塞加的浊流沉积 C-M 图接近但泥流 C-M 图中线上各点，C 是 M 值的 40～80 倍，这说明泥流比浊流在分选上要差得多，黏度和密度也大得多。

冲积扇沉积层理发育程度较差或中等。泥石流沉积显示块状或不显层理，细粒泥质沉积物可见薄的水平层理，粗粒碎屑沉积有时亦可见不太明显和不太规则的交错层理，斜层倾向扇缘，倾角为 10°～15°。在垂向上，层理构造表现为流水沉积物与泥质沉积物复杂交互的构造序列。冲积扇的粗碎屑沉积中常见冲刷－充填构造，主要发育在扇根附近，砾石若有定向排列，则呈"向源倾斜"，倾角 30°～40°。砂质沉积局部可见水流波痕。泥质表层可发育泥裂、雨痕、流痕等。

### 3. 垂向层序和沉积相组合

冲积扇在形成和发育过程中发生进积和退积作用，使其垂向沉积层序有着明显的不同。当冲积扇向源区退积，则形成下粗上细的退积正旋回层序（图 12-5），否则相反。在扇体的不同部位，其沉积层序也不相同。冲积扇在纵向上，向源区方向与残积、坡积相邻接，向沉积区常与冲积平原组合或风成－干盐湖相相接，也可超覆于河流或湖泊、沼泽相之上

或与之呈舌状交错接触，或直接与滨海（湖）平原共生，甚至直接进入湖泊或海盆地的安静水体，形成水下扇或扇三角洲，详见第十三章。

#### 4. 在地震剖面上的特征

冲积扇沉积体在地震剖面上的总体特征为杂乱反射、丘状下超。在横剖面上呈丘状，在纵剖面上为楔形（图 12-7），向盆地内部厚度减薄，总体上表现为明显的锥状外形。其反射结构主要为杂乱反射结构或无反射结构。一般从扇根向扇端方向振幅有所增强，连续性有所变好。

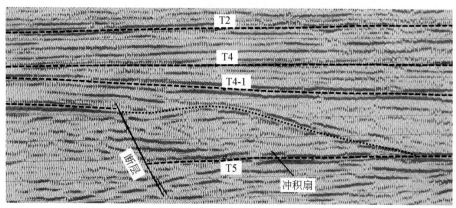

图 12-7　冲积扇在地震剖面上的反射特征（松辽盆地北安 323 测线）

#### 5. 在测井曲线上的特征

冲积扇各部位在测井曲线上的特征均不相同（图 12-8）。如扇根泥石流沉积的电阻率

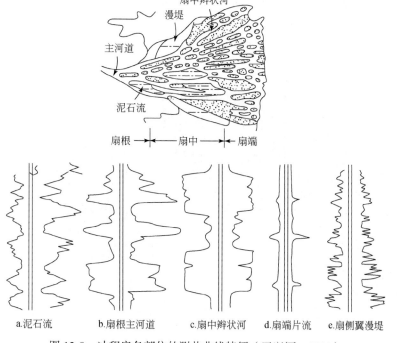

a.泥石流　　b.扇根主河道　　c.扇中辫状河　　d.扇端片流　　e.扇侧翼漫堤

图 12-8　冲积扇各部位的测井曲线特征（于兴河，2002）

曲线为参差不齐的锯齿状，通常峰值很高，顶、底多为渐变型，自然电位曲线则呈中幅锯齿状，顶、底界面亦为渐变型。扇根主河道沉积的电阻率曲线常表现为带齿边的大幅度曲线，其异常幅度往往是整个冲积扇中的最大者。

## （二）冲积扇与油气的关系

冲积扇多形成于近物源的地表暴露环境，一般极少有化石和有机质，即使有少量有机质也难以保存，因此，冲积扇中一般不发育烃源岩。但是冲积扇中可发育物性良好的储集层，最为典型的是准噶尔盆地西北缘三叠系下克拉玛依组中的砂砾岩冲积扇，根据吴胜和等（2012）对其内部构型的解析，扇中的辫状水道和扇根的流沟是物性最好的储集体。

扇根是由粗碎屑组成的"泛连通体"（图12-9），不连续的薄层漫洪沉积、泥石流沉积及钙质胶结带为泛连通体内的非渗透夹层，而非胶结的流沟含砾砂岩和砂岩为泛连通体内部的异常高渗带，平均孔隙度为19.4%，渗透率为726.4×10$^{-3}$μm$^2$，以中砾岩为主的砾石坝，由于分选较差，其物性也相应较差。

扇中是由辫状水道、漫流砂体与漫流细粒沉积侧向相隔、垂向互层组成的沉积体（图12-9）。在扇中近源部位，辫状水道侧向摆动频率高，形成侧向拼接的复合水道带，其内的漫流沉积相对较少；在扇中远源部位，辫状水道侧向摆动频率相对较低，辫状水道砂体与漫流沉积侧向相隔。辫状水道岩性为细砾岩和粗砂岩，砂砾岩少见，分选较好，磨圆中等，砾石含量为50%～70%，中砾含量小于10%；辫状水道内常见平行层理、板状和槽状交错层理以及底部滞留砾石叠瓦构造，具有明显的牵引流特征；单一水道宽度为150～500m不等，厚度为1～3m；辫状水道砂体的平均孔隙度为19.5%，平均渗透率为988.7×10$^{-3}$μm$^2$，是冲积扇中储集物性最好的构型要素。

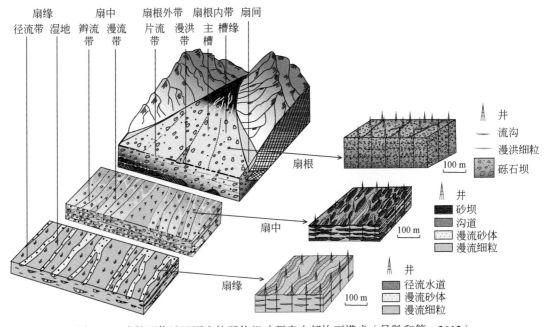

图12-9　克拉玛依油田下克拉玛依组冲积扇内部构型模式（吴胜和等，2012）

扇缘主要由漫流沉积物和径流水道组成，横剖面为厚层泥岩夹薄层砂岩透镜体，平面上为窄带状水道砂体镶嵌在漫流细粒泥岩中（图 12-9）。漫流沉积物占扇缘沉积体积的90% 以上，主要为单层厚度小于 0.5m 的含泥中砂岩、中细砂岩和粉砂岩，以及泥岩、泥质粉砂岩。扇中辫状水道到达扇缘后大部分消失，小部分延续形成扇缘径流水道，径流水道砂体则呈孤立状分布于漫流细粒泥岩之中，是扇缘的主要储集单元，但由于泥质含量相对较高，砂体物性相对较差，其平均孔隙度为 14.9%，平均渗透率为 $105×10^{-3}μm^2$。

# 第二节　河　流　相

河流是陆地表面上经常或间歇有水流动的线性天然水道，是陆地上最活跃、最有生气的侵蚀、搬运和沉积地质营力。河流是流水由陆地流向湖泊或海洋的通道，也是把碎屑物质由陆地搬运到海洋和湖泊中去的主要营力。在河流搬运过程中伴随有沉积作用，形成广泛的河流沉积，在构造条件适宜的情况下，沉积厚度可达千米以上。

河流沉积广泛发育于现代和古代地层中。现今中国境内广泛发育了类型各异的河流，仅流域面积在 $1000km^2$ 以上的就有 1500 多条，主要河流多发源于青藏高原。中国河流分为外流河和内流河。注入海洋的外流河流域面积约占全国陆地总面积的 64%；流入内陆湖泊或消失于沙漠、盐滩之中的内流河流域面积约占全国陆地总面积的 36%。在古代地层中，河流沉积物占有极大比例，是陆相地层的主要组成部分，也是重要的含油气相带。

## 一、河流的分类及特征

### （一）河流的类型

不同类型的河流，在河道的几何形态、横截面特征、坡降大小、流量、沉积负载、地理位置、发育阶段等方面都存在着差别，这些因素通常作为河流类型划分的依据。

按照地形及坡降，可将河流分为山区河流和平原河流。前者地形高差和坡降大，向源侵蚀作用强烈，河岸陡而河谷深，河道直而支流少，水流急而沉积物粗；后者地形高差及坡降小，向源侵蚀停止，侧向侵蚀强烈，河道弯曲而支流多，故平原河流多为弯曲河流。

按河流的发育阶段，可将河流分为幼年期、壮年期、老年期。幼年期是河流发育的初期阶段，山区河流多属此类型；壮年期或老年期河流多指平原河流。同一河系，上游可属幼年期，中游属壮年期，下游则属老年期。河系上游的幼年期河流由许多支流汇成主流，以侵蚀作用为主，至中游发育成壮年期，形成泛滥平原，至下游的海、湖岸边发育成老年期，呈网状分叉，恰与幼年期支流汇集河网的情况相反，产生很多分流和分泄，最后汇集于湖泊和海洋。从沉积角度看，大量的沉积作用发育在河流的壮年期和老年期。

拉斯特（Rust）1978 年根据河道分叉参数和弯曲度提出了另外一个河流分类体系（表 12-1）。河道分叉参数是指在每个平均蛇曲波长中河道沙坝的数目。这些河道沙坝是被河流中线所围绕和限制的河道砂体。河道分叉参数的临界值为 1 或小于 1 者为单河道，大于 1 者为多河道。河道弯曲度是指河道长度与河谷长度之比，通常称为弯度指数，其值 ≤ 1.5（也有人定为 1.3）者为低弯度河，＞ 1.5 者称高弯度河。根据上述两个参数，可将河流分为顺直、蛇曲、辫状、网状四种类型（表 12-1）。其中以蛇曲河和辫状河分布最广，而平直河和网状河较少见。这一分类方案得到了普遍认可，目前仍是比较流行并应用最多的河流分类方案。

**表 12-1　河流分类**

| 弯度 | 单河道（河道分叉系数＜1） | 多河道（河道分叉系数＞1） |
| --- | --- | --- |
| 低弯度（弯度指数＜1） | 顺直河 | 辫状河 |
| 高弯度（弯度指数＞1） | 曲流河（蛇曲河） | 网状河 |

迈尔（Miall）在多年研究的基础上，1985 年提出了一种新研究方法，即"构形（或建筑结构）要素分析法"，同时指出无论现在还是古代，每一条河流都有其特殊的一面，而传统的河流分类与相模式则存在着较多的局限性。他用该方法提出了河流的 8 种基本构成要素，并将河流分成了 12 种类型。这种分析方法和分类已广泛应用于储层描述中。

除了上述分类外，还有人根据河流负载类型及搬运方式将河流分为底负载河、混合负载河、悬移负载河（Schumm，1977）。辫状河主要为底负载河流，曲流河和分叉河主要为混合负载和悬移负载河流，网状河主要为悬移负载河流。在研究地质时期古河流沉积时，由于古河道的弯曲度难以直接判别，而河流的负载类型与河流沉积的层序结构关系密切，因此，这种分类有助于恢复古代河流沉积环境。

### （二）不同类型河流的主要特征

**1. 顺直河**

在相当于河宽几倍的距离内，河道的弯度很小，弯度指数小于 1.5，可以忽略不计，称顺直河，通常仅出现于大型河流某一河段的较短距离内，或属于小型河流。河道的底线起伏弯曲，深潭与边滩交替出现。河道内凹岸为冲坑（深槽），沿此发生侵蚀作用，凸岸因加积作用形成沙坝（图 12-10a），从而可产生侧向迁移而逐渐向蛇曲河发展。

**2. 曲流河**

曲流河又称蛇曲河，为单河道，弯度指数大于 1.5，河道较稳定，宽深比低，一般小于 40。侧向侵蚀和加积作用使河床向凹岸迁移，凸岸形成点沙坝（边滩，图 12-10b）。由于河道的极度弯曲，常发生河道截弯取直现象。曲流河河道坡度较缓，流量稳定，搬运形式以悬浮负载和混合负载为主，故沉积物较细，一般为泥、砂沉积。因河道相对固定，其侧向迁移速度较慢，故泛滥平原和点沙坝较为发育。它主要分布于河流的中下游地区。现代世界上一些著名大河的中下游，如密西西比河和长江，都具有曲流河的特征。

**3. 辫状河**

辫状河过去也有人译为"网状河"。后来的研究表明，二者在特征上有所不同，因此应将它们区别开来。辫状河为多河道，而且多次分叉和汇聚构成辫状（图 12-10c）。河道宽而浅，弯曲度小，其宽深比值大于 40，弯度指数小于 1.5，河道沙坝（心滩）发育。河流坡降大，河道不固定，迁移迅速，故又称"游荡性河"。由于河流经常改道，河道沙坝位置不固定，故相对于曲流河而言，其天然堤和河漫滩发育较差。由于坡降大，沉积物搬运量大，并以底负载搬运为主。这种河流多发育在山区或河流上游河段以及冲积扇上。

#### 4. 网状河

网状河具弯曲的多河道特征，河道窄而深，顺流向下呈网结状（图 12-10d）。河道沉积物搬运方式以悬浮负载为主，沉积厚度与河道宽度成比例变化。河道之间为半永久性的冲积岛和泛滥平原或湿地。冲积岛和泛滥平原或湿地主要由细粒物质和泥炭组成，其位置和大小较稳定，与狭窄的河道相比，它们占据了约 60%～90% 的地区。网状河多发育在河流的中下游地区。

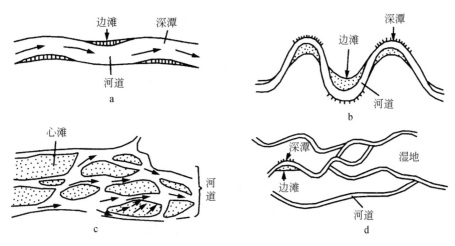

图 12-10　河流类型示意图（Mail，1977）
a. 平直河；b. 曲流河；c. 辫状河；d. 网状河

上述河流类型之间最明显的差异就是其几何形态，即弯曲度和河道分叉系数。影响河道弯曲度和分岔系数的因素包括流量的大小和变化、河谷坡度、沉积物粒度、河床糙率、河流的载荷量和载荷方式（底载荷、悬浮载荷）和河岸的稳定性，这些因素是相当复杂的，且相互之间存在着关联，河道弯曲和分叉的确切因素仍然是不明确的。

由于受地形坡度、流域岩性、气候条件、构造运动以及河水流量、负载方式等因素的影响，在同一河流的不同河段或同一河流发育过程的早期和晚期，其河道型式可有不同变化。甚至在同一时期的同一河段，因水位不同，河型亦有变化，如高水位时表现为曲流河，低水位时表现为辫状河。

## 二、河流的沉积过程

河流的沉积过程主要受地形坡度、沉积物类型和输砂量、河水流量和流态以及植被等多种因素的影响。若其他控制因素相对不变，则水流流态会影响沉积物的搬运和沉积方式。常见的水流流态有层流、紊流和横向环流等 3 种类型。

### （一）层流和紊流

层流是水质点运动方向彼此平行、规则的成层流动的水流。紊流是水质点运动方向和速度各不相同，水体内有强烈的侧向混合作用，且水层之间发生扰动的水流。河流的水流流态实际上都属于质点运动轨迹很不规则的紊流。水体运动可分解成平行底面和垂直底面的两种运动。当垂直向上的分力大于泥砂之间的阻力或重力时，泥砂就发生搬运，否则就发生沉积。

## （二）横向环流

横向环流是由表层和底流构成的连续的、螺旋形向前移动的水流。在平直河段，水流形成两个对称的横向环流，主流线沿河床中心分布（图 12-11），表流为分散水流，由中部向两岸流动，并冲刷侵蚀两岸，底流由两岸向河流中心辐聚，并挟带沉积物在河床中部堆积下来，从而形成辫状坝或心滩。这种环流体系控制了直流河中沉积物的沉积作用，遇河

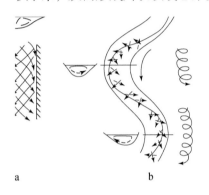

图 12-11 顺直河与曲流河的水流结构
a. 顺直河；b. 曲流河

流的洪水季节，这种堆积作用尤为显著。在弯曲河道中，主流线沿河床弯曲，主流受惯性作用，在凹岸产生壅水现象，形成水面的横比降。在横断面上，水体两侧受到不等的压力作用，使得底部水流由凹岸流向凸岸，它与由凸岸流向凹岸的河面水流一起构成连续螺旋形前进的单支环向环流（图 12-11）。表流是辐聚水流，在凹岸处产生强烈的下降水流，是冲刷凹岸的主要因素。底流是辐散水流，将凹岸的泥砂搬运到凸岸发生堆积。在横向环流的水动力作用下，沉积点坝的凸岸与具有深潭的凹岸沿河水交替出现在两岸，这种水流结构控制了曲流河道的沉积作用。

## （三）流水作用

河流作为沉积物搬运的重要地质营力，可使沉积物发生侵蚀、搬运和堆积作用，被称为流水作用。

### 1. 侵蚀作用

流水冲刷河床物质，产生垂直沉积表面的下切侵蚀，使河床加深，或产生向着河岸的侧方侵蚀，使河谷展宽，或使河流不断侵蚀弯曲，在强水流作用下，在凹岸处造成河流改道。

### 2. 搬运作用

河流中沉积物可按悬移、跃移和推移方式进行搬运。悬移搬运物质粒径一般小于 0.1mm，这些细小颗粒一旦被水流掀起就不易沉降。跃移搬运物质是在近底部水流旋涡所具有的向上垂直分力与迎面压力同时作用下产生的移动，其粒径一般为 0.1～0.25mm。当向上垂直分力大于颗粒重力时，颗粒呈跳跃式前进。推移搬运物质是指沿底面滚动或滑动的较粗砂砾物质。

### 3. 堆积作用

河流的堆积作用有侧向加积和垂向加积两种类型。侧向加积使弯曲河道侧向迁移，底流搬运的推移质和跃移质不断地在凸岸沉积，形成边滩，并使凸岸向凹岸方向增长。侧向加积作用形成河床沉积或底积层，并构成河流沉积剖面的下部旋回。垂向加积使洪水期河水溢出河床，悬移质在岸外形成沉积。由于沉积物在垂向上不断增厚，形成天然堤、决口扇和泛滥平原堆积等河流顶积层或漫岸沉积，构成河流沉积剖面的上部旋回。

## 三、河流的沉积模式

河流相是河流沉积环境及该环境下沉积特征的综合。不同类型的河流，其沉积环境和沉积特征有所不同，相应的沉积相也就有所差异。

### （一）曲流河沉积模式

**1. 亚相类型及其特征**

曲流河不论是现代还是古代都是最常见和最重要的河流类型，也是目前研究程度最高最详细的一种河流。艾伦（Allen）1964年根据现代河流发育的地貌特征，提出了曲流河沉积环境立体模型，并根据微地貌划分出各类次级环境（图12-12）。根据沉积环境和沉积物特征可将曲流河相进一步划分为河床、堤岸、河漫、牛轭湖四个亚相。

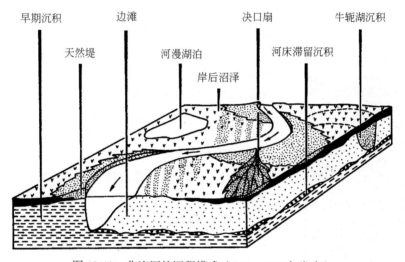

图 12-12　曲流河的沉积模式（Allen 1964年发表）

1）河床亚相

河床是河谷中经常流水的部分，即平水期水流所占的最低部分，其横剖面呈槽形，上游较窄，下游较宽，流水的冲刷使河床底部显示明显的冲刷界面，构成河流沉积单元的基底。

河床亚相又称河道亚相，其岩石类型以砂岩为主，其次为砾岩，碎屑颗粒的粒度是河流相中最粗的。层理发育，类型丰富。缺少动植物化石，仅见破碎的植物枝、干等残体，岩体形态多为透镜状，底部具明显的冲刷面。

河床亚相可进一步划分为河床滞留沉积和边滩沉积两个微相（图12-13）。

河床滞留沉积分布于河床的较深部分，其底部常为一个水流冲刷面。这里水流流速大，于是从上游搬运来的或就近侵蚀河岸的产物中，细粒的被冲洗走，在河床中留下较粗的砂和砾石沉积物，故名"滞留沉积"。其特点是以砾石级粗碎屑物质为主，砂、粉砂极少。砾石成分复杂，源区砾石居多，亦有河床下伏基岩砾石，常具叠瓦状定向排列，倾斜方向指向上游。砾岩一般厚度不大，常呈透镜状断续分布于河床最底部，向上过渡为边滩沉积。

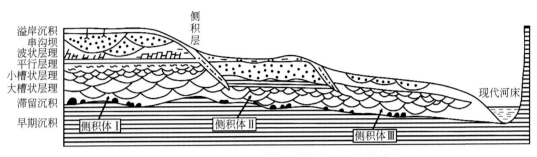

图 12-13 拒马河点坝侧积体（薛培华 1991 年发表）

边滩沉积，又称"点沙坝"、"内弯坝"或"曲流沙坝"，是曲流河中主要的沉积单元，是河床侧向迁移和沉积物侧向加积的结果。由于水流对凹岸冲刷，依靠横向环流把碎屑物质搬运到凸岸堆积而成，边滩由一系列侧积体构成，其上部由侧积层相隔，下部各侧积体之间是连通的（图 12-12）。由于曲流河河床中水流对沉积物的搬运以底负载搬运（尤其是跳跃）方式为主，故边滩沉积的岩性以砂岩为主，其

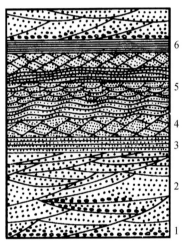

图 12-14 边滩沉积的层理垂向序列（赖内克 1973 年发表）

1. 河流底部滞留沉积；2. 大型交错层理；3. 平行层理；4. 叠复波痕状纹理；5. 小型波状交错层理；6. 泥岩

矿物成分复杂，成熟度低，不稳定组分多，长石含量高，如陕北侏罗系延安组河床亚相砂岩，长石含量可高达 49% 以上。边滩沉积的粒度变化很大，是由距物源的远近与发育的部位不同所造成。因此，根据其粗细特点可划分出粗粒边滩（砾质曲流河）和细粒边滩（砂质曲流河）沉积。

垂向上，自下而上常出现由粗至细的粒度或岩性正韵律，其下部具大型板状交错层理和槽状交错层理，亦见平行层理，上部具上叠沙纹层理，在垂向剖面上，具有层理规模变小、粒度变细的趋势（图 12-14）。这种有规律的垂向递变多是河床迁移和边滩沉积物侧向加积作用的结果。在古代曲流河沉积中这种完整的垂向层序因侵蚀作用而发育不全，尤其上部细粒层序常不能保存。边滩沉积的厚度近似于河床的深度，小型河流边滩的厚度仅数米，大型河流的边滩厚度可达 30～40m。边滩的宽度决定于河流的大小，大型河流边滩较为宽阔。

2）堤岸亚相

堤岸沉积是曲流河发育的重要亚相类型，垂向上常发育在河床沉积的上部，相对河床亚相而言，属顶层沉积。与河床沉积相比，其岩石类型简单，粒度较细，小型交错层理为主。进一步可分为天然堤和决口扇两个沉积微相。

天然堤沉积是河流在洪水期因水位较高，河水漫越河岸，河流所挟带的细砂、粉砂级物质沿河床两岸堆积，形成平行河床的砂堤。它高于河床，并把河床与河漫滩分开。天然堤两侧不对称，向河床一侧坡度较陡。每次随洪水上涨，天然堤不断加高，其高度范围与河流大小成正比，最大高度代表最高水位。弯曲河流的凹岸天然堤一般发育较好，凸岸天然堤逐渐变为边滩的上部，尤其在较小河流中，天然堤和边滩上部交互出现，很

难分开。

天然堤沉积主要由细砂岩、粉砂岩、泥岩组成，粒度较边滩沉积的细，比河漫滩沉积粗，砂、泥岩常组成薄互层，每层厚 10 ～ 30cm。层理构造以小型波状交错层理、槽状交错层理为特征，其垂向序列是下部砂质岩发育交错层理，上部泥岩则发育水平纹层（图 12-15）。天然堤常间歇性出露水面，故常有钙质结核的发育，泥岩中可见干裂、雨痕、虫迹以及植物根等。岩体形态沿河床两侧呈弯曲的砂垄。随着河床迁移，天然堤随边滩不断扩大、增长，形成覆盖边滩之上的盖层，故古代天然堤岩体呈面状分布。

决口扇沉积是指洪水期河水冲决天然堤，部分水流由决口流向河漫滩，砂、泥物质在决口处堆积成扇形沉积体，称为决口扇。它附属于河床之侧，与天然堤共生。

决口扇沉积主要由细砂岩、粉砂岩组成。粒度比天然堤沉积物稍粗。具小型交错层理、波状层理及水平层理，冲蚀与充填构造常见。常有河水带来的植物化石碎片。岩体平面形态呈舌状，向河漫平原方向变薄、尖灭，剖面上呈透镜状。

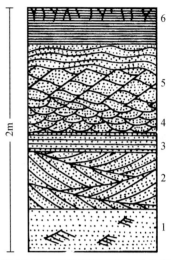

图 12-15 天然堤层理构造垂向序列（柯尔曼 1969 年发表）
1. 无内部构造的砂和粉砂，分选差，偶有波状层理；2. 交错层理；3. 平行层理；4. 小型波状交错层理；5. 叠瓦状波状层理；6. 水平层理的粉砂质黏土

### 3）河漫亚相

河漫亚相是平原河流的亚相类型，位于天然堤外侧，分布面积广泛，垂向上位于河床或堤岸亚相之上，属河流顶层沉积组合。这里地势低洼而平坦，洪水泛滥期间，水流漫溢天然堤，流速降低，使河流悬浮沉积物大量堆积。由于它是洪水泛滥期间沉积物垂向加积的结果，故又称泛滥盆地沉积。河漫亚相沉积类型简单，主要为粉砂岩和黏土岩，粒度是河流沉积中最细的。层理类型单调，主要为波状层理和水平层理。根据环境和沉积特征，可进一步划分为河漫滩、河漫湖泊和河漫沼泽三个沉积微相。

河漫滩是河床外侧河谷底部较平坦的部分。平水期无水，洪水期水漫溢出河床，淹没平坦的谷底，形成河漫滩沉积。河漫滩的发育与河谷的发育阶段有关。河谷发育初期，即河流幼年期，以侵蚀下切为主，河谷呈"V"字形，且主要为河床所占据；河谷发育的中后期，即壮年和老年期，河流以侧向侵蚀为主，河谷加宽，河床在河谷中仅局限于较窄的部分，此时，河漫滩才能较好地发育。河漫滩沉积以粉砂岩为主，亦有黏土岩的沉积。平面上距河床越远粒度越细，垂向上亦有向上变细的趋势。层理以波状层理和斜波状层理为主，亦见水平层理。河漫滩常因间歇出露水面而在泥岩中保留干裂和雨痕。化石稀少，一般仅见植物碎片。岩体形态常沿河流方向呈板状延伸。

在平原区的弯曲河流中，当河床因天然堤的围限和本身的沉积作用而逐渐抬高时，河床往往在一个比河岸两侧地形较高的"冲脊"上流动，洪水漫溢至两侧河漫滩上，洪水期后，低洼地区就会积水，加上冲积脊上河床水平面高于两侧低地，亦构成低地积水区的地下水的源泉。因此，长期积水的低洼地带就形成了河漫湖泊（图 12-12）。河漫湖泊以黏土岩沉积为主，并有粉砂岩出现，是河流相中最细的沉积类型。层理一般发育不好，有时可见到薄的水平纹层。泥岩中泥裂、干缩裂缝常见。干旱气候条件下，地下水面下降，表面急速蒸发，常形成钙质及铁质结核。在潮湿气候区的河漫湖泊中，生物繁茂，可形成丰富的有机质沉积，并可保存较完整的动植物化石。在气候干旱地区，蒸发量增大，河漫湖泊可发展成盐湖，形成盐类沉积。

河漫沼泽，又称岸后沼泽，是在潮湿气候条件下，河漫滩上低洼积水地带植物生长繁茂并逐渐淤积而成，或是由潮湿气候区河漫湖泊发展而来。其沉积特征与河漫湖泊沉积有许多共同之处，不同的是河漫沼泽中可有泥炭沉积。

在河流迅速侧向迁移的情况下，天然堤发育不良，洪水泛滥可形成广阔平坦的河漫沉积区，沉积物不仅有泥质，而且有大量砂质沉积，这时堤岸亚相与河漫亚相已无什么区别，故统称为泛滥平原沉积（图 12-12）。

4）牛轭湖亚相

弯曲河流的截弯取直作用使被截掉的弯曲河道废弃，形成牛轭湖（图 12-12）。截弯取直作用可有两种情况：其一是随着河流的弯度越来越大，形成很窄的"地峡"，这时可由一次特大洪水作用冲掉"地峡"，使河道取直，称"曲颈取直"；其二是沿着冲沟冲刷出一个新河床，使河道取直，称"冲沟取直"或"串沟取直"。牛轭湖沉积主要为粉砂岩及黏土岩。粉砂岩中具交错层理，黏土岩中发育有水平层理。常含有淡水软体动物化石和植物残骸。岩体呈透镜状，延伸最大可达数十千米，厚可达数十米。

**2. 垂向沉积层序**

曲流河沉积的典型垂向模式由沃克等 1976 年提出，这个标准相模式由下至上可划分为四个沉积单元（图 12-16）。

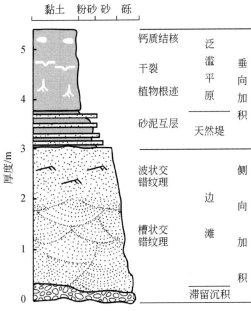

图 12-16　曲流河沉积的标准垂向模式（Donselaar 和 Overeem 2008 年发表，略修改）

第一沉积单元为块状含砾粗砂岩或砾岩，属河床底部滞留沉积，与下伏层呈冲刷侵蚀接触，底部具明显的冲刷面，粗砂岩中含泥砾，可见有不清晰的大型槽状交错层理。

第二沉积单元为具大型槽状交错层理的中、细砂岩，层理规模向上逐渐变小，中夹具平行层理的细砂岩，沿层面可发育剥离线理，为边滩沉积。

第三沉积单元为粉－细砂岩组成，发育有小型槽状交错层理和上攀波纹交错层理，为边滩顶部沉积。

第四沉积单元主要由断续波状交错层理的粉砂岩和水平纹理的粉砂质泥岩及块状泥岩组成，块状泥岩中常发育有泥裂、钙质结核或植物的立生根，属天然堤和泛滥平原沉积。

上述曲流河沉积的理想垂向层序由下至上，粒度由粗变细，层理规模由大变小，层理类型由大型槽状交错层理变为小型交错层理、上攀层理、水平层理，底部具冲刷面，从而构成了一个典型的间断性正韵律或正旋回。韵律的下段由河床亚相的底部滞留沉积和点沙坝沉积组成，是河道迁移而引起的沉积物侧向加积的结果，构成了河流沉积剖面下部层序，故称为底层沉积。韵律的上段由堤岸亚相和河漫亚相（泛滥盆地）组成，属泛滥平原沉积，主要是大量细粒悬浮物质在洪泛期垂向加积的结果，构成了河流沉积剖面的上部层序，故又称为顶层沉积。底层沉积和顶层沉积的垂向叠置，构成了河流沉积的所谓"二元结构"（图 12-16），这是河流相沉积的重要特征。在曲流河沉积中，二元结构较为明显，顶层沉积和底层沉积厚度近于相等或前者大于后者。

在一个地区的河流沉积剖面上，若二元结构重复出现，则可形成多个间断性的正旋回，每个旋回即由一个二元结构组成，通常又称为河流沉积的一个"阶"，每一个完整的旋回，厚度约 3～20m。河流沉积旋回的多阶性是河流相的又一重要特征。

### （二）辫状河沉积模式

与曲流河相比，辫状河的变化十分复杂。由于辫状河的河床宽而浅，多个河道反复分叉、反复汇合，河道既容易被废弃，也容易再复活，因此，其地貌单元频繁地被改造。

**1. 亚相与微相的划分**

辫状河的亚相和微相划分意见目前并不统一，但大致可以划分为河床亚相（底部滞留、心滩、河道充填微相）、废弃河道亚相、堤岸亚相和泛滥平原亚相（芦海娇等，2014）。辫状河中的滞留沉积与曲流河河床滞留沉积相同，出现在河床底部，以砂砾沉积为主，其上发育心滩或河道充填沉积，其中心滩或称河道沙坝是辫状河中最为主要的微相（图 12-17）。

横向沙坝的延伸方向与水流方向垂直，其上游部分较宽阔，而下游边缘为直的、朵状或弯曲的，略成"微三角洲"地貌，其高度可达数十厘米至 2m，大多呈孤立状出现，有时可呈雁行式展布，常见有高角度的板状交错层理。这类沙坝常形成于辫状河向下游方向的河道变宽或深度突然增加而引起的流线发散地区，在砂质辫状河中更为常见。

斜向沙坝延伸方向与主流线流向斜交，横断面大致呈三角形，具板状交错层理。这类沙坝大多是在主河道弯曲且水流流量不对称时产生的。

辫状河中有时也发育有曲流沙坝（即边滩），但与曲流河相比，其规模小，发育程度低，并且常常受到强烈的改造。

**2. 垂向沉积层序**

辫状河的垂向沉积序列通常比较复杂，最经典的是加拿大魁北克省加佩斯半岛泥盆系辫状河沉积层序（图 12-18），自下而上为由粗变细的正韵律结构，反映了水动力能量逐渐减弱的沉积过程。

沉积层序的最底部为河床滞留沉积，以含泥砾的粗砂岩和砾质砂岩为主，与下伏层呈侵蚀冲刷接触（SS）。其上为不清晰的大型槽状交错层理含砾粗砂岩（A）和具清楚槽状交错层理的粗砂岩（B）以及板状交错层理砂岩（C）。再向上主要由小型板状交错层理砂岩（D）组成，偶见大型水道冲刷充填交错层理砂岩（E）。顶部由垂向加积沉积的波状交错层理粉砂岩和泥岩互层（F）及一些具模糊不清的、角度平缓的交错层理的砂岩（G）组成。由 SS 至 E 为河床滞留沉积和心滩或河道沙坝沉积，构成了辫状河的河床亚相，F

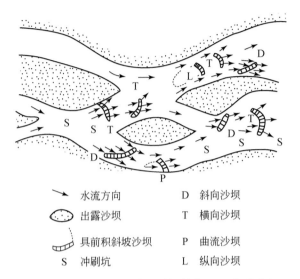

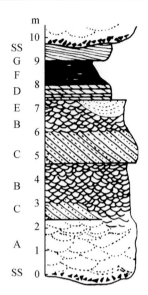

| | 水流方向 | D | 斜向沙坝 |
| 出露沙坝 | | T | 横向沙坝 |
| 具前积斜坡沙坝 | | P | 曲流沙坝 |
| S | 冲刷坑 | L | 纵向沙坝 |

图 12-17　辫状河沙坝类型（柯林森 1982 年发表）　　　图 12-18　加拿大魁北克省泥盆系辫状河垂向层序（坎特和沃克 1976 年发表）

代表了垂向加积的泛滥平原沉积。

此后，沃克等 1984 年对砂质辫状河的垂向沉积序列又做了进一步的总结，提出了三种基本的沉积序列，即以滩坝、混合作用及河道为主的三类。

从上述可以看出，与曲流河相比，辫状河在垂向层序上有以下特点：①河流二元结构的底层沉积发育良好、厚度较大，而顶层沉积不发育或厚度较小；②底层沉积的粒度粗，砂砾岩发育；③由河道迁移形成的各种层理类型发育，如块状或不明显的水平层理，巨型槽状交错层理、单组大型板状交错层理等。

（三）网状河沉积模式

在现代河流中，像加拿大哥伦比亚河那样特别典型的网状河很少见，而在古代沉积物中正确识别出网状河沉积又十分困难，因此，目前对网状河及其沉积物的研究程度还很低。

网状河主要发育于坡度平缓的河流中下游地区，它是由几条弯度多变的、相互连通的河道组成的低能复合体，沉积环境较为稳定。沉积物的搬运方式以悬浮负载为主，沉积作用则以垂向加积为主，沉积物类型主要为河道、冲积岛、泛滥平原沉积。

河道沉积与其他类型河流的河道沉积物类似，以砂岩为主，具槽状交错层理，底部可出现砾石沉积，泛滥平原的发育使河道侧向迁移受到限制，甚至很少发生。因此，垂向层序上呈现出向上变细但分带不明显的旋回。

网状河的河道间大量发育着冲积岛和泛滥平原沉积，其特征与曲流河的河漫沉积类似，系由河漫沼泽、河漫湖泊组成，又称河道间"湿地"，沉积物质主要为富含泥炭的粉砂和黏土，侧向上可相变为粗粒河道沉积，垂向上可与因洪水漫溢作用形成的决口扇沉积交互成层。河道、冲积岛、泛滥平原等环境能长时期的保持相对稳定，致使各种沉积相在垂向上增生，并叠加成较厚的沉积。其中，河道沉积在平面上呈鞋带状、剖面上呈相互叠置的透镜状，决口扇沉积为不规则的席状，它们都被较厚的泛滥平原的细粒沉积物所包围。

网状河沉积的最大特点及与其他河流类型的主要区别是泛滥平原分布极为广泛，几乎占河流全部沉积面积的 60% ～ 90%。因此，厚度巨大的富含泥炭的粉砂和黏土是网状河流占优势的沉积物（图 12-19）。

网状河与曲流河、辫状河的沉积特征存在较明显的差别，三种类型河流沉积特征的比较如表 12-2 所示。

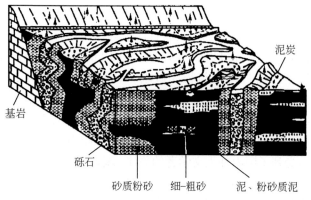

图 12-19  网状河的岩性分布及其沉积模式
（史密斯 1980 年发表）

表 12-2  辫状河、曲流河和网状河沉积特征比较

| 特征 | 辫状河 | 曲流河 | 网状河 |
|---|---|---|---|
| 沉积环境 | 心滩（河道沙坝）为主，泛滥平原不发育 | 边滩、天然堤、决口扇、牛轭湖、洪泛平原等 | 网状河道，泛滥平原或湿地发育 |
| 沉积作用 | 垂向及侧向加积 | 侧向加积作用明显 | 垂向加积作用为主 |
| 岩性 | 以砂岩、砾岩为主，常发育厚层的砾岩和含砾砂岩 | 以砂岩、泥岩为主，一般砾岩层较薄 | 以粉砂岩、泥岩为主，砂、砾岩次之 |
| 剖面组合 | "砂包泥"的正旋回沉积 | "泥包砂"的正旋回沉积 | "泥包砂"的正旋回沉积，但垂向分布不明显 |
| 垂向层序 | 正韵律结构，细粒沉积薄或缺失 | 典型的正韵律结构 | 不明显的正韵律结构 |
| 沉积构造 | 发育各种大型槽状、板状交错层理，常见块状层理，一般缺乏小型砂纹层理 | 多种多样，以下切型板状交错层理为典型标志 | 以槽状交错层理和水平层理为主 |
| 粒度分布 | 概率图上以三段式为主，$C\text{-}M$ 图上以 PQR 段为主 | 概率图上以两段式为主，$C\text{-}M$ 图上以 QRS 段为主 | 概率图上以两段式为主，$C\text{-}M$ 图上以 QRS 段为主 |
| 砂体形态 | 平面上：单个砂体为低弯度条带状，河道带砂体为板状或宽条带状；剖面上：单砂体和河道带砂体为透镜状 | 单个砂体为弯曲的条带状；曲流带复合砂体为平板状 | 平面上：窄条带状，交织、扭结成网状；剖面上：为直立或倾斜的窄而厚的墙状，相互分隔远离 |
| 厚度规模 | 几米至几十米，单层中厚层 - 厚层 | 几米至十几米，单层中厚层 | 几米至十几米，单层中层 |
| 砂体叠置 | 多层式垂向叠置 | 单边或多边式侧向叠置 | 孤立式 |

## 四、河流特征和鉴别标志

中国东部江浙沿海平原，地居长江下游，包括江苏省、浙江省和上海市，东濒黄海和东海，气候具有明显的季风特征，是中国典型平原河网地区（图 12-20A）。该区水系发达，江滩、河滩和湿地众多，大小不一的河流纵横交错，其中钱塘江和长江最为著名，本节以现代钱塘江和古钱塘江为例阐述河流相沉积特征和鉴别标志。

**1. 地理背景**

现代钱塘江源自安徽省休宁县西南部，干流流经皖、浙两省，穿杭州湾流入东海，全长605km，流域面积约$4.88\times10^4km^2$，年均径流量达$3.73\times10^{10}m^3$以上（表12-3）。钱塘江河口区北与长江口毗邻，南与象山港为邻，东有舟山群岛为屏障，并与东海相接（图12-20），包括了沪、杭、甬十三个市县的三角地带，是整个长江三角洲经济区的南翼，在中国的经济发展中占重要的地理位置。现代钱塘江河口湾为世界第一大强潮河口湾，该地涌潮波澜壮阔、举世闻名，吸引了无数游客，钱塘江流域丰富的历史文化遗址更是受到了国内外人文学者的关注。现代钱塘江河口湾地区水体发育，地势总体西南高东北低，包括低山丘陵和平原两大地貌单元，其中南部和西部属低山丘陵区，北部则位于长江三角洲的南翼，为一广阔的海岸平原，地势低洼平坦，除少数孤丘外，海拔一般小于6m。

**表12-3 江浙沿海平原入海河流及长江的概况**（林春明和张霞，2018）

| 河名 | 河长/km | 汇水面积/$10^4km^2$ | 年均径流量/$10^8m^3$ | 年均输砂量/$10^4t$ | 年均含砂量/（$km/m^3$） | 河口所在地 | 河口段长度/km |
|---|---|---|---|---|---|---|---|
| 钱塘江 | 605 | 4.88 | 373[1] | 658.7[2] | 0.30 | 杭州闸口 | 180 |
| 曹娥江 | 192 | 0.6046 | 42.8[1] | 128.7[2] | 0.30 | 三江口 | |
| 甬江 | 121 | 0.4294 | 28.6[3] | 35.9[2] | 0.13 | 镇海游山 | |
| 长江 | 6380 | 180 | 9240 | 48 600 | 0.54 | 镇江扬州 | 300 |

① 据1952～1979年平均值；② 据1956～1979年平均值；③ 据33年时间平均值

从钱塘江潮区界芦茨埠至湾口全长270km，平面上呈典型的喇叭状（图12-20b）。芦茨埠至闸口约90km的河流段，两侧受山体约束，自西南往东北方向顺直流出，为山区河流，表现出典型顺直河特征；由于受到潮流影响，可以称作感潮河段。闸口至湾口长180km，河口逐渐转折向东，进入宽广的海岸平原区，于澉浦至余姚、慈溪两市交界处的西三连线汇入杭州湾（图12-20）。湾口南汇嘴至镇海宽达100km（平均潮位），向内逐渐收缩，澉浦处骤减为21km，上游八堡一带仅为3.5km，杭州处则缩为1km，该河口湾满河槽宽度与距芦茨埠之间的距离呈对数关系。杭州湾内两岸多为淤泥质海岸，基岩砂砾质海岸和河口岸线次之；湾内泥砂运动强烈，水体含砂量高，导致其海岸和海底冲蚀变化频繁，具有大冲大淤的特征。

**2. 底床形态及表层沉积物分布**

现代钱塘江河口湾底床形态具深槽起伏的特点。从湾口至乍浦，湾底平坦，略有上凸，低潮位时平均底深在8～10m之间，局部较深，如沿杭州湾北岸深切槽的深度大于40m；从乍浦开始，以0.1～0.2m/km的坡度向上游抬升，至七堡一仓前一带深度最浅；此后以0.06m/km的坡降向上游降低，至闸口附近与落水槽相接形成一个长达130km的巨大砂坎，最高点高出基线约10m。沉积物的空间分布特点与一定的水动力条件相适应，即水动力条件决定沉积物的分布。强潮型河口湾的动力条件，决定了现代钱塘江河口湾内沉积物分选优良、颗粒均匀的特点，悬移质和推移质均以粉砂为主，但因沉积动力条件的差异及物源的变化，整个河口湾的沉积格局平面上可划分为3段（图12-20b）。第一段为受潮汐影响的河流段，从芦茨埠到闸口，盐度小于0.05‰，以河流作用为主，潮流较弱，

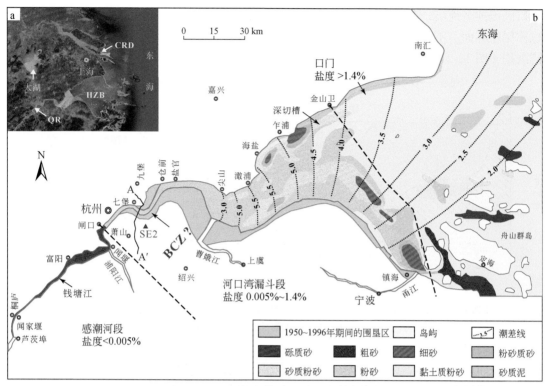

**图 12-20 现代钱塘江及河口湾沉积特征**

a.地理位置图 （卫星图片）；b.平均潮差和表层沉积物分布特征；HZB.钱塘江河口湾；CRD.长江三角洲；QR.钱塘江；
BCZ.口外沉积物和陆相沉积物的交汇部位，沉积水动力最弱，粒度最细

涨潮流平均潮差为 0.39 ～ 0.72m，平均流速为 0 ～ 0.46m/s，河床相当稳定，潮流影响点沙坝发育，主要分布在闸口到闻家堰一带，沉积物以砂砾和含砾砂为主（图 12-20B）。第二段为河口湾漏斗段，位于闸口至金山卫—镇海一线之间，盐度为 0.05‰ ～ 14‰；该段潮流和河流作用均很强烈，涨潮流的平均潮差为 0.58 ～ 5.75m，流速在 0.68 ～ 3.70m/s 之间，是整个河口区河床变化最大、最不稳定的地方，表现为冲刷和淤积幅度大、频率高，河床宽度和深度变化大，形成以粉砂为主的砂坎和由潮道分隔的潮流砂脊沉积体，两侧为潮坪沉积，因 1960 年以来的大量围垦，潮坪相通常较窄，尖山和庵东湿地地区除外。砂坎内部粉砂分选好，垂向上粒度变化不大，体积可达 $4.25 \times 10^{10} m^3$，长 130km，宽 27km（比现代钱塘江河口湾宽），最大厚度可达 10 ～ 20m（图 12-21），内部双向交错层理，再作用面和波状层理发育。潮流砂脊（7 ～ 20km 长，1 ～ 4km 宽，几十米高）主要发育在北部深切槽边缘，王盘山附近以及庵东湿地东部，其沉积物以分选较好的细砂组成，顶部砂丘发育，幅度可高达 1m。第三段为河口湾口门段，由金山卫—镇海一线向外，盐度大于 14‰，潮流作用占主导，沉积物以泥质粉砂为主，主要表现为粉砂和泥互层，水平层理发育。

**3. 垂向沉积层序和河流鉴别标志**

晚第四纪，中国东部沿海地区经历了多次海侵－海退的影响，钱塘江在河口区形成多期下切河谷充填物沉积旋回，早期沉积物往往被后期下切所破坏，大多数仅保留河床沉积物，仅末次冰期下切河谷充填物得到较完整的保存。末次冰盛期海平面下降，古钱塘江在

河口区侵蚀老地层，使河床底部显示明显的冲刷界面，构成河流沉积单元的基底不整合面，也称层序界面。不整合面之上依次沉积了河床、河漫滩、古河口湾、近岸浅海和现代河口湾沉积（图 12-21）。

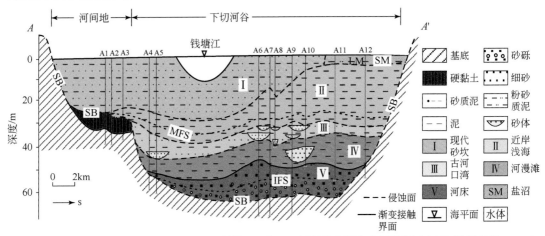

图 12-21 末次盛冰期以来钱塘江下切河谷充填物沉积相、地层结构和层序地层学特征（剖面位置见图 12-20）

SB. 层序界面；IFS. 初始海泛面；MFS. 最大海侵面

### 1）河床沉积

河床沉积主要为古钱塘江产物，包括河床滞留沉积和边滩沉积。

河床滞留沉积物主要为块状灰色砂砾，递变层理发育，平均粒径在 -1.83 ~ 0.85Φ 之间，偏态介于 -0.35 ~ 0.67 之间，平均 0.23，多为正偏，未见任何植物碎屑和根茎（图 12-22）。沉积物以砾石为主，砂、泥混杂其中（图 12-23a）。砾石成分复杂，有石英岩、凝灰岩、砂岩、燧石、酸性火山岩等；磨圆中等，多呈次圆 - 次棱角状，也见扁平和不规则状，与短源河流的河床砾石比较接近。该层段自下而上砾石含量逐渐降低，粒径逐渐变小，下部砾石含量约 60%，粒径多在 6 ~ 8cm 之间，上部砾石含量降为 53%，粒径以 1 ~ 2cm 为主。沉积物分选非常差，分选系数在 3.06 ~ 3.99 之间（图 12-22），峰态较低，为 1.47 ~ 2.40，平均 1.92，以宽峰态为主，沉积物大小混杂。概率累积曲线呈三段式，以滚动和跳跃组分为主，含量约 80%，其中滚动组分占 10% ~ 50%，滚动组分和跳跃组分的交截点在 -5 ~ 3.5Φ 之间，跳跃和悬浮组分的交截点在 3 ~ 4Φ 之间（图 12-24a），这些特征均指示该层沉积物形成于强水动力的高能环境。频率分布曲线呈双峰态，主峰位于 -4.5 ~ -3Φ 之间，表明沉积物主要由中 - 粗砂组成（图 12-24b）。该层沉积物的平均粒径和峰态值在 SE2 孔各段沉积物中最低，分选系数则最高，表明沉积物粒度最粗，分选最差，沉积物沉积时水动力最强。

边滩沉积物主要为灰黄色细砂（图 12-23b），平均粒径在 3.30 ~ 4.41Φ 之间（图 12-22），偏态为 0.41 ~ 1.13，平均 0.76，以正偏为主，局部粉砂含量高。砂、粉砂和黏土的含量分别在 51.5% ~ 73.29%，22.52% ~ 41.49% 和 4.18% ~ 6.99% 之间，平均值分别为 61.71%，32.70% 和 5.58%。该段沉积物也具正粒序，分选非常差，分选系数为 2.03 ~ 2.30（图 12-22），峰态较低，在 1.98 ~ 3.21 之间，平均 2.49，以宽峰态为主。概率累积曲线呈三段式，以跳跃组分为主，含量在 50% ~ 80% 之间，跳跃组分与悬浮组分之间存在明显的混合带，在 2 ~ 3Φ 之间（图 12-24c）。该段沉积物磁化率值最高，但 TOC 值最低

（图 12-22）。频率曲线呈不对称双峰状，主峰位于 1.75 ～ 3.25Φ 之间（图 12-24d）。与下伏层相比，沉积物粒度变小、分选变好、环境水动力条件减弱。

河床沉积物粒度向上逐渐变细，从砂砾层渐变为细砂层（图 12-22），表明沉积环境

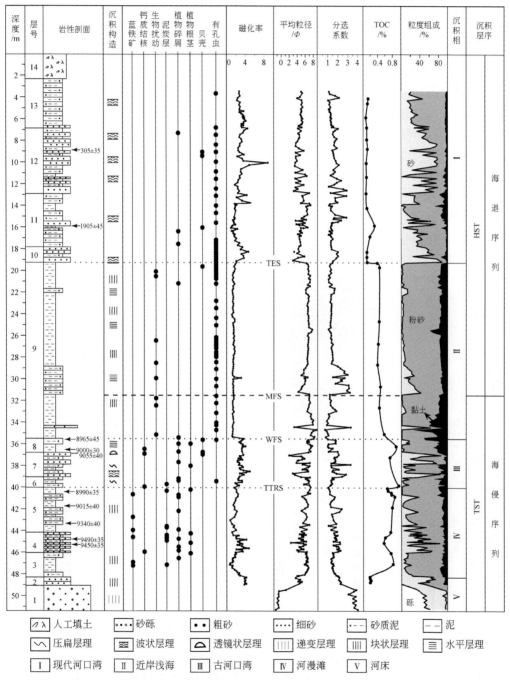

图 12-22　钱塘江下切河谷地区 SE2 孔柱状剖面图（钻孔位置见图 12-20）

TST. 水侵体系域；HST. 高水位体系域；TTRS. 海侵潮流作用面；WFS. 体系域内洪泛面；MFS. 最大海泛面；TES. 海退潮流侵蚀面

水动力向上逐渐减弱。该层段砂质沉积物中交错层理发育，见少量泥质团块和碎屑。此外该层段缺乏潮汐作用所形成的诸如砂泥互层、虫孔和生物扰动等典型沉积构造，且不含任何植物碎屑、有孔虫和贝壳化石，表明当时的沉积动力环境已超过了潮流作用范围，为陆相沉积产物。这是因为陆相沉积环境与海相沉积环境相比，前者基本不含虫孔、有孔虫和贝壳(Pemberton et al., 1992)。该段粗粒沉积物具有与现代河流沉积相似的岩性和沉积序列，因此可解释为河流体系中的河床沉积。

2) 河漫滩沉积

河漫滩沉积物主要为灰黄色、灰色泥和砂质泥（图 12-23c），有时为砂质泥和细砂互层（图 12-23d）。沉积物块状层理发育，见透镜状和脉状层理。各粒级沉积物含量变化较大，砂为 0 ～ 83.9%、粉砂为 14.6% ～ 88.44%、黏土为 2.19% ～ 21.64%，反映出沉积动力极不稳定。沉积物粒度偏细，平均粒径为 2.16 ～ 6.98$\Phi$，平均 5.63$\Phi$，分选差，分选系数在 1.05 ～ 2.39 之间，平均 1.62。偏态、峰态分别在 −0.93 ～ 1.37 和 1.96 ～ 3.81 之间，平均值依次为 0.12 和 2.37，表明整体粒度分布以近对称、中－宽峰态为主，其中砂层以细偏－极细偏和宽峰态为主。与下伏层段相比，沉积物粒度变小，分选变好，水动力条件进一步减弱，但平均粒径变化范围较大，指示沉积环境不太稳定（图 12-22）。砂层和泥层的概率累积曲线均呈三段式，由一个跳跃总体和两个悬浮次总体构成，缺乏滚动组分，跳跃载

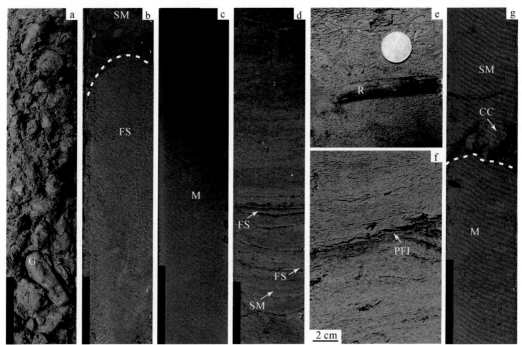

图 12-23 钱塘江下切河谷地区 SE2 孔典型沉积现象和沉积相界线

a.50.55 ～ 51.05m 深，河床滞留沉积，灰色砂砾层；b.48.63 ～ 49.13m 深，边滩块状细砂和河漫滩块状砂质泥，界线位于 48.28m 深（白色虚线所示）；c.47.47 ～ 47.90m 深，河漫滩灰黄色泥，块状层理发育；d.43.96 ～ 44.50m 深，河漫滩砂泥互层，且砂质含量向上逐渐减少；e.44.72m 深，河漫滩沉积，植物根茎；f.44.95m 深，河漫滩沉积，植物碎屑富集层；g.39.50 ～ 39.90m 深，河漫滩的泥和古河口湾灰色砂质泥，二者的接触界线位于 39.98m 孔深（白色虚线所示），界面之上钙质结核发育。照片上部为顶，比例尺长 10cm，硬币直径为 2cm；G. 砾；FS. 细砂；SM. 砂质泥；M. 泥；PFL. 植物碎屑富集层；R. 植物根茎；CC. 钙质结核

荷含量在 10% ～ 40% 之间，跳跃与悬浮总体的交截点在 2.5 ～ 4.0Φ 之间，显示河流沉积的特点（图 12-24e）。砂层沉积的频率曲线呈不对称的双峰状，主峰位于 2.3 ～ 4.1Φ 之间，而泥质沉积层的频率曲线呈单峰状，主峰位于 5.6 ～ 7.0Φ 之间（图 12-24F）。泥质沉积物中泥炭层、植物根茎和碎屑丰富，泥炭层厚度约在 0.01 ～ 2cm 之间（图 12-23e 和 f），偶见螺化石，未见有孔虫。此外，泥质沉积物中还见许多菱铁矿和蓝铁矿结核。与下伏河床相相比，该段沉积物磁化率值相对较低，但泥质沉积物的 TOC 含量较高（图 12-22）。$^{14}$C 测年显示该段沉积物形成于 8990±35 ～ 9490±35 a BP（图 12-22）。

河漫滩沉积层与下伏河床沉积层界线明显。其不含有孔虫，或其他海相化石的特点指示其形成于淡水环境（Pemberton et al.，1992）。泥炭层、菱铁矿和蓝铁矿结核的出现表明其形成于一个相对还原的环境。河漫滩泥与上覆古河口湾灰色砂质泥之间的接触界线明显（图 12-23g），界面之上钙质结核发育。

河漫滩沉积层中常常见砂质沉积，这些砂体呈大小不等的串沟状或条带状透镜体，其顶底均被非渗透性泥层包围，厚度大（图 12-24），面积广，当气源及保存条件良好，是浅层生物成因气的最有利相带，只要有良好的砂体发育，往往可寻找到可开发利用的气藏。

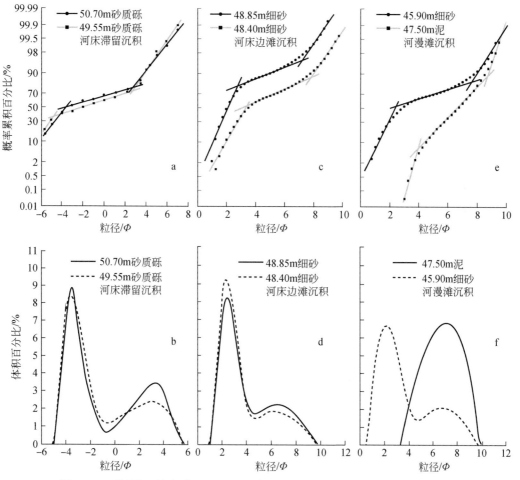

图 12-24　钱塘江下切河谷地区 SE2 孔各沉积相粒度概率累积和频率曲线特征

## 五、河流与油气的关系

在宏观结构上，曲流河通常被限制在泛滥平原中狭窄的砂质曲流带中，河道的侧向迁移形成"鞋带状"砂体，并被细粒的洪泛沉积所包围，而曲流河频繁的周期性决口又将导致新的曲流河与"鞋带状"砂体的形成，整体上呈现出"泥包砂"的特征（图 12-25）。边滩侧积体是"鞋带状"砂体的内部最为主要的储集层，其中各侧积体的下部互相连通，且粒度较粗，物性最好，是边滩中最为有利的储集体，而上部各侧积体之间有泥质侧积层相隔（图 12-12），侧积体之间的连通性变差，同时各个侧积体上部的粒度较细，物性也比下部差，多为剩余油分布的场所。

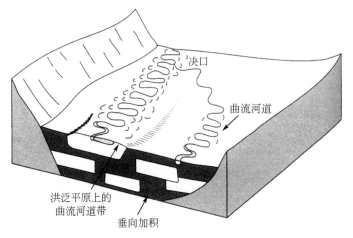

图 12-25　曲流河的沉积模式（Walker and Cant，1984）

辫状河道的侧向迁移形成席状或楔状的河道–心滩复合沉积体，河道侧向迁移的同时伴有垂向加积，导致席状砂岩或砾岩中夹有不稳定的薄层泥岩，形成"砂包泥"的特征（图 12-26）。在河道–心滩复合体中，心滩的规模要远大于河道充填沉积，粒度也较河道充填沉积粗，物性较好，是辫状河中最为主要的储集体。

总体上看，河流相沉积砂体是油气储集的良好场所，但由于河流砂体岩性变化快，其

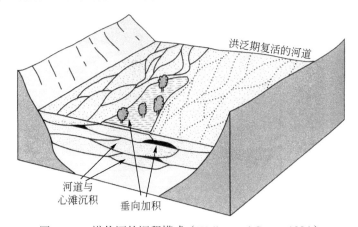

图 12-26　辫状河的沉积模式（Walker and Cant，1984）

内部储油物性的非均质性较为明显。垂向上以旋回下部河床亚相中的边滩或心滩砂质岩储油物性最好，向上逐渐变差；横向上透镜体中部储油物性较好，向两侧变差。

古河流砂体可形成岩性圈闭油藏、地层-岩性圈闭油藏以及构造-岩性圈闭油藏。目前这类油藏在世界上已发现的油田中所占比例较少，但各地不断有所发现。如美国怀俄明州下白垩统砂岩中凯奥蒂溪油田、米勒溪油田，加拿大阿尔伯达省贝尔希尔油田分别属于河流相的岩性油藏和地层-岩性油藏。我国鄂尔多斯盆地侏罗系延安组亦属河流相成因。渤海湾盆地新近系馆陶组相继发现了河流相砂体为储集层的大型油气田，如胜利油田范围内的孤岛和孤东油田，即是新近系馆陶组河流相砂体作为储集层的大型高产油气田。

# 第三节 湖 泊 相

## 一、概述

湖泊是陆地上地形相对低洼和流水汇集的地域（图 11-5）。相对海洋来说，湖泊面积和深度都小很多。目前全球湖泊总面积约 $250 \times 10^4 km^2$，占全球陆地面积的 1.8%，我国现代湖泊的总面积约 $8 \times 10^4 km^2$，不到全国陆地面积的 1%。湖泊与周围陆地之间和湖泊本身的地形变化都较大，随之引起水动力和水化学条件的变化，使沉积物岩性、分布和厚度的变化都较快，特别是砂体的分布，灵敏地反映了微地形的变化。

湖泊的规模悬殊，最大可达数十万平方千米，小则不到 $1 km^2$。我国现代最大的鄱阳湖、洞庭湖、青海湖等面积约有 $4000 \sim 5000 km^2$；古代大型湖泊超过 $25 \times 10^4 km^2$ 者少见。湖泊的形状也是多样的，有圆形、椭圆形、三角形、不规则状等。现代陆地上发育着许多大小和类型不同的湖泊，对研究古代湖相沉积有良好的借鉴意义。

湖泊拦截了由河流搬运的大量沉积物，是大陆沉积物堆积的重要场所，同时也可能成为化学沉淀的主要场所。内陆水系的湖泊，水体流通性差，区域气候条件对湖泊的影响很明显，由于湖水没有受海水均化效应的影响，其形成的沉积物对气候的变化非常敏感，因而古湖泊（尤其是封闭型湖泊）的沉积物是古气候的重要标志，在全球气候变化对比研究中占有重要的地位。当靠近海洋的近海湖泊与海洋间存在连通的通道时，全球性海平面变化也将引起湖泊水体性质的改变。湖泊也是陆地生油有机质富集、埋藏并向油气转化的有利场所，我国现已发现的油气储量 90% 以上来自中、新生代陆相湖泊沉积，同时在湖泊沉积中还蕴藏着盐、铁、煤、油页岩等矿产。因此，无论是对地质理论，还是对国民经济来讲，湖泊沉积研究均有着十分重要的意义。

### （一）湖泊环境的一般特点

**1. 湖泊的水动力特征**

湖泊的水动力作用与海洋有些近似，主要表现为波浪和岸流作用，但湖缺乏潮汐作用，这是与海洋的重要区别之一。

在风力的直接作用下，湖泊的水面可形成较强的波浪，称湖浪。它所引起的水体波动的振幅随水体深度的增加而减小，当到达湖浪 1/2 波长的水深时，水体质点运动几乎等于零，故通常把相当于湖浪 1/2 波长的水深界面称为"波浪基准面"，简称为"浪基面"或"浪底"。浪基面之下湖水不受湖浪的干扰，称为静水环境。一般来说，湖泊面积比海洋小，波浪的规模也小于海洋，浪基面的深度也就小得多，常常不超过 20m。风成波浪是湖泊动力的一个主要因素，浪基面深浅主要受控于波强和风的吹程。在大面积的浅湖中，湖浪运动会影响整个湖底。

湖浪作为一种侵蚀和搬运的动力在滨湖地区表现得较为明显。当湖浪的推进方向与湖岸斜交时，可形成沿岸流。湖浪和沿岸流的冲刷和搬运作用可形成各种侵蚀地形和沉积砂体，如浪蚀湖岸以及湖滩、沙坝、砂嘴、堤岛等。

湖泊四周紧邻陆地，常有众多的河流注入，不仅有大量碎屑物质倾入湖盆，而且河道在湖底可以继续延伸，从而改变着砂体的分布状况，因此对有些湖泊来说河流的影响往往超过湖浪和岸流的作用。

**2. 湖泊的物理化学条件**

湖泊对大气的温度变化较为敏感，由于水的密度在 4℃时最大，气温的变化使处于此温度的水体沉降至湖底，湖水出现温度分层现象，造成了表层水与底层水的地球化学条件的差异。

湖水的含盐度变化较大，由小于 1% 至大于 25%，这与含盐度一般在 3.5% 的海水则具有明显的不同。此外，湖泊汇集了来自不同源区河流的流水，故湖水的化学成分变化较大，湖泊的地球化学特点在一定程度上反映了源区物质和盆地气候条件的变化。

除盐度外，湖泊中的稳定同位素、稀有元素等与海洋也有一定差别。如湖泊中 $^{18}O/^{16}O$、$^{13}C/^{12}C$ 的值比海相中的低，而海相碳氢化合物中硫同位素 $^{34}S/^{32}S$ 的值较为稳定，湖相中变化大。微量元素 B、Li、F、Sr 在淡水湖泊中含量较海洋少，Sr/Ba 值在淡水湖泊沉积中常 < 1。

**3. 生物学特征**

湖泊环境中常有发育良好的淡水生物群，如淡水的腹足类、双壳类等底栖生物，以及介形虫、叶肢介、鱼类等浮游和游泳生物，此外还常发育有轮藻、蓝藻等低等植物。

（二）湖泊的分类

湖泊可从湖水的含盐度、沉积物特点、自然地理位置、成因等方面进行分类。

按含盐度可将湖泊分为淡水湖泊和咸水湖泊，并以正常海水的含盐度 3.5% 作为它们的界限。另一种划分方案是以含盐度 0.1% 作为淡水湖和微咸水湖的界限，以含盐度 1% 作为微（半）咸水湖和咸水湖的界限，以含盐度 3.5% 作为咸水湖和盐湖的界限。

按沉积物特征可将湖泊分为碎屑沉积湖泊和化学沉积湖泊。前者以陆源碎屑沉积为主，后者以化学盐类沉积为主。二者之间亦常有许多过渡类型。就其分布而论，前者较后者更为广泛。

根据湖泊所处的地理位置可分为近海湖泊和内陆湖泊。

根据湖泊成因可分为构造湖（断陷湖、拗陷湖）、河成湖（如鄱阳湖、洞庭湖）、火山湖（如吉林长白山的天池）、岩溶湖和冰川湖等。其中，在地质历史上，存在时间较长、面积较大、矿产较多和最有研究价值的是构造成因的湖泊。构造成因的湖泊可进一步分为断陷型、拗陷型、前陆型三个基本类型和一些复合类型（如断陷-拗陷复合型）。

断陷型湖或裂谷型湖多分布在断陷盆地的各个凹陷内，其构造活动以断陷为主，横剖面呈两侧均陡的地堑型或一侧陡一侧缓的箕状型（图 12-27a）。陡侧为正断层，断层倾角高达 30°～70°，落差几千米，具有同生断层的性质；缓侧一般为宽缓的斜坡。箕状湖盆内部可分为陡坡带、缓坡带和中部深陷带，沉降中心位于陡坡带坡底，沉积中心位于中部偏陡坡侧。凹陷内部还有主干断层控制次级沉积中心和水下隆起分布。我国东部古近纪的一些含油气盆地，如渤海湾盆地、南襄盆地、江汉盆地、苏北盆地等，均属于断陷湖泊，并以箕状居多，多数具有大陆边缘裂谷性质，少数为山间小断陷湖泊。我国中部、西部内陆的一些断陷湖泊多属山间或山前的小断陷湖泊，其多沿区域大断层分布，往往位于次一级断层与主断层的交汇处。

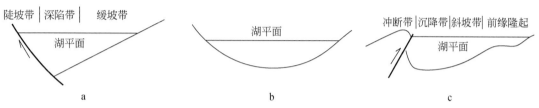

图 12-27　不同类型的构造湖泊横剖面形态（姜在兴，2010）

a. 断陷型湖泊；b. 拗陷型湖泊；c. 前陆型湖泊

拗陷型湖泊及其所在的沉积盆地以拗陷式的构造运动为特点，表现为较均一的整体沉降，湖底的地形较为简单和平缓，边缘斜坡宽缓，中间无大的凸起分割，水域统一形成一个大湖泊（图 12-27b）。沉积中心与沉降中心一致，接近湖泊中心，但在演化过程中略有迁移。在拗陷型湖泊中，粗粒和富含碎屑的相带将集中分布于湖泊边缘，而较细的沉积物则发育于碎屑沉积物非补偿的盆地中心区域，如白垩纪的松辽盆地。

前陆型湖泊是指沿造山带大陆外侧分布的沉积盆地，分布于活动造山带与稳定克拉通之间的过渡带（图 12-27c）。在山前出现强烈沉降带，向克拉通方向沉降幅度逐渐减小，沉积底面呈斜坡状。自近造山带向克拉通可分为冲断带、沉降带、斜坡带和前缘隆起，沉积剖面呈不对称箕状。

库卡尔（Kukal）1971 年等根据气候干旱程度、地理环境、沉积物类型及其供应的充分程度，首先将湖泊划分出永久性（稳定性）湖泊和暂时性（间歇性）湖泊。然后又将永久性湖泊进一步划分为陆源碎屑沉积型、化学沉积型、生物沉积型、湖沼沉积型等四种湖泊类型，将暂时性湖泊进一步划分为干盐湖沉积型和盐沼沉积型两类（图 12-28）。

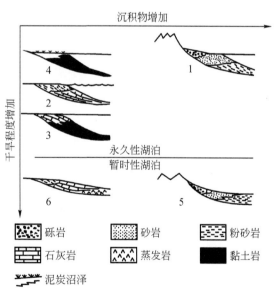

图 12-28　湖泊按气候及沉积类型分类（维谢尔 1965 年发表；库卡尔 1971 年发表）

1. 陆源碎屑沉积型湖泊；2. 化学沉积型湖泊；3. 生物沉积型湖泊；4. 湖沼沉积型湖泊；5. 干盐湖沉积型湖泊；6. 盐沼沉积型湖泊

吴崇筠等按构造性质、湖水盐度和地理位置等将湖泊分为 12 种类型（表 12-4）。

**表 12-4 中国中、新生代湖泊类型**（吴崇筠和薛叔浩，1993）

| 构造<br>地理<br>位置<br>湖水盐度 | 断陷湖泊 | | 拗陷湖泊 | | 断陷-拗陷过渡型湖泊 | |
|---|---|---|---|---|---|---|
| | 近海湖泊 | 内陆湖泊 | 近海湖泊 | 内陆湖泊 | 近海湖泊 | 内陆湖泊 |
| 淡水湖 | 近海断陷<br>淡水湖 | 内陆断陷<br>淡水湖 | 近海拗陷<br>淡水湖 | 内陆拗陷<br>淡水湖 | 近海断-拗过<br>渡型淡水湖 | 内陆断-拗过<br>渡型淡水湖 |
| 盐湖 | 近海断陷盐湖 | 内陆断陷盐湖 | 近海拗陷盐湖 | 内陆拗陷盐湖 | 近海断-拗过<br>渡型盐湖 | 内陆断-拗过<br>渡型盐湖 |

注：气候对湖泊的影响以湖水盐度表示，分为淡水湖（包括半咸水湖）和盐湖（包括咸水湖）

## 二、湖泊的沉积模式

我国中、新生代陆相地层中发育有厚度巨大的陆源碎屑沉积型的湖泊，为了精简，本书主要阐述陆源碎屑沉积型湖泊。

### （一）湖泊沉积亚相特征

不同湖泊的亚相划分原则基本相同，即从湖泊整体着眼，根据沉积物在湖泊内的位置和湖水深度两个基本条件来划分。具体划分时采用浪基面、枯水面（平均低水面）和洪水面（平均高水面）三个界面（图 12-29）来进行界定，即一般将湖泊划分为深湖、半深湖、浅湖和滨湖几个亚相（区），另外还可划分出湖成三角洲亚相、湖泊重力流亚相、湖湾亚相。这三个界面既反映湖泊的亚相分布位置和湖水深度，也反映水动力条件，油气生、储、盖的分布也与这三个界面密切相关。如好的生油层分布在浪基面以下，大部分储集砂体为浪基面以上至洪水面之间的近岸浅水砂体或三角洲砂体，浊积砂体则位于浪基面以下。

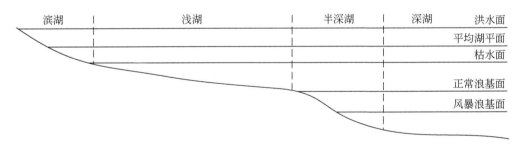

图 12-29 湖泊亚相划分示意图（吴崇筠和薛叔浩，1993）

一个理想的陆源碎屑湖泊的沉积模式具有沉积物绕湖盆呈环带状分布的特点，即从湖岸至湖盆中央大致依次出现砂砾岩、砂岩、粉砂岩、泥岩（图 12-30）。

然而，实际情况要比理想的湖泊沉积模式复杂得多，这是因为湖泊沉积物的发育往往受湖盆大小、湖底地形、湖岸陡缓、距源区远近、陆源物质供应的充分程度以及气候条件等因素的控制。例如，湖盆面积小、靠近物源、碎屑物质供应充分，湖盆中央亦可被砂质充满；若定向风盛行，湖滨砂砾沉积仅可见于湖泊的一侧；若湖岸陡，滨湖沉积即可完全消失；如果湖泊中有浊流作用，在深湖地区亦可发育粗粒物质的浊流沉积。

**1. 湖成三角洲亚相**

在河流入湖的河口处，流速降低，水流挟带的沉积物便在河口处堆积下来，形成平面上呈三角形或舌状，剖面上呈透镜状的沉积体，称湖成三角洲。湖成三角洲一般发育在湖盆缓坡带（图12-31）或湖盆的长轴方向上，多出现于湖盆深陷后的抬升期，如我国松辽盆地大庆长垣三角洲、渤海湾盆地东营凹陷东营三角洲等著名含油气三角洲均发育于该时期。

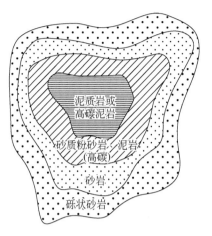

图 12-30 碎屑湖泊沉积的理想模式
（特温霍费尔 1932 年发表）

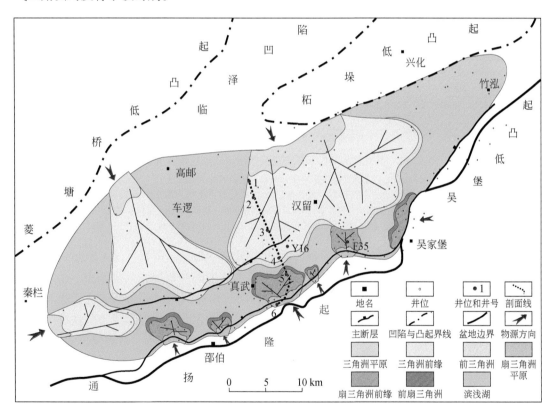

图 12-31 苏北盆地高邮凹陷古近系戴南组二段沉积相平面图

湖成三角洲沉积是在河流与湖泊共同作用下形成的，其基本特点与河流入海形成的三角洲十分相似，但由于湖水作用的强度和规模一般要比海洋小得多，且没有潮汐作用，因此湖成三角洲主要为河控三角洲，平面上多呈鸟足状或舌状。但也不排除一些规模较小的三角洲或间歇性河流形成的三角洲，受到湖泊波浪的改造，具有浪控三角洲的特征。

与海洋三角洲一样，湖成三角洲也可划分为三角洲平原、三角洲前缘和前三角洲三个部分（图12-31），其垂向层序自下而上为前三角洲泥－三角洲前缘－三角洲平原，以三角洲前缘沉积最为发育。三角洲前缘处于滨浅湖缓坡带，受河湖共同作用的影响，可分为水下分支河道、水下分支河道间、河口坝及席状砂微相（图12-32a）。

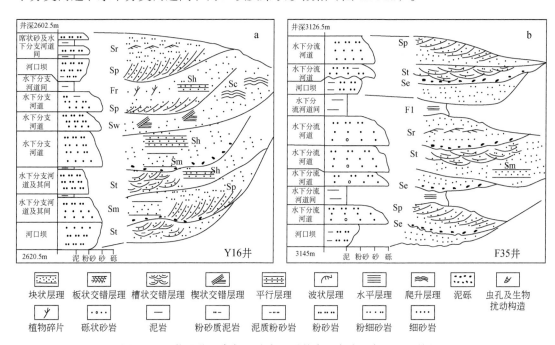

图 12-32　苏北盆地高邮凹陷古近系戴南组湖成三角洲沉积特征

a. 三角洲前缘沉积层序；b. 扇三角洲前缘沉积层序

Sm. 块状砂岩／粉砂岩；Sp. 板状交错层理细砂岩／粉砂岩；St. 槽状交错层理中－细砂岩／粉砂岩；Sw. 楔状交错层理细砂岩／粉砂岩；Sh. 平行层理中－细砂岩／粉砂岩；Se. 具泥砾的细砂岩／粉砂岩；Sr. 波状层理粉－细砂岩／粉砂岩；Sc. 爬升层理细砂岩／粉砂岩；Fl. 水平层理粉砂岩／泥岩；Fr. 含植物炭屑粉砂岩／泥岩

　　湖成三角洲的另一种特殊类型为扇三角洲（图12-32b）。霍姆斯（A.Holmes）1965年认为扇三角洲是从邻近高地推进到海、湖等稳定水体中的冲积扇，其多分布于湖泊短轴陡坡侧（图12-31）。对于湖泊扇三角洲来说，前扇三角洲沉积主要由灰绿色、灰黑色泥岩、泥质粉砂岩、钙质页岩、油页岩互层组成，粒级、颜色的变化可形成季节性纹层，常见粉砂质透镜体夹层。发育水平层理，含较丰富的介形虫、鱼类化石。自然电位曲线平直。前三角洲沉积分布较窄，与湖相暗色泥岩较难区分。需要注意的是，在前三角洲以及在深湖暗色泥岩中可见较粗粒的砂体。研究表明，在扇三角洲沉积过程中，由于沉积物的快速侧向沉积，沉积物表面倾角不断增加，使沉积物在自身重力作用下，加之地震、断裂活动等多种诱发因素的影响，使扇三角洲前缘沉积物向前滑塌，经液化形成浊流，并在低洼区沉积下来，形成透镜状浊积砂体。在扇三角洲的前方还可存在由洪水挟带的大量陆源物堆积而成的浊积扇体，此类扇体较稳定且分布较广。湖泊扇三角洲由于受季节性洪水影响较大，从而显示粒度粗、分选差的特征。粒度概率累积曲线能够较好地反映沉积物的水动力特征，扇三角洲与三角洲粒度概率累积曲线均为两段型（图12-33），以跳跃搬运为主，悬浮搬运为次，缺乏滚动组分，其中，扇三角洲悬浮组分占总组分的 25% 之多，沉积物粒度相对较粗，跳跃组分粒度在 -1.0 ~ 3.5$\Phi$ 之间，三角洲悬浮组分占总组分的 10% 以上，沉积物粒度相对较细，跳跃组分粒度在 1.0 ~ 4.0$\Phi$ 之间。三角洲粒度概率累积曲线跳跃段较扇三角洲跳跃段陡，前者斜率接近 70°，后者斜率为 57° 左右，反映出三角洲分选性较扇三角洲好。此外，二者跳跃次总体与悬浮次总体的截点 $\Phi$ 值不同，扇三角洲的截点 $\Phi$ 值在 3.0 ~ 3.5$\Phi$ 之间，三角洲的截点 $\Phi$ 值在 3.5 ~ 4.0$\Phi$ 之间，跳跃次总体与悬浮次总体的交截点 $\Phi$ 值可反映搬运介质的扰动强度，交截点 $\Phi$ 值越小，扰动强度越高，可见扇三角洲水动力条件比三角洲强。

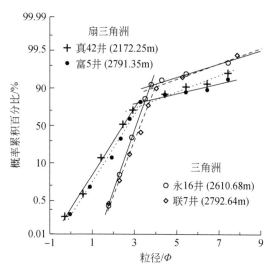

图 12-33　高邮凹陷戴南组扇三角洲和三角洲粒度概率累积曲线特征

　　通常，一个完整的建设性扇三角洲连续的沉积层序自下而上为：前扇三角洲 - 扇三角洲前缘 - 扇三角洲平原。扇三角洲的推进层序自下而上水动力变强，粒序显示由细变粗的反韵律特征，沉积构造也发生相应的变化。断陷湖盆扇三角洲沉积也常见进积型向上变粗的反韵律层序，或者是变粗后又变细的复合韵律层序（图 12-34）。化石含量少。因沉积快，沉积物无足够时间进行重力分异，从而扇三角洲在地震剖面上呈楔形、透镜状反射外形，内部具不清晰的前积反射结构。在前扇三角洲或扇三角洲的前方还有浊积扇的丘形、小透镜状的地震反射响应。

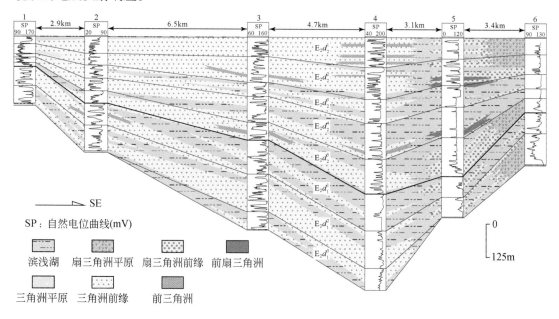

图 12-34　高邮凹陷古近系戴南组不同沉积相在垂向上展布和演化（剖面位置见图 12-31）

总之，湖成三角洲沉积一般具有粒度粗、厚度大的特点，其前方紧靠生油凹陷区，油源充足，尤其是其前缘部分，砂质粒度适中，物性较好，具备良好的油气储集条件。断陷湖盆由于面积小，若物源供给充分，湖成三角洲沉积会延入湖盆沉积中心（图 12-31）。

**2. 滨湖亚相**

位于湖盆边缘，其沉积环境特点是：①距岸最近，接受来自湖岸的粗碎屑物质；②水动力条件复杂，击岸浪和回流的冲刷、淘洗对沉积物的改造作用强烈；③水位较浅，沉积物接近水面，时而为湖水淹没，时而出露水面，氧化作用强烈。滨湖亚相带的宽度变化很大，主要取决于洪水期和枯水期的水位差和湖岸地形。如箕状断陷湖泊，陡岸区滨湖相带很窄，只有几米；而坡度平缓的缓岸区滨湖相带宽度很大，可达数千米。

滨湖带是湖泊沉积物堆积的重要地带，沉积物的组分和分布受湖岸地形、水、盛行风及湖流的影响，沉积环境复杂，因此沉积物类型表现出多样性。主要沉积物有砾、砂、泥和泥炭。砾质沉积一般发育在陡峭的基岩湖岸，砾石来自裸露的基岩，在地层中常呈透镜状层出现。砾石层有时可见叠瓦状组构，扁平砾石最大扁平面向湖倾斜，最长轴多平行岸线分布。砂质沉积是滨湖相带中发育最广泛的沉积物，它们主要都是在汛期被河流带到湖中，又被波浪和湖流搬运到滨湖带堆积下来。由于经过河流的长距离搬运，又经过湖浪的反复冲刷，一般都具有较高的成熟度，分选、磨圆都比较好，主要成分为石英、长石，也混有一些重矿物。沉积构造主要是各种类型的水流交错层理和波痕。滨湖砂常形成厚度较大的滩坝围绕在湖泊外围，砂体的宽度及粒度变化与盛行风的强度和风向有关。在迎风岸波浪较大，砂体宽度大，粒度较粗，分选性高；在背风岸发育程度相对要差一些。滨湖砂质沉积中化石较稀少，可有植物碎屑、动物碎屑等，有时可见双壳类介壳滩，在细砂及粉砂层中常见有潜穴。泥质沉积物和泥炭沉积物主要分布在平缓的背风湖岸和低洼的湿地沼泽地带。泥质层具有水平层理，粉砂层具有小波状层理。有的湖泊泥炭沼泽极为发育，尤其是在湖泊演化的晚期阶段，整个湖泊可完全被沼泽化，所以滨湖带又是重要的聚煤环境。

滨湖带是周期性暴露环境，在枯水期由于许多地方出露在水面之上，常形成许多泥裂、雨痕、脊椎动物的足迹等暴露构造。因此，各种暴露构造的出现及沼泽夹层就成为滨湖沉积亚相区别于其他相类型的重要标志。

**3. 浅湖亚相**

位于枯水期最低水位线至正常浪基面之间的地带。该相带水浅但始终位于水下，遭受波浪和湖流扰动，水体循环良好，氧气充足，透光性好，各种生态的水生生物繁盛。

岩石类型以黏土岩和粉砂岩为主，可夹有少量化学岩薄层或透镜体。陆源碎屑供应充分时可出现较多的细砂岩，砂岩胶结物以泥质、钙质为主，分选和圆度较好。层理类型以水平、波状层理为主，水动力强度较大的浅湖区具小型交错层理，砂泥岩交互沉积时，可形成透镜状层理。有时层面可见对称浪成波痕。

生物化石丰富，保存完好，以薄壳的腹足类、双壳类等底栖生物为主，亦出现介形虫和鱼类等化石。少见菱铁矿、鲕绿泥石等弱还原条件下的自生矿物。

若湖底地形平缓，砂质供应充分，在宽阔的浅湖地带可形成具席状展布的砂质浅滩或局部砂质堆积加厚的沙坝沉积。它们常出现于湖成三角洲的两侧沿湖岸呈线状分布，多是由湖流对三角洲的改造使碎屑物质沿岸再分配形成的，构成三角洲-滩坝沉积体系。滩、坝沉积也可分布于水下隆起和岛屿的周围。在沉积层序上常呈现为下细上粗的反旋回沉积。

朱筱敏（2008）根据古地理位置、物源供给条件以及形成滩坝的水动力条件，将陆相湖盆中发育的滩坝划分为四种成因类型：①位于湖岸线拐弯处的砂质滩坝及生物滩、鲕粒滩；②水下古隆起处的生物滩、鲕粒滩及砂质滩坝；③三角洲侧缘的砂质滩坝；④开阔浅湖地区的砂质滩坝及生物滩、鲕粒滩。

姜在兴（2003）将滩坝分为由陆源碎屑物质组成的砂质（包括砾）滩坝和由湖内生物、鲕粒、内碎屑等碳酸盐物质组成的碳酸盐滩坝。根据砂体形态和产状，砂质滩坝又可分为滩砂体和坝砂体两种。滩砂体一般分布于滨湖地带，垂向剖面是砂岩与泥岩的频繁互层，大的互层又分次一级的互层，砂层多但厚度薄，粒序不明显，平面上平行岸线分布，呈较宽的条带状或席状。坝砂体泛指沙坝、沙嘴、障壁岛、堡岛等，呈长条形，多与湖岸平行分布，少数有一定交角（如沙嘴），与岸之间常有湖湾相隔，为厚层砂岩与厚层泥岩的互层，砂层层数少，单层厚度大，几米甚至更厚，砂体横剖面呈底平顶凸或双凸型的透镜体。碳酸盐滩坝多分布于附近无大河注入的比较安静的湖湾地区，主要岩性为泥灰岩、石灰岩、白云岩，在岸边和水中隆起的高处往往发育鲕粒滩坝、生物贝壳滩坝，迎风侧的碳酸盐滩坝发育较好。

在研究古代湖相沉积时，由于浅湖和滨湖往往缺乏明显的亚相鉴别标志而难于区分，故通常也可笼统地称为滨浅湖亚相（图12-34）。

滨浅湖亚相以砂泥频繁互层为特色，砂泥分异较好，成层性明显，但岩性和厚度的侧向变化快，连续性较差，各处砂体发育状况不一样，因而测井曲线和地震相的特点变化也很大。一般来说，地震相的外形呈楔状，近岸带顶部有削蚀和顶超的表现，底部为下超或上超，由连续性差-中等和中-弱振幅的发散同相轴组成，向斜坡近缘方向同相轴非系统性侧向终止，向湖心方向频率增加，相位增多。在砂体不太发育的滨浅湖地带，可能呈连续性较好的、振幅中等、平坦但局部有波浪起伏的席状反射。砂体特别发育处表现为中-强振幅、低频、连续至断续、反射明显、零星至无反射等不同现象，视砂体类型和规模而定。

**4. 半深湖亚相**

位于浪基面以下水体较深部位，地处乏氧的弱还原-还原环境，实际上是浅湖亚相与深湖亚相的过渡地带。沉积物主要受湖流作用的影响，波浪作用已很难影响沉积物表面。

岩石类型以黏土岩为主，常具有粉砂岩、化学岩的薄夹层或透镜体，黏土岩常为有机质丰富的暗色泥、页岩或粉砂质泥、页岩。水平层理发育，间有细波状层理。化石较丰富，以浮游生物为主，保存较好，底栖生物不发育，可见菱铁矿和黄铁矿等自生矿物。

当湖盆面积较小、沉积特征不明显时，很难分出此亚相。

**5. 深湖亚相**

位于湖盆中水体最深部位，波浪作用已完全不能涉及，水体安静，地处乏氧的还原环境，底栖生物完全不能生存。

岩性的总特征是粒度细、颜色深、有机质含量高。岩石类型以质纯的泥岩、页岩为主，并可发育有灰岩、泥灰岩、油页岩。层理发育，主要为水平层理和细水平纹层。无底栖生物，常见介形虫等浮游生物化石，保存完好。黄铁矿是常见的自生矿物，多呈分散状分布于黏土岩中。岩性横向分布稳定，垂向上常具连续的完整韵律，沉积厚度大。

长期稳定持续下沉、沉积中心与沉降中心吻合的大型湖盆，其深湖亚相沉积厚度大、分布广，有的厚逾千米，面积超过整个湖盆的 60%。但有些气候干旱区的面积小的内陆湖盆，不发育甚至缺少深湖亚相。

深湖亚相剖面的自然电位曲线为靠近基线的平滑线。地震相外形为席状，内部结构为平行反射，顶底接触关系整合。当沉积物为泥岩夹粉砂岩薄层时，成层性较好，呈高频、中-强振幅和连续性好的强反射。若为成层性不好的巨厚块状泥岩，则呈低频、弱振幅、不连续的弱反射或无反射。

**6. 湖湾亚相**

湖湾是指湖泊近岸地区因受某种阻隔而与湖内的湖水交流不畅、呈半封闭水体的地带，其形成由砂嘴、沙坝的生长，三角洲砂体向前延伸，水下隆起遮挡造成。湖湾内由于水体流通不畅，波浪和湖流作用弱，又无大河注入，故湖湾水体较平静，湖底缺氧，沉积物以细粒的泥页岩沉积为主，主要为暗色粉砂质泥页岩，中夹薄层白云岩或油页岩。气候温湿时，水生植物生长繁盛，可发育成泥炭沼泽，形成碳质页岩和薄煤层。在有间歇性物源注入的湖湾环境，沉积物可含有某些正韵律小砂体，可发育粒序层理、平行层理、浪成沙纹层理及低角度交错层理。泥质湖湾沉积中，水平层理和季节性韵律层理发育，有时则形成块状层理，可见泥裂、雨痕、生物潜穴。泥岩颜色较暗，有时见少量的特殊浅水生物。当湖湾的障壁沙坝或砂嘴向湖心推进时，可形成下细上粗的反旋回进积层序。若沙坝不断向陆推进，则出现与上述相反的退积层序。

如渤海湾盆地北塘凹陷古近系沙河街组沙三段发育白云岩、泥岩和方沸石岩呈交替韵律性沉积层段（图 12-35），这种韵律性沉积常呈纹层状、薄互层状和不等厚互层状（图 12-36a）。泥岩颜色以浅灰色、灰褐色为主，白云岩以灰白色为主，含油时颜色为灰褐色，方沸石岩为褐黄色，多见石膏夹层、碳质沥青夹层。这种颜色交替变化，说明沉积环境不稳定，偏浅色表示以弱还原环境为主，气候有时干旱，有时潮湿。水平层理和波状层理在白云岩类、泥岩类中均十分发育，多见有方沸石纹层、白云石纹层及泥质粉砂纹层，纹层厚度介于 0.1～3mm 之间；块状层理主要发育在白云岩类中。韵律性沉积层中孢粉组成及百分含量反映当时山地植被以针叶类为主；丘陵和平原地带长着落叶阔叶林，以喜温植物发育，蕨类不太发育，草本植物仅零星见到，这说明当时气候温暖，属中亚热带气候。藻类化石属种较单调，未出现沙河街组三段标志性渤海藻，藻类组合特征是疑源类繁盛，淡水绿藻门化石稀少，典型的海相沟鞭藻化石缺失，属半咸水湖泊环境。除孢粉和藻类等古生物外，发育大量介形虫，优势属为华北介（图 12-36b）和玻璃介（图 12-36c），介形虫壳壁较薄，为湖泊底栖生物，在岩心和扫描电镜下都可见完整的介形虫壳体及印模（图 12-36d），介形虫保存比较好，反映了介形虫沉积时水动力较弱，水体较为平静的湖湾沉积环境（林春明等，2019）。

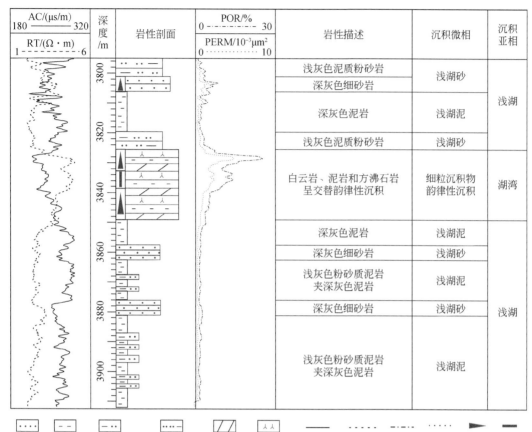

| AC/(μs/m)<br>180 —— 320<br>RT/(Ω·m)<br>1 ···· 6 | 深度<br>/m | 岩性剖面 | POR/%<br>0 — 30<br>PERM/10⁻³μm²<br>0 ···· 10 | 岩性描述 | 沉积微相 | 沉积亚相 |
|---|---|---|---|---|---|---|
| | 3800 | | | 浅灰色泥质粉砂岩 | 浅湖砂 | 浅湖 |
| | | | | 深灰色细砂岩 | | |
| | 3820 | | | 深灰色泥岩 | 浅湖泥 | |
| | | | | 浅灰色泥质粉砂岩 | 浅湖砂 | |
| | 3840 | | | 白云岩、泥岩和方沸石岩呈交替韵律性沉积 | 细粒沉积物韵律性沉积 | 湖湾 |
| | 3860 | | | 深灰色泥岩 | 浅湖泥 | 浅湖 |
| | | | | 深灰色细砂岩 | 浅湖砂 | |
| | | | | 浅灰色粉砂质泥岩夹深灰色泥岩 | 浅湖泥 | |
| | 3880 | | | 深灰色细砂岩 | 浅湖砂 | |
| | 3900 | | | 浅灰色粉砂质泥岩夹深灰色泥岩 | 浅湖泥 | |

细砂岩 泥岩 粉砂质泥岩 泥质粉砂岩 白云岩 方沸石岩 声波时差 电阻率 孔隙度 渗透率 油斑 油浸

图 12-35 渤海湾盆地北塘凹陷 T39-3 井古近系沙河街组沙三段沉积特征

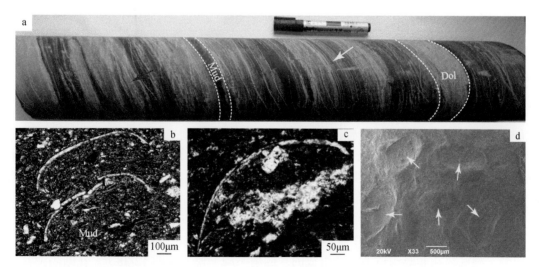

图 12-36 渤海湾盆地北塘凹陷古近系沙河街组沙三段湖湾韵律性沉积和古生物特征

a. 泥岩（Mud）颜色为浅灰色、灰褐色，白云岩（Dol）为灰白色，见水平层理（黄色箭头所指）和波状层理（红色箭头所指）；b. 华北介壳体分布在泥岩中，（−）；c. 玻璃介壳体，（＋）；d. 呈椭圆形的介形虫印模（黄色箭头所指）

**7. 湖泊重力流亚相**

河流中季节性洪水含有大量悬浮状态的泥砂形成密度流，在湖盆边缘由于坡度陡，在重力作用下，沿湖底或水下河道流入湖泊中央深水区堆积下来，形成洪水型重力流。此外，湖成三角洲前缘尚未完全固结的沉积物，因受地震或其他构造因素的影响，沉积物发生破裂、滑动并与水混合形成密度流，在重力作用下沿斜坡流入湖泊深水区堆积形成滑塌型重力流。在形态上呈扇状，形成所谓"湖底扇"或"深水浊积扇"，也可呈层状展布或沿深水区沟谷、断凹形成重力流水道的长形堆积体。有关重力流的类型及特征等将在后面的章节中介绍。

赵澄林和刘孟慧通过钻井岩心的观察，对渤海湾地区古近系沙河街组沙四段和沙三段的湖底扇沉积，划分出了5个亚相和8个微相（表12-5；赵澄林和刘孟慧，1984）。

有关重力流的类型及特征等将在后面的章节中介绍。

**表12-5 渤海湾地区古近系沙河街组沙四段和沙三段湖底扇的亚相和微相**

| 相模式 | 亚相 | | 微相 | 沟道 |
|---|---|---|---|---|
| | 补给水道（feeder channel） | | | 有 |
| | 上部扇（upper fan） | | 主沟道（main channel）<br>主沟堤（main levee）<br>阶地（terrace） | |
| | 中部扇（mid fan） | 上部 | 辫状沟道（braided channel）<br>辫状沟堤（braided levee）<br>沟间（interchannel） | |
| | | 下部 | 中心微相（central microfacies） | 无 |
| | 下部扇（lower fan） | | 末梢微相（distal microfacies） | |
| | 盆地平原（basin plain） | | | |

## （二）湖泊的沉积相组合

### 1. 沉积相的平面组合

湖泊是大陆上流水汇集的地带，故在平面上它总是与河流相沉积共生，并为河流相沉积所包围，松辽盆地白垩系淡水陆源碎屑湖泊沉积就是一例（图12-37）。从盆地边缘至湖盆中央，沉积相序的组合大致是依次出现冲积扇、河流－湖成三角洲、滨湖和浅湖－半深湖－深湖和重力流沉积。但由于湖盆的构造背景、湖底地形、陆源物质供应的充分程度等多种因素的影响，往往不可能出现如此完整的相序，这在结构不对称的断陷湖盆中表现得尤为明显。

在断陷湖盆，特别是我国中新生代陆相断陷盆地中，通常发育由冲积扇、扇三角洲、三角洲、湖底扇和非扇沟道浊积岩组成的"四扇一沟"模式（图12-38）。在断陷湖盆的长轴方向，地形平缓，坡度较小，常发育冲积扇－辫状河－曲流河－湖成三角洲。在断陷湖盆缓坡一侧，从陆上至湖盆，地形较平缓，滨湖和浅湖沉积相带较宽，发育冲积扇－辫

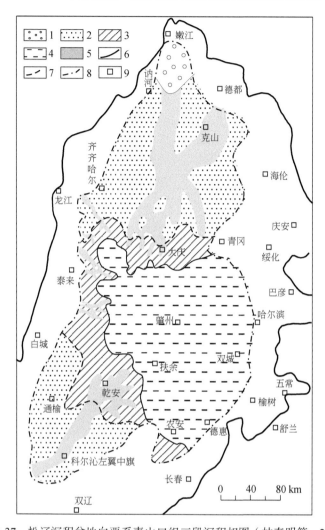

图 12-37　松辽沉积盆地白垩系青山口组三段沉积相图（林春明等，2007）

1. 冲积扇；2. 河流 - 三角洲平原；3. 三角洲前缘；4. 半深湖 - 深湖相；5. 河道、分流河道、水下河道；6. 盆地边界；7. 湖岸线；8. 地层边界；9. 地名

状河 - 辫状河三角洲体系；另外在广阔的滨浅湖地带，沿三角洲侧缘或平行湖岸可发育滩坝沉积，形成辫状河三角洲 - 滩坝沉积体系。在断陷湖盆陡坡一侧，陆上和水下地形坡度大，近物源，滨浅湖相带较窄，不出现三角洲和滩坝沉积，河流相缺失，冲积扇直接入湖形成扇三角洲。在常态三角洲、辫状河三角洲和扇三角洲的前缘深湖方向，还可能形成湖底扇或浊积沟道。

### 2. 沉积相的垂向组合

湖泊相沉积的垂向组合受地壳升降运动的控制。从其发育历史来看，能保存地史记录的湖相沉积多半是在构造盆地的背景上发育起来的。然而，任何湖泊不论其发育的背景如何，其发展的总趋势，在多数情况下都是以退缩、充填而告终。因此，湖泊相的垂向组合，往往是以较深湖或深湖亚相开始，向上递变为滨湖和河流相沉积，构成下细上粗的反旋回

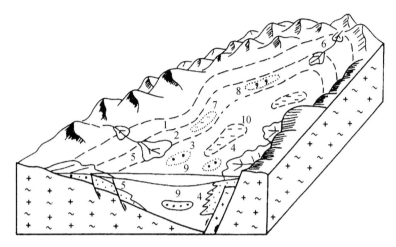

图 12-38　　断陷盆地沉积体系（转引自何幼斌和王文广，2017）

1.冲积平原；2.滨浅湖；3.半深湖、深湖；4.扇三角洲；5.辫状河三角洲；6.轴向三角洲；7.浅水碎屑滩坝；8.生物碎屑滩；
9.浊积岩；10.生油中心

垂向层序。当然，自下而上出现河流相－湖泊相－河流相这样完整旋回的垂向组合也是有的。但不论是哪种情况，其总的趋势是以滨湖和河流沉积作为旋回的结束。

在湖盆发展演化过程中，湖盆下陷扩张期，半深湖、深湖亚相及重力流沉积最为发育；湖盆抬升收缩期，滨浅湖、三角洲亚相及滩坝沉积发育。在一个地质时期内湖盆多次沉降和抬升，构成了湖泊相发育的多旋回性，而且在每个一级旋回的背景上还可发育次级旋回。

## 三、湖泊相的鉴别标志及其与油气的关系

### （一）陆源碎屑湖泊相的鉴别标志

#### 1.岩石类型较单一

岩石类型以黏土岩、砂岩和粉砂岩为主。砾岩少见，仅分布于滨湖地区，多是由击岸浪的剥蚀作用所致。砂岩一般比海相者复杂，各种类型都有出现，与河流相相比，矿物成熟度高，石英含量可达 70% 以上。我国东部中、新生代湖相沉积砂岩中以长石砂岩、长石石英砂岩和岩屑质长石砂岩分布最普遍。黏土岩在碎屑湖泊沉积中广泛分布，且由湖岸向中心增多。形成于较深水还原环境的湖相黏土岩常含丰富的有机质，成为良好的生油岩系。我国油气田的生油岩系大多为湖相成因的黏土岩。

碎屑湖泊沉积中也可出现类型多样的化学岩和生物化学岩，如石灰岩、泥灰岩、硅藻土、油页岩等，其沉积厚度及分布范围较为局限。

#### 2.沉积结构和构造类型多样

湖泊相砂岩的粒度比河流相砂岩细，分选也较好，因而与海相较难区分，其粒度概率曲线也与海相成因者近似。

层理类型多样，但以水平层理最为发育。由于湖泊的范围有限，浪基面深度小，湖泊广大地区多处于浪基面以下，故黏土岩多发育水平层理，有时亦为块状层理。在近岸地区

可见交错层理、斜波状层理等。湖泊沉积可有较发育的波痕，以往认为对称波痕是湖泊与河流相区别的一种标志，但根据皮卡德（Picard）等的研究，波痕的对称性并非为湖泊所特有。而且湖泊亦发育不对称波痕，但其波峰的走向绝大多数与滨岸平行，不对称波痕的陡坡向岸方向倾斜。泥裂、雨痕、搅混构造亦常见到。

**3. 生物化石丰富**

生物化石丰富是碎屑湖泊沉积的重要特征。常见的生物种类如介形虫、双壳类、腹足类等。

藻类也是湖泊中较常发育的生物。轮藻为淡水环境所特有，蓝绿藻、硅藻和部分绿藻也是常见的类型，其中蓝绿藻与海相见到的呈叠层状构造者不同，常呈树枝状或分离的结核团块状构造，红藻在湖相中未曾见到过。此外，陆生植物的根、干、叶、孢子花粉等大量出现也是湖相重要特征，尽管海相也出现植物化石，但以其种属和数量远离滨岸越来越少这种变化来加以鉴别。

我国东部中、新生代碎屑湖泊相沉积中发育大量生物化石。如济阳拗陷古近系湖相泥岩、页岩中含有丰富的介形虫、腹足类、轮藻、孢子花粉等化石，是地层划分对比和沉积相鉴别的重要标志。又如山东临朐山旺地区新近系硅藻岩，属于潮湿气候条件下的淡水碎屑湖泊沉积，其中保存了十多个门类近200种陆生动植物化石。

**4. 垂向层序多呈反韵律**

碎屑湖泊沉积多出现由深湖至滨湖的下细上粗的反旋回层序，以此区别于下粗上细的间断性正旋回的河流相沉积。

**5. 分布范围及沉积厚度**

湖泊相沉积的分布范围比河流相大，比海相小，相带、岩性和厚度大致呈环带状分布；而且岩性和厚度横向变化比河流相稳定，但稳定程度比海相差。

（二）与油气的关系

碎屑湖泊相常具有油气生成和储集的良好条件，目前我国发现的绝大多数油气田，诸如大庆、胜利、辽河、大港、中原、南阳、苏北、江汉等油田都分布在碎屑湖泊相沉积中。就生油条件而论，深湖和半深湖亚相水体深，地处还原或弱还原环境，适于有机质的保存和向石油的转化，是良好的生油环境。在这种环境中形成的暗色黏土岩可成为良好的生油岩。当湖泊长期持续稳定下陷，而且其沉降得以补偿时，深湖区可形成巨厚的暗色泥岩，可成为良好的生油岩系。如我国的松辽盆地、渤海湾盆地和苏北盆地的生油岩系就分别是白垩系和古近系半深湖－深湖亚相的暗色泥岩，其厚度可达千米以上。

碎屑湖泊沉积中发育各种类型的砂体（图12-39），如三角洲及扇三角洲砂体、滩坝砂体、风暴岩砂体、近岸水下扇砂体、湖底扇砂体、浊积扇砂体、重力流水道砂体，它们常因分布广、厚度大、近油源、粒度适中、生储盖组合配套等特点而成为油气储集的良好场所。我国东部发现的油气田，其储集层多为三角洲砂体，如大庆油田的长垣三角洲、胜利油田的胜坨三角洲、江苏油田高邮凹陷北斜坡三角洲等；其次是深水浊积砂体，如泌阳凹陷、辽河西部凹陷等；再次为滩坝砂体。

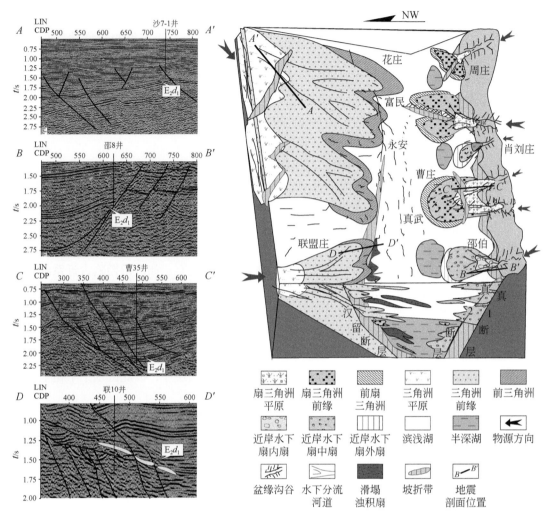

图 12-39 高邮凹陷古近系戴南组一段相模式和地震反射特征

从湖泊的发育和演化来看，湖泊下陷扩张期，湖盆大幅度持续稳定下沉，有利于深湖、半深湖亚相的发育，即有利于以黏土岩为主的生油岩系及盖层的形成；湖盆的抬升和收缩，有利于三角洲、滨浅湖滩坝等储油砂体的形成。若湖泊的发育具有多旋回性，在垂向剖面上可出现多个生储盖组合，而且第一个组合的盖层即为第二个组合的生油层，从而造成生储盖组合的垂向叠合。目前勘探结果表明，潮湿气候区多旋回近海湖盆的中部旋回生储盖组合最发育，油气资源最丰富。

# 第十三章　海陆过渡环境及沉积相

## 第一节　概　　述

海陆过渡环境位于海洋与大陆之间的过渡地带，以海洋地质营力和大陆地质营力共同作用为特点，主要包括三角洲和河口湾。研究海陆过渡环境及其沉积相意义重大。首先，海陆过渡环境是地球表面湿地系统和生物多样性最发育的地区之一，对于调节区域气候和大气环境有明显作用。其次，现代三角洲地区大都是人口密集、经济发达的地区，是人类生存环境的重要组成部分，同时，在全球变暖和环境恶化成为当前突出的重大问题之时，全球大河三角洲又是最脆弱的地区，如目前黄河三角洲的大部分海岸地带和长江三角洲的前缘已进入蚀退阶段，因此，三角洲地区生存环境的分析和未来变化趋势的预测就显得尤为重要。最后，这个广阔的潮湿地带以生物生产力高和沉积物厚度大为特征，因而，该带通常富集石油、天然气和煤等其他沉积矿产，具有巨大的经济价值。

## 第二节　三　角　洲　相

20 世纪 20 年代以来，随着石油地质勘探工作的开展，发现三角洲沉积地层中储集了约占全球 30% 的油、气、煤等燃料资源，其中往往是大型或特大型油气田，如世界第二特大油田科威特布尔干油田（可采储量为 $9.4 \times 10^{9}$t），世界第三特大油田委内瑞拉马拉开波盆地玻利瓦尔沿岸油田，美国墨西哥湾盆地白垩系、始新统、渐新统和中新统砂岩中的大部分油气藏，以及我国的黄骅拗陷、济阳拗陷和松辽盆地均发现了三角洲相的大型油田。现代大河流如黄河、长江、密西西比、恒河、尼罗河、尼日尔河的入海口处都发育有大型的三角洲沉积体，从对现代三角洲的研究揭示古代三角洲沉积相发育特点，可为寻找有巨大经济价值的矿产提供重要资料，如 20 世纪 50 年代以密西西比河三角洲为代表的现代三角洲沉积的深入研究，为 60 ～ 70 年代在古三角洲沉积中发现大油气田奠定了基础。同时，沉积矿产勘探的需求又促进了现代三角洲沉积研究的热潮，为现代三角洲沉积研究指出了目标和方向。因此，目前世界各国都很重视现代和古代三角洲沉积的研究，并发表了大量有关三角洲沉积的论文和专著。

### 一、三角洲环境及其形成发育

#### （一）概述

三角洲的概念最早可追溯到公元前 5 世纪，古希腊历史学家希罗多德（Herototus）在描述尼罗河口地区冲积平原时，发现其形态同希腊字母 Δ 的形状相似，后人用英语

"delta"一词表示，在我国则将其译为"三角洲"。三角洲的现代定义是在1912年由巴雷尔（Barrell）提出的，他认为"三角洲是河流在一个稳定的水体中或紧靠水体处形成的、部分露出水面的一种沉积体"。目前多数人认为三角洲是河流注入海洋（或湖泊）时，由于水流分散，流速顿减，河流所挟带的泥砂沉积物在河口沉积下来形成的，近于顶尖向陆的三角洲大沉积体。总的来说，三角洲的定义有四方面含义：①三角洲沉积物来源于一个或几个可确定的点物源；②三角洲以进积结构为特征；③尽管三角洲能最终充填盆地，但它们都发育于盆地周缘；④因河流提供了进入盆地的物源，所以三角洲最大沉积位置受到限制。

本章重点介绍在海洋中形成的三角洲，它发育于河流与海洋的汇合处，在平面上呈尖端向陆的三角形沉积体，是陆源沉积物进入海洋的重要堆积场所。三角洲的规模大小主要取决于河流大小，大河三角洲面积可达几万到几十万平方千米，如我国长江三角洲的面积约为 $5.2 \times 10^4 \text{km}^2$。其沉积环境复杂多变，岩性、岩相多样，形态主要受河流、波浪和潮汐作用的控制，并形成了有各自特点的不同的三角洲相沉积序列。

### （二）三角洲的形成和发育

#### 1. 三角洲形成和发育的控制因素

三角洲的形成和发育受多种因素控制，主要有以下几种：①蓄水盆地的构造特征，②海平面变化，③河流的作用，④蓄水体和河水的性质，⑤蓄水体的水动力作用类型（波浪、潮汐、海流）和强度，⑥河口区海底地形。其中最重要的影响因素是河流供给的沉积物数量、蓄水体作用营力的类型和作用强度，以及沉积盆地的沉陷程度。另外，宽浅的陆棚、曲折的岸线、较为湿润的气候、较细粒的沉积物、较高水体盐度等都有利于三角洲的发育。各种因素对三角洲形成和发育的控制性详述如下。

（1）蓄水盆地的构造特征。三角洲一般发育于构造沉降带，如我国的长江三角洲和黄河三角洲，但在构造隆起带内的大型断陷盆地同样是河流入海之处，如我国的珠江三角洲。同时，蓄水盆地的稳定性和沉降速度同样影响着三角洲的发育，通常蓄水盆地相对稳定，或沉降缓慢，沉降速度小于或略等于沉积速度，对三角洲的形成和保存有利。

（2）海平面变化。海平面变化是三角洲形成与发育的重要因素，海平面相对稳定阶段是三角洲生成和发展的最佳时期，过快的海平面变化不利于三角洲的形成，如晚第四纪冰期的低海平面时期和6500～8000年以来的高海平面时期是三角洲发育的有利时期（Stanley and Warne，1994）。另外，河流输砂速率与海平面上升速率也影响着三角洲的形成和发育，两者接近平衡或前者超过后者之时，是河口地区三角洲的建设时期。

（3）河流作用。河流的流量和输砂量是形成三角洲的物质基础。流量和输砂量越大，最大流量和最小流量的比值越高，越有利于泥砂在河口堆积，即有利于三角洲的形成。河流输入泥砂的粒径也有一定影响，粗粒砂容易形成较大的岸坡和较陡的底坡，使外海波浪直通海岸，改造了河口堆积体，不利于三角洲的形成。

（4）蓄水体与河水的性质。贝茨（Bates）1953年将三角洲河口比拟为水力学的一个喷嘴，对三角洲形成的水动力学进行研究。他认为河流流入蓄水体，可以形成轴状喷流和平面喷流两种自喷流类型，前者两种水体为三度空间的立体混合，流速下降快，混合迅速；后者为两度空间的平面混合，流速下降及混合作用都较缓慢。当一条河流进入相对静止的蓄水盆地时，如波浪和潮汐作用的影响较小，其流动类型取决于两种水体之间的密度差，一般可出现下述三种情况，从而影响着河口泥砂运动的方式、河口沙坝发育的部位、三角洲的形态特征等。

①河水密度大于蓄水体密度（高密度流）。当流入水的密度大于蓄水体的密度时，这种高密度流的流动是沿着水底部发生的平面喷流形式（图13-1a）。大陆坡海底峡谷中的高密度浊流在深海底形成海底扇即属于此类型。另外，当冰冷的水流注入较温暖的湖泊中，或者含有大量悬浮负载的洪水水流进入湖泊时，也可发生类似的流动类型，并形成浊流。但一般含泥砂的河水密度很少超过海水密度，故不能产生这种流动类型。

②河水密度等于蓄水体密度（等密度流动），属轴状喷流（图13-1b）。河流进入淡水湖泊，就会出现这种情况，两种水体发生三度空间的混合作用，而且水流速度迅速降低，在河口附近底负载迅速堆积，而悬浮负载可沉积在较远处，形成湖泊三角洲，这种三角洲的分布范围一般较小。

③河水密度小于蓄水体密度（低密度流）。属严格的平面喷流类型（图13-1c）。通常发生在河流入海处，水流量大的河流河水沿水平方向能向外散布很远，可形成以河流作用为主的海岸三角洲。

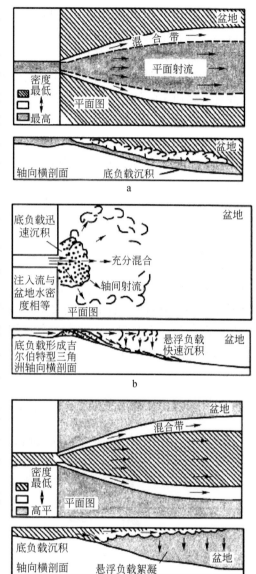

图13-1　河水与蓄水体相互作用对比模式图
（Bates 1953 年发表）

（5）蓄水体的水动力作用。波浪、潮汐、海流可对河流输入的泥砂进行改造和再分配，影响或阻止三角洲向海方向的推进，改变三角洲发育的形状。当海洋水动力作用远远超过河流作用时，就不可能形成三角洲，或者使原有的三角洲遭受破坏。因此，可认为三角洲是河流作用和海洋水动力作用长期相互斗争的结果。如美国密西西比河三角洲，因挟带的泥砂量大，且墨西哥湾的波浪和潮汐作用较弱，使其向墨西哥湾延伸达48km，成为世界上罕见的三角洲。而我国钱塘江口，潮汐作用极强，河流作用微弱，故不发育三角洲，而形成向海扩展的漏斗状三角港。

（6）河口区盆底地形。河口区海底坡度小，水体浅，波能消耗快，波浪作用不易直通海岸，有利于泥砂堆积和三角洲的向海推进，否则相反。如非洲刚果河河口不发育三角洲，河口附近坡度陡就是原因之一，有人认为，三角洲发育的临界坡度为3°。一般来说，世界上大型三角洲均发育在被动大陆边缘和宽而浅的陆架上。因而，在陡坡部位形成的三角洲具有多而小的特点，在缓坡部位形成的三角洲具有少而大的特点。

**2. 三角洲的形成发育过程**

三角洲的形成发育过程实质上是分流河道不断分叉和向海方向不断推进的过程，三角洲的增长和向海的推进可以有很高的速度，如长江每年平均增长速度为40m，黄河则为300m。

1）河口沙坝和河道分叉的形成

河流入海的河口区，由于坡度减缓、水流展宽和潮流的顶托作用使流速骤减，大量底负载下沉而堆积下来形成浅滩，浅滩淤高、增大，露出水面，形成新月形河口沙坝，水流从沙坝顶端分成两股，形成两个分流河道（分支河道；图13-2a），并向外侧扩展。分支河道向前发展，在河口处又会出现次一级的河口沙坝（图13-2b），这一过程的不断重复，就形成了一个喇叭形向海延伸的多叉道河网系统，三角洲的雏形随之形成。我国长江口首先被崇明岛分为南北两支，北支与东海相通，是行将废弃的汊道，南支河口又被长兴岛和横沙岛分为南港和北港。

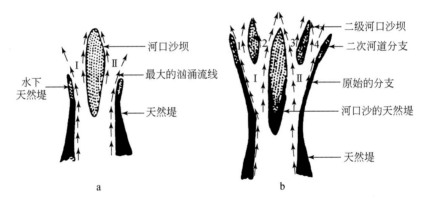

图13-2 河口沙坝和分支河道的发育过程（拉塞尔1967年发表）
a.早期河道分叉；b.晚期河道分叉

2）决口扇的形成与三角洲的延伸

三角洲分流体系向海推进并不会无限制地发展下去，随着分支河道不断向海延伸，河床坡度减小，流速减缓，河床淤高。坡度减小至一定程度泄流不畅，洪水季节洪流冲决天然堤，呈散流倾泻于滨海平原或汊道间海湾，流速骤减，沉积物逐渐淤积而成决口扇，从而使三角洲在横向上逐渐扩大。或者取道于较大坡度的新河床入海，旧河道淤塞，泥砂供应断绝，加之海浪的改造和侵蚀，使原来的三角洲废弃，而在其旁侧新河道入海处，新的三角洲开始发育成长。经过一段时间后，主河道也可回到原来三角洲废弃地区，再度产生新的三角洲。总之，随着时间的推移，三角洲的废弃和发育相互转化，交替出现，结果各三角洲彼此连接和部分叠合，形成三角洲复合体。如美国密西西比河三角洲体系由七个三角洲叶状体相互交错叠置而成（图13-3），黄河河口现代三角洲就是由九期亚三角洲依次叠置而成，长江河口现代三角洲发育六期亚三角洲沉积。

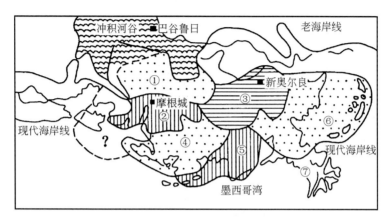

图13-3 密西西比河三角洲体系叶状体组成（编号为由老到新；菲斯克1994年发表）

## 二、三角洲的类型和形态

### （一）三角洲的类型

三角洲已被研究者从不同角度进行了分类。斯考特和费希尔等（1969）曾根据河流、潮汐、波浪作用强弱将三角洲分为建设性和破坏性两种类型。前者以河流作用为主，且泥砂在河口区堆积的速度远大于海洋水动力所能改造的速度，其增长快、厚度大、面积广、向海突出、砂泥比低，大型河流入海多形成此类三角洲。破坏性三角洲是在波浪、潮汐和海流的能量等于或大于河流输入泥砂能量的情况下形成的，河口区形成的泥砂堆积常经海洋水动力的改造、加工和破坏，以形成时间短和分布面积小为特征，中、小型河流入海多形成此类三角洲。

因河流、波浪、潮汐对三角洲的形成起直接控制作用，故多数学者主张按三者的相对强度来划分三角洲的成因类型，最著名的为加洛韦（Galloway）1976年提出的三端元分类方案（图13-4），三个端元分别代表以河流、波浪、潮汐作用为主的三角洲类型，即河控三角洲、浪控三角洲和潮控三角洲，前者属建设性三角洲，后两者属破坏性三角洲。

目前，学者综合考虑了河流类型、蓄水体水动力强度（波浪、潮汐和海流）、三角洲沉积区与物源区的关系以及沉积物的粗细，首先将三角洲划分为扇三角洲、辫状河三角洲和正常（曲流河）三角洲，然后再在正常三角洲中划分出河控、浪控和潮控三角洲（图13-5）。

### （二）三角洲的形态

三角洲的形态主要受河流沉积物输入量、海浪和潮汐作用强度的控制。本书主要介绍一下河控三角洲、潮控三角洲和浪控三角洲的形态。

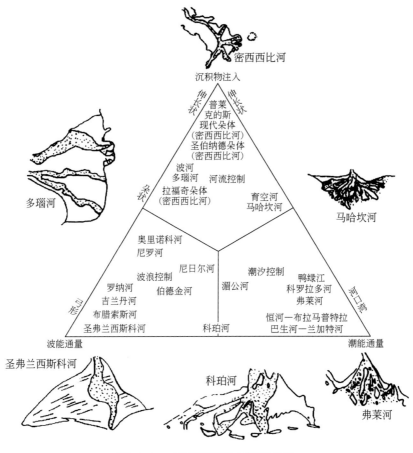

图 13-4 三角洲类型的三端元分类

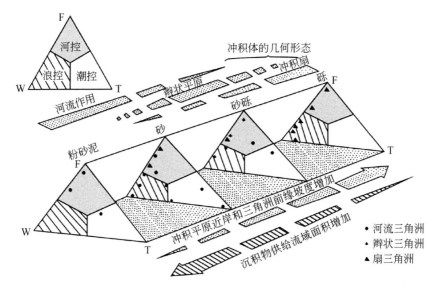

图 13-5 三角洲体系分类图谱（Orton 1988 年发表；薛良清 1991 年发表；有修改）

**1. 河控三角洲形态**

河控三角洲是在河流输入泥砂量大，波浪和潮汐作用强度微弱，河流的建设作用远远超过波浪、潮汐破坏作用的条件下形成的。按照其形态特征，可进一步分为鸟足状三角洲和朵状三角洲两种类型。

1）鸟足状三角洲

鸟足状三角洲又称舌形或长形三角洲，是以河流作用为主形成的一种极端类型三角洲，是最典型的高建设性三角洲。其特点是河流沉积物向海堆积的速度远大于海浪、潮流对沉积物的改造速度；河流输入的泥砂量大，特别是砂泥比值低，悬浮负载多，因而有较发育的天然堤和较固定的分支河道，并沉积巨厚的前三角洲泥；分支河道向海推进很快、延伸远，形成向海延伸近于垂直海岸的分流河口沙坝，其直接覆盖在前三角洲泥上，并可以很快地沉陷在其中，大部分被保存下来，形成特征的"指状沙坝"（图13-6），长短不一、形如鸟足，密西西比河三角洲是典型代表（图13-7a）。此类三角洲发育的地貌特征是海岸曲折，呈锯齿状，有广阔的三角洲平原和较发育的滨海沼泽。

2）朵状三角洲

河流沉积物在河口堆积速度与海浪的改造速度几乎相等，向海延伸不远，其形态呈向海突出的半圆状或朵状（图13-7b）。与鸟足状三角洲相比，此类三角洲在形成时泥砂输入量相对较少，砂泥比值较高，波浪作用有所增强，但河流输入沉积物的数量仍高于波浪和潮汐作用改造的能力。三角洲前缘伸向海洋的指状砂体覆盖在较薄的前三角洲泥之上，沉陷也较慢，致使受到海水的冲刷、改造和再分配至各分流河道之间，形成席状砂层。我国的黄河，欧洲的多瑙河，非洲的尼日尔河，以及全新世密西西比河等形成的三角洲属于此类型。

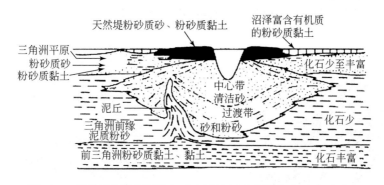

图13-6　指状沙坝横剖面几何形态及特征（菲斯克1961年发表）

**2. 潮控三角洲形态**

潮控三角洲形态也被称为河口状三角洲，其特点是潮汐的改造作用大于河流沉积物的输入作用，且海浪作用较弱；双向的潮汐流和河流洪水的冲刷作用，常将河流带来的沉积物在河口的前方改造成断续分布的、平行于喇叭状海岸的、一系列呈指状散射的潮汐沙坝（图13-8a），以加拿大的弗莱河三角洲、越南的湄公河三角洲为代表。

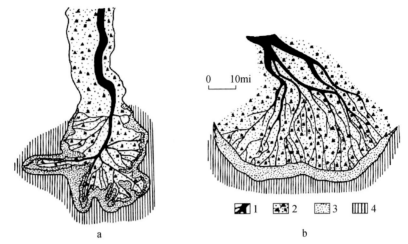

图 13-7　密西西比河鸟足状三角洲（a）与全新世朵状三角洲（b）（斯考特 1969 年发表）

1.分支河道、天然堤、决口扇；2.三角洲平原；3.三角洲前缘；4.前三角洲

### 3. 浪控三角洲形态

浪控三角洲形态也被称为喙状三角洲，其特点是只有一条或两条河流入海，而分流不多也不大；河流入海泥砂量少、砂泥比值高，且海浪作用大于河流作用，因此，河流沉积物被海浪强烈改造，于入海河口的两侧形成一系列平行于海岸分布的海滩砂脊或障壁沙坝，并在它们的向陆一侧形成半封闭的潟湖和沼泽，仅只在主河口区才有较多的砂质堆积，形成向海突出形似鸟嘴状、尖头状的三角洲（图 13-8b），法国的罗纳河、埃及的尼罗河、意大利的波河形成的三角洲以及巴西圣弗兰西斯科河三角洲都属于此类型。若波浪作用以及单向沿岸流作用增强，将会克服河流作用而导致河口偏移，甚至与海岸平行，建造成遮挡河口的直线型障壁沙坝，形成掩闭型鸟嘴状三角洲，非洲西海岸的塞内加尔三角洲即属于此类型。

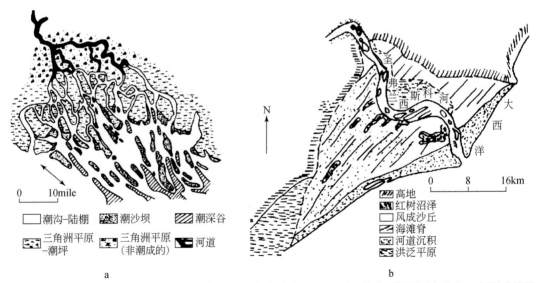

图 13-8　a.巴布亚湾港湾型三角洲（费希尔 1969 年发表）；b.巴西圣弗兰西斯科河鸟嘴状三角洲（赖特等 1973 年发表）

## 三、三角洲的沉积特征

三角洲的沉积特征与三角洲发育增长的旋回性有关。三角洲发育的每一旋回包括了三角洲向海推进的高建设阶段和海洋改造的高破坏性阶段。高建设阶段河流搬运入海的沉积物不断加积，前积层向海推进，并被顶积层覆盖，表现为海退沉积。高破坏阶段河流决口另改河道进入海中，原三角洲被海浪改造，表现为海进沉积，这种旋回式生长形成了多个三角洲沉积扇状体交叠。在地质历史中能保存下来和识别出的三角洲，多为河控型三角洲，因其能形成沉积厚度大、面积广的大型建设性三角洲。而潮控和浪控型三角洲，由于波浪和潮汐作用的增强，三角洲沉积物发生改造、再分配，甚至完全破坏，以海岸沉积物（海滩脊砂、海岸障壁沙坝等）或潮汐沙坝为主要沉积格架，为破坏性三角洲。因此，本书以河控三角洲为主来介绍三角洲的沉积环境及其沉积特征。

### （一）河控三角洲沉积特征

三角洲是在复杂环境中形成的沉积组合体，无论从平面上或剖面上来看，一个河控三角洲据其沉积环境和沉积特征均可划分为三个亚相，平面上由陆向海依次为三角洲平原、三角洲前缘和前三角洲（图 13-9）。

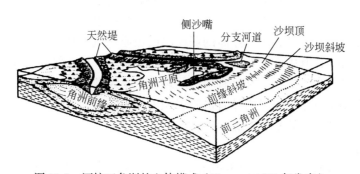

图 13-9  河控三角洲的立体模式（Shannon 1971 年发表）

#### 1. 三角洲平原亚相

三角洲沉积的陆上部分，其范围始于河流大量分叉位置处，止于岸线或海（湖）平面处，是与河流有关的沉积体系在海（湖）滨区的延伸，其沉积环境和沉积特征与河流相有较多共同之处。三角洲平原亚相的沉积微相多样，包括分流河道、陆上天然堤、决口扇、沼泽、分流间湾、淡水湖泊等，岩性主要为砂岩、粉砂岩、泥岩（包括泥炭、褐煤等）。其中分流河道砂质沉积与沼泽泥炭或褐煤沉积共生是该亚相的重要特征，也是与一般河流的重要区别。

1）分流河道微相

分流河道又叫分支河道，是三角洲平原的格架组成部分，其沉积特征与河流体系的河床沉积基本相同。岩性组成方面，其垂向上一般具下粗上细的间断性正韵律，底部为中 - 细砂沉积，常含泥砾、植物根茎等，化石少见，向上变为粉砂、泥质粉砂及粉砂质泥等，与中、上游河流沉积相比粒度变细、分选变好。沉积构造方面，其底界发育冲刷 - 充填构造，其上砂质层具有板状、槽状交错层理以及波状交错层理，且规模向上变小。分流河道砂体在平面上沿河床呈长条状、有时分叉；在横剖面上呈对称的透镜状，砂体常沉陷于下伏的泥层中，中部最厚和最粗，向两端变薄变细。

2）陆上天然堤微相

陆上天然堤与河流的天然堤相似，为洪水期挟带泥砂的洪水漫出河道淤积而成，发育于分流河道两侧，向河道方向一侧较陡，向外一侧较缓。其在三角洲平原的上部发育较好，向下游方向其高度、宽度、粒度和稳固性都逐渐变小。天然堤的沉积物以粉砂和粉砂质泥为主，远离河道向两侧变细、变薄、泥质增多，波状层理和水平纹理发育，流水波痕、植物碎屑和根茎、潜穴以及铁质结核和碳酸盐结核可见。

3）决口扇微相

决口扇为洪水漫溢河床，冲破天然堤形成的决口扇滩。与河流的决口扇沉积亦相似，但因三角洲平原中的陆上天然堤稳定性较差，故比河流中下游的决口扇更为发育，而且可形成较大面积的席状砂层，沉积物粒度总体来讲比河床沉积细。

4）沼泽微相

沼泽沉积在三角洲平原上分布面积最广，约占90%，常被形象地比喻为三角洲平原的"肉"，分布于分流河道"骨架"砂质沉积之间的低洼地带。其表面接近平均高潮线，为周期性被水淹没的低洼地区，水体性质主要为淡水或半咸水。沼泽中植物繁茂，均为芦苇及其他草本植物，排水不良，为一停滞的弱还原或还原环境。其岩性主要为暗色有机质黏土、泥炭或褐煤沉积，其中常夹有洪水成因的纹层状粉砂，富含保存完好的植物碎片，并含有丰富的黄铁矿等自生矿物。常见有块状层理和水平纹理，生物扰动作用强烈，有时见有潜穴。广泛而稳定分布的层状沼泽有机质沉积可作为三角洲平原地层对比的标志层，据此可大致圈定三角洲平原的基本轮廓。

5）分流间湾微相

分流间湾主要分布在分流河道中间的凹陷地区，常与海相通。岩性主要为泥岩，夹少量透镜状的粉砂岩和细砂岩，水平纹理发育，生物扰动作用强烈，偶见海相化石。当三角洲向海方向推进时，在分流间湾地区可形成一泥岩楔。这种泥岩楔在层序上往往向下渐变为水下分流间湾和前三角洲泥，向上渐变为富含有机质的沼泽沉积。

6）淡水湖泊微相

三角洲平原亚相的湖泊面积小，水体浅，通常为3～4m，沉积物主要为暗色有机黏土物质，并夹有泥砂透镜体。黏土沉积物显示极好的纹理。可见黄铁矿，但不成结核。多见原地生长的软体动物贝壳，虫孔发育。河流支流注入时，可形成小型的湖成三角洲沉积。

**2. 三角洲前缘亚相**

三角洲前缘亚相位于三角洲平原外侧的向海方向，处于海平面以下，为河流和海水的剧烈交锋带，沉积作用活跃，是三角洲砂体的主体，可进一步划分为水下分流河道、水下天然堤、水下分流间湾、分流河口沙坝、远沙坝、三角洲前缘席状砂等六个沉积微相（图13-10）。

1）水下分流河道微相

水下分流河道为三角洲平原分流河道的水下延伸部分，也称水下分支河道。在三角洲平原分流河道向海延伸过程中，河道加宽，深度减小，分叉增多，流速减缓，堆积速度增大，致使沉积物以砂和粉砂为主，泥质极少，较三角洲平原分流河道砂质沉积粒度变细、分选变好。常发育交错层理、波状层理及冲刷-充填构造，并见有层内变形构造。垂直流向剖面上呈透镜状，侧向则变为细粒沉积物。

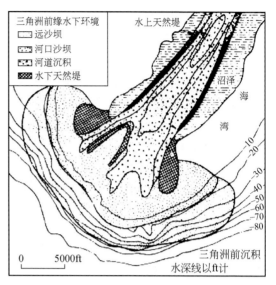

图 13-10　密西西比河三角洲西南分流河口的三角洲前缘的微相类型（Coleman 和 Gagliano 1965 年发表）

2）水下天然堤微相

水下天然堤是三角洲平原天然堤的水下延伸部分，为水下分流河道两侧的砂脊，退潮时可部分出露水面成砂坪。沉积物为极细的砂和粉砂，粒度概率累积曲线为单段或两段式，基本由单一的悬浮总体组成。流水形成的波状层理为主，局部出现流水与波浪共同作用形成的复杂交错层理。

3）水下分流间湾微相

水下分流间湾为水下分流河道之间相对低洼的海湾地区，与海相通。当三角洲向前推进时，在分流河道间形成一系列尖端指向陆地的楔形泥质沉积体，称为"泥楔"。因此，水下分流间湾沉积物岩性以黏土为主，含少量粉砂、细砂、生物介壳和植物残体等，砂质沉积多是洪水季节河床漫溢沉积的结果。沉积物颜色多为弱还原色（杂色、灰绿、绿灰和浅灰色等），内部有水平层理和透镜状层理，虫孔及生物扰动构造发育，可见浪成波痕。层序上，其下伏为前三角洲黏土沉积，向上变为富含有机质的三角洲平原沼泽沉积。

4）分流河口沙坝微相

分流河口沙坝也叫分支河口沙坝，位于水下分流河道的河口处，因流速降低堆积而成，沉积速率最高。海水的冲刷和簸选作用使泥质被带走，砂质沉积物被保存下来，故分流河口沙坝沉积物主要由分选好、质纯净的细砂和粉砂组成。砂层呈中至厚层状，发育楔形交错层理、槽状交错层理或"S"形前积纹层和水平纹层，可见水流和浪成波痕。分流河口沙坝随三角洲向海推进而覆盖于前三角洲黏土沉积之上，黏土中有机质产生的气体冲上来可形成气鼓（气胀）构造；如果下面泥质层很厚，也可产生泥火山或底辟构造（图 13-6）。生物化石稀少，三角洲废弃时，沙坝顶部可出现虫孔以及河流和海洋搬运来的生物碎片。分流河口沙坝的形态在平面上多呈长轴方向与河流方向平行的椭圆形，横剖面上呈近于对称的双透镜状，周围为前三角洲泥，其在向海方向推进过程中可形成所谓的指状沙坝（图 13-6、图 13-10）。

5）远沙坝微相

远沙坝位于河口沙坝前方较远部位，又称末端沙坝（图 13-10）。沉积物比分流河口沙坝细，主要为粉砂，见少量黏土和细砂，细砂为洪水期沉积，可发育槽状交错层理、包卷层理、水平层理、波状层理，脉状－波状－透镜状复合层理，水流波痕和浪成波痕，以及冲刷－充填构造等。由粉砂和黏土组成的结构纹层和由植物炭屑构成的颜色纹层在远沙坝微相中也较为特殊，向河口方向结构纹层增加，颜色纹层减少；向海方向则相反。远沙坝化石不多，仅见零星的生物介壳，生物扰动构造和潜穴发育。

6）前缘席状砂微相

在海洋作用较强的河口区，三角洲前缘水下分流河口沙坝和远沙坝的砂经波浪和沿岸流的淘洗和簸选，并发生侧向迁移，呈席状或带状广泛分布于三角洲前缘，形成三角洲前缘席状砂体。席状砂的分选好、砂质纯，广泛发育交错层理、平行纹理和水流线理，生物化石稀少。砂体向岸方向加厚，向海方向减薄。三角洲前缘席状砂是建设性三角洲向破坏性三角洲转化的沉积微相类型，在高建设性三角洲相中不太发育。

**3. 前三角洲亚相**

前三角洲亚相位于三角洲前缘的前方，是河控三角洲体系中分布最广、沉积最厚的地区。沉积物完全在海面以下，且大部分是在浪基面以下深度范围内形成，岩性主要由暗色黏土和粉砂质黏土组成，可含少量由河流带来的极细砂，有时可见海绿石等自生矿物，并常见有广盐性的生物化石，如介形虫、瓣鳃类等，随着向海洋方向过渡，正常海相化石增多。前三角洲沉积物中的沉积构造不发育，主要为水平及块状层理，偶见透镜状层理，生物潜穴及生物扰动构造发育。三角洲前缘砂在某些地质因素作用下，具有较陡沉积界面，可向前滑塌，在前三角洲或其前方形成规模较小、沉积物分选较好的滑塌型浊积扇。

**4. 平面相组合及垂向层序**

横向上，三角洲相向陆与河流相邻接，且主要为曲流河与三角洲共生。当河流碎屑物质供应充分时，三角洲向海推进至较深水，形成巨厚的三角洲前缘和前三角洲堆积，并形成一定坡度，因事件性因素的影响，它们在重力作用下发生滑动，可在三角洲前缘深水区形成重力流沉积，通常形成深水浊积扇。这种平面组合构成了河流－三角洲－深水浊积扇沉积体系。

三角洲内部平面相组合由陆向海依次为：①三角洲平原亚相，三角洲的陆上部分，主要由分流河道和沼泽沉积组成；②三角洲前缘亚相，三角洲的水下部分，主要由河口沙坝和远沙坝组成；③前三角洲亚相，海底厚层泥质沉积（图 13-11）。这三种亚相大致呈环带状依次分布（图 13-11），使得沉积物、生物特征从三角洲平原到前三角洲也发生规律性的变化：①粒度由粗变细，由三角洲平原中砂、细砂渐变为前三角洲泥，有机质含量逐渐增多，沉积物颜色逐渐变暗；②植物碎屑和陆相生物化石逐渐减少，而海相生物化石逐渐增多；③底栖生物的扰动程度逐渐增加；④多种类型的交错层理变为较为单一的水平层理。此外，这三种亚相在三角洲沉积中处于同一时期的同一沉积界面之上。随着三角洲前积式向海推进，早先的沉积界面就成了三角洲前积层的等时线或等时面（图 13-12）。每两个等时面间所限制的前积层都包含了同一时期形成的三角洲平原、三角洲前缘、前三角洲三个不同的亚相，故称为"同期异相"；而在一个大的三角洲沉积中，同一亚相（如前三角洲）乃是不同时期形成的该亚相的叠加，故又称为"同相异期"。

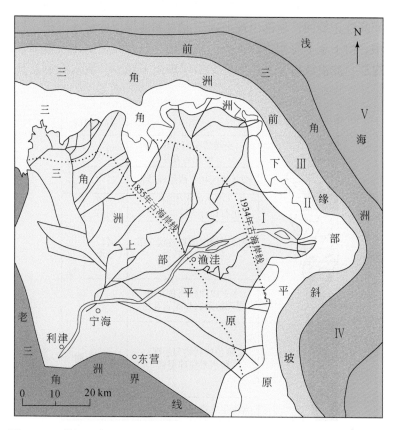

图 13-11　黄河三角洲沉积相平面分带（成国栋和薛春汀，1997，有修改）

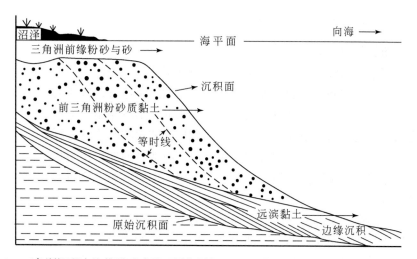

图 13-12　三角洲沉积向海推进形成的"同期异相"和"同相异期"（斯科拉顿 1960 年发表）

垂向上,三角洲在平面上依次邻接而出现的相依次递变(图13-13)。对河控三角洲来说,由下至上依次为前三角洲泥、三角洲前缘砂和粉砂、三角洲平原分流河道砂和细粒沼泽沉积,大致为下细上粗的反旋回沉积的垂向层序。在层序的上部局部出现三角洲平原分流河道下粗上细的间断性正旋回,顶部出现夹碳质泥岩和薄煤层的沼泽沉积。另外,在河控三角洲垂向层序中,由下至上海相化石减少,而陆相化石尤其植物化石增多,以致顶部出现碳质泥岩或薄煤层;波浪波痕及其产生的交错层理向上减少,流水波痕及其产生的交错层理增多。

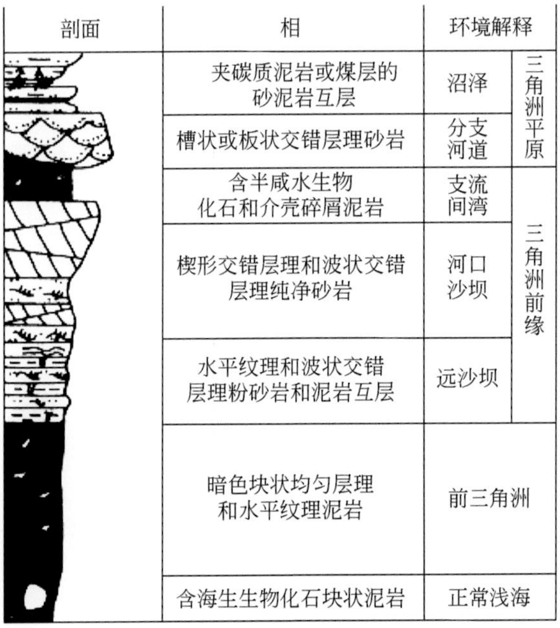

| 剖面 | 相 | 环境解释 | |
|---|---|---|---|
| | 夹碳质泥岩或煤层的砂泥岩互层 | 沼泽 | 三角洲平原 |
| | 槽状或板状交错层理砂岩 | 分支河道 | |
| | 含半咸水生物化石和介壳碎屑泥岩 | 支流间湾 | 三角洲前缘 |
| | 楔形交错层理和波状交错层理纯净砂岩 | 河口沙坝 | |
| | 水平纹理和波状交错层理粉砂岩和泥岩互层 | 远沙坝 | |
| | 暗色块状均匀层理和水平纹理泥岩 | 前三角洲 | |
| | 含海生生物化石块状泥岩 | 正常浅海 | |

图13-13 河控三角洲的垂向层序(孙永传和李惠生,1986)

## (二)浪控和潮控三角洲沉积特征

### 1. 浪控三角洲沉积特征

浪控三角洲平原的沉积特征类似于河控三角洲平原,常表现为一系列依次平行海岸的滩脊,其间插入沼泽和海湾,随着进积和充填作用的继续进行,这些沼泽和海湾变成泥炭沼泽(图13-14a)。三角洲前缘以比较平直的尖头或弧形海滩岸线沉积为特征,在分流河口附近出现的局部突起部分由河口坝组成,河口坝在波浪的改造下重新分配,与侧翼的海滩脊相连(图13-14a)。三角洲的进积作用是通过海滩脊的加积作用和河口坝的进积作用完成的。它的进积作用比河控三角洲前缘进积要慢,但对这类三角洲的沉积亚相、微相特征还缺乏深入研究。

一般来说,浪控三角洲的垂向层序通常仍为下细上粗的反旋回层序,但以具有浪蚀海滩脊序列为特征,而且层序顶部一般都出现三角洲平原的沼泽和分支河道沉积,以此区别于海岸沉积的海滩脊层序。浪控三角洲垂向序列的最底部为泥质或粉砂质的前三角洲和陆棚沉积,生物扰动构造发育;向上可以过渡为海滩-障壁沙坝远端部分的泥、粉砂和砂互

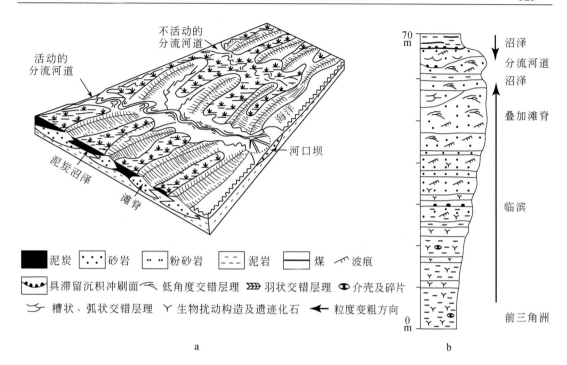

图 13-14 浪控三角洲的平面相组合（a；转引自何幼斌和王文广，2017）和垂向层序（b；转引自焦养泉等，2015）

层，具有波浪引起的冲刷构造、递变纹理和交错纹理等；再向上过渡为海滩-障壁沙坝的主体部分，该部分以砂质沉积为主，下部为槽状交错层理，上部为低角度的海滩冲洗交错层理；顶部通常是三角洲平原的沼泽和泥炭沼泽沉积，有时出现分流河道（图 13-14b）。

**2. 潮控三角洲沉积特征**

潮汐作用影响着潮控三角洲的发育，因此潮控三角洲一般发育于中高潮差、低波浪能量、低沿岸流的盆地狭窄地区。随着潮差的增大，在潮控三角洲前缘斜坡沉积区，潮流加强了对分流河口沙坝的改造，并导致底负载沉积物的重新分配。与波浪作用不同，受潮流影响所发生的沉积物搬运基本上是顺沉积倾向的，因此在三角洲前缘部位，分流河口沙坝被改造成为一系列伸长状的、由河口延伸至水下三角洲前缘的、呈放射状分布的潮流砂脊（图 13-15），砂脊之间的潮道里有许多浅滩和河心岛。一般来说，潮流砂脊长可达数千米，宽数百米，高几十米，反映了潮流对河流体系所供沉积物的搬运作用。

潮汐活动的影响不仅限于三角洲前缘地区，有时还可深入到三角洲平原地区，从而形成潮控的三角洲平原。在具有中高潮差的地区，潮流在涨潮时侵入分流河道，漫溢河岸，淹没分流间湾；在潮汐平静时期，这些潮水就暂时积蓄起来，然后在退潮时退出去。因此，在分流河道的下游以潮流沉积为主，主要为平行河道走向排列的线状砂坝（图 13-15）。潮汐影响的分流河道具有低弯曲度、高宽深比和漏斗状形态等特征，在此河道中主要底形是沙丘，在分流河道下游主要底形是平行于河道走向排列的线状沙坝（图 13-15）。受潮汐影响的分流河道的沉积层序自下而上为含海相动物碎片的粗粒层内滞流沉积、槽状交错层理砂岩潮道沉积、生物扰动多的泥炭沼泽沉积或潮坪沉积（图 13-15）。潮控三角洲平

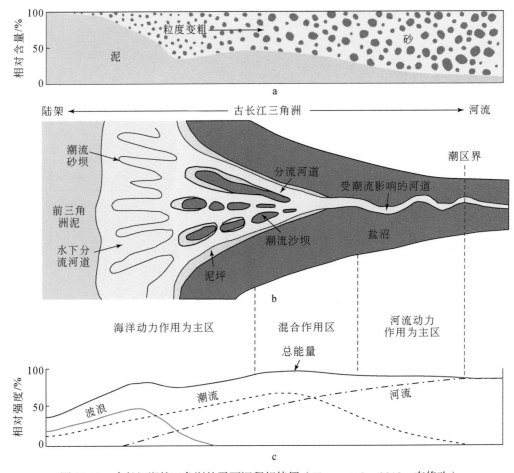

图 13-15　古长江潮控三角洲的平面沉积相特征（Zhang et al.，2018，有修改）

原分流间湾地区包括潟湖、小型潮沟和潮间坪沉积。在潮汐旋回期间，整个分流间湾地区先被淹没，然后出露水面。在潮湿气候地区，分流间湾地区多为被潮汐分流河道和弯曲潮沟所切割的沼泽；在较干旱地区，分流间湾地区为干燥的泥坪和砂坪沉积。因此，潮控三角洲平原是由受潮汐影响的分流河道序列和潮坪组成的（图 13-15）。总的来说，潮控三角洲沉积物自陆向海砂质含量逐渐减少，泥质含量逐渐增多，且砂质沉积物的粒度逐渐变细（图 13-15）。

　　三角洲前积作用形成了一个下细上粗的反旋回垂向层序。底部为前三角洲的泥；中部的三角洲前缘部分为向上变粗的反粒序，其下部为扰动构造发育的泥、粉砂和砂互层，上部为潮流沙坝，沙坝间通常具有双向交错层理、冲刷面和泥盖层组成的砂质沉积物；顶部为三角洲平原的潮坪和潮道沉积（或受潮汐流控制的分流河道沉积），潮道或分流河道沉积物常具有双向交错层理，底部为冲刷面，有时可下切到三角洲前缘中，其顶部常发育沼泽和分支河道沉积，以此区别于潮坪和河口湾沉积（图 13-16）。有关潮控三角洲的垂向层序，研究得很不够，目前仍处于资料积累阶段，尚未总结和归纳出一个比较成熟的理想垂向模式，上述层序仅是概括性的。

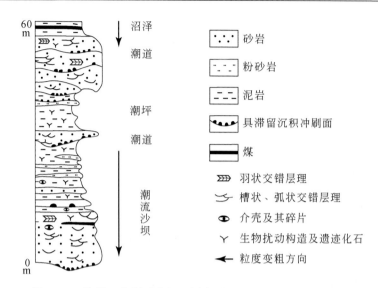

图 13-16　潮控三角洲垂向沉积层序（冯增昭，1994，有修改）

# 四、三角洲识别标志及其与油气的关系

## （一）三角洲的识别标志

### 1. 岩石类型

三角洲沉积以砂岩、粉砂岩、黏土岩为主，在三角洲平原沉积中常见暗色有机质沉积，如泥炭或薄煤层等，无或极少化学岩。碎屑岩的成分成熟度和结构成熟度比河流相高。

### 2. 粒度分布特征

三角洲由陆向海方向砂岩的碎屑粒度和分选有变细和变好的趋势。在概率累积曲线图上，远沙坝沉积的粒度分布主要由细粒的单一悬浮总体组成；河口沙坝沉积有 3 个次总体发育，其中以跳跃总体为主，含量为 80% ～ 90%，分选好，对应直线段倾角为 65° ～ 70°，其他两个总体含量少，悬浮总体含量占 10% ～ 20%，分选差，直线段倾角为 20° 左右，跳跃和悬浮总体的截点约为 3 ～ 5Φ（图 13-17a）。频率曲线一般为单峰，主峰众数值为 4 ～ 5Φ（图 13-17b）。

### 3. 沉积构造

层理类型复杂多样，河流中沉积作用和海洋波浪、潮汐作用形成的各种构造同时发育。如：砂岩和粉砂岩中见流水波痕、浪成波痕、板状和槽状交错层理；泥岩中发育水平层理。此外，还有波状层理、透镜状层理、包卷层理、冲刷－充填构造、变形构造、生物扰动构造等。

### 4. 生物化石

海生和陆生生物化石的混生现象是三角洲沉积的又一重要特征。这表明三角洲形成时正常盐度、半咸水和淡水环境皆有发育。但在三角洲形成过程中，咸淡水混合，盐度变化大，水体浑浊度高，狭盐性生物不易生长繁殖，适于原地广盐性生物，如双壳类、腹足类、介形虫、有孔虫等；异地搬运埋藏的主要为河流带来的陆生动植物碎片。在一个完整的三角洲进积垂向沉积层序中，海生生物化石多出现于层序的下部，向上逐渐减少，但陆生生

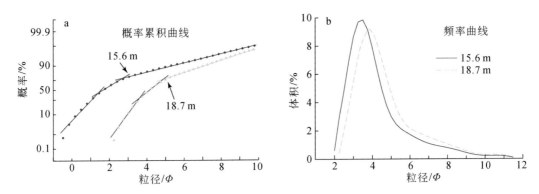

图 13-17 长江三角洲前缘河口坝粒度概率累积曲线和频率曲线（林春明和张霞，2018）

物化石向上增多，甚至在顶部可见沼泽植物堆积而成的泥炭或煤层。

**5. 沉积层序**

三角洲沉积在垂向上出现下细上粗的反旋回层序，沉积环境自下而上依次为前三角洲 - 三角洲前缘远沙坝和河口沙坝 - 三角洲平原的沼泽和分流河道（图 13-13）。在层序顶部三角洲平原分流河道沉积为下粗上细的正旋回，它反映了三角洲在横向上的相序递变（图 13-13）。这与河流相沉积的间断性正旋回有显著的不同。一个完整三角洲沉积旋回的厚度一般为 25 ～ 100m。在浪控三角洲中有时可见退积型沉积序列。

**6. 砂体形态**

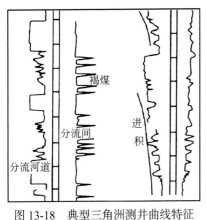

图 13-18 典型三角洲测井曲线特征
（于兴河，2002）

砂体形态在平面上呈朵状或指状，垂直或斜交海岸分布，剖面上呈分散的扫帚状，向前三角洲方向插入泥质沉积中，与前三角洲泥呈齿状交叉。建设性三角洲河口常发育"指状沙坝"，其延长方向与岸线垂直（图 13-10）；破坏性三角洲的边缘则发育与岸线平行的沙坝或砂堤（图 13-8b）。

**7. 测井曲线特征**

从岩性和电测曲线上来看，自下而上为由细逐渐变粗三角洲中的反韵律、进积型结构或层序。在自然电位曲线上表现为反钟型或漏斗型。对于三角洲微相的测井曲线，一般来讲，分流河道多呈钟型或箱型正韵律，河口沙坝、远沙坝呈漏斗型反韵律（图 13-18）。

**8. 地震剖面上的特征**

不同类型的三角洲形成条件不同，形态特征和沉积特征亦不相同，因此，在地震剖面上的特征也存在一些甚至较大的差别。对于海盆河控三角洲来说，最重要的标志是发育有各种前积构造，其中以 S 型、斜交型和复合 S 型前积构造最为普遍。对于海盆浪控三角洲来说，一般找不出较大规模的前积构造，而是以叠瓦状前积构造为特征。

**（二）与油气的关系**

油气田勘探的结果表明，世界上许多油气田与三角洲有关，其中有不少是大型和特大型油气田。三角洲相之所以有如此丰富的油气，是因为它具备良好的生、储、盖及圈闭条件。

**1. 生油层**

在三角洲相中，前三角洲亚相是良好生油条件的相带。因为前三角洲以黏土沉积为主，厚度大，分布广，堆积速度快，富含河流带来的和原地堆积的有机质，加之水体较安静，埋藏速度快，有利于有机质的富集。我国长江三角洲前三角洲黏土沉积物中有机质含量可达 1%～1.5%，且有机质的含量与冲积物的粒度密切相关，颗粒粗处含量低，颗粒细处含量高，因而，自河口向外有机质含量逐渐增多，至前三角洲泥质分布区有机质可达 1.5%，再向外海，有机质含量又开始降低。另外，前三角洲环境一般是处在波浪所不能及的还原或弱还原环境，加之三角洲的沉积和埋藏都比较迅速，有利于有机质的保存和转化。因此，前三角洲泥岩和粉砂质泥岩可作为良好的生油岩。

**2. 储油岩**

在三角洲相中，良好的储油砂岩体是很多的，如河控三角洲前缘亚相的河口沙坝、远沙坝、席状砂和分流河道砂，浪控三角洲中的海滩砂和障壁沙坝，以及潮控三角洲的潮流砂脊等，砂质纯净，分选好，具良好的储油物性，加之紧邻前三角洲生油区，对油气的聚集处于"近水楼台"的优越地位。因此，在古代三角洲沉积中，主要的储集层是三角洲前缘砂和与三角洲破坏密切共生的海岸砂。如墨西哥沿岸盆地新生界下威尔克斯群中已知的油气田主要分布在一个相对狭窄的三角洲前缘砂分布的地带中，在这里，三角洲前缘砂与邻近的前三角洲泥呈指状穿插，从而构成了复式储集层，形成良好的油气储集条件。

**3. 盖层**

在海进过程中形成的砂层具有较好的储集条件，而超覆在三角洲砂体之上的黏土岩，可作为区域性的良好盖层。三角洲向海推进时形成的陆上平原沼泽沉积也可作为良好的盖层。

**4. 圈闭**

在三角洲沉积中，上述储油砂岩除席状砂和分流河道砂体外，大多数砂体呈透镜状产出，这就容易形成地层岩性圈闭，当然也可形成构造圈闭油藏。如三角洲前缘常出现向海的自然倾斜，因堆积速度快，沉积厚，易产生重力滑动，常形成走向大致平行海岸的同生沉积断层，或称"生长断层"；在断层下盘常伴生有长轴平行于断层走向的狭长"滚动背斜"，它提供了油气聚集的有利条件，非洲尼日尔河三角洲已发现的许多油田大都属于滚动背斜类型。

此外，三角洲沉积物的性质常有很大差异，在压力不均衡条件下，具可塑性易流动的沉积体，如盐岩等可沿上覆岩层的低压区移动，并刺穿上覆岩层，形成刺穿盐丘构造，这是三角洲沉积中常见的现象。盐丘构造可形成多种圈闭类型，是油气聚集的良好场所，如墨西哥湾三角洲沉积发育有 400 多个盐丘构造，其中有 280 个是产油气的。

总之，三角洲沉积既有沉积厚的生油层，又有质纯、分选好的储油层。加之，三角洲沉积过程中局部的海进海退比较频繁，幅度也较大，这样就可形成众多的、良好的生储盖组合，进而形成油气丰富的油气聚集带，因此，研究三角洲沉积，对寻找油气来说是很重要的。

# 第三节　扇三角洲相和辫状河三角洲相

## 一、扇三角洲相

### （一）扇三角洲概念及主要类型

#### 1. 扇三角洲的概念

扇三角洲是一个成因类型名词，而不是指形状似扇形的扇状三角洲，而是三角洲的一种特殊类型。A. Holmes 1965 年最早明确地提出了扇三角洲这一名词，将其定义为从邻近高地直接推进到稳定水体（海或湖）中的冲积扇。Nemec 和 Steel 1988 年对扇三角洲的含义提出了新的解释，认为"扇三角洲是由冲积扇（包括旱地扇和湿地扇）提供物源，在活动的扇体与稳定水体交界地带沉积的沿岸沉积体系，可以部分或全部沉没于水下，代表含有大量沉积载荷的冲积扇与海或湖相互作用的产物"。1885 年美国学者 G. K. Gillbert 根据湖滨的地貌特征指出了有名的吉尔伯特三角洲的沉积模式，被认为是第一个关于扇三角洲的描述。因此，扇三角洲是以冲积扇为供源，以底负载方式搬运所形成的近源砾石质三角洲。

#### 2. 扇三角洲的主要类型

目前国内外已报道的扇三角洲沉积模式基本有以下三种模式。

1）牙买加型（陆坡型）

该类型扇三角洲复合体的典型实例为牙买加东南海岸的现代 Yallahs 扇三角洲，以陆上面积小，而水下面积较大为特征（图 13-19），其形态受山脚地貌和高差，以及滨外陡斜坡破碎浪的影响，发育陆上扇三角洲平原、海岸过渡带、水下扇三角洲环境，常发育于裂谷或离散板块边缘、聚敛板块碰撞前缘和大洋走向滑移断层边界。

2）阿拉斯加型（陆架型）

该类型扇三角洲复合体的典型实例为发育于阿拉斯加湾东南海岸的 Copper 河扇三角洲（图 13-20）。该类扇三角洲的主要特征为由广阔的水上扇平原和边缘没于水下的浅水台地构成、沉积体呈指状插入海相地层、常发育在构造活动的开阔海盆地边缘和受海洋沉积动力控制。

3）吉尔伯特型（断陷湖盆型）

主要发育于断陷盆地湖滨地带，由河流出山口入湖形成，典型实例为在以色列 Lisan 湖（死海前身）的入河口处形成的一系列小型的、受周期突发洪水泛滥和河口消能作用控制的扇三角洲（图 13-21），其沉积特征包括由略显层理的砾岩及具平行层理和交错层理的砂岩组成的冲积扇沉积、由具波状交错层理的砂岩和厚薄不均的泥岩互层构成的数千米宽的扇前段沉积带和广阔的席状碎屑纹层状白垩沉积。此外，根据扇三角洲在断陷湖盆中的发育部位，又可划分为陡坡型扇三角洲和缓坡型扇三角洲。因断陷湖盆陡坡带断裂活动强烈，物源供给充足，该地带发育的扇三角洲平原相带甚窄，发育不完整，滨岸过渡带也窄，而水下前缘相带甚宽，具有沉积厚度大、相带窄、相变快、岩性粗而杂的特点，典型实例如我国辽河凹陷东侧兴隆台油田兴隆台扇三角洲、松辽拗陷英台扇三角

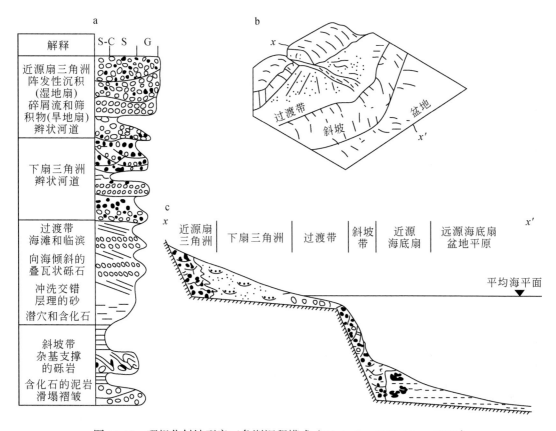

图 13-19　理想化斜坡型扇三角洲沉积模式（Wescott and Ethridge，1990）

a.垂直层序；b.平面图；c.纵剖面图

洲、泌阳凹陷双河油田古近系核三段扇三角洲等。缓坡带由于构造隆升量小，物源供给相对少些，所形成的扇三角洲砂体分布范围较小，沉积厚度较薄，表现为平原相带和滨岸过渡带较宽，但前缘相带较窄的特点，典型实例为辽河凹陷西斜坡高升－西八千兴隆台扇三角洲。

此外，吴崇筠和薛叔浩（1993）根据砂体向陆侧相邻相的差异，将扇三角洲分为靠山型和靠扇型两种类型（图 13-22）。靠山型扇三角洲为冲积扇在山区小溪出口处直接入湖（海），因此，沉积体紧靠山根，扇三角洲平原就是冲积扇。靠扇型扇三角洲为冲积扇前端水流入湖（海），扇三角洲平原的顶端靠近冲积扇。

**3. 扇三角洲的基本特征和发育条件**

1）形态及面积

扇三角洲一般位于山麓附近，与盆地边界断层相伴生，其近源沉积物（扇根或上扇部分）常以角度不整合超覆在古老的基岩地层上。扇三角洲的形态取决于物源供给条件及扇前缘是否被改造或破坏等条件。一般剖面形态为一个由粗碎屑物质组成的楔状或棱柱状沉积体，平面形态为扇形、叶状或伸长形，向盆地方向变薄变细（图 13-19～图 13-21）。扇体面积较小，一般为几到几十平方千米，有的甚至不到 1km²。我国断陷湖盆面积较小，在中－

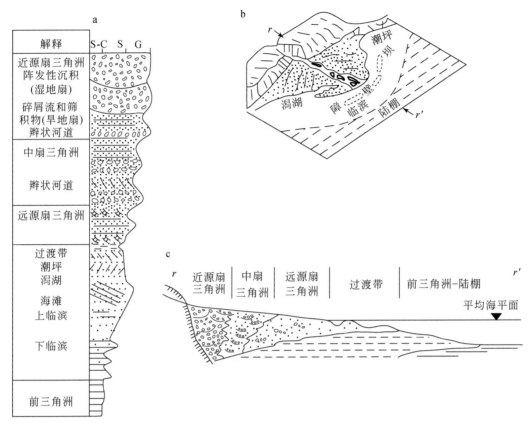

图 13-20　陆架型扇三角洲沉积模式（Wescott and Ethridge，1990）

a. 垂直层序；b. 平面图；c. 纵剖面图

新生代发育的扇三角洲面积一般为 30 ～ 300km²，如双河扇三角洲为 30 ～ 50km²，辽河西八千、双台子等扇三角洲为 72 ～ 293km²。

2）水动力特征

扇三角洲以陆上沉积作用占优势，海、湖边缘坡度变缓，向水推进一定深度为其特征（Wescott and Ethridge，1980）。沉积物供应的体积、密度、丰度的相互作用，以及滨岸带、浅海或湖泊作用持续的时间决定了扇三角洲陆上和滨岸带的沉积相特征。受波浪和潮汐控制的水道分叉、河口坝淤塞和迁移是扇三角洲形态特征的重要控制因素。扇三角洲沉积多以事件性洪流沉积为主体，具有复合型水动力机制，兼具牵引流、碎屑流和浊流沉积的特征。

3）沉积物成分和结构特征

因紧邻基岩物源区，流程短，流速快，坡降大，扇三角洲沉积物受物源区母岩控制，常表现为粒度粗（砂砾混杂），泥质含量高，分选性和磨圆度较差，矿物成分成熟度较低的特点。其中，沉积物粒度粗是扇三角洲沉积的重要特点和标志，世界上所有的扇三角洲都有砂砾粗碎屑比例较大的特点。

4）发育条件和发育位置

与冲积扇类似，扇三角洲常发育于临近山区的海、湖岸附近，该地带具有地形高差

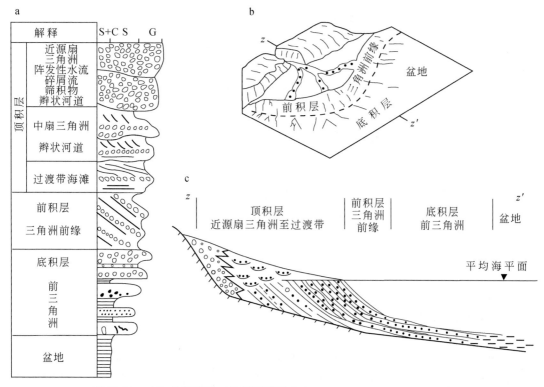

图 13-21　吉尔伯特型扇三角洲沉积模式（Wescott and Ethridge，1990）

a. 垂直层序；b. 平面图；c. 纵剖面图（注意前积层近源部分缺失底积层）

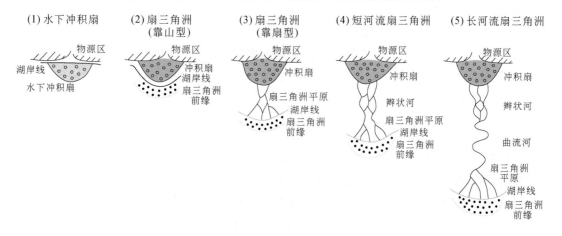

图 13-22　湖岸位置与砂体类型和演变关系示意图（吴崇筠和薛叔浩，1993，有修改）

大、岸上斜坡窄陡、物源近、物源区碎屑物质供应充足等特点。此外，扇三角洲也常发育于构造活动强烈的地区，并常与同沉积期的大型断裂带相伴，如大陆碰撞海岸、岛弧碰撞海岸、拖曳边缘海岸以及克拉通内部的裂谷盆地或其他断陷盆地的陡坡边缘（Wescott and Ethridge，1980）。各种气候条件下均有扇三角洲发育，干旱或半干旱地区多发育旱地扇三角洲，潮湿的热带和温暖地区易形成湿地扇三角洲。

## （二）扇三角洲的沉积特征及相模式

扇三角洲内部结构、相带展布、微相构成等方面的特征介于冲积扇与辫状河三角洲之间。根据沉积水动力条件，可将扇三角洲分为扇三角洲平原、扇三角洲前缘和前扇三角洲3个亚相（Wescott and Ethridge，1980；Ethridge and Wescott，1984），其沉积特征见表13-1。

表13-1　扇三角洲亚相划分、沉积特征及沉积构造（于兴河，2002）

| 亚相划分 | 扇三角洲平原 | | | | 扇三角洲前缘 | 前扇三角洲 |
|---|---|---|---|---|---|---|
| | 干旱三角洲平原 | | 湿地三角洲平原 | | | |
| | 上扇三角洲平原 | 下扇三角洲平原 | 上扇三角洲平原 | 下扇三角洲平原 | | |
| 沉积特征 | 具旱扇的特征，砾石成分复杂，成熟度低，成层不明显；频繁交错叠置的水道沉积与漫流沉积的砂砾岩层；发育辫状河道、泥石流、漫流、筛积物 | | 发育砾质辫状水系沉积；河道反复而迅速地侧向迁移；分选不好，缺乏化石；发育辫状河道、河道滞留微相、砾石坝微相 | | 可具有河控型、波浪改造型、潮汐改造型、波浪和潮汐共同作用等不同特点 | 宽阔陆棚上的扇三角洲的前三角洲沉积主要为临滨-远滨的粉砂和泥质沉积 |
| 沉积构造 | 规则而清晰的大型交错层理较缺乏，冲刷-充填构造发育 | | 缺乏清晰的层理；向盆地中心粒度变细，有泥裂、交错层理、平行层理、潜穴等发育 | | 河水、波浪及潮汐改造的各种沉积构造 | 砂层发育有沙纹；常有底栖生物扰动；海相常有碳酸盐岩构造 |

### 1. 扇三角洲平原

扇三角洲平原为扇三角洲的陆上部分，其范围包括从扇端至岸线之间的近海（湖）平原地带，以大陆流水冲积或重力流作用的粗粒沉积物为特征，主要岩性为混杂砾岩、砂砾岩，夹红黄、灰绿和灰色泥岩，砂砾比率向下端增加，自然电位曲线通常为带小锯齿的低幅度箱状，顶底突变。干旱扇三角洲平原和湿地扇三角洲平原有较大差异（表13-1）。根据地貌和沉积物特征，可将扇三角洲平原亚相进一步划分为泥石流沉积、河道充填沉积和漫滩沉积三个微相。

泥石流沉积以厚层块状杂基支撑砾岩为主，颜色为杂色，可见灰色、灰黄色、灰紫色、红褐色、紫红色等。砾石含量一般在40%以上，呈次棱角状至次圆状，大小不等，分选差，杂乱分布，无规律可循，多呈悬浮状较均匀地分布在砂泥基质中。基质含量在60%以下，主要为不等粒砂级颗粒及泥质，砂质填隙物呈次棱角状至棱角状。泥石流沉积体厚度在横向上变化大，部分呈透镜状或楔状体。由于泥石流运动过程中强烈地刮铲沿途的前期沉积物，其底部往往形成明显的侵蚀现象，且含有大量下伏岩层的团块，同时如下伏岩层为塑性沉积体，如巨厚泥岩层时，因泥石流沉积体的巨厚重量压迫，常使下伏岩层产生明显的变形构造。

河道充填沉积常位于扇三角洲平原上部，是间灾变期从扇三角洲近端切入扇面的河流沉积，具有一般辫状河流的沉积特征。辫状河道侧向迁移频繁，致使多个河道砂体呈透镜状相互叠置，或呈透镜状穿插于泥石流沉积或漫流沉积体中。单个砂岩透镜体厚度在2.0m以下，砂体底部具有冲刷面和滞留砾石、泥砾沉积，沉积物岩性以含砾砂岩为主，其次为砾岩和粗砂岩，成分成熟度和结构成熟度低，分选差至中等，砾石次棱角至次圆状。砂体内发育平行层理及大、中型槽状和板状交错层理，局部见砂体侧向迁移加积形成的侧积交错层理。

漫滩沉积由灰色、褐灰色、灰褐色、灰黄色、紫红色中至薄层状泥质砂岩、粉砂岩、泥岩（页岩）组成。岩层成层性较好，单层厚度多在0.4m以下。泥质砂岩中颗粒的分选磨圆均差，以次棱角状为主。岩层内层理构造不发育，局部偶见水平层理及小型沙纹层理，含植物叶片化石，局部见植物茎干化石。由于受洪水洪泛的影响，见有较粗的砂岩透镜体。

### 2. 扇三角洲前缘亚相

扇三角洲前缘亦称为过渡带（Wescott and Ethridge，1980），位于岸线至正常浪基面之间的浅水区，是大陆水流、波浪和潮汐相互作用地带。扇三角洲前缘往往继承了扇三角洲平原的沉积特点，即以灾变性事件形成的泥石流进入湖盆后继续向下运动形成的重力流沉积及水下分流河道沉积为主。由于各种作用因素强度不同，扇三角洲前缘可具有河控型、波浪改造型和潮汐改造型三种类型。河控型扇三角洲前缘具有湖泊扇三角洲的特点，以大陆水流作用为主，潮流和波浪作用强度低，水下分流河道发育，向湖泊深处延伸逐渐变浅而消失，沉积物以各种粒级的砂和粉砂为主，也常见砾石沉积，砂岩中交错层理发育，典型实例为死海裂谷西岸的扇三角洲（图13-21）。波浪改造型扇三角洲主要发育于小潮差强波能的沿岸带，河流沉积物遭受波浪改造，发育海滩沉积组合，牙买加现代耶拉斯扇三角洲和我国的现代滦河扇三角洲可作为该类型的典型实例（图13-19）。阿拉斯加Copper河三角洲是遭受潮汐、波浪和沿岸流共同改造的一个典型实例，扇三角洲前缘发育了潮汐潟湖复合体和障壁岛-临滨沉积体系（图13-20）。

根据地貌和沉积物特征不同，可将扇三角洲前缘分为碎屑流沉积、水下分流河道沉积、支流间湾沉积、河口沙坝、远沙坝等微相。

碎屑流沉积底部冲刷面发育，多具块状构造，沉积物主要由砾岩构成，砾石含量在40%～60%之间，大小不等，分选差，常呈不接触状分布在填隙物中，填隙物为不等粒砂级颗粒及泥质。

水下分流河道由含砾砂岩和砂岩构成向上变细层序，主体为中、粗粒砂岩，砂体底部发育冲刷面构造，可见大、中型槽状交错层理及少量板状交错层理，亦见砂体侧向迁移形成的侧积交错层。单一河道砂体呈透镜状，最大厚度在2.0m以下，横向延伸数米即变薄甚至尖灭，多个砂岩透镜体在纵向上相互叠置而形成厚达数米的砂体。

支流间湾位于水下分流河道两侧，沉积物表现为灰色、浅灰色细砂、粉砂及灰绿色泥岩互层，水平层理、波状层理、透镜状层理、压扁层理和包卷层理发育。由于水下分流河道迁移频繁及碎屑流的强大破坏作用，部分支流间湾沉积物往往受到侵蚀破坏，以大小不等的透镜体出现。

河口沙坝位于水下分流河道前方。与正常三角洲河口沙坝相比，扇三角洲河口沙坝的沉积范围和规模较小，但含砂量高，粒度以分选较好的粉砂-中砂为主，亦有粗砂岩和含砾砂岩，沉积粒序主要显示下细上粗的反韵律。沉积构造主要为小型交错层理、平行层理，可见大、中型交错层理。远沙坝由灰色、深灰色粉砂岩及泥质粉砂岩组成，厚度较小，多在0.5m以下，见沙纹层理，含植物叶片化石，常同前三角洲泥呈互层产出。

### 3. 前扇三角洲亚相

前扇三角洲是指浪基面以下部分，向下过渡为陆架或深水盆地沉积，无明显的岩性界线。盆地边缘的构造特征对前扇三角洲沉积特点和沉积物的分布有着重要影响。

发育在宽阔陆棚上的前扇三角洲沉积主要为临滨－远滨的粉砂和泥质沉积，与陆棚泥呈互层状产出。其沉积相稳定，分布范围广泛，一般具有明显而完整的向上变粗的层序。此外，还有一些扇三角洲直接推进到浅水碳酸盐陆棚上，由于粗粒的陆源碎屑沉积阻碍了碳酸盐沉积的发育，随着扇三角洲的推进和后退，前扇三角洲常具有与浅水碳酸盐沉积互层的特点。

### 4. 垂向层序和沉积相模式

通常，一个完整的建设型扇三角洲垂向层序常自下而上表现为前扇三角洲泥岩－扇三角洲前缘末端粉、细砂岩－扇三角洲前缘河道砂岩、含砾砂岩－扇三角洲平原砂砾岩和砾岩（图13-19、图13-20、图13-21）。扇三角洲平原可以在洪水期间和在风暴间歇期侵蚀海底后的回流过程中迅速向海建造，产生从细粒的陆架砂到粗砾石层的不规则的向上变粗的层序。断陷湖盆型扇三角洲沉积也常见进积型向上变粗的反韵律层序，或者是变粗后又略变细的复合韵律层序。

平面上，扇三角洲沉积体具有明显的陆上、过渡区和水下沉积部分（图13-19、图13-20、图13-21）。陆上部分主要是冲积扇，即扇三角洲平原，多表现为近源的砾质辫状河沉积，以水流和沉积物重力流的粗粒沉积为特征，岩性以砂砾为主，具不明显的平行层理或交错层理，分选差，且砂砾比率向下端增加。扇三角洲前缘，即过渡带，以较陡的前积相为特征，常见大、中型交错层理。前扇三角洲沉积，即水下扇三角洲，以不规则分布的泥、砂和砾石的透镜状层理为特点。

## 二、辫状河三角洲相

### （一）辫状河三角洲概念

辫状河三角洲（也叫辫状三角洲）的概念最早由McPherson于1987年提出，其定义为由辫状河体系前积到停滞水体中形成的富含砂和砾石的三角洲，其辫状分流平原由单条或多条低负载河流提供物质。在此之前，辫状河三角洲归属于扇三角洲范畴。McPherson等认为辫状河三角洲是介于粗碎屑的扇三角洲和细碎屑的正常三角洲之间的一种具独特属性的三角洲，从而将辫状河三角洲从扇三角洲中分离出来。具体理由有两个：①辫状河和辫状平原与冲积扇不存在必然联系，如在阿拉斯加和冰岛海岸发现的冰水辫状河和冰水辫状河平原；②与冲积扇毗邻的辫状河平原通常是几十千米甚至上百千米长，严格地说，已经并不真正属于冲积扇复合体的组成部分。

### （二）辫状河三角洲的地质发育背景

辫状河三角洲是辫状河水流进入稳定水体（海、湖）形成的粗碎屑三角洲，其发育受季节性洪水流量或山区河流流量的控制。冲积扇末端和山顶侧缘的冲积平原或山区直接发育的辫状河道经短距离搬运后都可直接进入海（湖）而形成辫状河三角洲。因此，同扇三角洲和正常三角洲相比，辫状河三角洲距源区距离介于两者之间，在远离无断裂带的古隆起、古构造高地的斜坡带，沉积盆地的长轴和短轴方向均可发育。

　　辫状河三角洲和扇三角洲在拉张盆地中可发生时空转换：在断陷湖盆演化早期，扇三角洲的发育与盆缘活动断裂关系密切；随着源区高地的不断剥蚀，盆地部分充填，冲积扇被冲积平原与稳定水体隔开，扇三角洲转化为辫状河三角洲。发育辫状河三角洲所需沉积地形和坡度一般比扇三角洲缓，比正常三角洲陡，但也有在较大地形坡度下形成的辫状河三角洲（坡度可达 20° 以上）。

### （三）辫状河三角洲的相类型及相模式

　　辫状河三角洲的沉积特征介于正常三角洲与扇三角洲之间，按其沉积环境和沉积物特征，也可进一步分为三个亚相，即辫状河三角洲平原亚相、辫状河三角洲前缘亚相和前辫状河三角洲亚相（图 13-23）。

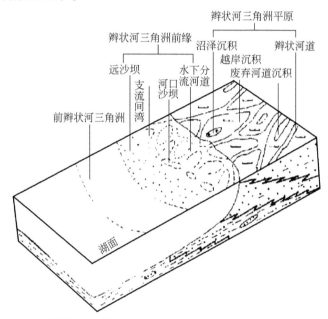

图 13-23　辫状河三角洲亚相、微相分布示意图（李维锋等，2001）

### 1. 辫状河三角洲平原亚相

　　辫状河三角洲平原亚相主要由辫状河道或辫状河冲积平原组成，潮湿气候条件下可有河漫沼泽沉积。高度的河道化、持续深切的水流、良好的侧向连续性是该亚相的典型特征（图 13-24）。

　　辫状河道沉积类似辫状河心滩沉积，在沉积过程中砂体频繁侧向迁移加积，以色杂、粒粗、分选较差、不稳定矿物含量高、底部发育冲刷－充填构造为特征（图 13-24）。单一分流河道砂体的沉积物具明显向上变细特征，常从细砾岩、含砾粗砂岩到中、粗粒砂岩；单一砂体的最大厚度从 0.2 ～ 2.5m 不等；辫状河道充填物宽厚比高，剖面呈透镜状，发育大型板状交错层理、槽状交错层理、平行层理，也有以砂质为主的辫状河三角洲。

　　越岸沉积为洪水期水体漫越河道，在河道两侧形成一些积水洼地，其内部接受细粒物质的沉积。其岩性主要为粉砂岩和泥岩组成的薄互层，发育沙纹层理；局部因河道沙坝的不断迁移、侵蚀破坏，使越岸沉积物呈透镜状、藕节状断续展布。在潮湿气候条件下，植物生长发育,形成越岸沼泽(图13-24)。

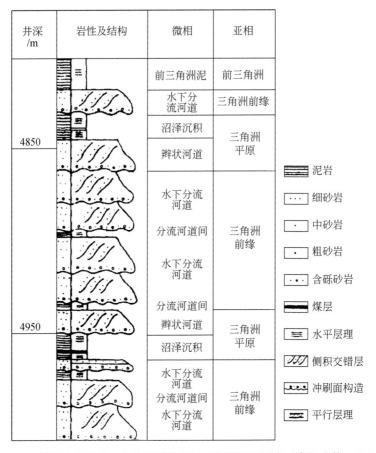

| 井深<br>/m | 岩性及结构 | 微相 | 亚相 |
|---|---|---|---|
| | | 前三角洲泥 | 前三角洲 |
| | | 水下分<br>流河道 | 三角洲前缘 |
| | | 沼泽沉积 | 三角洲<br>平原 |
| 4850 | | 辫状河道 | |
| | | 水下分流<br>河道 | 三角洲<br>前缘 |
| | | 分流河道间 | |
| | | 水下分流<br>河道 | |
| | | 分流河道间 | |
| 4950 | | 辫状河道 | 三角洲<br>平原 |
| | | 沼泽沉积 | |
| | | 水下分流<br>河道 | 三角洲<br>前缘 |
| | | 分流河道间 | |
| | | 水下分流<br>河道 | |

图例:泥岩、细砂岩、中砂岩、粗砂岩、含砾砂岩、煤层、水平层理、侧积交错层、冲刷面构造、平行层理

图 13-24 塔里木盆地草 2 井侏罗系辫状河三角洲沉积层序(高振中等,1996)

**2. 辫状河三角洲前缘亚相**

辫状河三角洲前缘亚相主要发育水下分流河道、河口坝、远沙坝、席状砂和水下分流河道间沉积。

水下分流河道是平原亚相辫状河道在水下延伸部分,沉积物粒度较细,其他沉积特征与辫状河道极为相似,整体向上粒度变细,单砂体厚度减薄。水下分流河道在辫状河三角洲前缘所占的厚度最大,是其主体沉积。

平原辫状河道入水后,挟带的砂质由于流速降低而在河口处沉积下来即形成河口坝。然而,一方面由于流体能量较强,辫状河道入水后并不立即发生沉积作用,而是在水下继续延伸一段距离,因此河口坝大多数发育于离海(湖)岸线较远处(水下分流河道末端);另一方面,由于辫状河三角洲通常由湍急洪水或山区河流控制,水下辫状河道迁移性较强,河口不稳定,难以形成正常三角洲前缘那样的大型河口坝,而与扇三角洲相似,河口坝不发育或规模较小。辫状河三角洲前缘河口坝砂体主要为砂岩,也可见含砾砂岩和粉砂岩,在垂向上一般呈下细上粗的反韵律(图13-25),砂体中可见浪成沙纹层理、液化变形层理、平行层理及中-小型槽状及板状交错层理。

图 13-25　博斯腾湖盆地古近系和新近系辫状河三角洲沉积（焦养泉等，2015）
a. 辫状河三角洲序列；b. 辫状河三角洲前缘及其河口坝与湖泊泥沉积

　　远沙坝和河口坝为连续沉积的砂体，位于河口坝的末端，横向延伸远，分布范围广。同河口坝相比，远沙坝砂体厚度较薄，岩性较细，多为细砂岩和粉砂岩，内部见砂纹层理，往往同前三角洲泥质沉积物呈薄互层状频繁交互。

　　席状砂为辫状河三角洲前缘连片分布的砂体，形成于波浪作用较强的沉积环境。先期形成的水下分流河道、河口坝等砂体被较强的波浪改造，发生横向迁移，并连接成片，便形成了席状砂。砂体一般为粒度较细的砂岩、粉砂岩与泥岩互层，颗粒分选性和磨圆度较好，垂向上呈反韵律或均质韵律。

　　水下分流河道间沉积为水下河道改道被冲刷保留下来或沉积的较细粒物质，其沉积作用以悬浮沉降为主，岩性一般为暗色泥岩，含粉砂泥岩及含泥粉砂岩，见水平层理及小型沙纹层理。

**3. 前辫状河三角洲亚相**

　　位于辫状河三角洲前缘带向海（湖）的较深水区，由灰绿色、深灰色薄层泥（页）岩及粉砂质泥（页）岩组成，见水平层理（图 13-25），在湖成辫状河三角洲的前三角洲中植物叶片化石亦普遍可见。若辫状河三角洲前缘沉积速度快，可形成滑塌成因的浊积砂砾岩体，包裹在前辫状河三角洲或深水盆地泥质沉积中，如库车拗陷卡普沙良地区的下侏罗统阳霞组前辫状河三角洲深灰色页岩中夹碎屑流和液化流沉积。

## 三、与其他扇形砂体的关系

　　冲积扇与扇三角洲、辫状河三角洲和正常三角洲的关系见图13-22，冲积扇发育于山前，完全暴露于陆上环境，扇三角洲、辫状河三角洲和正常三角洲为过渡相。扇三角洲向陆侧相邻的相为冲积扇（靠扇型）或物源老山（靠山型），岸上斜坡更短更陡，甚至水体直抵山根，河流坡度（或扇坡度）较大，是正常河流三角洲的几倍到几十倍，一般为0.2%～5.3%，如我国云南洱海阳溪等现代扇三角洲为1.5%～5.3%；砂体个体小，但个数多，常成群出现，往往沿湖盆短轴陡坡侧分布，纵剖面上呈厚而短的楔状体，向湖或海方向很快尖灭；沉积物岩性粗，平原相沉积类似冲积扇或辫状河，砾石含量很高，前缘带也较粗，可含粗砂和砾石，水下河道更为发育，河口沙坝发育较差。正常三角洲的向陆方向与曲流河相邻，物源远，岸上从山麓到湖岸有较长的平缓斜坡，坡降在0.01%左右；砂体个数少但个体大，常单独发育或少量相邻，分布于湖盆长轴或近短轴缓坡侧，纵剖面上砂体呈较大的透镜体，向湖内延伸较远；沉积物岩性较细，三角洲平原亚相以砂为主，含少量砾石，三角洲前缘带以细砂和粉砂为主，前三角洲为泥质沉积。辫状河三角洲向陆侧相邻的相为辫状河，岸上斜坡较短，坡度增加；形态、分布位置和岩性介于扇三角洲和正常三角洲之间，但更接近扇三角洲。断陷湖盆无论长轴或短轴缓坡侧均可发育这种类型砂体，短轴陡侧经过靠山型扇三角洲、靠扇型扇三角洲的发育演化，岸上斜坡增长变缓，也会演变成辫状河三角洲（图13-22）。

### 四、扇三角洲、辫状河三角洲与油气的关系

扇三角洲相一般具有粒度粗、厚度大的特点，其前方紧靠生油凹陷区，油源充足，尤其是其前缘部分，砂质粒度适中，物性较好，具备良好的油气储集条件。例如辽河西部凹陷沙二下亚段齐欢双扇三角洲（吴崇筠和薛叔浩，1993），平面呈扇形，面积约250km$^2$，剖面呈透镜状，最厚处200m。砂层的物性以水下分流河道砂的前部及其前端的河口沙坝最好，孔隙面孔率达20%，渗透率一般几百毫达西，个别高达20000mD。多个类似的扇三角洲砂体并列在西斜坡上，侧向连接成平行于斜坡走向的带状砂体，前方邻近同层的深湖亚相，又紧靠下伏沙三段的深湖亚相，油源充足，称为凹陷中油气最富集地带。

辫状河三角洲与扇三角洲虽同属粗碎屑三角洲，但由于辫状河三角洲岩石分选较好，杂基含量较低，砂砾岩体的侧向连续性和连通性都较好，因而具有较好的油气储集性能。同时，由于辫状河三角洲面积达数百平方千米，且水下分流河道的砂砾岩与烃源岩呈频繁互层沉积，可成为油气初次运移的有利场所，而辫状河三角洲平原亚相的冲积平原或河漫沼泽沉积由于物性较差，可作为区域性盖层或烃源岩，从而在垂向上构成良好的生储盖组合。从目前油气勘探成果来看，辫状河三角洲单独或与其他因素匹配，可形成岩性圈闭油气藏、构造圈闭油气藏、构造-岩性圈闭油气藏等。如我国库车前陆盆地克拉2号气田，其含气层段主要为古近系-白垩系巴什基奇克组的辫状河三角洲-滨浅海沉积体系的砂岩储层。

## 第四节 河口湾相

### 一、河口湾的定义和分类

河口湾的发育与潮汐、波浪以及河流作用的强弱有密切关系。在潮汐和波浪作用很强的海岸河口区，或小型河流，或挟带泥砂量少的河流，通常不形成三角洲，而是形成河口

湾环境（图 12-20）。河口湾在现代海侵海岸特别发育，当海水大规模入侵时，海岸下沉，河流下游的河谷将沉溺于海平面之下，海岸河口区形成了向海扩展的漏斗状或喇叭状的狭长海湾，如我国著名的现代钱塘江河口湾（即杭州湾，图 13-26）。河口湾常位于下切河谷内由下部陆相向上部海相沉积过渡的相带中（图 13-27），保存较为完整，可提供海岸线和环境变化的重要信息。近年来，全新世河口湾沉积得到了国内外地质学家的广泛关注，国外最为著名的有加拿大 Cobequid Bay-Salmon 河口湾、法国 Gironde 河口湾和澳大利亚南 Alligator 河口湾等。我国也相继在长江、珠江、瓯江、胶州湾大沽河、辽东湾大凌河、渤海湾西海岸大石河、九龙江以及钱塘江等河口地区发现了全新世河口湾。

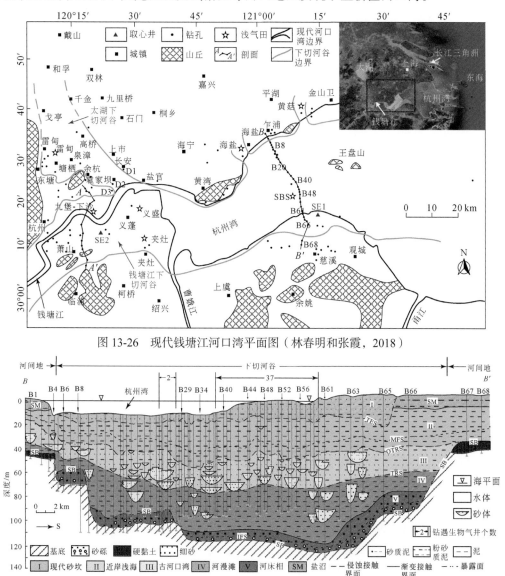

图 13-26  现代钱塘江河口湾平面图（林春明和张霞，2018）

图 13-27  晚第四纪钱塘江下切河谷充填物的沉积建造和沉积相（剖面位置见图 13-25；Zhang et al.，2014）
SB. 层序界面；IFS. 初始海泛面；TRS. 海侵潮流侵蚀面；OTRS. 海岸潮流侵蚀面；MFS. 最大海侵面；TES. 海退潮流侵蚀面

## （一）河口湾的定义

对于河口湾，许多学者有过各种类似的定义。应用最为广泛的为 Pritchard 1967 年根据盐度提出的，他认为"河口湾是一个半封闭的海岸水体，它与外海有自由联系，在此水体内的海水受到来自陆地径流某种程度的冲淡"。他对其定义还作了如下进一步的说明。首先，"河口湾是一个半封闭的海岸水体"意味着河口湾的重要特性是其间的水运动受到它的海岸边界的明显制约。据此，像波罗的海、波的尼亚湾和芬兰湾等较大的水体，其海岸边界对水体运动的运动学和动力学所起的作用很小，所以它们不属于河口湾的范畴。其次，"它与外海有自由的联系"。这种联系必须使海洋与河口湾之间的水交换基本上是连续的，这就限制了那些在口门处由于沙坝岛的封闭，使得海洋的水交换不畅的海岸水体，这实际上是海岸潟湖，而不是河口湾。再次，"这个水体内的海水被来自陆地河流的径流某种程度的冲淡"。海水和淡水的混合，也是河口湾的一个重要特性，并产生密度梯度，导致河口湾所特有的环流形式。Pritchard 1967 年提出的河口湾定义主要基于盐度的变化特征，其对于研究海陆过渡段的化学和生物过程非常重要，但当涉及沉积物（岩）研究时，作用就显得非常有限，这是因为岩相，特别是砂质沉积物的展布规律主要受控于物理作用过程，而非盐度。例如，潮汐作用向陆影响距离比盐水的向陆入侵距离要远得多，按照 Pritchard 1967 年的河口湾定义，受潮汐影响的淡水区域应属于河流环境，但实际上其沉积物内部潮汐构造特别发育，显然是不合适的。

因此，基于沉积地质学考虑，Dalrymple 等 1992 年首次给出了河口湾的地质学定义，认为"河口湾是下切河谷体系被海淹没部分，接受来自河流和海域的沉积物，包含了受潮汐、波浪和河流作用过程影响的沉积相"。随后的研究表明河口湾的发育部位并非局限于下切河谷内部，也可发育于其他区域，如海侵时被废弃的三角洲平原区。2006 年 Dalrymple 对河口湾的定义进行了修订，认为"河口湾是海侵时河口被海淹没的海岸环境，接受来自河流和海域的沉积物，包含了受潮汐、波浪和河流作用过程影响的沉积相，其向陆可延伸至潮汐环境的向陆端，向海可达海岸环境的向海端"。

地质历史上，河口湾的存在时限很短暂，随着海平面的快速上升，其可被彻底淹没，演化为海湾或浅海环境；若海平面的上升速率降低，而在沉积物的供应速率增大的情况下，其可演变为三角洲、滨岸海滩砂脊或潮坪环境。

## （二）河口湾的分类

在河口湾中，河流和海洋动力（如波浪和潮汐）的相互作用过程表现为河流作用强度自陆向海逐渐减弱，而海洋动力作用强度因障壁沙坝等沉积体的阻碍以及海底摩擦作用的消耗，自海向陆逐渐减弱，从而使得总能量自陆向海表现出强-弱-强的展布特征（图 13-28a、图 13-29a）。因此，根据能量的平面分布特征，可将河口湾自陆向海划分为三段：①海向段，以海洋动力作用过程为主，总能量强，床沙载荷沉积物主要表现为向陆搬运；②中间段，海洋和河流动力相互抵消，作用强度最弱，为海洋和河流来源沉积物的汇集区，沉积物粒度最细；③陆向段，以河流作用过程为主，总能量也强，床沙载荷沉积物主要表现为向海搬运（图 13-28b、图 13-29b）。换句话说，在平面上，沉积动力作用强度在海向段和陆向段最强，中间段最弱，从而使得河口湾沉积物自陆向海表现为一个粗 - 细 - 粗的分布格局（图 13-28b、图 13-29b）。

　　类似于三角洲的三端元分类法，目前应用最广泛的分类方案为河口湾的两端元分类法，即根据海向段波浪和潮汐的相互作用强度将河口湾划分为浪控型和潮控型两种（Dalrymple et al.，1992；图 13-28、图 13-29）。但其实在地质历史中，纯粹的浪控型和潮控型河口湾并不多见，河口湾常表现为二者的过渡类型。

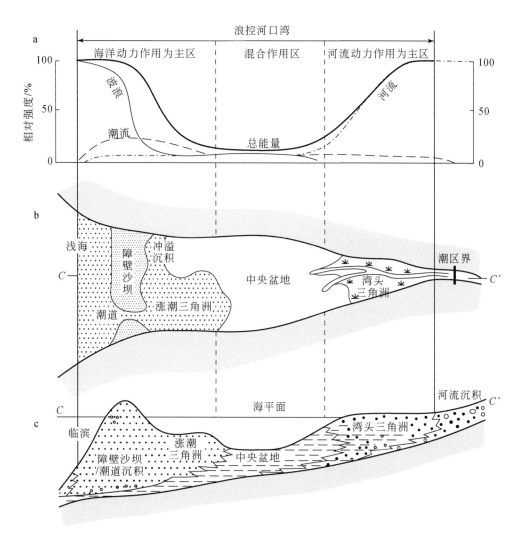

图 13-28　浪控河口湾示意图（Dalrymple et al.，1992）

a. 纵向沉积动力作用类型及分布特征；b. 平面沉积亚相分布特征；c. 剖面沉积亚相分布图

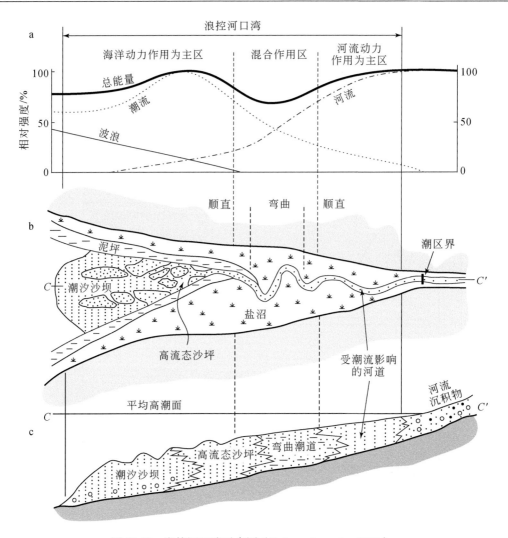

图 13-29　潮控河口湾示意图（Dalrymple et al.，1992）

a. 纵向沉积动力作用类型及分布特征；b. 平面沉积亚相分布特征；c. 剖面沉积亚相分布图

## 二、河口湾沉积模式

### （一）浪控河口湾沉积模式

浪控型河口湾在海向段以波浪作用为主，潮汐作用强度相对较弱，即在海向段波浪作用强度最大，陆向段河流作用强度最强，中央部位动力作用强度最弱，河口湾平面能量强 - 弱 - 强的分布特征非常明显（图 13-28a），相应地，沉积物在平面上自陆向海也展现出典型的粗 - 细 - 粗的分布格局（图 13-28b 和 c）。在海向段，海洋来源沉积物在波浪作用下向河口湾内部搬运，在河口区形成障壁沙坝沉积体，在潮流较强时，可被潮汐通道分隔为多段，潮汐通道陆向端还发育涨潮三角洲。中间段因波浪和潮汐作用强度很弱，形成以细粒沉积为主的中央盆地。在陆向段河流作用最强部位发育湾头三角洲，其主要为河控型三角洲，呈鸟足状，也可发育潮控或浪控三角洲。河口湾两侧为盐沼或潮坪沉积。浪控河口湾的典型实例为加拿大的 Hawksbury 河口湾和 Miramichi 河口湾。

纵剖面上，海侵体系域时随着临滨的不断向陆迁移，障壁沙坝经常整体或部分被侵蚀掉，上覆为一侵蚀面（图 13-30C1）。残存的障壁沙坝常与潮道沉积、冲溢沉积和涨潮三角洲沉积共生，并于中央盆地沉积指状交互。相反，在高水位体系域时，障壁沙坝、潮道沉积、冲溢沉积和涨潮三角洲常保存比较完整，上覆临滨和海滩沉积（图 13-30C2、C3）。浪控河口湾沉积物的粒度垂向上呈现典型的对称分布：底部向上变细的沉积序列自下而上为海侵体系域河流沉积和湾头三角洲沉积；中央盆地的中部沉积物粒度最细；向上中央盆地沉积被涨潮三角洲 / 冲溢沉积 / 湾头三角洲沉积覆盖（具体覆盖沉积物类型取决于剖面位置），粒度整体向上逐渐变粗（图 13-30C1 ～ C4）。湾头三角洲沉积与河流沉积的区别在于其内部发育潮成沉积构造和半咸水生物，并常位于海侵体系域的底部和海退体系域的河口湾湾头，表现为一向上粒度变粗的沉积序列（图 13-30C4）。潮流影响的河道沉积可能在海退体系域晚期最发育，其将会部分或全部侵蚀掉下伏中央盆地沉积，甚至与底部层序界面重合。

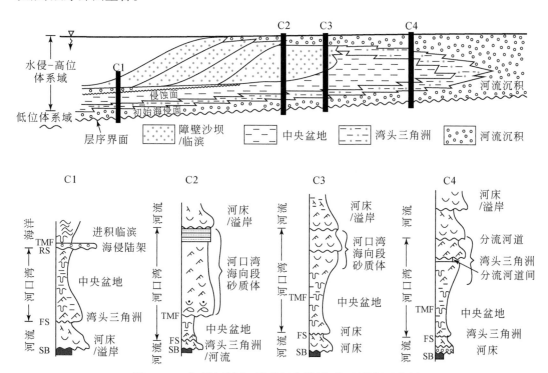

图 13-30　典型浪控河口湾理想化纵剖面沉积特征示意图

（二）潮控河口湾沉积模式

潮控型河口湾通常发育于强潮汐河口地区，其潮差一般大于 4m，如果河流规模小，泥砂供应不足，此时潮汐作用远大于河流作用，有利于河口湾的形成，如我国的钱塘江口属于强潮汐河口，形成强潮型河口湾。在中等潮汐河口（潮差为 2 ～ 4m，如长江口）和弱潮汐河口（潮差＜2m，如珠江口），常因河流作用大于潮汐作用，不形成河口湾而发育三角洲。

潮控型河口湾地区是河流水流和潮汐水流强烈交锋和汇合处，由于河水和海水的密度不同，密度大的海水沿底部侵入河口，致使上、下两层的水流方向相反。河流和潮汐的流量关系决定了水体的分层和混合特性。潮汐作用弱、河流流量占优势时，低密度的淡水位于盐水楔之上，水体呈明显的层状，随着潮汐作用逐渐增强和河流流量减弱，咸淡水垂向的梯度变化逐渐减小，直至最后完全混合而呈均匀状态，使河口湾地区形成了海陆过渡、咸淡水混合的半咸水环境。

与浪控型河口湾相似，潮控型河口湾平面上河流作用强度自陆向海逐渐减弱，总能量自陆向海仍表现为强－弱－强的展布特征（图13-29a）。所不同之处表现为潮控型河口湾在海向段以潮汐作用为主，波浪作用强度相对较弱，潮流在向陆传播过程中，因受到漏斗状河口湾的束狭作用，潮汐强度逐渐增强（即"超同步效应Hypersychronous"），但当超过一定距离时，海底摩擦对潮汐强度的消耗超过束狭作用对潮汐强度的增强时，潮汐强度向陆逐渐减弱，在潮区界变为零（图13-29a）。潮汐作用的向陆影响范围比波浪要远得多，从而使得砂质沉积物在河口湾内部连续分布，泥质沉积物见于河口湾边部的潮坪和盐沼，沉积物平面上的粗－细－粗展布模式不如浪控型河口湾明显，但砂质沉积物仍然在总能量最弱区域粒度最细（图13-29b、c）。

河口湾地区的潮流是往返的双向流。涨潮时，潮水顺河口溯河而上，形成河流壅水现象；退潮时，潮流强烈地冲刷河床，引起河口湾的加深和展宽，其结果更有利于潮汐、波浪大规模入侵，使河口湾两岸产生沉积物流，形成河口湾浅滩。由于科里奥利力的影响，河口地区涨落潮流的路线不一致，它们往往沿着相距很近但又分离的路线各自流动，故在涨落潮之间的河口区形成顺流向展布的冲刷沟（涨、落潮河谷）和狭长形的线状潮流砂脊，较大规模的砂脊高达10～22m，宽300m，长达2000m左右，向陆至潮流最强部位潮流砂脊演变为高流态砂坪，再向陆转变为潮道变窄，演变为单一潮道沉积（图13-29b、c）。在河口湾的中间段，总能量最弱区域，潮道因不受限制，呈弯曲状（图13-29b、c）。在陆向段，为潮汐影响的单一河道砂体沉积，河口湾两侧为盐沼或潮坪沉积（图13-29b、c）。潮控河口湾的典型实例为加拿大的芬迪湾（Cobequid Bay-Salmon River estuary）和我国的现代钱塘江河口湾。我国现代钱塘江河口湾，其自潮区界芦茨埠向海依次发育受潮流影响的河床－河漫滩复合体、粉砂质沙坎、潮道－潮流沙脊复合体和湾口泥质沉积区（图13-31）。闸口以上的河流段以河床砂砾沉积为主（图13-31），在冰后期的海侵过程中，因回水和溯源堆积作用，以及沉积物进积作用的影响，其总体呈现一种向上先变细后又变粗的沉积旋回。闸口至澉浦之间的河口湾漏斗内为巨大的粉砂质沙坎沉积（图13-31）。闸口上游和下游的沉积物在粒径上有很大差别，且界线明显；在那里河床还有一个明显的落水槽，反映了河床的突然加宽。澉浦至金山卫之间为潮道与潮流沙脊复合体沉积，潮道与潮流沙脊相间线性分布，沉积物以砂质粉砂和粉砂为主，潮流沙脊主要由细砂组成（图13-31）。杭州湾北岸深切槽离岸距离3～5km，全长65km，宽度2km，最大水深达53m，为涨潮冲刷槽，近百年来不断深刷，侵蚀泥沙量达$10×10^8t$；潮流沙脊出现在全公亭、海盐、王盘山及南岸七姐八妹海域，长3～12km，宽1～4km，脊顶水深1.0～5.0m，沙脊上均叠加沙波（图 13-31）。现代钱塘江湾口则主要为泥质粉砂夹厚层粉砂沉积，堆积面积 2000km²，海域宽阔，海底地形平坦，起伏小，水深在 8～10m 之间，总体上处于微淤状态（王颖，2012）。潮滩分布在杭州湾南岸潮间带，以及北岸金山卫以东和尖山—乍浦一带，以庵东和尖山潮滩为代表，沉积物以粉砂和黏土质粉砂为主，处于缓慢淤涨状态；海滩分布在北岸深切槽北部，以细砂和粉砂质细砂沉积为主，历史上岸线后退，潮间带被侵蚀，后因人工建筑海塘和海岸防岸工程，目前处于稳定状态（王颖，2012）。总体来看，沉积物在平面上自陆向海呈现粗 - 细 - 粗 - 细的分布模式，与大多数河口湾常见的粗 - 细 - 粗的沉积物分布格局明显不同，这可能与现代钱塘江河口湾独特的动力条件和泥砂运动特征紧密相关。

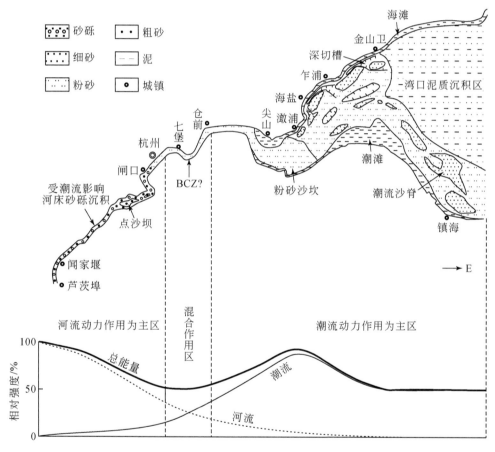

图 13-31　现代钱塘江河口湾沉积模式（林春明和张霞，2018）

BCZ. 潮流和径流汇合部分，水动力最弱，沉积物粒度最细

　　纵剖面上，海侵时期随着潮道的向海推进及侧向迁移叠加，海向段的潮流沙脊和高流态沙坪沉积体可能会被部分或全部侵蚀掉，从而形成一侵蚀面（图 13-32C1）。同时潮道的侵蚀也可形成具交错层理的潮流沙脊和具平行层理的高流体沙坪（图 13-32C2），或于河口湾边部与泥坪和盐沼沉积物侵蚀相连。海侵时期因潮流沙脊和高流态沙坪的不断向陆迁移叠加，沉积物粒度常向上逐渐变粗，相反在海退体系域二者的叠加常形成沉积物粒度

向上逐渐变细的沉积序列（图 13-32C2）。潮流和河流相互作用的中间段和以河流作用为主的陆向段以潮道沉积为特征，周边为垂向加积的咸水、半咸水或淡水沼泽沉积。在海侵或海退体系域，潮道的弯曲段沉积均会上覆或下伏顺直潮道沉积（图 13-32C3），除非后期的顺直潮道沉积将前期沉积全部侵蚀掉，且上覆或下伏的顺直潮道沉积水流方向是相反的。

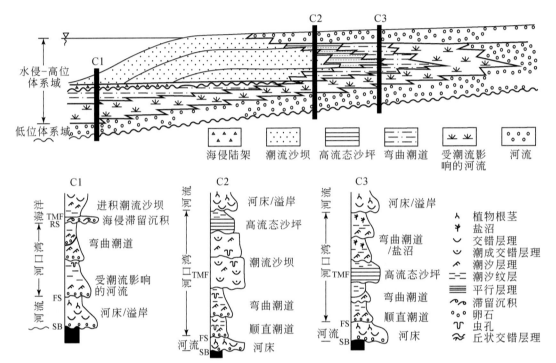

图 13-32 潮控河口湾理想化纵剖面沉积特征示意图（Dalrymple et al., 1992）

## 三、河口湾的识别标志及其与油气的关系

### （一）河口湾的识别标志

**1. 岩性特征**

岩性特征以分选、磨圆度较好的细砂、粉砂和泥质沉积为主。砂、泥比例取决于潮汐和河流作用的强度以及泥沙的供应状况。在潮汐河口的砂质沉积物中常夹有泥质薄层。这种夹层是由于强潮流强烈扰动而呈悬浮状态搬运的沉积物，在高、低潮或平潮和停潮时流速最小时发生沉积所致，它是判别潮汐河口环境沉积的重要标志之一。

**2. 沉积构造**

河口湾沉积中常发育各种复杂多样的层理构造，既有潮汐环境中常见的透镜状层理、脉状层理、波状层理、羽状交错层理，也可见到因河流作用而形成的板状交错层理、槽状交错层理等。由于河口湾环境的水文状况复杂，常形成各种类型的波痕，如削顶的、修饰的、双脊的、单峰的、对称和不对称的、小型和巨型的波痕等。波痕的走向受到干扰的现象极为普遍。生物扰动构造较为发育，由陆向海数量和类型增多，尤其在泥质沉积物中生物潜穴和寄居构造较为普遍。

**3. 生物化石**

河口湾环境中以含有较多的受限制的或半咸水动物群为特征，常见的有介形虫、腹足类、瓣鳃类、有孔虫等广盐性生物，并常见因潮流带入的外海深水种生物。生物个体由陆向海变多变大，并可见树干和植物碎片。如现代钱塘江河口湾中的有孔虫含量高，底栖有孔虫丰度最大可达 2240 枚 /50g，平均 225 枚 /50g，浮游有孔虫仅在底部可见，数量极少；底栖有孔虫多为广盐性，有 30 余种，主要有浅水种属如 *Ammonia beccarii* vars.、*Elphidium advenum* 和 *Pararotalia nipponica*，以及深水种属（水体深度大于 50 m）如 *Ammonia compressiuscula*、*Protelphidum tuberculatum* 和 *Ammonia koeboeensis* 等；这些深水底栖有孔虫种属可能是由潮流作用从东海带入现代钱塘江河口湾内的（图 13-33）。

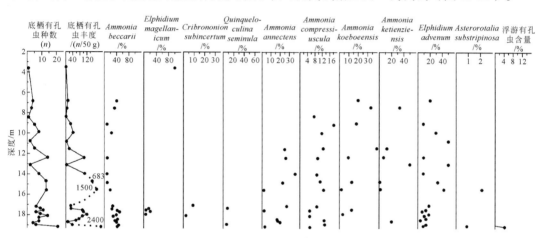

图 13-33　现代钱塘江河口湾底栖和浮游有孔虫种属、种数和丰度垂向分布特征

**4. 岩体形态**

砂体长轴与河口湾轴向平行，且纵向延伸较远，宽度数十米至数百米（图 13-29b、图 13-31）。垂向剖面上出现细分层现象，并有旋回性（图 13-32）。由于河口湾中潮道的多次迁移，可产生多层透镜状砂体，底界具明显的冲刷接触（图 13-27）。

**5. 沉积层序**

河口湾的主要沉积单元是潮道、潮流沙脊、高流态沙坪及潮坪。潮道的水动力条件和沉积特征类似于进潮口，是砂质的沉积场所。潮道的充填序列自下而上通常为：基底冲刷面－含介壳的滞留沉积－大型双向交错层理砂－平行纹层或低角度交错纹层砂。细粒河口湾沉积由砂泥薄互层组成，反映水流强度的周期性变化，具明显特征的层理为透镜状层理、波状层理和压扁层理。

浪控河口湾充填沉积在垂向上呈现典型的对称分布。底部向上变细的沉积序列，即由海侵体系域河流沉积和湾头三角洲沉积渐变为中央盆地细粒沉积，上覆涨潮三角洲 / 冲溢沉积 / 湾头三角洲沉积，粒度整体先向上变细再向上逐渐变粗（图 13-30C1 ～ C4）。而潮控河口湾的垂向沉积序列相对比较复杂，可与浪控河口湾相似，在垂向上呈现典型的中间细顶底粗的对称分布（图 13-32C1），也可呈现顶底细中间粗的沉积序列（图 13-32C2），这取决于物源的组成以及沉积剖面的发育位置（图 13-32）。

（二）与油气的关系

因河口湾常与下切河谷共生，因此，具备了良好的生、储、盖及圈闭条件，可形成典型的油气田和第四纪浅层生物气田。在河口湾中，中央盆地、潮坪和盐沼亚相以黏土沉积为主，厚度大，分布广，富含河流和海域带来的，以及原地堆积的有机质，加之水体较安静，埋藏速度快，有利于有机质的富存，因此，具良好生油条件。良好的储油气砂体类型多样，如浪控河口湾海向段的障壁沙坝、潮道砂体和涨潮三角洲砂体，和陆向段的湾头三角洲砂体；以及潮控三角洲的潮道砂体、潮流沙脊砂体和高流态沙坪砂体，这些砂体砂质纯净，分选好，具良好的储油物性，加之紧邻中央盆地、潮坪和盐沼的生油区，对油气的聚集处于"近水楼台"的优越地位。至于盖层，河口湾相中的生油层也可同时作为盖层，且因河口湾常位于下切河谷内，海进体系域的近岸浅海相泥质沉积体可作为区域性的良好盖层。

总之，河口湾相既有沉积厚的生油层和盖层，又有质纯，分选好的储油层。加之，河口湾沉积过程中局部的海进海退比较频繁，幅度也较大，这样就可形成众多的、良好的生储盖组合，进而形成油气丰富的油气聚集带。因此，研究河口湾沉积对寻找油气来说非常重要。

本教材以末次盛冰期以来钱塘江下切河谷为例来阐述河口湾相内浅层生物气田的成藏机理。目前，钱塘江下切河谷内共发现夹灶、义盛、九堡－下沙、三北浅滩（SBS）、海盐、黄菇和雷甸七个浅气田，前六者位于钱塘江下切河谷及其支谷内，雷甸浅气田位于太湖下切河谷内（图 13-26）。通过钻孔、静力触探、EH4 电磁成像系统和浅层横波地震等技术勘察发现，储气砂体为分布于古河口湾相内部的透镜状砂体。该砂体顶平底凸，呈大小不等的串沟状或条带状，但长短轴比例变化很大，有呈半圆形的，也有呈条带状的，埋深在36 ～ 70m；剖面上这些砂质透镜体可单层分布，也可表现为由多层、多个砂体叠加组成的复合层，复合层中砂体与砂体之间往往有薄层的粉砂质泥；单个砂体长度为 27 ～ 179m 不等，大部分为 52 ～ 100m；单个砂体厚度为 5 ～ 10m，最大可达 23m，含气厚度可达5.6m；砂体沉积物类型多样，一般为粉砂、砂质粉砂、粉砂质细砂、细砂和中砂，垂向上具向上粒度变细的特点，个别砂体内部自下向上粒度逐渐增大（图 13-27、图 13-34）。砂体压实和胶结程度低，孔隙度大，渗透能力强，经测试，孔隙度为 28.0% ～ 40.8%，渗透率在 $360.8 \times 10^{-3}$ ～ $1033.0 \times 10^{-3} \mu m^2$ 之间（表 13-2），按容积法和压降法计算的储量进行换算，推测气层有效厚度为 5.6m。气田原始压力为 0.36 ～ 0.41MPa，夹 1 生产井（对应静力触探 J13 井）、夹 2 生产井（对应静力触探 J14 井）、夹 5 生产井（对应静力触探 J2井）6mm 油嘴日产量分别为 2075m³、1481m³、2300m³。古河口湾－河漫滩相粉砂质黏土及浅海相淤泥质黏土生气能力强，为江浙沿海平原浅层生物气有效气源岩。古河口湾－河漫滩相粉砂质黏土分布在下切河谷内部，埋深 30 ～ 80m，残留地层厚度 10 ～ 30m，在河流主流线最厚，向海方向略变深增厚。岩性为灰－灰黑色黏土、粉砂质黏土和灰色淤泥质黏土。天然含水量一般 30% ～ 50%，孔隙度 45% ～ 55%，孔隙呈水饱和状态，流塑－可塑，中－高压缩性，页理发育，相对密度 2.71 ～ 2.75。古河口湾－河漫滩相泥炭层、植物碎片和根茎的含量较高，根据浙北雷 5 井孢粉分析，古河口湾－河漫滩相木本植物平均含量达 52%，草本植物平均含量达 40%，其余为水龙骨科、蕨属、水生草本植物眼子菜科等，孢粉组合以松属、柏科、禾本科、莎草科等喜凉干植物的含量高占优势，栎属等喜暖植物相对含量较低，喜温的阴地蕨科植物平均含量在 2.5% 以上，喜温湿的眼子菜科植物较少，推测当时古河口湾－河漫滩相气源岩沉积时气候为温凉略干。古河口湾－河漫滩相气源岩的 $S^{2-}$ 含量在 0.02% ～ 0.65% 之间变化，平均为 0.12%；$Fe^{2+}/Fe^{3+}$ 最小 0.2，最大为 2.31，

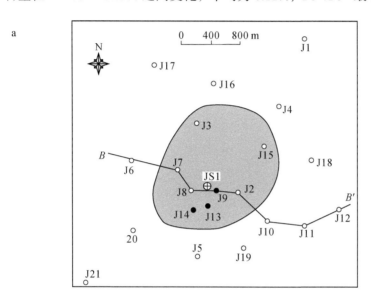

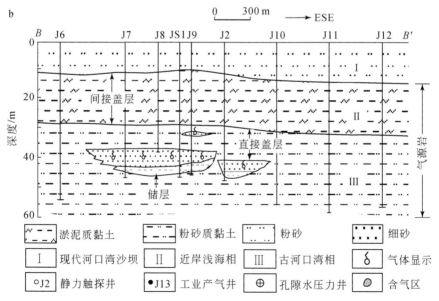

图 13-34　杭州萧山地区夹灶浅气田平面图和气藏剖面综合解释图

a. 钱塘江下切河谷地区夹灶浅气田静力触探井、产气井和含气区平面分布图；b. 古河口湾相透镜状砂体，砂体内部沉积物颗粒粒度向上逐渐变粗

平均为 1.05；姥鲛烷 / 植烷（Pr/Ph）为 0.53 ～ 1.14；此外，古河口湾 - 河漫滩相地层水为 NaCl 型，pH 为 6.6 ～ 7.2，矿化度高，含少量的 $I^-$ 和 $Br^-$。浅海相淤泥质黏土层直接覆盖在古河口湾 - 河漫滩相粉砂质黏土气源岩上，埋深一般为 5 ～ 35m，残留地层厚度一般为 10 ～ 20m，向海方向有变深增厚趋势。岩性为灰色淤泥质黏土。浅海相泥炭层、植物碎片和根茎的含量较低。天然含水量一般 30% ～ 50%，孔隙度 45% ～ 50%，孔隙呈水饱和状态，流塑 - 软塑，中压缩性，以厚层均质块状层理为主，相对密度 2.71 ～ 2.74。气源岩中的 $S^{2-}$，$Fe^{2+}/Fe^{3+}$ 分别在 0.09% ～ 0.15% 和 0.98 ～ 1.42 之间变动，$S^{2-}$ 值最大为 0.27%，最小 0.05%，$Fe^{2+}/Fe^{3+}$ 值最大为 1.64，最小 0.77，Pr/Ph 为 0.53 ～ 0.89。这些特征表明古河口湾 - 河漫滩相以及浅海相气源岩长期处于封闭的弱还原至强还原环境，有利于气源岩的发育。

表 13-2　杭州湾地区全新世生物气田储层物性特征（林春明和张霞，2018）

| 浅气田名称 | 井位 | 井深 /m | 岩性 | 孔隙率 /% | 渗透率 /10⁻³μm² |
|---|---|---|---|---|---|
| 夹灶 | 夹 3 井 | 38.0 | 含砂质粉砂 | 36.1 | 360.8 |
| | | 40.2 | 含砂质粉砂 | 28.0 | 818.8 |
| 东塘 | 东 5 井 | 31.6 | 浅灰黄色细砂 | 40.8 | 1033.0 |
| | | 36.3 | 土黄色含砾砂 | 29.4 | 723.5 |
| 雷甸 | 雷 5 井 | 25.3 | 灰黄色细砂 | 33.9 | 158.9 |
| | 雷 8 井 | 35.6 | 灰黄色含砾中粗砂 | 28.8 | 272.0 |
| 黄菇 | 黄 1 井 | 53.7 | 浅灰绿色细砂 | 30.9 | 488.3 |
| | 黄 3 井 | 34.9 | 浅黄绿色细砂 | 37.5 | 1678.0 |
| | 黄 4 井 | 63.0 | 黄绿色粉砂 | 43.2 | 564.0 |
| | 黄 5 井 | 54.1 | 灰绿色细砂 | 30.5 | 60.8 |
| 海盐 | 海 1 井 | 20.0 | 灰绿色粉细砂 | 40.2 | 707.7 |
| | | 23.5 | 灰绿色粉砂 | 40.1 | 197.2 |
| | 洪 1 井 | 15.0 | 浅黄色细砂 | 39.5 | 537.0 |

古河口湾 - 河漫滩和近岸浅海相泥质沉积物既可以作为气源岩，也可作为盖层（图 13-34），前者为直接盖层（局部盖层），后者是上覆盖层（区域盖层）。区域盖层对一个地区天然气聚集起着更加重要的作用，在很大程度上决定着整个地区的含气丰度，而局部盖层只控制了该区气的局部分布格局，其岩性和厚度决定了具体气藏的烃高度，当存在区域盖层时，对直接盖层的要求不大。气藏属于岩性圈闭气藏，气藏具底水，采气过量，易水淹和泥砂堵。一个气藏开采年限很短，可以保持 4 ～ 5 年稳定期。

# 第十四章　海洋环境及沉积相

## 第一节　海洋环境的一般特征

海洋总面积约为 $3.6×10^8km^2$，占地球总面积的 70.8%。海水的总体积约为 $13.7×10^8km^3$，占地球总水量的 97%。辽阔浩瀚的海洋是矿产资源的天然宝库，世界上许多大油气田的储层岩性都是以海相碎屑岩和碳酸盐岩为主，我国四川盆地、塔里木盆地和鄂尔多斯盆地等大气田多属海相沉积。

### 一、海洋沉积环境的特点

海洋是沉积物堆积的重要场所，海洋环境与大陆环境有着明显的不同，诸如物理化学条件、水动力状况、地貌特征等方面，都有其自身的特点。

**1. 海水的物理化学条件**

现代海洋表面温度变化范围为 $-18\sim+28℃$，比大陆温度变化范围（$-60\sim+85℃$）小，大洋深处的温度不超过 3℃。海水的温度受纬度、深度和海流等因素的影响，故不同海域有所不同。海水的压力变化范围较大，从海水表面的 1atm[①]，到深达 10km 的海底，其压力可增大至 1000atm。海水的平均含盐度为 3.5%，其中溶解了 80 多种元素所组成的盐类，主要为氯化物，其次为硫酸盐和少量碳酸盐及其他盐类。海水温度和含盐度的变化，直接影响着生物群落的发育和沉积物的性质。

海水密度高于大陆水体，直接影响着物质的搬运和沉积，如三角洲的形成就与海水的密度有直接关系。海水密度的变化亦是引起海水运动的重要因素。

海水的 pH 介于 $7.26\sim8.40$ 之间，一般为 8 左右，属弱碱性介质；而大陆水体，除咸水湖泊和盐湖外，一般为酸性介质。pH 的高低直接影响着化学物质的溶解和沉淀。海水中的 Eh 值主要受含氧量控制。一般是海水浅处含氧多，Eh 值高，为氧化环境；深处含氧少，Eh 值低，为还原环境。由于底流或浊流作用，在深海中也能造成有氧环境。

**2. 海洋的水动力状况**

海水的运动可概括为波浪、潮汐和海流三种形式，统称为水动力作用。它是海洋中发生一切作用的决定因素，控制着沉积物的沉积和分布。

"无风三尺浪"是对海洋波浪作用的最好写照，海洋波浪与湖泊不同就在于海洋水域辽阔，风的吹程长，波浪规模巨大。它是海洋中产生的侵蚀、搬运、沉积作用的主要

---

① 1atm=$1.01325×10^5$Pa。

动力，尤以在海岸附近最为显著。在这里它塑造着不同的海岸类型，改造和重新分配着沉积物。

海洋有潮汐作用，这是与大陆水体的又一重要区别。潮汐引起海面水位的垂直升降称潮位，引起海水的水平移动称潮流。潮位的升降扩大了波浪对海岸作用的宽度和范围，形成潮间带沉积环境；而潮流对海底沉积物的改造、搬运、堆积起着重要作用，尤以近岸浅海地区最为显著。

由地球重力场或海水温度、盐度分布不均产生密度梯度而引起的海水流动，称为海流。其搬运作用要比波浪、潮汐大得多。尤其对黏土等细粒沉积物，可进行长达数百至数千千米的长途搬运，只是由于黏土物质的絮凝作用和有机物质的黏结作用，它们才在近岸陆棚区沉积下来，否则黏土物质在经过长距离搬运后，就可能全部沉积于深海中去了。

### 3. 海底地形与海水深度

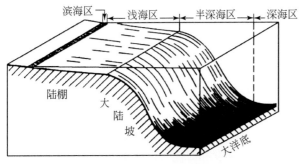

图 14-1 海洋地貌和沉积环境示意图

海底地形可分为陆棚、大陆坡、大洋盆地三个地貌单元（图 14-1）。

陆棚又称大陆架，平均坡度为 0.1°；宽度为 0～1500km，平均为 74km；水深为 20～550m，绝大部分陆棚水深在 200m 以内，平均为 133m。现代海洋陆棚面积约 $2×10^7km^2$，占海洋总面积的 7.5%，是海洋沉积最集中和最活跃的地区。

大陆坡是接续陆棚并向大洋倾斜的部分，坡度为 4°～7°，最大可达 20° 以上，宽度为 20～90km，深度为 200～2450m，平均深为 1270m。陆坡上常具有洼地、阶梯状地形、孤立山或被大量的海底峡谷所切穿。陆坡下部为陆隆，它是陆坡与深海盆地间的平缓过渡区，坡度为 0.01°～0.07°，宽达 300～400km，水深约 1400～3700m，常是由浊流或陆坡滑塌的碎屑堆积于深海平原边部而成，通常也称大陆隆起。

陆棚、陆坡、陆隆合称为大陆边缘，是大陆的水下延伸部分，为大陆与深海盆地间的过渡区。

大洋盆地占全部海洋面积的 2/3，它包括深海盆地、海岭、海峰、火山脊等。其中主要部分为水深达 4～5km 的深海盆地。而深海平原又是深海盆地中最平坦的部分，坡度一般为 0.001°，甚至 0.0001°。

## 二、海相组的划分

按海底地形和海水深度，将海洋沉积环境分为海岸环境、浅海陆棚环境、半深海（大陆坡）环境、深海（大洋盆地）四个次级环境，其中海岸环境包括无障壁海岸和障壁型海岸两种类型。各沉积环境的海水深度和海底地形特点见表 14-1 及图 14-1。

表 14-1 海洋沉积环境及沉积相划分

| 沉积环境 | 沉积相 | 海水深度 |
|---|---|---|
| 海岸环境 | 滨岸相 | 浪基面以上 |
| 浅海陆棚环境 | 浅海陆棚相 | 浪基面至 200m |
| 半深海（大陆坡）环境 | 半深海相 | 200～2000m |
| 深海（大洋盆地） | 深海相 | 2000m 以下 |

滨岸相又称海岸相或海滩相，位于潮上至波基面之间，包括无障壁海岸相和障壁型海岸相（障壁岛相、潟湖相、潮坪相等）。浅海陆棚相位于波基面以下的陆棚区，向陆方向与滨岸相衔接，向海与半深海相毗邻。根据海洋沉积物的性质，又可将海相组分为浑水沉积型和清水沉积型。前者以陆源碎屑沉积为主，后者以碳酸盐沉积为主。

# 第二节 陆源碎屑滨、浅海沉积相

## 一、无障壁海岸相

### 1. 沉积环境特点

无障壁海岸与大洋的连通性好，海岸受较明显的波浪及沿岸流的作用，海水可以进行充分的流通和循环，又称为广海型海岸及大陆海岸。包括这种海岸的海盆又称为陆缘海。

按照水动力状况和沉积物类型，无障壁海岸可进一步划分为砂质或砾质高能海岸和粉砂淤泥质低能海岸两种类型。它们的宽度随着海岸带地形的陡缓而定。在陡岸处宽度仅几米，平缓海岸处其宽度可达 10km 以上。

高能海岸环境以砂质类型居多，砾质者少见。按照海岸地貌特征可划分为海岸沙丘、后滨、前滨、近滨（临滨）等几个次级环境（图 14-2）。

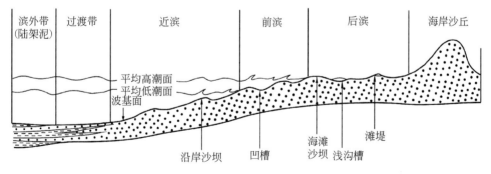

图 14-2 砂质高能海岸地区沉积环境划分示意图

在低能海岸带，以潮流作用为主，为粉砂淤泥质海岸。海岸坡度平缓，具有较宽阔的潮间带（潮滩），缺失后滨带（图 14-3），如苏北沿海地区即属此类型。

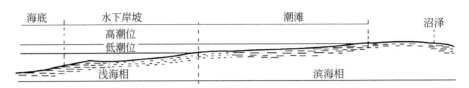

图 14-3 粉砂淤泥质低能海岸环境剖面示意图（任明达和王乃梁，1981）

### 2. 海岸水动力特点

滨岸环境是水动力作用强烈而复杂的地区，波浪、潮汐及其所派生的沿岸流强烈地冲刷、改造着海岸和沉积物，其强度要比河流大 100 倍，而波浪则是控制海岸水动力学特征和海岸发育状况的主要因素。

海洋因风的吹程大，故波浪的波长较大，一般为 40～80m。波浪作用随水深而急剧减小，大致在 1/2 波长的深度波浪作用已接近于零，因此，海洋波浪基准面大致在 20～40m 深度。海洋中也可出现波长为 400m 的巨浪，故一般认为 200m 水深是波基面的理论深度，也是划分浅海下限深度的依据之一。

波浪运动可以分为垂直海岸和平行海岸两种，前者常称为横浪，后者常称为纵浪。当正常波浪推向海岸时，因与海底摩擦而发生形变和破碎，这时就可将波浪分成如下几个带（图 14-4）：①起浪带，属正常波浪，水质点运动轨迹呈圆形，如不考虑重力作用，这时波浪对沉积物并不产生位移搬运；②破浪带，波浪由形变而发生破碎；③碎浪带，破碎的波浪继续向前推进，振荡波逐渐变成平移波；④冲洗带，海水成为一般水流冲向滩面，称作冲流，达到最高时稍作停顿，再退回到海水中，称作回流。冲流和回流的能量相当高，$Fr$ 可达 0.8 或更大。由此可见，随着波浪的破碎，可以导致海水向岸方向和离岸方向流动，引起沉积物的向岸及离岸搬运，结合重力作用，总的趋势是离岸搬运。

当波浪波脊斜交海岸时，会产生沿岸流，就可引起沉积物的沿岸搬运。

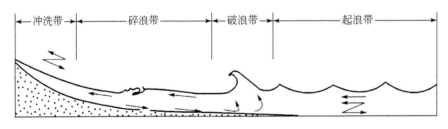

图 14-4 波浪的变形与分带

### 3. 亚相类型及特征

按照地貌特点、水动力状况、沉积物特征，可将滨岸相划分为海岸沙丘、后滨、前滨和近滨 4 个亚相（图 14-2）。

1）海岸沙丘亚相

位于潮上带的向陆一侧，即特大风暴时潮水所到达的最高水位。它包括海岸沙丘、海滩脊、砂海等沉积单元。

海岸沙丘指海平面之上的海滩砂经风的改造作用而形成的低沙丘或沙丘带，呈长脊状或新月形。在砂的供给充分、有强劲的向岸风盛行且海岸不断向海推进的地区，经常发育海岸沙丘，其宽度可达近 10km。海岸沙丘沉积物成分单一，主要由石英砂组成，缺乏泥级物质和生物化石。石英砂分选极好，以细到中砂为主。石英砂表面常发育因颗粒撞击而形成的碟形坑，表面多呈毛玻璃状。与海滩砂相比，海岸沙丘的砂分选好，磨圆度好，中粒砂数量增加，重矿物相对集中。

海岸沙丘发育典型的风成沙丘大型槽状交错层理，层系和纹层的厚度均较大。交错层的前积纹层倾角一般相当陡，可达 30° ～ 40°，层系厚度数十厘米。沙丘内部常有大量弯曲的侵蚀面。沙丘之间常有植被生长，植物腐烂后可形成泥炭层和根系层的透镜状夹层。

在最大高潮线附近出现的线状沙丘称为"海滩砂脊"或"海滩脊"，可高达数米，宽数十米，长达数百米至数十千米。它可呈平行海岸的单脊或成组出现。常由较粗的砂、砾石和介壳碎片组成，底部具冲刷面和平行层理，细层倾角 7° ～ 28°，多双向倾斜，较陡者倾向大陆，较缓者倾向海洋。

2）后滨亚相

后滨位于海滩上部海岸沙丘带下界与平均高潮线之间，只有在特大风暴潮和异常高潮时才能被水淹没，受到波浪和弱水流的作用，属潮上带。

后滨亚相沉积物是具平行层理的砂，粒度较沙丘带粗，磨圆度及分选较好。可见小型交错层理。当后滨中有较浅的洼地并被充填时，可形成低角度的交错层理。坑洼表面因风吹走了细粒物质而遗留和堆积了大量生物介壳，其凸面向上。坑洼边缘可形成小型逆行沙波层理。浅水洼地内可见藻席，并发育虫孔和生物扰动构造。风暴期在后滨与海岸沙丘交界附近因水的分选可使重矿物集中而形成砂矿。

3）前滨亚相

前滨位于海滩下部平均高潮线和平均低潮线之间。前滨地形比较平坦，是海滩下部逐渐向海倾斜的平缓斜坡地带。前滨带的发育与海岸地形（或坡度）和潮汐作用有关。如果海岸地形较陡而又无潮汐作用，前滨带则不发育，后滨可直接过渡为近滨。前滨带以波浪的冲洗作用为特征，沉积物主要是纯净的中、细粒石英砂，有时有丰富的、不同生态类型的生物碎片，也有重矿物局部富集的现象。沉积物分选和磨圆度极好，但下部沉积物分选比上部差。

前滨主要发育平行层理和冲洗交错层理。前滨沉积中常见的 4 种交错层理如图 14-5 所示。交错层理层系平直，其纹层平行海岸延伸可达 30m，垂直岸线可达 10m，纹层倾角取决于颗粒粗细，颗粒越粗，海滩坡度越大，倾角越陡。常发育对称或不对称浪成波痕、逆行沙丘、冲刷痕、流痕、变形波痕等。含有大量贝壳碎片和云母等，贝壳排列凸面朝上，属不同生态环境的贝壳大量聚集。生物潜穴和扰动构造发育，一般为垂直潜穴和 U 形潜穴。

4）近滨亚相

近滨是平均低潮线与正常浪基面之间的地区，是海滩的水下部分，也称为潮下浅海或临滨亚相，主要是砂质沉积物。可发育一个或多个与海岸线平行的不对称沿岸沙坝。这种沙坝形成于破浪带，沉积物较粗，主要来源于岸外和陆地。在沿岸沙坝的向陆一侧常有凹槽，凹槽中可发育有小型水流波痕，有时还有大型水流波痕及浪成波痕。

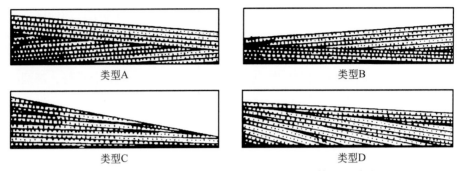

类型A　　　　　　　　　　　　　　　　类型B

类型C　　　　　　　　　　　　　　　　类型D

图 14-5　前滨沉积物的 4 种主要交错层理（赖内克等 1973 年提出）

近滨带上部以大型楔状或板状交错层理为主，下部以水平层理为主，沉积颗粒变细，生物扰动程度增强。向下逐渐过渡为过渡带的细粒沉积。

5）垂向沉积层序

在海岸发展的地史进程中，随着海进、海退的发生，可以形成退积型和进积型的海岸垂向沉积层序。一般来说，在古代地层剖面中以进积型垂向层序最常见。一个完整的进积型沉积序列，自下而上包括滨外陆棚、过渡带、近滨、前滨、后滨和海岸沙丘（图 14-6）。

| 岩性剖面 | 段 | 一般岩性 | 代表性的原生沉积构造 | 共生的沉积构造 | 环境解释 |
|---|---|---|---|---|---|
|  | 7 | 中-细砂岩 | 风成沙丘交错层理 | 植物根痕、变形构造 | 海岸沙丘 |
|  | 6 | 砂岩 | 平行层理 | 小波痕层理、低角度交错层理，细流痕、黏附波痕，气泡砂构造 | 后滨 |
|  | 5 | 中-细砂岩 | 冲洗交错层理 | 小流波痕，浪成波痕，逆行沙丘，干涉波痕，改造波痕，水流和浪成波痕层理，平行层理，递变层理，冲蚀构造，冲流痕，细流痕，黏附波痕，剥离线理，潜穴 | 前滨 |
|  | 4 | 细砂岩 | 水流波痕层理 | 削顶浪成波痕，弱生物扰动构造 | 近滨 |
|  | 3 | 细砂岩 | 平行层理 | 对称浪成波痕，大水流波痕，大波痕层理，中等-强生物扰动构造 |  |
|  | 2 | 泥岩、粉砂岩与砂岩互层 | 砂岩、泥岩互层层理和生物扰动构造 | 弱-完全生物扰动，均匀层理 | 过渡带 |
|  | 1 | 粉砂质泥岩、泥质粉砂岩夹细砂岩 | 水平层理 | 中等-强生物扰动构造，遗迹化石，均匀层理，递变层理 | 滨外陆棚 |

图 14-6　进积型砂质海岸沉积层序模式（《沉积构造与环境解释》编著组，1984，略修改）

在进积海岸层序中，根据海岸能量和沉积物粗细组成不同，可分为泥质低能海岸沉积层序、砂质海岸沉积层序和砾石质海岸沉积层序，其中以砂质海岸沉积序列最为常见。图 14-6 是美国新墨西哥州圣胡安盆地上白垩统加鲁普砂岩进积型砂质高能海岸的垂向沉积层序，其特点是自下而上呈现由细变粗的反旋回。

总的来看，砂质海岸进积型沉积序列表现为下细上粗的反旋回沉积特征，一般都与海退有关。在海进时期，无障壁海岸沉积形成退积序列，其发育顺序则与进积序列相反。在实际地层剖面中，由于海退或海进的速度不同，理想序列中的一个或多个沉积单位可能发育不全或完全缺失。

## 二、障壁型海岸相

### 1. 概述

障壁型海岸包括潟湖、障壁岛、潮坪等（图 14-7），它们是受障壁的遮挡作用在海岸带发育起来的。在沉积环境和沉积特征方面，与无障壁海岸相有某些共同之处。

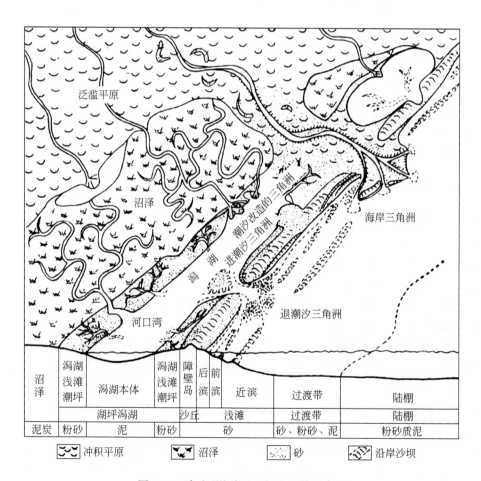

图 14-7　障壁型海岸地区沉积环境示意图

潟湖、潮坪、障壁岛密切共生，构成了所谓的障壁型海岸沉积体系，或称潟湖－潮坪体系。

### 2. 潟湖相

潟湖是为海岸所限制，被障壁岛所遮拦的浅水盆地。它以潮道与广海相通或与广海呈半隔绝状态。现今海岸的13%属障壁型海岸，在障壁岛背后一般均有潟湖。

潟湖中海水能量一般较低，以潮汐作用为主。沉积物为粉砂和泥，以水平层理为主。海水含盐度不正常。生物数量不多，属种单调，体小壳薄。

按照潟湖水体的含盐度和沉积特征，将潟湖相分为淡化潟湖相和咸化潟湖相两种类型。咸化潟湖出现于干旱气候条件下，蒸发量大于淡水注入量，生物种属十分单调，多为广盐度的双壳类、腹足类和介形虫。主要是细粒沉积物。可形成各种盐类沉积，如石膏、岩盐等。一般只有水平层理、塑性变形层理，可出现泥裂、石盐假晶等干燥气候条件下的暴露标志。

淡化潟湖形成于潮湿气候条件下，注入潟湖的淡水量大大超过潟湖的蒸发量，生物属种单调，数量较少，形态发生畸变，体小壳薄。主要为粉砂岩和页岩，还可见铁锰结核、硅质矿物、黄铁矿和鲕绿泥石等。主要发育水平层理。在潟湖边缘及潮坪地区有大量植物生长，可形成泥炭沉积。

### 3. 障壁岛相

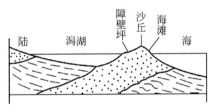

图 14-8 障壁岛剖面示意图

障壁岛是平行海岸高出水面的狭长形砂体，以其对海水的遮拦作用而构成潟湖的屏障。障壁岛是由水下沙坝或沙嘴发展而成，故其下部由沙坝或沙嘴构成底座，上部则由海滩、沙丘和障壁坪三部分组成（图 14-8）。

海滩是障壁岛向海一侧的狭长地带，沉积物为波浪作用形成的富含介壳的砂级物质，特征与无障壁海岸的海滩砂相似。风成沙丘位于障壁岛中央，系海滩砂经风的改造而成的，特征和海岸沙丘相同。障壁坪是障壁岛向陆一侧的宽缓的斜坡带，逐渐向潟湖过渡，其沉积物较细，分选较差，以粉砂和砂为主，只在入潮口地区有较粗的碎屑物质，发育有交错层理和复合层理。

障壁岛的沉积物是经过海水的长期冲刷簸选而重新分布的，因此，障壁岛相的岩石类型主要为中至细砂岩和粉砂岩，颗粒的分选和圆度较好，多为化学物质胶结。此外还有较粗的碎屑如砾石、生物介壳等。

障壁岛两侧的沉积环境差别很大，其沉积物性质截然不同。海滩一侧为正常海洋沉积，含正常海相化石和海绿石等自生矿物，障壁坪一侧则是盐度不正常的潟湖沉积，周围是潮坪或沼泽沉积物。

### 4. 潮汐通道和潮汐三角洲相

潮汐通道（进潮口）和潮汐三角洲有密切联系，都是由与障壁岛呈垂直或斜交的潮流作用而形成的。潮汐通道位于障壁岛之间，是连接潟湖与广海的通道。潮汐通道的发育程度主要与潮差有关。潮差越大，潮汐通道越发育。潮汐通道的宽度为几百米到几千米，深度 4.5m 到 40m 不等。

潮汐通道沉积物主要是由入潮口平行于海岸的侧向迁移形成的（图14-9），同曲河流的侧向迁移一样。沉积层序的结构变化一般由下向上变细，交错层系的厚度向上变薄；底部为残留沉积物，常由砾石、贝壳和其他粗粒沉积物组成，并具侵蚀底面；其上为较粗粒砂沉积，具双向大型板状交错层理和中型槽状交错层理；上部为由中细粒砂组成的浅潮道沉积，具双向小型到中型槽状交错层理和平行层理；含广海和潟湖的混合动物群。

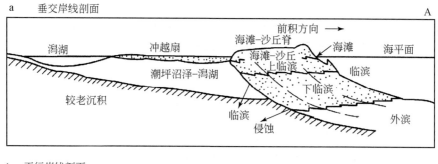

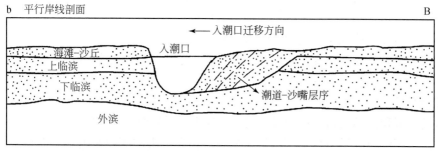

图14-9　平行海岸剖面上潮汐通道侧向迁移示意图（麦克卡宾1982年发表）

潮汐三角洲系潮流在潮道口内侧和外侧堆积形成的沉积体，可分为涨潮（进潮）三角洲和退潮三角洲（图14-7），前者位于障壁岛向陆一侧，很少受到风浪作用的影响，后者位于障壁岛向海一侧，受到海浪和沿岸流的影响。涨潮三角洲与潟湖沉积共生，以向陆为主的大型板状和槽状交错层理为主，并夹有退潮时形成的砂层，双向交错层理发育，层系由下向上变薄。退潮三角洲主要受到波浪作用的影响，沉积构造在平面上和剖面上变化都很大。在波浪作用明显大于潮汐作用的海岸上，退潮三角洲不发育，而往往形成滨外浅滩或席状砂。退潮三角洲与涨潮三角洲的沉积结构十分相似，主要区别是退潮三角洲与海岸沉积相共生，交错层系和波痕具有多向性，而涨潮三角洲与潟湖、潮坪沉积在一起，发育双向交错层理。

**5. 潮坪相**

1）一般特点

潮坪又称潮滩，发育在具明显潮汐周期（潮差一般大于2m）而无强烈风浪作用的平缓倾斜的海岸地区，如在障壁岛内侧潟湖沿岸。在具备上述条件的沙坝内侧、河口湾及海湾地带亦可发育潮坪环境（图14-7）。

潮坪一般可分出潮上带、潮间带和潮下带（图14-10）。然而构成潮坪的主要部分是潮间带，也称潮间坪，因为潮坪区地形坡度极为平缓，潮坪上潮汐水位升降的幅度（即潮差）一般为2～3m，最大可达10～15m，故在平面上可出现相当宽阔的潮间带。如德国北海潮坪的潮差为 2.4～4m，其潮间带可达 7km。在潮间坪的高潮线附近，是一个低能环境，以泥质沉积为主，称为"泥坪"或"高潮坪"；低潮线附近能量高，以砂质沉积为主，称为"沙坪"或"低潮坪"；二者之间的过渡地带，能量中等，具砂泥质沉积，称"混合坪"或"中潮坪"。潮坪的潮上部分称潮上坪，可发育沼泽和盐坪。潮坪的潮下部分主要为潮汐水道、水下沙坝和沙滩所占据。

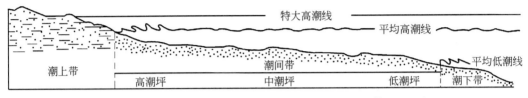

图 14-10　苏北强港现代潮坪相带划分示意图（张国栋等，1984）

潮坪上由于潮汐水位的升降而形成潮流。潮流的运动和冲刷使潮坪出现大量的潮渠和潮沟，它们向陆地出现分叉，形若树枝状。潮流的流速一般为 30～50cm/s。在潮渠或潮汐水道内流速可达 1.5m/s，这是潮坪环境中能量最高的地区。潮流的运动和冲刷作用是潮坪上层理、波痕等各种沉积构造形成的重要原因。

潮坪沉积也可分为浑水和清水两种沉积类型。前者以陆源碎屑沉积为主，后者以碳酸盐沉积为主。关于清水潮坪将在下一节中介绍。

2）沉积特征

浑水潮坪沉积以黏土岩、粉砂岩、细砂岩为主，砾岩极少见（图 14-11）。在平面上，由海向陆，沉积物粒度呈由粗变细的带状分布。在潮下带的潮汐通道内，因潮流作用强、能量高，沉积物以砂为主，形成水下沙坝、沙滩，并常富含生物介壳和泥砾。潮间坪上，从海向陆，由较纯的砂质沉积过渡为泥质沉积。从而形成了沙坪、砂泥混合坪和泥坪。潮上坪若发育有沼泽，可有泥岩沉积，干旱气候带的潮上坪可形成盐沼、盐坪，可有石膏等蒸发盐类沉积。

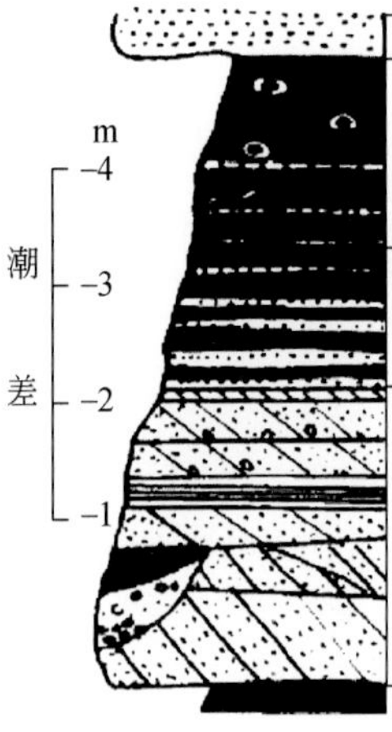

| 岩性 | 沉积构造 | 解释 |
|---|---|---|
| 红褐色泥岩 | 结核 | 潮上坪 |
| 红褐色、褐色泥岩 | 水平及波状粉砂岩纹层 | 高潮泥坪 |
| 泥岩和石英砂岩互层 | 干裂纹、交错纹层、脉状、透镜状、波状层理 | 中潮坪 |
| 石英砂岩 | 平行层理、流动卷痕、波痕及交错层理、人字形构造、再作用面 | 低潮坪 |
| | 大型交错层理、块状砂岩、潮渠、人字形构造、再作用面 | 浅的潮下带 |

图 14-11　潮坪沉积的理想层序（坦卡德 1977 年发表）

潮坪环境层理类型多样。泥坪上多见水平纹层或水平波状纹层。混合坪上多为脉状、波状、透镜状层理，系由涨落潮时形成的沙波与平潮期的泥质沉积组合而成。沙坪上常出现由多次涨潮造成的羽状或人字形的双向形态的交错层理，这是潮坪沉积的重要标志之一。在潮下带的潮汐通道内可见大型流水交错层理、羽状交错层理等。在沙坪和混合坪上常出现流水波痕和浪成波痕，以及由水流和波浪同时或先后作用而成的叠加类型的波痕。泥坪和混合坪可发育有干裂、雨痕、冰雹痕、鸟眼、足迹、爬痕、虫孔等。干燥气候条件下的泥坪上可见石膏及盐类晶体。

潮坪生物群以种类少而数量多、海相和陆相混生为特征，而且半咸水生物或广盐性生物大量发育，分异度低。潮上坪常被植物所覆盖，藻类生物较发育，如藻叠层及藻席等。潮间泥坪上生物较多，扰动现象强烈，混合坪上较少，沙坪上更少，偶尔可见生物粪粒聚集成层。

## 三、浅海陆棚相

### 1. 一般特点

浅海陆棚环境包括近滨外侧至大陆坡内边缘这一宽阔的陆架或广海陆棚区。其上限位于浪基面附近，下限水深一般在200m左右，宽度由数千米至数百千米不等，地形较平坦，平均坡度一般只有几分，最大不超过4°。

浅海陆棚环境的水动力作用复杂而多样，包括洋流、波浪、潮汐流及密度流等。它们的综合作用使浅海陆棚环境的海流系统在性质、强度和流向上变化都很大。它们对沉积作用的影响随深度而变化。但是，在正常情况下浅海陆棚环境水流速度是比较缓慢的，对沉积物表面不会产生重大影响。强风暴时强波浪能影响到海底，可使沉积物呈悬浮状态向海中搬运几十千米。另外，在狭窄海和海峡的陆棚中潮汐流、密度流和其他气象海流的流速可达150cm/s以上，也可引起沉积物的侵蚀和搬运。

陆棚浅水区阳光充足，氧气充分，底栖生物大量繁殖。深水区因阳光和氧气不足，底栖生物大为减小，藻类生物几乎绝迹。

浅海陆棚相可分为过渡带和滨外陆棚两个亚相。

### 2. 过渡带

过渡带是近滨与滨外陆棚之间的过渡沉积区，位于浪基面以下。近滨带与过渡带之间的界线通常以坡度的突变来划分，近滨带的陡坡向下坡度变缓时即进入过渡带。过渡带的平均坡度一般只有几分，水体的深度取决于海岸能量。海岸能量越低，过渡带的深度越小。

过渡带沉积物通常为黏土质粉砂和粉砂，在强风暴期，也可沉积砂质层。过渡带生物的个体和种类极为繁多，生物扰动构造也极为发育，有时会严重破坏层理构造，形成均匀层理。

### 3. 滨外陆棚

滨外陆棚位于过渡带外侧至大陆坡内边缘的浅海区，也常称为"陆架"或"陆棚"。该区水深10～20m以下至水深130～200m，坡度较缓，平均只有0.07°，一般不超过4°。

陆棚地区水动力状况复杂多变，对沉积物分布起主要作用的是潮汐流和风暴流。

滨外陆棚上的沉积物是通过河流、冰川、风的作用来自毗邻的大陆，其中以河流作用为主。河流搬运到浅海的大部分是细粒悬浮物质。滨外陆棚上沉积的粗碎屑主要是潮汐流、风暴回流从近滨带搬运而来的。残留沉积物只发生在海进的开始阶段，以后将被完全改造并被细粒沉积物所覆盖。临近火山活动区还有火山物质混入。在局部地区，风成沉积物也是重要的物质来源。

### 4. 风暴流沉积

在海岸和开阔的浅海陆棚中，台风和飓风引起风暴潮可造成大片海面升高、海面流速增大，波浪传播的深度增加，破坏正常气候条件下形成的沉积物，并堆积形成风暴流沉积。

风暴流沉积是由季节性台风和飓风引起的风暴潮产生的。强大的风暴潮所能影响海底沉积物的深度可达几十米。在特大风暴期，波浪传播的深度最大可达200m，使海面升高 5～6m。风暴潮的强大动力冲刷着沿岸和近岸沉积。当风力减退时，会产生一个向海流动的密度流挟带着大量呈悬浮状态的沉积物向海搬运（图3-10）。这个高密度流冲刷海底，可以形成明显的侵蚀面和冲刷痕。在正常浪基面和风暴浪基面之间，由于风暴浪仍然影响到海底，并且从密度流中发生沉积作用，结果形成丘状交错层理砂岩。密度流流入风暴浪基面之下，则形成具有鲍马序列的正常浅海浊积岩。艾格（Ager）1973年把由风暴流作用形成的一套沉积物组合称为"风暴岩"，属于事件性沉积类型。

| 沉积 | 流动状态 | 沉积速率 |
|---|---|---|
| 泥岩段 | 下部流动状态 | 很低 |
| 浪成砂纹 | | 中-低 |
| 平行纹层 | 上部流动状态 | 高 |
| 粒序层 | 悬浮的碎屑再沉积 | 很高 |
| 侵蚀接触 | 风暴的侵蚀 | |
| 泥质沉积物 | | 很低 |

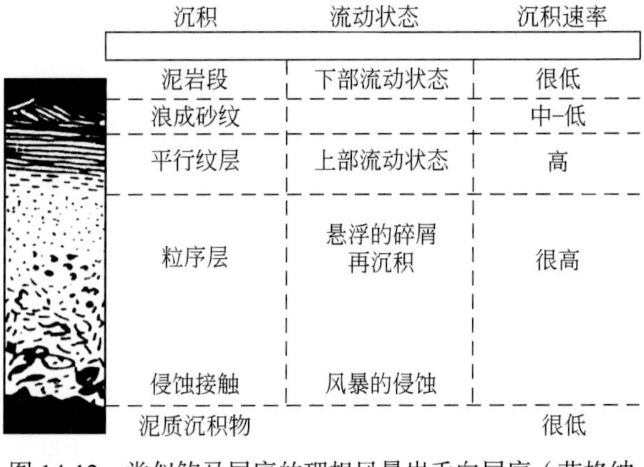

图14-12 类似鲍马层序的理想风暴岩垂向层序（艾格纳1982年发表）

风暴沉积特征与风暴作用的过程有密切的关系。一个风暴层的沉积层序代表从风暴高峰到风力减弱、流态从高能变为低能条件下的沉积。在风暴活动的不同阶段，发生着不同的沉积作用，形成不同的结果。一次完全的风暴过程可以形成具有一定规律的垂向层序。一次风暴形成的风暴层厚度为几十厘米至一米，自下而上具有特征的垂向沉积层序和沉积构造（图14-12）。

## 第三节 碳酸盐滨海、浅海沉积相

现代的碳酸盐沉积物和古代的碳酸盐岩，绝大部分都是在海洋环境中形成的。因此，海洋是最主要的碳酸盐沉积环境。非海洋环境中，如在湖泊、地下水、泉水、土壤、洞穴以及沙丘中，也可以有碳酸盐沉积，但与海洋环境中的碳酸盐沉积相比，其规模相差甚远。本节着重介绍海洋碳酸盐沉积环境与沉积相。

## 一、海洋碳酸盐沉积环境特点

在现代海洋的几乎所有部分，都有碳酸盐沉积物。当然其数量和性质是有很大差别的，这是由各种条件决定的。在海洋环境中，控制碳酸盐沉积作用的主要是温度、清洁度和深度。

海洋碳酸盐主要沉积于温暖、清洁、透光的浅水海洋环境。从现代海相碳酸盐沉积分布来看，主要存在于赤道南北纬 30° 的温暖浅海带，例如加勒比海大巴哈马滩、波斯湾、孟加拉湾、我国南海诸岛及印度尼西亚巽他陆棚等。在这些地区内钙藻大量繁殖、珊瑚礁发育，局部正在形成介壳砂、鲕粒砂、葡萄石、球粒灰泥及造礁生物黏结岩堆积。而在南北纬 40° 之间的深海盆地底部，有大量浮游生物碳酸盐沉积。

在现代海洋中，碳酸钙含量基本上是饱和的。因此，海水温度的变化对碳酸盐沉积作用十分关键。总的来说，温暖的海水有利于碳酸钙的沉淀。浅水（小于 30m）的海洋环境最适于碳酸盐沉积作用。在这一浅水海洋环境中，温度较高、含氧较充分、太阳光可以射及，若地处热带及亚热带，又无大河流干扰，那么浅水海洋环境是碳酸盐沉积作用的最有利的场所。海水太深，会使阳光不足，氧气不够，对藻类和底栖无脊椎动物的生长不利；深水压力大，特别是位于碳酸钙沉积补偿深度（CCD）之下的深海水域，溶解 $CO_2$ 多，$CaCO_3$ 不饱和，因此，深水不会有大量碳酸盐直接沉淀。深水中的碳酸盐沉积物主要靠海水表层的浮游生物（颗石藻、抱球虫、翼足类等）和浅水陆棚区漂运来的或由碳酸盐重力流沉积侧向搬运来的碳酸盐碎屑提供。

近些年来，人们也已经发现了不少现代和古代的非热带碳酸盐。Askelsson 早在 1934 年和 1936 年就对法国西海岸和冰岛南部海岸非热带碳酸盐沉积物进行过描述。自 Clave 1967 年对暖水碳酸盐岩概念提出质疑后，许多沉积学者对现代和古代非热带碳酸盐沉积做了大量工作，使得非热带碳酸盐沉积的研究取得了很大进展。非热带浅海碳酸盐岩包括以往所指的温凉水及冷水碳酸盐岩、温带及寒带碳酸盐岩和有孔虫－软体动物组合碳酸盐岩。它们分布于 30° 以上的中高纬度地区，沉积环境温度在 20 ~ 25℃，它们在颗粒、灰泥成分、矿物学、地球化学及沉积构造、成岩特征等方面均不同于热带浅海碳酸盐岩。

## 二、海洋碳酸盐岩沉积相模式

### 1. 陆表海及陆缘海

在 20 世纪 50 年代以前，人们对碳酸盐沉积环境的认识是相当肤浅的，几乎全是十分笼统的"浅海"二字。从 20 世纪 50 年代开始，在石油工业的推动下，人们开始对现代碳酸盐沉积进行大规模的系统调查研究，开始对现代碳酸盐沉积物的沉积环境及其性质、生成机理以及分布规律的因果关系，有越来越多的了解。这样，人们的思想就呈现了空前的活跃。于是，以"将今论古"的方法，对古代碳酸盐岩沉积环境进行研究，呈现出一个前所未有的热潮。从 20 世纪 50 年代末开始，一些有独特见解的研究成果及观点出现了，从而把古代碳酸盐岩沉积环境分析提高到了一个前所未有的水平。首先突破这一科研领域的，要算是伊迪（Edie, 1958）和肖（Shaw, 1964），尤其是肖。肖首先把碳酸盐的主要沉积场所——浅海划分为两种不同的类型——陆表海和陆缘海。

1）陆表海

陆表海亦可称作内陆海、陆内海、大陆海等，是位于大陆内部和陆棚内部的、低坡度的、范围广阔的、很浅的浅海。陆表海具有如下几个方面的特征：①低坡度，海底坡度小于 1ft/mi（0.03～0.15m/km）；②范围广阔，延伸几百至几千千米；③很浅的，水深一般只有几十米，一般不超过 200m。如我国西南地区的古生代及早中生代的海洋，华北早古生代的浅海可能都属于陆表海；北美奥陶纪的陆表海，东西延伸达 3200km，而石炭纪的陆表海也延伸 1600km。

2）陆缘海

陆缘海也可称作大陆边缘海，系指位于大陆边缘或陆棚边缘的、坡度较大的、范围较小的、深度较大的浅海。陆缘海具有如下几个方面的特征：①坡度较大，海底坡度约 2～10ft/mi（0.6～3m/km）；②范围较小，宽度一般 160～480km；③深度较大，最深水深可达 200～350m。陆缘海在现代海洋更常见，如我国东部沿海的黄海、东海及南海均属于陆缘海。

一般认为，陆棚的边缘在 200m 等深线附近，具体位置由陆棚和陆坡的坡折决定，即这个坡折把陆棚和陆坡分开了。在此坡折以下为陆坡，以上为陆棚。陆棚边缘或大陆边缘的浅海为陆缘海，陆棚内部的浅海为陆表海（图 14-13）。在地质历史中，沉积碳酸盐的浅海大多是陆表海。但是，现在我们看到的浅海却大都不是陆表海，而是陆缘海。

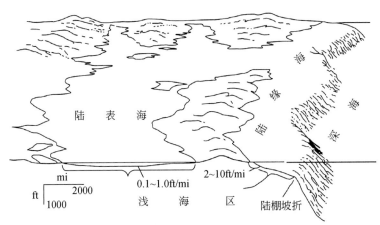

图 14-13　陆表海与陆缘海示意图（Heckel 1972 年发表）

肖第一次精辟地论述了陆表海的水能量特征，并且还在能量的基础上，对陆表海沉积物的分布也进行了相应的划分。肖的陆表海和沉积物分布的观点，奠定了陆表海碳酸盐沉积环境分析的理论基础。此后的许多观点、学说和模式，都是在这个理论基础上发展起来的。目前，国内外常用的关于碳酸盐岩沉积相带划分的方案主要有三种。这三种方案实际上代表了研究时间先后不同、详细程度不同，但它们彼此之间有联系，是由浅入深的过程。

**2. 按海水运动能量划分碳酸盐沉积相带模式**

欧文（Irwin）1965 年继承了肖的陆表海的水能量及沉积相的观点，并进一步提出了陆表海清水沉积作用的概念及相带模式。欧文认为古代的陆地面积远比现代的小，那时的海多具陆表海性质，古代的碳酸盐是沉积在清水的陆表海环境中。欧文根据陆表海的水动力条件，主要是潮汐和波浪作用的能量，划分出了三个能量带，即远离海岸的 X 带（低能带）、稍近海岸的 Y 带（高能带）和靠近海洋的 Z 带（低能带）（图 14-14）。

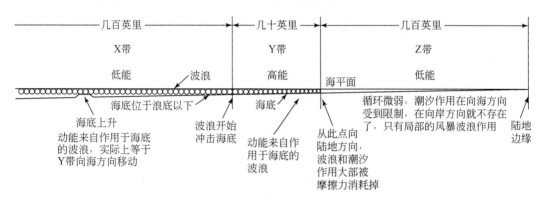

图 14-14　陆表海的能量带（Irwin 1965 年发表）

1）X 带

该带位于浪底浪基面之下，一般来说海底很少受到扰动，只有在特殊情况下才有海流的干扰。所以是一个低能带。此带宽几百千米，沉积物主要是来自 Y 带的细粒物质，以灰泥沉积为主。生物上，此带海底大都接近于或低于光合作用的下限，氧的供应也受到限制，因此，各种底栖生物和藻类都不发育；假如有海流的干扰，这里也可以有生物群繁殖，也可有较粗的生物碎屑堆积；来自高能带的大量有机物质和浮游生物、自游生物，都可以在这里堆积下来。水平层理发育。由于这一环境安静缺氧，所以岩石多呈暗色。由于灰泥沉积物主要来自邻近浅水地区，其沉积速度一般较慢，而且海水温度又低，因而不利于化学成因的灰泥发生沉淀，所以这一带沉积物厚度不大。该带岩石是有利的生油岩。

2）Y 带

该带从波浪开始冲击海底的地点开始，向滨岸方向延伸，直到波浪和潮汐的能量大部分被消耗掉为止。因此，Y 带为一高能带。此带宽几十千米。具有如下沉积特征：此带波浪及潮汐作用十分活跃，水浅、阳光充足、氧气充分，底栖生物和藻类大量繁殖，所形成的沉积物基本上都是生物成因的。在此带向海一侧，由深水上升带来的氧料尤其丰富，因而各种生物，包括造礁生物大量发育，往往形成生物礁。而向滨岸一侧，则可见各种较粗的颗粒堆积，主要为生物屑灰岩、鲕粒灰岩、内碎屑灰岩。分选和磨蚀良好，灰泥含量少。常具交错层理。此带形成的碳酸盐岩是良好的油气储集岩。

3）Z 带

该带位于 Y 带的向岸方向，直到滨岸为止。此带水很浅，波浪和潮汐作用都很弱，其能量大多被海底摩擦消耗掉，水循环也很弱。只有局部的风暴才能引起一定的波浪能。因此是一个低能带。此带宽度较大，可达几百英里宽。海底坡度很小，或近于平坦，因而海水广泛漫布。在靠近滨岸的地带，因气候炎热干燥，水流停滞，可使海水蒸发，含盐度不断提高，从而形成白云石以及各类盐类矿物的沉积。化石少见，但叠层藻席相当发育。沉积构造主要有干裂、冲沟、鸟眼、生物钻孔等。

由于陆表海平坦宽阔，水又很浅，因此微弱的地壳升降运动或冰川的消长都会使海平面产生显著变化，这样就产生了大范围的潮坪沉积。这与陆缘海是大不相同的。陆表海碳酸盐沉积还有一个特征，就是旋回性发育，这也是由陆表海性质所决定的。地质历史中的碳酸盐岩，绝大部分是陆表海清水沉积作用的产物，因此，欧文以水动力能量为依据划分的三个能量带就具有普遍意义。

**3. 按潮汐作用划分碳酸盐沉积相带模式**

拉波特（Laporte）1967 年和 1969 年对美国纽约州下泥盆统曼留斯组的碳酸盐岩进行了研究，认为该组是在一个非常接近海平面的环境中形成的。他根据该组岩性及古生物特征，以潮汐作用带为主要标志，划分出了三个相带，即潮上带、潮间带和潮下带（图 14-15）。

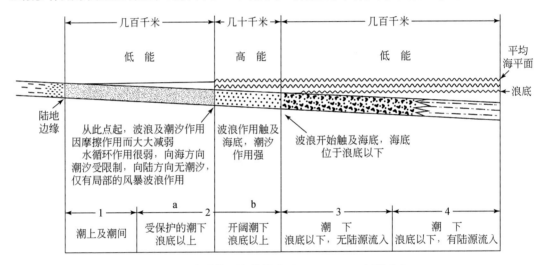

图 14-15　潮汐作用相带模式（Laporte 1969 年发表）

潮上带是位于平均高潮面以上十几厘米到数米的地带。此带平时都在水面以上，只有在特大潮水或特大风暴时才被海水淹没。岩石类型主要是泥 - 粉晶白云岩、白云质泥质石灰岩、球粒泥晶石灰岩等。沉积构造有纹理、藻纹层、干裂、鸟眼构造，化石少见。

潮间带是位于平均高潮面与平均低潮面之间的地带。岩石类型主要为薄层的不含化石的球粒泥晶石灰岩；砾石级的内碎屑及扁平状的竹叶状砾屑常见，也有鲕粒及砂级内碎屑，叠层石及藻灰结核也常见。沉积构造有冲刷、干裂等。化石种类较单调，但数量却相当丰富，多呈杂乱堆积。

潮下带在平均低潮面以下。岩石类型主要是厚层至块状球粒泥晶石灰岩、含各种生物碎屑的石灰岩以及富含层孔虫格架的礁石灰岩。

拉波特的模式开创了以潮汐作用带为主要标志或形式的划分碳酸盐沉积相的先例。直到现在，这种划分碳酸盐沉积相带的方法和原则还在被继续采用。所以欧文的模式和拉波特的模式，只是划分相带的侧重点和形式有所不同，实质上是一致的，即拉波特的潮上带、潮间带相当于欧文的 Z 带,潮下带上部相当于欧文的 Y 带,潮下带下部相当于欧文的 X 带。

### 4. 综合模式

目前有关碳酸盐沉积的各种综合模式较多,如国外阿姆斯特朗(Armstrong)1974 年的碎屑岩－碳酸盐岩沉积模式和碳酸盐岩混积型沉积模式、威尔逊(Wilson)1975 年的模式、塔克(Tucker)1981 年的模式、里德(Read)1982 年的模式以及国内的研究成果等,本章只简要介绍比较经典的威尔逊模式(Wilson,1975)。

威尔逊(Wilson,1975)归纳了陆棚上碳酸盐台地和边缘温暖浅水环境中碳酸盐沉积类型的地理分布规律,他把碳酸盐岩沉积划分为三大沉积区九个相带(图 14-16)。

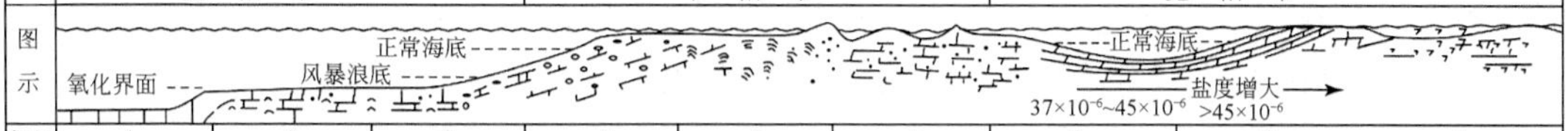

| | 宽 相 带 | | | 窄 相 带 | | | 宽 相 带 | | |
|---|---|---|---|---|---|---|---|---|---|
| 图示 | \<正常海底\> \<风暴浪底\> \<氧化界面\> | | | | | | 盐度增大→ $37×10^{-6}~45×10^{-6}$ >$45×10^{-6}$ | | |
| 相号 | 1 | 2 | 3 | 4 | 5 | 6 | 7 | 8 | 9 |
| 相 | 盆地(停滞缺氧的或蒸发的) a.细碎屑 b.碳酸盐 c.蒸发岩 | 开阔陆棚 开阔浅海 a.碳酸盐 b.页岩 | 碳酸盐斜坡脚 | 台地前缘斜坡 a.层状细粒沉积:有滑塌现象 b.前积层碎屑及灰沙 c.灰泥块体 | 台地边缘生物礁 a.黏结岸块体 b.生物碎屑上的壳和灰泥黏结岩 c.障积岩 | 台地边缘浅滩 a.浅滩灰岩 b.具砂丘砂的岛屿 | 开阔台地(正常海洋,有限的动物群) a.灰砂岩 b.颗粒质泥岩-泥岩地区,生物丘 c.碎屑地区 | 局限台地 a.生物碎屑颗粒质泥岩,潟湖及海湾 b.潮汐水道中的岩屑-生物碎屑砂 c.灰泥潮汐坪 d.细碎屑 | 台地蒸发岩 a.盐坪上的结构状硬石膏和白云岩 b.潟湖中的纹理状蒸发岩 |

图 14-16 碳酸盐岩的理想标准相带模式(Wilson,1975)

从横切陆棚边缘的剖面看,按从海到陆的顺序,这九个相带是盆地、开阔陆棚、碳酸盐斜坡脚、台地前缘斜坡、台地边缘生物礁、台地边缘浅滩、开阔台地、局限台地和台地蒸发岩。上述九个相带,可进一步归纳为盆地、台地边缘和台地三个沉积区。

盆地沉积区包括盆地、开阔陆棚和碳酸盐斜坡脚三个相带。盆地相带属深海盆地,开阔陆棚和碳酸盐斜坡脚相带属较深水的碳酸盐陆棚。此三个相带的海底位于浪底以下,水体运动很弱或处于静水条件,为低能带。沉积物以暗色细粒灰泥石灰岩和页岩为主,有机质多,为主要的生油区。分布面积广,剖面上宽度可达几至数百千米,故称宽相带。这个沉积区与欧文的 X 带相当。

台地边缘沉积区包括台地前缘斜坡、台地边缘生物礁和台地边缘浅滩三个相带。海底位于浪底之上,波浪作用强烈,为高能带。沉积物以礁灰岩、生物碎屑灰岩、鲕粒灰岩、内碎屑灰岩为特征。这些石灰岩中储集空间发育,是良好的油气储集岩发育地带。该区宽度较窄,一般为 2～3km,也可宽一些,故也称窄相区。该相区与欧文的 Y 带基本相当。

台地沉积区包括开阔台地、局限台地和台地蒸发岩三个相带。位于碳酸盐台地的近岸地区,属近岸低能地带或潮坪地带。这三个相带的岩石类型主要为泥晶石灰岩、白云质石灰岩、白云岩、蒸发岩等。这些白云岩多为白云石化产物,孔隙发育,也可作为油气储集岩。若蒸发岩厚度较大也可作为良好的油气盖层。这一相区分布范围也很宽阔,故也称为宽相带。这个沉积区与欧文的 Z 相带基本相当。

威尔逊的九个相带中还提出了 24 个微相,从而为应用这一模式提供了方便。威尔逊的模式是个综合性的模式,他是根据海底地形、海水能量、海水充氧情况、气候条件以及其他因素,高度综合而成的。他继承了欧文、拉波特等人的模式的优点,并且有所创造,使碳酸盐岩沉积环境分析的基本原理、方法和形式,都发展到了一个新的水平。但基本格局仍然是低能－高能－低能这三个大的相带。威尔逊的模式在我国已被广泛采用，对在碳酸盐岩地区开展沉积环境及相分析的研究工作起到了良好的指导作用。

**5. 碳酸盐台地类型**

虽然不同的学者在应用时对碳酸盐台地这一术语有不同的定义，但近年来似乎趋于一致。一般来说，碳酸盐台地是指具有近于水平的顶和陡峻边缘（从几度到 60° 或更大）的浅水碳酸盐沉积区，陡峻边缘为高能沉积带，常具有较大的碳酸盐岩连续沉积厚度。台地内属浅水碳酸盐沉积，台地边缘为波浪搅动带的礁滩石灰岩沉积，台缘斜坡为角砾灰岩、粒泥灰岩、滑塌石灰岩、钙屑浊积岩等沉积，进入深水盆地为远洋泥晶灰岩，浮游生物灰岩、页岩夹稀少远源细粒钙屑浊积岩等沉积。在各种大地构造背景下均可发育碳酸盐台地，但它主要发育在克拉通盆地、已停止活动的裂隙槽、弧后盆地及前陆盆地中。里德（Read）等 1982 年总结出五种不同类型的碳酸盐台地类型模式。

1）镶嵌陆棚型碳酸盐台地

镶嵌陆棚型碳酸盐台地的台地边缘以发育生物礁及碳酸盐砂滩为特征。陆架边缘是一个动荡的高能带，在此处上翻洋流、风成波浪、潮汐波浪及潮汐流均直接冲击海底。在这种清澈动荡的水体条件下，特别是上翻洋流作用频繁时，其有机成因碳酸盐的生产速率最高。碳酸钙沉淀作用以鲕粒或胶结物等多种形式沿陆架边缘产生。在陆棚边缘障壁之后常具有一个陆棚潟湖，该潟湖的局限程度取决于陆架边缘作为沉积障壁的生物礁和（或）碳酸盐砂滩的大小。当陆架边缘障壁隆起的沉积速率很高时，它阻隔了陆架内海水与大洋相连通，在障壁之后就可能形成一个高盐度潟湖，该潟湖只是在大风浪时才能灌入海水。如果边缘障壁较小，则陆架潟湖与大洋海水相连通，此时在陆架内还存在连续的风浪及潮汐流等正常沉积作用。

2）缓坡型碳酸盐台地

与较陡的碳酸盐陆棚斜坡相反，缓坡型碳酸盐台地的斜坡是一个缓倾斜的面，其坡度约为 1m/km。在缓坡上，浅水碳酸盐可以逐渐远离滨岸而进入深水乃至盆地中。它没有像镶嵌陆棚型台地一样的坡折，而是一个逐渐变深的缓斜坡。以海平面、正常浪基面、风暴浪基面为界可以分为内缓坡、中缓坡和外缓坡三个次级相。

缓坡型台地主要包括两大类型：同倾斜缓坡（图 14-17）及远端变陡型缓坡（图 14-18）。在第一种类型中，其较深水的缓坡相中，很少发育滑塌、碎屑流、浊流沉积，但这些重力流类型的沉积物在第二种类型中却常见。从某些方面讲，远端变陡型缓坡与增生型陆架边缘有些相像，但一个重要的不同点是在缓坡上其斜坡坡折是直接突变到深水盆地的，因此其沉积物是以来自于外缓坡及上斜坡的再沉积作用产物为特征，以砂和泥及少量碎屑为主，

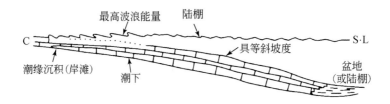

图 14-17　碳酸盐同倾斜缓坡模式（Read 1989 年发表；S·L 代表平均海平面）

而不像镶嵌陆架边缘型台地那样，其斜坡相沉积物在与陆架边缘相邻地带总是包含有由浅水碳酸盐组成的碎屑、角砾及岩块等。

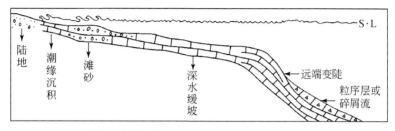

图 14-18　碳酸盐远端变陡缓坡模式（Read 1989 年发表；S·L 代表平均海平面）

3）陆表海型碳酸盐台地

陆表海型碳酸盐台地以地形起伏较小为特征。虽然今天没有该类型碳酸盐台地发育，但在地质历史时期克拉通盆地中该类型台地却特别发育。如我国华北地区奥陶系马家沟组即构成一个典型的陆表海型台地，扬子地台震旦系灯影组构成的台地也属此类。此外，北美地台的寒武系－奥陶系，欧洲西部的上二叠统和三叠系－侏罗系、中东地区的古近系－新近系等均构成典型的陆表海型碳酸盐台地。在该类型台地上的水深通常小于 10m，故其上主要为浅水的潮下至潮间环境。形成潮间坪环境的地域有时达数十千米宽。其宽阔的滨岸带之后是潮上坪，形成准平原化地形，台地内部的滨岸带至潮上坪的宽阔地域内成土作用及喀斯特化作用特别发育，这是因为在这些宽阔的极浅水地区沉积基底常暴露于地表。潮坪也有发育在台地内地形稍高地区的。除了局部发育骨屑砂滩外，潮下带位于潮坪附近，只是比潮坪水体稍深，它反映了克拉通内先成地形及差异沉降造成的环境分异。在陆表海型台地内部也发育有较深水的盆地，这种盆地由缓坡或由镶嵌边缘包围。

4）孤立型碳酸盐台地

孤立型碳酸盐台地是以由深水所包围的浅水碳酸盐堆积作用为特征（图 14-19）。其大小没有固定的限度。大多数孤立型台地具有较陡的边缘和斜坡，并且由斜坡突变为深水环境。孤立型台地常具有礁、滩边缘，在台地内部则为发育砂泥质或灰泥的静水环境。假如存在一个稳定的构造沉降背景，而且碳酸盐生产及台地生长速率也比较高，就形成一个镶嵌边缘型台地，在台地中心发育一个水很深的潟湖。这将形成环礁，当然真正地发育在大洋中的环礁是生长在已经不活动的火山上的环形礁体。

5）淹没型碳酸盐台地

虽然正常的碳酸盐生产和堆积速度可以与正常的构造沉降速率和海平面变化速率保持同步，但各种原因造成的快速海平面上升可使台地被淹没。快速海平面上升，主要是由断裂活动产生的地壳快速沉降及冰川型海平面变化造成。其他造成台地淹没的可能性是由于环境应力突然变化和造成碳酸盐生产速率的突然降低，以至于碳酸盐生产速率不能与正常的相对海平面上升保持同步。气候变化造成的台地内部海水处于局限滞流、贫氧以及造成生产碳酸盐的生物缺乏营养物等情况，也可能造成碳酸盐生产和堆积速率突然降低，赶不上正常的甚至是缓慢的海平面相对上升，最后导致台地被淹没，如扬子地台的奥陶系大湾组。

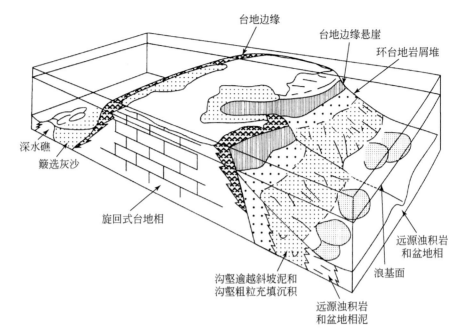

图 14-19　碳酸盐孤立型台地模式（Read 1985 年发表）

　　除了上述台地类型外，近年来随着国内碳酸盐岩储层研究的深入，也建立了多种碳酸盐台地沉积相模式。如顾家裕等 2009 年根据台地发育的地理位置、滨岸地区地形坡度的缓与陡、台地边缘对台内海水水体流动交换的封闭与开放和是否具备台地边缘的镶边等四个主要因素对碳酸盐台地类型进行了分类，共划分出 10 类碳酸盐岩台地类型。

### 三、礁和礁相

**1. 概述**

　　生物礁是碳酸盐沉积中的一种重要类型，它是由大量的各种各样的生物堆积而成，或是由生物作用的产物。生物礁又是碳酸盐沉积中一种含油气的沉积类型，在国外已发现了许多生物礁油气田。近 20 年来，在我国四川盆地二叠系生物礁、塔里木盆地奥陶系生物礁、珠江口盆地新近系生物礁、南海北部湾石炭系生物礁内发现了大量生物礁油气藏，有的是高产油气藏，这预示着我国生物礁具有广阔的油气潜力。

　　礁主要由礁核和礁侧（礁翼）组成（图 14-20）。在一些群礁复合体中，礁间沉积也与礁的发展有密切关系。

　　礁核是指礁体中能够抵抗波浪作用的那部分，乃礁的主体。它主要由原地堆积的生物岩或黏结岩组成。其中生物的含量很高，主要是造礁生物，还有一些附礁生物。

　　礁翼通常是指礁相与非礁相呈指状交错过渡的那部分礁体。礁体迎风的一侧称礁前，背风的一侧称礁后。礁前处于迎风一侧，在风浪冲击下，礁碎屑顺着礁前缘的陡坡堆积形成的岩石一般称为礁前塌积岩或礁前角砾岩。礁后沉积多由分选较好的砂屑石灰岩组成，胶结物多为亮晶方解石，背风的地方含有较多的灰泥基质。碎屑物质主要为来自礁核的生

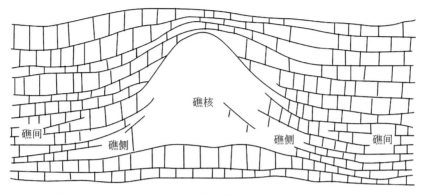

图 14-20　生物礁一般的沉积相模式（James 1978 年发表）

物碎屑。与礁核的差别是动物群富含单体生物，与礁前相比，其生物门类和种属大为减少。在礁发展晚期，礁后相中有层纹构造、叠层石及鸟眼构造，还有早期白云化的现象。

　　在一些群礁复合体中，礁与礁之间的沉积物和生物组分与礁的发展有极其密切的关系。海侵时，群礁发展，礁间可出现正常海相沉积。海退时，群礁发展受限制，礁间可出现一些潟湖相的沉积。

**2. 礁的分类**

　　根据礁的形态和礁与海岸的关系，可把礁分为岸礁（裙礁）、堤礁（堡礁）和环礁（图 14-21）。

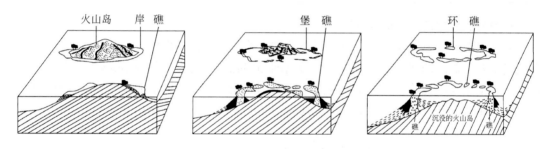

图 14-21　礁的类型（由岸礁演化成环礁的示意图）

　　岸礁是从海岸向海方向生长的礁，即和陆地或岛屿相连的礁。这种岸礁有时可以沿陆地或岛屿的边缘分布并延伸很远，就像把陆地或岛屿镶饰上一个裙边，所以也叫裙礁。如我国海南岛三亚的小东海礁体。

　　堤礁实际上是由一系列礁体组成的礁带，离岸有一定距离，常呈带状，其延伸方向多与海岸平行；由于它像带状延伸的堡垒一样护卫着海岸，所以也叫堡礁。如澳大利亚东北岸的大堡礁延长达 1200km，属于现代最大的堤礁。

　　环礁是远离海岸即位于广海中的呈环形或不规则的断续环形礁，其四周常露出海面呈低矮的环形礁岛，其中间常呈现一个不深的潟湖，常形成于较深水盆地或大洋火山上。

　　根据礁形成的沉积环境可将礁分为台地礁、台地边缘礁、盆地礁、潟湖礁、滩礁等。也可把分散在盆地、潟湖、台地或滩中的孤立礁，称作斑礁（或补丁礁）或点礁。

**3. 礁复合体和礁相**

自亨森（Henson）1950 年提出礁复合体或礁组合这一概念以来，大多数人都把它看作是生物礁的不同相的总称。凡是与礁的发展有关的相都应概括在礁复合体中。本书把礁复合体看成是骨架相、礁顶相、礁坪相、礁后砂相、潟湖相、斜坡相以及塌积相的总称。

**4. 礁发育的一般规律**

同自然界的其他事物一样，礁也有它的发生、发展和消亡的过程。海侵过程中的古地貌高地常常是礁的发生地；地壳下沉的幅度与造礁生物生长幅度一致是生物礁发育的必要条件。海侵过程中海平面上升幅度太快，海水变深，或海退过程中海平面下降得太快，海水变浅，盐度增加，以及其他因素等，都会中止生物礁的发育。礁的沉积特征、礁的微相以及造礁生物群落的演替现象是揭示礁发育过程的重要途径。

詹姆斯（James）1979 年从造礁生物的生态学出发，将生物礁的发展划分为四个阶段（表 14-2）。

表 14-2 礁生长的四个独立阶段

| 阶段 | 石灰岩的类型 | 属种多样性 | 造礁生物的形状 |
|---|---|---|---|
| 统殖 | 包黏灰岩到格架灰岩 | 低到中 | 层状、结壳状 |
| 泛殖 | 格架灰岩（包黏灰岩）、泥状灰岩到粒泥状灰岩基质 | 高 | 穹状、块状、层状、分枝状、结壳状 |
| 拓殖 | 具有泥状灰岩到粒混状灰岩基质的滞积灰岩到泥灰岩（包黏灰岩） | 低 | 层状、分枝状、结壳状 |
| 定殖 | 粒状灰岩到碎块灰岩（泥粒状灰岩到粒泥状灰岩） | 低 | 骨骼碎屑 |

**5. 地质历史中的礁和造礁生物**

从地史上礁的发展和分布，不难看出造礁生物是随时代的发展而变化。前寒武纪至早古生代主要是蓝绿藻和海绵。中古生代为珊瑚和层孔虫。晚古生代为结壳藻、苔藓虫以及海绵。白垩纪为厚壳蛤。古近纪到新近纪为珊瑚和藻。关于地史上造礁生物的这种变化，赫克尔（Heckel）1974 年作过简要的论述（图 14-22）。

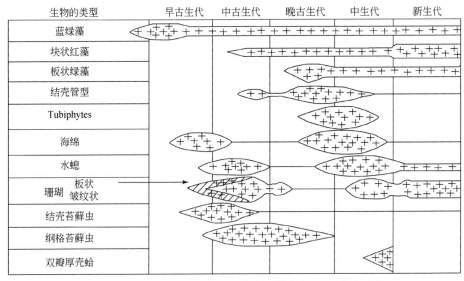

图 14-22 造礁生物在地史上的分布（赫克尔 1974 年发表）

各地质时代的造礁生物是不同的，而不同的造礁生物的生态特征也有很大差别。然而，从它们对生物建造的作用来看，不外乎是生物的格架建造、生物对沉积物捕集或障积、生物对沉积物的黏结。地史上的生物格架建造期主要出现在中古生代和侏罗纪至全新世。其他时代一般以生物黏结和生物捕集作用为主。

# 第四节　半深海、深海沉积相

## 一、半深海相

### 1. 环境特点

半深海又称次深海，位置和深度相当于大陆坡，是浅海陆棚与深海环境的过渡区。平均坡度为 4°，最大倾角可达 20°。最大深度在 1400 ~ 2000m 之间。大多数情况下，大陆坡具有界线清楚的洼地、山脊、阶梯状地形或孤立的山，有时被许多海底峡谷所切割。大陆坡上的海底峡谷横断面呈"V"字形，可以从陆棚一直延伸到大陆坡。海底峡谷是陆源沉积物搬运的主要通道。海底峡谷的前端经常发育海底扇。

半深海相沉积主要由泥质、浮游生物和碎屑三部分沉积物组成。其来源主要是陆源物质和海洋浮游生物，其次为冰川和海底火山喷发物。

在半深海相中泥质沉积物所占比重最大。据此认为洋流是搬运陆源泥质物在半深海沉积的主要因素。风暴浪对海底的扰动或重力流可使沉积于陆棚上的陆源粉砂以低密度流的形式沿海底搬运，并沉积于半深海而成为半深海相碎屑沉积物。海底洋流或顺陆坡等深线流动的等深流也可搬运粉砂物质并在陆坡或陆隆上堆积成透镜状粉砂质体。此外，深水的内波、内潮汐流对半深海沉积也有重要影响。

半深海环境中无植物发育，生物群以腹足类为主，还可见双壳类、腕足类、放射虫、有孔虫等。

### 2. 沉积类型

半深海带的海底已无波浪作用，但海流或底流仍在起一定作用。在水深 400 ~ 500m 内的透光带，可有大型软体动物存在。更深处则以放射虫和有孔虫为主，为半深海沉积物提供了一定的物质来源。大量的陆源泥以悬浮方式进行搬运，并在平静的半深海水中沉积下来。这些沉积类型基本上属深水原地垂直降落沉积。另外，重力流沉积、等深流沉积、内波与内潮汐沉积是半深海沉积的一些重要类型，这些应属深水异地沉积。关于深水异地沉积将在本节后面介绍。半深海的原地垂直降落主要有青泥、绿泥、黄泥和红泥等沉积类型。

青泥（蓝色软泥）是在还原条件下沉积的，颜色为青灰色或暗灰蓝色。主要由细粒陆源碎屑物组成，钙质含量一般少于 35%，并含有少量生物残骸。

绿泥和青泥相似，其中含有较多的海绿石，还含有少量的长石、石英和云母。此外，还有碳酸盐软泥和砂、火山泥、冰川海洋沉积等。

黄泥和红泥是青泥的变种，以粉砂质黏土为主，含有碳酸盐。如中国黄海外的黄泥，是中国大陆黄土在大陆坡沉积而成的；大西洋大陆坡上沉积的红泥中陆源碎屑含量为

$10\% \sim 25\%$，钙质含量为 $6\% \sim 60\%$，细泥含量为 $30\% \sim 60\%$。

## 二、深海相

### 1. 环境特点

深海分布于深海平原或远洋盆地中，通常是一些较平坦的地区，水深在 2000m 以下，平均深度为 4000m。在有些地区由于火山的发育而形成海山（可高出海底 1km）、平顶海山（被海水夷平的海山，一般被淹没于水下）、海丘（其突起程度较海山小）。大洋盆地中有一些比较开阔的隆起地区，其高差不大，无火山活动，是海底构造活动比较宁静的地区，称海底高地或海底高原。无地震活动的长条形隆起区称为海岭。

深海底部阳光已不能到达，氧气不足，底栖生物稀少，种类单调。

### 2. 沉积类型

深海沉积物在性质上不均匀，是通过不同的沉积作用形成的。现代大洋沉积物的组成是多种多样的。主要沉积物有陆源碎屑沉积物、硅质沉积物、钙质沉积物、深海黏土，还有与冰川有关的沉积物和大陆边缘沉积物等。

一般来说，在深海远洋环境中洋流流动缓慢，海底温度低，为 1℃ 左右，物理风化作用微弱，化学作用也很缓慢，沉积速率很低。深海沉积物主要由软泥及黏土组成。其类型划分的主要依据是成因和生物残体及物质组分的含量。深海富集着从大洋沉淀下来的细粒悬浮物质和胶体物质，它们常和生物(浮游生物和植物)的残骸一起以极慢的速率沉积下来。如果主要由微体生物残骸组成（大于 30%）称为软泥或深海软泥，如抱球虫软泥和放射虫软泥。前者主要由浮游有孔虫，特别是抱球虫的介壳组成，碳酸盐含量平均为 65%，也可称为钙质软泥。后者主要由放射虫残骸构成（达 50% 以上），碳酸盐含量少于 30%，可称为硅质软泥。

如果生物成因物质的含量少于 30%，称为深海黏土，如褐色黏土。褐色黏土是深海远洋中最主要的一种沉积物类型，主要由黏土矿物及陆源稳定矿物残余物组成，尚有火山灰和宇宙微粒，碳酸盐含量少于 30%。

在局部地区，各种矿物的化学和生物化学沉淀作用也是形成深海沉积的一个重要因素，如锰结核、钙十字沸石等，可导致 Fe、Mn、P 等矿产的形成。另外，火山喷发、海底火山活动、风以及宇宙物质也为深海环境提供了一定数量的物质来源。

现代深海沉积物主要为各种软泥，其中大部分属远洋沉积物，另一部分为底流活动(重力流、等深流、内波与内潮汐流等)、冰川搬运、滑坡作用形成的陆源沉积物。

现代深海的许多地区存在着流速达 $4 \sim 40cm/s$ 的强烈底流，可以引起沉积物的搬运，并在沉积物表面形成波痕、冲刷痕、水流线理、交错层理等。深海中的波痕可以是对称的、舌形的、新月形的等，小型波长一般从数十厘米至数米，波高可达 20cm 或更高，但现已发现的大型波痕的波长一般为 $0.3 \sim 20km$，以 $1 \sim 10km$ 为主；波高 $1 \sim 140m$，以 $10 \sim 100m$ 居多。

## 三、重力流沉积及沉积相

重力流沉积并不是一种特定沉积环境的产物，而是一种特定流体所形成的沉积物及其组合类型，经常出现在湖泊、冲积扇等大陆环境中，但大量出现在半深海至深海环境中，因此，将该内容在本章中进行介绍。

沉积物重力流是一种在重力作用下发生流动的弥散有大量沉积物的高密度流体。它常被简称为沉积物流或重力流，也有称其为块体流的。

重力流的流动以及驱使沉积物发生移动的动力是重力。重力流是流体和悬浮颗粒的高密度混合体，它的流动主要是由作用于高密度固态物质的重力所引起，因此，无论是在海洋还是在湖泊中，重力流的流动都是沿斜坡向下移动的，使重力流沉积物大量分布于大陆斜坡边缘的盆地深处。

按照组成成分可以将重力流分为：硅质碎屑重力流、碳酸盐重力流、火山碎屑重力流等。

按照形成环境可将重力流分为：海洋重力流、湖泊重力流、陆地重力流等。

米德尔顿和汉普顿（Middleton and Hampton，1973，1976）按支撑机理把沉积物重力流划分为碎屑流（泥石流）、颗粒流、液化沉积物流和浊流四种类型（图3-9）。

沙姆干（Shanmugam，1996）在舒尔茨（Shultz，1984）分类的基础上，根据流变学将重力流分为颗粒流、浊流、砂质碎屑流和泥流（图14-23）。

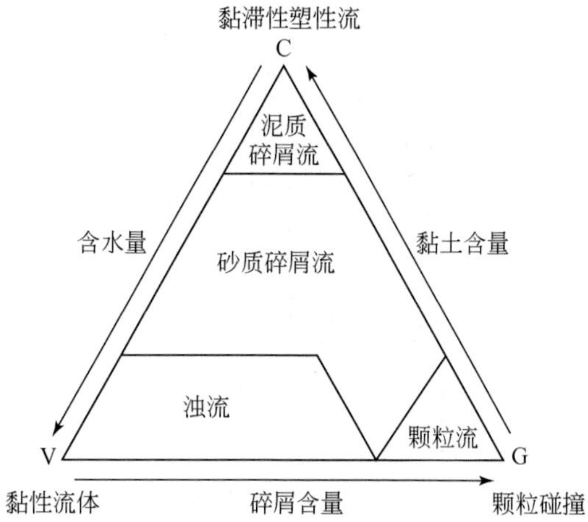

马尔德和亚历山大（Mulder and Alexander，2001）根据流体的物理性质和颗粒搬运机制，将沉积物重力流分为黏结流和摩擦流两大类，再根据流体中沉积物颗粒的含量和主要的颗粒支撑机制将摩擦流细分为超高密度流、高密度流和浊流三类。

图 14-23　沙姆干沉积物重力流分类
（Shanmugam，1996）

### 1. 重力流沉积的类型

按照米德尔顿和汉普顿的分类，重力流沉积也可分为碎屑流沉积、颗粒流沉积、液化流沉积和浊流沉积四种类型。

1）碎屑流沉积

碎屑流是一种砾、砂、泥和水相混合的高密度流体，泥和水相混合组成的杂基支撑着砂、砾，使之呈悬浮状态被搬运。基质具有一定的屈服强度，碎屑流的流动能力是基质强度和密度的函数，密度越大，能搬运的颗粒越粗。按碎屑颗粒大小可分为砂流和泥流两类。

碎屑流常由粒度范围宽广（粒径数毫米至数米）的沉积物组成，通常呈块状，无分选，无粒序，但其顶部有时可显示正粒序（图14-24）。碎屑流沉积既可为水道的充填体，也

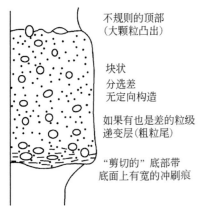

图 14-24　碎屑流沉积层序
（Middleton and Hampton，1976）

可呈席状产出。

2）颗粒流沉积

由于颗粒流的形成要求相当高的坡度，而这种条件在沉积盆地中并不常具备，故颗粒流沉积不很常见。其规模通常不大，砂级颗粒流沉积的厚度通常仅数厘米，含砾的颗粒流沉积的厚度一般也仅数十厘米，粒间基质含量很少，发育逆粒序，但一般以层序中、下部为限，层序顶部则仍常出现正粒序（图 14-25）。

3）液化流沉积

形成液化流沉积的关键条件是快速堆积和沉积物中饱含水，并多发生在沉积物较细的情况下。液化流沉积整层通常为块状，底部稍显正粒序，向上有不太发育的平行纹理，再向上为发育的盘碟构造段，有时可见泄水管构造（图 14-26）。单元层顶底界面清楚，与上下层呈突变接触，但无明显的侵蚀面，底可具沟模。以中、细砂岩为主，成分及结构成熟度均低，单层厚 1m 左右。

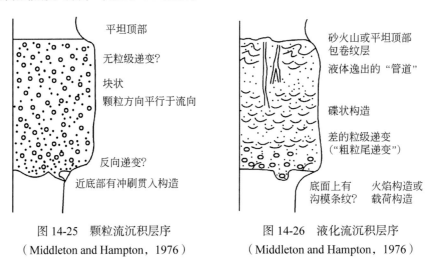

图 14-25　颗粒流沉积层序　　　　　图 14-26　液化流沉积层序
（Middleton and Hampton，1976）　　　　（Middleton and Hampton，1976）

4）浊流沉积

浊流是靠液体的湍流来支撑碎屑颗粒，使之呈悬浮状态，在重力作用下发生流动。

浊流沉积或浊积岩是研究得最早的重力流沉积，也是研究得最为透彻的重力流沉积。按密度可分为低密度浊流沉积和高密度浊流沉积两种类型。沙姆干认为"高密度浊流"实际上是砂质碎屑流（Shanmugam，1996）。

典型浊积岩是指具有不同段数鲍马层序或序列的浊积岩。一个完整的鲍马层序是由五段组成（图 14-27），自下而上出现的顺序如下。

A 段为底部递变层段：主要由砂组成，近底部含砾石。粒度下粗上细、递变清楚。一般为正递变，反映浊流能量逐渐减弱。底面上有冲刷－充填构造和多种印模构造，如槽模、沟模等。A 段常较其他段厚度大，代表递变悬浮沉积的产物。

B 段为下平行纹层段：与 A 段为渐变关系，比 A 段细，多为细砂和中砂，含泥质。显平行纹层，粒度递变不大明显。纹层除粒度变化显现外，更多的是由片状炭屑和长形碎屑定向分布所致，沿层面揭开时可见剥离线理。B 段若叠加在 A 段之上，则两者是连续过渡的；若 B 段作底，则与下伏鲍马单元呈突变关系，其间有一冲刷面，这时 B 段底层面可见各种印模构造。

C 段为流水波纹层段：以粉砂为主，有细砂和泥质。呈小型流水型波纹层理和上攀波纹层理，并常出现包卷层理和滑塌变形层理。这表明流水改造

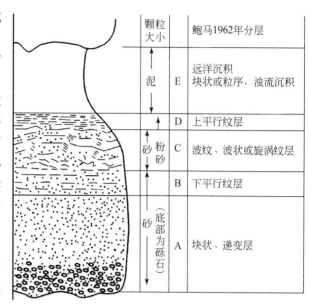

图 14-27 鲍马层序及其解释（Bouma 1962 年发表）

和重力滑动的复合作用。C 段在 B 段之上，二者是连续过渡的；C 段若与下伏鲍马单元呈突变接触，则其间有冲刷面，并有各种底面印模构造。

D 段为上平行纹层段：这段由泥质粉砂和粉砂质泥组成，具断续平行纹层。D 段若叠覆于 C 段之上，二者为连续过渡；但若单独出现，则与下伏鲍马单元间表现一清楚的界面。它是由薄的边界层流造成的，厚度不大。

E 段为泥岩段：下部为块状泥岩，具显微粒序递变层理，和 D 段均属于细粒浊流沉积，是浊流之后稀薄的悬浮物质沉积而成的。上部为泥页岩段，是正常远洋深水沉积的泥页岩或泥灰岩、生物灰岩层，含深水浮游化石，显微细水平层理，与上覆层为突变或渐变接触。

浊积岩的鲍马层序常常因其形成后的多次浊流作用而发育不全。鲍马本人作过总结，有完整层序的浊积岩仅占 10% ～ 20%。许靖华 1978 年也谈到，他看到完整层序的浊积岩不到 1%。

**2. 重力流沉积相模式**

20 世纪 60 年代以来，随着重力流沉积研究工作的日益深入，相继建立了一系列海相和湖相的重力流沉积的层序和相模式，概括起来主要有扇模式、海槽模式及水道模式等类型。

1）扇模式（海底扇模式）

海底扇模式是在对现代海洋浊积扇形态进行调查的基础上，结合古代地层中的岩相特征和层序研究逐步完善的。海底扇模式基本上也适用于湖底扇。

根据海底扇的地貌及其沉积特征，可将其分为上扇（扇根、内扇）、中扇和下扇（扇端、外扇）三个部分（图 14-28）。

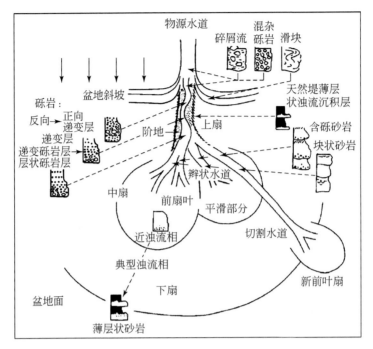

图 14-28　海底扇相分布模式（Walker 1978 年发表）

（1）补给水道。补给水道或海底峡谷的主要作用是将砂砾输送到扇上去。

（2）上扇亚相。位于大陆斜坡底和峡谷出口处。在斜坡上发育粉砂质泥岩、斜坡水道砂、砂砾以及滑塌、揉皱沉积物等。在斜坡脚地带，发育滑塌层和碎屑流沉积物。沉积物分布严格受地形的控制，特别是砾岩更严格地受水道的限制。水道宽度和深度因地而异，其深度可达 100～150m，宽度有 2～3km。水道的迁移和加积作用可使砂砾岩分布的宽度更大。在水道里，特别是在上扇主沟道的末端，也可有颗粒流和浊流沉积。

（3）中扇亚相。位于内扇以外和外部扇以内，常呈叠覆舌状体，突出的地貌特征是辫状分流水道发育。辫状水道一般宽 300～400m，深一般不超过 10m。在辫状分支沟道里，以含砾砂岩和块状砂岩为主，不含或很少含有泥岩夹层；在叠覆扇舌的大、小沟道中，最活跃的沉积是近积 AE 序列和 BE 层序浊积岩（图 14-29）。中扇亚相分为有沟道和无沟道两部分，在沟间以 AE 和 BE 层序典型浊积岩为主。中扇无沟道部分以漫溢沉积的 BE、CE 层序典型浊积岩为特征。

（4）下扇亚相和盆地平原相。下扇亚相与中扇无水道部分相接，地形平坦，基本无水道，沉积物分布宽阔而层薄。典型沉积是 CE 层序和 DE 层序的末梢相典型浊积岩和深水黏土岩。

深海平原上的重力流沉积，因其有填平低洼但不爬高的低密度底流特点，故除局部地区因填平有所加厚外，在深海平原上以远源典型浊积岩为特征。其厚度稳定，有的薄粉砂层可以侧向追踪几十至数百千米。

（5）深切扇。"扇叶"可达深水平原区的沟道型浊积岩，是一种与周缘沉积相反常的相类型，含油气潜力很大。

（6）海底扇推进式相层序。如图 14-29 所示，自下而上为变厚变粗层序。假若扇的补给来源渐趋中断或发生海进，此时有可能出现向上变薄变细层序。

在深湖中也可有湖底扇分布，但规模小。

2）槽模式

在长形海槽盆地或湖盆中，重力流进入盆地后沿轴向搬运和沉积。如美国中部阿巴拉契亚山脉中的奥陶系马丁斯堡组浊积岩、美洲西海岸科迪勒拉山边缘带不同时代的浊积岩、横贯欧亚的阿尔卑斯 - 喜马拉雅山脉的特提斯海不同时代的浊积岩等。较为明确并在油气勘探中取得良好效果的是美国文图拉盆地海槽浊积砂岩（许靖华，1980）。

南盘江地区二叠纪 - 三叠纪沉积盆地为构造活动较强的盆地环境，发育大规模的火山物质形成的以火山碎屑为主要成分的重力流，且沿槽形盆地的轴向搬运沉积（侯方浩和黄继祥，1984）。中二叠世茅口期晚期，弧后扩张作用导致了该区断陷盆地的形成。盆地边缘同生断层的活动导致火山喷发，形成火山碎屑浊流沉积。因这时火山作用尚不强烈，火山碎屑浊积岩仅零星分布于坡脚体系之中。至晚二叠世 - 早三叠世，断裂活动加剧，大规模且频繁的火山喷发形成了大量

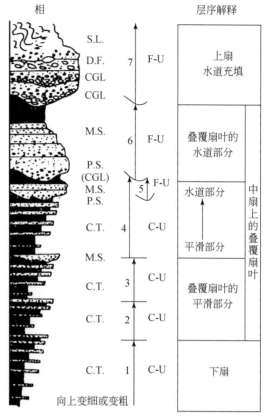

图 14-29　海底扇的推进式相模式（Walker 1978 年发表）

C-U 代表向上变厚和变粗的层序；F-U 代表向上变薄变细的层序；C.T. 为典型浊积岩；M.S. 为块状砂岩；P.S. 为含砾砂岩；CGL 为砾岩；D.F. 为碎屑流沉积；S.L. 为滑塌沉积

火山碎屑质浊流，它们顺断陷盆地边缘的斜坡带，仍局部地发育着由碳酸盐台地提供物源的异地碳酸盐坡脚沉积体。

3）深水水道模式

20 世纪 40 年代，人们首次在北美大陆边缘发现深水水道，从此以后深水水道逐渐成为海洋地质学界关注的热点。深水水道作为重要的深海地貌单元，在海底延伸可达数千千米。其一方面可以作为深水重力流输送沉积物的通道，另一方面也可以作为重力流沉积的场所。近年来，随着深水油气勘探取得的进展以及高精度三维地震技术的引入，深水水道沉积作为良好的油气储集体引起国内外学者的广泛关注。

深水水道沉积体系一般发育于被动大陆边缘陆坡、陆隆及深海平原等环境。水道被定义为长条形的、由浊流或与浊流相关作用而形成的持续延伸的负地形，是将大量陆上沉积物输送到深水的长期通道。该体系上部坡折区水道侵蚀明显、峡谷发育（低弯度水道），向下则侵蚀减少，代之以水道 - 堤岸体系（高弯度水道），水道 - 堤岸体系末端发育朵体（图 14-30）。其发育的基本沉积单元主要有水道、堤岸、朵体三种，另外局部可发育废

弃水道及决口扇沉积。不同地区的重力流沉积体系可能会表现出一定的差异，但是基本的沉积单元应该是相同的。

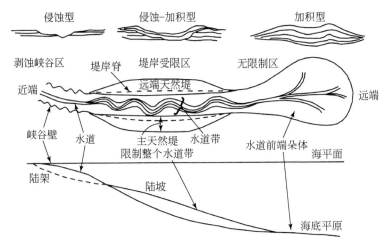

图 14-30　深水水道体系示意图（水道剖面据 Clark and Pickering，1996 修改；
水道体系平面图据 Kane et al.，2007 修改）

深水水道沉积具有复杂的内部结构、多期侵蚀、沉积物过路和充填过程，其形成受控于海平面升降、区域构造运动、沉积物供应变化及气候等因素。深水水道充填沉积可由多种重力流沉积物组成，如滑动、滑塌、碎屑流、浊流沉积等，沉积物类型可为砾岩、砂岩、粉砂岩、泥岩以及它们的混合充填。这些岩石类型在水道的不同位置岩性的比例也会发生变化，反映了重力流搬运过程中流体性质的转变。

沙姆干（Shanmugam，2000）提出了一个水道化及非水道化的深水沉积模式（图 14-31），强调滑动、滑塌及碎屑流等块体搬运为主的非水道体系的独立性和重要性。马德尔等（Mulder et al.，2003）认为异重流普遍发育，并总结了海相洪水触发的异重流的沉积过程及沉积特征。鲜本忠等（Xian et al.，2018）通过对鄂尔多斯盆地延长组的研究，提出洪水触发的湖相异重流可以为深湖区大规模搬运砂质碎屑物，形成与滑塌型重力流在沉积过程及沉积特征方面均存在较大差异的规模性深水砂岩沉积。

## 四、等深流沉积

### 1. 等深流的概念

等深流这一术语最先由 Hollister 和 Heezen 等于 1966 年提出。他们认为，等深流是由于地球旋转而形成的温盐环流，这种环流平行于海底等深线作稳定低速流动（5～20cm/s），主要出现在陆隆区。

现代深海调查表明，起因于深水地转流的等深流是最常见的底流类型之一。从水深超过 5000m 的深海平原到水深 500～700m 的较深水台地都存在这类等深流沉积。它们既出现于被动大陆边缘（尤其是在北大西洋中），也出现于活动大陆边缘。Faugères 等于 1993 年称这种在相对较深水环境中由地球旋转而产生的温盐环流为狭义的等深流，他们认为，只有这种意义的等深流才是真正的等深流。

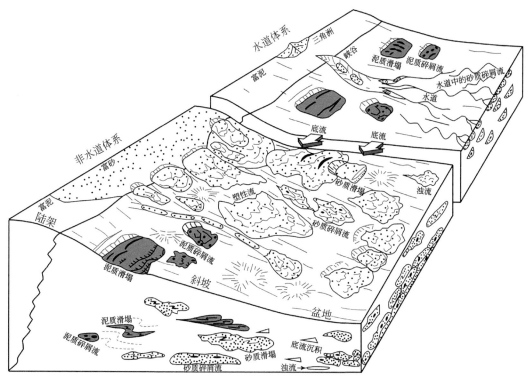

图 14-31 深水水道体系与非水道体系沉积模式（Shanmugam，2000）

海洋学调查发现，现代海洋中的等深流的流速一般为 5～20cm/s，局部可达 50cm/s 甚至更高。因此，等深流是海底中一种非常重要而又十分特殊的地质营力，它不仅可以对海底产生侵蚀作用，而且还可以搬运沉积物，形成一类特殊的沉积——等深流沉积或等深积岩。

等深流的沉积作用一般是比较缓慢的，沉积速率比较低，而且变化也比较大。对大西洋中部分现代等深流沉积区的沉积速率统计表明，其沉积速率一般为 2～12cm/ka。等深流的沉积速率与等深流的流速、物源供给、海底地貌、气候变化及海平面变化等诸多因素有关。

**2. 等深流沉积的特征**

（1）等深流沉积与深水原地沉积伴生，并且夹于深水原地沉积层系之中，多呈不规则薄层状、透镜状产出，单层厚度一般为几厘米，局部可达几十厘米。多分布于陆隆区，亦可以出现在深水盆地中。

（2）等深流沉积的成分既有硅质碎屑物质，也有碳酸盐物质，沉积类型主要为陆源碎屑岩类和碳酸盐岩类（包括生物屑等深岩），亦有少量火山碎屑岩类。

（3）等深流沉积的粒度可以是泥级到砂级的，并且具有一系列由砂、粉砂和黏土混合物组成的过渡类型。当有极强的等深流剥蚀海底时，可形成砾石滞留沉积。目前所发现的等深流沉积一般以泥级和粉砂级为主，砂级次之，偶见细砾级。

（4）分选一般中等至好，局部分选极好。在正态概率曲线上，一般有 2～3 个沉积总体，其中跳跃总体斜率大。

（5）等深流是一种深水牵引流，因此，等深流沉积中一般具有牵引流沉积作用的特征，如水流冲刷而形成的侵蚀面、流水层理（小型交错层理和大型纵向交错层理等）和组构优选（如长形颗粒的定向排列）等。

（6）由于等深流是平行海底等深线流动的，因此，在陆坡、陆隆处形成的等深流沉积中一般具有平行于斜坡走向的流向标志，如长形颗粒的定向排列平行于斜坡走向，交错层理中的细层倾向一般也是与斜坡走向平行的。这完全不同于浊流沉积、内波和内潮汐沉积。

（7）等深流沉积中一般具有强烈的生物扰动构造，因此，原始的沉积构造不能很好地保存下来。这主要是因为等深流的流速一般不大，沉积作用比较缓慢。

（8）等深流沉积一般具有独特的垂向沉积层序，即垂向上粒度呈细－粗－细的逆－正递变，这是等深流的流动强度呈周期性变化的结果。

（9）等深流沉积主要发育于海平面上升时期。因为在低海平面时期，以重力流沉积占主导地位，等深流沉积不易形成或保存。随着海平面上升，物源区逐渐远离沉积盆地，粗碎屑物质注入减少，重力流活动减弱，等深流沉积得以发育。据氧碳同位素分析资料和微粒度资料研究，在冰期－间冰期过渡时期，即海平面上升时期，可能是最强烈的底层环流活动时期。而在高海平面时期，沉积物供给较少，等深流沉积也不甚发育。因此，等深流沉积可作为海侵体系域较为特征的沉积类型。

# 五、内波和内潮汐沉积

## 1. 内波、内潮汐的概念

内波是存在于两个不同密度的水层界面上或具有密度梯度的水体之内的水下波。只要水体密度稳定分层，并有扰动源存在，内波就会产生。由于内波的能量比相应的表面波小得多，只需小小的扰动就能引起内波的形成，且这种扰动是普遍存在的，因此，内波在海洋内部普遍发育。Munk 1981 年认为大洋内部的重力波甚至比海面波更加普遍，因为从未发现过在大洋内部存在平静的地方。此外，在大多数海湾和湖泊中都可能有内波存在。

内波的振幅、周期、传播速度、深度的变化范围都很大。内波的高度大者可超过百米，小的仅为厘米级。通常在深水处振幅大，而在浅水带振幅小。但内波振幅随深度的分布还受密度分布的影响，因为较低的能量只能使密度差小的界面发生位移，而不能移置密度差大的界面。内波的波长变化也很大，小的远小于 1m，大者则可为数千米。内波周期的变化范围从不足 1min 到长达数日或更长。

由于内波发生在海洋内部，所以不能用测量表面波的方法进行观测，但可通过间接的方法测得，如通过测定流速、温度、盐度等随时间的变化。随着深海调查的不断进行，发现在海底峡谷和大陆边缘其他各种类型的沟谷中，几乎普遍存在着沿沟谷轴线向上和向下的交替流动。这些双向交替流动几乎是连续进行的，它们是由内波引起的。因此，只要测出其时间－流速曲线，海洋中的内波就直观地表现出来了。图 14-32 就是在海底峡谷中测得的一些时间－流速曲线。

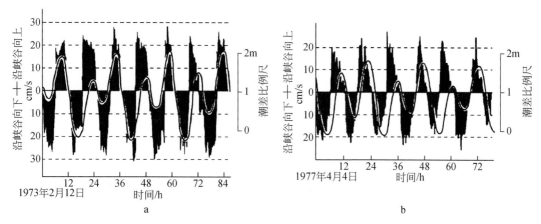

图 14-32　海底峡谷中沿峡谷轴线上下交替流动的时间 - 流速曲线（Shepard et al., 1979）
示双向流动的周期与表面潮汐的关系。图中连续曲线表示表面潮汐的周期与潮差，右侧线段为表面潮汐的潮差比例尺
a. 胡埃那米（Hueneme）海底峡谷 28 号测站，水深 448m，距谷底 3m；b. 圣克里门蒂（San Clemente）裂谷 123 号测站，
水深 1646m，距谷底 3m

从图 14-32 中可以看出，内波的周期与海面潮汐的周期几乎完全相同。实际上，这只是内波的一种，是一种特殊而又非常重要的类型。其特殊性就在于其周期等于半日潮或日潮的周期。这种具有潮汐周期的低频内波可称作内潮汐。内潮汐的产生主要与表面潮、层化的海水和跃变的地形有关。通常在潮差较大的地区，这种沿峡谷上下交替流动的平均周期，在深度超过 250m 时趋近半日潮或日潮；而在潮差较小的地区，则需要更大的深度才能趋近于表面潮汐的周期。

此外，正压流与斜压流是认识内波、内潮汐相关流体的两个重要概念。正压流是指内部任一点的密度只是压力的函数的流体。在经典的风驱动海洋环流理论中，正压流的起因是倾斜的海底地面，其与倾斜的海底保持平衡。正压流由表面波和潮汐产生，其密度只与压力有关。正压流体从海洋的表面到底部始终如一，或者说其与深度无关（转引自何幼斌和王文广，2017）。斜压流指内部任一点的密度不仅是压力的函数，而且还和其他热力学参量（如温度等）有关的流体。斜压流由温度和盐度引起垂向密度变化所驱动，此过程发育在由温度和盐度差异造成的具明显垂向浮力梯度的地区。斜压流由内波、内潮汐产生。总的来说，正压流在海洋中的恒压面与恒密度面平行时发育，而斜压流是在恒压面倾向于恒密度面时发育的。

**2. 内波、内潮汐沉积的特征**

海洋学调查表明，在深水区内波和内潮汐是重要的地质营力，这些营力对深水沉积作用有重要影响。高振中和 Eriksson 1991 年在对北美阿巴拉契亚山脉中段奥陶系进行研究时首次在地层记录中鉴别出内潮汐沉积，对其沉积特征和形成机理进行了论述，建立了沉积模式，并首次使用了"内潮汐沉积"这一术语。其后，我国沉积学工作者一直在该领域进行不懈的研究，先后在浙江桐庐上奥陶统、塔里木盆地中-上奥陶统、西秦岭泥盆系至三叠系、江西修水中元古界、湖南石门下寒武统、陕西陇县中奥陶统、宁夏香山群等地发现了内波、内潮汐沉积并进行了系统研究。根据现有研究成果，将内波、内潮汐沉积特征总结如下。

1）成分

内潮汐和内波沉积通常是改造其他类型深水沉积的产物，如重力流沉积、深水原地沉积等。内波、内潮汐沉积的物质成分决定于它所改造的沉积物的成分，故既有陆源的，又有内源的，还可有火山碎屑物质。迄今所见者，以陆源组分为多。

2）结构

内波、内潮汐沉积的粒度为砂级至泥级。对于海底峡谷和其他沟谷中的内波、内潮汐沉积，以砂级为主；而对于平坦、开阔的非水道环境中的内波、内潮汐沉积，既有砂级和粉砂级的，也有泥级的沉积物。这是由其环境条件和沉积作用特征决定的。对于砂级内潮汐沉积，颗粒形状以次棱角状至次圆状为主，分选中等至较好。如对我国浙江桐庐地区上奥陶统堰口组内潮汐沉积 8 个样品所做的薄片粒度统计分析表明，该处内潮汐沉积以细砂至极细砂级为主，少数属粗粉砂级，标准偏差变化于 0.70 ～ 1.06 之间。以内源物质为主要成分的内波、内潮汐沉积，生物颗粒常为其重要的或主要的结构组分。这些生物组分的粒度、圆度和分选，既与生物本身特征有关，也与其搬运和沉积过程有关。

3）沉积构造

目前所发现的内波、内潮汐沉积中，常发育各种层理构造、波痕等沉积构造，较少发育生物扰动构造。

交错层理是内波、内潮汐沉积最为重要的一种层理类型。交错层理中纹层的方向以典型的双向最常见（图 14-33），亦有单向倾斜者和多向者。这与内潮汐、内波所引起的双向水流密切相关。双向交错层理层系间普遍相互切割，因而使层系呈楔状、透镜状；单向交错层理层系间亦可见相互切割者。层系厚度以 0.5 ～ 2cm 最常见。具有沿水道向上和向下方向倾斜的交错纹理或交错层是水道内潮汐和内波沉积的典型特征，也是区别于重力流和等深流沉积的显著标志。如果仅存在指示向水道上方的交错纹理、交错层或其他指向沉积构造，亦应视为存在内潮汐和内波沉积的指示。因为在某些情况下内潮汐和内波可引起单向流动，此时可只形成和保存单向指向沉积构造。若仅存在向水道下方的沉积构造，既有可能为重力流所形成，也有可能为内潮汐和内波沉积所形成，这就应根据沉积层序和其他特征加以鉴别。

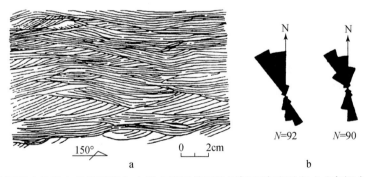

图 14-33　内潮汐沉积中的双向交错层理（a）及交错层前积纹层倾向玫瑰图（b）（高振中等，1996，简化）

在具有平缓坡度的开阔地带，内潮汐和内波作用引起的双向往复流动的路径并不一定相同，这就导致双向指向沉积构造的方向并不一定刚好相差 180°，而是可以有一定程度的偏离。同时，在这种平缓的开阔地带，往复流动的总体方向也易于发生变化，使得形成的指向沉积构造事实上是多向的。

脉状层理、波状层理和透镜状层理也是内波、内潮汐沉积一种常见的沉积构造。床沙载荷与悬浮载荷的频繁交互沉积形成了砂、泥岩的薄互层，随着砂泥比值的变化，在不同部位分别发育脉状层理、波状层理和透镜状层理。这组特征的沉积构造与潮坪环境所见比较相似，但内波、内潮汐沉积处于深水还原环境，其沉积物颜色、指相矿物与潮坪沉积迥然不同，更无暴露标志，只要认真观察研究，是不难把二者区别开来的。

4）沉积层序

沉积层序是沉积环境、物源及其演化的函数。在内潮汐、内波作用控制下形成的沉积物，其层序特征必然反映沉积时的水动力特点及其周期性变化，故内波、内潮汐沉积的层序是有其内在规律的。已发现的内波、内潮汐沉积主要有三种基本沉积层序，分别是向上变粗再变细层序（双向递变层序）、向上变细层序（单向递变层序）、砂泥岩对偶层向上变粗再变细层序（对偶层双向递变层序）（图 14-34）。

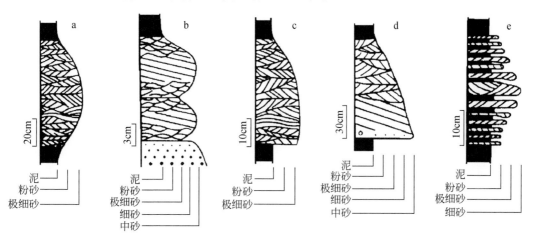

图 14-34　内波、内潮汐沉积层序（何幼斌和王文广，2017）

a. 由交错纹理砂岩构成的向上变粗再变细层序；b. 由中型交错层和小型交错纹理构成的向上变粗再变细层序；c. 由交错纹理砂岩构成的向上变细层序；d. 由中型交错层和双向交错纹理砂岩构成的向上变细层序；e. 砂泥岩对偶层构成的向上变粗再变细层序

# 主要参考文献

《沉积构造与环境解释》编著组 . 1984. 沉积构造与环境解释 . 北京：科学出版社 .

成国栋，薛春汀 . 1997. 黄河三角洲沉积地质学 . 北京：地质出版社 .

方少仙，侯方浩，何江，等 . 2013. 碳酸盐岩成岩作用 . 北京：地质出版社 .

方邺森，任磊夫 . 1987. 沉积岩石学教程 . 北京：地质出版社 .

冯增昭 . 1994. 沉积岩石学（第二版）. 北京：石油工业出版社 .

高振中，等 . 1996. 深水牵引流沉积——内潮汐、内波和等深流沉积研究 . 北京：科学出版社 .

何幼斌，王文广 . 2017. 沉积岩与沉积相（第二版）. 北京：石油工业出版社 .

何治亮，钱一雄，樊太亮，胡文瑄，鲍征宇，李国蓉，焦存礼，陈代钊，等 . 2016. 中国海相碳酸盐岩储
    层成因与分布 . 北京：科学出版社 .

侯方浩，黄继祥 . 1984. 南盘江断陷区二、三叠系的火山碎屑浊积岩—— 一种独特的无海底扇浊流沉积模
    式 . 沉积学报，2（4）：19-32.

胡斌，王冠忠，齐永安，等 . 1997. 痕迹学理论与应用 . 徐州：中国矿业大学出版社 .

胡修棉 . 2017. 物源分析的一个误区：砂粒在河流搬运过程中的变化 . 古地理学报，19（1）：175-184.

黄方 . 2011. 高温下非传统稳定同位素分馏 . 岩石学报，27（2）：365-382.

姜在兴 . 2003. 沉积学 . 北京：石油工业出版社 .

姜在兴 . 2010. 沉积学（第二版）. 北京：石油工业出版社 .

焦养泉 . 2015. 聚煤盆地沉积学 . 武汉：中国地质大学出版社 .

李曙光 . 2015. 深部碳循环的 Mg 同位素示踪 . 地学前缘，22（5）：143-159.

李维锋，何幼斌，彭德堂，王方平，刘学锋 . 2001. 新疆尼勒克地区下侏罗统三工河组辫状河三角洲沉积 .
    沉积学报，19（4）：512-516.

林传仙，白正华，张哲儒 . 1985. 矿物及有关化合物热力学数据手册 . 北京：科学出版社 .

林春明，张霞 . 2018. 江浙沿海平原晚第四纪地层沉积与天然气地质学 . 北京：科学出版社 .

林春明，凌洪飞，王淑君，张顺 . 2002. 苏皖地区石炭纪海相碳酸盐岩碳、氧同位素演化规律 . 地球化学，
    31（5）：415-423.

林春明，冯志强，张顺，赵波，卓弘春，李艳丽，薛涛 . 2007. 松辽盆地北部白垩纪超层序特征 . 古地理学报，
    9（6）：619-634.

林春明，张霞，周健，徐深谋，俞昊，陈召佑 . 2011. 鄂尔多斯盆地大牛地气田下石盒子组储层成岩作用特征 .
    地球科学进展，26（2）：212-223.

林春明，张霞，于进，李达，张妮 . 2015. 安徽巢湖平顶山西坡剖面下三叠统殷坑组沉积及地球化学特征 .
    地质学报，89（12）：2363-2373.

林春明，张妮，张霞，于进，王淑君 . 2017. 安徽巢湖平顶山西坡剖面下三叠统瘤状灰岩特征 . 地球科学
    与环境学报，39（3）：476-490.

林春明，王兵杰，张霞，张妮，江凯禧，黄舒雅，蔡明俊 . 2019. 渤海湾盆地北塘凹陷古近系湖相白云岩
    地质特征及古环境意义 . 高校地质学报，25（3）：377-388.

刘宝珺 . 1980. 沉积岩石学 . 北京：地质出版社 .

刘招君，孟庆涛，贾建亮．2019.油页岩成矿作用研究中的关键方法和技术.古地理学报，21（1）：127-139.

刘招君，孙平昌，柳蓉，孟庆涛，胡菲．2016.中国陆相盆地油页岩成因类型及矿床特征.古地理学报，18（4）：525-534.

刘招君，杨虎林，董清水，朱建伟，郭巍，叶松青，等．2009.中国油页岩.北京：石油工业出版社．

路凤香，桑隆康．2002.岩石学.北京：地质出版社．

漆滨汶，林春明，邱桂强，李艳丽，刘惠民，高永进．2006.东营凹陷古近系砂岩透镜体钙质结壳形成机理及其对油气成藏的影响.古地理学报，6（4）：519-530.

钱宁，万兆惠．1983.泥沙运动力学.北京：科学出版社．

任明达，王乃梁．1981.现代沉积环境概论.北京：科学出版社．

桑隆康，马昌前．2012.岩石学（第二版）.北京：地质出版社．

孙永传，李惠生．1986.碎屑岩沉积相和沉积环境.北京：地质出版社．

王成善，李祥辉．2003.沉积盆地分析原理与方法.北京：高等教育出版社．

王德滋，谢磊．2008.光性矿物学（第三版）.北京：科学出版社．

王建刚．2011.西藏日喀则地区喜马拉雅造山带沉积记录与盆地演化.南京：南京大学．

王建刚，胡修棉．2008.砂岩副矿物的物源区分析新进展.地质论评，54（5）：670-678.

王小林，胡文瑄，陈琪，李庆，朱井泉，张军涛．2010.塔里木盆地柯坪地区上震旦统藻白云岩特征及其成因机理.地质学报，84（10）：1479-1494.

王小林，胡文瑄，张军涛，朱井泉，万野．2016.塔里木盆地和田1井中寒武统膏盐层段发现原生白云石.地质论评，62（2）：419-433.

吴崇筠，薛叔浩．1993.中国含油气盆地沉积学.北京：石油工业出版社．

吴胜和，范峥，许长福，岳大力，郑占，彭寿昌，王伟．2012.新疆克拉玛依油田三叠系克下组冲积扇内部构型.古地理学报，14（3）：331-340.

徐夕生，邱检生．2010.火成岩岩石学.北京：科学出版社．

许靖华．1980.沉积学讲座讲稿汇编.成都：地质部成都地质矿产研究所．

应凤祥，王衍琦，王克玉，等．1994.中国油气储层研究图集（卷一）：碎屑岩.北京：石油工业出版社．

于炳松，董海良，蒋宏忱，李善营，刘英超．2007.青海湖底沉积物中球状白云石集合体的发现及其地质意义.现代地质，21（1）：66-70.

于兴河．2002.碎屑岩系油气储层沉积学.北京：石油工业出版社．

余素玉，何镜宇．1989.沉积岩石学.武汉：中国地质大学出版社．

曾允孚，夏文杰．1986.沉积岩石学.北京：地质出版社．

翟淳．1987.岩石学简明教程.北京：地质出版社．

张国栋，王益友，朱静昌，董荣鑫，吴萍．1984.苏北晾港现代潮坪沉积.沉积学报，2（2）：39-51.

张霞，林春明，凌洪飞，蒋少涌，李艳丽，高丽坤，姚玉来，刘晓．2009.浙西地区奥陶系砚瓦山组瘤状灰岩及其成因探讨.古地理学报，11（5）：481-490.

张霞，林春明，陈召佑．2011.鄂尔多斯盆地镇泾区块上三叠统延长组砂岩中绿泥石矿物特征.地质学报，85（10）：1659-1671.

张霞，林春明，陈召佑，潘峰，周健，俞昊．2012.鄂尔多斯盆地镇泾区块上三叠统延长组长8油层组砂岩储层特征.高校地质学报，18（2）：328-340.

张霞, 林春明, 杨守业, 高抒, Dalrymple R W. 2018. 晚第四纪钱塘江下切河谷充填物物源特征. 古地理学报, 20 (5): 877-892.

赵澄林, 刘孟慧. 1984. 湖底扇相模式及其在油气预测中的应用. 华东石油学院学报, 8 (4): 323-334.

赵澄林, 刘孟慧. 1988. 东濮凹陷下第三系砂体微相和成岩作用. 东营: 华东石油学院出版社.

赵澄林, 朱筱敏. 2001. 沉积岩石学. 北京: 石油工业出版社.

赵隆业, 陈基娘, 王天顺. 1990. 中国油页岩物质成分及工业成因类型. 武汉: 中国地质大学出版社.

赵彦彦, 李三忠, 李达, 郭玲莉, 戴黎明, 陶建丽. 2019. 碳酸盐 (岩) 的稀土元素特征及其古环境指示意义. 大地构造与成矿学, 43 (1): 141-167.

赵彦彦, 郑永飞. 2011. 碳酸盐沉积物的成岩作用. 岩石学报, 27 (2): 501-519.

朱祥坤, 王跃, 闫斌, 李津, 董爱国, 李志红, 孙剑. 2013. 非传统稳定同位素地球化学的创建与发展. 矿物岩石地球化学通报, 32 (6): 651-688.

朱筱敏. 2008. 沉积岩石学. 北京: 石油工业出版社.

Adams J E, Rhodes M L. 1960. Dolomitization by seepage refluxion. AAPG Bulletin, 44: 1912-1920.

Allan J R, Matthews R K. 1977. Carbon and oxygen isotopes as diagenetic and stratigraphic tools: Surface and subsurface data, Barbados, West Indies. Geology, 5 (1): 16-20.

Allan J R, Matthews R K. 1982. Isotope signatures associated with early meteoric diagenesis. Sedimentology, 29 (6): 797-817.

An W, Hu X, Garzanti E, BouDagher-Fadel M K, Wang J G, Sun G Y. 2014. Xigaze forearc basin revisited (South Tibet): Provenance changes and origin of the Xigaze Ophiolite. Geological Society of America Bulletin, 126 (11-12): 1595-1613.

Arvidson R S, Guidry M W, Mackenzie F T. 2011. Dolomite controls on Phanerozoic seawater chemistry. Aquatic Geochemistry, 17 (4-5): 735-747.

Badiozamani K. 1973. The dorag dolomitization model-application to the middle Ordovician of Wisconsin. Journal of Sedimentary Petrology, 43: 965-984.

Baker J C, Havord P J, Martin K R, Ghori K A R. 2000. Diagenesis and petrophysics of the Early Permian Moogooloo Sandstone, Southern Carnarvon Basin, Western Auatralia. AAPG Bulletin, 84 (2): 250-265.

Baker P A, Kastner M. 1981. Constraints on the formation of sedimentary dolomite. Science, 213 (4504): 214-216.

Banner J L, Hanson G N. 1990. Calculation of simutaneous isotopic and trace-element variations during water-rock interaction and with applications to carbonate diagenesis. Geochimica et Cosmochimica Acta, 54 (11): 3123-3137.

Baronnet A. 1982. Ostwald ripenning in solution: the case of calcite and mica. Estudios Geológicos, 38 (3): 185-198.

Bera M K, Sarkar A, Tandon S K, Samanta A, Sanyal P. 2010. Does burial diagenesis reset pristine isotopic compositions in paleosol carbonates? Earth and Planetary Science Letters, 300 (1): 85-100.

Berner R A, Kothavala Z. 2001. Geocarb III: A revised model of atmospheric $CO_2$ over Phanerozoic time. American Journal of Science, 301 (2): 182-204.

Billault V, Beaufort D, Baronnet A, Lacharpagne J C. 2003. A nanopetrographic and textural study of grain-coating chlorites in sandstone reservoirs. Clay Minerals, 38 (3): 315-328.

Blättler C L, Henderson G M, Jenkyns H C. 2012. Explaining the Phanerozoic Ca isotope history of seawater. Geology, 40（9）: 843-846.

Bloch S, Lander R H, Bonnell L. 2002. Anomalously high porosity and permeability in deeply buried sandstone reservoirs: Origin and predictability. AAPG Bulletin, 86（2）: 301-328.

Bluck B J. 1967. Deposition of some Upper Old Red Sandstone conglomerates in the Clyde area: A study in the significance of bedding. Scottish Journal of Geology, 3（2）: 139-167.

Braithwaite C J R, Rizzi G. 1997. The geometry and petrogenesis of hydrothermal dolomite at Navan, Ireland. Sedimentology, 44（3）: 421-440.

Brand U, Veizer J. 1980. Chemical diagenesis of a multicomponent carbonate system-1: trace element. Journal of Sedimentary Petrology, 50（4）: 1219-1236.

Brothers L A, Engel M H, Elmore R D. 1996. The late diagenetic conversion of pyrite to magnetite by organically complexed ferric iron. Chemical Geology, 130（1-2）: 1-14.

Broussard M L. 1975. Deltas: models for exploration. Houston Geological Society, Houston, TX: 555.

Budd D A. 1984. Freshwater diagenesis of Holocene ooid sands, Schooner Cays, Bahamas. Dissertation of the University of Texa, Austin: 491.

Budd D A. 1997. Cenozoic dolomites of carboante islands: their attributes and origin. Earth Science Review, 42（1-2）: 1-47.

Bull W B. 1964. Alluvial fans and near surface subsidence in Western Fresno Country, California. Professional Paper 437-A, Washington Department of Interior, Geological Survey: 1-71.

Chave K E. 1954. Aspects of the biogeochemistry of magnesium, Pt. 1: Calcareous marine organisms. Journal of Geology, 62（3）: 266-283.

Chowdhury A H, Noble J P. 1996. Origin, distribution and significance of carbonate cements in the Albert Formation reservoir sandstones, New Brunswick Canada. Marine and Petroleum Geology, 13（7）: 837-846.

Clark J D, Pickering K T. 1996. Architectural elements and growth patterns of submarine channels: application to hydrocarbon exploration. AAPG Bulletin, 80（2）: 194-220.

Crook K A. 1960. Classification of arenites. American Journal of Science, 258（6）: 419-428.

Da Silva A C, Boulvain F. 2008. Carbon isotope lateral variability in a middle Frasnian carbonate platform（Belgium）: significance of facies, diagenesis and sea-level history. Palaeogeography, Palaeoclimatology, Palaeoecology, 269（3-4）: 189-204.

Dalrymple R W, Zaitlin B A, Boyd R. 1992. Estuarine facies models: conceptual basis and stratigraphic implications. Journal of Sedimentary Petrology, 62（6）: 1130-1146.

Dalrymple R W. 2006. Incised valleys in time and space: an introduction to the volume and an examination of the controls on valley formation and filling//Dalrymple R W, Leckie D A, Tillman R W（eds.）. Incised valleys in time and space. SEPM Special Publication, 85: 5-12.

Dehler C M, Elrick M, Bloch J D, Crossey L J, Karlstrom K E, Des Marais D J. 2005. High-resolution $^{13}$C stratigraphy of the Chuar Group（ca. 770-742Ma）Grand Canyon: Implications for mid-Neoproterozoic climate Change. Geological Society of America Bulletin, 117（1-2）: 32-45.

Deng S, Dong H, Lv G, Jiang H, Yu B, Bischoff M E. 2010. Microbial dolomite precipitation using sulfate reducing and halophilic bacteria: Results from Qinghai Lake, Tibetan Plateau, NW China. Chem Geol, 278（3）: 151-159.

De Ros L F, Anjos S M C, Morad S. 1994. Authigenesis of amphibole and its relationship to the diagenetic evolution of Lower Cretaceous sandstones of the Potiguar rift Basin, northeastern Brazil. Sedimentary Geology, 88（3-4）: 253-266.

Dickinson W R, Beard L S, Brakenridge G R, Erjavec J L, Ferguson R C, Inman K F, Knepp R A, Lindberg F A, Ryberg P T. 1983. Provenance of North American Phanerozoic sandstones in relation to tectonic setting. Geological Society of America Bulletin, 94（2）: 222-235.

Dickinson W R, Suczek C A. 1979. Plate tectonics and sandstone compositions. AAPG Bulletin, 63（12）: 2164-2182.

Duggan J P, Mountjoy E W, Stasiuk L D. 2001. Fault-controlled dolomitization at Swan Hills Simonette oil field（Devonian）, deep basin west-central Alberta, Canada. Sedimentology, 48（2）: 301-323.

Edie R W. 1958. Missipian sedimentation and oil fields in Southern Saskatchewan// Goodman A J（ed.）. Jurassic and Carboniferous of western Canada. American Association of Petroleum Geologists: 331-363.

Etheridge F G, Westcott W A. 1984. Tectonic setting, recognition and hydrocarbon reservoir potential of fan-delta deposits//Koster E H, Steel R J（eds.）. Sedimentology of Gravels and Conglomerates. Canadian Society of Petroleum Geologists, Memoir, 10: 213-235.

Fantle M S, DePaolo D J. 2007. Ca isotopes in carbonate sediment and pore fluid from ODP Site 807A: The $Ca^{2+}$（aq）-calcite equilibrium fractionation factor and calcite recrystallization rates in Pleistocene sediments. Geochimica et Cosmochimica Acta, 71（10）: 2524-2546.

Fairchild I J, Killawee J A, Hubbard B, Dreybrodt W. 1999. Interactions of calcareous suspended sediment with glacial meltwater: a field test of dissolution behaviour. Chemical Geology, 155（3-4）: 243-263.

Feng Z Z, Jin Z K. 1994. Types and origin of dolostones in the Lower Palaeozoic of the North China Platform. Sedimentary Geology, 93（3-4）: 279-290.

Ferket H, Swennen R, Ortuno S, Roure F. 2003. Reconstruction of the fluid flow history during Laramide forelandfold and thrust belt development in eastern Mexico: cathodoluminescence and $\delta^{18}O$-$\delta^{13}C$ isotope trends of calcite-cemented fractures. Journal of Geochemical Exploration, 78-79: 163-167.

Flügel E. 2010. Microfacies of carbonate rocks: analysis, interpretation and application. New York: Springer-Verlag, Heidelberg.

Folk R L, Ward W C. 1957. Brazos River bar [Texas]: a study in the significance of grain size parameters. Journal of Sedimentary Research, 27（1）: 3-26.

Folk R L. 1951. Stages of textural maturity in sedimentary rocks. Journal of Sedimentary Research, 21（3）: 127-130.

Folk R L. 1980. Petrology of sedimentary rocks. Austin, Texas: Hemphill Publishing Co.

Fredd C N, Fogler H S. 1998. The kinetics of calcite dissolution in acetic acid solutions. Chemical Engineering Science, 53（22）: 3863-3874.

Frimmel H E. 2010. On the reliability of stable carbon isotopes for Neoproterozoic chemostratigraphic correlation. Precambrian Research, 182（4）: 239-253.

Garzanti E, Andò S, Padoan M, Vezzoli G, El Kammar A. 2015. The modern Nile sediment system: Processes and products. Quaternary Science Reviews, 130: 9-56.

Garzanti E, Andò S. 2007. Chapter 20 Heavy mineral concentration in modern sands: implications for provenance interpretation//Maria A M, David T W (eds.). Developments in Sedimentology. Elsevier.

Garzanti E, Andò S. 2019. Heavy Minerals for Junior Woodchucks. Minerals, 9 (3): 148.

Garzanti E, Vezzoli G. 2003. A classification of metamorphic grains in sands based on their composition and grade. Journal of Sedimentary Research, 73 (5): 830-837.

Garzanti E. 2016. From static to dynamic provenance analysis—Sedimentary petrology upgraded. Sedimentary Geology, 336: 3-13.

Garzanti E. 2019. Petrographic classification of sand and sandstone. Earth Science Reviews, 192: 545-563.

Garzione C N, Dettman D L, Horton B K. 2004. Carbonate oxygen isotope paleoaltimetry: evaluating the effect of diagenesis on paleoelevation estimates for the Tibetan plateau. Palaeogeography, Palaeoclimatology, Palaeoecology, 212 (1): 119-140.

Gothmann A M, Stolarski J, Adkins J F, Higgins J A. 2017. A Cenozoic record of seawater Mg isotopes in well-preserved fossil corals. Geology, 45 (11): 1039-1042.

Graf D L, Goldsmith J R. 1956. Some hydrothermal synthesis of dolomite and protodolomite. Journal of Geology, 64 (2): 173-186.

Gussone N, Böhm F, Eisenhauer A, Dietzel M, Heuser A, Teichert B M A, Reitner J, Wörheide G, Dullo W C. 2005. Calcium isotope fractionation in calcite and aragonite. Geochimica et Cosmochimica Acta, 69 (18): 4485-4494.

Hajikazemi E, Al-Aasm I S, Coniglio M. 2010. Subaerial exposure and meteoric diagenesis of the Cenomanian-Turonian Upper Sarvak Formation, southwestern Iran. Geological Society Special Publications, 330 (1): 253-272.

Halley R B, Harris P M. 1979. Fresh-water cementation of a 1,000-year-old oolite. Journal of Sedimentary Petrology, 49 (3): 969-987.

Hardie L A. 1987. Dolomitization: a critical review of some current views. Journal of Sedimentary Petrology, 57 (1): 166-183.

Hardie L A. 1996. Secular variation in seawater chemistry: An explanation for the coupled secular variation in the mineralogies of marine limestones and potash evaporites over the past 600 m. y. Geology, 24 (3): 279-283.

Hippler D, Buhl D, Witbaard R, Richter D K, Immenhauser A. 2009. Towards a better understanding of magnesium-isotope ratios from marine skeletal carbonates. Geochimica et Cosmochimica Acta, 73 (20): 6134-6146.

Holmes A. 1965. Principles of Physical Geology. New York: Romald Press Company.

Hsü K J, Siegenthaler C. 1969. Preliminary experiments on hydrodynamic movement induced by evaporation and their bearing on the dolomite problem. Sedimentology, 12 (1-2): 448-453.

Hu X, Jansa L, Chen L, Griffin W L, O'Reilly S Y, Wang J. 2010. Provenance of Lower Cretaceous Wölong Volcaniclastics in the Tibetan Tethyan Himalaya: implications for the final breakup of Eastern Gondwana. Sedimentary Geology, 223 (3): 193-205.

Hu Z, Hu W, Wang X, Lu Y, Wang L, Liao Z, Li W. 2017. Resetting of Mg isotopes between calcite and dolomite during burial metamorphism: Outlook of Mg isotopes as geothermometer and seawater proxy. Geochimica et Cosmochimica Acta, 208: 24-40.

Hu Z, Hu W, Liu C, Sun F, Liu Y, Li W. 2019. Conservative behavior of Mg isotopes in massive dolostones: From diagenesis to hydrothermal reworking. Sedimentary Geology, 381 (1): 65-75.

Jacobsen S B, Kaufman A J. 1999. The Sr, C and O isotopic evolution of Neoproterozoic seawater. Chemical Geology, 161 (1): 37-57.

Jahren J S. 1991. Evidence of ostald ripening related recrystallization of diagenetic chloritic chlorites from reservoir rocks offshore Norway. Clay Minerals, 26 (2): 169-178.

James N P, Bone Y, Kyser T K. 2005. Where has all the aragonite gone? Mineralogy of Holocene neritic cool-water carbonates, Southern Australia. Journal of Sedimentary Research, 75 (3): 454-463.

Jerram D A. 2001. Visual comparators for degree of grain-size sorting in two and three-dimensions. Computers and Geosciences, 27 (4): 485-492.

Joachimski M M. 1994. Subaerial exposure and deposition of shallowing-upward sequence: evidence from stable isotopes of Puebeckian peritidal carboantes (basal Cretaceous), Swiss and French Jura Mountains. Sedimentology, 41 (4): 805-824.

Kane I A, Kneller B C, Dykstra M, Kassem A, McCaffrey W D. 2007. Anatomy of a submarine channel-levee: an example from Upper Cretaceous slope sediments, Rosario Formation, Baja California, Mexico. Marine and Petroleum Geology, 24 (6-9): 540-563.

Kaufman J. 1994. Numerical models of fluid flow in carbonate platforms: implications for dolomitization. Journal of Sedimentary Research, 64 (1): 128-139.

Kaufman A J, Knoll A H. 1995. Neoproterozoic variations in the C-isotopic composition of seawater: stratigraphic and biogeochemical implications. Precambrian Research, 73 (1-4): 27-49.

Kaufman A J, Jocobsen S B, Knoll A H. 1993. The Vendian record of Sr-and C isotopic variations in seawater: implications for tectonics and paleoclimate. Earth and Planetary Science Letters, 120 (3-4): 409-430.

Knauth L P, Kennedy M J. 2009. The late Precambrian greening of the Earth. Nature, 460 (7256): 728-732.

Krumbein W C. 1940. Flood gravel of San Gabriel Canyon, California. GSA Bulletin, 51 (5): 639-676.

Krynine P D. 1948. The megascopic study and field classification of sedimentary rocks. The Journal of Geology, 56 (2): 130-165.

Lai W, Hu X, Garzanti E, Xu Y, Ma A, Li W. 2019. Early Cretaceous sedimentary evolution of the northern Lhasa terrane and the timing of initial Lhasa-Qiangtang collision. Gondwana Research, 73: 136-152.

Land L S. 1985. The origin of massive dolomite. Journal of Geological Education, 33 (2): 112-125.

Land L S. 1998. Failure to precipitate dolomite at 25 ℃ from dilute solution despite 1000-fold oversaturation after 32 years. Aquatic Geochemistry, 4 (3): 361-368.

Leier A, Quade J, DeCelles P, Kapp P. 2009. Stable isotopic results from paleosol carbonate in South Asia: Paleoenvironmental reconstructions and selective alteration. Earth and Planetary Science Letters, 279 (3): 242-254.

Li W, Chakraborty S, Beard B L, Romanek C S, Johnson C M. 2012. Magnesium isotope fractionation during precipitation of inorganic calcite under laboratory conditions. Earth and Planetary Science Letters, 333-334: 304-316.

Li W, Bialik O M, Wang X, Yang T, Hu Z, Huang Q, Zhao S, Waldmann N D. 2019. Effects of early diagenesis on Mg isotopes in dolomite: The roles of Mn（Ⅳ）-reduction and recrystallization. Geochimica et Cosmochimica Acta, 250: 1-17.

Li W, Beard B L, Li C, Xu H, Johnson C M. 2015. Experimental calibration of Mg isotope fractionation between dolomite and aqueous solution and its geological implications. Geochimica et Cosmochimica Acta, 157: 164-181.

Lin C M, Gu L X, Li G Y, Zhao Y Y, Jiang W S. 2004. Geology and formation mechanism of Late Quaternary shallow biogenic gas reservoirs in the Hangzhou Bay area, Eastern China. AAPG Bulletin, 98（5）: 613-625.

Lin C M, Zhuo H C, Gao S. 2005. Sedimentary facies and evolution of the Qiantang River incised valley, East China. Marine Geology, 219（4）: 235-259.

Ling M X, Sedaghatpour F, Teng F Z, Hays P D, Strauss J, Sun W. 2011. Homogeneous magnesium isotopic composition of seawater: an excellent geostandard for Mg isotope analysis. Rapid communications in mass spectrometry, 25（19）: 2828-2836.

Longman M W. 1980. Carbonate diagenetic textures from nearsurface diagenetic environments. American Association of Petroleum Geologists Bulletin, 64（4）: 461-487.

Machel H G. 1997. Recrystallization versus neomorphism, and the concept of "significant recrystallization" in dolomite research. Sedimentary Geology, 113（3-4）: 161-168.

Machel H G. 2004. Concepts and models of dolomitization: a critical reappraisal//Braithwaite C J R, Rizzi G, Darke G（eds.）. The Geometry and Petrogenesis of Dolomite Hydrocarbon Reservoirs. Geological Society of London, Special Publication, 235（1）: 7-63.

Machel H G, Mountjoy E W. 1986. Chemistry and environments of dolomitization—a reappraisal. Earth Science Review, 23（3）: 175-222.

Malone M J, Slowey N C, Henderson G M. 2009. Early diagenesis of shallow-water periplatform carbonate sediments, leeward margin, Great Baham Bank（Ocean Drilling Program Leg 166）. Geological Society of America Bulletin, 113（7）: 881-894.

Marcos V F, Luiz F, Newton S. 1995. Carbonate cementation patterns and diagenetic reservoir facies in the Campos Basin Cretaceous turbidites, offshore eastern Brazil. Marine and Petroleum Geology, 12（7）: 741-758.

Mavromatis V, Gautier Q, Bosc O, Schott J. 2013. Kinetics of Mg partition and Mg stable isotope fractionation during its incorporation in calcite. Geochimica Et Cosmochimica Acta, 114（4）: 188-203.

Miall A D. 1977. A review of the braided-river depositional environment. Earth Science Reviews, 13（1）: 1-62.

Middleton G V, Hampton M A. 1973. Sediment gravity flows: Mechanics of flow and deposition// Middliton G V, Bouma A H（eds.）. Turbidites and deep water sedimentary, SEPM Pacific Section Short Course: 1-38.

Middleton G V, Hampton M A. 1976. Subaqueous sediment transport and deposition by sediment gravity flows// Stanley D J, Swift D J P（eds.）. Marine sediment transport and environmental management. New York: John Wiley & Sons: 197-218.

Middleton K, Coniglio M, Sherlock R, Frape S K. 1993. Dolomitization of Middle Ordovician carbonate reservoirs, southwestern Ontario. Bulletin of Canadian Petroleum Geology, 41（2）: 150-163.

Milliman J D. 1993. Production and accumulation of calcium carbonate in the ocean: budget of nonsteady state. Global Biogeochemical Cycles, 7（4）: 927-957.

Moore C H. 1997. Carbonate diagenesis and porosity. Developments in sediementology 46. Amsterdam: Elsevier: 181-187.

Morrow D W. 1982. Diagenesis 2; Dolomite: Part 2. Dolomitization models and ancient dolostones. Geoscience Canada, 9（2）: 95-107.

Morrow D W, Rickets B D. 1986. Chemical controls on the precipitation of mineral analogues of dolomite: the sulphate enigma. Geology, 14（5）: 408-410.

Morse J W. 2003. Formation and diagenesis of carbonate sediements. Treatise on Geochemistry, 7: 67-85.

Morton A C. 1985. A new approach to provenance studies: electron microprobe analysis of detrital garnets from Middle Jurassic sandstones of the northern North Sea. Sedimentology, 32（4）: 553-566.

Morton A C, Hallsworth C R. 1999. Processes controlling the composition of heavy mineral assemblages in sandstones. Sedimentary Geology, 124（1-4）: 3-29.

Mulder T, Alexander J. 2001. The physical character of subaqueous sedimentary density flows and their deposits. Sedimentology, 48（2）: 269-299.

Mulder T, Syvitsk J P M, Migeon S, Faugères J C, Savoye B. 2003. Marine hyperpycnal flows: initiation, behavior and related deposits. A review. Marine and Petroleum Geology, 20（6-8）: 861-882.

Nichols G. 2009. Sedimentology and stratigraphy. John Wiley & Sons.

Pemberton S G, MacEachern J A, Frey R W. 1992. Trace fossil facies models: environmental and allostratigraphic significance//Walker R G, James N P（eds.）. Facies Models: Response to Sea Level Change. St. John's, Geological Association of Canada: 47-72.

Pettijohn F J. 1975. Sedimentary rocks. New York: Harper & Row.

Pettijohn F, Potter P, Siever R. 1987. Sand and Sandstone. 2nd. New York: Springer.

Powers M C. 1953. A new roundness scale for sedimentary particles. Journal of Sedimentary Research, 23（2）: 117-119.

Prothero D R, Schwab F. 2014. Sedimentary geology: an introduction to sedimentary rocks and stratigraphy. 3rd. New York : W H Freeman and Company.

Remy R R. 1994. Porosity reduction and major controls on diagenesis of Cretaceous-Paleocene volcaniclastic and arkosic sandstone, Middle Park Basin, Colorado. Journal of Sedimentary Research, 64（4）: 797-806.

Reynard L M, Day C C, Henderson G M. 2011. Large fractionation of calcium isotopes during cave-analogue calcium carbonate growth. Geochimica et Cosmochimica Acta, 75（13）: 3726-3740.

Reynolds R L. 1990. A polished view of remagnetization. Nature, 345（6276）: 579-580.

Rivers J M, James N P, Kyser T K. 2008. Early diagenesis of carbonates on a cool-water carbonate shelf, Southern Australia. Journal of Sedimentary Research, 78（12）: 784-802.

Roberts J A, Kenward P A, Fowle D A, Goldstein R H, González L A, Moore D S. 2013. Surface chemistry allows for abiotic precipitation of dolomite at low temperature. Proceedings of the National Academy of Sciences, 110（36）: 14540-14545.

Russell R D. 1937. Mineral composition of Mississippi River sands. Geological Society of America Bulletin, 48（9）：1307-1348.

Ryan P C, Reynolds R C. 1996. The origin and diagenesis of grain-coating serpentine-chlorite in Tuscaloosa Formation sandstone, U. S. Gulf Coast. The American Mineralogist, 81（1-2）：213-225.

Saenger C, Wang Z. 2014. Magnesium isotope fractionation in biogenic and abiogenic carbonates：implications for paleoenvironmental proxies. Quaternary Science Reviews, 90（474）：1-21.

Sanford W E, Konikow L F. 1989. Porosity development in coastal carbonate aquifers. Geology, 17（3）：249-252.

Schneider J, Bakker R J, Bechstadt T, Littke R. 2008. Fluid evolution during burial diagenesis and subsequent orogenetic uplift：The La Vid Group（Cantabrian Zone, Northern Spain）. Journal of Sedimentary Research, 78（3-4）：282-300.

Scholle P A. 1979. A color illustrated guide to constituents, textures, cements, and porosities of sandstones and associated rocks. American Association of Petroleum Geologists Memoir, 28：201.

Scholle P A, Ulmer-Scholle D S. 2003. A Color Guide to the Petrography of Carbonate Rocks：Grains, textures, porosity, diagenesis. AAPG Memoir 77. Published by The American Association of Petroleum Geologists Tulsa, Oklahoma, USA.

Schumm S A. 1977. The fluvial system. New York：Wiley Interscience.

Shanmugam G. 1996. High-density turbidity currents：are they sandy debris flows? Journal of Sedimentary Research, 66（1）：2-10.

Shanmugam G. 2000. 50 years of the turbidite paradigm（1950s-1990s）：deep-water processes and facies models—a critical perspective. Marine and petroleum Geology, 17（2）：285-342.

Shaw A B. 1964. Time in stratigraphy. New York：McGraw-Hill.

Shepard F P, Marshall N, McLoughlin P A, Sullivan G G. 1979. Currents in submarine canyons and other sea valleys. American Association of Petroleum Geologists, Studies in Geology, 8：1-2.

Shultz A W. 1984. Subaerial debris-flow deposition in the upper Paleozoic Cutler Formation, western Colorado. Journal of Sedimentary Research, 54（3）：759-772.

Sibley D F, Gregg J M. 1987. Classification of dolomite rock textures. Journal of Sedimentary Petrology, 57（6）：967-975.

Stanley D J, Warne A G. 1994. Worldwide initiation of holocene marine deltas by deceleration of sea-level rise. Science, 265（5169）：228-231.

Suggate S M, Hall R. 2014. Using detrital garnet compositions to determine provenance：a new compositional database and procedure. Geological Society, London, Special Publications, 386（1）：373-393.

Suk D, Peacor D R, der Voo R V. 1990. Replacement of pyrite framboids by magnetite in limestone and implications for palaeomagnetism. Nature, 345（6276）：611-613.

Tang J, Dietzel M, Böhm F, Köhlera S J, Eisenhauer A. 2008. $Sr^{2+}/Ca^{2+}$ and $^{44}Ca/^{40}Ca$ fractionation during inorganic calcite formation：II. Ca isotopes. Geochimica et Cosmochimica Acta, 72：3733-3745.

Teng F Z. 2017. Magnesium isotope geochemistry. Reviews in Mineralogy and Geochemistry, 82（1）：219-287.

Tipper E, Galy A, Gaillardet J, Bickle M, Elderfield H, Carder E. 2006. The magnesium isotope budget of the modern ocean: Constraints from riverine magnesium isotope ratios. Earth and Planetary Science Letters, 250（1）: 241-253.

Tucker M E. 1982. Precambrian dolomites: Petrographic and isotopic evidence that they differ from Phanerozoic dolomites. Geology, 10（1）: 7-12.

Tucker M E. 2001. Sedimentary petrology: an introduction to the origin of sedimentary rocks. 3rd edition. Blackwell Science, Oxford.

Tucker M E, Wright V P. 1992. Carbonate sedimentology. London: Blackwell Scietific Publications: 482.

Vasconcelos C, McKenzie J A. 1997. Microbial mediation of modern dolomite precipitation and diagenesis under anoxic conditions（Lagoa Vermelha, Rio de Janeiro, Brazil）. Journal of Sedimentary Research, 67: 378-390.

Vasconcelos C, McKenzie J A, Bernasconi S, Grujic D, Tien A J. 1995. Microbial mediation as a possible mechanism for natural dolomite formation at low-temperatures. Nature, 377（6546）: 220-222.

Veizer J, Ala D, Azmy K, Bruckschen P, Buhl D, Bruhn F, Carden G A F, Diener A, Ebneth S, Godderis Y, Jasper T, Korte C, Pawellek F, Podlaha O G, Strauss H. 1999. $^{87}Sr/^{86}Sr$, $\delta^{13}C$ and $\delta^{18}O$ evolution of Phanerozoic seawater. Chemical Geology, 161（1）: 59-88.

Veizer J, Fritz P, Jones B. 1986. Geochemistry of brachiopods: oxygen and carbon isotopic records of Paleozoic oceans. Geochimica et Cosmochimica Acta, 50（8）: 1679-1696.

Videtich P E. 1985. Electron microprobe study of Mg distribution in recent Mg calcites and recrystallized equivalents from the Pleistocene and Tertiary. Journal of Sedimentary Petrology, 55（3）: 421-429.

Walker R G, Cant D J. 1984. Sandy fluvial Systems//Walker R G（eds.）. Facies Models Reprint Ser. 1. Geoscience Canada, Toronto: 71-89.

Wallace M W, Hood A V, Shuster A, Greig A, Planavsky N J, Reed C P. 2017. Oxygenation history of the Neoproterozoic to early Phanerozoic and the rise of land plants. Earth and Planetary Science Letters, 466: 12-19.

Walter L M. 1985. Relative reactivity of skeletal carbonates during dissolution: implication for diagenesis. Carbonate cements. Special Publication, Society of Economic Paleontologist and Mineralogist, Tulsa, 36: 3-16.

Walter L M, Burton E A. 1990. Dissolution of recent platform carbonate sediments in marine pore fluids. American Journal of Science, 290（6）: 601-643.

Wang X, Chou I M, Hu W, Yuan S, Liu H, Wan Y, Wang X. 2016. Kinetic inhibition of dolomite precipitation: Insights from Raman spectroscopy of $Mg^{2+}-SO_4^{2-}$ ion pairing in $MgSO_4/MgCl_2/NaCl$ solutions at temperatures of 25 to 200℃. Chemical Geology, 435（1）: 10-21.

Warren J. 2000. Dolomite: Occurrence, evolution and economically important associations. Earth Science Reviews, 52（1）: 1-81.

Wescott W A, Ethridge F G. 1980. Fan-delta sedimentology and tectonic setting-Yallahs fan delta, southeast Jamaica. AAPG Bulletin, 64（3）: 374-399.

Wescott W A, Ethridge F G. 1990. Fan-deltas-alluvial fans in coastal settings//Rachocki A H, Church M（eds.）. Alluvial Fans: A field Approach. John Wiley & Sons: 195-211.

Weyl P K. 1960. Porosity through dolomitization: conservation-of-mass requirements. Journal of Sedimentary Petrology, 30（1）: 85-90.

White D E. 1957. Thermal waters of volcanic origin. Geological Society of America Bulletin, 68（12）: 1637-1658.

Wilkinson B H, Algeo T J. 1989. Sedimentary carbonate record of calcium-magnesium cycling. American Journal of Science, 289（10）: 1158-1194.

Wilson J L. 1975. Carbonate Facies in Geologic History. New York: Springer-Verlag Berlin Heidlberg.

Wright D T, Wacey D. 2004. Secimentary dolomite: a reality check. Geological Society, London, Special Publications, 235（1）: 65-74.

Xian B Z, Wang J H, Liu J P, Yin Y, Chao C Z. 2018. Classification and sedimentary characteristics of lacustrine hyperpycnal channels: Triassic outcrops in the south Ordos Basin, central China. Sedimentary Geology, 368: 68-82.

Young E D, Albert G. 2004. The isotope geochemistry and cosmochemistry of magnesium. Reviews in Mineralogy and Geochemistry, 55（1）: 197-230.

Zack T V, Von Eynatten H, Kronz A. 2004. Rutile geochemistry and its potential use in quantitative provenance studies. Sedimentary Geology, 171（1-4）: 37-58.

Zhang F, Xu H, Konishi H, Kemp J M, Roden E E, Shen Z. 2012. Dissolved sulfide-catalyzed precipitation of disordered dolomite: Implications for the formation mechanism of sedimentary dolomite. Geochim Cosmochim Acta, 97: 148-165.

Zhang X, Dalrymple R W, Lin C M. 2018. Facies and stratigraphic architecture of the late Pleistocene to early Holocene tide-dominated paleo-Changjiang（Yangtze River）delta. Geological Society of America Bulletin, 130（3-4）: 455-483.

Zhang X, Dalrymple R W, Yang S Y, Lin C M, Wang P. 2015. Provenance of Holocene sediments in the outer part of the Paleo-Qiantang River estuary, China. Marine Geology, 366（1）: 1-15.

Zhang X, Lin C M, Cai Y F, Qu C W, Chen Z Y. 2012. Pore-lining chlorite cements in lacustrine deltaic sandstones from the Upper Triassic Yanchang Formation, Ordos Basin, China. Journal of Petroleum Geology, 35（3）: 273-290.

Zhang X, Lin C M, Dalrymple R W, Gao S, Li Y L. 2014. Facies architecture and depositional model of a macrotidal incised-valley succession（Qiantang River estuary, eastern China）, and differences from other macrotidal systems. GSA Bulletin, 126（3-4）: 499-522.

Zhang Y, Jia D, Yin H W, Liu M C, Xie W R, Wei G Q, Li Y X. 2016. Remagnetization of lower Silurian black shale and insights into shale gas in the Sichuan Basin, south China. Journal of Geophysical Research: Solid Earth, 121（2）: 491-505.

Zhao Y Y, Zheng Y F. 2010. Stable isotope evidence for involvement of deglacial meltwater in Ediacaran carbonates in South China. Chemical Geology, 271（1）: 86-100.